Die Welt der Vektoren

Einführung in Theorie und Anwendung der Vektoren, Tensoren und Operatoren

Von

Franz Ollendorff

Dr. Ing., Dipl. Ing.

Professor der Elektrotechnik und Vorstand des Elektrotechnischen Laboratoriums
The Hebrew Technical College, Haifa ‹Israel›

Mit 68 Textabbildungen

Wien
Springer-Verlag
1950

ISBN-13: 978-3-7091-7756-3 e-ISBN-13: 978-3-7091-7755-6
DOI: 10.1007/978-3-7091-7755-6

Softcover reprint of the hardcover 1st edition 1950

Dem Andenken an

Kurt Hannemann,

der sein Leben gab, um andere zu retten

Vorwort.

Im Lehrprogramm unserer Hochschule spiegelt sich der Werdegang der exakten Naturwissenschaften in einer Vorlesung über die Grundideen der modernen Physik, welche den Unterricht in der Technischen Elektrodynamik organisch abschließt.

Die Kenntnis der Vektoren ist für das Studium der Theoretischen Elektrizitätslehre unentbehrlich. Da dieser Grundsatz längst anerkannt ist, gibt es wohl kaum ein neuzeitliches Lehrbuch dieser Disziplin, welches nicht mit einem Abriß der Vektorrechnung beginnt. Unter ihnen fehlt es gewiß nicht an meisterhaften Darstellungen; genügt es nicht, sich auf eine von ihnen zu berufen?

Die vorliegende Schrift will durch ihre Existenz beweisen, daß die bisher übliche Basis der Vektorlehre für die moderne Naturwissenschaft zu schmal geworden ist: In ihrem Bereiche gilt es, sich von dem Zwange der dreidimensionalen Anschauung geistig zu befreien. Für diesen Erkenntnisprozeß stehen uns zwei mächtige Helfer zur Seite: Der Tensorbegriff und der Operatorenkalkül; gerade sie aber sind in den Klassischen Darstellungen meist stiefmütterlich behandelt worden.

Dennoch ist auch die hier gebotene Entwicklung der Lehre von den Tensoren und Operatoren, als Ergebnis gemeinsamer Arbeit der großen Mathematiker und Physiker vieler Generationen, in ihren wesentlichen Teilen durchaus bekannt. Ihr Wert mag in dem einheitlichen, elementaren Wege gesucht werden, welcher den willigen Leser von den einfachsten geometrischen Grundbegriffen bis mitten in die abstrakte Quantenwelt hineinführt. Es muß indessen gesagt werden, daß diese meine Darstellung keine bloße Kompilation fremden Gedankengutes ist. In der Konzeption des Vektorproduktes und des ihm verwandten Rotorbegriffes, in den Spiegelungsgesetzen des dreidimensionalen Raumes, in der Begründung komplex-komponentiger Vektorgebilde bin ich bewußt von der traditionellen Fassung abgewichen, um, wie ich hoffe, zu einem tieferen Verständnis zu gelangen. Dem gleichen Zwecke dienen die zahlreichen, teils erstmalig hier behandelten Anwendungen, welche die Entwicklung der mathematischen Methodik ergänzen; freilich darf bei ihrer Durcharbeitung nicht vergessen werden, daß eine Schrift über Vektoren nicht nebenbei ein Lehrbuch der Physik sein kann — und auch nicht sein will. Von dem gewonnenen Platze aus mag der Leser frei in das Hochgebirge der modernen Wissenschaft hineinwandern, das, unabsehbar vor unserem geistigen Auge sich auftürmend, trotzig und abwehrend, kühl und rein im Morgenglanze eines jungen Tages erschimmert. —

Die Niederschrift dieses Buches zog sich über viele, dunkle Jahre hin. Ich habe manchen Kollegen, Freunden und Kameraden für ihre tätige Hilfe zu danken. Unter ihnen nenne ich Herrn Prof. *Bernays*, Herrn Prof. *de Broglie*, Herrn Prof. *Rakach* und Herrn Prof. *Reiner*, die Herren Diplom-Ingenieure *Irmay* und *Mischkin* sowie Herrn Diplom-Ingenieur *A. Berlowitz*, der für mich einen großen Teil der Korrekturen besorgte. Ebenso danke ich dem *Springer-Verlag* in Wien und ganz besonders Herrn und Frau *Lange*, die in schwerer Zeit die Drucklegung dieses Buches auf sich nahmen, in hingebender Treue und Geduld überwachten und auf meine vielen Wünsche stets bereitwillig eingingen. Endlich sei dem Rektor unserer Hochschule, Herrn Diplom-Ingenieur *S. Kaplanski* gedankt, der es mir immer wieder ermöglichte, meine durch den Krieg stark erschütterten Kräfte in der friedvollen Landschaft der Schweizer Berge zu festigen.

Es ist mir klar, daß trotz aller Mühe das Buch Mängel, Lücken und Fehler aufweist. Deshalb sei jeder Leser zur Mitarbeit und Verbesserung aufgerufen; auch ihm ist mein Dank gewiß.

Zürich, im Oktober 1949,
vor der Heimkehr nach Haifa.

Franz Ollendorff.

Inhaltsverzeichnis.

Viertes Kapitel.

Algebra der Tensoren.

Fünftes Kapitel.

Tensoranalysis im affinen Raum.

Sechstes Kapitel.

Der Minkowskische Raum.

Siebentes Kapitel.

Der Riemannsche Raum.

Achtes Kapitel.

Der Hilbertsche Raum.

Berichtigungen.

S. 94. Gl. (II 11, 17). Hinter $\left(\frac{2}{c\,R}\frac{\partial R}{\partial n}\right)$ ist einzufügen $\frac{\partial \psi}{\partial t}$.

S. 99. Gl. (III 1, 36). Im Nenner des letzten Ausdruckes ist $A^{(i)}$ zu streichen.

S. 153. 9. Zeile von oben lies $\tilde{B}$ statt $\overline{B}$.

S. 156. Gl. (IV 5, 34). Rechte Seite muß lauten $(A^*_{(1)}\,A^*_{(2)})$.

S. 158. Gl. (IV 5, 54). Im Zähler ist K hinzuzufügen.

S. 163. 9. Zeile. Statt $K^{j\,*}$ ist zu setzen $\varkappa^{j\,*}$.

S. 163. 14. Zeile. Auf der rechten Seite der Gl. (IV 6, 31) ist S zu streichen.

S. 168. Gl. (IV 7, 37). Linksseitig fehlt das Minuszeichen.

S. 251. 3. Zeile von unten lies $\mathit{1}'_k$ statt $1'_k$.

S. 278. 1. Zeile von oben lies *Latenzzeit* statt *Latenszeit.*

S. 299. Gl. (VI 9, 28) lies

$$\varphi = \varphi_0 = \frac{\omega}{c}\left(\frac{w_k\,x_0^k}{c} + \frac{w_k\,w^k\,|w_{ph}|}{c\,|w|}\,t - c\,t\right) = \frac{\omega}{c}\left[\frac{w_k\,x_0^k}{c} + \frac{1}{c}\left(|w|\,|w_{ph}| - c^2\right)t\right].$$

S. 324. 10. Zeile von oben lies $(A^*_n\,(P)\,a_k\,(P_0))$ statt $(A^*_n\,(P)\,\mathrm{a}_k\,(P_0))$.

S. 339. Gl. (VII 6, 6) lies $dS = dA^i\,B_i + A^i\,dB_i$ statt

$$dS = dA^i\,B_i + A^i\,dB_i.$$

S. 456. 2. Zeile von oben lies $\sigma^{ij'}$ statt $\sigma^{'j'}$.

Einleitung.

„Ein Geschlecht kommt, ein Geschlecht geht; aber die Erde besteht."

Dem einmalig-unwiederbringlichen Ablauf von Werden, Sein und Vergehen stellt der Mensch den Glauben an die Existenz einer ewigen Wiederkehr des Lebendigen gegenüber. Diese prinzipiell unbeweisbare, metaphysische Konzeption ist an die Funktion des *Gedächtnisses* geknüpft, ohne dessen wunderbare Kraft die Welt zu einer inhaltsleeren, sinnlosen Und-Summe herabsinken würde.

Dieser Urprozeß ordnender Erkenntnis findet seinen Ausdruck in der Konstatierung der *Gleichheit* individuell differenzierter Erlebnisse, wobei deren *Inhalt* hier außer Betracht bleiben kann. Der Übergang von diesem zunächst unscharfen, anthropozentrischen Begriff zu einer strengen, wissenschaftlichen Definition gelingt durch einen irrealen, lediglich im Gebiete der *Logik* durchführbaren *Grenzprozeß*, welcher im *Aufbau der natürlichen Zahlenreihe* gipfelt: Eins und eins sind zwei heißt: Es wird die individuelle Existenz von unterscheidbaren Dingen postuliert, welche sowohl getrennt wie auch gemeinsam erlebt werden können, ohne ihre individuellen Eigenschaften zu verlieren.

Von ihrer logischen Definition, die als solche nicht angezweifelt werden kann, ist die Frage nach der „*Wirklichkeit*" solcher Dinge im Bereiche der Erfahrungswelt völlig zu trennen. Sie kann sicherlich nicht auf theoretischem Wege entschieden werden, und auch ihre Prüfung durch stets „wiederholte" Versuche stößt auf prinzipielle Schwierigkeiten. Man muß sich deshalb damit abfinden, im Begriffe der Gleichheit eine gewisse Unschärfe zu belassen, deren Größe, im einzelnen von der Arbeitsweise der Sinnesorgane und ihrem Auflösungsvermögen abhängig, letzten Endes an die Funktion des Gedächtnisses gebunden ist. Der raffiniertesten Meßtechnik zum Trotz besteht das alte Wort zu Recht: Der Mensch ist das Maß aller Dinge.

Indessen ist diese, ihrem Wesen nach unüberwindbare Unschärfe für viele Zwecke des „Vergleiches" quantitativ äußerst geringfügig. Man erhebt diesen empirischen Tatbestand zum Range eines wissenschaftlichen Prinzipes, indem man für eine Gruppe von Natur*beschreibungen* — im Gegensatz zu den *Erscheinungen* — den Begriff der Gleichheit *postuliert*. Im Gebiete der exakten Naturwissenschaften definiert die Annahme dieser

Forderung das Lehrgebäude der *Klassischen* Physik, im Gegensatz zur Quantentheorie, in welcher die Vernachlässigung der den Erscheinungen verhafteten Unschärfe auch in ihrer Beschreibung wesentlich verboten ist. Man darf, in diesem Sinne, die Klassische Physik als „Flucht" des Menschen in den Makrokosmos auffassen, an dessen Maßen der Mensch selbst und mit ihm seine metrischen Unschärfen zur Bedeutungslosigkeit herabsinken.

In ihrer bisher entwickelten Form ist die Vektorrechnung auf den Anschauungen der Klassischen Physik — im oben genannten Sinne — basiert; in der Tat gipfelt sie in dem Vorstoß zur Kosmologie, die ihrerseits auf der Verschmelzung von Geometrie und Erfahrung beruht. Die Anwendung der Vektorrechnung auf die Probleme der Physik ist deshalb nicht als eine Beispielsammlung zu werten, welche der Veranschaulichung „an sich" bestehender mathematischer Gesetze dienen soll, und auf welche man bei streng abstrakter Einstellung verzichten könnte, ja müßte, sofern man den Mönch als das Ideal der menschlichen Hingabe an den Gegenstand seiner geistigen Welt ansieht. Die Anwendungen der Vektorrechnung bilden vielmehr einen untrennbaren Teil ihrer selbst, welche zunächst in der Operation des Messens zum Ausdruck kommen: Messen besteht in der wiederholten Konstatierung und gedächtnismäßigen Registrierung („Abzählung") desselben „Erlebnisses", deren jedes vom anderen inhaltlich nicht unterschieden wird. Das „Urerlebnis" selbst gibt die „Maßeinheit" ab, welche der Messung zugrunde gelegt wird. Die Wahl dieser Maßeinheiten wird an diejenige Erlebnisfähigkeit des Menschen geknüpft, welche auf der Tätigkeit der Sinnesorgane beruht. Unter diesen wird dem Auge die Vorzugsstellung eingeräumt, während Hör- und Tastorgan die schließliche „Ablesung" des Resultates in der Regel nur vorbereiten und unterstützen; dagegen werden Geruch und Geschmack wohl kaum zu quantitativen Messungen herangezogen. Obwohl es von einem universellen Standpunkt her bezweifelt werden darf, ob diese Meßverfahren die einzigen und endgültigen sind, erkennt die heutige Naturwissenschaft einschließlich der Vektorrechnung nur sie als exakte Basis ihrer Sätze an, und wir haben uns nach ihnen zu richten. Insbesondere bedienen wir uns zur Ausmessung räumlicher Zusammenhänge, deren gleichzeitige Existenz postuliert wird, sogenannter „starrer Maßstäbe"; der Zusatz „starr" meint hierbei, daß das zum Messen benützte Objekt dem messenden Beobachter gegenüber stets die gleichen Eigenschaften — im oben definierten Sinne — offenbart. Ähnlich werden zur Zeitmessung „Normaluhren" herangezogen, deren Anzeige der Beobachter das Kausalitätsprinzip in der Form: Gleiche Ursachen — gleiche Wirkungen zugrunde legt: Die Uhr wird „gleichbleibenden" Einflüssen unterworfen, welche sie auf dynamischem Wege einmal, und darum immer wieder, in ihren Anfangszustand zurückzwingen. Wer wird hierbei nicht jener titanischen „Uhr“ gedenken, die *Sisyphos* in ewig-fruchtloser Mühsal seiner Arme in Bewegung zu erhalten hat?

Der Konzeption des Raumes als einer sozusagen instinktiven, erlebnismäßigen Einheit steht die Dreiheit seiner Dimensionenzahl gegenüber: Sie zwingt den beobachtenden Menschen, zur Beschreibung nur *eines* Ortes drei voneinander unabhängige Zahlenangaben zu machen. Die Klassische Vektorrechnung ist der groß angelegte Versuch des menschlichen Geistes, sich von diesem Diktat der körperlichen Schau zu befreien und auf dem Wege mathematischer Logik zum einheitlichen, ungespaltenen Raume zurückzukehren. Welches Prinzip kann ihn hierbei leiten? Die genannte Dreiheit der Dimensionenzahl kommt in einem Bezugssystem zum Ausdruck, welches vom Beobachter durch Wahl geeigneter Gegenstände seiner engeren Umgebung willkürlich festgesetzt werden darf: Es gilt, diese Willkür aus den „Gesetzen“ der Geometrie wie der Erfahrung zu eliminieren oder, mit anderen Worten: *Invarianten* aufzusuchen, welche ihren Wert bei beliebigen Transformationen des Bezugssystemes wahren. Die vertiefte Analyse des Zeitbegriffes, die wir *Einstein* verdanken, offenbart die unlösbare Verbindung von Raum und Zeit zu einer vierdimensionalen Welt. Auch in ihr sind nur jene Formulierungen sinnvoll, welche von der Wahl des Bezugssystemes unabhängig sind: Die Forderung der allgemeinen Invarianz führt von der Klassischen Vektorrechnung des dreidimensionalen Raumes über die wesentlich noch *Euklidisch* gebundene, beschränkte Relativitätstheorie zur allgemeinen Relativitätstheorie, die somit der Disziplin der Vektorrechnung zugehört.

Der Verzicht der Mikrophysik auf den Begriff des Vektors im Klassischen Sinne ist ein radikaler: An Stelle determinierter Angaben über das Verhalten eines physikalischen Objektes zwingt seine unlösbare Verbindung mit dem Beobachter in der Regel zur Beschränkung auf statistische Aussagen. Diese entspringen ihrem Wesen nach einer grenzenlos gesteigerten Beobachtungszahl, und die aus ihnen zu erschließenden Gesetzmäßigkeiten sind der vektoriellen Darstellung nur in einem abstrakten Raume zugänglich, dessen Dimensionenzahl keiner Beschränkung unterliegt: Mit der Konzeption dieses *Hilbert*schen Raumes vollendet sich die Welt der Vektoren.

Diese Sätze enthalten das Programm des vorliegenden Buches; sehen wir zu, inwieweit wir seine umfassenden Forderungen erfüllen können!

Erstes Kapitel.

Skalare und Vektoren.

I 1. Bezugssysteme.

a) Gegeben sei ein Konfigurationsraum („Laboratorium"), in welchem wir physikalische oder chemische Versuche beliebiger Art ausführen. Um den Beobachtungsresultaten einen bestimmten Sinn zuzuordnen, bedarf es stets der zusätzlichen Angabe von *Zeit* und *Ort*.

Zur *Zeitmessung* bedienen wir uns einer relativ zum Beobachter ruhenden *Federuhr*, deren innere, wesentlich elastische Eigenschaften wir als unveränderlich voraussetzen; die numerische Anzeige dieses Gerätes (Zeigerweisung), gemessen gegen einen willkürlich festgesetzten Anfangspunkt, nennen wir die (laufende) Zeit, welche wir mit dem Symbol t bezeichnen.

Zwecks Angabe des *Ortes* ist ein *Bezugssystem* festzusetzen, welches mittels starrer Maßstäbe vermessen werden kann. Unter den verschiedenen Bezugssystemen, welche vom Standpunkte der Raumstruktur gleichberechtigt nebeneinander existieren, zeichnet sich durch seine algebraische Einfachheit das *Kartesische* Koordinatensystem aus, dessen drei Achsen paarweise aufeinander senkrecht stehen. Sie werden häufig mittels der Buchstaben x, y, z bezeichnet; doch werden wir in der Regel die Symbole x_i (oder x^i) mit $i = 1, 2, 3$ vorziehen, welche nicht allein eine verkürzte Schreibweise der Formeln gestatten, sondern auch entsprechend der Zahl unterschiedlicher Indizes i sogleich der Geometrie beliebig dimensionaler Räume angepaßt werden können.

b) Im dreidimensionalen Raum gibt es zwei Arten *Kartesischer* Bezugssysteme, die sich weder durch Translationen noch durch Drehbewegungen zur Deckung bringen lassen: Das „Rechtssystem" und das „Linkssystem". Im Rechtssystem folgen einander die Achsen x^1, x^2, x^3 wie Daumen, Zeigefinger und Mittelfinger der „zeigenden" *rechten* Hand; oder, kinematisch gesprochen: Geht man mittels der kürzesten Drehung von der x^1-Achse zur x^2-Achse über und schreitet gleichzeitig im Sinne der x^3-Achse vorwärts, so folgt man dem Gange einer *Rechtsschraube*; umgekehrt gelangt man für die entsprechende Kinematik des Linkssystemes zu einer Linksschraube (Abb. I 1). Soweit es nicht ausdrücklich anders bemerkt wird, werden wir uns zur Klarstellung der Grundbegriffe der Vektorrechnung auf Rechtssysteme stützen; doch müssen wir uns später von dieser Beschränkung befreien, welche mit der Forderung allgemeiner Invarianz im Widerspruche steht.

c) Von besonderer Wichtigkeit für die Deutung der Beobachtungen ist die Frage nach dem „absoluten" Bewegungszustande des Bezugssystemes. Sie wird von der allgemeinen Relativitätstheorie in radikaler Weise durch Nihilisierung des Begriffes der absoluten Bewegung beantwortet. Im Rahmen der Klassischen Mechanik jedoch, welchem sich die meisten Fragen der Technik einfügen, ist ein derartiger umfassender Standpunkt nicht notwendig. Vielmehr genügt es, unter allen Bezugssystemen als besonders einfach die Gruppe der „Inertialsysteme" auszuzeichnen, welche durch die Gültigkeit des Trägheitsgesetzes analytisch definiert sind. Ein System dieser Art wird mit einer Genauigkeit, welche für alle irdischen Zwecke ausreicht, durch ein relativ zur *Milchstraße* festes System realisiert; die genannte Gruppe entsteht hieraus durch Hinzunahme aller Systeme, welche gegen das galaktische gleichförmig-geradlinige Bewegungen ausführen. Diejenige Fassung der Naturgesetze, welche den Forderungen der Invarianz innerhalb dieser Gruppe genügt, bildet den Inhalt der beschränkten Relativitätstheorie einschließlich ihres klassischen Grenzfalles, welcher durch den Übergang zu unmeßbar großer Lichtgeschwindigkeit mathematisch charakterisiert ist.

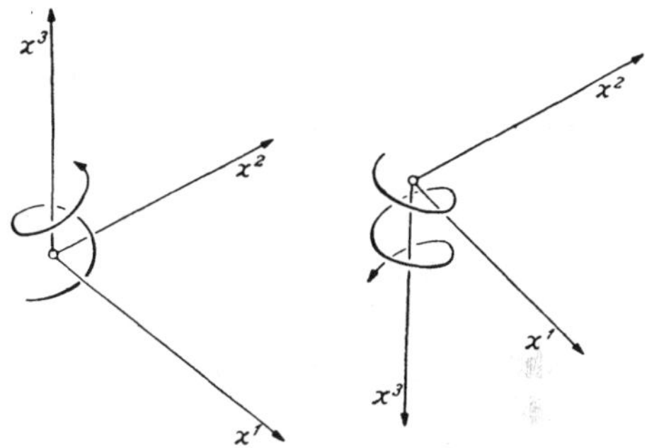

Abb. I 1. Kartesische Bezugssysteme im dreidimensionalen Raum. *a*) Rechtssystem, *b*) Linkssystem.

I 2. Skalare.

a) Unter den Beobachtungsgrößen gibt es solche, die durch die Angabe einer einzigen Zahl vollständig gekennzeichnet werden können; diese wird letzten Endes stets der Weisung einer graduierten Tafel (Skala) entnommen, und aus diesem Grunde nennt man die beobachtete Größe einen *Skalar*. Im Gebiet der Geometrie wird ein Skalar beispielsweise durch den *Abstand zweier Punkte* repräsentiert; als physikalisches Beispiel sei die *Temperatur* genannt.

b) Jeder Skalar S ist als Funktion der Koordinaten $x^i_{(N)}$ aller zu seiner Kennzeichnung notwendigen Z Punkte $P_{(N)}$ und der Zeit t darzustellen

$$S = S(x^i_{(N)}, t) \quad (i = 1, 2, 3; N = 1 \dots Z). \qquad (I\ 2,\ 1)$$

Wechselt man das Bezugssystem durch Übergang zu neuen Koordinaten $x^{i'}$, t', so erhält man zunächst formal

$$S' = S'(x^{i'}_{(N)}, t'), \qquad (I\ 2,\ 2)$$

Da nun das in (I 2, 1) und (I 2, 2) zum Ausdruck gebrachte Beobachtungsergebnis definitionsgemäß nur von den Angaben der Skala abhängt, die ihrerseits dem gerade benützten Bezugssystem nicht verhaftet ist, schließt man auf

$$S \equiv S' \qquad (I\ 2,\ 3)$$

Der Skalar ist also eine Invariante. Wir werden weiterhin die hierin zum Ausdruck kommende mathematische Eigenschaft zur Definition des Skalares benützen, so daß wir uns von der Beziehung auf die Meßapparatur gänzlich emanzipieren können.

c) Neben den Invarianten kommen in der Physik Größen vor, welche zwar innerhalb der Gruppe der *Kartesischen* Rechtssysteme einerseits oder der Gruppe der *Kartesischen* Linkssysteme andererseits jedesmal durch einen Skalar dargestellt werden können; doch wechselt dieser das Vorzeichen beim Übergang von der einen Gruppe zur anderen. Größen dieser Art heißen *Pseudoskalare*.

I 3. Vektoren.

a) In einem *Kartesischen* Rechtssysteme x^i ($i = 1, 2, 3$) markieren wir zwei voneinander verschiedene Punkte $P = x^i_{(P)}$ und $Q = x^i_{(Q)}$. Nunmehr soll ein beweglicher Punkt von P auf dem kürzesten Wege nach Q gebracht werden. Durch diesen kinematischen Prozeß entsteht die gerichtete Strecke

$$V = P \rightarrow Q \qquad (I\ 3,\ 1)$$

nach Abb. I 2. Wir nennen V die dem Punktpaar (P, Q) in der angegebenen Reihenfolge zugehörige *Verrückung*; die entgegengesetzte Verrückung bezeichnen wir mit $(-V)$:

$$-V = Q \rightarrow P. \qquad (I\ 3,\ 2)$$

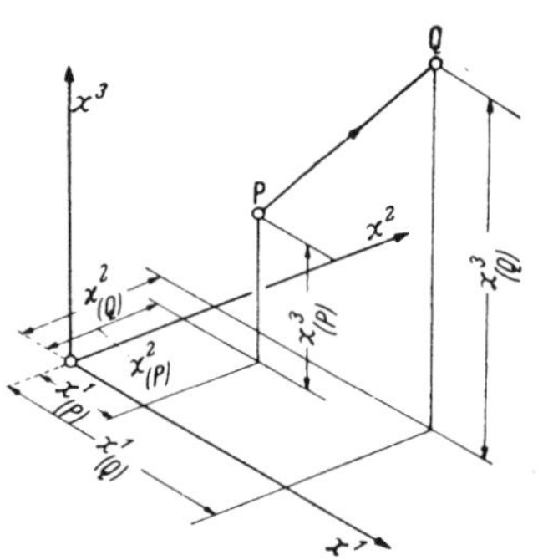

Abb. I 2. Verrückungsvektor.

b) Um uns von der Notwendigkeit zu befreien, für jede Verrückung zwei Punkte angeben zu müssen, treffen wir folgende Verabredung: Wir transportieren den Punkt P nach dem Ursprung O des Bezugssystemes, ohne die Strecke V nach Größe und Richtung relativ zum Bezugssystem zu ändern. Dadurch geht Q in einen neuen Punkt R über. Wir definieren die gerichteten Strecken P Q und O R, ungeachtet der verschiedenen Lage ihres Ursprunges, als einander gleich

$$V = P \rightarrow Q = O \rightarrow R. \qquad (I\ 3,\ 3)$$

Halten wir weiterhin für alle denkbaren Lagen von R stets O als ersten Punkt des der Verrückung zugeordneten Punktpaares fest, so ist das Ziel erreicht: Bereits die Angabe von R allein genügt zur Kennzeichnung von V.

c) Auf Grund der Identifizierung von P mit O wird die Lage von R durch das Tripel der Koordinaten $x^i_{(R)}$ festgelegt. Geht man also, bei fester Lage von $O \equiv P$ und R, zu dem neuen Bezugssysteme $x^{i'}$ über, so wird die Beschreibung von V im gestrichenen System sogleich durch die Dreiheit der Koordinaten $x^{i'}_{(R)}$ vermittelt.

Wesentlich ist hierbei nicht die explizite Form des Transformationsgesetzes, sondern seine Existenz; diese ist nicht an die Voraussetzung *Kartesischer* Bezugssysteme gebunden. Daher dürfen wir, über den kinematischen Begriff der Verrückung hinausgehend, die Transformationseigenschaften auf eine weit umfassendere Klasse geometrischer Größen übertragen, welche wir *Vektoren* nennen; mit Rücksicht auf spätere Verallgemeinerungen erweist es sich als zweckmäßig, nicht die Koordinaten selbst zu benützen, sondern ihre, am Existenzorte des Vektors gebildeten Differentiale. Wir definieren:

J e d e Z a h l e n g e s a m t h e i t, w e l c h e s i c h b e i m Ü b e r g a n g v o n e i n e m B e z u g s s y s t e m z u m a n d e r e n t r a n s f o r m i e r t w i e d i e K o o r d i n a t e n d i f f e r e n t i a l e s e l b s t, b i l d e t e i n e n V e k t o r.

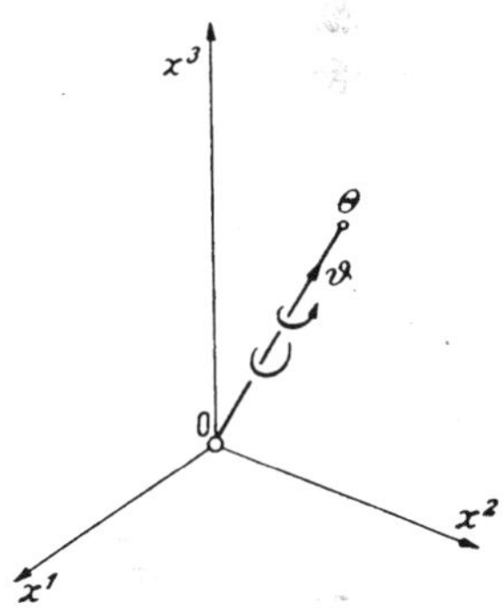

Abb. I 3. Drehungsvektor.

d) Auf Grund der gegebenen Definition ist die Verrückung V selbst ein Vektor; in seiner Rolle als erzeugender „Strahl" des Punktes R bezeichnen wir ihn häufig als „Radiusvektor" (Symbol $\mathfrak{r}$).

Wir ergänzen die Verrückung durch die von ihr kinematisch unabhängige Operation der infinitesimalen Drehung: Vom Ursprunge O aus konstruieren wir eine mit Pfeilrichtung versehene Gerade, welche wir zur Drehachse eines starren Körpers machen; dieser soll jetzt um einen infinitesimalen Winkel $|\vartheta|$ gemäß Abb. I 3 so gedreht werden, daß Drehbewegung und Pfeilrichtung eine Rechtsschraube liefern. Wir verabreden, die Gesamtheit dieser Vorschriften mittels einer Strecke der Länge $|\vartheta|$ darzustellen, welche von O aus im Sinne ihres Richtungspfeiles auf der Drehachse bis zum Punkt Θ aufgetragen wird. Als Verrückung genügt $O \to \Theta$ den Definitionen eines Vektors, welchen wir den Vektor ϑ der infinitesimalen Drehung nennen.

e) Die bisherigen Beispiele geben Vektoren, welche mittels geometrisch-kinematischer Operationen erzeugt wurden. Daneben hat man es in der angewandten Mathematik mit einer großen Anzahl weiterer Begriffe zu tun, welche zu ihrer Beschreibung einer Zahlengesamtheit bedürfen.

Ob solche Größen allerdings in dem, ihrer Dimensionenzahl angepaßten Raume Vektoren sind oder nicht, kann nicht auf dem Wege der mathematischen Definition festgelegt werden; als Kriterien sind vielmehr jene Gesetze heranzuziehen, welche die Transformationseigenschaften der untersuchten Größen beim Übergang von einem zum anderen Bezugssysteme aussprechen.

Wir erläutern diese Vorschriften an einer Reihe von Beispielen:

1. Ein materieller Punkt werde längs einer Kurve des dreidimensionalen Raumes verschoben. Jedes Element der Kurve ist — als infinitesimale Verrückung — ein Vektor. Mittels einfacher Sätze, welche wir in den folgenden Abschnitten kennen lernen werden, folgt hieraus der Vektorcharakter von Geschwindigkeit und Beschleunigung, und das *Newton*sche Grundgesetz der Klassischen Mechanik verknüpft diese kinematischen Größen mit dem dynamischen Vektor der Kraft.

2. Eine Rechenmaschine, welche für Operationen im Zahlenraum von 1 bis 1000 taugt, bestehe entsprechend Abb. I 4 aus drei Kugeln, deren jede längs eines von 0 bis 10 graduierten Drahtes verschoben werden kann. Wählt man die Stellung der Kugeln als Koordinaten x^i, so wird jede, dem Arbeitsgebiete der Maschine zugehörige Zahl durch einen Punkt des dreidimensionalen Raumes dargestellt.

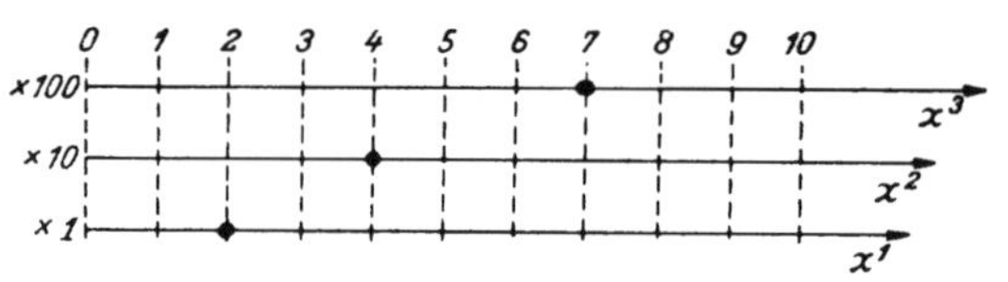

Abb. I 4. Rechenmaschine für den Zahlenraum von 0 bis 1000.

3. In einem Gefäß von festem Rauminhalt und fester Temperatur seien drei chemisch voneinander verschiedene Gase eingeschlossen; ihre Mengen, die man entweder nach ihrem Gewichte oder nach ihrem Teil-Volumen bestimmen möge, können als Koordinaten x^i eines *Kartesischen* Bezugssystemes benützt werden, in welchem sie einen „Zustandspunkt“ festlegen.

4. Eine Farbe kann quantitativ mit Hilfe dreier „Grundfarben“ dargestellt werden, deren Reizstärken als Koordinaten eines *Kartesischen* Bezugssystemes im Raume einen „Farbpunkt“ bestimmen.

Bei den unter 1 angeführten Größen kann es keinen Zweifel über die Natur der Koordinaten-Transformation geben, welche zur Anwendung des Existenzkriteriums der Vektoren gefordert wird. Dagegen bedarf eine solche Transformation bei den Beispielen 2 und 3 erst gekünstelter Definitionen, die keiner allgemeinen Anwendung fähig sind. Im Beispiel des Farbraumes endlich drückt sich die Koordinaten-Transformation in der Wahl geänderter Grundfarben aus; in der Tat ermöglicht dann die Vektorauffassung samt den aus ihr fließenden Gesetzen einen systematischen Aufbau der Farbenmetrik.

f) Die Verwandtschaft des Vektors mit einer Verrückung gestattet die symbolische Darstellung des Vektors durch eine gerichtete Strecke; der Kürze halber werden wir weiterhin beide Begriffe geradezu synonym gebrauchen, also jedem Vektor eine wohlbestimmte Richtung und Länge zuschreiben. Diese bedarf allerdings zu ihrer Interpretation jedesmal sowohl eines Maßstabes, wie auch der Angabe ihrer physikalischen „Dimension", ausgedrückt in den Basisgrößen des jeweils benützten physikalischen Maßsystemes. Man hat bei dieser geometrischen Darstellung der Vektoren zwei methodische Möglichkeiten scharf voneinander zu unterscheiden:

1. Nach dem Muster des Verrückungsvektors verschiebe man den Anfang der gerichteten Strecke in den Ursprung des Bezugssystemes und messe von dort aus ihre Größe und ihre Richtung. Es empfiehlt sich dann, die Koordinatenachsen sogleich in der Einheit des darzustellenden Vektors zu eichen. Solche „abstrakten" Bezugssysteme wurden bereits in den Beispielen 2, 3 und 4 des vorigen Absatzes benützt.

2. Falls der darzustellende Vektor vom Orte abhängig ist, der seinerseits etwa mittels eines Radiusvektors beschrieben wird, beläßt man die den Vektor repräsentierende gerichtete Strecke in der Regel am Orte seiner Existenz. Um ein Beispiel zu geben, denke man an die plastische Verformung eines Körpers; um diesen Vorgang vektoriell zu beschreiben, teilt man der Anfangslage jedes materiellen Punktes diejenige Verrückung zu, welche zur Endlage dieses Punktes nach vollzogener Verformung hinführt.

g) Wir werden weiterhin Skalare durch gerade gestellte Lettern, Vektoren und höhere, geometrische Gebilde durch schräg gestellte Lettern bezeichnen. Der Leser mag sich an Hand dieses nur feinen Hinweises daran gewöhnen, die verschiedenen Arten geometrischer Größen nicht dem äußeren Symbol nach zu unterscheiden, sondern gemäß ihrer Definition und den aus ihr fließenden Rechenregeln. Denn von einem höheren Standpunkt aus werden sich alle diese Größen in dem einheitlichen Begriff des Tensors umfassen lassen; ihre formale Unterscheidung wird dann sachlich hinfällig.

I 4. Multiplikation eines Vektors mit einem Skalar.

a) Gegeben sei ein Vektor A und ein Skalar S. Was bedeutet das Produkt $A . \mathrm{S}$?

Wir beschränken zunächst S auf reelle, positive Werte. Dann verstehen wir unter dem in Rede stehenden Produkte einen Vektor B von folgenden Eigenschaften:

1. Die Richtung von B stimmt mit der Richtung von A relativ zum Bezugssysteme überein.

2. Die Länge der gerichteten Strecke, welche B repräsentiert, ist im Verhältnis S größer als die gerichtete Strecke, welche A darstellt.

Falls jedoch S eine negative, reelle Zahl bedeutet, ist die gegebene Definition abzuändern: Wir verstehen nunmehr unter B einen Vektor, welcher der Richtung von A gerade entgegengesetzt (antiparallel) ist; dagegen soll auch jetzt die Länge der B symbolisierenden Strecke um das $|S|$-fache größer sein als die Länge der zur Darstellung von A dienenden Strecke. Der Fall eines komplexen Skalares S entzieht sich der geometrischen Anschauung; wir werden ihn später auf algebraisch-formalem Wege mit den vorgenannten Definitionen verbinden (VIII 1, c).

b) Die erklärte Rechenoperation ist *kommutativ*:

$$B = A \,.\, \mathrm{S} = \mathrm{S} \,.\, A. \tag{I 4, 1}$$

Daher kann man mit ihrer Hilfe die Division eines Vektors A durch einen Skalar S* eindeutig definieren: Die Gleichung

$$B^* = \frac{A}{\mathrm{S}^*} \tag{I 4, 2}$$

liefert einen Vektor B^* der Eigenschaft

$$A = B^* \,.\, \mathrm{S}^*. \tag{I 4, 3}$$

Im Falle eines positiven, reellen S* ist also B^* parallel zu A gerichtet, und die Länge seines Streckensymboles ist im Verhältnis $1/\mathrm{S}^*$ kleiner als die Länge der A repräsentierenden Strecke. Wie beim Rechnen im gewöhnlichen Zahlenraum ist $\mathrm{S}^* = 0$ als Divisor verboten.

c) Gegeben sei eine durch den Ursprung des Bezugssystemes verlaufende Ebene. Wir konstruieren auf ihr im Ursprung O die Normale [Symbol (n)], welcher wir einen Richtungspfeil zuweisen; dieser erlaubt die Unterscheidung beider „Seiten" der Basisebene.

Wir tragen auf der Normalen von O nach E einen Vektor im Sinne des Richtungspfeiles auf, dessen Länge der Länge des starren Einheitsmaßstabes gleicht. Wir nennen O → E den *Einheitsvektor*, welcher der Normalen (n) zugeordnet ist und bezeichnen ihn mit dem Symbol 1_n:

$$\mathrm{O} \rightarrow \mathrm{E} = 1_n. \tag{I 4, 4}$$

Besonders wichtig sind die nach den Achsen des Bezugssystemes orientierten Einheitsvektoren, welche wir, im Einklang mit den Namen der Achsen, durch die Symbole 1_i oder 1^i kennzeichnen werden.

d) Wir stellen die Aufgabe, einen Vektor A von vorgeschriebener Länge $|A|$ seines Streckensymboles und vorgeschriebener Richtung (n) zu konstruieren. Zu diesem Zwecke rufen wir einen Einheitsvektor 1_n der verlangten Richtung zu Hilfe. Da $|A|$ — als Entfernung zwischen zwei Punkten — einen Skalar definiert, offenbart der Vektor

$$A = 1_n \,.\, |A| \tag{I 4, 5}$$

alle Eigenschaften des gesuchten, so daß in (I 4, 5) die Aufgabe gelöst ist.

I 5. Lineare Vektorverbindungen.

a) Ein frei beweglicher Punkt führe zunächst, vom Ursprunge O des Bezugssystemes beginnend, die durch den Vektor A gegebene Verrückung aus und gelange hierdurch nach P; anschließend werde der bewegliche Punkt durch die von dem Vektor B diktierte Verrückung nach Q verbracht. Das Ergebnis beider Operationen kann auch mittels einer einzigen Verrückung O → Q entsprechend dem Vektor C erreicht werden. Wir definieren C als *Summe* der Vektoren A und B

$$C = A + B. \qquad \text{(I 5, 1)}$$

b) Die drei gerichteten Strecken, welche A, B und C repräsentieren, bilden ein geschlossenes „Vektordreieck" O P Q nach Abb. I 5. In der von ihm bestimmten Ebene zeichnen wir die gerichtete Strecke O P′ parallel und längengleich mit P Q und ebenso die gerichtete Strecke P′ Q′ parallel und längengleich mit O P. Auf Grund der Definition des Parallelogrammes ist Q′ identisch mit Q. Dieser Sachverhalt, im Verein mit der freien translativen Beweglichkeit der Vektoren nach Gl. (I 3, 3) führt zu dem *kommutativen Gesetz der Vektoraddition*

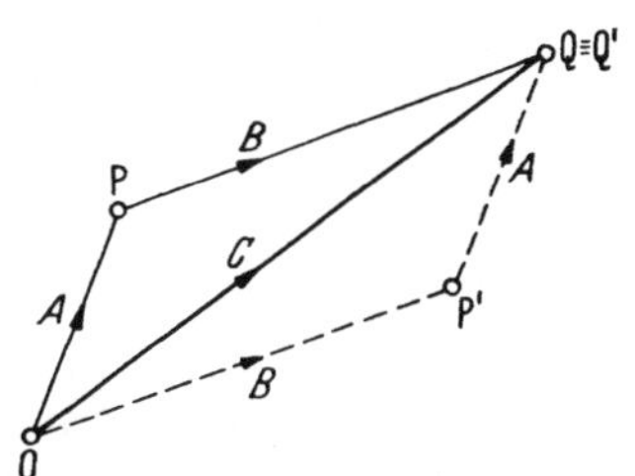

Abb. I 5. Vektoraddition.

$$A + B = B + A. \qquad \text{(I 5, 2)}$$

Diese Regel, zunächst nur für zwei Vektoren ausgesprochen, läßt sich sogleich auf beliebig viele Vektoren erweitern; man überzeugt sich hiervon, indem man einer Summe von n Vektoren (n ganz und positiv) einen weiteren Vektor hinzufügt (Methode der vollständigen Induktion).

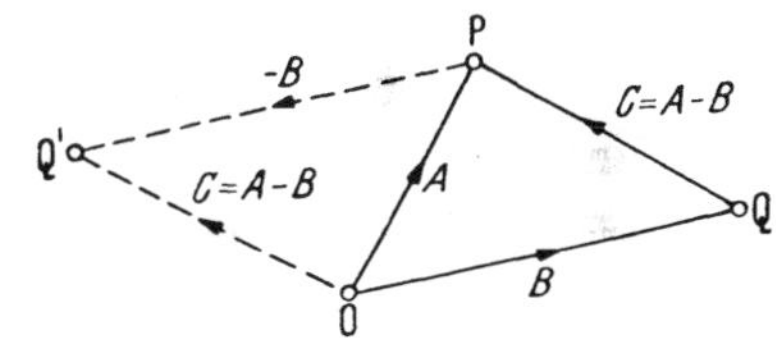

Abb. I 6. Subtraktion von Vektoren.

c) Wir fragen nach der Bedeutung der linearen Vektorverbindung

$$C = A + \mathrm{S}\,B, \qquad \text{(I 5, 3)}$$

wobei S einen reellen Skalar bezeichnet: Wir bilden zunächst den Hilfsvektor

$$\overline{B} = \mathrm{S}\,B \qquad \text{(I 5, 4)}$$

und finden dann

$$C = A + \overline{B}. \qquad \text{(I 5, 5)}$$

Wählen wir insbesondere S = — 1, so gelangen wir in

$$C = A - B \qquad \text{(I 5, 6)}$$

zur *Vektor-Subtraktion*: Einen Vektor B von einem Vektor A abziehen heißt, den Vektor $(-B)$ zu A zu addieren. Die hieraus folgende Konstruktion der Vektordifferenz ist in Abb. I 6 gegeben: Handelt man nach dem Wortlaut der gegebenen Vorschrift, so hat man der gerichteten Strecke $O \rightarrow P = A$ in P die gerichtete Strecke $P \rightarrow Q' = -B$ anzufügen und erhält die verlangte Differenz in $O \rightarrow Q'$. Aus den geometrischen Eigenschaften der Parallelogramme geht jedoch hervor, daß man zu dem gleichen Resultat gelangt, indem man jenen Vektor aufsucht, der den Endpunkt Q von B in den Endpunkt P von A verschiebt.

d) Identifiziert man in (I 5, 6) den Vektor B mit A, so entsteht als Ergebnis der *Nullvektor*; er ist gewiß invariant gegen Änderungen des Bezugssystemes. Die gleiche Eigenschaft zeichnet also jede *Gleichung zwischen Vektoren* aus, die sich ja stets in die Form eines Nullvektors setzen läßt. Auf der Konstruktion eines solchen beruht letzten Endes auch die in (I 3, c) gegebene Definition eines beliebigen Vektors mittels seiner Transformationsgesetze: Er ergänzt dann, nach Multiplikation mit einem skalaren Maßstabsfaktor und Vorzeichenumkehr, die seiner Darstellung dienende gerichtete Strecke zu einem Nullvektor.

e) Die Vereinigung der Vektor-Subtraktion mit der Division durch einen Skalar führt auf dem Wege eines Grenzüberganges zur Definition des Differentialquotienten eines Vektors V nach einem skalaren Parameter: Bezeichnen wir diesen mit t — womit natürlich nicht notwendig die laufende Zeit gemeint ist — so verstehen wir unter der *Ableitung* $V'(t)$ des Vektors $V = V(t)$ den Grenzwert

$$V'(t) = \lim_{\Delta t \to 0} \frac{V(t + \Delta t) - V(t)}{\Delta t}. \qquad \text{(I 5, 7)}$$

Gemäß den vorangehenden Definitionen stellt $V'(t)$ wiederum einen *Vektor* dar; doch stimmt seine Richtung in der Regel nicht mit der des Stammvektors $V(t)$ überein.

f) Wir konstruieren in einem *Kartesischen* Rechtssysteme der Koordinaten $x^i \equiv x_i$ die achsenparallelen Einheitsvektoren $I_i \equiv I^i$. Seien nun $A^1 \equiv A_1$; $A^2 \equiv A_2$; $A^3 \equiv A_3$ drei reelle Skalare, so sind

$$I^1 A_1 = I_1 A^1; \quad I^2 A_2 = I_2 A^2; \quad I^3 A_3 = I_3 A^3 \qquad \text{(I 5, 8)}$$

drei Vektoren, welche je in Richtung der vom Index genannten Achsen weisen. Auf Grund der Gesetze der Vektoraddition ist dann auch

$$A = I_1 A^1 + I_2 A^2 + I_3 A^3 = I^1 A_1 + I^2 A_2 + I^3 A_3 \qquad \text{(I 5, 9)}$$

ein eindeutig bestimmter Vektor. In ihrer Eigenschaft als Erzeugende des Vektors A nennen wir die Größen (I 5, 8) seine *Komponenten-Vektoren*; demgegenüber heißen die Skalare $A^1 \equiv A_1 \ldots$, seine *Komponenten* schlechthin.

g) Wir vereinfachen die Darstellung der Vektoren durch ihre Komponentenvektoren durch folgende „*Summenkonvention*“:

Immer wenn in einem algebraischen Ausdruck ein Index (i, j, k,...) einmal als unterer und ein zweites Mal als oberer Index zweier miteinander multiplizierter Faktoren angeschrieben ist, hat man über den gesamten Vorrat seiner Werte zu summieren.

Nach dieser Vorschrift nimmt also Gl. (I, 5, 9) die Form an

$$A = 1^{\mathrm{i}}\,\mathrm{A_i} = 1_{\mathrm{i}}\,\mathrm{A^i} \qquad (\mathrm{i} = 1, 2, 3). \qquad (\mathrm{I}\ 5,\ 10)$$

Da nach Ausführung der Addition der „Laufindex" i selbst nicht mehr im Ergebnis erscheint, ist seine Bezeichnung belanglos, und sie kann durch eine beliebige andere ersetzt werden. Um sich mit dieser überaus häufig zu benützenden Möglichkeit vertraut zu machen, denke man an die Ausrechnung eines bestimmten Integrales, in welchem ja die Bezeichnung der Integrationsvariabeln ebenfalls willkürlich gewählt werden kann. Es folgt hiernach beispielsweise aus (I 5, 10)

$$1_{\mathrm{i}}\,\mathrm{A^i} = 1_{\mathrm{k}}\,\mathrm{A^k} = 1^{\mathrm{j}}\,\mathrm{A_j} = 1^{\mathrm{l}}\,\mathrm{A_l}. \qquad (\mathrm{I}\ 5,\ 11)$$

Wir vertiefen die Bedeutung der Summenkonvention: Wir sehen in (I 5, 11) nicht ein bloßes stenographisches Symbol, sondern erkennen in dieser Formulierung *die* sachgemäße, *algebraische* Schreibweise der Vektoren, welche als einheitliches *geometrisches* Gebilde durch das Symbol A erfaßt werden.

h) In genauer Befolgung der Summenkonvention müssen wir uns des Summenzeichens Σ immer dann bedienen, wenn entweder über zwei Indizes der oberen Reihe oder zwei Indizes der unteren Reihe summiert werden soll. Wollen wir schließlich nur einen Komponentenvektor der Art (I 5, 8) bezeichnen, so werden wir entweder unmittelbar den gemeinten Zahlenindex (anstelle des „anonymen" Laufindex) angeben oder wir werden uns der Anweisung bedienen

$$1_{\mathrm{i}}\,\mathrm{A^k} \qquad (\mathrm{k} = \mathrm{i}). \qquad (\mathrm{I}\ 5,\ 12)$$

Falls ein Index in Klammern gesetzt wird, gilt er nicht als Summationsindex (Laufindex) im Sinne der Summenkonvention.

i) Sei

$$A = 1_{\mathrm{i}}\,\mathrm{A^i} \qquad (\mathrm{I}\ 5,\ 13)$$

ein Vektor und S ein reeller Skalar, so gilt für den Vektor $B = \mathrm{S}.A$ die Darstellung

$$B = 1_{\mathrm{i}}\,\mathrm{B^i} = \mathrm{S}\,.\,A = 1_{\mathrm{i}}\,(\mathrm{S\,A^i}). \qquad (\mathrm{I}\ 5,\ 14)$$

Man erhält also die Komponenten des gesuchten Vektors, indem man alle Komponenten des Ausgangsvektors im Verhältnis des Skalars S vergrößert.

Seien zwei Vektoren A und B vorgelegt

$$A = 1_{\mathrm{i}}\,\mathrm{A^i}; \qquad B = 1_{\mathrm{i}}\,\mathrm{B^i}. \qquad (\mathrm{I}\ 5,\ 15)$$

Ihre Summe beträgt

$$C = 1_i C^i = A + B = 1_i (A^i + B^i) = 1_i (B^i + A^i) \qquad \text{(I 5, 16)}$$

im Einklang mit dem kommutativen Gesetze der Vektoraddition. Auf dem nämlichen Wege findet man die Differenz

$$D = 1_i D^i = A - B = 1_i (A^i - B^i). \qquad \text{(I 5, 17)}$$

Die Komponenten der Summe (Differenz) zweier Vektoren berechnen sich also als Summe (Differenz) aus den Komponenten der Postenvektoren. Als *Nullvektor* V resultiert hiernach ein Vektor, dessen Komponenten sämtlich gleichzeitig verschwinden:

$$V_i \equiv V^i = 0. \qquad \text{(I 5, 18)}$$

Allerdings ist diese Definition auf jene geometrischen Systeme beschränkt, in welchen sämtliche Komponenten eines endlichen Vektors *reell* ausfallen; in der *Minkowski*schen Geometrie, in welcher diese Bedingung nicht erfüllt ist, werden wir daher noch Nullvektoren anderer Art kennen lernen.

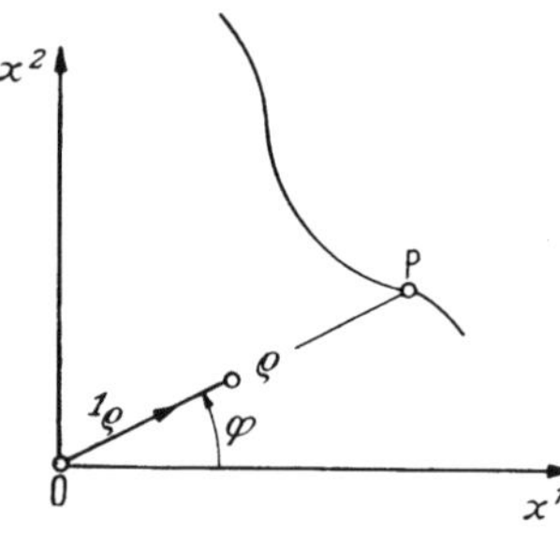

Abb. I 7. Kinematik des materiellen Punktes in der Ebene.

j) Als Beispiel wählen wir die *Kinematik eines materiellen Punktes,* welcher sich in einer *Ebene* bewegt. Wir wählen das Bezugssystem (*Kartesisches* Rechtssystem) so, daß die Ebene der Bewegung mit der Ebene $x^3 = 0$ zusammenfällt. Neben den *Kartesischen* Koordinaten x^1 und x^2 führen wir in der gleichen Ebene *Polarkoordinaten* ein: Die *Poldistanz* ϱ des Aufpunktes P vom Ursprung O und das *Azimut* φ des Radiusvektors $O \to P$ gegen die x^1-Achse (Abb. I 7).

Wir bezeichnen mit 1_ϱ den in Richtung des Radiusvektors r von O aus nach P hinweisenden Einheitsvektor, so daß gilt

$$r = 1_\varrho \varrho. \qquad \text{(I 5, 19)}$$

Es seien nun, als Ergebnis der Dynamik des materiellen Punktes, ϱ und φ als Funktionen der Zeit t (Skalar) bekannt. Gesucht wird der Vektor der *Geschwindigkeit*

$$v = \frac{dr}{dt} \qquad \text{(I 5, 20)}$$

und der *Beschleunigungsvektor*

$$b = \frac{dv}{dt} = \frac{d^2r}{dt^2}. \qquad \text{(I 5, 21)}$$

Nach den Regeln der Produktdifferentiation erhalten wir aus (I 5, 19) zunächst

$$v = \frac{d1_\varrho}{dt}\varrho + 1_\varrho \frac{d\varrho}{dt}. \qquad \text{(I 5, 22)}$$

Nun ist der radiale Einheitsvektor definitionsgemäß gleich

$$1_\varrho = 1_1 \cos\varphi + 1_2 \sin\varphi \qquad \text{(I 5, 23)}$$

also, mittels Differentiation,

$$\frac{d1_\varrho}{dt} = 1_1\left(-\sin\varphi\frac{d\varphi}{dt}\right) + 1_2\left(\cos\varphi\frac{d\varphi}{dt}\right). \qquad \text{(I 5, 24)}$$

Der Differentialquotient

$$\omega = \frac{d\varphi}{dt} \qquad \text{(I 5, 25)}$$

mißt die *Winkelgeschwindigkeit* des um O sich drehenden Radiusvektors; erkennen wir, im Rahmen der ebenen Bewegung, dem Azimut skalaren Charakter zu, so gilt das gleiche für ω. Damit können wir (I 5, 24) in die Form bringen

$$\frac{d1_\varrho}{dt} = 1_\varphi\,\omega, \qquad \text{(I 5, 26)}$$

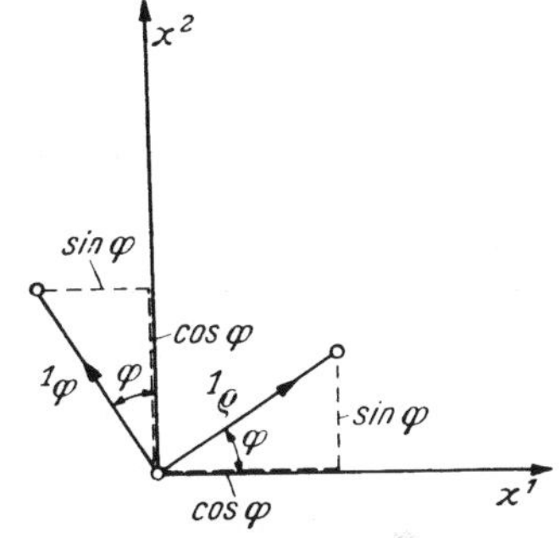

Abb. I 8. Die Einheitsvektoren der ebenen Bewegung.

wobei der neue Einheitsvektor 1_φ durch die Gleichung definiert ist

$$1_\varphi = 1_1(-\sin\varphi) + 1_2\cos\varphi. \qquad \text{(I 5, 27)}$$

Nach Abb. I 8 eilt 1_φ um 90° vor 1_ϱ voraus; daher nennen wir 1_φ den *azimutalen Einheitsvektor*.

Mit Rücksicht auf (I 5, 26) erhalten wir für den Geschwindigkeitsvektor

$$v = 1_\varphi\,\omega\,\varrho + 1_\varrho\frac{d\varrho}{dt}. \qquad \text{(I 5, 28)}$$

Der Geschwindigkeitsvektor ist also aus einer azimutalen Komponente der Größe $\omega\,\varrho$ und einer radialen Komponente der Größe $\frac{d\varrho}{dt}$ zusammengesetzt.

Zum Beschleunigungsvektor b übergehend, berechnen wir nun

$$b = \frac{dv}{dt} = \frac{d1_\varphi}{dt}\omega\,\varrho + 1_\varphi\left(\frac{d\omega}{dt}\varrho + \omega\frac{d\varrho}{dt}\right) + \frac{d1_\varrho}{dt}\frac{d\varrho}{dt} + 1_\varrho\frac{d^2\varrho}{dt^2}. \qquad \text{(I 5, 29)}$$

Nach (I 5, 27) gilt hierin, mit Beachtung von (I 5, 23) und (I 5, 25)

$$\frac{d1_\varphi}{dt} = 1_1\left(-\cos\varphi\frac{d\varphi}{dt}\right) + 1_2\left(-\sin\varphi\frac{d\varphi}{dt}\right) = -1_\varrho\,\omega.. \qquad \text{(I 5, 30)}$$

Daher ergibt sich für den Beschleunigungsvektor, mit Rücksicht auf (I 5, 24)

$$b = 1_\varrho\left(\frac{d^2\varrho}{dt^2} - \omega^2\varrho\right) + 1_\varphi\left(\frac{d^2\varphi}{dt^2}\varrho + 2\,\omega\frac{d\varrho}{dt}\right). \qquad \text{(I 5, 31)}$$

In radialer Richtung ist hiernach von der „Radialbeschleunigung" $d^2\varrho/dt^2$ die „Zentripetalbeschleunigung" $(-\omega^2\,\varrho)$ in Abzug zu bringen, während sich die azimutale Beschleunigung aus dem Anteil $d^2\varphi/dt^2\,\varrho$ (gleich Winkelbeschleunigung mal Poldistanz) und dem *Coriolis*chen Anteil $2\,\omega\,d\varrho/dt$ additiv zusammensetzt.

I 6. Das skalare Produkt zweier Vektoren.

a) Gegeben seien im Ursprung O des *Kartesischen* Bezugssystemes x^i die zwei gerichteten Strecken (Vektoren)

$$O \rightarrow A = A = 1_i\,A^i\,; \qquad O \rightarrow B = B = 1_i\,B^i. \tag{I 6, 1}$$

Die *Längen* $|A|$ und $|B|$ dieser Strecken sind — als Entfernungen der Punkte O, A einerseits und O, B andererseits — *skalare* Größen. Es sei weiter γ der von A und B bei O eingeschlossene *Winkel*. Dieser selbst ist allerdings unendlich vieldeutig; doch liefert $\cos\gamma$ wegen des geraden Charakters der Kosinusfunktion einen eindeutigen Zahlenwert, also einen „echten" Skalar.

Unter dem *skalaren Produkte* (oder *inneren* Produkte) der beiden Vektoren A und B — Symbol $(A\,B)$ — versteht man die Größe

$$(A\,B) = |A|\,|B|\cos\gamma. \tag{I 6, 2}$$

Auf Grund des skalaren Charakters jedes ihrer drei Faktoren definiert sie eine *Invariante*; dieser überaus wichtige Sachverhalt findet in ihrer Bezeichnung als „skalares" Produkt seinen sprachlichen Ausdruck.

Aus Gl. (I 6, 2) entnimmt man sofort das *kommutative Gesetz* der skalaren Multiplikation:

$$(A\,B) = (B\,A). \tag{I 6, 3}$$

Die physikalische Dimension des skalaren Produktes ist hiernach gleich dem Produkt der Dimensionen von A und B einzeln, ohne daß man auf ihre Reihenfolge zu achten braucht (Vergleiche jedoch III, 5.).

b) Identifiziert man den Vektor B mit A, so wird mit $\gamma = 0 \bmod 2\,\pi$ gleichzeitig $\cos\gamma = 1$. Man erhält dann als skalares Produkt des Vektors A mit sich selbst den Ausdruck

$$(A)^2 = |A|\,.\,|A|, \tag{I 6, 4}$$

welcher die *Norm* des Vektors A definiert. Insbesondere besitzen die Einheitsvektoren die Norm 1.

In allen geometrischen Systemen, welche sich auf reelle Vektorkomponenten beschränken, fällt die Norm stets positiv aus. Die Länge des Vektors A selbst, deren skalarer Charakter schon wiederholt betont wurde, folgt nunmehr als positive Quadratwurzel aus der Norm

$$|A| = +\sqrt{(A)^2}. \tag{I 6, 5}$$

Auf Grund dieser Relation dürfen wir die *Länge* des Vektors A synonym als seinen *Betrag* bezeichnen.

c) Stehen die Vektoren A und B senkrecht aufeinander, so wird $\cos\gamma = \cos\pi/2 = 0$: das skalare Produkt je zweier, zueinander orthogonaler Vektoren verschwindet identisch. Für die nach den Achsen des *Kartesischen* Bezugssystemes orientierten Einheitsvektoren 1_i, 1^k erhält man demnach die „*Orthogonalitätsrelationen*" (Ausnützung der Summenkonvention!):

$$(1_i\, 1^k) = \delta_i^k = \begin{matrix} 1 \text{ für } i = k, \\ 0 \text{ für } i \neq k, \end{matrix} \qquad \text{(I 6, 6)}$$

wobei die *Kronecker*schen δ-Symbole eingeführt wurden; sie genügen der Symmetrieeigenschaft

$$\delta_i^k = \delta_k^i = \begin{matrix} 1 \text{ für } i = k, \\ 0 \text{ für } i \neq k. \end{matrix} \qquad \text{(I 6, 7)}$$

Im dreidimensionalen Raume gibt es also, entsprechend dem Werte-Vorrat der Indizes i und k, im ganzen $3 \times 3 = 9$ Orthogonalitätsrelationen, von denen jedoch mit Rücksicht auf (I 6, 7) nur 6 voneinander unabhängige verbleiben.

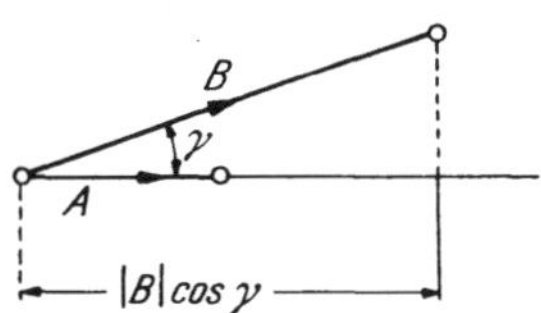

Abb. I 9. Geometrische Darstellung des skalaren Produktes.

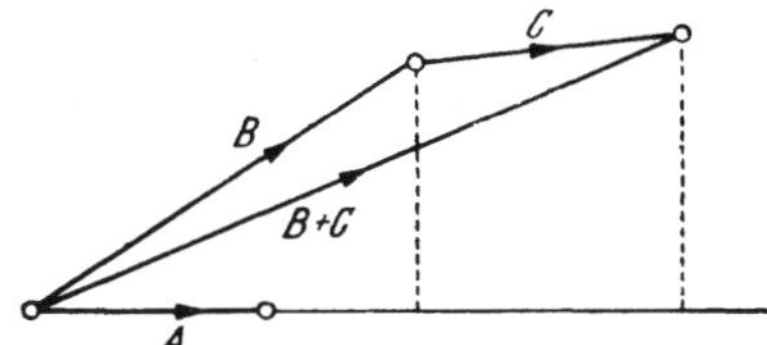

Abb. I 10. Geometrische Interpretation des distributiven Gesetzes der skalaren Multiplikation.

d) Zur geometrischen Interpretation des skalaren Produktes verhilft Abb. I 9: Das skalare Produkt der gerichteten Strecken A und B ist gleich der Länge der Strecke A multipliziert mit der Projektion des Vektors B auf die Richtung von A. Das kommutative Gesetz (I 6, 3) findet seine geometrische Bestätigung in dem Satze, daß die Projektion von A auf die Richtung von B, multipliziert mit dem Betrage von B, zu dem vorher bestimmten Werte des skalaren Produktes zurückführt.

e) Der geometrischen Auffassung des skalaren Produktes entnehmen wir das distributive Gesetz: Seien A, B, C drei Vektoren, so ist

$$(A\,\{B + C\}) = (A\,B) + (A\,C). \qquad \text{(I 6, 8)}$$

Denn nach Abb. I 10 drückt diese Gleichung den fast trivialen geometrischen Satz aus: Die Summe der Projektionen zweier Vektoren auf eine feste Richtung ist gleich der Projektion der Vektorsumme.

Mit Hilfe dieses Satzes berechnen wir das skalare Produkt der Vektoren A und B auf Grund der Kenntnis ihrer Komponenten. Wir schreiben, abermals mit Ausnützung der Summenkonvention,

$$A = 1_i\, A^i ; \qquad B = 1^k\, B_k \tag{I 6, 9}$$

und erhalten mit Rücksicht auf (I 6, 6)

$$(A\, B) = \delta_i^k\, A^i\, B_k = A^i\, B_i = A^1\, B_1 + A^2\, B_2 + A^3\, B_3. \tag{I 6, 10}$$

Für die Norm eines Vektors entsteht hieraus der *Pythagora*eische Lehrsatz

$$(A)^2 = A^i\, A_i = A^1\, A_1 + A^2\, A_2 + A^3\, A_3. \tag{I 6, 11}$$

f) Wir behaupten das Bestehen der *Schwarz*schen Ungleichung

$$(A\, B) \leqq |A|\, |B|. \tag{I 6, 12}$$

Zum Beweise bezeichnen wir mit S einen *reellen* Skalar. Dann gilt gewiß die skalare Ungleichung

$$(A + S\, B)^2 \geqq 0. \tag{I 6, 13}$$

Das Gleichheitszeichen kann nur dann eintreten, wenn man — nach geeigneter Wahl von S — die Vektoren A und B als einander parallel oder antiparallel voraussetzt. (Konstruktion eines Nullvektors.) Schließen wir diesen Fall aus, so ist also

$$(A)^2 + 2\, S\, (A\, B) + S^2\, (B)^2 > 0. \tag{I 6, 14}$$

Daher kann die in S quadratische Gleichung

$$S^2 + 2\, \frac{(A\, B)}{(B)^2}\, S + \frac{(A)^2}{(B)^2} = 0 \tag{I 6, 15}$$

keine reellen Lösungen besitzen; hieraus folgt

$$\frac{(A\, B)^2}{(B)^4} < \frac{(A)^2}{(B)^2} \tag{I 6, 16}$$

und diese Ungleichung ist inhaltlich mit (I 6, 12) identisch.

g) Aus der *Schwarz*schen Ungleichung geht hervor, daß in allen, auf reelle Vektorkomponenten beschränkten geometrischen Systemen Gl. (I 6, 2) in der Form

$$\cos \gamma = \frac{(A\, B)}{|A|\, |B|} \tag{I 6, 17}$$

stets durch reelle Winkel γ befriedigt werden kann.

Auf Grund dieses Ergebnisses kehren wir die in I, 5 f, durchgeführte Synthese der Vektoren aus ihren nach den Achsen des *Kartesischen* Systemes orientierten Komponenten um: Wir fragen nach der Zerlegung eines vorgegebenen Vektors A in diese Komponentenvektoren. Wir setzen an

$$A = 1_i\, A^i. \tag{I 6, 18}$$

Skalare Multiplikation mit dem Einheitsvektor 1^k liefert dann, mit Rücksicht auf die Orthogonalitätsrelationen (I 6, 6)

$$(1^k\, A) = (1^k\, 1_i)\, A^i = \delta_i^k\, A^i = A^k. \tag{I 6, 19}$$

Nun ist, nach (I 6, 17), der Winkel zwischen dem Vektor A und der Richtung der k-Achse durch das Verhältnis gegeben

$$\cos(A, 1^k) = \frac{(1^k A)}{|A| \cdot 1}, \qquad \text{(I 6, 20)}$$

so daß man statt (I 6, 19) schreiben kann

$$A^k = |A| \cos(A, 1^k). \qquad \text{(I 6, 21)}$$

Die *Kartesischen* Komponenten des Vektors A sind hiernach als seine Orthogonalprojektionen auf die Achsen des Bezugssystemes erkannt.

h) Wir suchen die Transformation eines *Kartesischen* Rechtssystemes der Koordinaten x^i auf ein gestrichenes, ebenfalls *Kartesisches* Rechtssystem $x^{i'}$, welches gegen das Grundsystem *gedreht* ist. Die Drehung wird durch Angabe der drei Einheitsvektoren $1_{k'}$ beschrieben, welche relativ zum ungestrichenen System durch die drei Gleichungen gegeben sind.

$$1_{k'} = \alpha_k^i 1_i \quad (i, k = 1, 2, 3). \qquad \text{(I 6, 22)}$$

Wir erweitern diese Gleichungen auf skalare Weise mit dem Einheitsvektor 1^j, berücksichtigen (I 6, 17) und erhalten

$$(1_{k'} 1^j) \equiv \cos(1_{k'}, 1^j) = \alpha_k^i (1_i 1^j) = \alpha_k^i \delta_i^j = \alpha_k^j. \qquad \text{(I 6, 23)}$$

Die Gesamtheit der neun Zahlen α_k^j liefert also das System der „Richtungskosinus", welche die Lage der gestrichenen Achse k′ gegen die ungestrichene Achse j festlegen. Sie sind jedoch nicht sämtlich unabhängig von einander. Denn da auch das gestrichene System als *Kartesisches* vorausgesetzt ist, gelten die neun Orthogonalitätsrelationen

$$(1_{k'} 1^{l'}) = \delta_k^l, \qquad \text{(I 6, 24)}$$

von welchen, wiederum auf Grund von (I 6, 7), nur sechs voneinander unabhängige verbleiben.

Die Gl. (I 6, 22) lassen sich umkehren

$$1_k = \bar{\alpha}_k^i 1_{i'}. \qquad \text{(I 6, 25)}$$

Zur Ermittlung der $\bar{\alpha}_k^i$ erweitern wir (I 6, 25) mit $1^{l'}$ auf skalare Weise und finden

$$(1_k 1^{l'}) \equiv \cos(1_k, 1^{l'}) = \bar{\alpha}_k^i (1_{i'} 1^{l'}) = \bar{\alpha}_k^i \delta_i^l = \bar{\alpha}_k^l. \qquad \text{(I 6, 26)}$$

Nun besteht die Identität

$$\cos(1_k, 1^{l'}) \equiv \cos(1^{l'}, 1_k) \equiv \cos(1_{l'}, 1^k). \qquad \text{(I 6, 27)}$$

Vertauscht man hierin die Indizes l, k mit k, j, so liefert der Vergleich von (I 6, 23) mit (I 6, 27) die Relationen

$$\bar{\alpha}_j^k = \alpha_k^j. \qquad \text{(I 6, 28)}$$

Aus (I 6, 24) folgt also mit (I 6, 22) und (I 6, 28)

$$(1_{k'} 1^{l'}) = \alpha_k^i \bar{\alpha}_i^l = \delta_k^l \qquad \text{(I 6, 29)}$$

und ebenso aus (I 6, 25) und (I 6, 28)

$$(1_i 1^j) = \bar{\alpha}_i^l \alpha_l^j = \delta_i^j. \qquad \text{(I 6, 30)}$$

Es sei nun ein Radiusvektor r mittels seiner *Kartesischen* Koordinaten im ungestrichenen System vorgegeben

$$r = 1_i \, x^i . \qquad (I\ 6,\ 31)$$

Seine Darstellung im gestrichenen System lautet

$$r = 1_{k'} \, x^{k'} . \qquad (I\ 6,\ 32)$$

Durch Substitution von (I 6, 25) in (I 6, 31) erhält man — nach passender Umbenennung der Indizes —

$$r = \overline{\alpha}_i^k \, 1_{k'} \, x^i , \qquad (I\ 6,\ 33)$$

so daß, wie ein Blick auf (I 6, 32) zeigt, die gesuchte Transformation lautet

$$x^{k'} = \overline{\alpha}_i^k \, x^i . \qquad (I\ 6,\ 34)$$

Ebenso folgt durch Eintragen von (I 6, 22) in (I 6, 32)

$$r = \alpha_k^i \, 1_i \, x^{k'} , \qquad (I\ 6,\ 35)$$

also

$$x^i = \alpha_k^i \, x^{k'} . \qquad (I\ 6,\ 36)$$

Definitionsgemäß regeln die Formeln (I 6, 34) und (I 6, 36) die Transformation der Komponenten eines beliebigen Vektors A. Wir schreiben sie entweder in der Gestalt

$$A^{k'} = \overline{\alpha}_i^k \, A^i ; \qquad A^i = \alpha_k^i \, A^{k'} \qquad (I\ 6,\ 37)$$

oder, mit Rücksicht auf (I 6, 28), für einen ebenfalls beliebigen Vektor B

$$B_{k'} = \alpha_k^i \, B_i ; \qquad B_i = \overline{\alpha}_i^k \, B_{k'} . \qquad (I\ 6,\ 38)$$

i) Wir berechnen das skalare Produkt der Vektoren A und B auf Grund der Kenntnis ihrer Komponenten im gestrichenen System:

$$(A\,B) = A^{k'} \, B_{k'} = \overline{\alpha}_i^k \, A^i \, \alpha_k^j \, B_j , \qquad (I\ 6,\ 39)$$

also, nach Gl. (I 6, 30)

$$(A\,B) = A^{k'} \, B_{k'} = A^i \, B_i \qquad (I\ 6,\ 40)$$

im Einklang mit der Forderung der Invarianz.

Von größter Bedeutung ist die Umkehrung dieses Ergebnisses: Sei für *jeden* Vektor A beim Übergang vom ungestrichenen zum gestrichenen System

$$S = A^i \, B_i = A^{k'} \, B_{k'} \qquad (I\ 6,\ 41)$$

ein Skalar (Invariante), so sind die B_i, $B_{k'}$ notwendig die Komponenten eines Vektors B.

Zum Beweise dieses Existenzsatzes haben wir nach (I 6, 37), da die Vektornatur von A voraussetzungsgemäß feststeht,

$$A^i \, B_i = \overline{\alpha}_i^k \, A^i \, B_{k'} . \qquad (I\ 6,\ 42)$$

Nachdem dies für *alle* A gültig sein soll, darf man gewiß nacheinander $A^1 \neq 0,\ A^2 = A^3 = 0;\quad A^2 \neq 0,\quad A^1 = A^3 = 0;\quad A^3 \neq 0,\quad A^1 = A^2 = 0$ wählen, so daß man aus (I 6, 42) folgert

$$B_i = \overline{\alpha}_i^k \, B_{k'} . \qquad (I\ 6,\ 43)$$

Auf Grund von (I 6, 38) ist hiermit in der Tat die Vektornatur von B erwiesen.

Wir identifizieren insbesondere den Vektor A mit dem Einheitsvektor 1_n in Richtung einer beliebigen Normalen (n)

$$1_n = 1_i\, 1_n^i = 1_1 \cos(1, n) + 1_2 \cos(2, n) + 1_3 \cos(3, n). \quad \text{(I 6, 44)}$$

Dann wird der Skalar S der Gl. (I 6, 41)

$$S = (1_n B) = 1_n^i B_i = B_1 \cos(1, n) + B_2 \cos(2, n) + B_3 \cos(3, n). \quad \text{(I 6, 45)}$$

Analytisch betrachtet, erklärt diese Gleichung den Skalar S als homogene, lineare Funktion der drei Richtungskosinus des Einheitsvektors 1_n, wobei das Tripel der Vektorkomponenten als Koeffizientensystem auftritt. Aus dem Existenzsatz geht hervor, daß man diesen Sachverhalt ebenfalls zur analytischen Definition des Vektorbegriffes benützen kann, sofern man die genannte funktionelle Verknüpfung für *alle* Einheitsvektoren 1_n verlangt; ihre Identität mit der früheren Definition an Hand der Transformationseigenschaften ist in Gl. (I 6, 43) ausgesprochen.

k) Eine der wichtigsten physikalischen Anwendungen der skalaren Multiplikation zweier Vektoren ist im Begriffe der *Arbeit* L gegeben: Wird die Kraft K längs des vektoriellen Wegelementes 1_s ds von der Länge ds verschoben, so beurteilt man die geleistete Arbeit nur nach der Komponente von K auf 1_s ds oder umgekehrt: Man erhält als Arbeitsdifferential

$$dL = (K\, 1_s\, ds) = (K\, 1_s)\, ds \equiv K_s\, ds. \quad \text{(I 6, 46)}$$

Aus ihr folgt die Arbeit längs des Weges C, der im physikalischen Konfigurationsraum die Punkte P und Q verbindet, durch Berechnung des *Linienintegrales*

$$L = \int_{P\,(C)}^{Q} (K\, 1_s)\, ds = \int_{P\,(C)}^{Q} K_s\, ds. \quad \text{(I 6, 47)}$$

Für die tatsächliche Auswertung solcher Integrale empfiehlt es sich, sowohl die Kraft K (oder ihre Komponente K_s) wie das Wegelement ds als Funktion eines reellen Parameters darzustellen, so daß dann L in ein gewöhnliches Integral nach dieser Integrationsvariabeln übergeht.

I 7. Das Vektorprodukt.

a) Gegeben seien im dreidimensionalen Raume zwei Vektoren A und B. Wir verschieben sie nach einem gemeinsamen Ursprung P und stellen sie dort durch die beiden gerichteten Strecken dar

$$A = P \rightarrow Q; \qquad B = P \rightarrow R, \quad \text{(I 7, 1)}$$

welche zwischeneinander den Winkel γ $(0 \leqq \gamma < \pi)$ einschließen mögen. Wir sehen zunächst von dem Grenzfall $\gamma = 0$ ab; dann können wir den

Vektoren A und B einen dritten Vektor C als ihr *Vektorprodukt* zuordnen, welches wir durch das Symbol

$$C = [A\ B] \tag{I 7, 2}$$

bezeichnen und, im Anschluß an Abb. I 11, durch folgende Eigenschaften definieren:

1. Die Richtung von C steht senkrecht auf der Ebene des von A und B ausgespannten Parallelogrammes; dabei weist C die Fortschrittsbewegung einer Rechtsschraube, falls man A auf dem Wege der kürzesten Drehung in B überführt.

2. Der Betrag von C gleicht dem Flächeninhalt des von A und B ausgespannten Parallelogrammes:

$$|C| = |A|\,|B| \sin\gamma = +\sqrt{(A)^2\,(B)^2 - (A\ B)^2}. \tag{I 7, 3}$$

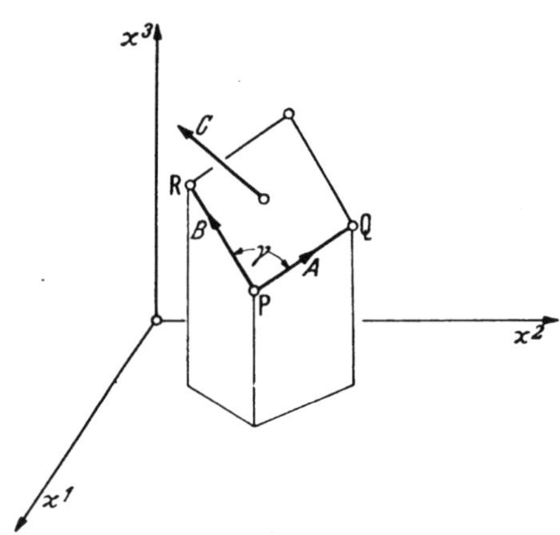

Abb. I 11. Das Vektorprodukt.

Im Einklang mit dieser Gleichung erledigen wir den bisher ausgeschlossenen Fall $\gamma = 0$, indem wir festsetzen: Das Vektorprodukt zweier paralleler Vektoren verschwindet identisch. Insbesondere annulliert sich hiernach das Vektorprodukt eines Vektors mit sich selbst:

$$[A]^2 \equiv 0. \tag{I 7, 4}$$

Durch Anwendung dieser Definitionen auf die Einheitsvektoren des *Kartesischen* Rechtssystemes findet man für jede zyklische Reihenfolge der Zahlen (i, j, k) = (1, 2, 3) die Regeln

$$[1_{\mathrm{i}}\ 1_{\mathrm{j}}] = 1^{\mathrm{k}}; \quad [1_{\mathrm{i}}]^2 = 0. \tag{I 7, 5}$$

Der zunächst befremdende Übergang von der unteren zur oberen Indexreihe in der ersten dieser Formeln wird sich für die weiteren Entwicklungen als besonders zweckmäßig erweisen.

b) Im Gegensatz zum Verhalten des skalaren Produktes zweier Vektoren mit reellen Komponenten ist das Vektorprodukt solcher Vektoren nicht kommutativ. Ändern wir nämlich die Reihenfolge der Vektoren A und B, so durchlaufen wir den Umfang der von ihnen gebildeten Parallelogrammfläche gerade in umgekehrtem Sinne wie vordem, und daher weist der Vektor C, auf Grund der Schraubenregel, nunmehr in die der früheren entgegengesetzte Richtung. Dieser Sachverhalt kommt in der Gleichung zum Ausdruck

$$[A\ B] = -[B\ A] \tag{I 7, 6}$$

in welcher (I 7, 4) als Sonderfall enthalten ist. Auf Grund dieser Erkenntnis sollte man bei der Angabe der physikalischen Dimension des Vektorproduktes auf die Reihenfolge der Faktor-Vektoren achten; doch wird gegen diese Vorschrift oft verstoßen.

c) Die Bildung des Vektorproduktes gehorcht dem *distributiven Gesetz*

$$[A\,\{B + C\}] = [A\,B] + [A\,C]. \qquad \text{(I 7, 7)}$$

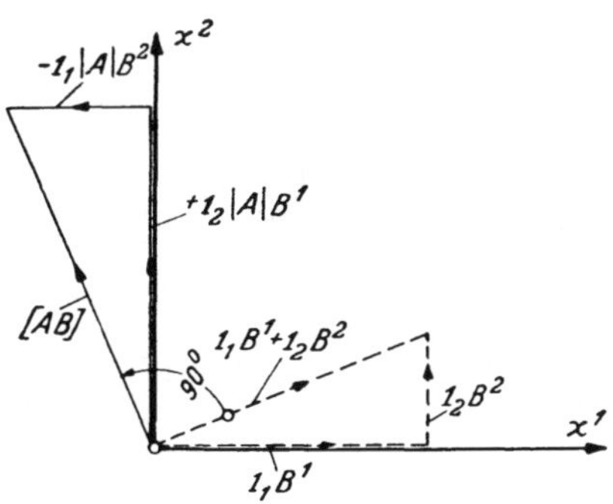

Abb. I 12. Zum distributiven Gesetz der Vektormultiplikation.

Zum Beweise dieser Behauptung drehen wir die x^3-Achse des Bezugssystemes entsprechend Abb. I 12 in die Richtung des Vektors A; dies ist stets möglich. Der Inhalt des von A und B ausgespannten Parallelogrammes ist dann gleich $|A|$ mal der Projektion von B in die senkrecht zu A orientierte Ebene $x^3 = 0$:

$$|[A\,B]| = |A|\,|1_1\,B^1 + 1_2\,B^2|. \qquad \text{(I 7, 8)}$$

Da überdies $[A\,B]$ senkrecht auf A und B steht, liegt der Vektor $[A\,B]$ in der Ebene $x^3 = 0$ und zeigt senkrecht der Projektion von B auf diese Ebene. Diese Vorschrift kommt in der Konstruktion nach Abb. I 12 zum Ausdruck, aus welcher man entnimmt

$$[A\,B] = -1_1\,|A|\,B^2 + 1_2\,|A|\,B^1. \qquad \text{(I 7, 9)}$$

Auf dem gleichen Wege folgen die Gleichungen

$$[A\,C] = -1_1\,|A|\,C^2 + 1_2\,|A|\,C^1 \qquad \text{(I 7, 10)}$$

und

$$[A\,\{B + C\}] = -1_1\,|A|\,\{B + C\}^2 + 1_2\,|A|\,\{B + C\}^1. \qquad \text{(I 7, 11)}$$

Nun gilt, nach den Regeln der Vektoraddition

$$\{B + C\}^1 = B^1 + C^1; \quad \{B + C\}^2 = B^2 + C^2, \qquad \text{(I 7, 12)}$$

so daß in der Tat (I 7, 11) mit (I 7, 7) übereinstimmt.

d) Das distributive Gesetz der vektoriellen Multiplikation verhilft zur Darstellung des Vektorproduktes mittels der Komponenten der Faktor-Vektoren: Seien diese

$$A = 1_i\,A^i; \quad B = 1_j\,B^j, \qquad \text{(I 7, 13)}$$

so wird zunächst

$$C = [A\,B] = [\{1_1\,A^1 + 1_2\,A^2 + 1_3\,A^3\}\{1_1\,B^1 + 1_2\,B^2 + 1_3\,B^3\}] \qquad \text{(I 7, 14)}$$

und also, mit Rücksicht auf (I 7, 5) und (I 7, 6)

$$C = \mathbf{1}^1\{A^2 B^3 - A^3 B^2\} + \mathbf{1}^2\{A^3 B^1 - A^1 B^3\} + \mathbf{1}^3\{A^1 B^2 - A^2 B^1\} =$$

$$= \begin{vmatrix} \mathbf{1}^1 & \mathbf{1}^2 & \mathbf{1}^3 \\ A^1 & A^2 & A^3 \\ B^1 & B^2 & B^3 \end{vmatrix}. \qquad \text{(I 7, 15)}$$

Wir wählen insbesondere A gleich dem Einheitsvektor $\mathbf{1}_{i'}$ und B gleich dem Einheitsvektor $\mathbf{1}_{j'}$ eines gestrichenen, *Kartesischen* Koordinatensystemes, welches gegen das Grundsystem entsprechend (I 6, 22) gedreht ist. Dann erhalten wir nach (I 7, 15)

$$[\mathbf{1}_{i'}, \mathbf{1}_{j'}] = \mathbf{1}^{k'} = \overline{a}_l^k\, \mathbf{1}^l = \begin{vmatrix} \mathbf{1}^1 & \mathbf{1}^2 & \mathbf{1}^3 \\ a_i^1 & a_i^2 & a_i^3 \\ a_j^1 & a_j^2 & a_j^3 \end{vmatrix} \qquad \text{(I 7, 16)}$$

Sei also l, m, n eine zyklische Anordnung der Zahlen (1, 2, 3), so entnimmt man hieraus die Identitäten

$$\overline{a}_l^k = a_k^l = a_i^m\, a_j^n - a_i^n\, a_j^m \qquad \text{(I 7, 17)}$$

oder

$$\cos(\mathbf{1}_l, \mathbf{1}^{k'}) = \cos(\mathbf{1}_m, \mathbf{1}^{i'}) \cos(\mathbf{1}_n, \mathbf{1}^{j'}) - \cos(\mathbf{1}_n, \mathbf{1}^{i'}) \cos(\mathbf{1}_m, \mathbf{1}^{j'}). \qquad \text{(I 7, 18)}$$

Mit ihrer Hilfe ergibt sich der Wert der Determinanten

$$\begin{vmatrix} a_1^1 & a_1^2 & a_1^3 \\ a_2^1 & a_2^2 & a_2^3 \\ a_3^1 & a_3^2 & a_3^3 \end{vmatrix} = \begin{vmatrix} \overline{a}_1^1 & \overline{a}_2^1 & \overline{a}_3^1 \\ \overline{a}_1^2 & \overline{a}_2^2 & \overline{a}_3^2 \\ \overline{a}_1^3 & \overline{a}_2^3 & \overline{a}_3^3 \end{vmatrix} = 1 \qquad \text{(I 7, 19)}$$

indem man etwa beide Male nach den Elementen der obersten Zeile entwickelt.

e) Der Begriff des vektoriellen Produktes zweier Vektoren ist durchaus an den dreidimensionalen Raum gebunden, weil man nur in diesem ihrer Parallelogrammfläche eine eindeutige Normale zuordnen kann. Dagegen kommt dieser Fläche selbst auch in Räumen beliebiger Dimensionenzahl ein wohldefinierter Sinn zu. Es empfiehlt sich deshalb, die orientierte Parallelogrammfläche unter dem Namen „*Plangröße*" P als neues geometrisches Element den Grundbegriffen der Vektorrechnung hinzuzufügen; während ihre Transformationsgesetze in *Kartesischen* Rechtssystemen des dreidimensionalen Raumes mit den Regeln der Vektortransformation übereinstimmen, werden sich in allgemeineren Bezugssystemen und mehrdimensionalen Räumen die Transformationsgesetze der Vektoren einerseits, der Plangrößen andererseits als wesentlich voneinander verschieden erweisen (vergleiche IV 10, g). Da wir uns jedoch in diesem und dem folgenden Kapitel auf *Kartesische* Rechtssysteme beschränken, brauchen wir den Unterschied zwischen Vektorprodukt und Plangröße zunächst nicht zu beachten; der Kürze halber werden wir uns in allen vorkommenden Fällen an die vektoriellen Bezeichnungen halten.

I 8. Anwendungen des Vektorproduktes in der Mechanik.

a) Die Winkelgeschwindigkeit. Wir behandeln die Drehung eines Punktes P um die Achse $\Omega - \Omega$, welche durch den Ursprung O des Bezugssystemes verläuft. Die Lage des Punktes P relativ zu O wird nach Abb. I 13 durch den Radiusvektor gegeben

$$r = 1_i \, x^i. \qquad \text{(I 8, 1)}$$

Mit Δ t bezeichnen wir die infinitesimale Kontrollepoche, in welcher der Punkt P die infinitesimale Drehung ϑ ausführt; diese stellen wir verabredungsgemäß durch den Abschnitt $O \to \Theta$ der Drehachse dar, dessen Länge dem Betrage $|\vartheta|$ der Drehung gleicht und deren Richtung mit dem Sinne der Drehung nach der Rechtsschrauben-Regel verbunden ist. Aus dem skalaren Charakter der Zeit folgt dann, daß der Grenzwert

$$\omega = \lim_{\Delta t \to 0} \frac{\vartheta}{\Delta t} \qquad \text{(I 8, 2)}$$

einen Vektor definiert, welcher dem Vektor der infinitesimalen Drehung ϑ parallel gerichtet ist: Wir nennen ω den Vektor der *Winkelgeschwindigkeit.*

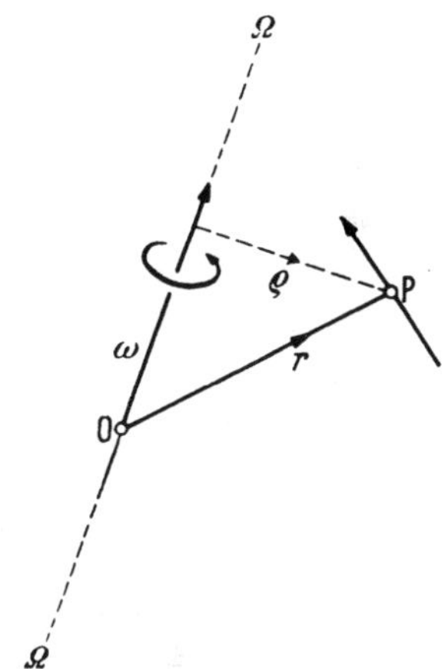

Abb. I 13. Vektorcharakter der Winkelgeschwindigkeit.

Welche *Lineargeschwindigkeit* v besitzt P bei der untersuchten Drehbewegung? Wir behaupten, daß sie durch die Vektorgleichung dargestellt wird

$$v = [\omega \, r], \qquad \text{(I 8, 3)}$$

denn zunächst steht dieser Vektor senkrecht auf der durch die Drehachse und den Radiusvektor r gelegten Ebene. Weiter ist

$$|v| = |\omega| \, |r| \sin(\omega, r). \qquad \text{(I 8, 4)}$$

Nach Abb. I 13 mißt

$$\varrho = \mathrm{P\,Q} = |r| \sin(\omega, r) \qquad \text{(I 8, 5)}$$

den Abstand des Punktes P von der Drehachse, also, im Einklang mit der Definition des Betrages der Winkelgeschwindigkeit nach I 5, i)

$$|\omega| = \frac{|v|}{\varrho}. \qquad \text{(I 8, 6)}$$

Endlich überzeugt man sich, daß die aus den Vektoren ω, r, v (in dieser Reihenfolge) gebildete Rechtsschraube für v die kinematisch verlangte Richtung liefert.

Stellt man ω mit Bezug auf das *Kartesische* Koordinatensystem in der Form dar

$$\omega = 1_i \, \omega^i \tag{I 8, 7}$$

so erhält man also nach Gl. (I 7, 15) für v die Koordinatendarstellung

$$v = \begin{vmatrix} 1^1 & 1^2 & 1^3 \\ \omega^1 & \omega^2 & \omega^3 \\ x^1 & x^2 & x^3 \end{vmatrix}. \tag{I 8, 8}$$

Aus dem Vektorcharakter der Winkelgeschwindigkeit folgt der Satz: Winkelgeschwindigkeiten dürfen vektoriell zusammengesetzt werden. Hieraus entsteht folgende Frage: Integriert man die Teil-Winkelgeschwindigkeiten über endliche Zeitintervalle, so resultieren endliche Drehwinkel; dürfen auch sie durch Vektoren repräsentiert und nach den Vorschriften der Vektorrechnung zusammengesetzt werden? In der Regel keinesfalls! Denn das Resultat zweier hintereinander ausgeführter Drehungen kann je nach ihrer Reihenfolge ganz verschieden ausfallen — im Gegensatz zum kommutativen Gesetz der Vektoraddition. Vielmehr zeigt die vorliegende Analyse, daß die vektorielle Interpretation von Drehungen nur für infinitesimale Drehwinkel zulässig ist. Während nämlich endliche Drehungen nur durch krummlinige Verrückungen repräsentiert werden können, reduzieren diese sich für infinitesimale Drehwinkel auf ebenfalls infinitesimale Geradenstücke, welche ihrerseits die definierenden Bedingungen der Vektoren erfüllen; in VIII 5 kommen wir auf diese Frage zurück.

b) Die zeitliche Veränderung eines sich drehenden Vektors. Sei V' ein zeitlich beliebig veränderlicher Vektor, welcher im gestrichenen *Kartesischen* System x' definiert ist; dieses soll seinerseits relativ zum System der *Kartesischen* Koordinaten x^i mit der vektoriellen Winkelgeschwindigkeit ω rotieren. V bezeichne den nämlichen Vektor in Bezug auf das ungestrichene System ($1_i\, V^i = 1_i{}'\, V^{i'}$); gesucht wird dV/dt.

Während der infinitesimalen Kontrollepoche $\Delta\, t$ ändert sich V' um $\Delta\, V'$; für $\Delta\, t \to 0$ erhalten wir als Grenzwert dV'/dt von $\Delta\, V'/\Delta t$ die „lokale" Änderungsgeschwindigkeit von V'. Da sich nun V' relativ zum ungestrichenen System dreht, wird im Verlaufe von $\Delta\, t$ zusätzlich die kinematische Vektoränderung $[\omega\, V]\, \Delta\, t$ erzwungen. Hiernach resultiert die „totale" Änderungsgeschwindigkeit

$$\frac{dV}{dt} = \frac{dV'}{dt} + \lim_{\Delta t \to 0} \frac{[\omega\, V]\, \Delta\, t}{\Delta\, t} = \frac{dV'}{dt} + [\omega\, V]. \tag{I 8, 9}$$

Sei insbesondere ein materieller Punkt (Masse m) durch den Radiusvektor r zum Ursprung O eines Inertialsystemes und den Radiusvektor $r' \equiv r$ zum Ursprung $O' \equiv O$ des gestrichenen Systemes gegeben. Seine Geschwindigkeit relativ zum Inertialsystem beträgt

$$\frac{dr}{dt} = \frac{dr'}{dt} + [\omega\, r]. \tag{I 8, 10}$$

Wir transformieren hierin ω und r auf das gestrichene System und finden wegen $d\omega'/dt \equiv d\omega/dt$ die Beschleunigung zu

$$\frac{d^2 r}{dt^2} = \frac{d}{dt}\left(\frac{dr'}{dt}\right) + \left[\omega \frac{dr'}{dt}\right] + \frac{d}{dt}[\omega' r'] + [\omega [\omega r]] = \frac{d^2 r'}{dt^2} + \left[\frac{d\omega}{dt} r'\right] + $$
$$+ 2\left[\omega \frac{dr'}{dt}\right] + [\omega [\omega r']]. \qquad \text{(I 8, 11)}$$

Unter dem Einfluß der Kraft K — gemessen im Inertialsysteme — wird also die Bewegung des Massenpunktes relativ zum gestrichenen Systeme durch die Gleichung geregelt (Achtung auf die von (I 8, 11) verschiedene Reihenfolge der Faktorvektoren!):

$$m\frac{d^2 r'}{dt^2} = K + m\left[r' \frac{d\omega}{dt}\right] + 2m\left[\frac{dr'}{dt}\omega\right] + m\,[[\omega r']\,\omega]. \qquad \text{(I 8, 12)}$$

Zur „wahren" Kraft K treten drei Trägheitsreaktionen: Das Glied $m\,[r'\,d\omega/dt]$ entstammt der *Winkelbeschleunigung*, das Glied $2m\,[dr'/dt\;\omega]$ mißt die *Coriolis*kraft, das Glied $m\,[[\omega r']\,\omega]$ vom Betrage $m\,|r'|\,(\omega)^2\,|\sin(r', \omega)|$ die *Zentrifugalkraft.* (Vergleiche I 5, i.)

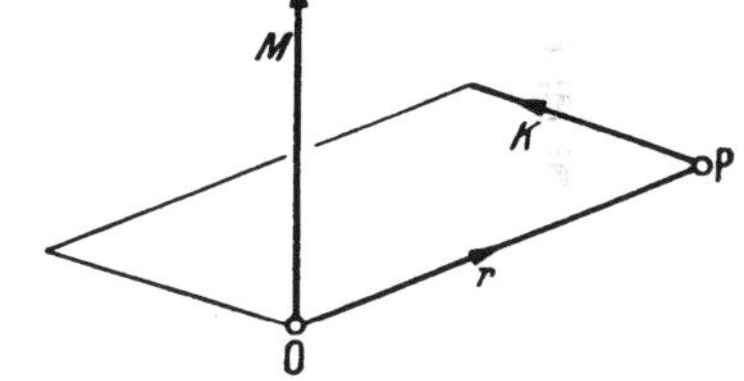

Abb. I 14. Vektorcharakter des Drehmomentes.

c) Der Vektorcharakter des Drehmomentes. In Abb. I 14 bezeichnet r den Radiusvektor vom Ursprung O nach dem materiellen Punkt P, an welchem die Kraft K angreife. Als *Drehmoment* von K in Bezug auf das „Zentrum" O definieren wir eine Größe, deren Betrag $|M|$ durch das Produkt der auf r senkrechten Kraftkomponente mit dem Betrage $|r|$ dieses Hebelarmes gegeben ist

$$|M| = |r|\,|K| \sin(r, K). \qquad \text{(I 8, 13)}$$

Die Drehachse dieses Momentes steht senkrecht auf der von r und K bestimmten Ebene. Setzt man also konventionell als ihre positive Richtung diejenige fest, welche zusammen mit dem kinematischen Drehsinn von $|M|$ eine Rechtsschraube liefert, so kann man das Drehmoment durch den Vektor beschreiben

$$M = [r\,K], \qquad \text{(I 8, 14)}$$

welcher parallel der positiven Drehachse weist.

Es seien nun Z materielle Punkte $P_1, P_2, \ldots P_z$ durch ihre Radiusvektoren r_n ($n = 1 \ldots z$) gegeben. An ihnen möge ein System von Kräften K_n angreifen, von welchen wir voraussetzen, daß sie sämtlich einander parallel gerichtet seien. Diese geometrische Besonderheit kommt in dem Ansatz zum Ausdruck

$$K_n = S_n\,K, \qquad \text{(I 8, 15)}$$

in welchem K einen Vektor bezeichnet, während die S_n eine Schar von Z reellen, sonst aber beliebigen Skalaren bilden. Unter der resultierenden Kraft $\overline{K}$ des Systemes (I 8, 15) verstehen wir die Vektorsumme der Einzelkräfte

$$\overline{K} = \sum_n K_n = K \sum_n S_n. \qquad \text{(I 8, 16)}$$

Das Moment des Kraftsystems mit Bezug auf den Ursprung O ist

$$\overline{M} = \sum_n [r_n K_n] = \sum_n S_n [r_n K] = [\{\sum_n S_n r_n\} K]. \qquad \text{(I 8, 17)}$$

Wir definieren nun den Radiusvektor $\overline{r}$ des Angriffspunktes der Resultierenden $\overline{K}$ mittels der Momentengleichung

$$\overline{M} = [\overline{r}\,\overline{K}] = [\overline{r}\,\{\sum_n S_n\} K]. \qquad \text{(I 8, 18)}$$

Sie wird für *alle* denkbaren Vektoren K mit (I 8, 17) identisch, falls man $\overline{r}$ durch die Gleichung bestimmt

$$\overline{r} = \frac{\sum_n S_n r_n}{\sum_n S_n}. \qquad \text{(I 8, 19)}$$

Wir behaupten, daß der hierdurch festgelegte Ort unabhängig von der Wahl des Momentenzentrums ist. Zum Beweise wählen wir neben dem Ursprung O einen Punkt O', dessen Lage relativ zu O durch den Radiusvektor Ω beschrieben wird:

$$O \rightarrow O' = \Omega. \qquad \text{(I 8, 20)}$$

Relativ zu O' sind also die Radiusvektoren der Punkte P_n durch die Gleichungen gegeben

$$r_n' = r_n + \Omega. \qquad \text{(I 8, 21)}$$

Daher berechnet sich das Moment $\overline{M}'$ des Kraftsystemes mit Bezug auf O' zu

$$\overline{M}' = \sum_n [r_n' K_n] = \sum_n [\{r_n + \Omega\} K_n] = \sum_n [r_n K_n] + [\Omega \overline{K}] = [\{\overline{r} + \Omega\} \overline{K}]. \qquad \text{(I 8, 22)}$$

Analog zu (I 8, 18) erhalten wir den Angriffspunkt $\overline{r}'$ der Resultierenden $\overline{K}$ mit Bezug auf O' aus der Momentengleichung

$$\overline{M}' = [\overline{r}' \overline{K}]. \qquad \text{(I 8, 23)}$$

Der Vergleich mit (I 8, 22) ergibt also in der Tat

$$\overline{r}' = \overline{r} + \Omega. \qquad \text{(I 8, 24)}$$

Wählt man insbesondere

$$\Omega = -\overline{r}. \qquad \text{(I 8, 25)}$$

so verschwindet $\overline{M}'$ mit Bezug auf das Zentrum O'. Man bezeichnet diese Lage von O' als das *Zentrum* des vorgegebenen Kraftsystemes.

Falls die Kräfte K_n dem *Schwerefeld* entstammen, welches in den Punkten P_n auf die materiellen Punkte der schweren Massen m_n einwirkt, gilt

$$K_n = m_n g, \tag{I 8, 26}$$

wobei g den Vektor der Erdbeschleunigung bezeichnet. Man nennt dann den nach der Vorschrift (I 8, 19) für den Fall (I 8, 26) berechneten Ort

$$\overline{r} = \frac{\sum\limits_n m_n r_n}{\sum\limits_n m_n} \tag{I 8, 27}$$

den *Schwerpunkt* des materiellen Punkthaufens; für ihn verschwindet also das Moment der Gewichtskräfte.

Die Definition (I 8, 19) des Angriffspunktes $\overline{r}$ versagt für den Fall eines „*abgeschlossenen Kraftsystemes*", dessen Resultierende verschwindet

$$\overline{K} = \{\sum_n S_n\} K = 0. \tag{I 8, 28}$$

Doch bleibt die Darstellung (I 8, 18) des Momentenvektors weiter sinnvoll. Da nun aus (I 8, 28) folgt

$$[\Omega \overline{K}] \equiv 0, \tag{I 8, 29}$$

so ist das *Moment eines abgeschlossenen Kraftsystemes unabhängig von der Lage des Momentenzentrums*. Insbesondere verschwindet es identisch, sobald es in Bezug auf irgend einen Punkt O verschwindet. Dieser Satz bildet die Grundlage für die Formulierung der Gleichgewichtsbedingungen materieller Punkthaufen. Geht man zur Grenze infinitesimaler materieller Punkte über, deren Zahl gleichzeitig maßlos vermehrt wird, so verwandeln sich die Summen in Integrale, und man gelangt zu den Gleichgewichtsbedingungen kontinuierlicher, materieller Körper.

d) Der Flächensatz des materiellen Punktes. Es sei m die träge Masse eines materiellen Punktes. Sein Abstand vom Ursprunge O eines Inertialsystemes werde durch den Radiusvektor r gemessen. Die an m angreifende Kraft sei K. Dann lautet das *Newton*sche dynamische Grundgesetz der Bewegung

$$\frac{dp}{dt} = K, \tag{I 8, 30}$$

wobei

$$p = m \frac{dr}{dt} \tag{I 8, 31}$$

den *Impulsvektor* bezeichnet. Wir erweitern diese Gleichung auf vektorielle Weise mit r und erhalten

$$\left[r \frac{dp}{dt}\right] = [r K] = M. \tag{I 8, 32}$$

Nun gilt identisch

$$\left[r \frac{dp}{dt}\right] \equiv \frac{d\,[r p]}{dt} - \left[\frac{dr}{dt} p\right]. \tag{I 8, 33}$$

Mit Rücksicht auf (I 8, 31) ist hierin

$$\left[\frac{d\mathfrak{r}}{dt}\mathfrak{p}\right] = m\left[\frac{d\mathfrak{r}}{dt}\frac{d\mathfrak{r}}{dt}\right] \equiv 0. \qquad (I\ 8,\ 34)$$

Daher nimmt (I 8, 32) die Form an

$$\frac{d[\mathfrak{r}\,\mathfrak{p}]}{dt} = \mathfrak{M} \qquad (I\ 8,\ 35)$$

Man definiert den Vektor

$$\mathfrak{J} = [\mathfrak{r}\,\mathfrak{p}] \qquad (I\ 8,\ 36)$$

als *Drehimpuls* des materiellen Punktes und gewinnt hiermit die einfache Formulierung

$$\frac{d\mathfrak{J}}{dt} = \mathfrak{M}. \qquad (I\ 8,\ 37)$$

Falls insbesondere die an m angreifende Kraft eine *Zentralkraft* ist, welche stets durch den Ursprung des Bezugssystemes geht, sind $\mathfrak{K}$ und $\mathfrak{r}$ einander parallel gerichtet, so daß das Drehmoment verschwindet:

$$\mathfrak{M} = [\mathfrak{r}\,\mathfrak{K}] = 0. \qquad (I\ 8,\ 38)$$

Aus (I 8, 37) entnimmt man dann das Integral

$$\mathfrak{J} = \text{const.} \qquad (I\ 8,\ 39)$$

Für den Fall konstanter Masse m folgt hieraus die kinematische Bahneigenschaft

$$[\mathfrak{r}\,\mathfrak{v}] = \text{const.} \qquad (I\ 8,\ 40)$$

Nun ist

$$d\mathfrak{f} = [\mathfrak{r}\,d\mathfrak{r}] \qquad (I\ 8,\ 41)$$

das Doppelte der Dreiecksfläche, welches von den infinitesimal benachbarten Vektoren $\mathfrak{r}$ und $\{\mathfrak{r} + d\mathfrak{r}\}$ der Bahn über der Basis $d\mathfrak{r}$ errichtet ist. Man bezeichnet deshalb

$$[\mathfrak{r}\,\mathfrak{v}] = \frac{[\mathfrak{r}\,d\mathfrak{r}]}{dt} = \frac{d\mathfrak{f}}{dt} \qquad (I\ 8,\ 42)$$

als *Flächengeschwindigkeit* des materiellen Punktes; mit Hilfe dieses Begriffes stellt (I 8, 40) das zweite *Kepler*sche Gesetz der Planetenbewegung dar.

Ehe wir diesen Gegenstand verlassen, sei vor einem Rechenfehler gewarnt, der aus einer nicht hinreichend genauen Beachtung der Vorschriften der vektoriellen Multiplikation entsteht: Es liegt nahe, in Analogie mit den wohlbekannten Regeln der Produktdifferentiation zu schreiben

$$[\mathfrak{r}\,\mathfrak{v}] \equiv \left[\mathfrak{r}\,\frac{d\mathfrak{r}}{dt}\right] \rightarrow \frac{1}{2}\frac{d}{dt}[\mathfrak{r}]^2.$$

Nun ist $[\mathfrak{r}]^2 \equiv 0$, so daß man schließen möchte: $[\mathfrak{r}\,\mathfrak{v}] = 0$: Geschwindigkeit und Radiusvektor sollten einander stets parallel gerichtet sein! Daß dieses Resultat gänzlich falsch ist, bedarf keiner Erläuterung; wo aber steckt der mathematische Fehler?

Um diese Frage zu klären, schreiben wir explizit

$$\frac{d}{dt}[r]^2 = \left[\frac{dr}{dt}\,r\right] + \left[r\,\frac{dr}{dt}\right].$$

Da nun gilt

$$\left[\frac{dr}{dt}\,r\right] = -\left[r\,\frac{dr}{dt}\right]$$

so verschwindet in der Tat $d/dt\,[r]^2$ identisch. Der angezeigte Rechenfehler ist also dadurch entstanden, daß man, entgegen den in der Definition des Vektorproduktes enthaltenen Vorschriften, auf die Reihenfolge der Faktoren nicht geachtet hat.

I 9. Mehrfache Vektorprodukte.

a) Produkt eines Vektors *A* mit dem skalaren Produkt zweier Vektoren *B* und *C*. Als Ergebnis der verlangten Rechenoperation entsteht der Vektor

$$D = A\,(B\,C), \qquad \text{(I 9, 1)}$$

welcher dem Vektor A parallel weist. Bei Benützung *Kartesischer* Koordinaten gilt

$$D = 1_i\,A^i\,\{B^j\,C_j\}. \qquad \text{(I 9, 2)}$$

Aus der gegebenen Definition folgt, daß der Vektor

$$E = (A\,B)\,C = 1_i\,\{A^j\,B_j\}\,C^i \qquad \text{(I 9, 3)}$$

in der Regel von D völlig verschieden ist (Versagen des assoziativen Gesetzes).

b) Skalares Produkt des Vektors *A* mit dem Vektorprodukte der Vektoren *B* und *C*. Als Ergebnis der verlangten Operation erscheint der Skalar

$$S = (A\,[B\,C]). \qquad \text{(I 9, 4)}$$

Um seine geometrische Bedeutung zu erkennen, bezeichnen wir mit γ den von B und C eingeschlossenen Winkel $(0 \leqq \gamma < \pi)$ und mit α den Winkel zwischen A und der positiven Normalenrichtung, welche dem Umfang des von B und C ausgespannten Parallelogrammes gemäß Abb. I 15 nach der Rechtsschrauben-Regel zugeordnet ist. Dann wird also

$$S = |A|\cos\alpha\,|B|\,|C|\sin\gamma. \qquad \text{(I 9, 5)}$$

Nun gleicht $|B|.|C|\sin\gamma$ der Fläche des von B und C gebildeten Parallelogrammes, während $|A|\cos\alpha$ die Projektion von A auf die Normale eben dieses Parallelogrammes mißt. Demnach gibt S den Rauminhalt des von den Vektoren A, B und C ausgespannten Parallelepipedes an. Falls diese Vektoren in der angegebenen Reihenfolge ein — im allgemeinen schiefwinkeliges — Rechtssystem bilden, wird S positiv; entgegengesetzten Falles resultiert für S ein negativer Wert. Der Charakter des Vektorsystemes als Rechts- oder Linkssystem ist gegen eine zyklische Vertauschung der Vektoren invariant: Es gilt der *Vertauschungssatz*

$$(A\,[B\,C]) = (B\,[C\,A]) = (C\,[A\,B]) \qquad \text{(I 9, 6)}$$

und ebenso, da die skalare Multiplikation kommutativ ist,

$$([A\,B]\,C) = ([B\,C]\,A) = ([C\,A]\,B). \qquad \text{(I 9, 7)}$$

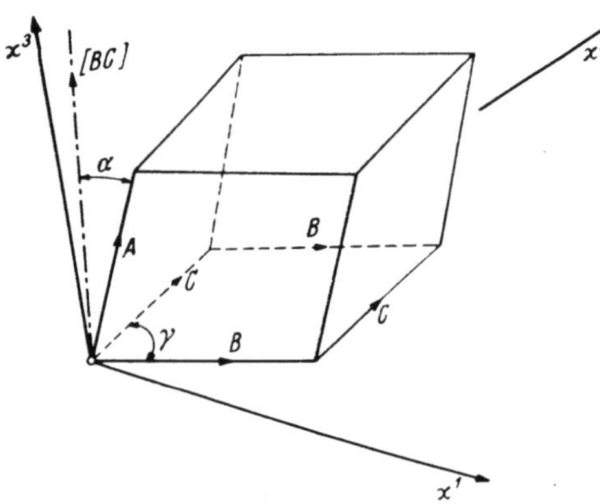

Abb. I 15. Skalares Produkt eines Vektors mit dem Vektorprodukt zweier anderer.

Aus der Darstellung (I 7, 15) des Vektorproduktes gewinnt man für das dreifache Produkt $(A\,[B\,C])$ die Entwicklung

$$(A\,[B\,C]) = \mathrm{A}^1\{\mathrm{B}^2\mathrm{C}^3 - \mathrm{B}^3\mathrm{C}^2\} + \mathrm{A}^2\{\mathrm{B}^3\mathrm{C}^1 - \mathrm{B}^1\mathrm{C}^3\} + \mathrm{A}^3\{\mathrm{B}^1\mathrm{C}^2 - \mathrm{B}^2\mathrm{C}^1\} = \begin{vmatrix} \mathrm{A}^1 & \mathrm{A}^2 & \mathrm{A}^3 \\ \mathrm{B}^1 & \mathrm{B}^2 & \mathrm{B}^3 \\ \mathrm{C}^1 & \mathrm{C}^2 & \mathrm{C}^3 \end{vmatrix}. \qquad \text{(I 9, 8)}$$

Die Invarianz dieser Determinante gegen zweimalige Vertauschung je zweier Reihen führt auf die Sätze (I 9, 6) und (I 9, 7) zurück. Weiter bleibt der Wert der Determinante erhalten, falls man Spalten und Zeilen gegeneinander auswechselt. Man erhält somit für das Quadrat des Parallelepiped-Volumens S den Ausdruck

$$\mathrm{S}^2 = (A\,[B\,C])^2 = \begin{vmatrix} \mathrm{A}^1 & \mathrm{A}^2 & \mathrm{A}^3 \\ \mathrm{B}^1 & \mathrm{B}^2 & \mathrm{B}^3 \\ \mathrm{C}^1 & \mathrm{C}^2 & \mathrm{C}^3 \end{vmatrix} \cdot \begin{vmatrix} \mathrm{A}^1 & \mathrm{B}^1 & \mathrm{C}^1 \\ \mathrm{A}^2 & \mathrm{B}^2 & \mathrm{C}^2 \\ \mathrm{A}^3 & \mathrm{B}^3 & \mathrm{C}^3 \end{vmatrix}. \qquad \text{(I 9, 9)}$$

Mit Hilfe des Multiplikationssatzes der Determinanten (Kombination der Zeilen der ersten mit den Spalten der zweiten Faktor-Determinante) entsteht dann für S^2 die vom Bezugssystem unabhängige Darstellung (*Gram*sche Determinante)

$$\mathrm{S}^2 = \begin{vmatrix} (A)^2 & (A\,B) & (A\,C) \\ (B\,A) & (B)^2 & (B\,C) \\ (C\,A) & (C\,B) & (C)^2 \end{vmatrix}. \qquad \text{(I 9, 10)}$$

Ihre (zweideutige) Quadratwurzel führt auf S selbst zurück.

c) Vektorielles Produkt eines Vektors *A* mit dem Vektorprodukt zweier Vektoren *B* und *C*. Als Ergebnis erscheint ein Vektor

$$D = [A\,[B\,C]]. \qquad \text{(I 9, 11)}$$

Seine Determinanten-Darstellung lautet

$$D = \mathit{1}^i\,\mathrm{D}_i = \begin{vmatrix} \mathit{1}^1 & \mathit{1}^2 & \mathit{1}^3 \\ \mathrm{A}^1 & \mathrm{A}^2 & \mathrm{A}^3 \\ \mathrm{B}_2\mathrm{C}_3 - \mathrm{B}_3\mathrm{C}_2 & \mathrm{B}_3\mathrm{C}_1 - \mathrm{B}_1\mathrm{C}_3 & \mathrm{B}_1\mathrm{C}_2 - \mathrm{B}_2\mathrm{C}_1 \end{vmatrix}. \qquad \text{(I 9, 12)}$$

Hiernach erhalten wir etwa für die Komponente in Richtung der x^1-Achse explizit

$$\begin{aligned} D_1 &= A^2 \{B_1 C_2 - B_2 C_1\} - A^3 \{B_3 C_1 - B_1 C_3\} \equiv \\ &\equiv B_1 \{A^2 C_2 + A^3 C_3\} - C_1 \{A^2 B_2 + A^3 B_3\} \equiv \\ &\equiv B_1 \{A^1 C_1 + A^2 C_2 + A^3 C_3\} - C_1 \{A^1 B_1 + A^2 B_2 + A^3 B_3\}. \end{aligned} \qquad \text{(I 9, 13)}$$

Man entnimmt dieser Gleichung die Entwicklungsformel

$$D = B\,(C\,A) - C\,(A\,B). \qquad \text{(I 9, 14)}$$

d) Skalares Produkt des Vektorproduktes $[A\,B]$ mit dem Vektorprodukt $[C\,D]$. Das Ergebnis ist der Skalar

$$\begin{aligned} ([A\,B]\,.\,[C\,D]) &= (A\,B)^i\,(C\,D)_i = \\ = \{A_2 B_3 - A_3 B_2\}\{C^2 D^3 - C^3 D^2\} &+ \{A_3 B_1 - A_1 B_3\}\{C^3 D^1 - C^1 D^3\} + \\ &+ \{A_1 B_2 - A_2 B_1\}\{C^1 D^2 - C^2 D^1\}, \end{aligned} \qquad \text{(I 9, 15)}$$

also, nach Auflösung der Klammern und Umordnung

$$\begin{aligned} ([A\,B]\,[C\,D]) &= \\ &= A_1 C^1 \{\quad\quad B_2 D^2 + B_3 D^3\} - A_1 D^1 \{\quad\quad B_2 C^2 + B_3 C^3\} + \\ &+ A_2 C^2 \{B_1 D^1 + \quad\quad B_3 D^3\} - A_2 D^2 \{B_1 C^1 \quad\quad + B_3 C^3\} + \\ &+ A_3 C^3 \{B_1 D^1 + B_2 D^2 \quad\quad\} - A_3 D^3 \{B_1 C^1 + B_2 C^2 \quad\quad\} \equiv \\ &\equiv (A\,C)\,(B\,D) - (A\,D)\,(B\,C) \equiv \begin{vmatrix} (A\,C) & (B\,C) \\ (A\,D) & (B\,D) \end{vmatrix}. \end{aligned} \qquad \text{(I 9, 16)}$$

I 10. Anwendungen der elementaren Vektoroperationen auf Fragen der analytischen Geometrie.

a) Der genetische Zusammenhang zwischen den Vektoren und den Grundoperationen der Kinematik läßt eine einfache Beschreibung geometrisch-analytischer Gebilde mittels der Terminologie der Vektoren erwarten. Wir wollen im folgenden eine Anzahl typischer Beispiele aus der Geometrie des dreidimensionalen Raumes behandeln, welche in der Tat durch Benützung der Vektorrechnung eine überaus prägnante Formulierung erfahren; es soll und kann indessen hierbei keine Vollständigkeit geboten werden.

b) Zur Geometrie der Geraden. 1. Es soll eine Gerade durch zwei Punkte P_I und P_{II} gelegt werden, welche durch die vom Ursprung O ausgehenden Radiusvektoren r_I und r_{II} gegeben sind.

Sei r der zu irgend einem Punkte P der gesuchten Geraden führende Vektor, so sind die Differenzvektoren

$$P \to P_I = r - r_I; \quad P \to P_{II} = r - r_{II} \qquad \text{(I 10, 1)}$$

einander parallel. Daher verschwindet ihr Vektorprodukt:

$$[\{r - r_I\}\{r - r_{II}\}] = \begin{vmatrix} i^1 & i^2 & i^3 \\ x^1 - x^1_I & x^2 - x^2_I & x^3 - x^3_I \\ x^1 - x^1_{II} & x^2 - x^2_{II} & x^3 - x^3_{II} \end{vmatrix} = 0. \qquad \text{(I 10, 2)}$$

Die Existenz dieses Nullvektors verlangt das Verschwinden jeder seiner Komponenten. Daher zerfällt (I 10, 2) in die drei skalaren Gleichungen

$$\frac{x^i - x^i_I}{x^i - x^i_{II}} = \frac{x^k - x^k_I}{x^k - x^k_{II}} \quad (i \neq k), \qquad \text{(I 10, 3)}$$

von welchen allerdings nur zwei voneinander linear unabhängig sind: Es sind die Gleichungen dreier Ebenen, die sich in der gesuchten Geraden schneiden.

2. Es soll durch den Punkt P (Radiusvektor $\mathfrak{p}$) eine Gerade gelegt werden, welche die Richtung des vorgeschriebenen Einheitsvektors $\mathfrak{1}_n$ besitzt.

Es sei t ein reeller Skalar, welcher beliebiger, stetiger Änderungen fähig ist. Dann sind alle Vektoren der Form $\mathfrak{1}_n\, t$ der Richtung (n) parallel, und alle Vektoren

$$\mathfrak{r} = \mathfrak{p} + \mathfrak{1}_n\, t \qquad \text{(I 10, 4)}$$

gehören der verlangten Geraden an. Diese Vektorgleichung ist den drei skalaren Komponentengleichungen äquivalent

$$x^i = p^i + t \cos(i, n). \qquad \text{(I 10, 5)}$$

Durch Elimination von t aus je zweien von ihnen resultieren die Gleichungen der drei Ebenen, welche sich längs der verlangten Geraden schneiden.

3. Mittels der zwei Vektoren $\mathfrak{a}$ und $\mathfrak{b}$ und des reellen, stetig veränderlichen Skalares t ist die Gerade definiert

$$\mathfrak{r} = \mathfrak{a} + \mathfrak{b}\, t. \qquad \text{(I 10, 6)}$$

Man soll den Vektor $\mathfrak{p}$ bestimmen, welcher vom Ursprung O aus zum nächsten Punkt P der Geraden führt.

Es sei t_P der zu P gehörige Wert von t, also

$$\mathfrak{p} = \mathfrak{a} + \mathfrak{b}\, t_P \qquad \text{(I 10, 7)}$$

orthogonal auf allen Vektoren

$$\mathfrak{r} - \mathfrak{p} = \{\mathfrak{a} + \mathfrak{b}\, t\} - \{\mathfrak{a} + \mathfrak{b}\, t_P\} = \mathfrak{b}\,\{t - t_P\}. \qquad \text{(I 10, 8)}$$

Daher gilt

$$(\mathfrak{p}\,\{\mathfrak{r} - \mathfrak{p}\}) = (\{\mathfrak{a} + \mathfrak{b}\, t_P\}\,\{\mathfrak{b}\,\{t - t_P\}\}) = 0. \qquad \text{(I 10, 9)}$$

Der Skalar $(t - t_P)$ ist in der Regel von Null verschieden. Man schließt somit auf

$$(\{\mathfrak{a} + \mathfrak{b}\, t_P\}\, \mathfrak{b}) = 0; \qquad (\mathfrak{a}\,\mathfrak{b}) + t_P\,(\mathfrak{b})^2 = 0, \qquad \text{(I 10, 10)}$$

also, mit Rücksicht auf (I 9, 14) und (I 9, 11)

$$t_P = -\frac{(\mathfrak{a}\,\mathfrak{b})}{(\mathfrak{b})^2}; \quad \mathfrak{p} = \mathfrak{a} - \frac{\mathfrak{b}\,(\mathfrak{a}\,\mathfrak{b})}{(\mathfrak{b})^2} = \frac{\mathfrak{a}\,(\mathfrak{b})^2 - \mathfrak{b}\,(\mathfrak{a}\,\mathfrak{b})}{(\mathfrak{b})^2} = \frac{[\mathfrak{b}\,[\mathfrak{a}\,\mathfrak{b}]]}{(\mathfrak{b})^2} \qquad \text{(I 10, 11)}$$

c) Zur Geometrie der Ebene. 1. Gegeben der Radiusvektor

$$O \rightarrow P = \mathfrak{p} = \imath_i \, p^i = |\mathfrak{p}| \{\imath_1 \cos(\mathfrak{p}, \imath_1) + \imath_2 \cos(\mathfrak{p}, \imath_2) + \imath_3 \cos(\mathfrak{p}, \imath_3)\}. \tag{I 10, 12}$$

Es soll die Gleichung der Ebene angegeben werden, welche den Punkt P enthält und normal auf $\mathfrak{p}$ steht.

Sei $\mathfrak{r}$ der nach irgend einem Punkte der Ebene gezogene Radiusvektor, so gilt nach den Bedingungen der Aufgabe

$$(\{\mathfrak{r} - \mathfrak{p}\} \, \mathfrak{p}) = 0, \tag{I 10, 13}$$

also

$$(\mathfrak{r} \, \mathfrak{p}) = (\mathfrak{p})^2. \tag{I 10, 14}$$

Mit Rücksicht auf (I 10, 12) entspringt hieraus

$$\frac{x^1}{|\mathfrak{p}|} \cos(\mathfrak{p}, \imath_1) + \frac{x^2}{|\mathfrak{p}|} \cos(\mathfrak{p}, \imath_2) + \frac{x^3}{|\mathfrak{p}|} \cos(\mathfrak{p}, \imath_3) = 1. \tag{I 10, 15}$$

Man entnimmt hieraus die Strecken X^i zwischen dem Ursprung und den Schnittpunkten der x^i-Achsen mit der Ebene

$$X^i = \frac{|\mathfrak{p}|}{\cos(\mathfrak{p}, \imath_i)}, \tag{I 10, 16}$$

so daß (I 10, 15) in der „Normalform" geschrieben werden kann

$$\frac{x^1}{X^1} + \frac{x^2}{X^2} + \frac{x^3}{X^3} = 1. \tag{I 10, 17}$$

2. Es soll die Gleichung der Ebene angegeben werden, welche durch drei vorgegebene Punkte P_I, P_{II}, P_{III} mit den Radiusvektoren $\mathfrak{r}_I$, $\mathfrak{r}_{II}$, $\mathfrak{r}_{III}$ hindurchgeht.

Ist $\mathfrak{r}$ der Radiusvektor eines der Ebene angehörigen Punktes, so sind die drei Vektoren

$$\mathfrak{r} - \mathfrak{r}_I; \quad \mathfrak{r} - \mathfrak{r}_{II}; \quad \mathfrak{r} - \mathfrak{r}_{III} \tag{I 10, 18}$$

komplanar. Hieraus schließt man auf

$$(\{\mathfrak{r} - \mathfrak{r}_I\} \, [\{\mathfrak{r} - \mathfrak{r}_{II}\} \, \{\mathfrak{r} - \mathfrak{r}_{III}\}]) = 0 \tag{I 10, 19}$$

oder

$$(\mathfrak{r} \{[\mathfrak{r}_I \mathfrak{r}_{II}] + [\mathfrak{r}_{II} \mathfrak{r}_{III}] + [\mathfrak{r}_{III} \mathfrak{r}_I]\}) = (\mathfrak{r}_I \, [\mathfrak{r}_{II} \mathfrak{r}_{III}]). \tag{I 10, 20}$$

Sei $\mathfrak{p}$ der Vektor des vom Ursprung auf diese Ebene gefällten Lotes, so liefert der Vergleich mit (I 10, 15)

$$\frac{\cos(\mathfrak{p}, \imath_i)}{|\mathfrak{p}|} = \frac{(\imath_i \{[\mathfrak{r}_I \mathfrak{r}_{II}] + [\mathfrak{r}_{II} \mathfrak{r}_{III}] + [\mathfrak{r}_{III} \mathfrak{r}_I]\})}{(\mathfrak{r}_I \, [\mathfrak{r}_{II} \mathfrak{r}_{III}])} \tag{I 10, 21}$$

und also

$$\frac{1}{(\mathfrak{p})^2} = \frac{([\mathfrak{r}_I \mathfrak{r}_{II}] + [\mathfrak{r}_{II} \mathfrak{r}_{III}] + [\mathfrak{r}_{III} \mathfrak{r}_I])^2}{(\mathfrak{r}_I \, [\mathfrak{r}_{II} \mathfrak{r}_{III}])^2}. \tag{I 10, 22}$$

3. Berechnung der Fläche eines ebenen Dreieckes.

In der Ebene $x^3 = 0$ seien die drei Punkte P_I, P_{II}, P_{III} durch ihre Radiusvektoren $\mathfrak{r}_I$, $\mathfrak{r}_{II}$, $\mathfrak{r}_{III}$ gegeben. Gesucht wird der Flächeninhalt des Dreieckes P_I, P_{II}, P_{III}.

Wir bilden die Vektoren $\{\mathfrak{r}_{II} - \mathfrak{r}_I\}$ und $\{\mathfrak{r}_{III} - \mathfrak{r}_I\}$; mit ihrer Hilfe berechnen wir

$$F = \frac{1}{2}\,|[\{\mathfrak{r}_{II} - \mathfrak{r}_I\}\{\mathfrak{r}_{III} - \mathfrak{r}_I\}]| =$$

$$= \frac{1}{2}\,|\{x^1_{II} - x^1_I\}\{x^2_{III} - x^2_I\} - \{x^1_{III} - x^1_I\}\{x^2_{II} - x^2_I\}| =$$

$$= \frac{1}{2}\,|x^1_I\{x^2_{II} - x^2_{III}\} + x^1_{II}\{x^2_{III} - x^2_I\} + x^1_{III}\{x^2_{II} - x^2_I\}|. \qquad \text{(I 10, 23)}$$

Abgesehen vom Vorzeichen gilt also

$$F = \frac{1}{2}\begin{vmatrix} x^1_I & x^2_I & 1 \\ x^1_{II} & x^2_{II} & 1 \\ x^1_{III} & x^2_{III} & 1 \end{vmatrix}. \qquad \text{(I 10, 24)}$$

Die hier auftretende Determinante mißt den Rauminhalt T des Parallelepipedes, welches von den drei Vektoren

$$\overline{\mathfrak{r}}_{(N)} = \mathfrak{i}_1 x^1_{(N)} + \mathfrak{i}_2 x^2_{(N)} + \mathfrak{i}_3 \cdot 1 \qquad (N = I, II, III) \qquad \text{(I 10, 25)}$$

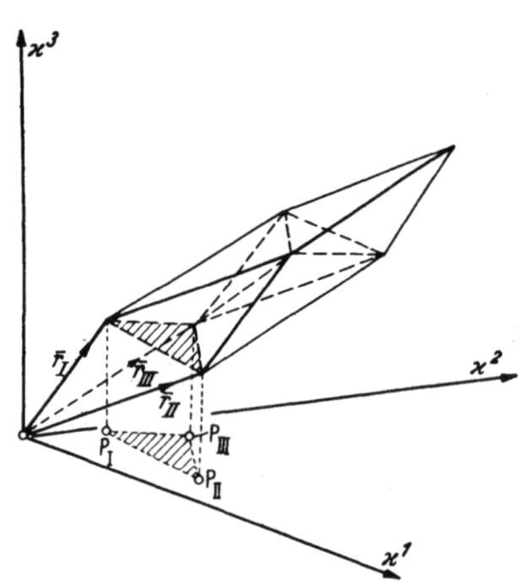

Abb. I 16. Zerlegung des Parallelepipedes in sechs raumgleiche Tetraeder.

ausgespannt wird. In der Tat ist nämlich zunächst der Rauminhalt S des Tetraeders der drei Vektoren (I 10, 25) nach Abb. I 16 gleich dem Produkt seiner Basisfläche F mit dem Drittel seiner Höhe 1. Andererseits enthält das Parallelepiped gerade sechs Tetraeder, welche nach Grundfläche und Höhe übereinstimmen; dieser Sachverhalt drückt sich in der Relation aus

$$T = 6\,S = 6\left(F\,\frac{1}{3}\right) = 2\,F \qquad \text{(I 10, 26)}$$

in Übereinstimmung mit (I 10, 24).

d) Zur Geometrie der Raumkurven. 1. Gegeben sei der Radiusvektor $\mathfrak{r}$ als Funktion eines reellen, skalaren Parameters u. Wir setzen voraus, daß die drei Funktionen

$$x^i = x^i(u) \qquad (i = 1, 2, 3) \qquad \text{(I 10, 27)}$$

innerhalb ihres Existenzbereiches stetig und beliebig oft differenzierbar seien. Durchläuft nun u alle Werte seines Existenzbereiches, so beschreibt der Endpunkt von r eine *Raumkurve*. Der infinitesimalen Änderung du korrespondiert der infinitesimale Vektor

$$dr = 1_i \frac{dx^i}{du} du. \qquad \text{(I 10, 28)}$$

Sein Betrag definiert das *Bogenelement* der Raumkurve

$$ds = |dr| = \sqrt{\left(\frac{dx^1}{du}\right)^2 + \left(\frac{dx^2}{du}\right)^2 + \left(\frac{dx^3}{du}\right)^2}\, du \equiv f(u)\, du. \qquad \text{(I 10, 29)}$$

Die Integration dieser Gleichung, etwa von $u = 0$ beginnend, liefert die *Bogenlänge* s vom Punkte $u = 0$ der Kurve

$$s(u) = \int_0^u f(u')\, du'. \qquad \text{(I 10, 30)}$$

Denkt man sich diese Gleichung nach u aufgelöst

$$u = u(s) \qquad \text{(I 10, 31)}$$

und in die Parameterdarstellung des Radiusvektors eingesetzt, so wird

$$r = r(s) = 1_i\, x^i(s). \qquad \text{(I 10, 32)}$$

Wir untersuchen die Differentialgeometrie der Raumkurve in der Nähe des Kontrollpunktes P_0 mit dem Radiusvektor $r_0 = r(s_0)$.

2. Es sei $1_a(s)$ ein Einheitsvektor, dessen Richtung (a) mit der Bogenlänge s gesetzmäßig veränderlich ist. Identisch in s besteht die Gleichung der Norm

$$(1_a(s))^2 = 1. \qquad \text{(I 10, 33)}$$

Ihre Differentiation nach s liefert

$$\left(1_a(s)\, \frac{d1_a(s)}{ds}\right) = 0. \qquad \text{(I 10, 34)}$$

Schließen wir den Fall $d1_a(s)/ds = 0$ aus, so steht also der derivierte Vektor auf dem Original-Einheitsvektor stets senkrecht.

3. Der Vektor

$$r'(s) = \frac{dr}{ds} \qquad \text{(I 10, 35)}$$

weist nach (I 10, 29) den Betrag 1 auf. Da seine Richtung im Kontrollpunkte P_0 mit der dort konstruierten Kurventangente übereinstimmt, nennen wir $r'(s)$ den *Tangenteneinheitsvektor*

$$1_t = \frac{dr}{ds} = 1_i \frac{dx^i}{ds} \equiv 1^i \frac{dx_i}{ds}. \qquad \text{(I 10, 36)}$$

Nach Wahl eines reellen, skalaren Parameters t lautet die Gleichung der Kurventangente in P_0

$$r = r_0 + \left(\frac{dr}{ds}\right)_{s=s_0} \cdot t. \qquad \text{(I 10, 37)}$$

Die in P_0 auf 1_t senkrechte Ebene heißt *Normalebene* der Raumkurve. Ist r der Radiusvektor nach irgend einem Punkte dieser Ebene, so lautet also ihre Gleichung

$$(\{r - r_0\}\, 1_t) = \{x^i - x_0^i\} \left(\frac{dx_i}{ds}\right)_{s=s_0} = 0. \qquad \text{(I 10, 38)}$$

4. Die Nachbarpunkte P_0 und P_0' der Raumkurve seien den Bogenlängen s_0 und $(s_0 + \Delta s_0)$ zugeordnet. Durch den Vektor 1_t in P_0 im Verein mit P_0' ist eine Ebene bestimmt. Sei r der Radiusvektor nach einem ihrer Punkte, so gehören die drei Vektoren

$$r - r_0; \quad 1_t = \left(\frac{dr}{ds}\right)_{s=s_0}; \quad r(s_0 + \Delta s_0) - r(s_0) \qquad \text{(I 10, 39)}$$

gleichzeitig dieser Ebene an; daher lautet ihre Gleichung

$$\left(\{r - r_0\} \left[\left(\frac{dr}{ds}\right)_{s=s_0} \{r(s_0 + \Delta s_0) - r(s_0)\}\right]\right) = 0. \qquad \text{(I 10, 40)}$$

In der Umgebung von P_0 dürfen wir entwickeln

$$r(s_0 + \Delta s_0) = r(s_0) + \frac{\Delta s_0}{1!}\left(\frac{dr}{ds}\right)_{s=s_0} + \frac{(\Delta s_0)^2}{2!}\left(\frac{d^2 r}{ds^2}\right)_{s=s_0} + \ldots. \qquad \text{(I 10, 41)}$$

Daher folgt aus (I 10, 40), mit Rücksicht auf $\left[\left(\frac{dr}{ds}\right)_{s=s_0}\left(\frac{dr}{ds}\right)_{s=s_0}\right] \equiv 0$,

$$\left(\{r - r_0\}\left[\left(\frac{dr}{ds}\right)_{s=s_0}\left\{\frac{(\Delta s_0)^2}{2!}\left(\frac{d^2 r}{ds^2}\right)_{s=s_0} + \ldots\right\}\right]\right) = 0. \qquad \text{(I 10, 42)}$$

Wir teilen durch $(\Delta s_0)^2/2!$, gehen zur Grenze $\Delta s_0 \to 0$ über und erhalten die Gleichung der *Schmiegungsebene*:

$$\left(\{r - r_0\}\left[\left(\frac{dr}{ds}\right)_{s=s_0}\left(\frac{d^2 r}{ds^2}\right)_{s=s_0}\right]\right) = \begin{vmatrix} x^1 - x_0^1 & x^2 - x_0^2 & x^3 - x_0^3 \\ \left(\frac{dx^1}{ds}\right)_{s=s_0} & \left(\frac{dx^2}{ds}\right)_{s=s_0} & \left(\frac{dx^3}{ds}\right)_{s=s_0} \\ \left(\frac{d^2x^1}{ds^2}\right)_{s=s_0} & \left(\frac{d^2x^2}{ds^2}\right)_{s=s_0} & \left(\frac{d^2x^3}{ds^2}\right)_{s=s_0} \end{vmatrix} = 0. \qquad \text{(I 10, 43)}$$

Auf Grund des Satzes (I 10, 34) steht der Vektor

$$\left(\frac{d^2 r}{ds^2}\right)_{s=s_0} = \left(\frac{d1_t}{ds}\right)_{s=s_0} \qquad \text{(I 10, 44)}$$

senkrecht auf 1_t. Da er überdies der Schmiegungsebene angehört, fällt seine Richtung in die Schnittgerade der Normalebene mit der Schmiegungsebene. Wir legen in diese Richtung, mit positivem Pfeil parallel zu (I 10, 44), den Einheitsvektor 1_n der *Hauptnormalen,* indem wir schreiben

$$\left(\frac{d^2 r}{ds^2}\right)_{s=s_0} = 1_n\, k. \qquad \text{(I 10, 45)}$$

Man bezeichnet den positiven Skalar k als *Krümmung* der Raumkurve in P_0:

$$k = \left|\left(\frac{d^2 r}{ds^2}\right)_{s=s_0}\right| = \sqrt{\left(\frac{d^2x^1}{ds^2}\right)^2_{s=s_0} + \left(\frac{d^2x^2}{ds^2}\right)^2_{s=s_0} + \left(\frac{d^2x^3}{ds^2}\right)^2_{s=s_0}}. \quad \text{(I 10, 46)}$$

In einer hinreichend engen Nachbarschaft Δs_0 von P_0 unterscheidet sich die Raumkurve nur um Glieder von mindestens der dritten Ordnung in Δs_0 von ihrer Projektion auf die Schmiegungsebene. Wir vertauschen die Raumkurve mit dieser Projektion und errichten in P_0 und P_0' die in der Schmiegungsebene gelegenen Normalen, welche sich in M unter dem Winkel $\Delta \varphi$ schneiden. Wir nennen

$$\varrho = \lim_{\Delta s_0 \to 0} |P_0 \to M| \quad \text{(I 10, 47)}$$

den *Krümmungshalbmesser* der Raumkurve in P_0 und entnehmen aus Abb. I 17, für $\Delta s_0 \to 0$,

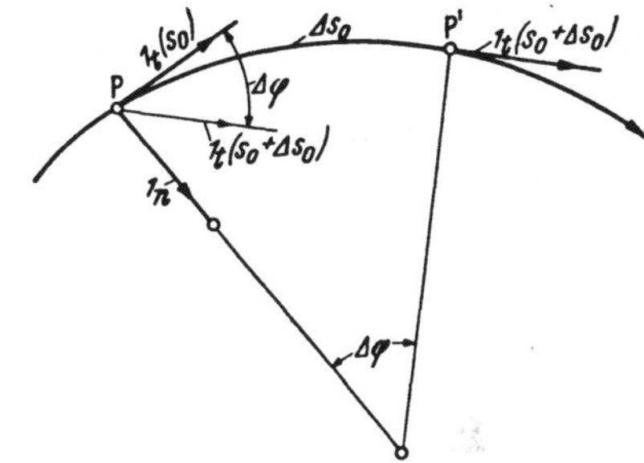

Abb. I 17. Krümmungshalbmesser einer Raumkurve.

$$\Delta s_0 = \varrho \, \Delta \varphi; \quad \frac{1}{\varrho} = \lim_{\Delta s_0 \to 0} \frac{\Delta \varphi}{\Delta s_0} \quad \text{(I 10, 48)}$$

Nun erscheint $\Delta \varphi$ gleichzeitig als Richtungsänderung der in P_0 und P_0' konstruierten Tangenten-Einheitsvektoren:

$$\lim_{\Delta s_0 \to 0} 1_n \Delta \varphi = 1_t(s_0 + \Delta s_0) - 1_t(s_0) = \left(\frac{d^2 r}{ds^2}\right)_{s=s_0} \cdot \Delta s_0. \quad \text{(I 10, 49)}$$

Der Vergleich mit (I 10, 46) und (I 10, 48) liefert somit

$$\frac{1}{\varrho} = \left|\left(\frac{d^2 r}{ds^2}\right)_{s=s_0}\right| = k. \quad \text{(I 10, 50)}$$

5. Wir errichten in P_0 auf der Schmiegungsebene die Senkrechte. Diese sowohl zur Kurventangente wie zu ihrer Hauptnormalen gleichzeitig orthogonale Gerade liegt in der Normalebene und wird als *Binormale* bezeichnet; ihre positive Richtung (Einheitsvektor 1_b) soll die positiven Richtungen von 1_t und 1_n (Reihenfolge: 1_t, 1_n, 1_b,) zu einem Rechtssystem ergänzen. Für 1_b resultiert hieraus

$$1_b = [1_t 1_n]_{s=s_0} = \varrho \left[\frac{dr}{ds} \frac{d^2 r}{ds^2}\right]_{s=s_0} = \varrho \begin{vmatrix} 1^1 & 1^2 & 1^3 \\ \frac{dx^1}{ds} & \frac{dx^2}{ds} & \frac{dx^3}{ds} \\ \frac{d^2x^1}{ds^2} & \frac{d^2x^2}{ds^2} & \frac{d^2x^3}{ds^2} \end{vmatrix}. \quad \text{(I 10, 51)}$$

Die drei Einheitsvektoren 1_t, 1_n, 1_b bilden ein rechtwinkeliges „Dreibein", welches mit dem Fortschreiten von P_0 längs s die Raumkurve begleitet. Der Winkeländerung $\Delta \varphi$ des Hauptnormalen-Einheitsvektors 1_n

tritt in der Regel eine Winkeländerung $\Delta\,\psi$ des Binormalen-Einheitsvektors $\mathfrak{1}_b$ beim Fortschritt um das Bogenelement $\Delta\,s_0$ zur Seite. Wir definieren

$$w = \lim_{\Delta s_0 \to 0} \left(\frac{\Delta\,\psi}{\Delta\,s_0}\right)_{s=s_0} \qquad \text{(I 10, 52)}$$

als *Windung* der Raumkurve in P_0.

Der Vektor $\left(\frac{d\mathfrak{1}_b}{ds}\right)_{s=s_0}$ steht, auf Grund des Ergebnisses (I 10, 34) senkrecht auf $\mathfrak{1}_b$. Dieser Binormalen-Einheitsvektor seinerseits ist nach (I 10, 51) orthogonal zu $\mathfrak{1}_t$:

$$(\mathfrak{1}_b\,\mathfrak{1}_t) = 0. \qquad \text{(I 10, 53)}$$

Wir differenzieren diese Gleichung nach s und erhalten, mit Rücksicht auf (I 10, 36) und (I 10, 45)

$$\frac{d}{ds}(\mathfrak{1}_b\,\mathfrak{1}_t) = \left(\frac{d\mathfrak{1}_b}{ds}\,\mathfrak{1}_t\right) + (\mathfrak{1}_b\,\mathfrak{1}_n\,k) = \left(\frac{d\mathfrak{1}_b}{ds}\,\mathfrak{1}_t\right) = 0. \qquad \text{(I 10, 54)}$$

Der Vektor $d\,\mathfrak{1}_b/ds$ steht also sowohl auf dem Binormalen-Einheitsvektor, wie auf dem Tangenten-Einheitsvektor senkrecht. Wir formulieren diesen Sachverhalt mit Hilfe des in Richtung der Tangente weisenden, infinitesimalen Drehungsvektors $\Delta\,\psi\,.\,\mathfrak{1}_t$, indem wir setzen

$$\lim_{\Delta s_0 \to 0} \Delta\,\mathfrak{1}_b = [(\Delta\,\psi\,.\,\mathfrak{1}_t)\,\mathfrak{1}_b] = -\Delta\,\psi\,\mathfrak{1}_n = -w\,\Delta\,s\,\mathfrak{1}_n, \qquad \text{(I 10, 55)}$$

also

$$w\,\mathfrak{1}_n = -\lim_{\Delta s_0 \to 0} \frac{\Delta\,\mathfrak{1}_b}{\Delta\,s} = -\frac{d\mathfrak{1}_b}{ds}. \qquad \text{(I 10, 56)}$$

Aus $\mathfrak{1}_n = [\mathfrak{1}_b\,.\,\mathfrak{1}_t]$ folgt nun durch Differentiation

$$\frac{d\mathfrak{1}_n}{ds} = \left[\frac{d\mathfrak{1}_b}{ds}\,\mathfrak{1}_t\right] + \left[\mathfrak{1}_b\,\frac{d\mathfrak{1}_t}{ds}\right] = -w\,[\mathfrak{1}_n\,\mathfrak{1}_t] + k\,[\mathfrak{1}_b\,\mathfrak{1}_n] = w\,\mathfrak{1}_b - k\,\mathfrak{1}_t. \qquad \text{(I 10, 57)}$$

Weiter liefert Differentiation von (I 10, 45)

$$\frac{d^3\mathfrak{r}}{ds^3} = \frac{d\mathfrak{1}_n}{ds}\,k + \mathfrak{1}_n\,\frac{dk}{ds} = k\,\{w\,\mathfrak{1}_b - k\,\mathfrak{1}_t\} + \mathfrak{1}_n\,\frac{dk}{ds}. \qquad \text{(I 10, 58)}$$

Daher erhält man

$$\left(\frac{d\mathfrak{r}}{ds}\left[\frac{d^2\mathfrak{r}}{ds^2}\,\frac{d^3\mathfrak{r}}{ds^3}\right]\right)_{s=s_0} = \left(\mathfrak{1}_t\left[k\,\mathfrak{1}_n\left\{k\,\{w\,\mathfrak{1}_b - k\,\mathfrak{1}_t\} + \mathfrak{1}_n\,\frac{dk}{ds}\right\}\right]\right)_{s=s_0} = k^2\,w_{s=s_0} \qquad \text{(I 10, 59)}$$

also schließlich

$$w_{s=s_0} = \frac{1}{k^2}\left(\frac{d\mathfrak{r}}{ds}\left[\frac{d^2\mathfrak{r}}{ds^2}\,\frac{d^3\mathfrak{r}}{ds^3}\right]\right)_{s=s_0} = \varrho^2 \begin{vmatrix} \left(\frac{dx^1}{ds}\right)_{s=s_0} & \left(\frac{dx^2}{ds}\right)_{s=s_0} & \left(\frac{dx^3}{ds}\right)_{s=s_0} \\ \left(\frac{d^2x^1}{ds^2}\right)_{s=s_0} & \left(\frac{d^2x^2}{ds^2}\right)_{s=s_0} & \left(\frac{d^2x^3}{ds^2}\right)_{s=s_0} \\ \left(\frac{d^3x^1}{ds^3}\right)_{s=s_0} & \left(\frac{d^3x^2}{ds^3}\right)_{s=s_0} & \left(\frac{d^3x^3}{ds^3}\right)_{s=s_0} \end{vmatrix}. \qquad \text{(I 10, 60)}$$

I 11. Die Hauptsätze der sphärischen Trigonometrie im Lichte der Vektorrechnung.

a) Ein *sphärisches Dreieck* wird durch drei nicht zusammenfallende Punkte A, B, C einer Kugeloberfläche definiert, welche durch Großkreise miteinander verbunden sind. Wir bezeichnen gemäß Abb. I 18 die durch Kreisbogenstücke gebildeten Dreiecksseiten mittels

$$\widehat{\mathrm{BC}} = \mathrm{a}; \qquad \widehat{\mathrm{CA}} = \mathrm{b}; \qquad \widehat{\mathrm{AB}} = \mathrm{c}. \qquad \text{(I 11, 1)}$$

Die Winkel des sphärischen Dreieckes werden durch jene definiert, welche zwischen je zwei an einer Ecke zusammentreffenden Großkreis-Ebenen liegen; wir nennen sie α (Winkel bei A), β (Winkel bei B), γ (Winkel bei C).

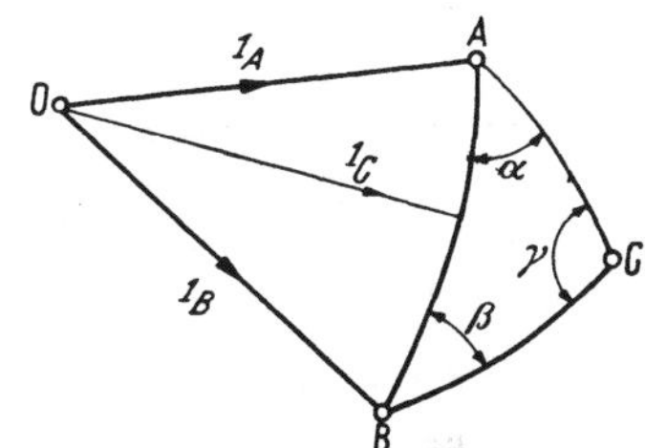

Abb. I 18. Orientierung im sphärischen Dreieck.

b) Es ist üblich und bequem, den Halbmesser der Kugeloberfläche als Einheit des Längenmaßstabes zu wählen; denn dann drücken sich die Seiten des sphärischen Dreieckes als Winkel zwischen denjenigen Fahrstrahlen aus, welche die Ecken A, B, C mit dem Kugelzentrum O verbinden. Wir identifizieren diese Fahrstrahlen mit drei Einheitsvektoren

$$\mathrm{O} \to \mathrm{A} = 1_{\mathrm{A}}; \qquad \mathrm{O} \to \mathrm{B} = 1_{\mathrm{B}}; \qquad \mathrm{O} \to \mathrm{C} = 1_{\mathrm{C}}. \qquad \text{(I 11, 2)}$$

Wir dürfen nun, ohne die Allgemeinheit zu beschränken, das *Kartesische* Bezugssystem x^i so wählen, daß sein Ursprung in den Kugelmittelpunkt zu liegen kommt; des weiteren soll 1_{A} in die Richtung der x^3-Achse weisen, während 1_{B} der Ebene $x^2 = 0$ angehören soll.

Neben dem *Kartesischen* System seien Kugelflächen-Polarkoordinaten eingeführt: ϑ bezeichne den Polarwinkel eines beliebigen Aufpunktes P der Kugeloberfläche gegen die x^3-Achse, ψ sein Azimut gegen die Ebene $x^2 = 0$. Sei nun

$$1_{\mathrm{P}} = 1_{\vartheta, \psi} \qquad \text{(I 11, 3)}$$

der von O nach P weisende Fahrstrahl (Einheitsvektor), so lautet seine Koordinatendarstellung

$$1_{\mathrm{P}} = 1_1 \sin\vartheta \cos\psi + 1_2 \sin\vartheta \sin\psi + 1_3 \cos\vartheta. \qquad \text{(I 11, 4)}$$

Für die drei Einheitsvektoren 1_{A}, 1_{B}, 1_{C} folgt hieraus, indem man P nacheinander mit A, B, C identifiziert

$$\begin{aligned} 1_{\mathrm{A}} &= 1_1 \,0 && + 1_2 \,0 && + 1_3 \,1, \\ 1_{\mathrm{B}} &= 1_1 \sin \mathrm{c} && + 1_2 \,0 && + 1_3 \cos \mathrm{c}, \\ 1_{\mathrm{C}} &= 1_1 \sin \mathrm{b} \cos\alpha && + 1_2 \sin \mathrm{b} \sin\alpha && + 1_3 \cos \mathrm{b}. \end{aligned} \qquad \text{(I 11, 5)}$$

c) In der sphärischen Trigonometrie wird die Aufgabe vorgelegt: Gegeben b, c und γ; gesucht a. Da nun a mit dem von $\mathit{1}_B$ und $\mathit{1}_C$ eingeschlossenen Winkel identisch ist, gilt

$$\cos a = (\mathit{1}_B\, \mathit{1}_C). \qquad \text{(I 11, 6)}$$

Mittels der Komponentendarstellung (I 11, 5) findet man also

$$\cos a = \sin c \sin b \cos \alpha + \cos c \cos b \qquad \text{(I 11, 7)}$$

und durch zyklische Vertauschung von a, b, c; α, β, γ,

$$\cos b = \sin a \sin c \cos \beta + \cos a \cos c \qquad \text{(I 11, 8)}$$

sowie

$$\cos c = \sin b \sin a \cos \gamma + \cos b \cos a. \qquad \text{(I 11, 9)}$$

Die Gleichungen (I 11, 7), (I 11, 8), (I 11, 9) bilden den Inhalt des *Kosinussatzes der sphärischen Trigonometrie.*

d) Wir berechnen den Rauminhalt des Parallelepipedes, welches von den Einheitsvektoren $\mathit{1}_A$, $\mathit{1}_B$, $\mathit{1}_C$ ausgespannt wird:

$$T = (\mathit{1}_A\, [\mathit{1}_B\, \mathit{1}_C]) = \begin{vmatrix} 0 & 0 & 1 \\ \sin c & 0 & \cos c \\ \sin b \cos \alpha & \sin b \sin \alpha & \cos b \end{vmatrix} = \sin c \sin b \sin \alpha. \qquad \text{(I 11, 10)}$$

Durch zyklische Vertauschung von Winkeln und Seiten entsteht die Dreiergleichung

$$\sin c \sin b \sin \alpha = \sin a \sin c \sin \beta = \sin b \sin a \sin \gamma \qquad \text{(I 11, 11)}$$

und nach Division mit sin a sin b sin c

$$\frac{\sin \alpha}{\sin a} = \frac{\sin \beta}{\sin b} = \frac{\sin \gamma}{\sin c}. \qquad \text{(I 11, 12)}$$

Diese Relation wird als *Sinussatz der sphärischen Trigonometrie* bezeichnet.

e) Wir ergänzen das gegebene sphärische Dreieck A B C durch das *sphärische Polardreieck,* dessen Ecken A*, B*, C* durch die Fußpunkte der in O auf den Ebenen O B C; O C A; O A B errichteten Lote (in der angegebenen Reihenfolge) definiert sind. Die von O nach den Ecken des Polardreieckes weisenden Fahrstrahlen (Einheitsvektoren) $\mathit{1}_{A*}, \ldots,$ sollen dabei mit den Einheitsvektor-Paaren $(\mathit{1}_B, \mathit{1}_C) \ldots$ bei zyklischer Anordnung der Indizes jedesmal ein *Linkssystem* bilden. Hiernach folgt

$$\mathit{1}_{A*} = -\frac{[\mathit{1}_B\, \mathit{1}_C]}{\sin a} = \frac{1}{\sin a} \begin{vmatrix} \mathit{1}_1 & \mathit{1}_2 & \mathit{1}_3 \\ \sin b \cos \alpha & \sin b \sin \alpha & \cos b \\ \sin c & 0 & \cos c \end{vmatrix} = \qquad \text{(I 11, 13)}$$

$$= \frac{1}{\sin a} \{\mathit{1}_1 \sin b \sin \alpha \cos c + \mathit{1}_2 (\cos b \sin c - \sin b \cos \alpha \cos c) +$$

$$+ \mathit{1}_3 (- \sin b \sin \alpha \sin c)\}$$

$$1_{B*} = -\frac{[1_C\, 1_A]}{\sin b} = \frac{1}{\sin b}\begin{vmatrix} 1_1 & 1_2 & 1_3 \\ 0 & 0 & 1 \\ \sin b \cos\alpha & \sin b \sin\alpha & \cos b \end{vmatrix} = \qquad (I\ 11,\ 14)$$

$$= \frac{1}{\sin b}\{1_1(-\sin b \sin\alpha) + 1_2 \sin b \cos\alpha + 1_3\cdot 0\} = 1_1(-\sin\alpha) + 1_2\cos\alpha\}$$

und

$$1_{C*} = -\frac{[1_A\, 1_B]}{\sin c} = \frac{1}{\sin c}\begin{vmatrix} 1_1 & 1_2 & 1_3 \\ \sin c & 0 & \cos c \\ 0 & 0 & 1 \end{vmatrix} = \qquad (I\ 11,\ 15)$$

$$= \frac{1}{\sin c}\{1_1 \cdot 0 + 1_2(-\sin c) + 1_3 \cdot 0\} = 1_2(-1).$$

Wir nennen $a^* = \widehat{B^* C^*}$, $b^* = \widehat{C^* A^*}$, $c^* = \widehat{A^* B^*}$ die Seiten des sphärischen Polardreieckes. Welches sind ihre Größen?

Mittels paarweiser Skalarmultiplikation der Vektoren 1_{A*}, 1_{B*}, 1_{C*} finden wir

$$\cos a^* = (1_{B*}\, 1_{C*}) = -\cos\alpha, \qquad (I\ 11,\ 16)$$

$$\cos b^* = (1_{C*}\, 1_{A*}) = \frac{-\cos b \sin c + \sin b \cos\alpha \cos c}{\sin a}, \qquad (I\ 11,\ 17)$$

$$\cos c^* = (1_{A*}\, 1_{B*}) = \frac{-\sin b \cos^2\alpha \cos c + \cos\alpha \cos b \sin c - \sin b \cos c \cos^2\alpha}{\sin a}. \qquad (I\ 11,\ 18)$$

Aus dem Kosinussatz (I 11, 7, 8, 9) des sphärischen Dreieckes A B C entnehmen wir das Formeltripel

$$\cos\alpha = \frac{\cos a - \cos b \cos c}{\sin b \sin c}, \qquad (I\ 11,\ 19)$$

$$\cos\beta = \frac{\cos b - \cos c \cos a}{\sin c \sin a}, \qquad (I\ 11,\ 20)$$

$$\cos\gamma = \frac{\cos c - \cos a \cos b}{\sin a \sin b}. \qquad (I\ 11,\ 21)$$

Mittels der ersten dieser Relationen eliminieren wir aus den Gleichungen (I 11, 17) und (I 11, 18) den Winkel α und erhalten

$$\cos b^* = \frac{-\cos b + \cos c \cos a}{\sin a \sin c} = -\cos\beta, \qquad (I\ 11,\ 22)$$

$$\cos c^* = \frac{-\cos c + \cos a \cos b}{\sin b \sin a} = -\cos\gamma. \qquad (I\ 11,\ 23)$$

Die Seiten des sphärischen Polardreieckes ergänzen also die Winkel des sphärischen Originaldreieckes zu je 180^0.

f) Die geometrische Beziehung zwischen dem Originaldreieck und dem Polardreieck ist eine duale: Die auf den Ebenen O, B*, C*; O, C*, A*; O, A*, B* in O errichteten Lote erzeugen auf der Kugeloberfläche die Ecken A, B, C des Originaldreieckes. Daher gilt der weitere Satz:

Die Winkel des polaren Dreieckes ergänzen die Seiten des Originaldreieckes zu je 180^0.

Nennen wir diese Winkel α^* (bei A*), β^* (bei B*), γ^* (bei C*), so gelten also die sechs Relationen

$$\alpha + \mathrm{a}^* = \pi; \qquad \beta + \mathrm{b}^* = \pi; \qquad \gamma + \mathrm{c}^* = \pi \qquad \text{(I 11, 24)}$$

und

$$\mathrm{a} + \alpha^* = \pi; \qquad \mathrm{b} + \beta^* = \pi; \qquad \mathrm{c} + \gamma^* = \pi. \qquad \text{(I 11, 25)}$$

Für die Seite a* des polaren Dreieckes liefert der Kosinussatz der sphärischen Trigonometrie

$$\cos \mathrm{a}^* = \cos \mathrm{b}^* \cos \mathrm{c}^* + \sin \mathrm{b}^* \sin \mathrm{c}^* \cos \alpha^*. \qquad \text{(I 11, 26)}$$

Führt man hierin jedesmal die komplementären Stücke des Originaldreieckes ein, so entsteht

$$-\cos \alpha = -\cos \beta\,(-\cos \gamma) + (-\sin \beta)\,(-\sin \gamma)\,(-\cos \mathrm{a}) \qquad \text{(I 11, 27)}$$

oder

$$\cos \alpha = -\cos \beta \cos \gamma + \sin \beta \sin \gamma \cos \mathrm{a}. \qquad \text{(I 11, 28)}$$

Zusammen mit den zwei zyklischen Ergänzungsformeln

$$\cos \beta = -\cos \gamma \cos \alpha + \sin \gamma \sin \alpha \cos \mathrm{b} \qquad \text{(I 11, 29)}$$

und

$$\cos \gamma = -\cos \alpha \cos \beta + \sin \alpha \sin \beta \cos \mathrm{c} \qquad \text{(I 11, 30)}$$

bilden diese Gleichungen den Inhalt des „sphärischen Kosinussatzes der Winkel". Er unterscheidet sich formal von dem Kosinussatze der Seiten, welchen wir früher kennen lernten, durch das Vorzeichen des ersten Gliedes.

I 12. Die *Euler*schen Winkelkoordinaten.

a) Gegeben sei ein starrer Körper, welcher sich um einen festen Punkt O seines Innern relativ zu einem *Kartesischen* Bezugssystem x^i ($i = 1, 2, 3$) beliebig drehen kann. Um die Orientierung dieses Körpers im Raum zu beschreiben, führen wir neben dem genannten, „raumfesten" System der x^i ein weiteres, ebenfalls *Kartesisches* Bezugssystem $x^{k'}$ ein ($k = 1, 2, 3$), welches dem Körper starr verbunden ist. Der Ursprung sowohl des raumfesten wie des körperfesten Systemes soll mit dem Drehungszentrum O zusammenfallen. Dann wird die Lage des körperfesten Systemes relativ zum raumfesten System in jedem Augenblick durch die Gesamtheit der neun Richtungskosinus beschrieben; es empfiehlt sich für unsern Zweck, diese Transformation in folgendem Schema zusammenzufassen:

	$x^{1'}$	$x^{2'}$	$x^{3'}$	
x^1	$\cos(x^1 x^{1'})$	$\cos(x^1 x^{2'})$	$\cos(x^1 x^{3'})$	
x^2	$\cos(x^2 x^{1'})$	$\cos(x^2 x^{2'})$	$\cos(x^2 x^{3'})$	(I 12, 1)
x^3	$\cos(x^3 x^{1'})$	$\cos(x^3 x^{2'})$	$\cos(x^3 x^{3'})$	

Da zwischen diesen neun Zahlen sechs Orthogonalitätsrelationen bestehen, sind nur drei unter ihnen willkürlich wählbar. Man bringt diesen Sachverhalt dadurch zum Ausdruck, daß man der Drehung des starren Körpers um einen festen Punkt *drei Freiheitsgrade* zuerkennt. Im Lichte dieser Erkenntnis erscheint es sachgemäß, die Drehungen des körperfesten gegen das raumfeste System von vornherein nur durch drei Parameter von einfacher kinematischer Bedeutung zu beschreiben. Dies gelingt mittels der von *Euler* eingeführten Winkelkoordinaten ϑ, φ und ψ.

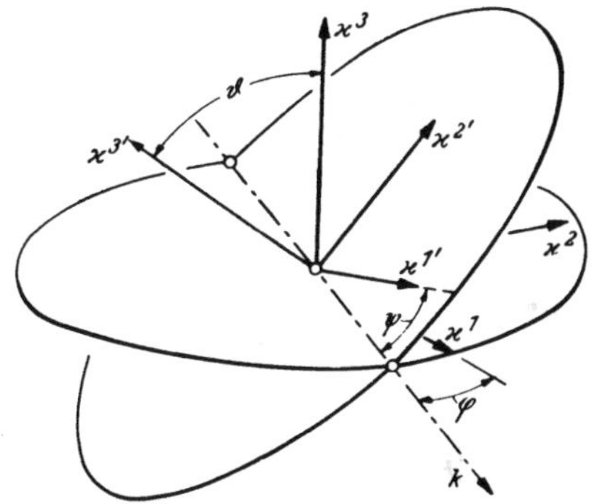

Abb. I 19. Die *Euler*schen Winkelkoordinaten.

b) Zur Definition der *Euler*schen Winkelkoordinaten knüpfen wir an Abb. I 19 an:

1. Der Winkel ϑ ist durch die Neigung der $x^{3'}$-Achse gegen die x^3-Achse gegeben.

2. Für alle $\vartheta \neq 0$ schneiden sich die Ebenen $x^3 = 0$ und $x^{3'} = 0$ längs einer Geraden, welche die *Knotenlinie* heißt. Wir weisen ihr von O aus einen Richtungspfeil zu und nennen die hierdurch bestimmte, orientierte Gerade die *Knotenachse* k. Der Winkel ϑ gilt als positiv, falls die Überführung der x^3-Achse in die $x^{3'}$-Achse mittels einer Drehung um k, zusammen mit einem Fortschritt längs der Knotenachse, eine Rechtsschraube liefert.

3. In der Ebene $x^3 = 0$ des raumfesten Systems mißt φ den Winkel zwischen der positiven Knotenachse und der positiven x^1-Achse. φ gilt als positiv, falls die kürzeste Überführung der positiven Knotenachse in die positive x^1-Achse um die x^3-Achse, zusammen mit einem Fortschritt in der x^3-Achse, eine Rechtsschraube ergibt.

4. In der Ebene $x^{3'} = 0$ des körperfesten Systemes bezeichnet ψ den Winkel zwischen der positiven Knotenachse und der positiven $x^{1'}$-Achse. ψ wird als positiv gerechnet, falls die kürzeste Drehung der positiven Knotenachse in die positive $x^{1'}$-Achse um die $x^{3'}$-Achse, zusammen mit einem Fortschritt in Richtung der $x^{3'}$-Achse, zu einer Rechtsschraube führt.

c) Es handelt sich nun darum, die geometrischen Beziehungen zwischen den *Euler*schen Winkeln und den Richtungskosinussen der interachsialen Winkel herzustellen. Zu diesem Zwecke konstruieren wir um den Ursprung O eine Kugel vom Halbmesser 1; sie ist, um die Zeichnung nicht zu überlasten, in Abb. I 19 lediglich durch ihre Schnittkreise mit den Ebenen $x^3 = 0$ und $x^{3'} = 0$ angedeutet. Wir bezeichnen die Punkte, an welchen die Achsen des raumfesten Systemes x^i, des körperfesten Systemes $x^{i'}$

und die Knotenachse k die Einheitskugel durchstoßen, mittels der Einheitsvektoren, welche von O aus jeweils die positive Richtung der genannten Achsen anzeigen; nunmehr führen wir folgende Überlegungen durch:

1. Im sphärischen Dreieck $1_1\, 1_k\, 1_{1'}$ liefert der Kosinussatz der sphärischen Trigonometrie

$$\cos(1_1, 1_{1'}) = \cos\varphi\cos\psi + \sin\varphi\sin\psi\cos\vartheta. \qquad \text{(I 12, 2)}$$

2. Im sphärischen Dreieck $1_1\, 1_k\, 1_{2'}$ ist

$$\cos(1_1, 1_{2'}) = \cos\varphi\cos\left(\psi + \frac{\pi}{2}\right) + \sin\varphi\sin\left(\psi + \frac{\pi}{2}\right)\cos\vartheta =$$
$$= -\cos\varphi\sin\psi + \sin\varphi\cos\psi\cos\vartheta. \qquad \text{(I 12, 3)}$$

3. Das rechtwinkelige sphärische Dreieck $1_1\, 1_k\, 1_{3'}$ liefert

$$\cos(1_1, 1_{3'}) = \cos\varphi . 0 + \sin\varphi . 1 . \cos\left(\vartheta + \frac{\pi}{2}\right) =$$
$$= -\sin\varphi\sin\vartheta. \qquad \text{(I 12, 4)}$$

4. Im Dreieck $1_2\, 1_k\, 1_{1'}$ wird

$$\cos(1_2, 1_{1'}) = \cos\left(\varphi + \frac{\pi}{2}\right)\cos\psi + \sin\left(\varphi + \frac{\pi}{2}\right)\sin\psi\cos\vartheta =$$
$$= -\sin\varphi\cos\psi + \cos\varphi\sin\psi\cos\vartheta. \qquad \text{(I 12, 5)}$$

5. Das Dreieck $1_2\, 1_k\, 1_{2'}$ ergibt

$$\cos(1_2, 1_{2'}) = \cos\left(\varphi + \frac{\pi}{2}\right)\cos\left(\psi + \frac{\pi}{2}\right) + \sin\left(\varphi + \frac{\pi}{2}\right)\sin\left(\psi + \frac{\pi}{2}\right)\cos\vartheta =$$
$$= \sin\varphi\sin\psi + \cos\varphi\cos\psi\cos\vartheta. \qquad \text{(I 12, 6)}$$

6. Im rechtwinkeligen sphärischen Dreieck $1_2\, 1_k\, 1_{3'}$ besteht die Relation

$$\cos(1_2, 1_{3'}) = \cos\left(\varphi + \frac{\pi}{2}\right) . 0 + \sin\left(\varphi + \frac{\pi}{2}\right) . 1 . \cos\left(\vartheta + \frac{\pi}{2}\right) =$$
$$= -\cos\varphi\sin\vartheta \qquad \text{(I 12, 7)}$$

7. Für das rechtwinkelige sphärische Dreieck $1_3\, 1_k\, 1_{1'}$ findet sich

$$\cos(1_3, 1_{1'}) = 0 \cdot \cos\psi + 1 . \sin\psi\cos\left(\frac{\pi}{2} - \vartheta\right) = \sin\psi\sin\vartheta. \qquad \text{(I 12, 8)}$$

8. Im rechtwinkeligen sphärischen Dreieck $1_3\, 1_k\, 1_{2'}$ berechnet sich

$$\cos(1_3, 1_{2'}) = 0 \cdot \cos\left(\psi + \frac{\pi}{2}\right) + \sin\left(\psi + \frac{\pi}{2}\right)\cos\left(\frac{\pi}{2} - \vartheta\right) \cdot 1 = \cos\psi\sin\vartheta.$$
$$\text{(I 12, 9)}$$

9. Definitionsgemäß ist

$$\cos(1_3, 1_{3'}) = \cos\vartheta. \qquad \text{(I 12, 10)}$$

Das Ergebnis dieser Rechnungen ist im folgenden Schema zusammengestellt, in welchem die Kombinationen der goniometrischen Funktionen der *Euler*schen Winkel jeweils die Werte der in (I 12, 1) eingetragenen interachsialen Richtungskosinus abgeben:

	$x^{1'}$	$x^{2'}$	$x^{3'}$
x^1	$\cos\varphi\cos\psi + \sin\varphi\sin\psi\cos\vartheta$	$-\cos\varphi\sin\psi + \sin\varphi\cos\psi\cos\vartheta$	$-\sin\varphi\sin\vartheta$
x^2	$-\sin\varphi\cos\psi + \cos\varphi\sin\psi\cos\vartheta$	$\sin\varphi\sin\psi + \cos\varphi\cos\psi\cos\vartheta$	$-\cos\varphi\sin\vartheta$
x^3	$\sin\psi\sin\vartheta$	$\cos\psi\sin\vartheta$	$\cos\vartheta$

(I 12, 11)

d) Für die Kinematik der Drehbewegung des starren Körpers kommt es nicht so sehr auf die Winkel selbst an, sondern auf ihre Ableitungen nach der Zeit, welche die *Winkelgeschwindigkeiten* definieren. Es sei ω der Vektor der Winkelgeschwindigkeit des körperfesten Systemes gegen das raumfeste System. Wir zerlegen ihn nach den Achsen des körperfesten Systemes, indem wir schreiben

$$\omega = 1_{j'}\,\omega^{j'}. \qquad \text{(I 12, 12)}$$

Im System der *Euler*schen Winkelkoordinaten mißt

$$\dot\vartheta = \frac{d\vartheta}{dt} \qquad \text{(I 12, 13)}$$

die Drehgeschwindigkeit der $x^{3'}$-Achse um die Knotenachse; weiter gibt

$$\dot\varphi = \frac{d\varphi}{dt} \qquad \text{(I 12, 14)}$$

die Winkelgeschwindigkeit der x^1-Achse gegen die Knotenachse bei der Drehung um die x^3-Achse an, während

$$\dot\psi = \frac{d\psi}{dt} \qquad \text{(I 12, 15)}$$

die Winkelgeschwindigkeit der $x^{1'}$-Achse gegen die Knotenachse bei einer Drehung um die $x^{3'}$-Achse beschreibt. Diese Definitionen sind in der Vektorgleichung zusammengefaßt

$$\omega = 1_k\,\dot\vartheta + 1_3\,\dot\varphi + 1_{3'}\,\dot\psi. \qquad \text{(I 12, 16)}$$

Der Vergleich mit (I 12, 12) liefert also

$$1_{1'}\,\omega^{1'} + 1_{2'}\,\omega^{2'} + 1_{3'}\,\omega^{3'} = 1_k\,\dot\vartheta + 1_3\,\dot\varphi + 1_{3'}\,\dot\psi. \qquad \text{(I 12, 17)}$$

Wir multiplizieren diese Gleichung auf skalare Weise mit $1_{1'}$ und erhalten mit Rücksicht auf (I 12, 11)

$$\omega^{1'} = (1_k\,1_{1'})\,\dot\vartheta + (1_3\,1_{1'})\,\dot\varphi + (1_{3'}\,1_{1'})\,\dot\psi = \dot\vartheta\cos\psi + \dot\varphi\sin\psi\sin\vartheta. \qquad \text{(I 12, 18)}$$

Ebenso führt die skalare Multiplikation von (I 12, 17) mit $\mathfrak{1}_{2'}$ auf

$$\omega^{2'} = (\mathfrak{1}_k \mathfrak{1}_{2'})\dot{\vartheta} + (\mathfrak{1}_3 \mathfrak{1}_{2'})\dot{\varphi} + (\mathfrak{1}_{3'} \mathfrak{1}_{2'})\dot{\psi} = -\dot{\vartheta}\sin\psi + \dot{\varphi}\cos\psi\sin\vartheta. \quad \text{(I 12, 19)}$$

Endlich gewinnt man durch skalare Multiplikation von (I 12, 17) mit $\mathfrak{1}_{3'}$

$$\omega^{3'} = (\mathfrak{1}_k \mathfrak{1}_{3'})\dot{\vartheta} + (\mathfrak{1}_3 \mathfrak{1}_{3'})\dot{\varphi} + (\mathfrak{1}_{3'} \mathfrak{1}_{3'})\dot{\psi} = \dot{\varphi}\cos\vartheta + \dot{\psi}. \quad \text{(I 12, 20)}$$

Wir fassen zusammen

$$\begin{aligned} \omega^{1'} &= \quad \dot{\vartheta}\cos\psi + \dot{\varphi}\sin\psi\sin\vartheta, \\ \omega^{2'} &= -\dot{\vartheta}\sin\psi + \dot{\varphi}\cos\psi\sin\vartheta, \\ \omega^{3'} &= \qquad\qquad \dot{\varphi}\cos\vartheta \qquad + \dot{\psi} \end{aligned} \quad \text{(I 12, 21)}$$

und folgern hieraus

$$(\omega^{1'})^2 + (\omega^{2'})^2 = \dot{\vartheta}^2 + \dot{\varphi}^2\sin^2\vartheta. \quad \text{(I 12, 22)}$$

Löst man diese Gleichungen nach den *Euler*schen Winkelgeschwindigkeiten auf, so entsteht

$$\begin{aligned} \dot{\vartheta} &= \frac{1}{\sin\vartheta}(\omega^{1'}\sin\vartheta\cos\psi - \omega^{2'}\sin\vartheta\sin\psi), \\ \dot{\varphi} &= \frac{1}{\sin\vartheta}(\omega^{1'}\sin\psi + \omega^{2'}\cos\psi), \\ \dot{\psi} &= \frac{1}{\sin\vartheta}(-\omega^{1'}\cos\vartheta\sin\psi - \omega^{2'}\cos\vartheta\cos\psi + \omega^{3'}\sin\vartheta). \end{aligned} \quad \text{(I 12, 23)}$$

Die Funktionaldeterminante dieser Transformation besitzt den Wert

$$D = \frac{1}{\sin^3\vartheta}\begin{vmatrix} \sin\vartheta\cos\psi & -\sin\vartheta\sin\psi & 0 \\ \sin\psi & \cos\psi & 0 \\ -\cos\vartheta\sin\psi & -\cos\vartheta\cos\psi & \sin\vartheta \end{vmatrix} = \frac{1}{\sin\vartheta}. \quad \text{(I 12, 24)}$$

Zweites Kapitel.

Vektorfelder.

II 1. Beschreibung von Skalarfeldern.

a) Gegeben sei der Skalar S als Funktion der Koordinaten x^i eines *Kartesischen* Rechtssystemes sowie als Funktion der laufenden Zeit t

$$S = S(x^i, t). \qquad \text{(II 1, 1)}$$

Das räumliche Verhalten dieser Funktion wird durch die Schar der *Isoskalar-Flächen* beschrieben, deren jede einzelne durch einen bestimmten Wert $S = S_0$ zu einem festen Zeitpunkt $t = t_0$ („Momentaufnahme") charakterisiert ist. In der Regel bedarf es daher zur umfassenden Darstellung aller Isoskalar-Flächen eines „Filmes"; nur im Falle stationärer Felder ruht das Bild dieser Flächen relativ zum Bezugssysteme.

b) In der Umgebung eines Aufpunktes P schildert die dort stattfindende räumliche Änderung des Skalares seine Feinstruktur. Es sei in P die Richtung (s) durch den Einheitsvektor gegeben

$$\mathit{1}_s = \mathit{1}_i\, 1^i_s = \mathit{1}_1 \cos(s, \mathit{1}_1) + \mathit{1}_2 \cos(s, \mathit{1}_2) + \mathit{1}_3 \cos(s, \mathit{1}_3). \qquad \text{(II 1, 2)}$$

Wir schreiten von P aus in dieser Richtung um die infinitesimale Strecke Δ s in das Feld hinein und registrieren die „gleichzeitige" Änderung von S; dabei verabreden wir, den Ausdruck $\partial/\partial x^i$ einer mit dem *unteren* Index i ausgestatteten Vektorkomponente (im Sinne der Summenkonvention) gleichzustellen, so daß wir abkürzend schreiben

$$\Delta S = \frac{\partial S}{\partial x^i} \Delta x^i ; \Delta x^i = \Delta s\, 1^i_s = \Delta s \cos(s, \mathit{1}_i). \qquad \text{(II 1, 3)}$$

Gleich S selbst ist Δ S ein Skalar, während die Δx^i die Komponenten des Verrückungsvektors $\mathit{1}_s \Delta s$ darstellen. Demnach bilden die Größen

$$G_i = \frac{\partial S}{\partial x^i}. \qquad \text{(II 1, 4)}$$

die Komponenten des Vektors

$$G = \mathit{1}^i G_i = \mathit{1}^i \frac{\partial S}{\partial x^i}, \qquad \text{(II 1, 5)}$$

welcher der *Gradient* des Skalars S heißt (Symbol grad S).

Wir schreiben Gl. (II 1, 3) in der Form

$$\Delta S = (\text{grad } S \,.\, \mathit{1}_s \,.\, \Delta s) = |\text{grad } S|\, \Delta s \cos(\text{grad } S, \Delta s). \quad \text{(II 1, 6)}$$

Von irgend einem Aufpunkt P aus findet also die absolut größte Änderung von S je Einheit des Weges Δ s gerade in Richtung des Gradientenvektors statt, für welche ja $|\cos(\text{grad } S, \Delta s)| = 1$ wird. Wir behaupten, daß diese Richtung des „steilsten Gefälles" auf der Isoskalarfläche durch P senkrecht steht. Denn wählen wir einen infinitesimalen Vektor

$$\Delta t = \mathit{1}_i \, \Delta t^i, \quad \text{(II 1, 7)}$$

welcher die Isoskalarfläche $S = S_0$ in P tangiert, so gilt

$$\Delta S = \frac{\partial S}{\partial x^i} \Delta t^i = (\text{grad } S \, \Delta t) = 0, \quad \text{(II 1, 8)}$$

womit der Beweis erbracht ist. Dieser Schluß versagt nur in jenen „singulären Punkten" des Feldes, in welchen der Gradient nicht existiert; dort ist also auch die Orthogonalität von Isoskalarfläche und Richtung des steilsten Gefälles unterbrochen.

c) Wir führen durch das Zeichen des *Nabla*

$$\nabla = \mathit{1}^i \frac{\partial}{\partial x^i} \equiv \mathit{1}^i \, \nabla_i \equiv \mathit{1}_i \, \nabla^i \quad \text{(II 1, 9)}$$

ein differentiales Operationssymbol ein. Neben dem Grundsystem der Einheitsvektoren $\mathit{1}_i$ beziehen wir uns auf das gestrichene System, welches durch die Drehung (I 6, 25) aus dem ungestrichenen hervorgeht. Dabei gilt nach (I 6, 34)

$$\frac{\partial}{\partial x^i} = \frac{\partial}{\partial x^k} \frac{\partial x^{k'}}{\partial x^i} = \overline{\alpha}_i^k \frac{\partial}{\partial x^{k'}}, \quad \text{(II 1, 10)}$$

so daß also das *Nabla*-Zeichen des ungestrichenen Systemes sich aus jenem des gestrichenen Systemes nach der Vorschrift berechnet

$$\nabla_i = \overline{\alpha}_i^k \, \nabla_{k'} = \alpha_k^i \, \nabla^{k'} = \nabla^i. \quad \text{(II 1, 11)}$$

Der Vergleich mit (I 6, 36) offenbart ihre Identität mit der Koordinatentransformation vom gestrichenen auf das ungestrichene System. Demnach dürfen wir, im Einklang mit der früher bezüglich $\partial/\partial x^i$ getroffenen Verabredung, das *Nabla*-Zeichen als Vektor behandeln. Mit seiner Hilfe stellen wir den Gradienten als Produkt des *Nabla*-Vektors mit dem Skalar S dar

$$G = \text{grad } S = \nabla S. \quad \text{(II 1, 12)}$$

Im Gegensatz zu den bisher behandelten Vektoren ist das *Nabla*-Vektorsymbol mit dem skalaren Faktor S nicht kommutativ; in der Tat führt die Umkehr ihrer Reihenfolge zu einer zunächst leeren Formel, welche erst durch Hinzunahme weiterer Faktoren mit Inhalt gefüllt werden kann.

II 2. Klassifikation der Vektorfelder.

a) Kann man einem beliebig vorgegebenen Vektorfelde

$$V_i = V_i\,(x^i, t) \qquad \text{(II 2, 1)}$$

stets einen Skalar $S = S\,(x^i, t)$ so zuordnen, daß die Beziehung

$$\mathfrak{V} = \operatorname{grad} S \qquad \text{(II 2, 2)}$$

gilt?

Falls Gl. (II 2, 2) besteht, folgt durch skalare Multiplikation mit dem infinitesimalen Vektor $\mathfrak{1}_s\,ds$

$$(\mathfrak{V}\,\mathfrak{1}_s\,ds) = V_i\,dx^i = (\operatorname{grad} S\,\mathfrak{1}_s\,ds) = \frac{\partial S}{\partial x^i}\,dx^i. \qquad \text{(II 2, 3)}$$

Die rechte Seite dieser Gleichung ist, in Bezug auf die Konfigurationskoordinaten, das vollständige Differential der skalaren Funktion S

$$dS = \frac{\partial S}{\partial x^i}\,dx^i. \qquad \text{(II 2, 4)}$$

Daher kann (II 2, 3) dann und nur dann richtig sein, wenn auch die linke Seite ein vollständiges Differential der Konfigurationskoordinaten darstellt: Es müssen die *Integrabilitätsbedingungen* erfüllt sein

$$\frac{\partial V_i}{\partial x^j} = \frac{\partial V_j}{\partial x^i} \quad (i, j = 1, 2, 3). \qquad \text{(II 2, 5)}$$

Es ist klar, daß sie keineswegs für *irgendwelche* Vektorfelder zutreffen. Vielmehr definieren diese Bedingungen eine bestimmte, für die Anwendungen überaus wichtige *Klasse* von Vektorfeldern: Die *wirbelfreien Felder*.

b) Wir wählen im Konfigurationsraum zwei beliebige Punkte P_I und P_{II}, welche wir durch einen wohldefinierten Weg (C) verbinden. Wir bezeichnen mit $\mathfrak{1}_s\,ds$ das vektorielle Bogenelement dieses Weges und bilden das Linienintegral (in einem festen Zeitpunkt $t = t_0$)

$$L = \int_{P_I\,(C)}^{P_{II}} (\mathfrak{V}\,\mathfrak{1}_s\,ds). \qquad \text{(II 2, 6)}$$

Für wirbelfreie Feldvektoren ist nun, nach (II 2, 3) und (II 2, 4)

$$L = \int_{P_I\,(C)}^{P_{II}} dS = S\,(P_{II}) - S\,(P_I). \qquad \text{(II 2, 7)}$$

Wir machen jetzt folgende grundlegende Voraussetzung: Innerhalb ihres Existenzbereiches ist S eine *eindeutige* Funktion des Ortes. Dann also liefert (II 2, 7) für alle zulässigen Verbindungswege zwischen

P_I und P_{II} den *gleichen* Wert L. Seien etwa C_a und $C_b \neq C_a$ zwei solcher Wege, so folgt hieraus

$$\int\limits_{P_I\,(C_a)}^{P_{II}} dS = \int\limits_{P_I\,(C_b)}^{P_{II}} dS; \quad \int\limits_{P_I\,(C_a)}^{P_{II}} dS + \int\limits_{P_{II}\,(C_b)}^{P_I} dS = 0. \tag{II 2, 8}$$

Nun bilden C_a (von P_I nach P_{II}) und C_b (von P_{II} nach P_I) zusammen einen geschlossenen Umlauf. Wir führen für das resultierende „Umlaufsintegral“ das Symbol eines Ringes im Integralzeichen ein, so daß (II 2, 8) die Form annimmt

$$\oint (V\, \mathbf{1}_s\, dS) = 0. \tag{II 2, 9}$$

Als Integralgleichung eines unbekannten Vektors V aufgefaßt, besitzt sie die allgemeine Lösung (II 2, 2). In der Physik nennt man S, in ihrer Eigenschaft als Mutterfunktion des wirbelfreien Vektors V, sein *skalares Potential* (auch Potential schlechthin, falls Irrtümer ausgeschlossen sind); bei den Anwendungen auf die Hydrodynamik ist es häufig üblich, S mit dem Symbol ψ zu vertauschen, während man in der Elektrodynamik das skalare Potential meist mit φ oder ψ bezeichnet und der Funktion (— S) gleichsetzt.

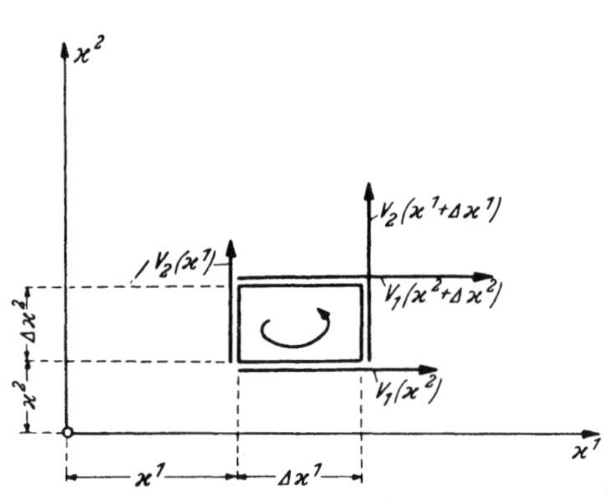

Abb. II 1. Feinstruktur-Analyse der Wirbelfelder.

c) Vektorfelder, welche sich durch einen endlichen Wert des Umlaufsintegrales auszeichnen

$$Z = \oint (V\, \mathbf{1}_s\, ds), \tag{II 2, 10}$$

bilden die Klasse der *Wirbelfelder*. Der Skalar Z selbst heißt die *Zirkulation*, welche dem Umlauf zugeordnet ist.

Um die Feinstruktur der Wirbelfelder kennen zu lernen, gehen wir zu infinitesimalen Umläufen über. Im Anschluß an Abb. II 1 wählen wir hierzu etwa das in der Ebene $x^3 = 0$ gelegene Rechteck der infinitesimalen, achsenparallelen Seiten $\Delta\, x^1$ und $\Delta\, x^2$. Die Zirkulation längs des Rechteckumfanges setzt sich aus folgenden vier skalaren Posten zusammen:

1. Das Integral längs $\Delta\, x^2$ in Richtung wachsender x^2 am Orte $(x^1 + \Delta\, x^1)$

$$V_2\,(x^1 + \Delta\, x^1)\, \Delta\, x^2. \tag{II 2, 11}$$

2. Das Integral längs $\Delta\, x^1$ in Richtung fallender x^1 am Orte $(x^2 + \Delta\, x^2)$

$$-V_1\,(x^2 + \Delta\, x^2)\, \Delta\, x^1. \tag{II 2, 12}$$

3. Das Integral längs $\Delta\, x^2$ in Richtung fallender x^2 am Orte x^1

$$-V_2(x^1)\,\Delta\, x^2. \qquad \text{(II 2, 13)}$$

4. Das Integral längs $\Delta\, x^1$ in Richtung wachsender x^1 am Orte x^2

$$V_1(x^2)\,\Delta\, x^1. \qquad \text{(II 2, 14)}$$

Demnach beträgt die Zirkulation

$$Z = V_2(x^1 + \Delta\, x^1)\,\Delta\, x^2 - V_1(x^2 + \Delta\, x^2)\,\Delta\, x^1 - V_2(x^1)\,\Delta\, x^2 + V_1(x^2)\,\Delta\, x^1 =$$

$$= \left(\frac{\partial V_2}{\partial x^1} - \frac{\partial V_1}{\partial x^2}\right)\Delta\, x^1\,\Delta\, x^2. \qquad \text{(II 2, 15)}$$

Mittels Division durch den Flächeninhalt $\Delta\, x^1\,\Delta\, x^2$ des Kontrollrechteckes gelangen wir zur *spezifischen Zirkulation* (Rotor) des Vektors V (Symbol rot V oder curl V), welche wir durch die Normalenrichtung des Kontrollrechteckes zu indizieren haben

$$\operatorname{rot}^3 V = \frac{\partial V_2}{\partial x^1} - \frac{\partial V_1}{\partial x^2}. \qquad \text{(II 2, 16)}$$

Bezeichnet (i, j, k) eine zyklische Anordnung des Tripels (1, 2, 3), so erhalten wir als Verallgemeinerung von (II 2, 16) die drei Größen

$$\operatorname{rot}^i V = \frac{\partial V_k}{\partial x^j} - \frac{\partial V_j}{\partial x^k}. \qquad \text{(II 2, 17)}$$

Wir behaupten, daß sie die *Kartesischen* Komponenten eines *Vektors* bilden.

Zum Beweise rufen wir ein gestrichenes Bezugssystem zu Hilfe, welches durch Drehung aus dem ungestrichenen hervorgeht. Auf Grund der Transformationsformeln (I 6, 38) gilt

$$V_2 = \overline{a}_2^{j}\, V_{j'}; \qquad V_1 = \overline{a}_1^{j}\, V_{j'}, \qquad \text{(II 2, 18)}$$

so daß wir nach (I 6, 34) aus (II 2, 16) berechnen

$$\operatorname{rot}^3 V = \overline{a}_2^{j}\,\overline{a}_1^{k}\,\frac{\partial V_{j'}}{\partial x^{k'}} - \overline{a}_2^{k}\,\overline{a}_1^{j}\,\frac{\partial V_{j'}}{\partial x^{k'}} = \overline{a}_2^{j}\,\overline{a}_1^{k}\left(\frac{\partial V_{j'}}{\partial x^{k'}} - \frac{\partial V_{k'}}{\partial x^{j'}}\right). \qquad \text{(II 2, 19)}$$

Nach Ausführung der Summationen folgt

$$\begin{aligned}\operatorname{rot}^3 V = {} & (\overline{a}_2^{2}\,\overline{a}_1^{1} - \overline{a}_2^{1}\,\overline{a}_1^{2})\left(\frac{\partial V_{2'}}{\partial x^{1'}} - \frac{\partial V_{1'}}{\partial x^{2'}}\right) + \\ & + (\overline{a}_2^{3}\,\overline{a}_1^{2} - \overline{a}_2^{2}\,\overline{a}_1^{3})\left(\frac{\partial V_{3'}}{\partial x^{2'}} - \frac{\partial V_{2'}}{\partial x^{3'}}\right) + \\ & + (\overline{a}_2^{1}\,\overline{a}_1^{3} - \overline{a}_2^{3}\,\overline{a}_1^{1})\left(\frac{\partial V_{1'}}{\partial x^{3'}} - \frac{\partial V_{3'}}{\partial x^{1'}}\right).\end{aligned} \qquad \text{(II 2, 20)}$$

Mit Rücksicht auf die Identitäten (II 2, 17) kann man hierfür schreiben

$$\operatorname{rot}^3 V = a_1^3\left(\frac{\partial V_{3'}}{\partial x^{2'}} - \frac{\partial V_{2'}}{\partial x^{3'}}\right) + a_2^3\left(\frac{\partial V_{1'}}{\partial x^{3'}} - \frac{\partial V_{3'}}{\partial x^{1'}}\right) + a_3^3\left(\frac{\partial V_{2'}}{\partial x^{1'}} - \frac{\partial V_{1'}}{\partial x^{2'}}\right). \qquad \text{(II 2, 21)}$$

Führt man die entsprechenden Rechnungen für $\operatorname{rot}^1 V$ und $\operatorname{rot}^2 V$ durch, so ist also nach (I 6, 37) die Vektornatur von

$$\operatorname{rot} V = \mathit{1}_i \operatorname{rot}^i V \qquad \text{(II 2, 22)}$$

in der Tat erwiesen; allerdings ist dieser Satz durchaus auf die Gruppe von Bezugssystemen beschränkt, welche durch Drehung auseinander hervorgehen (vergleiche IV 10, f, 5).

Der Rotor des Vektors V läßt sich als Vektorprodukt des *Nabla*-Symboles mit V auffassen

$$\operatorname{rot} V = [\nabla V] = \begin{vmatrix} \mathit{1}_1 & \mathit{1}_2 & \mathit{1}_3 \\ \frac{\partial}{\partial x^1} & \frac{\partial}{\partial x^2} & \frac{\partial}{\partial x^3} \\ V_1 & V_2 & V_3 \end{vmatrix}. \qquad \text{(II 2, 23)}$$

d) Wir erläutern die Geometrie der Wirbelfelder an einer Reihe von Beispielen:

1. *Die Drehbewegung eines starren Körpers*: Es sei $\omega = \mathit{1}_i\, \omega^i$ der Vektor der Winkelgeschwindigkeit. Für den Radiusvektor $r = \mathit{1}_i\, x^i$, welcher dem starren Körper angehört, berechnet sich also der Vektor der Lineargeschwindigkeit v zu $v = [\omega\, r]$; gefragt wird nach seinem Wirbelfelde

$$\operatorname{rot} v = \operatorname{rot} [\omega\, r]. \qquad \text{(II 2, 24)}$$

Mit Hilfe der Determinanten-Darstellung (II 2, 23) finden wir

$$\operatorname{rot} v = \begin{vmatrix} \mathit{1}_1 & \mathit{1}_2 & \mathit{1}_3 \\ \frac{\partial}{\partial x^1} & \frac{\partial}{\partial x^2} & \frac{\partial}{\partial x^3} \\ \omega^2 x^3 - \omega^3 x^2 & \omega^3 x^1 - \omega^1 x^3 & \omega^1 x^2 - \omega^2 x^1 \end{vmatrix} =$$

$$= \mathit{1}_1 (\omega^1 + \omega^1) + \mathit{1}_2 (\omega^2 + \omega^2) + \mathit{1}_3 (\omega^3 + \omega^3) = 2\,\omega. \qquad \text{(II 2, 25)}$$

2. *Der Rotor eines Rotors.* Wir bilden aus dem Felde des Vektors V den neuen Vektor

$$W = \operatorname{rot} (\operatorname{rot} V), \qquad \text{(II 2, 26)}$$

welchen wir mittels der Determinante darstellen

$$W = \begin{vmatrix} \mathit{1}^1 & \mathit{1}^2 & \mathit{1}^3 \\ \frac{\partial}{\partial x_1} & \frac{\partial}{\partial x_2} & \frac{\partial}{\partial x_3} \\ \frac{\partial V_3}{\partial x^2} - \frac{\partial V_2}{\partial x^3} & \frac{\partial V_1}{\partial x^3} - \frac{\partial V_3}{\partial x^1} & \frac{\partial V_2}{\partial x^1} - \frac{\partial V_1}{\partial x^2} \end{vmatrix}. \qquad \text{(II 2, 27)}$$

Nach Ausführung der verlangten Differentiationen ergibt sich etwa für die Komponente W_1 die Gleichung

$$W_1 = \operatorname{rot}_1 (\operatorname{rot} V) = \frac{\partial^2 V_2}{\partial x^1\, \partial x_2} - \frac{\partial^2 V_1}{\partial x^2\, \partial x_2} - \frac{\partial^2 V_1}{\partial x^3\, \partial x_3} + \frac{\partial^2 V_3}{\partial x^1\, \partial x_3} =$$

$$= \frac{\partial}{\partial x^1} \left(\frac{\partial V_1}{\partial x_1} + \frac{\partial V_2}{\partial x_2} + \frac{\partial V_3}{\partial x_3} \right) - \left(\frac{\partial^2 V_1}{\partial x^1\, \partial x_1} + \frac{\partial^2 V_1}{\partial x^2\, \partial x_2} + \frac{\partial^2 V_1}{\partial x^3\, \partial x_3} \right). \qquad \text{(II 2, 28)}$$

Auf Grund der Definition des *Nabla*-Vektors erkennt man in dem ersten Klammer-Ausdruck das skalare Produkt

$$(\nabla V) = \left(\frac{\partial V_1}{\partial x_1} + \frac{\partial V_2}{\partial x_2} + \frac{\partial V_3}{\partial x_3}\right). \qquad \text{(II 2, 29)}$$

Führt man weiter die Norm des *Nabla*-Vektors als skalaren Differentialoperator (*Laplace*scher Operator) ein

$$(\nabla)^2 \equiv \nabla^2 = \frac{\partial^2}{\partial x^1 \partial x_1} + \frac{\partial^2}{\partial x^2 \partial x_2} + \frac{\partial^2}{\partial x^3 \partial x_3}, \qquad \text{(II 2, 30)}$$

so ist

$$\nabla^2 V_1 = \left(\frac{\partial^2 V_1}{\partial x^1 \partial x_1} + \frac{\partial^2 V_1}{\partial x^2 \partial x_2} + \frac{\partial^2 V_1}{\partial x^3 \partial x_3}\right). \qquad \text{(II 2, 31)}$$

Daher entnimmt man aus (II 2, 28) die Vektorgleichung

$$\text{rot}\,(\text{rot}\, V) = \nabla(\nabla V) - \nabla^2 V. \qquad \text{(II 2, 32)}$$

Allerdings ist sie auf die Benützung von Bezugssystemen mit geradlinigen Koordinatenachsen („affine Systeme") beschränkt.

3. Sei V ein Vektorfeld, so bildet $\frac{1}{2}(V)^2$ ein Skalarfeld. Wir leiten aus ihm den Vektor her

$$G = \text{grad}\,\frac{1}{2}(V)^2 = I^i \frac{\partial}{\partial x^i}\left\{\frac{1}{2}(V)^2\right\}. \qquad \text{(II 2, 33)}$$

Seine zur x_1-Achse parallele Komponente lautet

$$G_1 = \frac{\partial}{\partial x^1}\left(\frac{1}{2} V_i V^i\right) = V^i \frac{\partial V_i}{\partial x^1} \equiv$$

$$\equiv \left(V^1 \frac{\partial V_1}{\partial x^1} + V^2 \frac{\partial V_1}{\partial x^2} + V^3 \frac{\partial V_1}{\partial x^3}\right) + V^2\left(\frac{\partial V_2}{\partial x^1} - \frac{\partial V_1}{\partial x^2}\right) + V^3\left(\frac{\partial V_3}{\partial x^1} - \frac{\partial V_1}{\partial x^3}\right). \qquad \text{(II 2, 34)}$$

Wir führen das skalare Produkt des Vektors V mit dem *Nabla*-Vektor (in dieser Reihenfolge!) als Operationsvorschrift ein:

$$(V \nabla) = V^i \frac{\partial}{\partial x^i} = V^1 \frac{\partial}{\partial x^1} + V^2 \frac{\partial}{\partial x^2} + V^3 \frac{\partial}{\partial x^3}. \qquad \text{(II 2, 35)}$$

Damit nimmt (II 2, 34) die Form an

$$G_1 = (V \nabla) V_1 + V^2 \text{rot}^3 V - V^3 \text{rot}^2 V \equiv (V \nabla) V_1 + [V \,\text{rot}\, V]_1 \qquad \text{(II 2, 36)}$$

aus welcher man die Vektorgleichung entnimmt

$$\text{grad}\,\frac{1}{2}(V)^2 = (V \nabla) V + [V \,\text{rot}\, V] \equiv (V \nabla) V + [V [\nabla V]]. \qquad \text{(II 2, 37)}$$

Ist V seinerseits wirbelfrei, so annulliert sich der zweite Posten dieser Summe, so daß man dann auf die Formel kommt

$$\text{grad}\,\frac{1}{2}(V)^2 = (V \nabla) V. \qquad \text{(II 2, 38)}$$

II 3. Der Vektorfluß und seine Quellen.

a) Der geometrischen Darstellung eines Vektorfeldes V dient das System der *Vektorlinien*. Ihre Richtung stimmt — zu einem festen Zeitpunkt $t = t_0$ — an jedem Punkte $P = P(x^i)$ mit der Richtung des dort herrschenden Vektors V überein.

Es sei r der Radiusvektor und

$$d r = 1_s \, ds; \qquad ds^2 = dx^i \, dx_i \tag{II 3, 1}$$

ein Element der Vektorlinie von der Länge ds und der Richtung des Einheitsvektors 1_s. Dann lautet die analytische Definition der Vektorlinien

$$\frac{d r}{ds} = 1_i \frac{dx^i}{ds} = \frac{V}{|V|} = 1_i \frac{V^i}{|V|}. \tag{II 3, 2}$$

Dies ist ein System simultaner Differentialgleichungen, deren Integration die Gesamtheit der gesuchten Linien liefert.

b) Um nicht nur die Richtung des Vektors V, sondern auch seinen Betrag der Anschauung zu erschließen, treffen wir folgende Vereinbarung: Die Dichte der Vektorlinien je Einheit einer senkrecht zur Vektorrichtung gestellten Kontrollfläche gleicht — in einem passenden Maßstabe — dem Betrage des Vektors.

c) Man denke sich im Feldraume eine geschlossene, mit bestimmter Umlaufsrichtung begabte Kurve C. Die Gesamtheit aller Vektorlinien, welche je einen Punkt mit C gemeinsam haben, begrenzt nach Abb. II 2 eine *Vektor-Röhre*. Wir nennen positiv diejenige Seite der von C umfaßten Fläche F, deren Normalenrichtung (n) sich zum Umlaufssinn von C verhält wie Fortschritt und Drehung einer Rechtsschraube. Die Zahl der Vektorlinien, welche von der positiven Seite der Fläche in die Vektorröhre eintreten, definiert den *Vektorfluß*. Es sei dF ein vektorielles Element von F, dessen Betrag die Größe seiner Fläche mißt und dessen Richtung parallel zur positiven Flächennormalen weist. Durch $|dF|$ tritt der infinitesimale Teilfluß

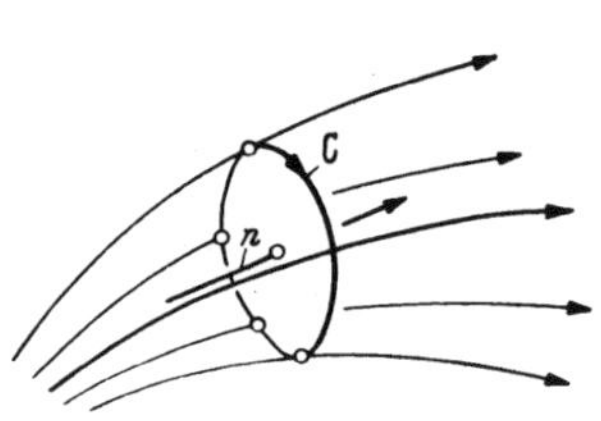

Abb. II 2. Vektorröhre.

$$d\Phi = |V| . |dF| \cos(V, dF) = (V \, dF). \tag{II 3, 3}$$

Durch Integration über die gesamte Fläche folgt

$$\Phi = \iint\limits_{(F)} (V \, dF). \tag{II 3, 4}$$

d) Man denke sich die Fläche F ausgestülpt und gleichzeitig die Kurve C in einen einzigen Punkt zusammengezogen: Es entsteht eine geschlossene „Hülle“ als Grenze eines Raumes vom Volumen T. Sei die Außenseite der Hülle als positiv bezeichnet, so mißt der von ihr ausgehende „Hüllfluß“ den Inbegriff aller Vektorlinien, welche die Hülle von innen nach außen durchdringen. Interpretiert man V als Geschwindigkeit einer inkompressiblen Flüssigkeit, so faßt Φ die Ergiebigkeit aller Quellen zusammen, welche im Innern von T anzutreffen sind. Indem man den Begriff der *Quelle* auf Vektorfelder beliebiger Natur überträgt, gelangt man zu einer neuen Klassifikation der Vektorfelder:

1. *Quellenfreie Vektorfelder* sind dadurch definiert, daß innerhalb ihres Existenzgebietes der Hüllfluß durch beliebige Hüllen identisch verschwindet.

2. *Quellenfelder* sind durch einen endlichen Wert des Hüllflusses gewisser Hüllen ausgezeichnet.

e) Um die Feinstruktur der Quellenfelder kennen zu lernen, spezialisieren wir das Kontrollvolumen auf einen infinitesimalen, rechtkantigen Quader der Kantenlängen Δx^i parallel zu den je gleichnamigen Achsen, dessen Volumen $\Delta T = \Delta x^1 \Delta x^2 \Delta x^3$ beträgt. Welcher (infinitesimale) Hüllfluß $\Delta \Phi$ verläßt diesen Kontrollraum?

Nach Abb. II 3 tritt durch die bei $(x^1 + \Delta x^1)$ gelegene Fläche der Größe $\Delta x^2 \Delta x^3$ der Fluß

$$V^1 (x^1 + \Delta x^1) \Delta x^2 \Delta x^3 \qquad \text{(II 3, 5)}$$

aus dem Kontrollraum aus; dagegen dringt durch die bei (x^1) gelegene Fläche gleicher Größe der Fluß ein

$$V^1 (x^1) \Delta x^2 \Delta x^3, \qquad \text{(II 3, 6)}$$

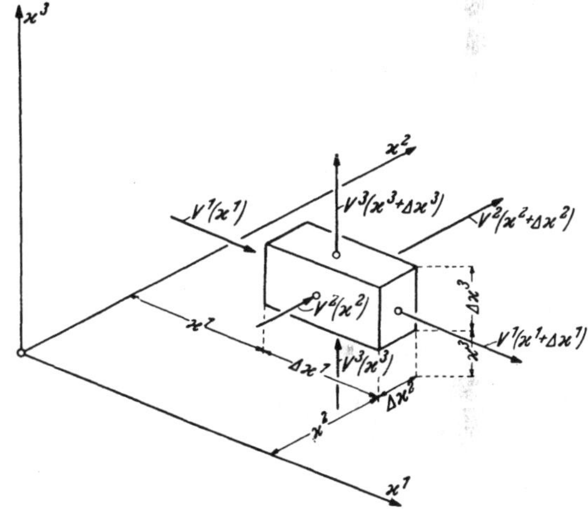

Abb. II 3. Feinstruktur-Analyse der Quellen.

so daß als Überschuß ausgehender Vektorlinien verbleibt

$$[V^1 (x^1 + \Delta x^1) - V^1 (x^1)] \Delta x^2 \Delta x^3 = \frac{\partial V^1}{\partial x^1} \Delta T. \qquad \text{(II 3, 7)}$$

Indem man die gleichen Überlegungen für V^2 und V^3 durchführt und die Ergebnisse addiert, erhält man

$$\Delta \Phi = \frac{\partial V^i}{\partial x^i} \Delta T. \qquad \text{(II 3, 8)}$$

Der Ausdruck

$$\lim_{\Delta T \to 0} \frac{\Delta \Phi}{\Delta T} = \frac{\partial V^i}{\partial x^i} \qquad \text{(II 3, 9)}$$

mißt die *Ergiebigkeit der Vektorquellen je Einheit des Feldvolumens* und heißt *Divergenz* des Vektors V (Symbol div V). Wir behaupten, daß sie eine *Invariante* (Skalar) definiert. Denn für den Übergang vom gestrichenen System der *Kartesischen* Koordinaten $x^{i'}$ auf das ungestrichene System folgt aus (I 6, 37) und (II 1, 10)

$$\frac{\partial V^i}{\partial x^i} = \alpha^i_k \, \overline{\alpha}^j_i \, \frac{\partial V^{k'}}{\partial x^{j'}}, \qquad \text{(II 3, 10)}$$

also, mit Rücksicht auf (I 6, 29)

$$\frac{\partial V^i}{\partial x^i} = \delta^j_k \frac{\partial V^{k'}}{\partial x^{j'}} = \frac{\partial V^{k'}}{\partial x^{k'}} \qquad \text{(II 3, 11)}$$

im Einklang mit obiger Behauptung. Der gleiche Sachverhalt folgt mittels Darstellung der Divergenz als skalares Produkt des *Nabla*-Vektorsymboles mit dem Vektor V

$$\operatorname{div} V = (\nabla V). \qquad \text{(II 3, 12)}$$

g) Wir erläutern die Natur der Quellenfelder an einer Reihe von Beispielen.

1. *Die Divergenz eines Wirbelfeldes.*

Wir bilden

$$\operatorname{div}(\operatorname{rot} V) = \frac{\partial \operatorname{rot}^i V}{\partial x^i} = \frac{\partial}{\partial x^1}\left(\frac{\partial V_3}{\partial x^2} - \frac{\partial V_2}{\partial x^3}\right) + \frac{\partial}{\partial x^2}\left(\frac{\partial V_1}{\partial x^3} - \frac{\partial V_3}{\partial x^1}\right) + \\ + \frac{\partial}{\partial x^3}\left(\frac{\partial V_2}{\partial x^1} - \frac{\partial V_1}{\partial x^2}\right) \equiv 0. \qquad \text{(II 3, 13)}$$

Umgekehrt besitzt die Gleichung

$$\operatorname{div} W = 0 \qquad \text{(II 3, 14)}$$

aufgefaßt als Differentialgleichung für den unbekannten Vektor W, das allgemeine Integral

$$W = \operatorname{rot} V. \qquad \text{(II 3, 15)}$$

In ihrer Eigenschaft als Mutterfunktion des Vektors W nennt man die Funktion V das *Vektorpotential* von W.

2. *Divergenz eines Vektorproduktes.* Gegeben seien die zwei Vektorfelder A und B; wir bilden

$$\operatorname{div}[A\,B] = \frac{\partial}{\partial x^i}[A\,B]^i = \frac{\partial}{\partial x^1}(A_2 B_3 - A_3 B_2) + \frac{\partial}{\partial x^2}(A_3 B_1 - A_1 B_3) + \\ + \frac{\partial}{\partial x^3}(A_1 B_2 - A_2 B_1) \equiv \\ \equiv B_1\left(\frac{\partial A_3}{\partial x^2} - \frac{\partial A_2}{\partial x^3}\right) + B_2\left(\frac{\partial A_1}{\partial x^3} - \frac{\partial A_3}{\partial x^1}\right) + B_3\left(\frac{\partial A_2}{\partial x^1} - \frac{\partial A_1}{\partial x^2}\right) - \\ - A_1\left(\frac{\partial B_3}{\partial x^2} - \frac{\partial B_2}{\partial x^3}\right) - A_2\left(\frac{\partial B_1}{\partial x^3} - \frac{\partial B_3}{\partial x^1}\right) - A_3\left(\frac{\partial B_2}{\partial x^1} - \frac{\partial B_1}{\partial x^2}\right). \qquad \text{(II 3, 16)}$$

In den Klammerausdrücken erkennt man die Komponenten der Vektoren rot A und rot B. Daher entnimmt man (II 3, 16) die Formel

$$\operatorname{div}[A\,B] = (B \operatorname{rot} A) - (A \operatorname{rot} B). \qquad \text{(II 3, 17)}$$

3. *Divergenz eines Vektors B, welcher aus dem Vektor A durch Multiplikation mit dem Skalar* S *hervorgeht.*

Wir suchen

$$\operatorname{div} B = \operatorname{div}(A\,\mathrm{S}) = \frac{\partial}{\partial \mathrm{x}^i}(\mathrm{A}^i\,\mathrm{S}). \qquad \text{(II 3, 18)}$$

Durch Ausführung der verlangten Differentiationen entsteht

$$\operatorname{div}(A\,\mathrm{S}) = \mathrm{S}\frac{\partial \mathrm{A}^i}{\partial \mathrm{x}^i} + \mathrm{A}^i\frac{\partial \mathrm{S}}{\partial \mathrm{x}^i} = \mathrm{S}\operatorname{div} A + (A \operatorname{grad} \mathrm{S}). \qquad \text{(II 3, 19)}$$

4. *Die Quellen eines wirbelfreien Vektorfeldes.*

Ein wirbelfreier Vektor V kann stets als Gradient einer skalaren Feldfunktion S dargestellt werden. Gesucht wird der Skalar

$$\operatorname{div} V = \operatorname{div}(\operatorname{grad} \mathrm{S}). \qquad \text{(II 3, 20)}$$

In *Kartesischen* Koordinaten erhält man

$$\operatorname{div}(\operatorname{grad} \mathrm{S}) = \frac{\partial}{\partial \mathrm{x}^i}\left(\frac{\partial \mathrm{S}}{\partial \mathrm{x}_i}\right) = \frac{\partial^2 \mathrm{S}}{\partial \mathrm{x}^i\,\partial \mathrm{x}_i} = \nabla^2\,\mathrm{S}, \qquad \text{(II 3, 21)}$$

wobei der *Laplace*sche skalare Differentialoperator aus Gl. (II 2, 30) übernommen wurde. Ein Vektorfeld, welches sowohl *wirbelfrei* wie *quellenfrei* ist, folgt somit innerhalb seines Existenzbereiches aus einem Skalar S, welcher seinerseits der *Laplace*schen partiellen Differentialgleichung genügt

$$\nabla^2\,\mathrm{S} = 0. \qquad \text{(II 3, 22)}$$

Falls jedoch die räumliche Quelldichte ϱ des Vektors grad S vorgeschrieben ist, unterliegt S der *Poisson*schen Gleichung

$$\nabla^2\,\mathrm{S} = \varrho. \qquad \text{(II 3, 23)}$$

5. *Rotor eines Vektorproduktes.* Gegeben die Vektorfelder A und B; gesucht der Vektor

$$W = \operatorname{rot}[A\,B]. \qquad \text{(II 3, 24)}$$

Für die Komponente W^1 parallel zur x^1-Achse des *Kartesischen* Bezugssystemes finden wir

$$\begin{aligned}\mathrm{W}^1 &= \frac{\partial}{\partial \mathrm{x}^2}(\mathrm{A}^1\mathrm{B}^2 - \mathrm{A}^2\mathrm{B}^1) - \frac{\partial}{\partial \mathrm{x}^3}(\mathrm{A}^3\mathrm{B}^1 - \mathrm{A}^1\mathrm{B}^3) \equiv \\ &\equiv \left(\mathrm{B}^1\frac{\partial \mathrm{A}^1}{\partial \mathrm{x}^1} + \mathrm{B}^2\frac{\partial \mathrm{A}^1}{\partial \mathrm{x}^2} + \mathrm{B}^3\frac{\partial \mathrm{A}^1}{\partial \mathrm{x}^3}\right) - \mathrm{B}^1\left(\frac{\partial \mathrm{A}^1}{\partial \mathrm{x}^1} + \frac{\partial \mathrm{A}^2}{\partial \mathrm{x}^2} + \frac{\partial \mathrm{A}^3}{\partial \mathrm{x}^3}\right) - \\ &- \left(\mathrm{A}^1\frac{\partial \mathrm{B}^1}{\partial \mathrm{x}^1} + \mathrm{A}^2\frac{\partial \mathrm{B}^1}{\partial \mathrm{x}^2} + \mathrm{A}^3\frac{\partial \mathrm{B}^1}{\partial \mathrm{x}^3}\right) + \mathrm{A}^1\left(\frac{\partial \mathrm{B}^1}{\partial \mathrm{x}^1} + \frac{\partial \mathrm{B}^2}{\partial \mathrm{x}^2} + \frac{\partial \mathrm{B}^3}{\partial \mathrm{x}^3}\right).\end{aligned} \qquad \text{(II 3, 25)}$$

Mit Hilfe des skalaren Operators (II 2, 35) und der Schreibweise (II 3, 12) der Divergenz gelangen wir — nach Verallgemeinerung von (II 3, 25) auf W^2 und W^3 — zu der Vektorgleichung

$$W = \operatorname{rot}[A\,B] = (B\,\nabla)\,A - B\,(\nabla A) - (A\,\nabla)\,B + A\,(\nabla B). \qquad \text{(II 3, 26)}$$

II 4. Der Integralsatz von *Stokes*.

a) Gegeben sei das Feld eines Vektors V samt der Verteilung seiner Wirbel rot V. Gefragt wird nach dem *Wirbelflusse*

$$\Phi_w = \iint\limits_{(F)} (\operatorname{rot} V\, dF) = \iint\limits_{(F)} \operatorname{rot}^i V\, dF_i \qquad \text{(II 4, 1)}$$

durch eine Fläche F, welche von der geschlossenen Kurve C berandet wird. Wir setzen die Gleichung dieser Fläche in der Form

$$x^3 = h\,(x^1, x^2) \qquad \text{(II 4, 2)}$$

als bekannt voraus. Stellt man sich etwa entsprechend Abb. II 4 die Ebene $x^3 = 0$ als horizontal vor und bestimmt den Umlaufssinn der Randkurve C im Einklang mit der mathematisch positiven Richtung, so ist also die positive Seite von F oben gelegen.

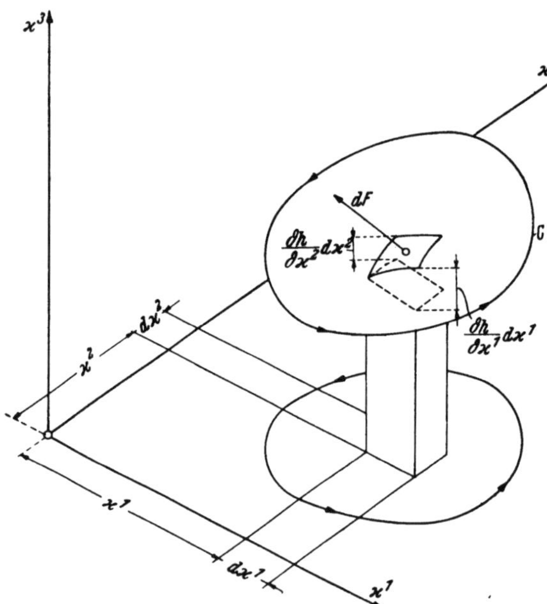

Abb. II 4. Zum *Stokes*schen Satze.

b) Wir begrenzen die vektorielle Elementarfläche durch die infinitesimal benachbarten Ebenen x^1, $(x^1 + dx^1)$ einerseits und die ebenso benachbarten Ebenen x^2 und $(x^2 + dx^2)$ andererseits. Der Vektor des infinitesimalen Flächenelementes dF beträgt somit

$$dF = \begin{vmatrix} i^1 & i^2 & i^3 \\ dx^1 & 0 & \dfrac{\partial h}{\partial x^1} dx^1 \\ 0 & dx^2 & \dfrac{\partial h}{\partial x^2} dx^2 \end{vmatrix} \qquad \text{(II 4, 3)}$$

so daß wir finden

$$(\operatorname{rot} V\, dF) =$$
$$= \left[-\left(\frac{\partial V_3}{\partial x^2} - \frac{\partial V_2}{\partial x^3}\right)\frac{\partial h}{\partial x^1} - \left(\frac{\partial V_1}{\partial x^3} - \frac{\partial V_3}{\partial x^1}\right)\frac{\partial h}{\partial x^2} + \left(\frac{\partial V_2}{\partial x^1} - \frac{\partial V_1}{\partial x^2}\right)\right] dx^1\, dx^2. \qquad \text{(II 4, 4)}$$

Aus Symmetriegründen genügt es, weiterhin das Verhalten nur einer Komponente von V, etwa V_1, in Betracht zu ziehen; sie liefert, nach (II 4, 4) zu (II 4, 1) den Beitrag

$$-\iint\limits_{(F)}\left(\frac{\partial V_1}{\partial x^3}\frac{\partial h}{\partial x^2}+\frac{\partial V_1}{\partial x^2}\right)dx^1\,dx^2. \qquad \text{(II 4, 5)}$$

Wir führen zunächst die Integration über den von den Ebenen x^1 und $(x^1 + dx^1)$ begrenzten Flächenstreifen aus. Beim Fortschritt von x^2 zu $(x^2 + dx^2)$ ändert sich in ihm V_1 — zu einem festen Zeitpunkt $t = t_0$ — um

$$dV_1 = \frac{\partial V_1}{\partial x^2}dx^2 + \frac{\partial V_1}{\partial x^3}dx^3 = \left(\frac{\partial V_1}{\partial x^2}+\frac{\partial V_1}{\partial x^3}\frac{\partial h}{\partial x^2}\right)dx^2. \qquad \text{(II 4, 6)}$$

Nennen wir x^2_- und $x^2_+ > x^2_-$ die Ordinaten der Randkurve in der Ebene x^1, so folgt also aus (II 4, 5) als Resultat der Integration über den Flächenstreifen

$$-dx^1\,[V_1(x^2_+) - V_1(x^2_-)]. \qquad \text{(II 4, 7)}$$

Bezeichnet nun ds_+ das im vorher festgesetzten Sinne positiv genommene Element der Randkurve in x^2_+ und ebenso ds_- das entsprechende Element in x^2_-, beide zwischen den Nachbarebenen x^1 und $(x^1 + dx^1)$ gemessen, so gilt

$$dx^1 = -ds_+\cos(ds_+, x^1) = ds_-\cos(ds_-, x^1) \qquad \text{(II 4, 8)}$$

und aus (II 4, 7) entsteht

$$V_1(x^2_+)\,ds_+\cos(ds_+, x^1) + V_1(x^2_-)\,ds_-\cos(ds_-, x^1). \qquad \text{(II 4, 9)}$$

Wir erweitern jetzt die Integration auf alle Schichten dx^1, welche die Randkurve C schneiden; dann wird jedes ihrer Bogenelemente gerade einmal erfaßt, und wir finden als Resultat der Integration (II 4, 5)

$$-\iint\limits_{(F)}\left(\frac{\partial V_1}{\partial x^3}\frac{\partial h}{\partial x^2}+\frac{\partial V_1}{\partial x^2}\right)dx^1\,dx^2 = \oint V_1\cos(ds, x^1)\,ds. \qquad \text{(II 4, 10)}$$

Indem man diese Gleichung sinngemäß auf die Komponenten V_2 und V_3 überträgt, folgt durch vektorielle Zusammenfassung aller drei Gleichungen der Satz von *Stokes*

$$\iint\limits_{(F)}(\mathrm{rot}\,V\,dF) = \oint (V\,1_s\,ds). \qquad \text{(II 4, 11)}$$

c) Vom mathematischen Standpunkte aus transformiert der *Stokes*sche Satz das linker Hand stehende Doppelintegral in das rechter Hand erscheinende einfache Integral (Linienintegral). In der Sprache der Physik liefert diese Umformung die Identität des Wirbelflusses durch F mit der Zirkulation des Vektors V längs der Randkurve. Dieser Auffassung wird Abb. II 5 gerecht: Man teile die Fläche F in ihre vektoriellen Elemente dF. Der Ausdruck (rot V dF) mißt die elementare Zirkulation längs der Grenze von $|dF|$. Bei der Addition aller infinitesimalen Umlaufsintegrale dieser Art heben sich alle jene gegenseitig auf, welche sich auf das Innere von F beziehen, da sie längs benachbarter Wege je in entgegengesetztem Sinne durchlaufen werden. Dagegen verbleibt das Integral längs des freien Randes der entsprechend gelegenen Elementarflächen, und ihre Summe liefert gerade die Gesamtzirkulation.

d) Als Beispiel besonders einfacher Art behandeln wir die Drehbewegung eines starren Körpers mit der vektoriellen Winkelgeschwindigkeit ω:

Wir wählen die Drehachse als x^3-Achse des Bezugssystemes. Dann reduziert sich der Rotor des linearen Geschwindigkeitsfeldes v auf die eine Komponente

$$\mathrm{rot}^3\,[\omega\, r] = 2\,\omega^3 = 2\,|\omega|. \qquad \text{(II 4, 12)}$$

Als Kontrollkurve C diene ein Kreis vom Halbmesser ϱ mit dem Zentrum in der Drehachse, dessen Ebene senkrecht zu dieser Achse liegt. Längs des Kreisumfanges ist $|v| = |\omega|\,\varrho$, so daß die Zirkulation

$$|v|\,2\,\pi\,\varrho = 2\,|\omega|\,\pi\,\varrho^2 \qquad \text{(II 4, 13)}$$

beträgt. Dieser Ausdruck gleicht dem Fluß des Wirbels $2\,|\omega|$ durch die umfaßte Kontrollfläche $\pi\,\varrho^2$, im Einklang mit dem *Stokes*schen Satze.

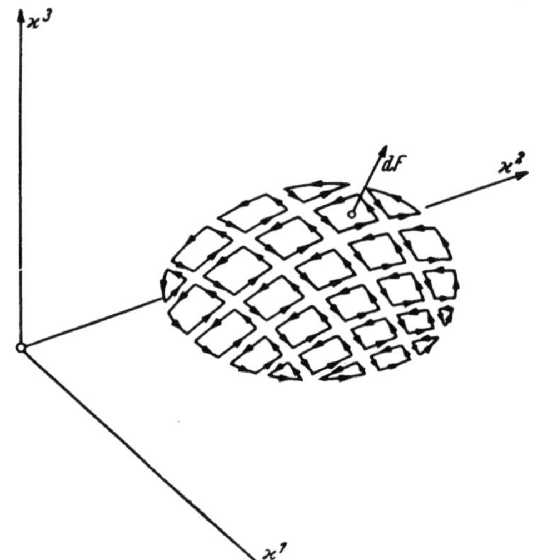

Abb. II 5. Veranschaulichung des *Stokes*schen Satzes.

e) Der *Stokes*sche Satz lehrt die Vektornatur des Differentialausdruckes rot V, ohne daß es nötig ist, die Transformation vom ursprünglichen Bezugssystem auf ein durch Drehung gebildetes, gestrichenes System durchzuführen. Denn beim Umfahren des infinitesimalen, vektoriellen Flächenelementes ΔF resultiert die infinitesimale Zirkulation

$$\Delta Z = (\mathrm{rot}\, V\, \Delta F), \qquad \text{(II 4, 14)}$$

so daß aus dem invarianten Charakter von ΔZ als Linienintegral eines Skalaren die Behauptung folgt. Bei der Verallgemeinerung des *Stokes*schen Satzes auf schiefwinkelige Koordinaten wird es sich allerdings als notwendig erweisen, die Auffassung von dF als Vektor durch seine Konzeption als Plangröße zu ersetzen; gleichzeitig verliert dann also rot V seinen Vektorcharakter (IV 10, 9, 5).

II 5. Der Integralsatz von *Gauß*.

a) Gegeben sei zu einem festen Zeitpunkte $t = t_0$ die Quellendichte des Vektorfeldes V als Funktion der *Kartesischen* Ortskoordinaten:

$$\operatorname{div} V = f(x^i). \qquad \text{(II 5, 1)}$$

Gesucht wird der Fluß des Vektors V durch eine Hüllfläche F, welche den Kontrollraum vom Volumen T begrenzt. Es bezeichne dF ein vektorielles Flächenelement von F, dessen positive Normalenrichtung vom

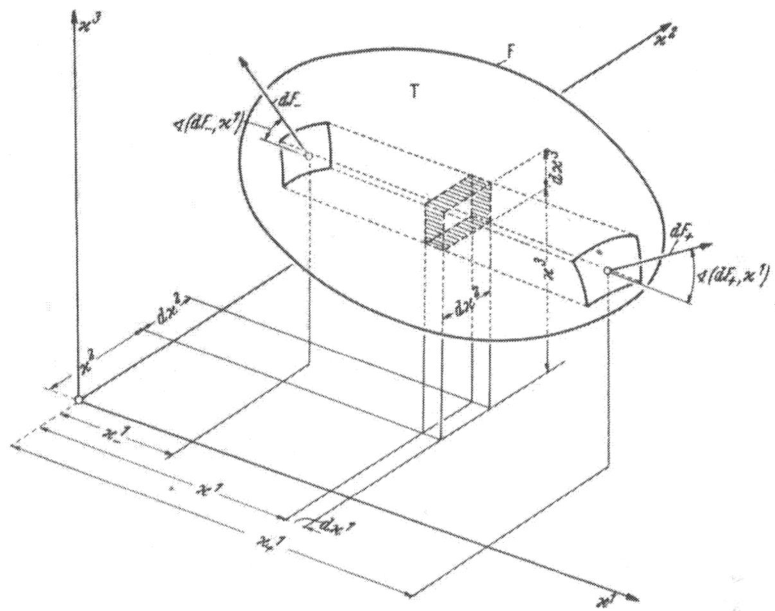

Abb. II 6. Zum Integralsatz von *Gauß*.

Innern nach dem Äußeren des Kontrollraumes weist, und dT eines seiner skalaren Volumenelemente. Der *Gauß*sche Satz behauptet die skalare Gleichung

$$\iiint\limits_{(T)} \operatorname{div} V \, dT = \iint\limits_{(F)} (V \, dF). \qquad \text{(II 5, 2)}$$

b) In dem gewählten, *Kartesischen* Bezugssysteme ist $dT = dx^1 \, dx^2 \, dx^3$, so daß das Raumintegral in (II 5, 2) die Form annimmt

$$\iiint\limits_{(T)} \operatorname{div} V \, dT = \iiint\limits_{(T)} \left(\frac{\partial V^1}{\partial x^1} + \frac{\partial V^2}{\partial x^2} + \frac{\partial V^3}{\partial x^3} \right) dx^1 dx^2 dx^3. \qquad \text{(II 5, 3)}$$

Im Anschluß an Abb. II 6 betrachten wir zunächst jenen Teil des Kontrollraumes, welcher von den Ebenen x^2 und $(x^2 + dx^2)$ einerseits, x^3 und $(x^3 + dx^3)$ andererseits begrenzt wird; er schneidet an den Orten x^1_+

und x^1_- die infinitesimalen Flächen dF_+ und dF_- der Hülle aus. Durch Integration über sein Gebiet finden wir

$$\int_{x^1_-}^{x^1_+} \frac{\partial V^1}{\partial x^1} dx^1 dx^2 dx^3 = dx^2 dx^3 [V^1(x^1_+) - V^1(x^1_-)]. \qquad \text{(II 5, 4)}$$

Hierin ist

$$dx^2 dx^3 = |dF_+| \cos(dF_+, x^1) = |dF_-| \cos(dF_-, -x^1) = -|dF_-| \cos(dF_-, x^1), \qquad \text{(II 5, 5)}$$

also

$$\int_{x^1_-}^{x^1_+} \frac{\partial V^1}{\partial x^1} dx^1 dx^2 dx^3 = V^1(x^1_+)\,|dF_+| \cos(dF_+, x^1) + V^1(x^1_-)\,|dF_-| \cos(dF_-, x^1). \qquad \text{(II 5, 6)}$$

Überträgt man dieses Ergebnis sinngemäß auf die von V^2 und V^3 abhängigen Posten des Integrales (II 5, 3) und dehnt die Integration über den gesamten Kontrollraum aus, so ist jedes Hüllenelement $|dF|$ gerade einmal in Rechnung zu stellen, und wir finden

$$\iiint_{(T)} \operatorname{div} V\, dT = \iint_{(F)} [V^1 \cos(dF, x^1) + V^2 \cos(dF, x^2) + V^3 \cos(dF, x^3)]\, |dF| \qquad \text{(II 5, 7)}$$

inhaltlich identisch mit der Behauptung (II 5, 2).

c) Mittels des *Gauß*schen Satzes berechnen wir den Fluß des Wirbelvektors rot V über eine Hüllfläche; diese soll dadurch entstehen, daß wir die von der geschlossenen Kurve C berandete Fläche ausstülpen und gleichzeitig C in einen Punkt zusammenziehen. Der *Stokes*sche Satz liefert dann bei beliebiger Gestalt der Hülle

$$\iint_{(F)} (\operatorname{rot} V\, dF) = 0. \qquad \text{(II 5, 8)}$$

Demnach führt der *Gauß*sche Satz zu der Folgerung

$$\iiint_{(T)} \operatorname{div} (\operatorname{rot} V)\, dT = 0. \qquad \text{(II 5, 9)}$$

Da der Kontrollraum T frei gewählt werden kann, dürfen wir ihn mit dem infinitesimalen Raum dT selbst identifizieren, so daß wir zu der Identität

$$\operatorname{div} (\operatorname{rot} V) \equiv 0 \qquad \text{(II 5, 10)}$$

gelangen, welche früher auf anderem Wege bewiesen wurde.

d) Gegeben sei ein quellenfreier Vektor V

$$\operatorname{div} V = 0 \qquad \text{(II 5, 11)}$$

und ein wirbelfreier Vektor W

$$\operatorname{rot} W = 0, \qquad \text{(II 5, 12)}$$

welcher seinerseits also als Gradient des Skalars S dargestellt werden kann

$$W = \operatorname{grad} S. \qquad \text{(II 5, 13)}$$

Wir bilden das Integral des skalaren Produktes $(V\,W)$, erstreckt über den Kontrollraum T

$$\iiint_{(T)} (V\,W)\,dT = \iiint_{(T)} (V \operatorname{grad} S)\,dT. \qquad \text{(II 5, 14)}$$

Mittels der Identität

$$\operatorname{div}(V\,S) \equiv S \operatorname{div} V + (V \operatorname{grad} S) \qquad \text{(II 5, 15)}$$

folgt aus (II 5, 14) mit Rücksicht auf (II 5, 11)

$$\iiint_{(T)} (V\,W)\,dT = \iiint_{(T)} \operatorname{div}(V\,S)\,dT. \qquad \text{(II 5, 16)}$$

Demnach liefert der *Gauß*sche Satz

$$\iiint_{(T)} (V\,W)\,dT = \iint_{(F)} (V\,S\,dF) = \iint_{(F)} S\,(V\,dF) \qquad \text{(II 5, 17)}$$

Wir ergänzen die Beschreibung der Vektorfelder V und W durch die Forderung der *Abgeschlossenheit*: Nach Wahl zweier skalarer, positiver Konstanten K und L sollen S und $|V|$ für alle Abstände $r > r_{min}$ des Aufpunktes vom Ursprunge den Ungleichungen genügen

$$|S| < \frac{K}{r}; \qquad |V| < \frac{L}{r^2}. \qquad \text{(II 5, 18)}$$

Auf der Oberfläche einer Kugel vom Halbmesser $R > r_{min}$ gilt hiernach

$$\left| \iint_{(F)} S\,(V\,dF) \right| \leqq K\,L \frac{4\pi R^2}{R^3} = K\,L \frac{4\pi}{R}, \qquad \text{(II 5, 19)}$$

Die rechte Seite dieser Ungleichung strebt für $R \to \infty$ gegen Null. Daher entspringt aus (II 5, 17) der Satz:

Das über den unbegrenzten Raum erstreckte Integral des Skalarproduktes eines quellenfreien Vektors mit einem wirbelfreien Vektor verschwindet.

Falls insbesondere V mit W identisch wird, liefert dieser Satz

$$\iiint_{(T)} (V)^2\,dT = 0. \qquad \text{(II 5, 20)}$$

Da nun die Norm des Vektors V stets positiv ist, folgt hieraus notwendig $V \equiv 0$: Ein abgeschlossenes Vektorfeld, welches überall sowohl quellenfrei wie auch wirbelfrei ist, verschwindet identisch. Man muß hiernach stets entweder Quellen oder Wirbel in Rechnung stellen. Falls die Feldgleichungen linear sind, kann das allgemeinste Feld stets als Summe eines wirbelfreien Quellenfeldes und eines quellenfreien Wirbelfeldes aufgefaßt werden.

e) Es seien φ und ψ zwei skalare Funktionen, welche innerhalb ihres Existenzbereiches T überall eindeutig und stetig seien. Wir leiten aus ihnen die Vektoren her

$$V = \operatorname{grad}\varphi; \qquad W = \operatorname{grad}\psi. \qquad \text{(II 5, 21)}$$

Es gelten dann gleichzeitig die Identitäten

$$\operatorname{div}(W\varphi) = \varphi \operatorname{div} W + (W \operatorname{grad}\varphi) = \varphi \nabla^2 \psi + (\nabla\psi \nabla\varphi) \qquad \text{(II 5, 22)}$$

und

$$\operatorname{div}(V\psi) = \psi \operatorname{div} V + (V \operatorname{grad}\psi) = \psi \nabla^2 \varphi + (\nabla\varphi \nabla\psi). \qquad \text{(II 5, 23)}$$

Wir wenden auf beide den *Gaußschen* Satz an und erhalten

$$\iiint_{(T)} \{\varphi \nabla^2 \psi + (\nabla\psi \nabla\varphi)\}\, dT = \iint_{(F)} (W \varphi\, dF) = \iint_{(F)} \varphi (W\, dF) \qquad \text{(II 5, 24)}$$

sowie

$$\iiint_{(T)} \{\psi \nabla^2 \varphi + (\nabla\varphi \nabla\psi)\}\, dT = \iint_{(F)} (V \psi\, dF) = \iint_{(F)} \psi (V\, dF). \qquad \text{(II 5, 25)}$$

Wir subtrahieren (II 5, 25) von (II 5, 24) und finden, mit Rücksicht auf das kommutative Gesetz $(\nabla\psi \nabla\varphi) = (\nabla\varphi \nabla\psi)$, den nach *Green* benannten Satz

$$\iiint_{(T)} \{\varphi \nabla^2 \psi - \psi \nabla^2 \varphi\}\, dT = \iint_{(F)} \{\varphi \operatorname{grad}_n \psi - \psi \operatorname{grad}_n \varphi\}\, |dF|, \qquad \text{(II 5, 26)}$$

wobei der Index n die von T nach außen weisende Normalenrichtung des vektoriellen Flächenelementes dF anzeigt.

II 6. Anwendung der Vektoranalyse auf ideale Flüssigkeiten.

a) Die kinematischen Eigenschaften strömender Flüssigkeiten sind der unmittelbaren Anschauung in solchem Maße erschlossen, daß sie geradezu die Terminologie der Vektorfelder beliebiger Natur bilden („hydrodynamische Abbildung"). Wir verschärfen diesen Zusammenhang durch die quantitative Analyse des Strömungsfeldes idealer Flüssigkeiten.

b) Wir gehen von dem Vektor w der Geschwindigkeit aus, welche ein bestimmtes, „rot angestrichenes" Teilchen der strömenden Materie relativ zu dem *Kartesischen* Bezugssysteme x^i zur Zeit t auszeichnet

$$w = w(x^j, t) = 1_i\, w^i. \qquad \text{(II 6, 1)}$$

Wir begleiten dieses Teilchen, während der infinitesimalen Kontrollepoche Δt. Falls es sich anfangs am Orte des Radiusvektors $r = 1_i\, x^i$ befand, werden wir es am Schlusse der Kontrollepoche im Orte

$$r + \Delta r = 1_i (x^i + \Delta x^i) = r + w \Delta t = 1_i (x^i + w^i \Delta t) \qquad \text{(II 6, 2)}$$

antreffen.

c) Es sei a ein beliebiger Vektor, welcher den physikalischen Zustand des materiellen Teilchens charakterisiert. Wir suchen seine zeitliche Änderungsgeschwindigkeit $\mathrm{d}a/\mathrm{dt}$: Während der Epoche Δ t ändert sich a um

$$\Delta a = 1_i \Delta a^i = 1_i \left(\frac{\partial a^i}{\partial t} \Delta t + \frac{\partial a^i}{\partial x^j} \Delta x^j \right). \qquad \text{(II 6, 3)}$$

Mit Rücksicht auf (II 6, 2) folgt hieraus

$$\frac{\mathrm{d}a}{\mathrm{dt}} = \lim_{\Delta t \to 0} \frac{\Delta a}{\Delta t} = 1_i \left(\frac{\partial a^i}{\partial t} + w^j \frac{\partial a^i}{\partial x^j} \right) = \frac{\partial a}{\partial t} + (w\, \nabla)\, a. \qquad \text{(II 6, 4)}$$

Wir identifizieren a mit dem Geschwindigkeitsvektor w und entnehmen aus (II 6, 4) den Beschleunigungsvektor b des „angestrichenen“ Teilchens

$$b = \frac{\mathrm{d}w}{\mathrm{dt}} = \frac{\partial w}{\partial t} + (w\, \nabla)\, w. \qquad \text{(II 6, 5)}$$

d) Von dem *zeitlichen* Gang des Vektors a für ein- und dasselbe materielle Teilchen scharf zu unterscheiden ist die *räumliche* Verteilung von a zu einem festen Zeitpunkte $t = t_0$ („Momentaufnahme“ des Feldes). Es sei $\Delta r^* = 1_i \Delta x^{*i}$ der infinitesimale Vektor, welcher in diesem Zeitpunkt zwei individuell verschiedene Teilchen der Materie voneinander trennt. Die entsprechende Änderung Δa^* von a berechnet sich dann zu

$$\Delta a^* = 1_i \Delta a^{*i} = 1_i \left(\frac{\partial a}{\partial x^j} \Delta x^{*j} \right) = (\Delta r^*\, \nabla)\, a. \qquad \text{(II 6, 6)}$$

e) Wir setzen voraus, daß wir aus der Natur der Flüssigkeit an jedem Feldorte ihre skalare Massendichte ϱ kennen. Dem Geschwindigkeitsvektor w ist dann der ihm parallele Vektor

$$s = \varrho\, w \qquad \text{(II 6, 7)}$$

der *Massenstromdichte* zuzuordnen; sein Betrag $|s|$ mißt die Materiemenge, welche je Zeiteinheit durch die Einheit einer senkrecht zu w ausgespannten, raumfesten Kontrollfläche transportiert wird.

f) Wir wählen im Existenzgebiet der Strömung ein relativ zum Bezugssystem ruhendes Kontrollvolumen T, welches nach außen von der Hüllfläche F begrenzt wird. Das Prinzip der Massenerhaltung (Klassische Physik!) fordert die Materiebilanz

$$-\frac{\mathrm{d}}{\mathrm{dt}} \iiint_{(T)} \varrho\, \mathrm{dT} = \iint_{(F)} (s\, \mathrm{d}F). \qquad \text{(II 6, 8)}$$

Wir formen das Flächenintegral mittels des *Gauß*schen Satzes in ein Raumintegral um und erhalten

$$-\frac{\mathrm{d}}{\mathrm{dt}} \iiint_{(T)} \varrho\, \mathrm{dT} = \iiint_{(T)} \operatorname{div} s\, \mathrm{dT}. \qquad \text{(II 6, 9)}$$

Da diese Gleichung für jedes Element dT zu Recht besteht, entnehmen wir ihr die Differentialform der Materiebilanz:

$$-\frac{\partial \varrho}{\partial t} = \operatorname{div} s. \qquad \text{(II 6, 10)}$$

g) Neben dem von F begrenzten Kontrollraum T führen wir ein Kontrollvolumen T′ mit der Hüllfläche F′ ein; im Gegensatz zu den raumfesten Elementen dT von T sollen jedoch die Elemente dT′ von T′ der strömenden Materie verhaftet sein, so daß sich in der Regel die geometrische Gestalt von T′ im Laufe der Zeit t ändern wird.

In diesem „mitgeführten" Kontrollraum T′ befindet sich ein Beobachter, welcher im Zeitpunkt $t = t_0$ eine „dynamische Momentaufnahme" aller auf T′ einwirkenden Kräfte macht: Zu den räumlich verteilten Kräften v je Volumeneinheit treten die flächenhaft verteilten Kräfte p je Einheit der Hülle. Das *Newton*sche Beschleunigungsgesetz führt also für das von F′ eingeschlossene System zu der Aussage

$$\iiint\limits_{(T')} \varrho\, b\, dT' = \iiint\limits_{(T')} v\, dT' + \iint\limits_{(F')} p\, |dF'|. \qquad \text{(II 6, 11)}$$

h) Wir spezialisieren jetzt auf ideale Flüssigkeiten, welche durch folgende Eigenschaften definiert sind:

1. Die Massendichte ϱ ist ein- für allemal unveränderlich (Inkompressibilität). Aus (II 6, 10) und (II 6, 7) folgt dann

$$\operatorname{div} s = \operatorname{div}(\varrho\, w) = \varrho \operatorname{div} w = 0; \qquad \operatorname{div} w = 0 \qquad \text{(II 6, 12)}$$

der Geschwindigkeitsvektor ist also quellenfrei.

2. Die Flächenkräfte p sind überall parallel zum Einheitsvektor $1_{n'}$ orientiert, welcher normal zu den Elementen $|dF'|$ der mitgeführten Hülle ins Innere von T′ weist. Wir dürfen daher schreiben

$$p = 1_{n'}\, \mathrm{p}, \qquad \text{(II 6, 13)}$$

wobei nun p rechter Hand einen *Skalar* definiert. Er wird als *statischer Druck* bezeichnet, da er auf den Zustand der relativen Ruhe zwischen dem der Materie verhafteten Beobachter und dem ebenfalls von der Strömung mitgeführten Druckmeßgerät auf F′ bezogen ist; der statische Druck ist wohl zu unterscheiden von jenem dynamischen Druck, welcher von einem auf F angebrachten, also raumfesten Meßgeräte angezeigt wird.

i) Neben p führen wir vorübergehend den Vektor ein

$$p^{(1)} = 1_1\, \mathrm{p} + 1_2 \cdot 0 + 1_3 \cdot 0 \qquad \text{(II 6, 14)}$$

mit der Quellendichte

$$\operatorname{div} p^{(1)} = \frac{\partial \mathrm{p}}{\partial x^1}. \qquad \text{(II 6, 15)}$$

Mit Rücksicht auf die vereinbarte Richtung von $1_{n'}$ gilt

$$(p^{(1)}\, dF') = -(p^{(1)}\, 1_{n'})\, |dF'| = -\mathrm{p} \cos(n', x^1)\, |dF'|. \qquad \text{(II 6, 16)}$$

Daher liefert der *Gauß*sche Satz die skalare Gleichung

$$\iint\limits_{(F')} (\mathfrak{p}^{(1)}\, dF') = -\iint\limits_{(F')} p\cos(n', x^1)\,|dF'| = \iiint\limits_{(T')} \operatorname{div} \mathfrak{p}^{(1)}\, dT' =$$

$$= \iiint\limits_{(T')} \frac{\partial p}{\partial x^1}\, dT'. \qquad \text{(II 6, 17)}$$

Wir multiplizieren sie mit $\mathfrak{l}_1$, addieren die entsprechenden Relationen für die x^2- und x^3-Richtung und steigen zu der Vektorformel auf

$$\iint\limits_{(F')} p\,[\mathfrak{l}_1 \cos(n', x^1) + \mathfrak{l}_2 \cos(n', x^2) + \mathfrak{l}_3 \cos(n', x^3)]\,|dF'| =$$

$$= \iint\limits_{(F')} \mathfrak{p}\,|dF'| = -\iiint\limits_{(T')} \operatorname{grad} p\, dT'. \qquad \text{(II 6, 18)}$$

Für ideale Flüssigkeiten können wir sonach Gl. (II 6, 11) in die Form kleiden

$$\varrho \iiint\limits_{(T')} \mathfrak{b}\, dT' = \iiint\limits_{(T')} \mathfrak{v}\, dT' - \iiint\limits_{(T')} \operatorname{grad} p\, dT'. \qquad \text{(II 6, 19)}$$

Wegen ihrer Unabhängigkeit von der Gestalt des Kontrollraumes folgt hieraus

$$\varrho\, \mathfrak{b} = \mathfrak{v} - \operatorname{grad} p. \qquad \text{(II 6, 20)}$$

Mittels (II 6, 5) entstehen hiernach die *Euler*schen Gleichungen

$$\varrho \left(\frac{\partial \mathfrak{w}}{\partial t} + (\mathfrak{w}\,\nabla)\,\mathfrak{w}\right) = \mathfrak{v} - \operatorname{grad} p. \qquad \text{(II 6, 21)}$$

j) Wir setzen das Feld der Volumkräfte $\mathfrak{v}$ als wirbelfrei voraus: Es existiere ein skalares Kräftepotential h der Eigenschaft

$$\mathfrak{v} = -\varrho \operatorname{grad} h = -\operatorname{grad}(\varrho\, h). \qquad \text{(II 6, 22)}$$

Die *Euler*schen Gleichungen lauten dann

$$\varrho \left[\frac{\partial \mathfrak{w}}{\partial t} + (\mathfrak{w}\,\nabla)\,\mathfrak{w}\right] = -\operatorname{grad}(\varrho\, h + p). \qquad \text{(II 6, 23)}$$

Mittels der Identität

$$(\mathfrak{w}\,\nabla)\,\mathfrak{w} \equiv \operatorname{grad}\left[\frac{1}{2}(\mathfrak{w})^2\right] - [\mathfrak{w} \operatorname{rot} \mathfrak{w}] \qquad \text{(II 6, 24)}$$

nimmt (II 6, 23) die Form an

$$\frac{\partial \mathfrak{w}}{\partial t} + \operatorname{grad}\left[\frac{1}{2}(\mathfrak{w})^2\right] - [\mathfrak{w} \operatorname{rot} \mathfrak{w}] = -\operatorname{grad}\left(h + \frac{p}{\varrho}\right). \qquad \text{(II 6, 25)}$$

Wir behandeln zwei Sonderfälle:

1. *Stationäre, wirbelfreie Bewegung*: Aus der Bedingung

$$\frac{\partial \mathfrak{w}}{\partial t} = 0; \quad \operatorname{rot} \mathfrak{w} = 0 \qquad \text{(II 6, 26)}$$

folgt die Gleichung

$$\operatorname{grad}\left[\frac{1}{2}(w)^2 + h + \frac{p}{\varrho}\right] = 0. \qquad \text{(II 6, 27)}$$

Ihre Integration führt auf die *Bernoulli*sche Gleichung

$$\frac{1}{2}(w)^2 + h + \frac{p}{\varrho} = \text{const.} \qquad \text{(II 6, 28)}$$

2. *Wirbelbewegung*: Wir wenden die Rotor-Operation auf beide Seiten von (II 6, 25) an und erhalten

$$\frac{\partial}{\partial t}\operatorname{rot} w - \operatorname{rot}[w \operatorname{rot} w] = 0. \qquad \text{(II 6, 29)}$$

Mittels der Identität (II 3, 26) gilt zunächst

$$\operatorname{rot}[w \operatorname{rot} w] \equiv (\operatorname{rot} w\, \nabla)\, w - \operatorname{rot} w\,(\nabla w) - (w\, \nabla)\operatorname{rot} w + w\,(\nabla \operatorname{rot} w). \qquad \text{(II 6, 30)}$$

Mit Rücksicht auf (II 6, 12) verschwindet nun $(\nabla w) \equiv \operatorname{div} w$, und außerdem ist $(\nabla \operatorname{rot} w) \equiv \operatorname{div}(\operatorname{rot} w) \equiv 0$.

Daher vereinfacht sich (II 6, 29) in

$$\frac{\partial}{\partial t}\operatorname{rot} w + (w\, \nabla)\operatorname{rot} w = (\operatorname{rot} w\, \nabla)\, w \qquad \text{(II 6, 31)}$$

und mit der Abkürzung $\omega = \operatorname{rot} w$

$$\frac{\partial \omega}{\partial t} + (w\, \nabla)\,\omega = (\omega\, \nabla)\, w. \qquad \text{(II 6, 32)}$$

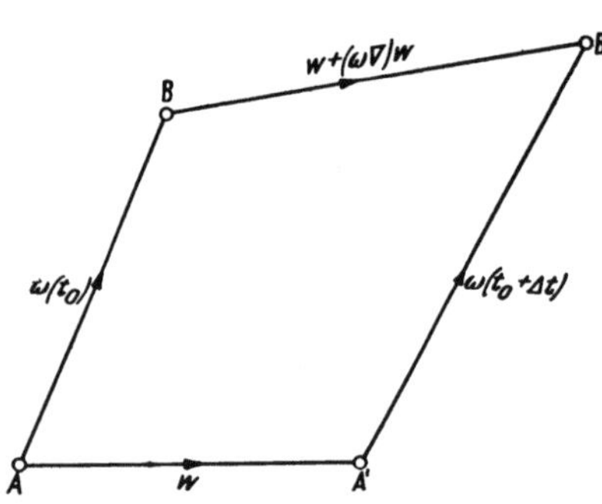

Abb. II 7. Zum *Helmholtz*schen Wirbelsatz für die Kontrollepoche $\Delta t = 1$.

Um den kinematischen Inhalt dieser Gleichung zu deuten, wählen wir im Strömungsfelde einen raumfesten Aufpunkt A. Wir tragen nach Abb. II 7 den dort zum Zeitpunkt $t = t_0$ bestehenden Vektor $\operatorname{rot} w\,(t_0) = \omega\,(t_0) = A \rightarrow B$ auf und begleiten die dann gerade in A und B befindlichen materiellen Flüssigkeitsteilchen auf ihren Bahnen während der Kontrollepoche $\Delta t = 1$. Ihre Anfangsgeschwindigkeiten sind, mit Benützung der Relation (II 6, 6) für $a = w$ und $\Delta r^* = \omega$

$$w\,(A) = w\,(t_0); \qquad w\,(B) = w\,(t_0) + (\omega\,(t_0)\, \nabla)\, w\,(t_0). \qquad \text{(II 6, 33)}$$

Zwischen den Endlagen A′ des in A startenden Teilchens und B′ des in B startenden Teilchens besteht somit gemäß Abb. II 7 die Vektordifferenz

$$A' \rightarrow B' = \omega\,(t_0) + w\,(B) - w\,(A) = \omega\,(t_0) + (\omega\,(t_0)\, \nabla)\, w\,(t_0). \qquad \text{(II 6, 34)}$$

Andererseits ändert sich während der Kontrollepoche $\varDelta t = 1$ die Wirbelstärke ω von ihrem Anfangswert $\omega(t_0)$ um den gemäß (II 6, 4) zu berechnenden Vektor

$$\frac{d\omega}{dt} = \frac{\partial\omega}{\partial t} + (w(t_0)\nabla)\,\omega(t_0) \qquad \text{(II 6, 35)}$$

auf

$$\omega(t_0 + \varDelta t) = \omega(t_0) + \frac{\partial\omega}{\partial t} + (w(t_0)\nabla)\,\omega(t_0). \qquad \text{(II 6, 36)}$$

Der Vergleich von (II 6, 32) mit (II 6, 34) und (II 6, 36) offenbart also den *Helmholtz*schen Wirbelsatz: *Die Elemente der Wirbellinie werden stets von den nämlichen materiellen Flüssigkeitselementen gebildet:*

$$A' \rightarrow B' = \omega(t_0 + \varDelta t) = \omega(t_0) + (\omega\nabla)\,w(t_0). \qquad \text{(II 6, 37)}$$

II 7. Die elektromagnetischen Feldgleichungen des leeren Raumes.

a) Die *Maxwell-Hertz*sche Elektrodynamik beschäftigt sich mit dem Verhalten zweier, im dreidimensionalen Konfigurationsraum erklärten physikalischen Größen: Der *elektrischen Feldstärke E* und der *magnetischen Feldstärke H*. Die elektrische Feldstärke wird mittels der Arbeit definiert, welche zum Verschieben eines ein- für allemal festgesetzten elektrischen Probekörpers je Längeneinheit der Verrückung zu leisten ist. Ähnlich wird die magnetische Feldstärke mittels der Arbeit bestimmt, welche zum Drehen einer ein- für allemal festgesetzten magnetischen Probenadel je Winkeleinheit der Drehung aufzubringen ist. Aus der Invarianz der Arbeit im Verein mit dem Vektorcharakter von Verrückung und Drehung folgt, daß E und H *Vektoren* repräsentieren.

b) Es ist zweckmäßig, den Feldstärkevektoren die Vektoren der *Induktion* durch folgende Definitionen zur Seite zu stellen: Als *elektrische Induktion D* erklären wir die Größe

$$D = \varDelta E. \qquad \text{(II 7, 1)}$$

Darin ist $\varDelta$ ein universeller Skalar, dessen physikalische Dimension ebenso wie sein Zahlenwert vom *Maßsystem* abhängen. In dem weiterhin benützten technischen Maßsystem ist die Einheit des elektrischen Feldes $1\,\frac{\text{Volt}}{\text{cm}}$, die Einheit der elektrischen Induktion $1\,\frac{\text{Coulomb}}{\text{cm}^2}$; sonach wird die Dimension von $\varDelta$ gleich $\frac{1}{\text{Ohm}}\,\frac{\text{sec}}{\text{cm}}$, und auf dem Wege der Messung findet man

$$\varDelta = \frac{1}{4\pi.9.10^{11}}\,\frac{1}{\text{Ohm}}\,\frac{\text{sec}}{\text{cm}}. \qquad \text{(II 7, 2)}$$

Als *magnetische Induktion* B erklärt man die Größe

$$B = \Pi H. \qquad \text{(II 7, 3)}$$

Wie vordem Δ, so bedeutet hier Π einen universellen Skalar. Im technischen Maßsystem dient als Einheit der magnetischen Feldstärke $1 \frac{\text{Amp}}{\text{cm}}$ und als Einheit der magnetischen Induktion $1 \frac{\text{Volt sec}}{\text{cm}^2}$, so daß die Dimension von Π zu $\frac{\text{Ohm sec}}{\text{cm}}$ herauskommt; die zahlenmäßige Bestimmung liefert (mit großer Annäherung)

$$\Pi = 4\pi \, 10^{-9} \frac{\text{Ohm sec}}{\text{cm}}. \qquad \text{(II 7, 4)}$$

Aus (II 7, 2) und (II 7, 4) leitet man die Relation her

$$\frac{1}{\Pi \Delta} = 9 \, . \, 10^{20} \left(\frac{\text{cm}}{\text{sec}}\right)^2 = c^2, \qquad \text{(II 7, 5)}$$

wobei $c = 3 \, . \, 10^{10} \frac{\text{cm}}{\text{sec}}$ die Ausbreitungsgeschwindigkeit des Lichtes im Vakuum (außerhalb von Gravitationsfeldern merklicher Intensität) bezeichnet.

Da der Zusammenhang zwischen E und D einerseits, H und B andererseits durch universelle, skalare Konstanten vermittelt wird, ist die begriffliche Unterscheidung von Feldstärke und Induktion nicht durch logische Notwendigkeit diktiert; doch empfiehlt sie sich zum Zwecke des bequemen Überganges von der Elektrodynamik des leeren Raumes zur Phänomenologie materieller Körper.

c) Die Erfahrung zeigt, daß die Induktion B stets quellenfrei ist

$$\text{div}\, B = 0. \qquad \text{(II 7, 6)}$$

Dagegen weist das Feld der elektrischen Induktion D im allgemeinen Quellen auf, deren Dichte die skalare *elektrische Ladungsdichte* ϱ definiert

$$\text{div}\, D = \varrho. \qquad \text{(II 7, 7)}$$

Falls sich diese Ladung relativ zum Bezugssystem mit der vektoriellen Geschwindigkeit w bewegt, trägt sie je Zeiteinheit durch die Einheit einer zu w senkrecht ausgespannten Kontrollfläche die *elektrische Konvektionsstromdichte*

$$j = \varrho \, w. \qquad \text{(II 7, 8)}$$

Als Produkt des Skalares ϱ mit dem Vektor w erweist sich die Stromdichte j als *Vektor*; er ist im Falle positiver Ladungsdichte der Geschwindigkeit w parallel, im Falle negativer Ladungsdichte antiparallel gerichtet.

d) Die Gesamtheit aller Erfahrungen, welche auf dem Gebiete der Elektrodynamik des leeren Raumes gemacht werden, läßt sich in zwei

Vektorgleichungen zusammenfassen, welche nach *Maxwell* benannt werden:

$$\operatorname{rot} H = j + \frac{\partial D}{\partial t} \qquad \text{(II 7, 9)}$$

und

$$\operatorname{rot} E = -\frac{\partial B}{\partial t}. \qquad \text{(II 7, 10)}$$

Nach der Ersten *Maxwellschen* Gleichung kommt für die spezifische Wirbelstärke des Magnetfeldes die „*wahre Stromdichte*" j_w auf:

$$j_w = j + \frac{\partial D}{\partial t}. \qquad \text{(II 7, 11)}$$

Sie setzt sich aus der Konvektionsstromdichte j und der sogenannten *Verschiebungsstromdichte*

$$j_D = \frac{\partial D}{\partial t} \qquad \text{(II 7, 12)}$$

zusammen, welche ihrerseits, vermöge der Vektornatur von D und des skalaren Charakters der Zeit, selbst einen Vektor definiert; gerade diese Verschiebungsstromdichte zeichnet die *Maxwell-Hertz*sche Elektrodynamik gegenüber älteren Theorien aus.

Nachdem hiermit auch j_w als Vektor erwiesen ist, offenbart sich mit Rücksicht auf die Vektornatur von rot H die Erste *Maxwell*sche Gleichung als invariant gegenüber Drehungen des Bezugssystemes. Indem man D mit B, H mit E vertauscht und das der Konvektionsstromdichte analoge Glied streicht, erkennt man auf dem nämlichen Wege den invarianten Charakter der Zweiten *Maxwell*schen Gleichung.

e) Durch Bildung der skalaren Divergenz folgt aus (II 7, 9)

$$0 = \operatorname{div} j + \operatorname{div} \frac{\partial D}{\partial t} = \operatorname{div} j + \frac{\partial \operatorname{div} D}{\partial t}. \qquad \text{(II 7, 13)}$$

Mit Rücksicht auf (II 7, 7) spricht diese Gleichung die *Kontinuität der Elektrizität* aus

$$\frac{\partial \varrho}{\partial t} = -\operatorname{div} j. \qquad \text{(II 7, 14)}$$

Wir wählen im Feldraum ein Gebiet T mit den Raumelementen dT, welches von der Hülle F mit den vektoriellen Flächenelementen dF eingeschlossen wird. Der *Gauß*sche Integralsatz, angewandt zu einem festen Zeitpunkt t auf dieses Gebiet, verwandelt (II 7, 14) in die Bilanz

$$\iiint\limits_{(T)} \frac{\partial \varrho}{\partial t}\, dT = \frac{d}{dt} \iiint\limits_{(T)} \varrho\, dT = -\iint\limits_{(F)} (j\, dF). \qquad \text{(II 7, 15)}$$

Das Dreifachintegral mißt die in T enthaltene Gesamtladung Q, während das Flächenintegral den Konvektionsstrom J (Skalar) darstellt, welcher T durch F verläßt:

$$\frac{dQ}{dt} = -J. \qquad \text{(II 7, 16)}$$

Legt man die Hüllfläche so, daß nirgends Elektrizität durch sie hindurchtritt, so verschwindet J, und man schließt auf die zeitliche Erhaltung der von F eingeschlossenen Ladung

$$Q = \text{const.} \qquad \text{(II 7, 17)}$$

Da dieser Satz von der räumlichen Verteilung der Ladungsdichte ϱ auf die Elemente dT gänzlich unabhängig ist, lehrt er insbesondere die Invarianz der von einem beliebigen, innerhalb T frei beweglichen Einzelkörper transportierten Ladung. Solche sogenannten *Ionen* kommen in der Natur beispielsweise als *Elektronen* und andere *elektrische Elementarteilchen vor.*

f) Wir integrieren die *Zweite Maxwell*sche Gleichung zu einem festen Zeitpunkt t über den Bereich F einer relativ zum Bezugssystem ruhenden Fläche der vektoriellen Elemente dF und erhalten die skalare Gleichung

$$\iint_{(F)} (\operatorname{rot} E \, dF) = -\iint_{(F)} \left(\frac{\partial B}{\partial t} \, dF\right) = -\frac{d}{dt} \iint_{(F)} (B \, dF). \qquad \text{(II 7, 18)}$$

Der *Stokes*sche Satz liefert die Umformung des Flächenintegrales in ein Linienintegral längs der Umfangskurve C der Fläche

$$\iint_{(F)} (\operatorname{rot} E \, dF) = \int_{(C)} (E \, ds), \qquad \text{(II 7, 19)}$$

wobei ds die vektoriellen Linienelemente von C bezeichnet. Dieses Linienintegral wird als *elektrische Umlaufsspannung* U bezeichnet, während der Skalar

$$\iint_{(F)} (B \, dF) = \Phi \qquad \text{(II 7, 20)}$$

den *Induktionsfluß* definiert. Damit nimmt (II 7, 18) die Gestalt des *integralen Induktionsgesetzes* an

$$U = \int_{(C)} (E \, ds) = -\frac{d\Phi}{dt}. \qquad \text{(II 7, 21)}$$

g) Erfahrungsgemäß besteht die Verknüpfung (II 7, 21) auch dann noch zu Recht, falls die Kontrollkurve C sich relativ zum Bezugssystem bewegt.

Im Anschluß an Abb. II 8 begleiten wir während der infinitesimalen Epoche dt eine ebenfalls infinitesimale Fläche F, deren Randkurve C = C (t) sich mit der vektoriellen Geschwindigkeit w aus der Lage 1 (im Zeitpunkte $t = t_0$) in die Lage 2 (dem Zeitpunkte $t_0 + dt$ entsprechend) bewege. Neben dieser wandernden Randkurve benützen wir eine raumfeste Randkurve C*, welche im Zeitpunkte $t = t_0$ mit C (t_0) koinzidiere. Mittels dieser Kurven konstruieren wir folgenden Kontrollweg $\overline{C}$: Wir gehen von einem beliebigen Punkte M auf C* aus und umfahren C* bis zu dem M infinitesimal benachbarten Punkte M'; von dort gehen wir, parallel zu w, zum Punkte N der wandernden Randkurve C ($t_0 + dt$) über, umfahren sie bis zu dem N infinitesimal benachbarten Punkte N' und kehren von dort, antiparallel zu w, nach M zurück.

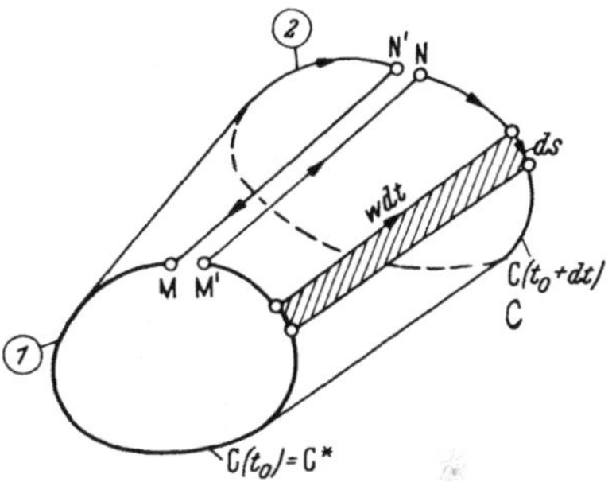

Abb. II 8. Induktion längs der bewegten Schleife.

Der Induktionsfluß Φ, welcher von $\overline{C}$ umfaßt wird, gleicht der Linienzahl des Vektors B, welche von der wandernden Randkurve C während der Epoche dt durchschnitten werden. Da nun jedes vektorielle Linienelement ds dieser Kurve während der Kontrollepoche die vektorielle Fläche

$$dF = [w\, dt\, ds] = dt\, [w\, ds] \qquad \text{(II 7, 22)}$$

überstreicht, folgt

$$\Phi = \int_{(C^*)} (B\, dF) = -dt \int_{(C^*)} ([w\, B]\, ds). \qquad \text{(II 7, 23)}$$

Wir wenden jetzt das integrale Induktionsgesetz (II 7, 21) auf den Weg $\overline{C}$ an. Dabei annullieren einander die Beiträge der in entgegengesetztem Sinne durchlaufenen Strecken M' → N und N' → M, und es verbleibt

$$\int_{[C(t_0+dt)]} (E\, ds) - \int_{(C^*)} (E\, ds) = \int_{(C^*)} ([w\, B]\, ds). \qquad \text{(II 7, 24)}$$

Das erste Integral der linken Seite mißt die Umlaufsspannung längs der *wandernden* Randkurve C; der Deutlichkeit halber schreiben wir weiterhin für die entsprechende, „*bewegt gemessene*" elektrische Feldstärke das Zeichen E'. Dagegen liefert das zweite Integral der linken Seite die längs der *ruhenden* Randkurve wirksame Umlaufsspannung, für deren Feldstärke E als Bezeichnung beibehalten werde; sie berechnet sich nach der Feldgleichung (II 7, 10) der Elektrodynamik ruhender Körper.

Nunmehr führen wir den Grenzübergang $dt \to 0$ aus. Dann koinzidieren definitionsgemäß C (t_0) und C*, so daß wir zwischen diesen beiden Randkurven bei der Berechnung der Integrale nicht zu unterscheiden brauchen und aus (II 7, 24) erhalten

$$\int\limits_{(C^*)} (\{E' - E - [w\,B]\}\,ds) = 0. \qquad (II\ 7,\ 25)$$

Da uns die Wahl der (infinitesimalen) Randkurve C* freisteht, zieht (II 7, 25) die Gleichung

$$E' = E + [w\,B] \qquad (II\ 7,\ 26)$$

zur Berechnung der „bewegt gemessenen" elektrischen Feldstärke nach sich.

h) Nach der *Maxwell*schen Auffassung ist die (Freie) Energie W des Feldes über sein gesamtes Existenzgebiet T stetig verteilt: Dem Raumelement dT wohnt die Energie inne

$$dW = w_f\,dT = \frac{1}{2}\,[(E\,D) + (H\,B)]\,dT, \qquad (II\ 7,\ 27)$$

so daß also w_f die *Energiedichte* je Raumeinheit mißt.

i) Bei dynamischen Vorgängen ist das Energiespiel des Feldes durch die Arbeit der mechanischen Kräfte des Systemes zu ergänzen. Wir betrachten zunächst einen ruhenden Körper, welcher die invariante Ladung Q trägt. Bei der infinitesimalen, vektoriellen Verrückung ds wird an ihm die Arbeit geleistet (Definition der elektrischen Feldstärke!)

$$dA = Q\,(E\,ds). \qquad (II\ 7,\ 28)$$

Aus der skalaren Natur von dA im Verein mit dem Vektorcharakter von ds folgt, daß (neben E) auch

$$K_0 = Q\,E \qquad (II\ 7,\ 29)$$

einen Vektor definiert: Die *Kraft* auf den geladenen Körper. Im Lichte der Gl. (II 7, 26) liegt es nahe, als Kraft auf den bewegten Ladungsträger anzusetzen (*Lorentz*)

$$K = Q\,E' = Q\,(E + [w\,B]). \qquad (II\ 7,\ 30)$$

Dieses Gesetz wird von der Erfahrung bestätigt. Auf die Dichte ϱ der Ladung je Raumeinheit wirkt somit die Kraftdichte

$$f = \varrho\,(E + [w\,B]). \qquad (II\ 7,\ 31)$$

Ihre Leistung beträgt

$$v = (f\,w) = \varrho\,(\{E + [w\,B]\}\,w) = \varrho\,(E\,w) = (E\,j). \qquad (II\ 7,\ 32)$$

Sei der materielle Punkt (Masse m) mit der elektrischen Ladung Q begabt, so lautet — bei Vernachlässigung aller Kräfte nicht-elektromagnetischen Ursprunges—seine Bewegungsgleichung in einem relativ zum Felde ruhenden Bezugssystem (Radiusvektor r)

$$m\,\frac{d^2 r}{dt^2} = Q\left(E + \left[\frac{dr}{dt}\,B\right]\right) \qquad (II\ 7,\ 33)$$

Wir spezialisieren auf den Fall eines homogenen, zeitlich konstanten Magnetfeldes mit der durch den Einheitsvektor 1_B angezeigten Richtung, während das elektrische Feld ebenfalls stationär und überdies bezüglich einer zu $\mathfrak{I}_B$ parallelen Achse rotationssymmetrisch verteilt sei. Neben dem ungestrichenen System mit dem Ursprung O in jener Symmetrieachse führen wir ein gestrichenes System mit dem Ursprung $O' \equiv O$ ein, welches gegen das erste mit der gleichförmigen vektoriellen Winkelgeschwindigkeit ω rotiere. Im gestrichenen System lauten die Bewegungsgleichungen (Kapitel I 8, b)

$$m \frac{d^2 r'}{dt^2} = Q\left(E + \left[\frac{dr}{dt} B\right]\right) + 2m\left[\frac{dr'}{dt}\omega\right] + m\,[[\omega r']\,\omega] \qquad \text{(II 7, 34)}$$

oder, wegen $\frac{dr}{dt} = \frac{dr'}{dt} + [\omega r']$:

$$m \frac{d^2 r'}{dt^2} = Q E + \left[\frac{dr'}{dt}(2m\omega + Q B)\right] + [[\omega r'](m\omega + Q B)]. \qquad \text{(II 7, 35)}$$

Wählt man nun nach *Larmor* die Rotationsgeschwindigkeit $\omega \equiv \omega_L$ („*Larmor*frequenz") gemäß der Vorschrift

$$\omega_L = -\frac{Q}{2m} B, \qquad \text{(II 7, 36)}$$

so daß also die Rotationsachse mit der Symmetrieachse des Feldes koinzidiert, so ist die *Coriolis*kraft „forttransformiert", und man erhält mit Rücksicht auf die Voraussetzung $E = E'$

$$m \frac{d^2 r'}{dt^2} = Q E' - m\,[[\omega_L r']\,\omega_L]. \qquad \text{(II 7, 37)}$$

Im gestrichenen, „präzessierenden" System reduziert sich also die Wirkung des Magnetfeldes auf eine *zentripetal* gerichtete Kraft vom Betrage der für die *Larmor*frequenz berechneten Zentrifugalkraft; auf diesem Umkehrungseffekt beruhen wesentlich die *magnetischen Linsen*, das *Magnetron* und das *Zyklotron*.

j) Wir führen einen neuen elektromagnetischen Vektor S durch die Definition ein

$$S = [E H]. \qquad \text{(II 7, 38)}$$

Seine spezifische Quellstärke beträgt

$$\operatorname{div} S = (H \operatorname{rot} E) - (E \operatorname{rot} H), \qquad \text{(II 7, 39)}$$

also, mit Rücksicht auf die *Maxwell*schen Gleichungen (II 7, 9) und (II 7, 10)

$$\operatorname{div} S = -\left(H \frac{\partial B}{\partial t}\right) - \left(E\left(j + \frac{\partial D}{\partial t}\right)\right). \qquad \text{(II 7, 40)}$$

Mit (II 7, 27) und (II 7, 32) nimmt dieser Ausdruck die Form an

$$\operatorname{div} S = -\left[\frac{\partial w_f}{\partial t} + \varrho\,(E\,w)\right] = -\left(\frac{\partial w_f}{\partial t} + v\right). \qquad \text{(II 7, 41)}$$

Man hat hiernach den Vektor S als *Strahlvektor* oder *Energiestrom* je Flächeneinheit zu interpretieren: Überall da, wo die Feldenergie zunimmt oder seitens der Feldkräfte Arbeit geleistet wird, verschwindet der äquivalente Betrag an Strahlung (Satz von *Poynting*).

II 8. Berechnung eines wirbelfreien Vektorfeldes aus seinen Quellen.

a) Es wird das Feld eines wirbelfreien Vektors V als negativer Gradient des skalaren Potentiales $\varphi = \varphi(x^i)$ gesucht

$$V = -\operatorname{grad} \varphi, \qquad \text{(II 8, 1)}$$

welcher innerhalb seines Existenzbereiches T mit der Hüllfläche F folgenden Bedingungen genügt:

1. Die Quellen von V sind in der Dichte ϱ' als Funktion der *Kartesischen* Koordinaten x^i vorgeschrieben

$$\operatorname{div} V = \varrho'(x^i). \qquad \text{(II 8, 2)}$$

2. Auf F ist der Wert des Potentiales φ bekannt

$$\varphi = \varphi(x^i) \text{ auf F}. \qquad \text{(II 8, 3)}$$

b) Innerhalb T genügt φ nach (II 8, 2) der *Poisson*schen Gleichung

$$\operatorname{div}(\operatorname{grad} \varphi) \equiv \nabla^2 \varphi = -\varrho' \qquad \text{(II 8, 4)}$$

mit der Randbedingung (II 8, 3). Wir wählen in T zwei voneinander verschiedene Punkte $P = P(x^i)$ und $P' = P'(x^{i'})$ und bezeichnen mit r ihren Abstandsskalar

$$r = +\sqrt{\sum_i (x^i - x^{i'})^2}. \qquad \text{(II 8, 5)}$$

Es werde weiterhin P′ festgehalten und P als wandernd gedacht, so daß r eine Funktion von x^i allein bildet. Nunmehr rufen wir den *Green*schen Satz zu Hilfe, in welchem wir die neben φ erscheinende skalare Schwesterfunktion ψ durch folgende Forderungen spezialisieren:

1. Es soll ψ samt den nach x^i genommenen partiellen Derivierten in T eindeutig und stetig sein mit Ausnahme des Fixpunktes P′.
2. Die Differenz $(\psi - 1/r)$ soll auch im Fixpunkte stetig bleiben

$$\lim_{r \to 0} \left(\psi - \frac{1}{r}\right) = \text{functio continua}. \qquad \text{(II 8, 6)}$$

3. Innerhalb von T gehorche ψ der *Laplace*schen Gleichung

$$\nabla^2 \psi = 0. \qquad \text{(II 8, 7)}$$

4. An der Grenze von T soll ψ verschwinden

$$\psi = 0 \text{ auf F}. \qquad \text{(II 8, 8)}$$

Demgegenüber wird das skalare Potential φ als eine samt ihren Ableitungen überall stetige Funktion vorausgesetzt.

Die Eigenschaft (II 8, 6) von ψ hat zur Folge, daß der *Green*sche Satz nicht auf das Gesamtgebiet T angewandt werden darf; vielmehr müssen wir P′ mittels einer Kugel hinreichend kleinen Halbmessers a von T ausschließen. Der um das Kugelvolumen $T_a = \frac{4}{3}\pi a^3$ verkleinerte Bereich T definiert ein neues Existenzgebiet T*, in welchem nun φ und ψ ausnahmslos stetig sind. Die Hülle F* von T* setzt sich aus der Hülle F von T und der Oberfläche $F_a = 4\pi a^2$ der Kugel zusammen. Wenden wir jetzt den *Green*schen Satz auf T* an, so folgt mit Rücksicht auf (II 8, 7) und (II 8, 8)

$$-\iiint\limits_{(T^*)} \psi \nabla^2 \varphi \, dT = \iint\limits_{(F)} \varphi \, \mathrm{grad}_n \psi \, |dF| + \iint\limits_{(F_a)} (\varphi \, \mathrm{grad}_n \psi - \psi \, \mathrm{grad}_n \varphi) \, |dF|. \tag{II 8, 9}$$

Die Normalenrichtung (n) gilt nach Verabredung als positiv, wenn sie von T* her nach außen weist. Demnach ist auf der Oberfläche von F_a

$$\mathrm{grad}_n \psi = -\left(\frac{\partial \psi}{\partial r}\right)_{r=a} = +\left(\frac{1}{r^2}\right)_{r=a} = \frac{1}{a^2} \tag{II 8, 10}$$

sowie

$$\mathrm{grad}_n \varphi = -\left(\frac{\partial \varphi}{\partial r}\right)_{r=a} = -\left(\frac{\partial \varphi}{\partial x^i}\frac{\partial x^i}{\partial r}\right)_{r=a} = -(\mathrm{grad}\, \varphi \, 1_r)_{r=a}, \tag{II 8, 11}$$

wobei 1_r den von P′ in Richtung (r) weisenden Einheitsvektor bezeichnet. Wegen der Stetigkeit der Funktion φ und ihrer partiellen Ableitungen erhalten wir also

$$\lim_{a \to 0} \iint\limits_{(F_a)} \varphi \, \mathrm{grad}_n \psi \, |dF| = \varphi(P') \frac{1}{a^2} 4\pi a^2 = 4\pi \varphi(P') \tag{II 8, 12}$$

und weiter, mit Rücksicht auf (II 8, 6) und (II 8, 11)

$$\lim_{a \to 0} \iint\limits_{(F_a)} \psi \, \mathrm{grad}_n \varphi \, |dF| = -(\mathrm{grad}\, \varphi \, 1_r)_{r=a} \frac{4\pi a^2}{a} \to 0. \tag{II 8, 13}$$

Gemäß der Definition von T* ist

$$\iiint\limits_{(T^*)} \psi \nabla^2 \varphi \, dT = \iiint\limits_{(T)} \psi \nabla^2 \varphi \, dT - \iiint\limits_{(T_a)} \psi \nabla^2 \varphi \, dT \tag{II 8, 14}$$

und hierin gilt, abermals nach (II 8, 6)

$$\lim_{a \to 0} \iiint\limits_{(T_a)} \psi \nabla^2 \varphi \, dT = (\nabla^2 \varphi)_{P'} \int_0^a \frac{1}{r} 4\pi r^2 \, dr = (\nabla^2 \varphi)_{P'} 2\pi a^2 \to 0. \tag{II 8, 15}$$

Daher erhalten wir die Lösung der Aufgabe in der Formel

$$4\pi \varphi(P') = -\iiint\limits_{(T)} \psi \nabla^2 \varphi \, dT - \iint\limits_{(F)} \varphi \, \mathrm{grad}_n \psi \, |dF| =$$

$$= \iiint\limits_{(T)} \psi \varrho' \, dT - \iint\limits_{(F)} \varphi \, \mathrm{grad}_n \psi \, |dF|. \tag{II 8, 16}$$

Die Funktion ψ, welche die Rolle eines integrierenden Faktors spielt, heißt die *Green*sche Funktion von T.

c) Wir wählen als Beispiel ein Feld, welches den einfach-zusammenhängenden, unbegrenzten Raum lückenlos erfüllt. In diesem Falle darf man das Potential auf den Elementen der Hüllfläche zu $\varphi = 0$ festsetzen und dann diese Fläche ins Unendliche verlegen, so daß aus (II 8, 16) folgt

$$\varphi(\mathrm{P}') = \frac{1}{4\pi} \iiint\limits_{(\mathrm{T})} \psi \varrho' \, \mathrm{dT}. \qquad \text{(II 8, 17)}$$

Wir behaupten, daß die *Green*sche Funktion lautet

$$\psi = \frac{1}{\mathrm{r}}. \qquad \text{(II 8, 18)}$$

Daß diese Funktion nämlich den Bedingungen (II 8, 6) und (II 8, 8) samt der außerhalb P′ verlangten Stetigkeit genügt, geht aus ihrer Definition hervor. Um uns zu überzeugen, daß sie auch die *Laplace*sche Gl. (II 8, 7) befriedigt, bilden wir aus (II 8, 5)

$$\frac{\partial}{\partial \mathrm{x}^1}\left(\frac{1}{\mathrm{r}}\right) = -\frac{1}{\mathrm{r}^2} \frac{\mathrm{x}^1 - \mathrm{x}^{1'}}{\mathrm{r}} \qquad \text{(II 8, 19)}$$

und hieraus

$$\frac{\partial^2}{\partial \mathrm{x}^1 \partial \mathrm{x}_1}\left(\frac{1}{\mathrm{r}}\right) = \frac{2}{\mathrm{r}^3}\left(\frac{\mathrm{x}^1 - \mathrm{x}^{1'}}{\mathrm{r}}\right)^2 - \frac{1}{\mathrm{r}^2} \frac{\mathrm{r}^2 - (\mathrm{x}^1 - \mathrm{x}^{1'})^2}{\mathrm{r}^3} = \frac{3\,(\mathrm{x}^1 - \mathrm{x}^{1'})^2}{\mathrm{r}^5} - \frac{1}{\mathrm{r}^3}, \qquad \text{(II 8, 20)}$$

also in der Tat

$$\nabla^2 \frac{1}{\mathrm{r}} = \sum_{\mathrm{i}} \frac{3\,(\mathrm{x}^{\mathrm{i}} - \mathrm{x}^{\mathrm{i}'})^2}{\mathrm{r}^5} - \frac{3}{\mathrm{r}^3} = 0. \qquad \text{(II 8, 21)}$$

Durch Substitution von (II 8, 18) in (II 8, 17) folgt

$$\varphi(\mathrm{P}') = \frac{1}{4\pi} \iiint\limits_{(\mathrm{T})} \frac{\varrho'}{\mathrm{r}} \, \mathrm{dT}. \qquad \text{(II 8, 22)}$$

Man erschließt diese Formel der Anschauung, indem man das infinitesimale Produkt von skalarem Charakter

$$\mathrm{d}\underset{\sim}{\mathrm{Q}}' = \varrho' \, \mathrm{dT} \qquad \text{(II 8, 23)}$$

als „*Quellpunkt*" deutet, welcher dem Element dT verhaftet ist: Er erregt das elementare Potential

$$\mathrm{d}\varphi(\mathrm{P}') = \frac{1}{4\pi} \frac{\mathrm{d}\underset{\sim}{\mathrm{Q}}'}{\mathrm{r}} \qquad \text{(II 8, 24)}$$

und das Gesamtpotential resultiert, auf Grund der Linearität der *Poisson*schen Gleichung, durch Aufsummieren aller dieser Anteile.

d) Die Lösung (II 8, 16) ist *eindeutig*. Denn angenommen, es gäbe zwei voneinander verschiedene Potentiale φ_{I} und φ_{II}, welche alle Forderungen der Aufgabe erfüllen. Dann ist der Vektor

$$\Delta V = V_{\mathrm{I}} - V_{\mathrm{II}} = -(\operatorname{grad} \varphi_{\mathrm{I}} - \operatorname{grad} \varphi_{\mathrm{II}}) \qquad \text{(II 8, 25)}$$

gleichzeitig wirbelfrei und quellenfrei, und überdies gilt an der Grenze F von T

$$\varphi_{\mathrm{I}} - \varphi_{\mathrm{II}} = 0. \tag{II 8, 26}$$

Vertauscht man nun in Gl. (II 5, 17) die Vektoren V und W mit ΔV und den Skalar S mit $[-(\varphi_{\mathrm{I}} - \varphi_{\mathrm{II}})]$, so folgt

$$\iiint\limits_{(\mathrm{T})} (\Delta V)^2 \, \mathrm{dT} = -\iint\limits_{(\mathrm{F})} (\varphi_{\mathrm{I}} - \varphi_{\mathrm{II}}) (\Delta V \, \mathrm{d}F) = 0, \tag{II 8, 27}$$

also in der Tat

$$\Delta V \equiv 0; \qquad V_{\mathrm{I}} \equiv V_{\mathrm{II}}, \tag{II 8, 28}$$

wie behauptet wurde.

e) Wir behandeln folgende *Beispiele*:

1. *Das Feld einer ruhenden, elektrischen Punktladung.* Nach Gl. (II 7, 10) verschwindet im statischen Felde rot E, so daß wir E als negativen Gradienten des elektrischen Skalarpotentiales φ darstellen können:

$$E = -\operatorname{grad} \varphi. \tag{II 8, 29}$$

Aus (II 8, 2) und (II 7, 7) entspringt für φ die *Poisson*sche Gleichung der Elektrostatik

$$\nabla^2 \varphi = -\frac{\varrho}{\Delta}. \tag{II 8, 30}$$

Wir gewinnen daher aus (II 8, 24) die Lösung der Aufgabe, indem wir den — dort infinitesimalen — Quellpunkt durch die endliche Größe Q/Δ ersetzen und entsprechend das elementare Potential mit dem Gesamtpotential vertauschen:

$$\varphi = \frac{1}{4\pi\Delta} \frac{\mathrm{Q}}{\mathrm{r}}. \tag{II 8, 31}$$

2. *Das Feld eines ruhenden, elektrischen Dipoles.*

Unter einer elektrischen *Doppelquelle* versteht man das System zweier entgegengesetzt gleicher Ladungen $\pm|\mathrm{Q}|$, welche sich im Abstande l voneinander befinden. Wird l unbegrenzt verkleinert, gleichzeitig aber $|\mathrm{Q}|$ derart vergrößert, daß der Grenzwert existiert

$$|\mathrm{m}| = \lim_{\mathrm{l} \to 0} |\mathrm{Q}| \, \mathrm{l}, \tag{II 8, 32}$$

so definiert das entstehende Gebilde einen elektrischen *Dipol* vom *Moment* $|\mathrm{m}|$.

Wir führen einen Einheitsvektor $1^{(\mathrm{m})}$ ein, welcher von der Senke (negative Ladung) zur Quelle (positive Ladung) führt. Nach Abb. II 9 bezeichne O den zentral zwischen beiden Ladungen gelegenen Ursprung des Bezugssystemes, r_+ den von der Quelle, r_- den von der Senke nach P gezogenen Radiusvektor, wobei also

$$r_+ = r - 1^{(\mathrm{m})} \frac{1}{2} \mathrm{l}; \qquad r_- = r + 1^{(\mathrm{m})} \frac{1}{2} \mathrm{l}. \tag{II 8, 33}$$

Aus $$(r_+)^2 = (r)^2 - \mathrm{l}\,(1^{(\mathrm{m})}\,r) + \frac{1}{4}\,\mathrm{l}^2; \quad (r_-)^2 = (r)^2 + \mathrm{l}\,(1^{(\mathrm{m})}\,r) + \frac{1}{4}\,\mathrm{l}^2 \qquad \text{(II 8, 34)}$$

entnehmen wir für $\mathrm{l} \ll |r|$ mittels binomischer Entwicklung

$$\frac{1}{|r_+|} = \frac{1}{|r|}\left\{1 + \frac{1}{2}\,\frac{\mathrm{l}\,(1^{(\mathrm{m})}\,r)}{(r)^2} + \ldots\right\}; \quad \frac{1}{|r_-|} = \frac{1}{|r|}\left\{1 - \frac{1}{2}\,\frac{\mathrm{l}\,(1^{(\mathrm{m})}\,r)}{(r)^2} + \ldots\right\}. \qquad \text{(II 8, 35)}$$

Mit Rücksicht auf (II 8, 31) lautet also das resultierende Potential beider (ruhender) Ladungen)

$$\varphi = \frac{1}{4\,\pi\,\Delta}\left(\frac{\mathrm{Q}}{|r_+|} - \frac{\mathrm{Q}}{|r_-|}\right) = \frac{\mathrm{Q}\,\mathrm{l}}{4\,\pi\,\Delta\,|r|}\left\{\frac{(1^{(\mathrm{m})}\,r)}{(r)^2} + \ldots\right\}. \qquad \text{(II 8, 36)}$$

Nunmehr führen wir den Grenzübergang (II 8, 32) aus: Wir definieren den *Momentenvektor* m mittels

$$m = 1^{(\mathrm{m})}\,|m| = 1^{(\mathrm{m})}\,|\mathrm{m}| \qquad \text{(II 8, 37)}$$

und erhalten aus (II 8, 36) als elektrisches Skalarpotential des Dipoles

$$\varphi = \frac{(m\,r)}{4\,\pi\,\Delta\,|r|^3}. \qquad \text{(II 8, 38)}$$

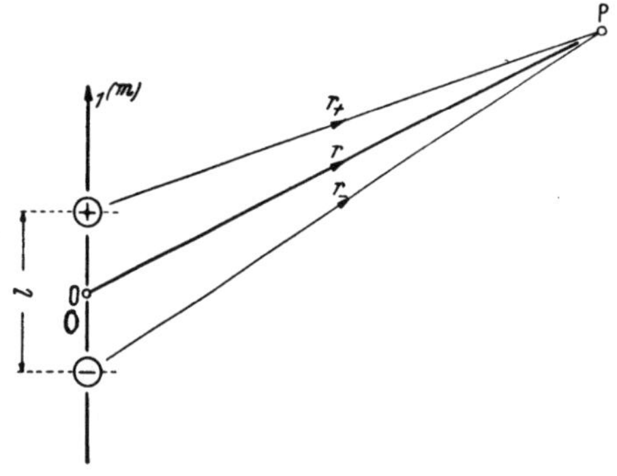

Abb. II 9. Elektrischer Dipol.

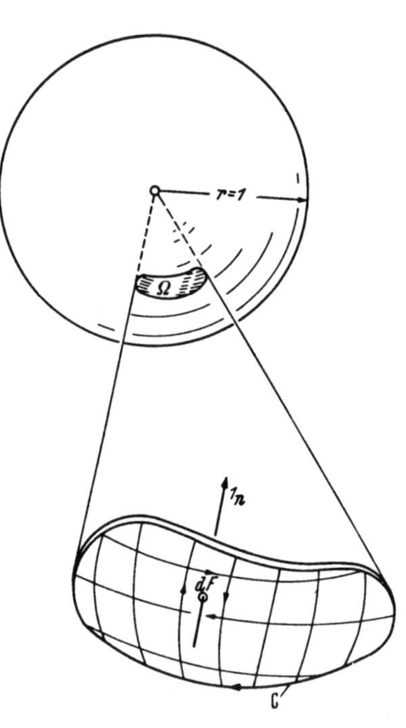

Abb. II 10. Zum Potential der Doppelschicht.

3. *Elektrische Doppelschichten.*

Jedem vektoriellen Flächenelemente dF der Fläche F nach Abb. II 10 ordnen wir seine Normalenrichtung (n) — Einheitsvektor 1_{n} — zu, welche, als kinematische Fortschrittsrichtung gedacht, zusammen mit dem Umlaufssinn der F berandenden Kurve C eine Rechtsschraube bilde. Wir betrachten dF als Träger eines zu 1_{n} parallelen, elementaren Momentes der Größe

$$\mathrm{d}m = \mathrm{m}\,1_{\mathrm{n}}\,|\mathrm{d}F| \qquad \text{(II 8, 39)}$$

und definieren durch die Gesamtheit aller dieser Elementarmomente den Begriff der *elektrischen Doppelschicht*; gesucht wird ihr skalares Potential φ im Aufpunkte P.

Sei $\mathfrak{r}$ der Radiusvektor vom Flächenelement dF zum Aufpunkt, $\mathfrak{1}_r = \mathfrak{r}/|\mathfrak{r}|$ der zugehörige Einheitsvektor, so entnehmen wir aus (II 8, 38) als Teilpotential des Flächenelementes

$$d\varphi = \frac{(d\mathfrak{m}\,\mathfrak{r})}{4\pi\Delta\,|\mathfrak{r}|^3} = \frac{m}{4\pi\Delta}\frac{(\mathfrak{1}_n\,\mathfrak{1}_r)\,|dF|}{|\mathfrak{r}|^2}. \qquad \text{(II 8, 40)}$$

Der Ausdruck $\frac{(\mathfrak{1}_n\,\mathfrak{1}_r)\,|dF|}{|\mathfrak{r}|^2}$ mißt die Projektion von $|dF|$ auf die um P als Zentrum konstruierte Einheitskugel: den infinitesimalen, räumlichen Winkel dΩ, unter welchem $|dF|$ von P aus erscheint; er ist positiv, falls $\mathfrak{1}_n$ und $\mathfrak{1}_r$ einen spitzen Winkel einschließen, negativ, falls dieser Winkel stumpf ist. Mit Hilfe von dΩ schreibt sich (II 8, 40):

$$d\varphi = \frac{m}{4\pi\Delta}\,d\Omega. \qquad \text{(II 8, 41)}$$

Das Gesamtpotential folgt durch Integration über F zu

$$\varphi = \frac{1}{4\pi\Delta}\iint\limits_{(F)} m\,d\Omega. \qquad \text{(II 8, 42)}$$

Eine *homogene Doppelschicht* entspricht der besonderen Voraussetzung der konstanten Momentendichte m = const. Für eine solche liefert Gl. (II 8, 42) sogleich

$$\varphi = \frac{m}{4\pi\Delta}\,\Omega, \qquad \text{(II 8, 43)}$$

wobei Ω den räumlichen Gesamtwinkel angibt, welcher vermittels der Projektion von C auf die Einheitskugel aus deren Oberfläche ausgeschnitten wird. Das Potential φ eines festen Aufpunktes P hängt also in diesem Falle nur von der Gestalt der Randkurve ab; daher darf man, bei unveränderlichem m, die von C eingespannte Trägerfläche beliebig deformieren, solange man nur bei dieser Operation P selbst nicht überschreitet. Man denke sich jetzt umgekehrt P die feste Trägerfläche einer homogenen Doppelschicht durchwandern. Mit $\Omega_{(+0)}$ bezeichnen wir den Teil der Einheitskugelfläche, welcher als Grenzwert von Ω bei unbegrenzter Annäherung von P an F antiparallel zu $\mathfrak{1}_n$ resultiert, ebenso sei $[-\Omega_{(-0)}]$ der Teil der Einheitskugel, welcher dem Grenzwert von Ω bei unbegrenzter Annäherung von P an F parallel zu $\mathfrak{1}_n$ korrespondiert, so daß gilt

$$\Omega_{(+0)} + \Omega_{(-0)} = 4\pi. \qquad \text{(II 8, 44)}$$

Aus (II 8, 43) und (II 8, 44) erhalten wir den Potentialsprung $\Delta\varphi$, welchen P beim Durchschreiten von F antiparallel zu $\mathfrak{1}_n$ erleidet:

$$\Delta\varphi = \frac{m}{4\pi\Delta}\{\Omega_{(+0)} - [-\Omega_{(-0)}]\} = \frac{m}{4\pi\Delta}4\pi = \frac{m}{\Delta}. \qquad \text{(II 8, 45)}$$

Er ist unabhängig von der Lage des Passagepunktes auf der homogenen Doppelschicht; diese bildet also im Existenzgebiet von φ eine *Unstetigkeitsfläche.*

II 9. Berechnung eines quellenfreien Vektorfeldes aus seinen Wirbeln.

a) Gesucht wird ein quellenfreier Vektor V, dessen Wirbel $W = \text{rot}\, V$ als Funktion der *Kartesischen* Koordinaten x^i vorgeschrieben sind

$$\text{rot}\, V = \mathit{1}_i \,\text{rot}^i\, V = W(x^j) = \mathit{1}_i\, W^i. \qquad \text{(II 9, 1)}$$

Auf Grund seiner Quellenfreiheit kann V aus einem Vektorpotential A hergeleitet werden

$$V = \text{rot}\, A. \qquad \text{(II 9, 2)}$$

Indessen ist A durch (II 9, 1) noch nicht eindeutig bestimmt. Denn fügt man zu irgend einer Lösung dieser Gleichung noch einen Vektor A', der seinerseits den Gradienten eines Skalaren S' bildet

$$A' = \text{grad}\, S', \qquad \text{(II 9, 3)}$$

so darf wegen

$$\text{rot}\, A' = \text{rot}\,(\text{grad}\, S') \equiv 0 \qquad \text{(II 9, 4)}$$

in der Tat A' beliebig gewählt werden, ohne das Feld des Vektors V zu beeinflussen. Wir beseitigen diese Unbestimmtheit, indem wir das Vektorpotential A der *Nebenbedingung* unterwerfen

$$\text{div}\, A = 0. \qquad \text{(II 9, 5)}$$

b) In einem *Kartesischen* Bezugssystem besteht für jeden Vektor C die Identität (II 2, 32):

$$\text{rot}\,(\text{rot}\, C) = \nabla(\nabla C) - \nabla^2 C. \qquad \text{(II 9, 6)}$$

Vertauschen wir C mit A und berücksichtigen (II 9, 5), so liefert also (II 9, 1) die vektorielle Differentialgleichung

$$\nabla^2 A = -W. \qquad \text{(II 9, 7)}$$

Durch Zerlegung nach den Achsen des Bezugssystemes zerfällt sie in die drei skalaren Gleichungen

$$\nabla^2 A^i = -W^i, \qquad \text{(II 9, 8)}$$

welche je den Typus der *Poisson*schen Gleichung offenbaren. Wir ergänzen sie durch die Randbedingungen

$$A^i = A^i(x^j) \text{ auf } F. \qquad \text{(II 9, 9)}$$

Damit ist die Aufgabe auf das Problem der Ziffer II 8 zurückgeführt. Bezeichnen wir also mit ψ die *Green*sche skalare Funktion, welche den dort genannten Bedingungen genügt, so lautet die Lösung

$$4\pi A^i(P') = \iiint\limits_{(T)} \psi\, W^i\, dT - \iint\limits_{(F)} A^i\, \text{grad}_n \psi\, |dF|. \qquad \text{(II 9, 10)}$$

c) Wir spezialisieren auf ein einfach zusammenhängendes, unbegrenztes Feldgebiet; in ihm ist $\psi = -1/r$ und das über F erstreckte Integral verschwindet:

$$A^i\,(P') = \frac{1}{4\pi}\iiint\limits_{(T)} \frac{W^i}{r}\,dT. \qquad \text{(II 9, 11)}$$

Es ist zu zeigen, daß diese Lösung der Nebenbedingung (II 9, 5) genügt. Zunächst bemerken wir, daß unter dem Integralzeichen nur der Abstandsskalar r von den Koordinaten $x^{i'}$ des Punktes P′ abhängt. Es ist also

$$4\pi \operatorname{div}' A = \iiint\limits_{(T)} \left(W \operatorname{grad}' \left(\frac{1}{r}\right)\right) dT. \qquad \text{(II 9, 12)}$$

Hierin bedeutet div′ A den Skalar

$$\operatorname{div}' A = \frac{\partial A^i}{\partial x^{i'}} \qquad \text{(II 9, 13)}$$

während das Zeichen grad′ (1/r) den „*Kontrollpunkts-Gradienten*" der *Green*schen Funktion, also den Vektor

$$\operatorname{grad}' \left(\frac{1}{r}\right) = I^i \frac{\partial}{\partial x^{i'}} \left(\frac{1}{r}\right) \qquad \text{(II 9, 14)}$$

bezeichnet. Dagegen definiert der Vektor

$$\operatorname{grad} \left(\frac{1}{r}\right) = I^i \frac{\partial}{\partial x^i} \left(\frac{1}{r}\right) \qquad \text{(II 9, 15)}$$

den „*Quellpunkts-Gradienten*" von ψ. Wegen der antimetrischen Abhängigkeit des Abstandsskalares von den Koordinaten $x^{i'}$ des Kontrollpunktes und x^i des Quellpunktes besteht zwischen den Vektoren (II 9, 14) und (II 9, 15) die Relation

$$\operatorname{grad}' \left(\frac{1}{r}\right) = -\operatorname{grad} \left(\frac{1}{r}\right). \qquad \text{(II 9, 16)}$$

Daher kann man statt (II 9, 12) schreiben

$$4\pi \operatorname{div}' A = -\iiint\limits_{(T)} \left(W \operatorname{grad} \left(\frac{1}{r}\right)\right) dT. \qquad \text{(II 9, 17)}$$

Wegen $\operatorname{div} W = \operatorname{div} (\operatorname{rot} V) \equiv 0$ besteht die Identität

$$\operatorname{div} \left(\frac{W}{r}\right) \equiv \left(W \operatorname{grad} \left(\frac{1}{r}\right)\right) + \frac{1}{r} \operatorname{div} W = \left(W \operatorname{grad} \left(\frac{1}{r}\right)\right), \qquad \text{(II 9, 18)}$$

so daß man mittels des *Gauß*schen Satzes aus (II 9, 17) findet

$$4\pi \operatorname{div}' A = -\iiint\limits_{(T)} \operatorname{div} \left(\frac{W}{r}\right) dT = -\iint\limits_{(F)} \left(\frac{W}{r}\right)_n |dF|. \qquad \text{(II 9, 19)}$$

Wir ergänzen nun die Beschreibung von W durch die Forderung der *Abgeschlossenheit.* Dann strebt das Flächenintegral (II 9, 19) für eine kugelförmige Hülle vom Halbmesser $R \to \infty$ gegen Null, so daß tatsächlich div′ A verschwindet.

d) Als Beispiel behandeln wir das Magnetfeld eines stationären, elektrischen Stromes J im unbegrenzten Raume; der „Erregerstrom" möge den geschlossenen Drahtkreis von der „Leitkurve" C und vom Querschnitte f durchströmen (Abb. II 11).

Aus der ersten *Maxwell*schen Gleichung entnehmen wir mit Rücksicht auf den stationären Charakter des zu untersuchenden Feldes $\left(\frac{\partial D}{\partial t} = 0\right)$:

$$\operatorname{rot} H = \mathfrak{j} \qquad \text{(II 9, 20)}$$

oder, mit Einführung der Induktion nach (II 7, 3)

$$\operatorname{rot} B = \Pi \mathfrak{j}. \qquad \text{(II 9, 21)}$$

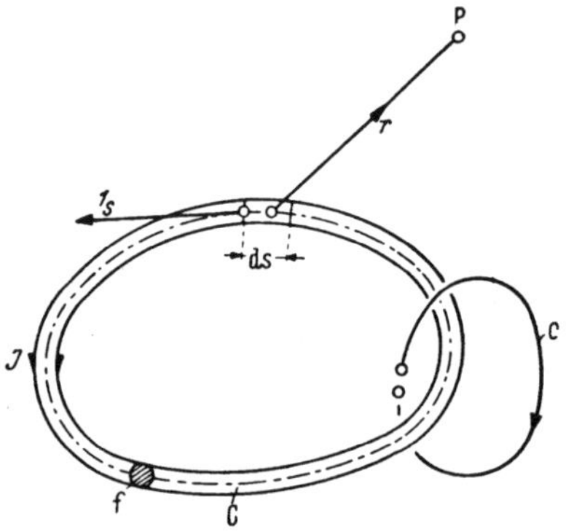

Wegen der Quellenfreiheit der Induktion nach (II 7, 6) können wir sie aus dem Vektorpotential herleiten

$$B = \operatorname{rot} A, \qquad \text{(II 9, 22)}$$

welches seinerseits also der *Poisson*schen Gleichung genügt

$$\nabla^2 A = -\Pi \mathfrak{j}. \qquad \text{(II 9, 23)}$$

Ihre Lösung ergibt sich mittels vektorieller Zusammenfassung der drei Gl. (II 9, 11):

$$A\,(\mathrm{P}) = \frac{\Pi}{4\pi} \iiint\limits_{(\mathrm{T})} \frac{\mathfrak{j}}{\mathrm{r}}\, d\mathrm{T}. \qquad \text{(II 9, 24)}$$

Abb. II 11. Wirbellinie.

Sei nun f hinreichend klein, und bezeichne $\mathfrak{1}^{(s)}$ den Einheitsvektor in Richtung der Leitkurve C mit den vektoriellen Bogenelementen $d\mathfrak{s} = \mathfrak{1}^{(s)}\, ds$, so ist in hinreichender Genauigkeit

$$\mathfrak{j} = \frac{\mathrm{J}}{\mathrm{f}}\, \mathfrak{1}^{(s)}; \qquad d\mathrm{T} = \mathrm{f}\, ds. \qquad \text{(II 9, 25)}$$

Wegen $\operatorname{div} \mathfrak{j} = \operatorname{div} \operatorname{rot} H \equiv 0$ bleibt J längs C konstant (Erstes *Kirchhoff*sches Gesetz). Für die Gesamtheit aller Aufpunkte P, deren Abstandsskalar r für alle Drahtkreis-Elemente groß gegen die linearen Abmessungen von f ist, vereinfacht sich dann (II 9, 24) in

$$A\,(\mathrm{P}) = \frac{\Pi}{4\pi}\, \mathrm{J} \oint\limits_{(\mathrm{C})} \frac{\mathfrak{1}^{(s)}}{\mathrm{r}}\, ds = \frac{\Pi}{4\pi}\, \mathrm{J} \oint\limits_{(\mathrm{C})} \frac{d\mathfrak{s}}{\mathrm{r}}. \qquad \text{(II 9, 26)}$$

Hieraus ergibt sich rückwärts H mittels der Operation

$$H = \frac{\mathrm{J}}{4\pi} \oint\limits_{(\mathrm{C})} \operatorname{rot}\left(\frac{\mathfrak{1}^{(s)}}{\mathrm{r}}\right) ds. \qquad \text{(II 9, 27)}$$

Bezeichnen wir nun mit $\mathfrak{r} = \mathfrak{1}^{i}\, \mathrm{r}_{i}$ den zum Abstandsskalar r gehörigen Radiusvektor vom Element $d\mathfrak{s}$ zum Aufpunkt P, so gilt

$$\operatorname{rot}\left(\frac{\boldsymbol{1}^{(s)}}{r}\right) = \begin{vmatrix} \boldsymbol{1}_1 & \boldsymbol{1}_2 & \boldsymbol{1}_3 \\ \dfrac{\partial}{\partial x^1} & \dfrac{\partial}{\partial x^2} & \dfrac{\partial}{\partial x^3} \\ \dfrac{1_1^{(s)}}{r} & \dfrac{1_2^{(s)}}{r} & \dfrac{1_3^{(s)}}{r} \end{vmatrix} \equiv$$

$$\equiv -\frac{1}{|r|^3}\left[\boldsymbol{1}_1 (1_3^{(s)} r_2 - 1_2^{(s)} r_3) + \boldsymbol{1}_2 (1_1^{(s)} r_3 - 1_3^{(s)} r_1) + \boldsymbol{1}_3 (1_2^{(s)} r_1 - 1_1^{(s)} r_2)\right] = \frac{[\boldsymbol{1}^{(s)} r]}{|r|^3}$$
(II 9, 28)

also

$$H = \frac{J}{4\pi} \oint_{(C)} \frac{[\boldsymbol{1}^{(s)} r]}{|r|^3} ds = \frac{J}{4\pi} \oint_{(C)} \frac{[ds\, r]}{|r|^3}. \qquad \text{(II 9, 29)}$$

Hiernach resultiert das Magnetfeld aus infinitesimalen Anteilen

$$dH = \frac{J}{4\pi} \frac{[ds\, r]}{|r|^3}, \qquad \text{(II 9, 30)}$$

welche genetisch den „Stromelementen" J d*s* zugeordnet sind (*Biot-Savart*sches Elementargesetz; vergleiche VI 6, d).

e) In der Systematik der Vektorfelder definiert der vorstehend behandelte elektrische Stromring den Begriff des *Wirbelfadens* der Stärke J. Wir behaupten, daß sein Feld H dem einer (magnetischen) Doppelschicht äquivalent ist.

Zum Beweise gehen wir von Gl. (II 9, 20) aus, nach welcher rot H außerhalb des Drahtringes verschwindet. Daher kann dort H als negativer Gradient eines magnetischen Skalarpotentiales φ dargestellt werden:

$$H = -\operatorname{grad} \varphi. \qquad \text{(II 9, 31)}$$

Das Existenzgebiet T* von φ ist der gesamte Raum mit Ausnahme des Drahtringes selbst, also in sich zweifach zusammenhängend. Um daher φ eindeutig zu beschreiben, ist T* etwa mittels einer von der Leitkurve C eingespannten „Sperrfläche" in ein einfach zusammenhängendes Gebiet zu verwandeln; den vektoriellen Elementen dF dieser Fläche weisen wir je mittels ihres Einheitsvektors $\boldsymbol{1}_n$ die positive Normalenrichtung (n) zu, welche als kinematischer Fortschritt zusammen mit dem Umlaufssinn von J eine Rechtsschraube bildet. Nunmehr rufen wir einen Kontrollweg c nach Abb. II 11 zu Hilfe. Wir wählen auf der „positiven" Seite der Sperrfläche (in Richtung von $\boldsymbol{1}_n$ vorwärts gelegen) einen Punkt P_+, umfahren den Wirbelfaden und kehren in den zu P_+ infinitesimal benachbarten Punkt P_- der „negativen" Seite der Sperrfläche (in Richtung von $\boldsymbol{1}_n$ rückwärts gelegen) zurück. Der *Stokes*sche Satz, angewandt auf c, zeigt somit in

$$\oint_{(c)} (H\, ds) = -\int_{P_+}^{P_-} d\varphi = \varphi_{P_+} - \varphi_{P_-} = \iint_{(f)} (j\, df) = J \qquad \text{(II 9, 32)}$$

die Existenz des Potentialsprunges

$$\Delta\varphi = \varphi_{P+} - \varphi_{P-} = J \qquad \text{(II 9, 33)}$$

an der Sperrfläche an. Andererseits folgt aus (II 8, 45), nachdem wir Δ mit Π vertauschen und unter m das magnetische Moment je Einheit der Trägerfläche verstehen, für den Potentialsprung an einer homogenen magnetischen Doppelschicht

$$\Delta\varphi = \frac{m}{\Pi}. \qquad \text{(II 9, 34)}$$

Der Wirbelfaden ist also in der Tat der Doppelschicht äquivalent, falls man die Sperrfläche mit der Trägerfläche der Elementarmomente m dF identifiziert und die Größe des — auf der Fläche unveränderlichen — spezifischen Momentes m durch

$$m = \Pi J \qquad \text{(II 9, 35)}$$

mit der Stärke des Wirbelfadens verknüpft.

f) Wir fragen nach dem Flusse Φ des quellenfreien Vektors V durch die Kontrollfläche F*, welche von der Kurve C* umspannt wird:

$$\Phi = \iint_{(F^*)} (V\, dF^*). \qquad \text{(II 9, 36)}$$

Die Einführung des Vektorpotentiales A nach (II 9, 2) liefert mit Hilfe des *Stokes*schen Satzes

$$\Phi = \iint_{(F^*)} (\text{rot}\, A\, dF^*) = \oint_{(C^*)} (A\, ds^*), \qquad \text{(II 9, 37)}$$

so daß also der Fluß von V, im Einklang mit der Quellenfreiheit dieses Vektors, bei festem C* unabhängig von der Gestalt der Fläche F* wird.

Wir suchen insbesondere den magnetischen Induktionsfluß

$$\Phi = \iint_{(F^*)} (B\, dF^*), \qquad \text{(II 9, 38)}$$

welcher von dem Wirbelfaden C eines stationären elektrischen Stromes J erregt wird. Bezeichnen wir mit $r_{(ds^*, ds)}$ den Abstandsskalar der vektoriellen Bogenelemente ds^* und ds, so resultiert durch Einsetzen von (II 9, 26) in (II 9, 37)

$$\Phi = \frac{\Pi}{4\pi} J \oint_{(C^*)} \oint_{(C)} \frac{(ds^*\, ds)}{r_{(ds^*\, ds)}} = J\, M_{(C^*, C)}. \qquad \text{(II 9, 39)}$$

Abgesehen von dem universellen Faktor Π definiert hierin das Verhältnis $\Phi/J = M_{(C^*, C)}$ eine Größe, welche nur von der gegenseitigen Lage von C* und C im Konfigurationsraume abhängt: Die *gegenseitige Induktivität* zwischen beiden Kurven. Auf Grund des kommutativen Gesetzes der skalaren Multiplikation und der selbstverständlichen Identität $r_{(ds^*, ds)} = r_{(ds, ds^*)}$ gilt der *Reziprozitätssatz*

$$M_{(C^*, C)} = M_{(C, C^*)}. \qquad \text{(II 9, 40)}$$

Je Einheit der Wirbelstärke ist hiernach der vom Wirbelfaden C erregte, durch C* getriebene Induktionsfluß gleich jenem anderen Induktionsfluß, welcher von einem längs C* tätigen Wirbelfaden durch C getrieben wird.

II 10. Elektrische Plasmaschwingungen.

a) Unter einem elektrischen Plasma versteht man ein System ambipolarer elektrischer Ladungsträger (Ionen), dessen resultierende Raumladungsdichte ϱ im statistischen Mittel überall verschwindet. Im Falle von Ionen, welche je den gleichen Ladungsbetrag q_0 des elektrischen Elementarquants mit sich führen, kommt diese „Quasineutralität" durch die im Mittel gleiche Konzentration $n = n_+ = n_-$ beider Trägerarten je Einheit des besetzten Volumens zustande; ihnen entsprechen die Raumladungsdichten

$$\varrho_+ = q_0 \, n; \quad \varrho_- = - q_0 \, n; \quad \varrho = \varrho_+ + \varrho_- = 0. \qquad \text{(II 10, 1)}$$

Der Einfachheit halber setzen wir weiterhin voraus, daß die negativen Ladungsträger Elektronen seien (träge Masse m_0 je Elektron), während die positiven Ladungsträger durch Ionisierung der Moleküle eines chemisch homogenen Gases (Molekularmasse m) erzeugt worden seien; die träge Masse jedes positiven Ions ist daher praktisch m gleichzustellen.

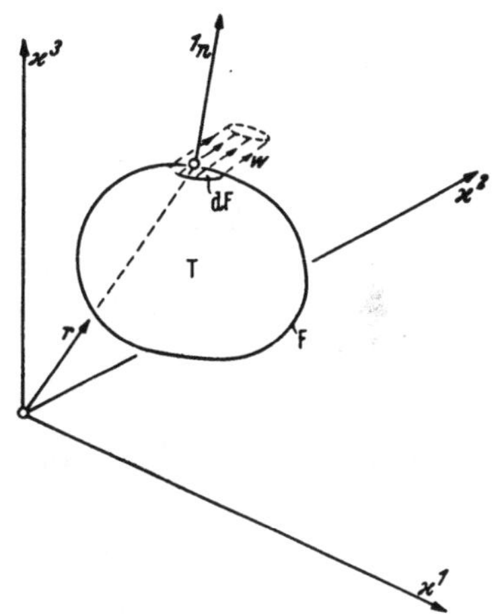

Abb. II 12. Zur Formulierung der Plasmaschwingungen.

b) Durch eine Störung des statistischen Gleichgewichtszustandes mögen die Elektronen am Orte r (Radiusvektor) des Bezugssystemes die sehr kleine (infinitesimale) Verrückung s erleiden. Die gleichzeitige Bewegung der positiven Ionen (Schwerpunktssatz!) darf wegen $m \gg m_0$ außer Betracht bleiben.

Der feste Kontrollraum T (Hüllfläche F) innerhalb des Plasmas (Abb. II 12) möge im ungestörten Zustande des Systemes je N Ladungsträger beider Arten enthalten:

$$N = \iiint\limits_{(T)} n \, dT. \qquad \text{(II 10, 2)}$$

Je Einheit der Hüllfläche (Normalen-Einheitsvektor 1_n) wandern während der Störung $(n\,s\,1_n)$ Elektronen aus T aus. Die Unzerstörbarkeit der Elektronen verlangt daher als Äquivalent der Auswanderung eine Änderung δN der innerhalb von T verbleibenden Elektronenzahl:

$$-\delta N = -\iiint\limits_{(T)} \delta n\, dT = \iint\limits_{(F)} (n\,s\,1_n)\,|dF| = \iint\limits_{(F)} (n\,s\,dF). \qquad \text{(II 10, 3)}$$

Mittels des *Gauß*schen Integralsatzes folgt hieraus

$$-\iiint\limits_{(T)} \delta n\, dT = \iiint\limits_{(T)} \operatorname{div}(n\,s)\, dT \qquad \text{(II 10, 4)}$$

und also, unter Berufung auf die Freizügigkeit in der Wahl von T

$$\delta n = -\operatorname{div}(n\,s). \qquad \text{(II 10, 5)}$$

Es verbleibt sonach im gestörten System je Raumeinheit der positive Ladungsüberschuß

$$\delta \varrho = q_0\, n - q_0\,(n + \delta n) = q_0 \operatorname{div}(n\,s). \qquad \text{(II 10, 6)}$$

c) Die Gesamtheit der Raumladungen (II 10, 6) weckt ein elektrisches Störfeld E. Zu seiner Berechnung stützen wir uns auf (II 7, 1) und (II 7, 7) und erhalten

$$\operatorname{div} E = \frac{1}{\varDelta} \operatorname{div} D = \frac{\delta \varrho}{\varDelta} = \frac{q_0}{\varDelta} \operatorname{div}(n\,s). \qquad \text{(II 10, 7)}$$

Wir genügen dieser Gleichung durch das Feld

$$E = \frac{q_0}{\varDelta}\, n\,s + \operatorname{rot} V, \qquad \text{(II 10, 8)}$$

wobei V einen beliebigen Vektor in der Rolle eines „elektrischen Vektorpotentiales" bedeutet. Wir wenden auf diese Gleichung die rot-Operation an und erhalten auf Grund der Zweiten *Maxwell*schen Feldgleichung (II 7, 10):

$$\operatorname{rot} E = \frac{q_0}{\varDelta} \operatorname{rot}(n\,s) + \operatorname{rot}(\operatorname{rot} V) = -\frac{\partial B}{\partial t}. \qquad \text{(II 10, 9)}$$

In der Regel sind die Raumladungsdichten im Plasma so klein, daß man das mit ihrer Bewegung nach (II 7, 8), (II 7, 9) verknüpfte Magnetfeld vernachlässigen darf. In einem solchen „quasistatischen" Plasma ist also

$$\frac{q_0}{\varDelta} \operatorname{rot}(n\,s) = -\operatorname{rot}(\operatorname{rot} V). \qquad \text{(II 10, 10)}$$

Wir beschränken uns jetzt auf Verrückungsfelder der kinematischen Eigenschaft

$$\operatorname{rot}(n\,s) = 0. \qquad \text{(II 10, 11)}$$

Wir unterwerfen das Vektorpotential V der Nebenbedingung $\operatorname{div} V = 0$ und erhalten, da nunmehr die Lösung von (II 10, 10), (II 10, 11) eindeutig geworden ist, $V \equiv 0$. Damit reduziert sich das elektrische Störfeld auf

$$E = \frac{q_0}{\varDelta}\, n\,s. \qquad \text{(II 10, 12)}$$

d) Nach (II 7, 29) greift das Störfeld an jedem einzelnen Elektron mit der mechanischen Kraft an

$$K = -q_0 E. \qquad \text{(II 10, 13)}$$

Falls ihr das Elektron ohne Zusammenstöße mit Gasmolekülen oder Ionen frei folgen kann, gehorcht daher seine Verrückung s der Differentialgleichung

$$m_0 \frac{d^2 s}{dt^2} = K = -\frac{q_0^2}{\Delta} n\, s. \qquad \text{(II 10, 14)}$$

Sie beschreibt harmonische *Plasmaschwingungen* der Kreisfrequenz ω, welche mit den Konstanten des Elektrons und der Ionenkonzentration n durch die Relation verbunden ist

$$\omega^2 = \frac{q_0^2}{m_0 \Delta} n. \qquad \text{(II 10, 15)}$$

Ein Plasma wesentlich der hier untersuchten Art wird in der hohen Atmosphäre durch Strahlen kosmischer Herkunft aufrecht erhalten. Die in dieser Ionosphäre in den ,,Schichten" höchster Trägerkonzentration (*Appleton-Heaviside*-Schicht) auftretenden Plasmaschwingungen bestimmen die Mindestfrequenz (,,Grenzfrequenz"), welche für die Reflexion von Radiowellen an der Ionosphäre erforderlich ist.

II 11. Das *Huygens*sche Prinzip.

a) Es sei φ eine skalare Funktion der drei *Kartesischen* Raumkoordinaten x^i und der Zeit t, welche der *Wellengleichung* genügt

$$\nabla^2 \varphi = \frac{1}{c^2} \frac{\partial^2 \varphi}{\partial t^2}. \qquad \text{(II 11, 1)}$$

Sie beschreibt die Ausbreitungsgesetze dynamischer Felder in isotropen, homogenen, verlustfreien Medien. Das *Huygens*sche Prinzip behauptet: Innerhalb des von der Hülle F begrenzten Gebietes T kann die resultierende Welle durch Superposition von Elementarwellen hergestellt werden, welche die infinitesimalen Teile dF von F zum Aufpunkte hin abstrahlen.

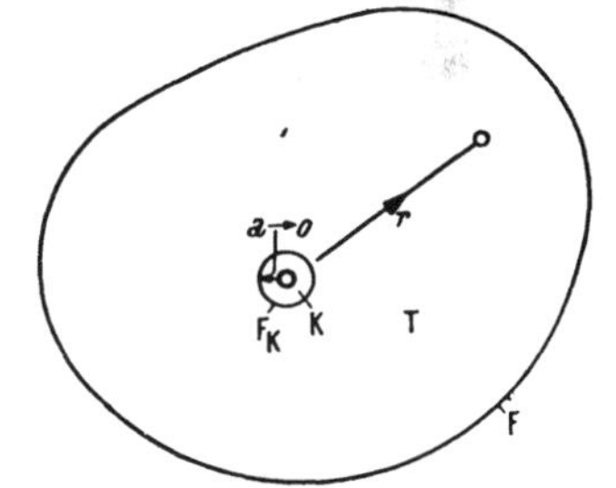

Abb. II 13. Zum *Huygens*schen Prinzip.

b) Entsprechend Abb. II 13 identifizieren wir den Aufpunkt mit dem Ursprung des Bezugssystemes. Durch $\mathfrak{r} = \mathfrak{l}_i\, x^i$ bezeichnen wir den Radiusvektor nach einem Punkte von T einschließlich der Hülle; $R = \sqrt{\Sigma (x^i)^2}$ ist der zugehörige Abstandsskalar.

Wir setzen

$$\tau = t - \frac{R}{c} \qquad \text{(II 11, 2)}$$

und definieren neben $\varphi = \varphi(x^i, t)$ die Funktion $\psi = \psi(x^i, t)$ mittels

$$\psi = \varphi(x^i, \tau) = \varphi\left(x^i, t - \frac{R}{c}\right). \qquad \text{(II 11, 3)}$$

Welcher Differentialgleichung genügt ψ? Um Mißverständnisse bezüglich der jeweils zu benützenden Argumente auszuschließen, sei weiterhin das Symbol φ für $\varphi(x^i, t)$ vorbehalten, während $\varphi(x^i, \tau) = \varphi^*$ gesetzt werde. Wir bilden nun zunächst für einen bestimmten Zeitpunkt t („Momentaufnahme")

$$\operatorname{grad}\psi = \mathit{1}^i\left(\frac{\partial\varphi^*}{\partial x^i} + \frac{\partial\varphi^*}{\partial\tau}\frac{\partial\tau}{\partial x^i}\right) = \mathit{1}^i\frac{\partial\varphi^*}{\partial x^i} - \mathit{1}_i\frac{x^i}{c\,R}\frac{\partial\varphi^*}{\partial\tau} =$$

$$= \operatorname{grad}\varphi^* - \frac{1}{c}\frac{r}{R}\frac{\partial\varphi^*}{\partial\tau}, \qquad \text{(II 11, 4)}$$

wobei die Operation grad φ^* zu einem festen Zeitpunkte τ auszuführen ist. Auf dem gleichen Wege folgt weiter

$$\nabla^2\psi = \operatorname{div}\operatorname{grad}\psi = \frac{\partial}{\partial x^i}\left(\frac{\partial\varphi^*}{\partial x_i} - \frac{1}{c}\frac{x^i}{R}\frac{\partial\varphi^*}{\partial\tau}\right) - \frac{1}{c}\frac{x_i}{R}\frac{\partial}{\partial\tau}\left(\frac{\partial\varphi^*}{\partial x_i} - \frac{1}{c}\frac{x^i}{R}\frac{\partial\varphi^*}{\partial\tau}\right) =$$

$$= \frac{\partial^2\varphi^*}{\partial x^i\,\partial x_i} - \frac{2}{c\,R}\frac{\partial\varphi^*}{\partial\tau} + \frac{1}{c^2}\frac{\partial^2\varphi^*}{\partial\tau^2} - \frac{2}{c\,R}x^i\frac{\partial^2\varphi^*}{\partial x^i\,\partial\tau}. \qquad \text{(II 11, 5)}$$

Definitionsgemäß korrespondiert der Wellengleichung (II 11, 1) für φ die Wellengleichung

$$\nabla^2\varphi^* = \frac{1}{c^2}\frac{\partial^2\varphi^*}{\partial\tau^2} \qquad \text{(II 11, 6)}$$

für φ^*. Daher vereinfacht sich (II 11, 5) zu

$$\nabla^2\psi = 2\left[\nabla^2\varphi^* - \frac{1}{c\,R}\frac{\partial\varphi^*}{\partial\tau} - \frac{1}{c\,R}\left(r\operatorname{grad}\frac{\partial\varphi^*}{\partial\tau}\right)\right]. \qquad \text{(II 11, 7)}$$

Wir berechnen nun, abermals zu einem festen Zeitpunkte t, mittels (II 11, 2) und (II 11, 3)

$$\operatorname{div}\left(\frac{r}{R^2}\frac{\partial\psi}{\partial t}\right) = \frac{1}{R^2}\frac{\partial\psi}{\partial t} + \frac{1}{R^2}\left(r\operatorname{grad}\frac{\partial\psi}{\partial t}\right) =$$

$$= \frac{1}{R^2}\frac{\partial\varphi^*}{\partial\tau} + \frac{1}{R^2}\left(r\operatorname{grad}\frac{\partial\varphi^*}{\partial\tau}\right) - \frac{1}{c\,R}\frac{\partial^2\varphi^*}{\partial\tau^2} \qquad \text{(II 11, 8)}$$

und erhalten mit Rücksicht auf (II 11, 6)

$$\nabla^2\varphi^* - \frac{1}{c\,R}\frac{\partial\varphi^*}{\partial\tau} - \frac{1}{c\,R}\left(r\operatorname{grad}\frac{\partial\varphi^*}{\partial\tau}\right) = -\frac{R}{c}\operatorname{div}\left(\frac{r}{R^2}\frac{\partial\psi}{\partial t}\right). \qquad \text{(II 11, 9)}$$

Durch Substitution in (II 11, 7) entsteht somit für ψ die partielle Differentialgleichung

$$\nabla^2\psi + 2\frac{R}{c}\operatorname{div}\left(\frac{r}{R^2}\frac{\partial\psi}{\partial t}\right) = 0. \qquad \text{(II 11, 10)}$$

c) Da sich (II 11, 10) in $R = 0$ singulär verhält, schließen wir den Ursprung des Bezugssystemes mittels einer in ihm zentrierten Kugel K (Hüllfläche F_K) des Halbmessers $a \to 0$ vom Bereiche T aus. Im Restbereiche $T^* = T - K$ wenden wir den *Gauß*schen Integralsatz auf (II 11, 10) an und erhalten, mit Einführung des jeweils nach *außen* weisenden Normalen-Einheitsvektors $\mathfrak{1}_n$

$$\frac{c}{2}\iiint\limits_{(T^*)} \frac{1}{R}\,\nabla^2\psi\,dT + \iint\limits_{(F)} \frac{1}{R}\frac{\partial\psi}{\partial t}\cos(\mathfrak{1}_n, \mathfrak{r})\,dF + \iint\limits_{(F_K)} \frac{1}{a}\frac{\partial\psi}{\partial t}(-1)\,dF = 0. \quad \text{(II 11, 11)}$$

Wir setzen nun voraus, daß die Funktion ψ selbst im Ursprung stetig bleibt; dann verschwindet für $a \to 0$ das über F_K zu erstreckende Integral. Bezeichnet weiter n eine parallel zu $\mathfrak{1}_n$ gerichtete Achse, so ist in den Elementen dF von F überall $\cos(\mathfrak{1}_n, \mathfrak{r}) = \partial R/\partial n$. Hiernach reduziert sich (II 11, 11) auf

$$\frac{c}{2}\iiint\limits_{(T^*)} \frac{1}{R}\,\nabla^2\psi\,dT + \iint\limits_{(F)} \frac{1}{R}\frac{\partial R}{\partial n}\frac{\partial\psi}{\partial t}\,dF = 0. \quad \text{(II 11, 12)}$$

d) Nach (II 8, 21) genügt $1/R$ innerhalb T^* der *Laplace*schen Gleichung $\nabla^2\,1/R = 0$. Daher besteht die Identität

$$\frac{1}{R}\,\nabla^2\psi \equiv \frac{1}{R}\,\nabla^2\psi - \psi\,\nabla^2\frac{1}{R} \equiv \operatorname{div}\left(\frac{1}{R}\operatorname{grad}\psi - \psi\operatorname{grad}\frac{1}{R}\right) \quad \text{(II 11, 13)}$$

und wir erhalten durch abermalige Anwendung des *Gauß*schen Integralsatzes

$$\iiint\limits_{(T^*)} \frac{1}{R}\,\nabla^2\psi\,dT =$$

$$= \iint\limits_{(F)} \left[\frac{1}{R}\frac{\partial\psi}{\partial n} - \psi\frac{\partial\left(\frac{1}{R}\right)}{\partial n}\right] dF + \iint\limits_{(F_K)} \left[\frac{1}{a}\frac{\partial\psi}{\partial n} - \psi\frac{\partial\left(\frac{1}{R}\right)}{\partial n}\right] dF. \quad \text{(II 11, 14)}$$

Auf den Elementen von F_K ist

$$\left[\frac{\partial\left(\frac{1}{R}\right)}{\partial n}\right]_{R=a} = \left[-\frac{\partial\left(\frac{1}{R}\right)}{\partial R}\right]_{R=a} = \left(\frac{1}{R^2}\right)_{R=a} = \frac{1}{a^2}. \quad \text{(II 11, 15)}$$

Vermöge der früher genannten Stetigkeits-Eigenschaften von ψ folgt also

$$\lim_{a\to 0}\iint\limits_{(F_K)} \left[\frac{1}{a}\frac{\partial\psi}{\partial n} - \psi\frac{\partial\left(\frac{1}{R}\right)}{\partial n}\right] dF = -4\pi\,\psi(0, t), \quad \text{(II 11, 16)}$$

während gleichzeitig das über K erstreckte Raumintegral für $a \to 0$ verschwindet. Durch Substitution von (II 11, 14) in (II 11, 12) folgt somit

$$4\pi\,\psi(0,t)=\iint\limits_{(F)}\left\{\left[\frac{1}{R}\frac{\partial\psi}{\partial n}-\psi\frac{\partial\left(\frac{1}{R}\right)}{\partial n}\right]+\left(\frac{2}{c\,R}\frac{\partial R}{\partial n}\right)\right\}dF. \quad \text{(II 11, 17)}$$

Mit Rücksicht auf (II 11, 3) und (II 11, 4) kann man diese Gleichung in die Form kleiden

$$4\pi\,\varphi^*(0,t)\equiv 4\pi\,\varphi(0,t)=\iint\limits_{(F)}\left[\frac{1}{R}\frac{\partial\varphi^*}{\partial n}-\varphi^*\frac{\partial\left(\frac{1}{R}\right)}{\partial n}+\frac{1}{c\,R}\frac{\partial R}{\partial n}\frac{\partial\varphi^*}{\partial t}\right]dF. \quad \text{(II 11, 18)}$$

Damit ist das Ziel erreicht: Der dreigliedrige Faktor von dF repräsentiert die von diesem Flächenelement nach dem Ursprung abgestrahlte *Huygens*sche Elementarwelle. Für die zur Zeit t im Ursprung manifeste Wirkung ist derjenige Wert der Elementarwelle verantwortlich, welcher auf dF in dem früheren Zeitpunkte $\tau = t - R/c$ herrschte: c definiert die Ausbreitungsgeschwindigkeit der Elementarwellen, und φ^* ist, im Vergleiche zu φ, als „retardiertes" Potential zu bezeichnen.

Drittes Kapitel.

Vektorrechnung in affinen Koordinaten.

III 1. Affine Koordinaten im *Euklid*ischen Raume von drei Dimensionen.

a) In einem *Kartesischen* Rechtssystem x^i mit den Achsen-Einheitsvektoren $\mathbf{1}_i$ (i = 1, 2, 3) seien die drei *Grundvektoren* a_k (k = 1, 2, 3) mittels der Gleichungen definiert

$$a_k = \mathbf{1}_i \, a^i_k. \qquad \text{(III 1, 1)}$$

Es wird vorausgesetzt, daß sie nicht in einer Ebene liegen. Konstruieren wir also das Parallelepiped, dessen Kanten von den drei Grundvektoren gebildet werden, so besitzt es das endliche Volumen

$$T_0 = ([a_i \, a_k] \, a_l) = \begin{vmatrix} a^1_1 & a^1_2 & a^1_3 \\ a^2_1 & a^2_2 & a^2_3 \\ a^3_1 & a^3_2 & a^3_3 \end{vmatrix} \equiv \det a^i_k \neq 0. \qquad \text{(III 1, 2)}$$

Das „Dreibein" der Grundvektoren a_1, a_2, a_3 erweitert und verallgemeinert das Bezugssystem der sphärischen Trigonometrie in zweierlei Hinsicht:

1. Die Spitzen der drei Vektoren, welche das sphärische Dreieck definieren, liegen auf der Oberfläche der Einheitskugel; dagegen sind die Längen der Grundvektoren keiner Beschränkung unterworfen.

2. Die Längen jedes der drei Grundvektoren dürfen voneinander verschieden gewählt werden.

b) Wir geben drei beliebige, reelle Zahlen u^1, u^2, u^3 vor und konstruieren mit ihrer Hilfe vom Ursprung des Systemes x^i aus die drei Vektoren

$$a_1 \, u^1; \qquad a_2 \, u^2; \qquad a_3 \, u^3, \qquad \text{(III 1, 3)}$$

welche für

$$-\infty < u^i < \infty \qquad (i = 1, 2, 3). \qquad \text{(III 1, 4)}$$

die Achsen eines neuen Bezugssystemes definieren: Des *affinen Grundsystemes.* Im Gegensatz zu den Achsen des *Kartesischen* Systemes stehen die Achsen des affinen Grundsystemes in der Regel nicht mehr paarweise senkrecht aufeinander, sondern schließen beliebige Winkel ein.

c) Es sei — im *Kartesischen* Bezugssystem — ein beliebiger Vektor vorgelegt

$$r = \mathbf{1}_i \, x^i. \qquad \text{(III 1, 5)}$$

Wir suchen seine Komponentendarstellung im affinen Grundsysteme

$$r = a_i\, u^i. \qquad \text{(III 1, 6)}$$

Zur Lösung der Aufgabe ergänzen wir das System der drei Grundvektoren a_k durch das System dreier „reziproker Vektoren" $\overline{a}^k$, welche wir mittels der Gleichungen definieren

$$\overline{a}^1 = \frac{[a_2 a_3]}{T_0};\quad \overline{a}^2 = \frac{[a_3 a_1]}{T_0};\quad \overline{a}^3 = \frac{[a_1 a_2]}{T_0}. \qquad \text{(III 1, 7)}$$

Mit Rücksicht auf (III 1, 2) gehorchen die inneren Produkte der Grundvektoren mit den reziproken Vektoren den Gleichungen

$$(a_i\, \overline{a}^k) = \delta_i^k = \begin{matrix} 1 \text{ für } i = k \\ 0 \text{ für } i \neq k. \end{matrix} \qquad \text{(III 1, 8)}$$

Indem wir daher (III 1, 6) auf skalare Weise mit $\overline{a}^k$ erweitern, finden wir die Komponenten von r nach den Achsen des affinen Grundsystemes mittels der Formeln

$$(a_i\, u^i\, \overline{a}^k) = u^k = (r\, \overline{a}^k). \qquad \text{(III 1, 9)}$$

d) Die drei reziproken Vektoren bilden ihrerseits ein Parallelepiped vom Volumen

$$\overline{T}^0 = ([\overline{a}^i\, \overline{a}^k]\, \overline{a}^l) = \begin{vmatrix} \overline{a}_1^1 & \overline{a}_2^1 & \overline{a}_3^1 \\ \overline{a}_1^2 & \overline{a}_2^2 & \overline{a}_3^2 \\ \overline{a}_1^3 & \overline{a}_2^3 & \overline{a}_3^3 \end{vmatrix}. \qquad \text{(III 1, 10)}$$

Mittels (III 1, 7) erhalten wir hierfür

$$\overline{T}^0 = \frac{([[a_2 a_3]\,[a_3 a_1]]\,[a_1 a_2])}{T_0^3}. \qquad \text{(III 1, 11)}$$

Vermöge der Rechenregel (I 9, 14) für das zweifache Vektorprodukt finden wir zunächst

$$[[a_2 a_3]\,[a_3 a_1]] = a_3\,([a_2 a_3]\,a_1) - a_1\,([a_2 a_3]\,a_3) = a_3\,T_0 \qquad \text{(III 1, 12)}$$

und weiter

$$([[a_2 a_3]\,[a_3 a_1]]\,[a_1 a_2]) = (a_3\,T_0\,[a_1 a_2]) = T_0\,(a_3\,[a_1 a_2]) = T_0^2, \qquad \text{(III 1, 13)}$$

also zusammenfassend

$$\overline{T}^0 = \frac{1}{T_0};\quad \overline{T}^0\,T_0 = 1. \qquad \text{(III 1, 14)}$$

e) Wir wollen die Gleichungen (III 1, 7) nach den Grundvektoren auflösen: Wir setzen mit drei noch unbestimmten Koeffizienten $\alpha^1, \alpha^2, \alpha^3$ an

$$[\overline{a}^1\, \overline{a}^2] = \alpha^1 a_1 + \alpha^2 a_2 + \alpha^3 a_3. \qquad \text{(III 1, 15)}$$

Durch skalare Multiplikation mit $\overline{a}^k$ $(k = 1, 2, 3)$ erhalten wir mit Rücksicht auf (III 1, 8) für $k = 3$

$$0 = \alpha^1;\quad 0 = \alpha^2;\quad \overline{T}^0 = \alpha^3 \qquad \text{(III 1, 16)}$$

also, nach zyklischer Vertauschung der Indizes, mit (III 1, 10)

$$a_1 = \frac{[\overline{a}^2\, \overline{a}^3]}{\overline{T}^0};\quad a_2 = \frac{[\overline{a}^3\, \overline{a}^1]}{\overline{T}^0};\quad a_3 = \frac{[\overline{a}^1\, \overline{a}^2]}{\overline{T}^0}. \qquad \text{(III 1, 17)}$$

Da hiernach das System der reziproken Vektoren zu dem der Grundvektoren in einem dualen Verhältnis steht, können wir das affine Grundsystem durch das ihm dual zugeordnete reziproke affine System ergänzen: Nach Wahl dreier reeller Zahlen $\overline{u}_1$, $\overline{u}_2$, $\overline{u}_3$ tragen wir vom Ursprung des Systemes der x^i die drei Vektoren ab

$$\overline{a}^1\,\overline{u}_1:\quad \overline{a}^2\,\overline{u}_2:\quad \overline{a}^3\,\overline{u}_3 \qquad \text{(III 1, 18)}$$

und erhalten für

$$-\infty < \overline{u}_i < \infty \qquad (i = 1, 2, 3) \qquad \text{(III 1, 19)}$$

die Achsen des reziproken Systemes.

f) In der Regel fallen die Achsen des Grundsystemes mit denen des reziproken Systemes durchaus nicht zusammen. Daher ist der Komponentendarstellung (III 1, 6) des Vektors r im Grundsysteme die im allgemeinen von ihr verschiedene Zerlegung des nämlichen Vektors nach den Achsen des reziproken Systemes zur Seite zu stellen

$$r = \overline{a}^i\,\overline{u}_i\,. \qquad \text{(III 1, 20)}$$

Zur Berechnung der Komponenten $\overline{u}_i$ erweitern wir diese Gleichung auf skalare Weise mit a_k und erhalten, mit Rücksicht auf (III 1, 8)

$$(\overline{a}^i\,\overline{u}_i\,a_k) = \overline{u}_k = (r\,a_k) \qquad \text{(III 1, 21)}$$

Die Dreiheit der im Grundsystem definierten Zahlen u^i (mit oberem Index) beschreibt den Radiusvektor r durch seine *Parallel*projektionen auf die Achsen der Grundvektoren, und ebenso schildern die Zahlen $\overline{u}_i$ (mit unterem Index) r mittels seiner Parallelprojektionen auf die Achsen der reziproken Vektoren. Nach Gl. (III 1, 21) kann man jedoch $\overline{u}_i$ auch als Länge des Lotes (*Orthogonal*projektion) interpretieren, welches vom Endpunkt von r auf die Achse des Grundvektors a_i gefällt wird; dabei ist der von a_i diktierte Maßstab zu beachten. Wir werden indes weiterhin die erstgenannte Auffassung vorziehen.

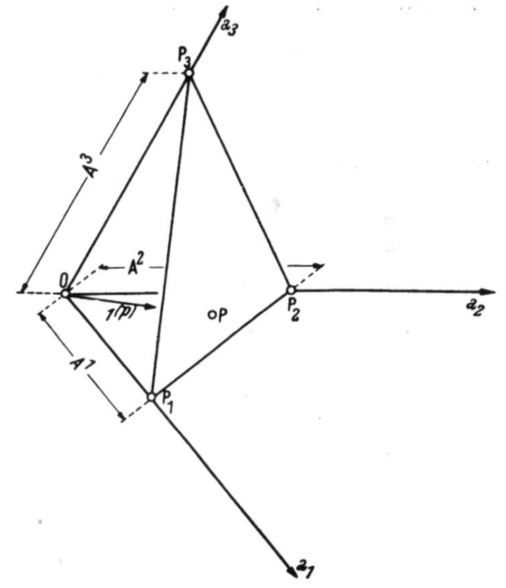

Abb. III 1. Konstruktion des Tetraeders.

g) Wir wenden die affinen Koordinaten auf die Geometrie des Tetraeders an. Im Anschluß an Abb. III 1 sei der Einheitsvektor $1^{(p)}$ vom Ursprunge O nach dem Punkte P vorgegeben

$$1^{(p)} = a_i\,p^i = \overline{a}^k\,\overline{p}_k. \qquad \text{(III 1, 22)}$$

In P konstruieren wir die auf $\mathfrak{t}^{(p)}$ senkrechte Ebene

$$(\{r - \mathfrak{t}^{(p)}\}\, \mathfrak{t}^{(p)}) = 0; \qquad u^i \overline{p}_i = (\mathfrak{t}^{(p)})^2 = 1 \qquad \text{(III 1, 23)}$$

welche die Achsen der Grundvektoren in den Punkten P_i schneidet; die Punkte O, P_1, P_2, P_3 definieren das zu untersuchende Tetraeder. Die Abschnitte $O \to P_i = A^{(i)}$ folgen aus (III 1, 23) zu

$$A^{(i)} = \frac{1}{\overline{p}_i}\,. \qquad \text{(III 1, 24)}$$

Die Basisfläche P_1, P_2, P_3 des Tetraeders wird durch den parallel zu $\mathfrak{t}^{(p)}$ weisenden Vektor gegeben

$$F^{(p)} = \frac{1}{2}\,[\{a_2 A^{(2)} - a_1 A^{(1)}\}\{a_3 A^{(3)} - a_2 A^{(2)}\}] =$$

$$= \frac{T_0}{2}\left(\frac{\overline{a}^1}{\overline{p}_2\,\overline{p}_3} + \frac{\overline{a}^2}{\overline{p}_3\,\overline{p}_1} + \frac{\overline{a}^3}{\overline{p}_1\,\overline{p}_2}\right) = \frac{T_0}{2}\,\frac{1}{\overline{p}_1\,\overline{p}_2\,\overline{p}_3}\,\mathfrak{t}^{(p)} \qquad \text{(III 1, 25)}$$

so daß das Tetraedervolumen beträgt

$$T = \frac{1}{3}\,(F^{(p)}\,\mathfrak{t}^{(p)}) = \frac{T_0}{6}\,\frac{1}{\overline{p}_1\,\overline{p}_2\,\overline{p}_3} = \frac{T_0}{6}\,A^{(1)} A^{(2)} A^{(3)}. \qquad \text{(III 1, 26)}$$

Die von den Vektoren $a_2 A^{(2)}$ und $a_3 A^{(3)}$ eingespannte Dreiecksfläche wird durch den zu $\overline{a}^1$ antiparallelen Vektor charakterisiert

$$F^{(1)} = -\frac{1}{2}\,[\{a_2 A^{(2)}\}\{a_3 A^{(3)}\}] = -\frac{T_0}{2}\,\frac{\overline{a}^1}{\overline{p}_2\,\overline{p}_3} = -\frac{T_0}{2}\,\frac{1}{\overline{p}_1\,\overline{p}_2\,\overline{p}_3}\,\overline{a}^1\,\overline{p}_1 \qquad \text{(III 1, 27)}$$

mit dem Betrage

$$|F^{(1)}| = \frac{T_0}{2}\,\frac{|\overline{a}^1|\,\overline{p}_1}{\overline{p}_1\,\overline{p}_2\,\overline{p}_3} = \frac{T_0}{2}\,|\overline{a}^1|\,A^{(2)} A^{(3)} = |F^{(p)}|\,\frac{|\overline{a}^1|}{A^{(1)}}. \qquad \text{(III 1, 28)}$$

Entsprechend folgen die Dreiecksflächen $F^{(2)}$ [zwischen den Vektoren $a_3 A^{(3)}$ und $a_1 A^{(1)}$] und $F^{(3)}$ [zwischen den Vektoren $a_1 A^{(1)}$ und $a_2 A^{(2)}$]:

$$\begin{aligned} F^{(2)} &= -\frac{T_0}{2}\,\frac{1}{\overline{p}_1\,\overline{p}_2\,\overline{p}_3}\,\overline{a}^2\,\overline{p}_2; \quad |F^{(2)}| = \frac{T_0}{2}\,|\overline{a}^2|\,A^{(3)} A^{(1)} = |F^{(p)}|\,\frac{|\overline{a}^2|}{A^{(2)}} \\ F^{(3)} &= -\frac{T_0}{2}\,\frac{1}{\overline{p}_1\,\overline{p}_2\,\overline{p}_3}\,\overline{a}^3\,\overline{p}_3; \quad |F^{(3)}| = \frac{T_0}{2}\,|\overline{a}^3|\,A^{(1)} A^{(2)} = |F^{(p)}|\,\frac{|\overline{a}^3|}{A^{(3)}}. \end{aligned} \qquad \text{(III 1, 29)}$$

Die Vektorsumme aller Tetraederflächen verschwindet:

$$F^{(p)} + F^{(1)} + F^{(2)} + F^{(3)} = \frac{T_0}{2}\,\frac{1}{\overline{p}_1\,\overline{p}_2\,\overline{p}_3}\,[\mathfrak{t}^{(p)} - \overline{a}^1\,\overline{p}_1 - \overline{a}^2\,\overline{p}_2 - \overline{a}^3\,\overline{p}_3] \equiv 0. \qquad \text{(III 1, 30)}$$

Wir verallgemeinern dieses Ergebnis: Man zerlege einen Körper beliebiger Gestalt (Volumen T, Hüllfläche F) durch passend geführte Schnitte in Teile von (annähernd) tetraederischer Gestalt. Summiert man nunmehr (III 1, 30) über sämtliche Teile und geht dann zur Grenze infinitesimaler Tetraeder über, so zerstören sich die je auf eine Schnittfläche bezüglichen elementaren Flächenvektoren benachbarter Teile gegenseitig, und wir gelangen zu dem Satz: Die Vektorsumme aller Elemente einer geschlossenen Hülle ist gleich Null. Zum gleichen Ergebnis führt der *Gauß*sche Integralsatz, angewandt auf das Feld eines homogenen Vektors V:

$$\iiint_{(T)} \operatorname{div} V \, dT \equiv 0 = \iint_{(F)} (V \, dF) = \left(V \iint_{(F)} dF\right); \quad \iint_{(F)} dF = 0. \tag{III 1, 31}$$

Infolge der Wahl von $O \to P$ als Einheitsvektor sind die Achsenabschnitte $A^{(i)}$ nicht unabhängig voneinander. In welchem linearen Maßstabe h haben wir das Tetraeder zu vergrößern, falls die $A^{(i)}$ beliebig vorgegeben sind?

An Stelle von (III 1, 24) treten die Gleichungen

$$\frac{A^{(k)}}{h} = \frac{1}{\overline{p}_k}; \quad \overline{p}_k = \frac{h}{A^{(k)}}, \tag{III 1, 32}$$

so daß wir aus (III 1, 22) durch skalare Erweiterung mit $\overline{a}^i$ mit Rücksicht auf (III 1, 8) erhalten

$$p^i = (\overline{a}^i \, \overline{a}^k) \, \overline{p}_k = h \sum_k (\overline{a}^i \, \overline{a}^k) \frac{1}{A^{(k)}} \tag{III 1, 33}$$

Durch nochmalige Anwendung von (III 1, 8) finden wir nun

$$(1^{(p)})^2 \equiv 1 = p^i \, \overline{p}_i = h^2 \sum_{i,k} \frac{(\overline{a}^i \, \overline{a}^k)}{A^{(i)} A^{(k)}}; \quad h^2 = \frac{1}{\sum_{i,k} \frac{(\overline{a}^i \overline{a}^k)}{A^{(i)} A^{(k)}}} \tag{III 1, 34}$$

so daß man mittels (III 1, 32) und (III 1, 33) auch die p^i und $\overline{p}_k$ kennt. Die Winkel des Vektors $1^{(p)}$ h (Höhe des Tetraeders) gegen die Achsen der Grundvektoren (Tetraederkanten) folgen zu

$$\cos(1^{(p)}, a_i) = \frac{(1^{(p)} \, a_i)}{|a_i|} = \frac{h}{|a_i| \, A^{(i)}}. \tag{III 1, 35}$$

Dagegen sind die Winkel von $1^{(p)}$ gegen die Flächenvektoren $F^{(i)}$ durch die Gleichungen gegeben

$$\cos(1^{(p)}, F^{(i)}) = \frac{(1^{(p)} \, F^{(i)})}{|F^{(i)}|} = \frac{|F^{(p)}|}{|F^{(i)}| \, A^{(i)}} \, p^i = \frac{h}{|\overline{a}^i| \, A^{(i)}} \sum_k (\overline{a}^i \, \overline{a}^k) \frac{1}{A^{(k)}}. \tag{III 1, 36}$$

III 2. Der *Euklid*ische Raum von z Dimensionen.

a) Von dem dreidimensionalen *Euklid*ischen Raum (R_3) gehen wir zu einem Kontinuum von z Dimensionen über; $z > 0$ ist notwendig eine ganze Zahl.

Wir orientieren uns im R_z mittels eines z-dimensionalen, *Kartesischen* Bezugssystemes: Jeder seiner z Achsen ist parallel zu einem der *Einheitsvektoren* $1_i \equiv 1^i$ ($i = 1 \ldots z$) gerichtet, welcher die *Metrik* der Koordinate $x^i \equiv x_i$ festlegt, und jeder Einheitsvektor $\mathit{1}_j$ steht auf jedem Einheitsvektor $\mathit{1}_k$ ($j \neq k$) senkrecht. Um diese, für $z > 3$ der Anschauung verschlossene geometrische Vorschrift auf beliebige Dimensionenzahl anwenden zu können, übertragen wir den Begriff des *inneren Produktes* zweier Vektoren samt seiner symbolischen Schreibart vom R_3 auf den R_z, indem wir definieren

$$(\mathit{1}_j \, \mathit{1}^k) = (\mathit{1}_k \, \mathit{1}^j) = \delta_j^k = \delta_k^j \begin{matrix} 1 \text{ für } j = k \\ 0 \text{ für } j \neq k \end{matrix} \tag{III 2, 1}$$

b) Es seien $x^i(P) \equiv x_i(P)$ und $x^i(Q) \equiv x_i(Q)$ die Koordinaten zweier dem R_z angehöriger Punkte P und Q. Dann mißt

$$p = \mathit{1}_i \, x^i(P) = \mathit{1}^i \, x_i(P) \tag{III 2, 2}$$

den Radiusvektor vom Ursprung des Bezugssystemes nach P und ebenso

$$q = \mathit{1}_i \, x^i(Q) = \mathit{1}^i \, x_i(Q) \tag{III 2, 3}$$

den Radiusvektor vom Ursprung des Bezugssystemes nach Q. Ihr inneres Produkt beträgt, mit Rücksicht auf (III 2, 1)

$$(pq) = x^i(P) \, x_i(Q). \tag{III 2, 4}$$

Läßt man Q mit P koinzidieren, so geht (III 2, 4) in die *Norm* des Radiusvektors $q \to p$ über:

$$(p)^2 = x^i(P) \, x_i(P). \tag{III 2, 5}$$

Als *Länge* des Vektors p gilt die positive Wurzel aus seiner Norm. Sei ω der zwischen p und q eingeschlossene Winkel, so gilt

$$\cos \omega = \frac{(p\,q)}{\sqrt{(p)^2 \, (q)^2}}. \tag{III 2, 6}$$

Man beweist leicht, genau wie im R_3, die Ungleichung

$$(p\,q)^2 \leqq (p)^2 \, (q)^2, \tag{III 2, 7}$$

so daß (III 2, 6) stets einen *reellen* Wert ω liefert.

c) Die in der Geometrie des R_3 gegebeneAnweisung für die Konstruktion des vektoriellen Produktes zweier Vektoren versagt im mehr als dreidimensionalen Raum, weil sich dann irgend zwei von einem Punkte P ausgehenden, den Achsen i und $j \neq i$ parallelen Geraden — und also auch der von ihnen festgelegten Ebene — keine eindeutige Normalenrichtung zuordnen läßt. Denn nach Abzug von i und j verbleiben in P noch $(z - 2)$ achsenparallele Richtungen, welche definitionsgemäß sowohl zu i wie zu j senkrecht orientiert sind.

d) Es seien

$$a_k = \mathit{1}^i \, a_i^k \quad (i, k = 1 \ldots z) \tag{III 2, 8}$$

ein System von z „*Grundvektoren*" mit den *Kartesischen* Koordinaten (Komponenten) a_i^k; wir setzen voraus, daß die Determinante

$$A = \begin{vmatrix} a_1^1 & a_2^1 & \dots & a_z^1 \\ a_1^2 & a_2^2 & \dots & a_z^2 \\ \vdots & \vdots & & \vdots \\ a_1^z & a_2^z & \dots & a_z^z \end{vmatrix} \qquad \text{(III 2, 9)}$$

einen *endlichen* Wert besitzt:

$$A \neq 0. \qquad \text{(III 2, 10)}$$

Wir behaupten: Jedem Grundvektor $\mathfrak{a}_l$ läßt sich ein „reziproker Vektor" $\overline{\mathfrak{a}}^l$ zuordnen, welcher folgenden Bedingungen genügt:

1. $\overline{\mathfrak{a}}^l$ steht senkrecht auf allen $\mathfrak{a}_k$ ($k \neq l$).

2. $\overline{\mathfrak{a}}^l$ bildet — im Einklang mit seiner Bezeichnung als „reziproker Vektor" — mit $\mathfrak{a}_l$ das innere Produkt vom Betrage 1.

Diese Eigenschaften sind in dem Gleichungssystem

$$(\overline{\mathfrak{a}}^l\, \mathfrak{a}_k) = \delta_k^l = \begin{matrix} 1 \text{ für } k = l \\ 0 \text{ für } k \neq l \end{matrix} \qquad \text{(III 2, 11)}$$

algebraisch zusammengefaßt, welches (III 1, 8) auf den R_z ausdehnt.

Zum Beweise fassen wir die Matrix der Determinante A nach Gl. (III 2, 9) ins Auge und bezeichnen mit A_l^i die zu a_i^l gehörige Unterdeterminante. (Achtung auf die Stellung der Indizes!) Dann gelten die Entwicklungsformeln

$$a_i^l\, A_k^i = \delta_k^l\, A, \qquad \text{(III 2, 12)}$$

so daß die Vektoren

$$\overline{\mathfrak{a}}^l = \mathfrak{l}_i \frac{A_l^i}{A} \qquad \text{(III 2, 13)}$$

in der Tat den Bedingungen (III 2, 11) genügen: Sie sind die gesuchten reziproken Vektoren.

Aus dem Bau der Gl. (III 2, 11) geht hervor, daß die Relation zwischen den $\mathfrak{a}_k$ und den $\overline{\mathfrak{a}}^l$ eine duale ist: Die Vektoren $\mathfrak{a}_k$ bilden das reziproke Vektorsystem der $\overline{\mathfrak{a}}^l$.

Wir berechnen die Determinante

$$\overline{A} = \begin{vmatrix} \overline{a}_1^1 & \overline{a}_1^2 & \dots & \overline{a}_1^z \\ \overline{a}_2^1 & \overline{a}_2^2 & \dots & \overline{a}_2^z \\ \vdots & \vdots & & \vdots \\ \overline{a}_z^1 & \overline{a}_z^2 & \dots & \overline{a}_z^z \end{vmatrix} = \frac{1}{A^z} \begin{vmatrix} A_1^1 & A_2^1 & \dots & A_z^1 \\ A_1^2 & A_2^2 & \dots & A_z^2 \\ \vdots & \vdots & & \vdots \\ A_1^z & A_2^z & \dots & A_z^z \end{vmatrix} = \frac{1}{A^z} B \qquad \text{(III 2, 14)}$$

Um B, die Determinante der Unterdeterminanten, auszuwerten, bilden wir nach den Regeln der Determinanten-Multiplikation das Produkt

$$A.B = \begin{vmatrix} a_1^1 & a_1^2 & \dots & a_1^z \\ a_2^1 & a_2^2 & \dots & a_2^z \\ \vdots & \vdots & & \vdots \\ a_z^1 & a_z^2 & \dots & a_z^z \end{vmatrix} \cdot \begin{vmatrix} A_1^1 & A_2^1 & \dots & A_z^1 \\ A_1^2 & A_2^2 & \dots & A_z^2 \\ \vdots & \vdots & & \vdots \\ A_1^z & A_2^z & \dots & A_z^z \end{vmatrix} = \begin{vmatrix} A & 0 & \dots & 0 \\ 0 & A & \dots & 0 \\ \vdots & \vdots & & \vdots \\ 0 & 0 & \dots & A \end{vmatrix} = A^z.$$

(III 2, 15)

Mit Rücksicht auf (III 2, 14) erhält man also die Beziehung

$$\overline{A}\,A = \frac{1}{A^z}\,B\,A = 1 \qquad \text{(III 2, 16)}$$

zwischen den Determinanten A und $\overline{A}$ der zueinander reziproken Vektorsysteme.

Wählt man als Gesamtheit der Grundvektoren a_i jene der Einheitsvektoren 1_i, so werden die reziproken Vektoren mit den Grundvektoren identisch. Umgekehrt kann durch diese auszeichnende Eigenschaft der „Selbstreziprozität" das *Kartesische* Bezugssystem definiert werden.

e) Wir kehren vorübergehend zum R_3 zurück und bezeichnen mit a_j, a_k, a_l ($j \neq k \neq l$) die Grundvektoren. Die Determinante A ihrer *Kartesischen* Komponenten nach Gl. (III 2, 9) mißt dann den Rauminhalt T_0 des Parallelepipedes, dessen Kanten von jenen Grundvektoren gebildet werden

$$A = T_0. \qquad \text{(III 2, 17)}$$

Das — im R_3 existierende — Vektorprodukt aus a_j und a_k beträgt

$$[a_j\,a_k] = 1_i\,A_l^i \qquad (i = 1, 2, 3). \qquad \text{(III 2, 18)}$$

Der Vergleich mit (III 2, 13) liefert somit im dreidimensionalen Raume — und nur in diesem Raume — für die reziproken Vektoren die Darstellung

$$\overline{a}^l = \frac{[a_j\,a_k]}{T_0} \qquad \text{(III 2, 19)}$$

in voller Übereinstimmung mit (III 1, 7). Sei ebenso

$$\overline{T}^0 = \overline{A} = \frac{1}{A} = \frac{1}{T_0} \qquad \text{(III 2, 20)}$$

das Volumen des Parallelepipedes, welches von den reziproken Vektoren ausgespannt wird, so lautet das System der zu (III 2, 19) dualen Formeln im R_3

$$a_l = \frac{[\overline{a}^j\,\overline{a}^k]}{\overline{T}^0} \qquad \text{(III 2, 21)}$$

im Einklang mit (III 1, 17).

Seien V und W zwei Vektoren im R_3

$$V = a_i\,V^i = \overline{a}^j\,V_j \qquad \text{(III 2, 22)}$$

und

$$W = a_i\,W^i = \overline{a}^j\,W_j, \qquad \text{(III 2, 23)}$$

so ist ihr Vektorprodukt

$$[V\,W] = [a_i\,V^i\,a_j\,W^j] = [\overline{a}^i\,V_i\,\overline{a}^j\,W_j]. \qquad \text{(III 2, 24)}$$

Mit Benützung von (III 2, 19) erhält man somit als Darstellung des Vektorproduktes mittels seiner unten indizierten Komponenten (in einem Rechtssystem):

$$[V\,W] = T_0 \begin{vmatrix} \overline{a}^1 & \overline{a}^2 & \overline{a}^3 \\ V^1 & V^2 & V^3 \\ W^1 & W^2 & W^3 \end{vmatrix} \qquad \text{(III 2, 25)}$$

während man mittels (III 2, 21) zu der „oben indizierten" Darstellung gelangt

$$[V\,W] = \overline{T}_0 \begin{vmatrix} a_1 & a_2 & a_3 \\ V_1 & V_2 & V_3 \\ W_1 & W_2 & W_3 \end{vmatrix}. \qquad \text{(III 2, 26)}$$

Man beachte den in diesen Formeln zum Ausdruck kommenden eigentümlichen Dualismus zwischen der Darstellung der Faktorvektoren einerseits und ihres vektoriellen Produktes andererseits.

f) Wir nehmen die Geometrie des R_z von beliebiger Dimensionenzahl wieder auf. Vom Ursprung seines *Kartesischen* Bezugssystemes aus tragen wir auf den Achsen die z Strecken x^i ab. Ihre Gesamtheit bestimmt für $z = 1$ eine Strecke, für $z = 2$ ein Rechteck, für $z = 3$ einen Quader, für $z > 3$ einen der Anschauung unzugänglichen „Hyperquader".

Wir erweitern und verallgemeinern die im R_3 übliche Definition des Volumens, indem wir als „Rauminhalt" T des z-dimensionalen Körpers der x^i das z-fache Produkt definieren

$$T = x^1\, x^2 \ldots x^z. \qquad \text{(III 2, 27)}$$

Geht man von den Achsenabschnitten x^i zu den Differentialen dx^i über, so bestimmen sie ein z-dimensionales Raumelement vom Volumen

$$dT = dx^1\, dx^2 \ldots dx^z. \qquad \text{(III 2, 28)}$$

Hieraus folgt rückwärts das Volumen T eines beliebig gestalteten z-dimensionalen Körpers durch z-fache Integration über das Existenzgebiet des Körpers.

Als Beispiel sei das Volumen eines z-dimensionalen sphärischen Körpers vom Radius $|r_0|$ berechnet.

Es sei F (r) die (z — 1)-dimensionale „Fläche", welche den geometrischen Ort aller vom Ursprung des Bezugssystemes ausgehenden Vektoren der Länge $|r| \equiv \mathrm{r}$ bildet. Das gesuchte Volumen wird

$$T = \int_0^{|r_0|} F(\mathrm{r})\, d|r|. \qquad \text{(III 2, 29)}$$

Für $|r| = 1$ [(z — 1)-dimensionale Einheits-Sphäre] geht F (1) in den „Raumwinkel" Ω über; demnach gilt allgemein

$$F(\mathrm{r}) = F(1)\, |r|^{z-1} = \Omega\, |r|^{z-1}, \qquad \text{(III 2, 30)}$$

so daß das Volumen zu

$$T = \Omega \int_0^{|r_0|} |r|^{z-1}\, d\,|r| = \frac{\Omega}{z} |r_0|^z \qquad \text{(III 2, 31)}$$

resultiert.

Zur Berechnung von Ω ziehen wir das z-fache Integral heran

$$J = \int_{x^1=-\infty}^{+\infty} \int_{x^2=-\infty}^{+\infty} \cdots \int_{x^z=-\infty}^{+\infty} e^{-[(x^1)^2+(x^2)^2+\ldots+(x^z)^2]}\, dx^1\, dx^2 \ldots dx^z = \pi^{\frac{z}{2}}. \quad \text{(III 2, 32)}$$

Andererseits ist das nämliche Integral, mit Beachtung von (III 2, 5)

$$J = \int_0^\infty e^{-|r|^2} F(r)\, d|r| = \Omega \int_0^\infty e^{-|r|^2} |r|^{z-1} d\,|r| = \begin{cases} \Omega \dfrac{1}{2} \left(\dfrac{z-2}{2}\right)! & \text{für z gerade,} \\ \Omega \dfrac{\sqrt{\pi}}{2^z} \dfrac{(z-1)!}{\left(\dfrac{z-1}{2}\right)!} & \text{für z ungerade,} \end{cases} \quad \text{(III 2, 33)}$$

so daß der Vergleich von (III 2, 32) und (III 2, 33) liefert

$$\Omega = \begin{cases} \dfrac{2\pi^{\frac{z}{2}}}{\left(\dfrac{z-2}{2}\right)!} & \text{für z gerade} \\ \dfrac{2^z \pi^{\frac{z-1}{2}} \left(\dfrac{z-1}{2}\right)!}{(z-1)!} & \text{für z ungerade} \end{cases} \quad \text{(III 2, 34)}$$

Wir stellen die hiernach berechneten Werte von Ω und T für z = 2, 3 und 4 zusammen:

Dimensionenzahl z	Raumwinkel Ω	Volumen T
2	2π	$\pi\,|r_0|^2$
3	4π	$\frac{4\pi}{3}\,|r_0|^3$
4	$2\pi^2$	$\frac{\pi^2}{2}\,|r_0|^4$

III 3. Affine Bezugssysteme im R_z.

a) Wir gehen aus von den im R_z definierten z Grundvektoren a_k (k = 1 ... z); die aus ihren *Kartesischen* Komponenten a_k^i gebildete Determinante A wird entsprechend Gl. (III 2, 9) als endlich vorausgesetzt.

Nunmehr geben wir z beliebige, reelle Zahlen $u^1, u^2, \ldots u^z$ vor und konstruieren vom Ursprung des *Kartesischen* Bezugssystemes aus die z Vektoren

$$a_1 u^1; \quad a_2 u^2; \ldots \; a_z u^z. \quad \text{(III 3, 1)}$$

Sie definieren für den gesamten Wertevorrat des Bereiches

$$-\infty < u^i < \infty \; (i = 1, 2 \ldots z). \quad \text{(III 3, 2)}$$

die z Achsen eines neuen Bezugssystemes: des *affinen Grundsystemes.* Im Gegensatz zur Geometrie des *Kartesischen* Systemes stehen die Achsen des affinen Grundsystemes in der Regel nicht mehr paarweise senkrecht aufeinander, sondern können *beliebige Winkel* einschließen. Überdies sind die *Längen der Grundvektoren* im allgemeinen sowohl voneinander wie von der Einheit des *Kartesischen* Systemes verschieden.

b) Wir ergänzen das affine Grundsystem durch das *reziproke affine System*: Ausgehend von den z zu den a_k reziproken Vektoren $\overline{a}^1$ wählen wir z reelle Zahlen $\overline{u}_1$, $\overline{u}_2$, ... $\overline{u}_z$ und konstruieren vom Ursprung des *Kartesischen* Bezugssystemes aus die Vektoren

$$\overline{a}^1 \overline{u}_1; \overline{a}^2 \overline{u}_2; \dots \overline{a}^z \overline{u}_z, \tag{III 3, 3}$$

welche für den gesamten Wertevorrat des Bereiches

$$-\infty < \overline{u}_i < \infty \tag{III 3, 4}$$

die z Achsen des reziproken affinen Systemes erzeugen. In der Regel decken sich diese Achsen durchaus nicht mit den Achsen des Grundsystemes; diejenigen affinen Bezugssysteme, für welche die gleichnamigen Achsen des Grundsystemes und des reziproken Systemes in die nämliche Richtung weisen, definieren die Sonderklasse der *orthogonalen Systeme*; unter ihnen zeichnet sich weiter das *Kartesische* System durch die Identität der Grundvektoren mit den reziproken Vektoren aus (III 2, d).

c) Es sei, im *Kartesischen* Bezugssystem, ein beliebiger Vektor vorgelegt

$$r = 1_i\, x^i = 1^k\, x_k. \tag{III 3, 5}$$

Wir suchen seine Komponentendarstellung sowohl im affinen Grundsystem

$$r = a_i\, u^i \tag{III 3, 6}$$

wie im reziproken affinen System

$$r = \overline{a}^k\, \overline{u}_k. \tag{III 3, 7}$$

Zur Lösung der Aufgabe stützen wir uns auf die Relationen (III 2, 11), welche definitionsgemäß zwischen den Grundvektoren und den reziproken Vektoren bestehen: Wir erweitern zunächst (III 3, 6) auf skalare Weise mit $\overline{a}^j$ und erhalten

$$(a_i\, u^i\, \overline{a}^j) = u^j = (r\, \overline{a}^j). \tag{III 3, 8}$$

Ebenso liefert die skalare Erweiterung von (III 3, 7) mit a_l

$$(a_l\, \overline{a}^k\, \overline{u}_k) = \overline{u}_l = (r\, a_l). \tag{III 3, 9}$$

d) Während durch (III 3, 8) und (III 3, 9) zunächst der Anschluß der affinen Koordinaten u^j und $\overline{u}_l$ an die *Kartesischen* Koordinaten des Vektors r vermittelt wird, führt der gleiche Rechengang auch auf die Beziehung zwischen den Koordinaten u^j und $\overline{u}_l$: Durch Eintragen von (III 3, 6) in (III 3, 9) entsteht

$$\overline{u}_l = (a_i\, a_l)\, u^i \equiv g_{il}\, u^i, \tag{III 3, 10}$$

wobei abkürzend gesetzt wurde

$$g_{il} = (a_i\, a_l) = (a_l\, a_i) = g_{li}. \qquad \text{(III 3, 11)}$$

Ebenso folgt durch Substitution von (III 3, 7) in (III 3, 8)

$$u^j = (\overline{a}^j\, \overline{a}^k)\, \overline{u}_k \equiv g^{jk}\, \overline{u}_k \qquad \text{(III 3, 12)}$$

mit

$$g^{jk} = (\overline{a}^j\, \overline{a}^k) = (\overline{a}^k\, \overline{a}^j) = g^{kj}. \qquad \text{(III 3, 13)}$$

Es sei g die Determinante der g_{ik}

$$g = \begin{vmatrix} g_{11} & g_{12} & \ldots & g_{1z} \\ g_{21} & g_{22} & \ldots & g_{2z} \\ \vdots & \vdots & & \vdots \\ g_{z1} & g_{z2} & \ldots & g_{zz} \end{vmatrix} = A^2 \qquad \text{(III 3, 14)}$$

und $\gamma^{ik} = \gamma^{ki}$ die zu g_{ik} gehörige Unterdeterminante. Durch Auflösung der Gleichungen (III 3, 10) nach den u^i folgt dann

$$u^i = \frac{\gamma^{li}}{g}\, \overline{u}_l \qquad \text{(III 3, 15)}$$

und der Vergleich mit (III 3, 12) liefert

$$g^{jk} = \frac{\gamma^{jk}}{g} \qquad \text{(III 3, 16)}$$

also

$$g_{ik}\, g^{kl} = \frac{1}{g}\, \gamma^{kl}\, g_{ik} = \delta_i^l = \begin{matrix} 1 \text{ für } l = i \\ 0 \text{ für } l \neq i. \end{matrix} \qquad \text{(III 3, 17)}$$

Sei entsprechend $\overline{g}$ die Determinante der g^{ik}

$$\overline{g} = \begin{vmatrix} g^{11} & g^{12} & \ldots & g^{1z} \\ g^{21} & g^{22} & \ldots & g^{2z} \\ \vdots & \vdots & & \vdots \\ g^{z1} & g^{z2} & & g^{zz} \end{vmatrix} = \overline{A}^2 \qquad \text{(III 3, 18)}$$

und $\gamma_{ik} = \gamma_{ki}$ die zu g^{ik} gehörige Unterdeterminante, so findet man als Auflösung von (III 3, 12)

$$\overline{u}_k = \frac{\gamma_{kj}}{\overline{g}}\, u^j\,; \quad g_{kj} = \frac{\gamma_{kj}}{\overline{g}} \qquad \text{(III 3, 19)}$$

und damit abermals (III 3, 17). Überdies liefert der Vergleich von (III 3, 14) mit (III 3, 18) mit Rücksicht auf (III 2, 16) den Satz

$$g\, \overline{g} = 1. \qquad \text{(III 3, 20)}$$

e) Die geometrische Bedeutung der g_{ik} und der g^{ik} erhellt aus folgender Überlegung: Im affinen Grundsystem lautet die Darstellung des Grundvektors a_i

$$u^k_{(i)} = \begin{matrix} 1 \text{ für } k = i \\ 0 \text{ für } k \neq i \end{matrix}. \qquad \text{(III 3, 21)}$$

Daher sind seine Koordinaten im reziproken Bezugssystem nach Gl. (III 3, 10)

$$\overline{u}_{l(i)} = g_{kl}\, u^k_{(i)} = g_{il}\,. \qquad \text{(III 3, 22)}$$

Andererseits ist $\overline{a}_k$ im reziproken Bezugssystem durch

$$\overline{u}^{(k)}_l = \begin{matrix} 1 \text{ für } l = k \\ 0 \text{ für } l \neq k \end{matrix} \qquad \text{(III 3, 23)}$$

gegeben, so daß man aus (III 3, 12) seine Komponenten im affinen Grundsystem entnimmt

$$u^{i\,(k)} = g^{i\,l}\, \overline{u}^{(k)}_l = g^{i\,k}. \qquad \text{(III 3, 24)}$$

f) Der projektiven Deutung der $g_{i\,k}$, $g^{i\,k}$ stellen wir eine metrische Deutung zur Seite, die sich weiterhin als besonders wichtig erweisen wird.

Für die *Norm* des Vektors r ergibt sich im *Kartesischen* Bezugssystem aus (III 3, 5) die *Pythagoraei*sche Formel

$$(r)^2 = (1_i\, x^i\, 1^k\, x_k) = \delta^k_i\, x^i\, x_k. \qquad \text{(III 3, 25)}$$

Hingegen findet man aus (III 3, 6) und (III 3, 7) die aus den Koordinaten der dual einander entsprechenden, affinen Bezugssysteme „gemischte" Darstellung

$$(r)^2 = (a_i\, u^i\, \overline{a}^k\, u_k) = \delta^k_i\, u^i\, u_k \qquad \text{(III 3, 26)}$$

in formaler Übereinstimmung mit (III 3, 25). Stützt man sich lediglich auf die Koordinaten u^i, so entsteht mit Rücksicht auf (III 3, 11)

$$(r)^2 = (a_i\, u^i\, a_k\, u^k) = g_{i\,k}\, u^i\, u^k. \qquad \text{(III 3, 27)}$$

Umgekehrt folgt bei Benützung allein der Koordinaten $\overline{u}_k$ mit Beachtung von (III 3, 13)

$$(r)^2 = (\overline{a}^i\, \overline{u}_i\, \overline{a}^k\, \overline{u}_k) = g^{i\,k}\, \overline{u}_i\, \overline{u}_k. \qquad \text{(III 3, 28)}$$

Die Zahlen δ^k_i, $g_{i\,k}$ und $g^{i\,k}$ definieren also je eine Familie von z^2 Größen, welche die Metrik des *Euklid*ischen R_z in seinen affinen Koordinaten festlegen. Wie aus ihrer Konstruktion hervorgeht, sind sie, in Bezug auf diese Koordinaten, als Konstante zu betrachten. Es wird sich später herausstellen, daß sie einer überaus tiefreichenden Verallgemeinerung fähig sind, welche über den Rahmen der *Euklid*ischen Geometrie hinausführt.

g) Auf Grund der angegebenen Metrik fallen die *Dimensionen* der Grundvektoren a_i und $\overline{a}^i$ voneinander durchaus verschieden aus; dieser Unterschied überträgt sich sinngemäß auf die Dimensionen aller aus ihnen gebildeten oder mit ihnen kombinierten Größen. Wir stellen diesen Sachverhalt in der folgenden Tafel zusammen:

	Begriff	Dimension
Grundsystem	Grundvektor a_i Koordinate u^i	Länge Reine Zahl
Reziprokes System	Reziproker Vektor $\overline{a}^i$ Koordinate $\overline{u}_i$	Reziproke Länge Quadratische Länge
Vermittlungsgrößen	g_{ik} $g = \det g_{ik}$ δ^i_k g^{ik} $\overline{g} = \det g^{ik}$	Quadratische Länge (2 z) fache Potenz einer Länge Reine Zahl Reziproke quadratische Länge (—2 z) fache Potenz einer Länge

III 4. Gegenläufige Transformationen.

a) Im *Euklid*ischen R_z wird neben dem affinen Grundsystem u^i der Grundvektoren a_i und dem ihm reziproken System $\overline{u}_k$ der reziproken Vektoren $\overline{a}^k$ ein zweites affines Grundsystem $u^{i\,\prime}$ (Grundvektoren $a_i{}'$) samt seinem reziproken System $\overline{u}_k{}'$ (reziproke Vektoren $\overline{a}^{k\prime}$ eingeführt. Zwischen den Koordinaten des ungestrichenen und des gestrichenen Systems wird mittels der linearen, homogenen Gleichungen

$$u^i = \alpha^i_k \, u^{k\prime} \qquad \text{(III 4, 1)}$$

und

$$\overline{u}_i = \overline{\alpha}^k_i \, \overline{u}_k{}' \qquad \text{(III 4, 2)}$$

eine *affine Transformation* definiert; sie wird explizit durch die Gesamtheit der Koeffizienten α^i_k und $\overline{\alpha}^k_i$ beschrieben, welche ihrerseits rückwärts aus den Transformationsgleichungen mittels der Formeln

$$\alpha^i_k = \frac{\partial u^i}{\partial u^{k\prime}} \qquad \text{(III 4, 3)}$$

und

$$\overline{\alpha}^k_i = \frac{\partial \overline{u}_i}{\partial \overline{u}_k{}'} \qquad \text{(III 4, 4)}$$

berechnet werden können.

b) Wir drücken den Radiusvektor eines beliebigen Punktes P zunächst in den affinen Koordinaten des ungestrichenen Systemes aus

$$r = a_i \, u^i = \overline{a}^i \, \overline{u}_i \qquad \text{(III 4, 5)}$$

und sodann in den Koordinaten des gestrichenen Systemes

$$r' = a_i{}' \, u^{i\,\prime} = \overline{a}^{i\,\prime} \, \overline{u}_i{}'. \qquad \text{(III 4, 6)}$$

Nach (III 3, 26) folgt als Norm von r im ungestrichenen System

$$(r)^2 = u^i \, \overline{u}_i \qquad \text{(III 4, 7)}$$

und ebenso als Norm von r' im gestrichenen System

$$(r')^2 = u^{i\,\prime} \, \overline{u}_i{}' . \qquad \text{(III 4, 8)}$$

Soll nun r und r' in beiden Systemen ein- und denselben Vektor darstellen, so muß die *Norm invariant* bleiben. Diese Forderung führt also auf die Bedingung

$$u^i \, \overline{u}_i \equiv u^{i\,\prime} \, \overline{u}_i{}' , \qquad \text{(III 4, 9)}$$

welcher die affinen Transformationen (III 4, 1) und (III 4, 2) genügen müssen, damit $r \equiv r'$ einen Vektor repräsentiert. Hierdurch wird aus der umfassenden Gruppe aller affinen Transformationen eine besondere Klasse herausgehoben: die *gegenläufigen* (kontragradienten) *Transformationen.*

c) Welche Bindungen erzeugt die Gegenläufigkeit zwischen den Koeffizientensystemen α_k^i und $\overline{\alpha}_i^k$?

Durch Einsetzen von (III 4, 1) in (III 4, 9) erhält man zunächst

$$\alpha_k^i \, u^{k\,\prime} \, \overline{u}_i = u^{i\,\prime} \, \overline{u}_i{}' \qquad \text{(III 4, 10)}$$

und weiter, indem man linker Hand die Summationsindizes i und k miteinander vertauscht

$$\alpha_i^k \, u^{i\,\prime} \, \overline{u}_k = u^{i\,\prime} \, \overline{u}_i{}' . \qquad \text{(III 4, 11)}$$

Da diese Gleichung in $u^{i\,\prime}$ eine Identität sein soll, entnimmt man ihr die Relation

$$\overline{u}_i{}' = \alpha_i^k \, \overline{u}_k . \qquad \text{(III 4, 12)}$$

Die nämliche Gleichung muß aus der Auflösung des linearen Systemes (III 4, 2) nach $\overline{u}_k{}'$ resultieren. Es bezeichne $\overline{A}$ die Determinante det $\overline{\alpha}_i^k$ und $\overline{A}_i^k$ die zu $\overline{\alpha}_k^i$ gehörige Unterdeterminante; dann gilt

$$\overline{u}'_k = \frac{\overline{A}_k^i}{\overline{A}} \, \overline{u}_i ; \qquad \text{(III 4, 13)}$$

oder, abermals nach Vertauschung von i und k

$$\overline{u}_i{}' = \frac{\overline{A}_i^k}{\overline{A}} \, \overline{u}_k \qquad \text{(III 4, 14)}$$

Der Vergleich von (III 4, 12) und (III 4, 14) führt auf

$$\alpha_i^k = \frac{\overline{A}_i^k}{\overline{A}} \qquad \text{(III 4, 15)}$$

und hieraus folgt

$$\alpha_k^i \, \overline{\alpha}_l^k = \frac{\overline{A}_k{}'}{\overline{A}} \, \overline{\alpha}_l^k = \delta_l^i = \begin{matrix} 1 \text{ für } i = l \\ 0 \text{ für } i \neq l \end{matrix} . \qquad \text{(III 4, 16)}$$

Auf analogem Wege: Einsetzen von (III 4, 2) in (III 4, 9), findet man mit Hilfe der Determinante $A = \det \alpha^i_k$ und ihrer zu α^i_k gehörigen Unterdeterminante A^k_i die zu (III 4, 15) duale Formel

$$\overline{\alpha}^i_k = \frac{A^i_k}{A} \tag{III 4, 17}$$

welche die Gleichung nach sich zieht

$$\overline{\alpha}^i_k \, \alpha^k_l = \frac{A^i_k}{A} \alpha^k_l = \delta^i_l \, . \tag{III 4, 18}$$

Zu dem gleichen Ergebnis gelangt man durch simultane Substitution von (III 4, 1) und (III 4, 2) in (III 4, 9) und Vergleich der Koeffizienten gleichnamiger Produkte $u^{k\prime} \, \overline{u}_l{}'$. Mittels des Produktsatzes der Determinanten folgt dann aus (III 4, 16) und (III 4, 18) die Relation

$$A \, \overline{A} = \det \alpha^i_k \det \overline{\alpha}^k_l = \det \delta^i_l = 1. \tag{III 4, 19}$$

d) Mit Hilfe von (III 4, 16) läßt sich die Auflösung der Gl. (III 4, 1) und (III 4, 2) nach den Koordinaten des gestrichenen Systemes in eine überaus bequeme Form kleiden: Wir erweitern zunächst (III 4, 1) mit $\overline{\alpha}^l_i$ und finden

$$\overline{\alpha}^l_i \, u^i = \delta^l_k \, u^{k\prime} = u^{l\prime}. \tag{III 4, 20}$$

Ebenso liefert Erweitern von (III 4, 2) mit α^i_l

$$\alpha^i_l \, \overline{u}_i = \delta^k_l \, \overline{u}_k{}' = \overline{u}_l{}'. \tag{III 4, 21}$$

e) Wir betrachten nun die Grundvektoren a_i und die zu ihnen reziproken Vektoren $\overline{a}^k$ etwa mittels ihrer *Kartesischen* Koordinaten (Komponenten) vorgegeben. Wie berechnen sich aus ihnen die Vektoren $a_i{}'$ und $\overline{a}^{k\prime}$?

Mittels (III 4, 1) finden wir aus (III 4, 5)

$$r = a_i \, u^i = a_i \, \alpha^i_k \, u^{k\prime} = a_k \, \alpha^k_i \, u^{i\prime} \tag{III 4, 22}$$

und also, wegen $r \equiv r'$, durch Vergleich mit (III 4, 6)

$$a_i{}' = \alpha^k_i \, a_k. \tag{III 4, 23}$$

Ebenso liefert (III 4, 2) aus (III 4, 6)

$$r = \overline{a}^i \, \overline{u}_i = \overline{a}^i \, \alpha^k_i \, \overline{u}_k{}' = \overline{a}^k \, \overline{\alpha}^i_k \, \overline{u}_i{}' \tag{III 4, 24}$$

also mit Beachtung von (III 4, 5)

$$\overline{a}^{i\prime} = \overline{\alpha}^i_k \, \overline{a}^k. \tag{III 4, 25}$$

Beim Vergleich dieser Formeln mit den Gleichungen der Koordinatentransformation offenbart sich ein eigenartiger Dualismus: Die nämlichen Gesetze (III 4, 23), welche die Transformation der *Grundvektoren* vom ungestrichenen auf das gestrichene System aussprechen, regeln die Übertragung (III 4, 21) der Koordinaten des *reziproken Systemes*; dagegen gelten die Transformationsformeln (III 4, 25) der *reziproken Vektoren* gleichzeitig für die Übertragung (III 4, 20) der Koordinaten des *Grundsystemes*. Man pflegt deshalb die Koordinaten des reziproken Systemes als *kovariant* (mit den Grundvektoren), jene des Grundsystemes dagegen als *kontravariant* (zu den Grundvektoren) zu bezeichnen; diese Terminologie überträgt sich von den Koordinaten auf die Komponenten der Vektoren.

f) Aus den Transformationsgesetzen der Grundvektoren folgen gemäß (III 3, 11) die Transformationsgleichungen der g_{ik}

$$g_{ik}' = (a_i{}' \, a_k{}') = \alpha^j_i \, \alpha^l_k \, g_{jl}. \qquad \text{(III 4, 26)}$$

Um sie nach g_{jl} aufzulösen, erweitern wir mit $\overline{\alpha}^i_m \, \overline{\alpha}^k_n$ und erhalten

$$g_{ik}{}' \, \overline{\alpha}^i_m \, \overline{\alpha}^k_n = \alpha^j_i \, \alpha^l_k \, \overline{\alpha}^i_m \, \overline{\alpha}^k_n \, g_{jl} = \delta^j_m \, \delta^l_n \, g_{jl} = g_{mn}. \qquad \text{(III 4, 27)}$$

Ähnlich schließt man aus (III 3, 13) auf

$$g^{ik\prime} = (\overline{a}^{i\prime} \, \overline{a}^{k\prime}) = \overline{\alpha}^i_j \, \overline{\alpha}^k_l \, g^{jl} \qquad \text{(III 4, 28)}$$

und nach Erweitern mit $\alpha^m_i \, \alpha^n_k$

$$g^{ik\prime} \, \alpha^m_i \, \alpha^n_k = \overline{\alpha}^i_j \, \overline{\alpha}^k_l \, \alpha^m_i \, \alpha^n_k \, g^{jl} = \delta^m_j \, \delta^n_l \, g^{jl} = g^{mn}. \qquad \text{(III 4, 29)}$$

Die Determinante g der g_{ik} lautet im gestrichenen System

$$g' = \det g_{ik}{}' = \det (\alpha^j_i \, \alpha^l_k \, g_{jl}), \qquad \text{(III 4, 30)}$$

so daß man durch zweimalige Anwendung des Multiplikationssatzes der Determinanten findet

$$g' = A^2 \, g; \quad g = \frac{g'}{A^2} = \overline{A}^2 \, g'. \qquad \text{(III 4, 31)}$$

Mit Rücksicht auf (III 3, 20) entnimmt man hieraus sogleich die dualen Formeln

$$\overline{g}' = \frac{1}{A^2} \, \overline{g} = \overline{A}^2 \, \overline{g}; \quad \overline{g} = \frac{\overline{g}'}{\overline{A}^2} = A^2 \, \overline{g}'. \qquad \text{(III 4, 32)}$$

III 5. Affine Vektoren.

a) Wir gehen aus von den im *Euklid*ischen R_z bestehenden gegenläufigen Transformationen

$$u^i = \alpha^i_k \, u^{k\prime} \qquad \text{(III 5, 1)}$$

und

$$\overline{u}_i = \overline{\alpha}^k_i \, \overline{u}_k{}'. \qquad \text{(III 5, 2)}$$

Wir erweitern und verallgemeinern die hierin gegebenen Koordinaten zum *Vektorbegriff* durch folgende Definitionen:

1. Es sei im Punkt P des Systemes u^i eine Familie von z Größen V^i vorgelegt ($1 \leqq i \leqq z$), welcher bei der Transformation auf das System $u^{i\prime}$ in z neue Größen $V^{i\prime}$ übergehe. Falls sie hierbei den Gleichungen genügen

$$V^i = \alpha^i_k \, V^{k\prime}, \qquad \text{(III 5, 3)}$$

definiert die Gesamtheit der V^i im Punkte P den *kontravarianten Vektor V*; die V^i selbst heißen seine *Komponenten.* Insbesondere sind hiernach die Koordinaten u^i als kontravariante Komponenten des vom Ursprung nach P weisenden kontravarianten Radiusvektors r aufzufassen; hiervon wurde, in etwas anderer Terminologie, schon früher Gebrauch gemacht.

2. Es sei, abermals im Punkte P des Systemes u^i, eine Familie von z Größen $\overline{V}_i$ vorgelegt, welche bei der Transformation auf das System $u^{i'}$ in z neue Größen $\overline{V}_i{}'$ übergehen. Falls sie hierbei den Gleichungen genügen

$$\overline{V}_i = \overline{\alpha}_i^k \, \overline{V}_k{}' \tag{III 5, 4}$$

definiert die Gesamtheit der $\overline{V}_i$ in P den *kovarianten Vektor* $\overline{V}$; die $\overline{V}_i$ selbst sind seine Komponenten. Insbesondere sind hiernach die Koordinaten $\overline{u}_i$ als kovariante Komponenten des kovarianten Radiusvektors $\overline{r}$ aufzufassen.

b) Gegeben sei ein kontravarianter Vektor A und ein kontravarianter Vektor $\overline{B}$. Als ihr skalares Produkt $(A\,\overline{B})$ in P definieren wir die dort berechnete Summe der Produkte gleichnamiger Komponenten

$$(A\,\overline{B}) = A^i\,\overline{B}_i\,. \tag{III 5, 5}$$

Aus den Definitionen (III 5, 3) und (III 5, 4) folgt, daß das skalare Produkt beim Übergang vom ungestrichenen zum gestrichenen Bezugssystem invariant bleibt:

$$(A\,\overline{B}) = A^i\,\overline{B}_i = \alpha_k^i\,A^{k'}\,\overline{\alpha}_i^l\,\overline{B}_l' = \delta_k^i\,A^{k'}\,\overline{B}_l' = A^{k'}\,\overline{B}_k' = (A\,\overline{B})'. \tag{III 5, 6}$$

c) Die Aussage der Gleichung (III 5, 6) läßt sich umkehren:

Sind die z Größen A^k die Komponenten eines *beliebigen* kontravarianten Vektors, und erweist sich überdies der Ausdruck $A^k\,\overline{B}_k$ als Invariante (Skalar), so sind die $\overline{B}_k$ die Komponenten eines kovarianten Vektors $\overline{B}$.

Zum Beweise gehen wir von der vorausgesetzten Gleichheit aus

$$A^k\,\overline{B}_k = A^{k'}\,\overline{B}_k{}'. \tag{III 5, 7}$$

Da A als kontravarianter Vektor angenommen wurde, sind seine Komponenten in den Bezugssystemen u^i und $u^{i'}$ durch (III 5, 3) miteinander verknüpft. Daher folgt aus (III 5, 7)

$$\alpha_l^k\,A^{l'}\,\overline{B}_k = A^{k'}\,\overline{B}_k{}' \equiv A^{l'}\,\overline{B}_l{}'. \tag{III 5, 8}$$

Wegen der Willkür von A zieht (III 5, 8) die Gleichung nach sich

$$\alpha_l^k\,\overline{B}_k = \overline{B}_l{}'. \tag{III 5, 9}$$

Erweitern mit $\overline{\alpha}_i^l$ liefert schließlich

$$\overline{\alpha}_i^l\,\alpha_l^k\,\overline{B}_k = \delta_i^k\,\overline{B}_k = \overline{B}_i = \overline{\alpha}_i^l\,\overline{B}_l{}' \tag{III 5, 10}$$

und dies ist, wie behauptet, mit (III 5, 4) identisch.

Auf dem nämlichen Wege zeigt man: Sind die Größen $\overline{B}_k$ die Komponenten eines *beliebigen* kovarianten Vektors und ist überdies $A^k\,\overline{B}_k$ eine

Invariante, so bilden die A^k die Komponenten eines kontravarianten Vektors A.

d) Wir setzen $\overline{B}$ gleich $\overline{A}$ und betrachten weiterhin den kovarianten Vektor $\overline{A}$ als identisch mit dem kontravarianten Vektor A. Dann geht aus (III 5, 5) die *Norm* des Vektors $A \equiv \overline{A}$ hervor

$$(A\,\overline{A}) \equiv (A)^2 = A^i\,\overline{A}_i \equiv A^i\,A_i. \qquad \text{(III 5, 11)}$$

Nachdem wir durch (III 5, 1), (III 5, 3) einerseits, (III 5, 2), (III 5, 4) andererseits die affinen Gesetze der Vektorkomponenten jenen der entsprechenden Koordinaten gleichgesetzt haben, legen wir nunmehr den verglichenen Vektorkomponenten auch das gleiche metrische Verhalten auf und entnehmen aus (III 3, 10) und (III 3, 12) die Relationen

$$\overline{A}_l \equiv A_l = g_{il}\,A^i \qquad \text{(III 5, 12)}$$

sowie

$$A^j = g^{jk}\,\overline{A}_k \equiv g^{jk}\,A_k. \qquad \text{(III 5, 13)}$$

Neben (III 5, 11) treten somit für die Norm des Vektors A die einander dual entsprechenden Darstellungen

$$(A)^2 = g_{ik}\,A^i\,A^k \qquad \text{(III 5, 14)}$$

und

$$(A)^2 = g^{ik}\,A_i\,A_k. \qquad \text{(III 5, 15)}$$

Ähnlich findet man aus (III 5, 5) indem man wahlweise A oder $\overline{B} \equiv B$ kovariant oder kontravariant ausdrückt, für das innere Produkt dieser beiden Vektoren

$$(A\,\overline{B}) \equiv (A\,B) = g_{ik}\,A^i\,B^k = g^{ik}\,A_i\,B_k, \qquad \text{(III 5, 16)}$$

so daß auch diese Ausdrücke bei gegenläufigen Transformationen der affinen Bezugssysteme invariant bleiben.

e) Wir betrachten z Vektoren $V_{(1)}, V_{(2)}, \ldots V_{(z)}$ und bilden die Determinante D ihrer kontravarianten Komponenten

$$D = \det V^i_{(j)} = \begin{vmatrix} V^1_{(1)} & V^2_{(1)} & \cdots & V^z_{(1)} \\ V^1_{(2)} & V^2_{(2)} & \cdots & V^z_{(2)} \\ \vdots & \vdots & \vdots & \vdots \\ V^1_{(z)} & V^2_{(z)} & \cdots & V^z_{(z)} \end{vmatrix}. \qquad \text{(III 5, 17)}$$

Bei der Transformation der Vektorgesamtheit $V_{(j)}$ vom ungestrichenen auf das gestrichene System geht D in die Determinante D′ über. Zwischen D und D′ vermittelt, mit Rücksicht auf (III 5, 3), die Transformationsformel

$$D = \det V^i_{(j)} = \det(\alpha^i_k\,V^{k'}_{(j)}) = \det \alpha^i_k \det V^{k'}_{(j)} = A\,D'. \qquad \text{(III 5, 18)}$$

Die Determinante $A = \det \alpha^i_k$ beträgt nach Gl. (III 4, 31)

$$A = \sqrt{\frac{g'}{g}}. \qquad \text{(III 5, 19)}$$

Daher stellt

$$T = D\sqrt{g} = D'\sqrt{g'} \qquad \text{(III 5, 20)}$$

eine *Invariante* dar. Ihre geometrische Bedeutung ergibt sich sofort für den Sonderfall $z = 3$: Identifiziert man dort das gestrichene System mit einem *Kartesischen* Bezugssystem, so wird $g' = 1$, während $D' = T$ das *Volumen* des von den Vektoren $V_{(1)}$, $V_{(2)}$, $V_{(3)}$ ausgespannten Parallelepipedes mißt. Wir werden später nachweisen, daß diese Interpretation auch bei beliebiger Dimensionenzahl z zu Recht besteht (IV, 8).

f) Es bezeichne $D_l^{(m)}$ die zu $V^l_{(m)}$ gehörige Unterdeterminante von D. (Achtung auf die Stellung der Indizes!) Mittels der reziproken Vektoren bilden wir die z-komponentige Größe

$$W^{(m)} = \overline{a}^l\, D_l^{(m)} \sqrt{g}. \qquad \text{(III 5, 21)}$$

Wir behaupten, daß sie einen *Vektor* mit den kovarianten Komponenten

$$W_l^{(m)} = D_l^{(m)} \sqrt{g} \qquad \text{(III 5, 22)}$$

definiert. Zum Beweise multiplizieren wir (III 5, 21) auf skalare Weise mit dem Vektor

$$V^* = a_j\, V^{*j} \qquad \text{(III 5, 23)}$$

und erhalten

$$(W^{(m)} V^*) = \overline{a}^l\, a_j\, D_l^{(m)} \sqrt{g}\, V^{*j} = \delta_j^l\, D_l^{(m)}\, V^{*j} \sqrt{g} = D_j^{(m)}\, V^{*j} \sqrt{g}. \qquad \text{(III 5, 24)}$$

Die Summe $D_j^{(m)} V^{*j}$ definiert diejenige Determinante $D^{*(m)}$, welche aus D nach Ersatz der m-ten Zeile durch die kontravarianten Komponenten von V^* hervorgeht. Wegen der Invarianz von $D^{*(m)} \sqrt{g}$ nach (III 5, 20) folgt somit aus dem Vektorcharakter von V^* der behauptete Vektorcharakter auch von $W^{(m)}$.

Wir wählen insbesondere

$$V^* = V_{(n)} = a_j\, V^j_{(n)} \qquad \text{(III 5, 25)}$$

und finden nach (III 5, 17) und (III 5, 24)

$$(W^{(m)} V_{(n)}) = \begin{matrix} D\sqrt{g} & \text{für } m = n \\ 0 & \text{für } m \neq n, \end{matrix} \qquad \text{(III 5, 26)}$$

Der Vektor $W^{(m)}$ steht also auf sämtlichen $(z - 1)$ Vektoren $V_{(n)}$ (für $n \neq m$) senkrecht, und überdies wechselt er sein Zeichen bei Vertauschung der Reihenfolge irgend zweier unter den Vektoren $V_{(n)}$ in der Matrix ihrer Komponenten. Gerade die nämlichen Eigenschaften zeichnen im R_3 das vektorielle Produkt *zweier* Vektoren aus. Man kann deshalb, in sinngemäßer Erweiterung dieser ja nur im R_3 existierenden Rechenoperation, den durch (III 5, 21) dargestellten Vektor $W^{(m)}$ als das vektorielle Produkt von $(z - 1)$ Vektoren im R_z definieren. In der Tat kommt man im Falle $z = 3$ von (III 5, 24) zu der Regel zur Berechnung des Vektorproduktes im R_3 zurück, sofern man die (kontravarianten) Komponenten der beiden

Faktor-Vektoren auf das affine Koordinatensystem bezieht. [Vergleiche (III 2, 25) und (III 5, 20)].

g) Unter allen denkbaren affinen Systemen zeichnen sich die orthogonalen Systeme (III 3, b) durch besondere Einfachheit aus.

Zunächst zum Namen: Die behauptete Orthogonalität je der Grundvektoren a_i unter sich und der reziproken Vektoren $\overline{a}^k$ unter sich folgt aus der vorausgesetzten Koinzidenz gleichindizierter Achsen sofort mittels der Gl. (III 2, 11). Man schließt hieraus auf

$$g_{ik} = (a_i\, a_k) = \begin{matrix} (a_i)^2 & \text{für } i = k \\ 0 & \text{für } i \neq k \end{matrix} \qquad \text{(III 5, 27)}$$

und ebenso

$$g^{jl} = (\overline{a}^j\, \overline{a}^l) = \begin{matrix} (\overline{a}^j)^2 & \text{für } j = l \\ 0 & \text{für } j \neq l. \end{matrix} \qquad \text{(III 5, 28)}$$

Aus (III 3, 17) gewinnt man demnach

$$g^{ii} = \frac{1}{g_{ii}} \qquad \text{(III 5, 29)}$$

und für die Determinanten g und $\overline{g}$ resultiert

$$g = g_{11}\, g_{22} \ldots g_{zz} = \frac{1}{g^{11}\, g^{22} \ldots g^{zz}} = \frac{1}{\overline{g}}. \qquad \text{(III 5, 30)}$$

Sei nun ein beliebiger Vektor V vorgelegt

$$V = a_i\, V^i = \overline{a}^k\, V_k \qquad \text{(III 5, 31)}$$

so bestehen also bei spezieller Wahl der affinen Koordinaten als Orthogonalkoordinaten die Relationen

$$V^i = g^{ii}\, V_i\,; \qquad V_j = g_{jj}\, V^j. \qquad \text{(III 5, 32)}$$

Man bezeichnet das geometrische Mittel der kontravarianten Komponenten $V^{(k)}$ und der gleichnamigen kovarianten Komponenten $V_{(k)}$ mit einem — nicht sehr glücklich gewählten — Namen als *physikalische Komponenten*; um ihre Herkunft anzudeuten, schreiben wir ihren Achsen-Index in mittlerer Höhe des Vektorsymboles, so daß gilt

$$V\mathrm{k} = \sqrt{V^{(k)}\, V_{(k)}} \qquad \text{(III 5, 33)}$$

mit dem Zusatz, das Zeichen der Wurzel jenem der Komponenten $V^{(k)}$ und $V_{(k)}$ gleichzusetzen. Aus ihrer Definition geht hervor, daß die Größen $V\mathrm{k}$ beim Wechsel des Bezugssystemes weder den Formeln (III 5, 3) noch den Formeln (III 5, 4) gehorchen, so daß sie sozusagen transformationstechnisch der Auszeichnung als Vektorkomponenten nicht würdig sind. Ihre eigentliche Bedeutung liegt auch nicht in dieser affinen Operation, sondern in ihrem metrischen Verhalten begründet. Bildet man nämlich formal die Norm des physikalischen Vektors als Summe sämtlicher Komponentenquadrate, so erhält man gemäß (III 5, 33)

$$(V\mathrm{1})^2 + (V\mathrm{2})^2 + \ldots + (V\mathrm{z})^2 = V^k\, V_k = (V)^2, \qquad \text{(III 5, 34)}$$

also den legitimen Wert der Norm; man erkennt hieraus die Identität der physikalischen Komponenten des Vektors V mit seinen mathematischen Komponenten in Bezug auf ein *Kartesisches* Koordinatensystem, dessen Achsen mit jenen des affinen Systemes zusammenfallen.

Geht man von den physikalischen Komponenten aus, so folgen rückwärts vermittels (III 5, 32) die kontravarianten Vektorkomponenten

$$V^i \equiv \sqrt{(V^{(i)})^2} = \sqrt{g^{ii}\, V_{(i)}\, V^{(i)}} = \sqrt{g^{ii}}\; V_i = \frac{V_i}{\sqrt{g_{ii}}} \qquad \text{(III 5, 35)}$$

und auf dem gleichen Wege die kovarianten Komponenten

$$V_i = \sqrt{(V_{(i)})^2} = \sqrt{g_{ii}\, V^{(i)}\, V_{(i)}} = \sqrt{g_{ii}}\; V^i = \frac{V_i}{\sqrt{g^{ii}}} \qquad \text{(III 5, 36)}$$

Die physikalischen Komponenten der Vektoren sind auch diejenigen, auf welche sich die Angabe der physikalischen Dimension des Vektors selbst bezieht; dagegen sind in der Regel die Dimensionen der kontravarianten Komponenten einerseits, der kovarianten Komponenten andererseits sowohl voneinander wie von der Dimension der physikalischen Komponenten verschieden. Die dimensionellen Umrechnungsformeln von einer Darstellung auf die andere ergeben sich durch sinngemäße Anwendung der in (III 3, g) mitgeteilten Regeln.

In schiefwinkeligen Bezugssystemen — in denen ja keine physikalischen Vektorkomponenten von eindeutiger Richtungs-Zuordnung existieren — ist hiernach die Dimension der (mathematischen) Vektorkomponenten von der physikalischen Dimension des Vektors selbst in der Regel durchaus verschieden. Die physikalische Dimension erscheint in diesem Falle lediglich — nach Bildung ihres Quadrates — als Bezeichnung der Norm und wird eben erst durch diese Interpretation sinnvoll.

III 6. Das affine *Nabla*-Vektorsymbol.

a) Wir definieren das z-dimensionale Differentialsymbol *Nabla* (Zeichen: ∇) mittels der Operationsvorschrift

$$\nabla = \overline{a}^i \frac{\partial}{\partial u^i} \qquad \text{(III 6, 1)}$$

welche auf eine stetige Funktion der kontravarianten Koordinaten u^i anzuwenden ist.

Wir suchen den Ausdruck des *Nabla*-Symboles im gestrichenen System:

$$\nabla' = \overline{a}^{i'} \frac{\partial}{\partial u^{i'}}. \qquad \text{(III 6, 2)}$$

Nach Gl. (III 4, 3) berechnen wir

$$\frac{\partial}{\partial u^{i'}} = \frac{\partial u^l}{\partial u^{i'}} \frac{\partial}{\partial u^l} = \alpha^l_{i} \frac{\partial}{\partial u^l}, \qquad \text{(III 6, 3)}$$

so daß wir mit Beachtung von (III 4, 16) finden

$$\nabla' = \overline{\alpha}^{\,i}_{k}\, \overline{a}^{k}\, \alpha^{l}_{i} \frac{\partial}{\partial u^{l}} = \delta^{l}_{k}\, \overline{a}^{k} \frac{\partial}{\partial u^{l}} = \overline{a}^{l} \frac{\partial}{\partial u^{l}} = \nabla. \qquad \text{(III 6, 4)}$$

Das *Nabla*-Symbol darf hiernach als affiner Vektor mit den *kovarianten* Komponenten

$$\nabla_{i} = \frac{\partial}{\partial u^{i}} \qquad (i = 1 \ldots z) \qquad \text{(III 6, 5)}$$

aufgefaßt werden.

b) Durch Multiplikation des *Nabla*-Symboles mit einem Skalar S entsteht der *Gradientenvektor*

$$V = \text{grad } S = \nabla S = \overline{a}^{i} \frac{\partial S}{\partial u^{i}}, \qquad \text{(III 6, 6)}$$

welcher also, gemäß der Definition des *Nabla*-Symboles, zunächst in kovarianter Darstellung erscheint. Seine kontravarianten Komponenten berechnen sich mittels

$$V^{i} = g^{ik} V_{k} = g^{ik} \frac{\partial S}{\partial u^{k}}, \qquad \text{(III 6, 7)}$$

so daß für die *Norm* des Gradienten

$$(\text{grad } S)^{2} = g^{ik} \frac{\partial S}{\partial u^{i}} \frac{\partial S}{\partial u^{k}} \qquad \text{(III 6, 8)}$$

resultiert.

c) Gegeben sei ein Vektor W mittels seiner kontravarianten Komponenten

$$W = a_{k} W^{k}. \qquad \text{(III 6, 9)}$$

Durch skalare Multiplikation mit dem *Nabla*-Symbol entsteht die Invariante

$$(\nabla W) = \overline{a}^{i} \frac{\partial}{\partial u^{i}} a_{k} W^{k} = \delta^{i}_{k} \frac{\partial W^{k}}{\partial u^{i}} = \frac{\partial W^{i}}{\partial u^{i}}, \qquad \text{(III 6, 10)}$$

welche wir, wie im *Kartesischen* Bezugssystem des R_3, als *Divergenz* des Vektors W definieren

$$\text{div } W = (\nabla W). \qquad \text{(III 6, 11)}$$

d) Wir identifizieren den Vektor W mit dem Gradienten des Skalares S, welcher, gemäß (III 6, 9), mittels seiner kontravarianten Komponenten einzuführen ist. Indem wir daher in (III 6, 7) die Bezeichnung V mit W vertauschen, erhalten wir

$$\text{div grad } S = g^{ik} \frac{\partial^{2} S}{\partial u^{i}\, \partial u^{k}}. \qquad \text{(III 6, 12)}$$

Der Differentialoperator zweiter Ordnung

$$g^{ik} \frac{\partial^{2}}{\partial u^{i}\, \partial u^{k}} \qquad \text{(III 6, 13)}$$

ist, seiner Herleitung nach, gegen Änderungen des affinen Bezugssystems invariant. Dieser sein skalarer Charakter läßt sich formal aus den Eigenschaften des *Nabla*-Symboles ablesen: Wir ergänzen seine kovariante Definition (III 6, 1) durch die kontravariante Formulierung

$$\nabla = a_i \, g^{ik} \frac{\partial}{\partial u^k} \qquad \text{(III 6, 14)}$$

und finden durch innere Multiplikation mit (III 6, 1) die „Norm" des symbolischen *Nabla*-Vektors

$$(\nabla)^2 \equiv \nabla^2 = g^{ik} \frac{\partial^2}{\partial u^i \, \partial u^k}. \qquad \text{(III 6, 15)}$$

Mittels dieses Zusammenhanges kann man (III 6, 12) in die Form kleiden

$$\operatorname{div} \operatorname{grad} S = \nabla^2 S, \qquad \text{(III 6, 16)}$$

so daß (III 6, 15) als *Laplace*scher Operator in affinen Koordinaten bezeichnet werden darf. Kennt man die Quellendichte ϱ (Skalar) des Gradientenvektors, so lautet also die *Poisson*sche Differentialgleichung in affinen Koordinaten

$$\nabla^2 S = g^{ik} \frac{\partial^2 S}{\partial u^i \, \partial u^k} = \varrho. \qquad \text{(III 6, 17)}$$

Sie geht für $\varrho = 0$ in die *Laplace*sche Gleichung über.

e) Im *Kartesischen* Koordinatensystem des R_3 (Achsen-Einheitsvektoren $1_1 \equiv 1^1$, $1_2 \equiv 1^2$, $1_3 \equiv 1^3$) ist der Rotor des Vektors V durch die Determinante definiert

$$\operatorname{rot} V = 1_i \operatorname{rot}^i V = \begin{vmatrix} 1_1 & 1_2 & 1_3 \\ \dfrac{\partial}{\partial x^1} & \dfrac{\partial}{\partial x^2} & \dfrac{\partial}{\partial x^3} \\ V_1 & V_2 & V_3 \end{vmatrix}. \qquad \text{(III 6, 18)}$$

Der Verallgemeinerung dieser Regel auf das dreidimensionale, affine Bezugssystem der Grundvektoren a_1, a_2, a_3 eröffnen sich zwei logisch gleichberechtigte Wege:

α) Man bilde die verlangte Größe als Vektorprodukt des affinen *Nabla*-Vektorsymboles mit dem Vektor V nach den in (III 5, f) gegebenen Anweisungen.

β) Man berechne die verlangte Größe nach dem Muster der Determinante (III 6, 18), wobei man die Einheitsvektoren 1_i durch die Grundvektoren a_i und die Dreiheit der *Kartesischen* Komponenten $\partial/\partial x^i$ des *Nabla*-Vektorsymboles durch ihre Dreiheit $\partial/\partial u^i$ in den affinen Koordinaten ersetzt.

Wir schließen uns der allgemeinen Übung an, indem wir uns für β) entscheiden:

$$\operatorname{rot} V = a_i \operatorname{rot}^i V = \begin{vmatrix} a_1 & a_2 & a_3 \\ \dfrac{\partial}{\partial u^1} & \dfrac{\partial}{\partial u^2} & \dfrac{\partial}{\partial u^3} \\ V_1 & V_2 & V_3 \end{vmatrix}. \qquad \text{(III 6, 19)}$$

Ist hierdurch ein Vektor definiert? Um diese Frage zu prüfen, rufen wir einen beliebigen Vektor $W = \overline{a}^k W_k$ zu Hilfe und bilden den Ausdruck

$$\frac{1}{\sqrt{g}} W_i \operatorname{rot}^i V = \frac{1}{\sqrt{g}} \begin{vmatrix} W_1 & W_2 & W_3 \\ \dfrac{\partial}{\partial u^1} & \dfrac{\partial}{\partial u^2} & \dfrac{\partial}{\partial u^3} \\ V_1 & V_2 & V_3 \end{vmatrix}. \qquad \text{(III 6, 20)}$$

Wir transformieren ihn mittels (III 4, 2) und (III 6, 5) auf das gestrichene System und erhalten wegen (III 4, 31)

$$\frac{1}{\sqrt{g}} \begin{vmatrix} W_1 & W_2 & W_3 \\ \dfrac{\partial}{\partial u^1} & \dfrac{\partial}{\partial u^2} & \dfrac{\partial}{\partial u^3} \\ V_1 & V_2 & V_3 \end{vmatrix} = \frac{1}{\sqrt{g}} \overline{A} \begin{vmatrix} W_1' & W_2' & W_3' \\ \dfrac{\partial}{\partial u^{1'}} & \dfrac{\partial}{\partial u^{2'}} & \dfrac{\partial}{\partial u^{3'}} \\ V_1' & V_2' & V_3' \end{vmatrix} = \frac{1}{\sqrt{g'}} \begin{vmatrix} W_1' & W_2' & W_3' \\ \dfrac{\partial}{\partial u^{1'}} & \dfrac{\partial}{\partial u^{2'}} & \dfrac{\partial}{\partial u^{3'}} \\ V_1' & V_2' & V_3' \end{vmatrix} \qquad \text{(III 6, 21)}$$

also eine Invariante. Aus dem Vektorcharakter von W folgt demnach: Die Determinante (III 6, 19) liefert keinen Vektor; erst der Quotient $\dfrac{\operatorname{rot} V}{\sqrt{g}}$ definiert einen solchen mittels seiner kontravarianten Komponenten. [Vergleiche (IV 10, g, 5)].

f) Im Anschluß an die in (III 5, f) gegebene Verallgemeinerung des Vektorproduktes auf den R_z läßt sich für $z \geqq 3$ eine Differentialoperation erklären, welche aus der Gesamtheit von $(z-2)$ Feldvektoren $V_{(1)}$, $V_{(2)}, \ldots, V_{(z-2)}$ des affinen Bezugssystemes einen „Untervektor" erzeugt; die Ausgangsvektoren repräsentieren somit ein $(z-2)$ faches „Vektorpotential".

Es seien die $V_{(k)}$ mittels ihrer kontravarianten Komponenten vorgegeben. Wir bilden aus diesen, im Verein mit den kontravarianten Komponenten des *Nabla*-Vektors nach (III 6, 14) und den z reziproken Vektoren $\overline{a}^k$ des affinen Bezugssystemes die folgende Determinante $\overline{D}$ vom Range z:

$$\overline{D} = \begin{vmatrix} \overline{a}^1 \sqrt{g} & \overline{a}^2 \sqrt{g} & \cdots & \overline{a}^z \sqrt{g} \\ g^{1k} \dfrac{\partial}{\partial u^k} & g^{2k} \dfrac{\partial}{\partial u^k} & \cdots & g^{zk} \dfrac{\partial}{\partial u^k} \\ V^1_{(1)} & V^2_{(1)} & \cdots & V^z_{(1)} \\ \vdots & \vdots & \vdots & \vdots \\ V^1_{(z-2)} & V^2_{(z-2)} & \cdots & V^z_{(z-2)} \end{vmatrix}. \qquad \text{(III 6, 22)}$$

Wir rufen nun einen beliebigen Vektor W zu Hilfe, welcher mittels seiner kontravarianten Komponenten gegeben sei

$$W = a_i W^i. \qquad \text{(III 6, 23)}$$

Das auf skalare Weise gebildete Produkt von $\overline{D}$ mit W liefert dann den Ausdruck

$$(\overline{D}W) = \begin{vmatrix} W^1 & W^2 & \dots & W^z \\ g^{1k}\frac{\partial}{\partial u^k} & g^{2k}\frac{\partial}{\partial u^k} & \dots & g^{zk}\frac{\partial}{\partial u^k} \\ V^1_{(1)} & V^2_{(1)} & \dots & V^z_{(1)} \\ \vdots & \vdots & \vdots & \vdots \\ V^1_{(z-2)} & V^2_{(z-2)} & \dots & V^z_{(z-2)} \end{vmatrix} \sqrt{g} \qquad \text{(III 6, 24)}$$

dessen Invarianz durch (III 5, 20) im Verein mit dem kontravarianten Charakter von (III 6, 14) sichergestellt ist. Hiermit ist die in (III 6, 22) definierte Determinante als Vektor erwiesen, dessen kovariante Komponenten $\overline{D}_k$ nach Entwicklung der Determinante als Koeffizienten der $\overline{a}^k$ resultieren.

Auf analogem Wege beweist man leicht den Vektorcharakter der zu (III 6, 22) dual gebildeten Determinante aus den Grundvektoren a_k des affinen Bezugssystemes, den kovarianten Komponenten des *Nabla*-Vektors und den kovarianten Komponenten der (z — 2) Feldvektoren $V^{(1)}$, $V^{(2)}$, ... $V^{(z-2)}$:

$$D = \begin{vmatrix} a_1\frac{1}{\sqrt{g}} & a_2\frac{1}{\sqrt{g}} & \dots & a_z\frac{1}{\sqrt{g}} \\ \frac{\partial}{\partial u^1} & \frac{\partial}{\partial u^2} & \dots & \frac{\partial}{\partial u^z} \\ V^{(1)}_1 & V^{(1)}_2 & \dots & V^{(1)}_z \\ \vdots & \vdots & \vdots & \vdots \\ V^{(z-2)}_1 & V^{(z-2)}_2 & \dots & V^{(z-2)}_z \end{vmatrix}. \qquad \text{(III 6, 25)}$$

In der Entwicklung dieser Determinante geben nunmehr die Koeffizienten von a_k die kontravarianten Komponenten D^k des Vektors D an.

III 7. Geometrie der Raumgitter.

a) Gegeben sei im R_3 das affine Bezugssystem der drei nicht komplanaren Grundvektoren a_1, a_2, a_3. Wir wählen drei reelle, ganze Zahlen m^1, m^2, m^3 mit Einschluß der Null. Dann repräsentiert die Gesamtheit aller Vektoren

$$m = a_1 m^1 + a_2 m^2 + a_3 m^3 = a_i m^i \qquad \text{(III 7, 1)}$$

für alle m^i des Bereiches

$$-\infty < m^i < \infty \quad (i = 1, 2, 3) \qquad \text{(III 7, 2)}$$

ein nach allen Richtungen des dreidimensionalen Raumes unendlich ausgedehntes System diskret angeordneter Punkte nach Abb. III 2, welches wir ein *Raumgitter* nennen. Der Vektor m mit den ganzzahligen, kontravarianten Komponenten m^i heißt *Gittervektor*, sein Endpunkt gibt den *Gitterpunkt* $M = M(m^1, m^2, m^3)$ an.

b) Wir ergänzen das Raumgitter der Grundvektoren durch das reziproke Gitter. Es entsteht aus den drei reziproken Vektoren $\overline{a}^1$, $\overline{a}^2$, $\overline{a}^3$ mit Hilfe

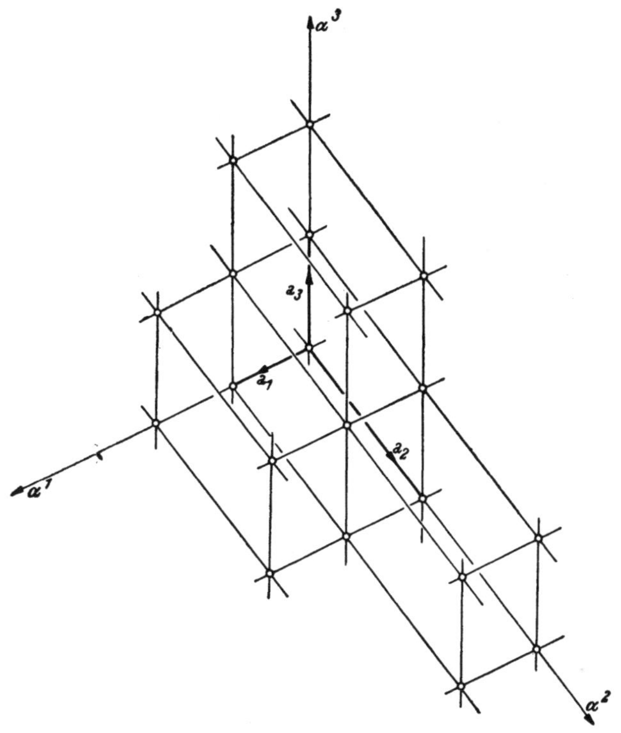

Abb. III 2. Zur Struktur des Raumgitters.

dreier reeller, ganzer Zahlen h^1, h^2, h^3 einschließlich der Null als Gesamtheit der Vektoren

$$h = \overline{a}^1 h_1 + \overline{a}^2 h_2 + \overline{a}^3 h_3 = \overline{a}^k h_k \qquad \text{(III 7, 3)}$$

für den Bereich

$$-\infty < h_k < \infty \qquad (k = 1, 2, 3). \qquad \text{(III 7, 4)}$$

Der Vektor h mit den ganzzahligen, kovarianten Komponenten h_k gehört dem reziproken Gitter an, sein Endpunkt $H = H(h_1, h_2, h_3)$ liefert einen Gitterpunkt des reziproken Systemes. In der Regel fallen die Punkte H mit den Punkten M, vom gemeinsamen Ursprung des Grund-Raumgitters und des reziproken Gitters abgesehen, nirgends zusammen.

c) Es sei ein Vektor V mittels seiner kovarianten Komponenten dargestellt

$$V = \overline{a}^k V_k \qquad \text{(III 7, 5)}$$

und es sei vorausgesetzt, daß er gleichzeitig den drei Gleichungen genügt

$$(a_j\, V) = h_j \qquad (j = 1, 2, 3), \qquad \text{(III 7, 6)}$$

wobei die h_j ganze Zahlen bezeichnen. Durch skalare Multiplikation von (III 7, 5) mit a_j folgt nun

$$(a_j\, V) = (a_j\, \overline{a}^k)\, V_k = \delta_j^k\, V_k = V_j, \qquad \text{(III 7, 7)}$$

so daß der Vergleich mit (III 7, 6) liefert

$$V_j = h_j. \qquad \text{(III 7, 8)}$$

Da nun die h_j als ganze Zahlen vorausgesetzt wurden, gehört auf Grund der Gleichung (III 7, 8) der Vektor V dem reziproken Raumgitter an.

d) Jeder Vektor h der Art (III 7, 3) definiert durch seine Lage relativ zum Grundsystem der a^i eine Ebenenschar, deren Einzelebenen sämtlich senkrecht auf h stehen. Da nun die Richtung des Vektors h durch Multiplikation mit einem Skalar nicht geändert wird, ist die nämliche Ebenenschar jenem Vektor

$$\eta = \overline{a}^k\, \eta_k \qquad \text{(III 7, 9)}$$

zugeordnet, dessen kovariante Komponenten η_k aus den h_k durch Division mit dem größten gemeinsamen Teiler $N_{(h)}$ hervorgehen

$$\eta_k = \frac{h_k}{N_{(h)}}. \qquad \text{(III 7, 10)}$$

Die Dreiheit der teilerfremden Zahlen η_k definiert die *Miller*schen *Indizes* der Ebenenschar.

Es sei nun

$$r = a_i\, u^i \qquad \text{(III 7, 11)}$$

der Radiusvektor, welcher vom Ursprung des Bezugssystemes zu irgend einem Punkte einer solchen Ebene führt. Ihre Individualität wird durch den Lotvektor

$$p = a_i\, p^i \qquad \text{(III 7, 12)}$$

benannt, welcher in der Richtung des Vektors η vom Ursprung auf die Ebene gefällt ist. Dann lautet die Gleichung dieser Ebene

$$(\eta\, r) = (\eta\, p) \qquad \text{(III 7, 13)}$$

oder

$$\eta_i\, u^i = \eta_i\, p^i. \qquad \text{(III 7, 14)}$$

e) Unter den unzählig vielen Ebenen, welche sich durch den Wert der individuellen Konstanten

$$C = \eta_i\, p^i \qquad \text{(III 7, 15)}$$

voneinander unterscheiden, heben wir nun diejenige abzählbar-unendliche Schar hervor, welche durch Gitterpunkte M hindurchführen.

Die doppelt-periodische Verteilung der Gitterpunkte in jeder solchen Ebene rechtfertigt die Bezeichnung dieser Ebenen als die dem Vektor η zugeordneten *Netzebenen*.

Da die η_k als ganze Zahlen vorausgesetzt wurden und auch die kontravarianten Koordinaten

$$u^i = m^i \tag{III 7, 16}$$

definitionsgemäß ganzzahlig sind, resultiert nach Gl. (III 7, 14) auch die in (III 7, 15) eingeführte Konstante C notwendig als positive oder negative ganze Zahl N (einschließlich der Null), welche wir die *Ordnungszahl* der Netzebene nennen; insbesondere enthält die Netzebene der Ordnung Null den Ursprung des Bezugssystemes.

f) Es sei $\mathfrak{p}_{(N)}$ der Lotvektor auf die Netzebene der Ordnungszahl N, so folgt also aus (III 7, 15)

$$N = \eta_i \, p^i_{(N)} \, . \tag{III 7, 17}$$

Nun gilt konstruktionsgemäß

$$\mathfrak{p}_{(N)} = |\mathfrak{p}_{(N)}| \frac{\eta}{|\eta|} \tag{III 7, 18}$$

und also auch

$$p^i_{(N)} = |\mathfrak{p}_{(N)}| \frac{\eta^i}{|\eta|} , \tag{III 7, 19}$$

so daß durch Einsetzen in (III 7, 17) folgt

$$N = |\mathfrak{p}_{(N)}| \frac{\eta_i \eta^i}{|\eta|} = |\mathfrak{p}_{(N)}| \frac{(\eta)^2}{|\eta|} = |\mathfrak{p}_{(N)}| \, |\eta| \tag{III 7, 20}$$

oder

$$|\mathfrak{p}_{(N)}| = \frac{N}{|\eta|} \, . \tag{III 7, 21}$$

Hieraus ergibt sich der Abstand d je zweier benachbarter Netzebenen zu

$$d = \frac{1}{|\eta|} \, . \tag{III 7, 22}$$

g) Wir suchen die Achsenabschnitte $A^i_{(N)}$, in welchen die Netzebene der Ordnungszahl N die Achse des verlängerten Vektors a_i trifft. Die kontravarianten Koordinaten des Treffpunktes sind

$$u^i = A^i_{(N)}; \qquad u^j = u^k = 0 \qquad (j \neq k \neq i). \tag{III 7, 23}$$

Daher entnimmt man aus (III 7, 14) und (III 7, 17)

$$A^i_{(N)} = \frac{N}{\eta_i} \, . \tag{III 7, 24}$$

Die Achsenabschnitte genügen hiernach für jede, dem Vektor η zugehörige Netzebene bei beliebiger Ordnungszahl N (mit Ausschluß der Null) dem *„Gesetz der rationalen Indizes"*

$$\frac{1}{A^1_{(N)}} : \frac{1}{A^2_{(N)}} : \frac{1}{A^3_{(N)}} = \eta_1 : \eta_2 : \eta_3 . \tag{III 7, 25}$$

Die nämliche Eigenschaft zeichnet erfahrungsgemäß alle Ebenen aus, welche als *Grenzflächen natürlicher Kristalle* auftreten; man wird hierdurch umgekehrt zur Konzeption der *Kristallstruktur* als der eines *Raumgitters* hingeführt.

III 8. Welleninterferenzen im Raumgitter.

a) Gegeben sei ein Oszillator, welcher je Zeiteinheit f einfach harmonische Wellen von beliebiger physikalischer Natur — elastische Wellen, elektromagnetische Wellen, Gravitationswellen — ausstrahlt. Diese Wellen sollen in einen natürlichen Kristall einfallen, dessen Raumgitter von dem Gerüst der aneinander gereihten Grundvektoren a_i (für i = 1, 2, 3) gebildet wird; er besitze, als „Torso" des unbegrenzten, mathematischen Raumgitters, die endliche Zahl Z von Zellen. Gesucht wird das System der „Sekundärwellen", welche, als „Störung" der einfallenden „Primärwelle", vom Kristalle hervorgerufen werden.

b) Wir orientieren uns an jenem affinen Bezugssystem, welches von den Grundvektoren a_i definiert wird. In ihm sei der Ort P des Oszillators vom Ursprung O sehr weit entfernt, verglichen mit den linearen Abmessungen des Kristalles; dieser seinerseits möge eine gewisse Umgebung T des Ursprunges erfüllen. Die einfallenden Wellen dürfen dann innerhalb von T als *ebene Wellen* betrachtet werden, welche durch folgende Eigenschaften definiert sind:

1. Die Flächen fester Wellenphase bilden ein System einander paralleler Ebenen; ihre gemeinsame Normale gibt die Fortpflanzungsrichtung der Wellen an.

2. Die Fortpflanzungsgeschwindigkeit längs dieser Richtung besitzt den konstanten Wert a (Betrag der Phasengeschwindigkeit).

Wir konstruieren hiernach in der Richtung P → O mit Hilfe der reziproken Vektoren $\overline{a}^k$ den Einheitsvektor

$$1^s = \overline{a}^1 \sigma_1 + \overline{a}^2 \sigma_2 + \overline{a}^3 \sigma_3 = \overline{a}^k \sigma_k, \qquad \text{(III 8, 1)}$$

dessen kovariante Komponenten σ_k also der Bedingung genügen

$$(1^s)^2 = g^{ik} \sigma_i \sigma_k = 1. \qquad \text{(III 8, 2)}$$

Durch skalare Multiplikation mit dem kontravariant dargestellten Radiusvektor

$$r = a_i u^i \qquad \text{(III 8, 3)}$$

bilden wir die Invariante

$$s = (1^s r) = \sigma_i u^i. \qquad \text{(III 8, 4)}$$

Sie mißt die orthogonale Projektion des Radiusvektors r auf die Richtung von 1^s. Im Einklang mit dieser geometrischen Interpretation lautet der Gradient des Skalares s

$$\operatorname{grad} s = \overline{a}^i \sigma_i = 1^s, \qquad \text{(III 8, 5)}$$

so daß die Ebenen

$$s = \text{const} \qquad \text{(III 8, 6)}$$

senkrecht auf 1^s stehen.

Wir führen nun neben der Frequenz f die Kreisfrequenz ω ein:

$$\omega = 2\pi f. \qquad \text{(III 8, 7)}$$

Dann kann die einfallende Welle durch den Realteil des komplexen Ausdruckes dargestellt werden

$$A\, e^{-\sqrt{-1}\,\omega t}\, e^{\sqrt{-1}\frac{\omega}{a} s} = A\, e^{-\sqrt{-1}\,\omega\left(t-\frac{s}{a}\right)}, \qquad \text{(III 8, 8)}$$

welcher in der Tat die oben genannten definierenden Eigenschaften einer ebenen, einfach harmonischen Welle analytisch zusammenfaßt. Die in der Regel ebenfalls komplexe Amplitudenkonstante A ist, entsprechend der zur Beschreibung der Welle dienenden Größe, entweder als Skalar oder als Vektor einzusetzen.

c) Der Einfachheit halber setzen wir weiterhin voraus, daß der „Kristallbereich" T die Form eines dem System der a_i angehörigen Parallelepipedes von den — notwendig ganzzahligen — Kantenlängen

$$\Delta u^i = 2 L^i + 1 \qquad \text{(III 8, 9)}$$

aufweise. Legen wir dann den Ursprung des Bezugssystemes in das Zentrum des Kristalles, so fällt er auf Grund dieser Annahme mit einem Gitterpunkte zusammen.

Wir richten jetzt unser Augenmerk auf einen im Innern von T befindlichen Gitterpunkt, dessen Lage durch den Gittervektor

$$l = a_i\, l^i; \qquad -L^i \leqq l^i \leqq +L^i \qquad \text{(III 8, 10)}$$

gegeben sei. Seine Projektion auf die Richtung 1^s beträgt

$$s_{(l)} = \sigma_i\, l^i, \qquad \text{(III 8, 11)}$$

so daß die einfallende Welle (III 8, 8) dort die Größe aufweist

$$A\, e^{-\sqrt{-1}\,\omega t}\, e^{\sqrt{-1}\frac{\omega}{a}\sigma_i l^i}. \qquad \text{(III 8, 12)}$$

Ihr gegenüber wirkt jeder Gitterpunkt (III 8, 10) als Zentrum einer „Störwelle", deren kugelförmige Front vom Störungsherd aus mit der radialen Phasengeschwindigkeit a expandiert. Bei hinreichend schwacher Intensität |A| der einfallenden Welle ist diese Sekundärwelle, auf Grund des *Taylor*schen Entwicklungssatzes, der primären Intensität proportional. Daher darf man die Sekundärwelle mit Hilfe einer skalaren, sowohl von |A| wie von l unabhängigen „Beugungsfunktion" β in der Form ansetzen

$$\beta\, A\, e^{-\sqrt{-1}\,\omega t}\, e^{\sqrt{-1}\frac{\omega}{a}[\sigma_i\, l^i + \sqrt{(r-l)^2}]}. \qquad \text{(III 8, 13)}$$

Allerdings verlangt die explizite Angabe von β die genaue Kenntnis des atomaren Kristallbaues. Sofern man jedoch lediglich den geometrischen Einfluß der Kristallstruktur auf das resultierende System der Sekundärwellen kennen lernen will, darf man auf die angezeigte Untersuchung wesentlich physikalischen Charakters verzichten und sich mit den oben genannten allgemeinen Eigenschaften der Funktion β begnügen.

d) Wir beobachten die Sekundärwellen in Aufpunkten, deren Abstände vom Ursprung des Bezugssystemes groß gegen die linearen Abmessungen des beugenden Kristalles sind. Diese Versuchsbedingung drückt sich in der für alle dem Bereiche T angehörigen Gitterpunkte bestehenden Ungleichung aus

$$|\mathfrak{l}| \ll |\mathfrak{r}|. \qquad \text{(III 8, 14)}$$

Unter Vernachlässigung des in $\mathfrak{l}$ quadratischen Gliedes gilt also

$$(\mathfrak{r} - \mathfrak{l})^2 = (\mathfrak{r})^2 - 2\,(\mathfrak{r}\,\mathfrak{l}) \qquad \text{(III 8, 15)}$$

und in gleicher Genauigkeit, mittels binomischer Entwicklung

$$\sqrt{(\mathfrak{r} - \mathfrak{l})^2} = |\mathfrak{r}| \left[1 - \frac{(\mathfrak{r}\,\mathfrak{l})}{(\mathfrak{r})^2}\right]. \qquad \text{(III 8, 16)}$$

Wir führen den in Richtung des Aufpunktes weisenden Einheitsvektor $1^{\mathfrak{r}}$ mittels seiner kovarianten Komponenten ϱ_i ein

$$1^{\mathfrak{r}} = \frac{\mathfrak{r}}{|\mathfrak{r}|} = \bar{\mathfrak{a}}^i\,\varrho_i; \qquad g^{ik}\,\varrho_i\,\varrho_k = 1, \qquad \text{(III 8, 17)}$$

so daß wir an Stelle von (III 8, 16) schreiben können

$$\sqrt{(\mathfrak{r} - \mathfrak{l})^2} = |\mathfrak{r}| - (1^{\mathfrak{r}}\,\mathfrak{l}) = |\mathfrak{r}| - \varrho_i\,l^i. \qquad \text{(III 8, 18)}$$

Gemäß (III 8, 13) treffen wir also im Aufpunkte die vom Gitterpunkte (l) ausgehende Sekundärwelle in der Größe an

$$\beta\,A\,e^{-\sqrt{-1}\,\omega\left(t - \frac{|\mathfrak{r}|}{a}\right)}\,e^{\sqrt{-1}\,\frac{\omega}{a}\,(\sigma_i - \varrho_i)\,l^i}. \qquad \text{(III 8, 19)}$$

Die aus der Wirkung des Gesamtkristalles resultierende Sekundärwelle folgt hieraus durch Summation über alle nach (III 8, 10) dem Bereiche T angehörigen Gitterpunkte

$$\beta\,A\,e^{-\sqrt{-1}\,\omega\left(t - \frac{|\mathfrak{r}|}{a}\right)} \sum_{l^i = -L^i}^{L^i} e^{\sqrt{-1}\,\frac{\omega}{a}\,(\sigma_i - \varrho_i)\,l^i} \qquad \text{(III 8, 20)}$$

Nach Auswertung der drei geometrischen Reihen (i = 1, 2, 3) erhält man statt dessen das dreifache Produkt (Symbol Π)

$$\beta\,A\,e^{-\sqrt{-1}\,\omega\left(t - \frac{|\mathfrak{r}|}{a}\right)} \prod_{(i=1,2,3)} \frac{\sin \frac{1}{2}\frac{\omega}{a}\,(\sigma_i - \varrho_i)\,(2\,L^i + 1)}{\sin \frac{1}{2}\frac{\omega}{a}\,(\sigma_i - \varrho_i)}. \qquad \text{(III 8, 21)}$$

Wir setzen nun voraus, daß die drei Zahlen L^i sämtlich sehr groß sind; dies trifft bei Beugungsversuchen mit einem realen Kristall stets zu. Betrachtet man dann die Funktion

$$f\left[\frac{1}{2}\frac{\omega}{a}(\sigma_i - \varrho_i)\right] = \frac{\sin\frac{1}{2}\frac{\omega}{a}(\sigma_i - \varrho_i)(2\,L^i + 1)}{\sin\frac{1}{2}\frac{\omega}{a}(\sigma_i - \varrho_i)} \tag{III 8, 22}$$

(für *einen* der drei Indizes i), so zeigt sie entsprechend Abb. III 3 scharfe Maxima der Höhe

$$|f_{max}| = 2\,L^i + 1, \tag{III 8, 23}$$

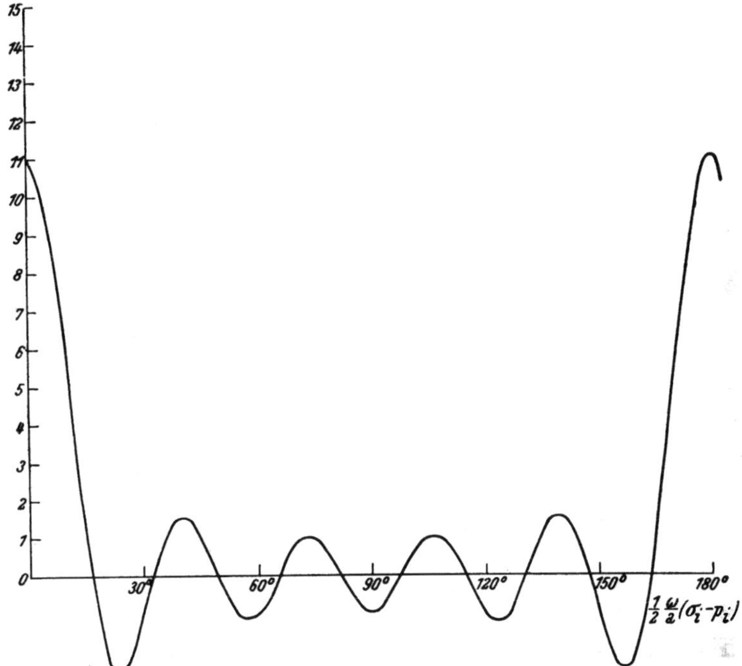

Abb. III 3. Die Funktion $f\left(\frac{1}{2}\frac{\omega}{a}(\sigma_i - \varrho_i)\right) = \frac{\sin\frac{1}{2}\frac{\omega}{a}(\sigma_i - \varrho_i)(2\,L^i + 1)}{\sin\frac{1}{2}\frac{\omega}{a}(\sigma_i - \varrho_i)}$ für $L^i = 5$.

wenn immer das Argument einen der Werte

$$\frac{1}{2}\frac{\omega}{a}(\sigma_i - \varrho_i) = \pi\,h_i \tag{III 8, 24}$$

mit *ganzzahligem* h_i annimmt. Auf Grund dieses Verhaltens hat man, mit Rücksicht auf die angenommene Größe der L^i, nur dann merkliche Intensitäten der resultierenden Beugungswelle von der Amplitude

$$\beta\,|A|\,(2\,L^1 + 1)\,(2\,L^2 + 1)\,(2\,L^3 + 1) = \beta\,|A|\,\frac{T}{T_0} \tag{III 8, 25}$$

zu erwarten, falls man (III 8, 24) gleichzeitig für i = 1, 2, 3 erfüllt.

Wir führen die zur Frequenz f und der Phasengeschwindigkeit a gehörige Wellenlänge ein

$$\lambda = \frac{a}{f} = 2\pi \frac{a}{\omega} \qquad \text{(III 8, 26)}$$

so daß die genannten Bedingungen die Form annehmen

$$\frac{\sigma_i - \varrho_i}{\lambda} = h_i \quad (i = 1, 2, 3) \qquad \text{(III 8, 27)}$$

Der Vergleich mit dem Satze (III 7, 8) lehrt dann, daß

$$V \equiv \overline{a}^i \, h_i = \overline{a}^i \frac{\sigma_i - \varrho_i}{\lambda} = \frac{1^s - 1^r}{\lambda} \qquad \text{(III 8, 28)}$$

einen *Gittervektor des reziproken Systemes* bilden muß, damit die drei Gl. (III 8, 27) miteinander verträglich sind.

e) Die geometrische Forderung (III 8, 28) wird für den zur Einfallsrichtung parallel gerichteten „Hauptstrahl" $1^s = 1^r$ zur Identität, da sich V in diesem Falle auf Null reduziert. Falls jedoch die Richtung der sekundären Welle von jener der primären im wörtlichen Sinne abgebeugt ist, enthält (III 8, 28) drei sozusagen kinematische Bindungen zwischen den Daten des Raumgitters einerseits und der Länge und Einfallsrichtung der primären Welle andererseits.

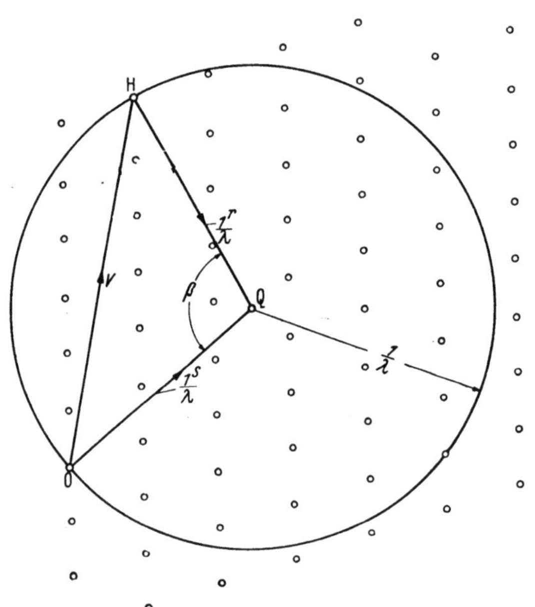

Abb. III 4. Beugung am Raumgitter nach *Ewald*.

Wir erläutern diesen Zusammenhang zunächst mittels einer von *Ewald* herrührenden graphischen Darstellung.

In Abb. III 4 ist ein Schnitt durch das reziproke Raumgitter gezeichnet. Wir tragen vom Ursprung O aus den der Einfallsrichtung parallel weisenden Vektor

$$\overrightarrow{O\,Q} = \frac{1^s}{\lambda} \qquad \text{(III 8, 29)}$$

von der Länge $|\overrightarrow{O\,Q}| = 1/\lambda$ auf und konstruieren um Q die Kugel vom Radius $1/\lambda$. Eine merkliche Sekundärwelle kommt gemäß (III 8, 28) dann und nur dann zustande, falls diese Kugel einen Punkt $H = H(h_1, h_2, h_3)$ des ıeziproken Raumgitters trifft, und der Vektor

$$\overrightarrow{H\,Q} = \frac{\mathfrak{I}^r}{\lambda} \qquad \text{(III 8, 30)}$$

legt die zugehörige Richtung der Beugungswelle fest. Hält man den Vektor $V = \overrightarrow{O\,H}$ fest, so bleibt die Relation (III 8, 28) erhalten, falls man die ganze Konstruktion um die Achse O H dreht. Während dieser Operation beschreibt der Vektor $\overrightarrow{O\,Q}$ einen Kegel mit der Spitze in O, während der Vektor $\overrightarrow{H\,Q}$ einen Kegelmantel mit der Spitze in H erfüllt; die Gesamtheit der hierdurch beschriebenen Einfalls- und Beugungsrichtungen wird in der gleichen, durch das Zahlentripel h_1, h_2, h_3 definierten Interferenzerscheinung manifest.

Eine andere, besonders einfache und anschauliche Formulierung der Interferenzbedingungen rührt von *Bragg* her.

Wir führen den Winkel β zwischen der einfallenden und der gebeugten Welle ein und erhalten aus der Vektorgleichung (III 8, 28) durch Übergang zur Norm (Quadrieren):

$$(V)^2 \equiv |h|^2 = \left(\frac{\mathfrak{I}^s - \mathfrak{I}^r}{\lambda}\right)^2 = \frac{1}{\lambda^2}(2 - 2\cos\beta) = \frac{4\sin^2\frac{\beta}{2}}{\lambda^2}. \qquad \text{(III 8, 31)}$$

Sei nun $N_{(h)}$ der größte gemeinsame Teiler der drei Zahlen h_1, h_2, h_3, so daß also das Tripel der η_k nach Gl. (III 7, 10) die *Miller*schen Indizes der dem Vektor $V = h$ zugeordneten Netzebenen definiert. Dann gilt nach (III 7, 22), mit Einführung des Abstandes d benachbarter Netzebenen,

$$|h|^2 = N_{(h)}^2\,|\eta|^2 = \frac{N_{(h)}^2}{d^2}. \qquad \text{(III 8, 32)}$$

Damit nimmt (III 8, 31) die Form an

$$\lambda N_{(h)} = 2\,d\sin\frac{\beta}{2}. \qquad \text{(III 8, 33)}$$

Wir behaupten, daß diese Gleichung als *Vielfachspiegelung* des einfallenden Strahles an der Gesamtheit der zum Zahlentripel η_k gehörigen Ebenen zu interpretieren ist. Zum Beweise stützen wir uns auf Abb. III 5. Es bezeichne A den Ort, in welchem der primäre Strahl unter dem Einfallswinkel $(\pi - \beta)/2$ die Netzebene etwa der Ordnungszahl K trifft. Gemäß den elementaren Spiegelungsgesetzen verläßt diesen Punkt eine Beugungswelle (K), deren Winkel gegen das Einfallslot ebenfalls $(\pi - \beta)/2$ beträgt, während die — um die Beugungswelle geschwächte — Primärwelle ihren Weg ins Innere des Raumgitters fortsetzt. Im Punkte A′ der Nachbar-Netzebene (Ordnungszahl K + 1) wiederholt sich nun das gleiche Spiel wie in A: Eine weitere Beugungswelle (K + 1) wird parallel zur Beugungswelle (K) reflektiert.

Wir errichten nun in A′ das Lot auf der Netzebene (K + 1), welches die Netzebene (K) im Punkte C trifft; es ist hiernach $A' \to C = d$. Durch C legen wir die gemeinsame Wellenebene der beiden reflektierten Strahlen, welche die Welle (K) im Punkte B und die Welle (K + 1) in B′ trifft;

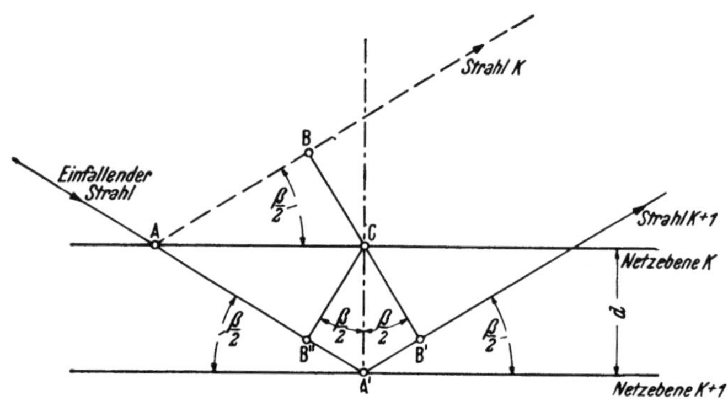

Abb. III 5. Erläuterung der *Bragg*schen Gleichung.
Die Weglängen-Differenz (A B′) — (A B) ist das $N_{(h)}$-fache (ganzes Vielfaches) der Wellenlänge.
$N_{(h)}$ ist die Ordnungszahl der Reflexion (Spiegelung) an den Netzebenen.

schließlich bezeichne B″ den zu B′ relativ zu A′ C symmetrisch gelegenen Punkt auf $A \to A'$. Dann ist der Weg der Welle (K + 1) von A bis B′ länger als der Weg der Welle K von A bis B; die Differenz beträgt

$$(A \to A' \to B') - (A \to B) = (A \to B'') + (B'' \to A' \to B') - (A \to B) =$$
$$= (B'' \to A' \to B') = 2\,d \sin\frac{\beta}{2}. \qquad \text{(III 8, 34)}$$

Die *Bragg*sche Gl. (III 8, 33) setzt also diese Weglängendifferenz als ganzzahliges Vielfaches $N_{(h)}$ der Wellenlänge fest, wobei $N_{(h)}$ die Ordnung der Reflexion definiert.

f) Die geometrische Theorie der Welleninterferenzen im Raumgitter findet ihre vornehmste Anwendung in der Röntgenphysik; insbesondere wird hier die Ausleuchtung von Kristallen mit dem kurzwelligen Licht der Röntgenstrahlen wahlweise entweder zur Durchmessung der Raumgitterkonstanten mittels bekannter Röntgenwellenlänge oder zur Bestimmung dieser Wellenlänge mittels der „Maßstäbe“ der Kristall-Raumgitter mit dem größten Erfolge herangezogen. Verwandte Erscheinungen treten bei der Reflexion von Elektronen-Wellen am Raumgitter der Metalle auf. Schließlich sind die geschilderten Interferenzen auch mittels kurzwelliger Schallwellen (Ultraschall) an Raumgittern natürlicher und künstlicher Art nachgewiesen worden.

III 9. Gitterfunktionen.

a) Neben dem Gittervektor m eines dreidimensionalen Raumgitters, welcher definitionsgemäß nur *unstetiger* Änderungen fähig ist, erklären wir einen Vektor

$$z = a_1 \zeta^1 + a_2 \zeta^2 + a_3 \zeta^3 = a_i \zeta^i \qquad \text{(III 9, 1)}$$

dessen kontravariante Komponenten ζ^i im Bereiche

$$0 \leqq \zeta^i < 1 \qquad \text{(III 9, 2)}$$

stetig veränderlich seien. Der Existenzbereich der Variabeln ζ^i definiert eine *Zelle* des Raumgitters, z selbst dient als *Zellenvektor* zur Kennzeichnung innerer Zellenpunkte. Der resultierende Vektor

$$z_{(m)} = m + z \qquad \text{(III 9, 3)}$$

definiert diejenige Zelle $(m) = (m^1, m^2, m^3)$, welche dem Gitterpunkte $M = M(m^1, m^2, m^3)$ zugeordnet ist.

Alle Zellen des Raumgitters sind einander kongruent; ihr einheitliches Volumen T_0 beträgt — in der Terminologie der dreidimensionalen Vektorrechnung —

$$(a_1 [a_2 a_3]) = T_0 \qquad \text{(III 9, 4)}$$

oder mit Rücksicht auf (III 5, 20) und (III 5, 17)

$$T_0 = \sqrt{g} \begin{vmatrix} 1 & 0 & 0 \\ 0 & 1 & 0 \\ 0 & 0 & 1 \end{vmatrix} = \sqrt{g}. \qquad \text{(III 9, 5)}$$

b) Wir ergänzen die laut Definition bestehende geometrische Identität der Zellen durch die Annahme, daß sie auch in physikalischer Hinsicht einander völlig gleichen. Falls also insbesondere eine solche Eigenschaft des Raumgitters durch einen Skalar S in Abhängigkeit vom Radiusvektor

$$r = a_i u^i \qquad \text{(III 9, 6)}$$

beschrieben wird, besteht identisch für beliebige kontravariante Komponenten m^i des Gittervektors m die Funktionalgleichung

$$S(r) = S(r + m). \qquad \text{(III 9, 7)}$$

Sie definiert S als *dreifach-periodische „Gitterfunktion"* mit den Perioden

$$\Delta u^j = 1 \qquad (j = 1, 2, 3) \qquad \text{(III 9, 8)}$$

in den kontravarianten Komponenten von r.

c) Eine besonders einfache und wichtige Klasse von Gitterfunktionen läßt sich leicht angeben:

Wir wählen drei reelle, ganze Zahlen n_1, n_2, n_3 mit Einschluß der Null und bilden den dem reziproken Raumgitter angehörigen Gittervektor

$$\overline{n} = \overline{a}^1 n_1 + \overline{a}^2 n_2 + \overline{a}^3 n_3 = \overline{a}^k n_k. \qquad \text{(III 9, 9)}$$

Durch skalare Multiplikation mit dem Radiusvektor r in der Darstellung (III 9, 6) erhalten wir den *Gitterskalar*

$$\sigma^{(n)} = (n\,r) = n_i\, u^i. \qquad \text{(III 9, 10)}$$

Aus der Definition des Gitterskalares geht hervor, daß jeder der Schritte (III 9, 8) seinen Wert um eine ganze Zahl abändert. Daher ist

$$E^{(n)} = e^{2\pi\sigma^{(n)}\sqrt{-1}} = e^{2\pi(n\,r)\sqrt{-1}} \qquad \text{(III 9, 11)}$$

eine *dreifach-periodische Funktion* von r mit den Perioden (III 9, 8), also eine Gitterfunktion der oben definierten Art. Sei

$$E^{(l)} = e^{2\pi\sigma^{(l)}\sqrt{-1}} = e^{2\pi(l\,r)\sqrt{-1}} \qquad \text{(III 9, 12)}$$

eine zweite derartige Funktion, so lautet ihr Produkt

$$E^{(n)}\,E^{(l)} = e^{2\pi\{(n+l)r\}\sqrt{-1}} = e^{2\pi(n_i+l_i)u^i\sqrt{-1}}. \qquad \text{(III 9, 13)}$$

Falls nun für mindestens eine der drei Zahlen i die Ungleichung zutrifft

$$n_i + l_i \neq 0, \qquad \text{(III 9, 14)}$$

so folgt durch Integration über den Bereich einer Zelle

$$\int\limits_{u^1=0}^{1}\int\limits_{u^2=0}^{1}\int\limits_{u^3=0}^{1} E^{(n)}\,E^{(l)}\sqrt{g}\,du^1\,du^2\,du^3 = 0. \qquad \text{(III 9, 15)}$$

Gilt jedoch für alle i = 1, 2, 3 gleichzeitig

$$n_i + l_i = 0, \qquad \text{(III 9, 16)}$$

so liefert die Integration über den Bereich einer Zelle

$$\int\limits_{u^1=0}^{1}\int\limits_{u^2=0}^{1}\int\limits_{u^3=0}^{1} E^{(n)}\,E^{(l)}\sqrt{g}\,du^1\,du^2\,du^3 = \sqrt{g}. \qquad \text{(III 9, 17)}$$

Die Gl. (III 9, 15) und (III 9, 17) bilden, zusammen mit ihren Existenzbedingungen (III 9, 14) und (III 9, 16) die *Orthogonalitätsrelationen* der Gitterfunktionen $E^{(n)}$.

d) Auf Grund der Orthogonalitätsbedingungen der $E^{(n)}$ können wir den dreifach-periodischen Skalar S nach Gl. (III 9, 7) in eine nach den Funktionen $E^{(n)}$ fortschreitende *Fourier*sche Reihe entwickeln. Wir setzen an

$$S(r) = S(u^1, u^2, u^3) = \sum_{n_1} \sum_{n_2} \sum_{n_3} S^{(n)} e^{2\pi (n r)\sqrt{-1}} \qquad \text{(III 9, 18)}$$

multiplizieren mit $e^{-2\pi(l r)\sqrt{-1}}$ und erhalten durch Integration über den Bereich einer Zelle, indem wir die Reihenfolge von Summation und Integration vertauschen

$$\int_{u^1=0}^{1} \int_{u^2=0}^{1} \int_{u^3=0}^{1} S(u^1, u^2, u^3)\, e^{-2\pi(l r)\sqrt{-1}} \sqrt{g}\, du^1\, du^2\, du^3 = S^{(l)} \sqrt{g} \qquad \text{(III 9, 19)}$$

oder, nach Kürzen mit $\sqrt{g}$

$$S^{(l)} = \int_{u^1=0}^{1} \int_{u^2=0}^{1} \int_{u^3=0}^{1} S(u^1, u^2, u^3)\, e^{-2\pi(l r)\sqrt{-1}}\, du^1\, du^2\, du^3. \qquad \text{(III 9, 20)}$$

Will man hingegen die Integration in *Kartesischen* Koordinaten durchführen, so folgt aus (III 9, 19) mit Rücksicht auf die Transformationsformel (III 5, 20) des Volumens

$$S^{(l)} = \frac{1}{\sqrt{g}} \int_{(x^1)} \int_{(x^2)} \int_{(x^3)} S(x^1, x^2, x^3)\, e^{-2\pi(l_{x^1} x^1 + l_{x^2} x^2 + l_{x^3} x^3)\sqrt{-1}}\, dx^1\, dx^2\, dx^3 \qquad \text{(III 9, 21)}$$

wobei die durch (x^i) angedeuteten Grenzen des Integrales den Zellwänden anzupassen sind.

e) Auf Grund von (III 6, 6) findet man aus (III 9, 18) für die kovarianten Komponenten G_k des Gradienten

$$G = \operatorname{grad} S$$

die Reihenentwicklung:

$$G_k = \frac{\partial S}{\partial u^k} = 2\pi\sqrt{-1} \sum_{n_1} \sum_{n_2} \sum_{n_3} n_k S^{(n)} e^{2\pi(n r)\sqrt{-1}}. \qquad \text{(III 9, 22)}$$

Die Quellendichte des Gradienten folgt aus der Regel (III 6, 12) zu

$$\operatorname{div} G = \nabla^2 S = -4\pi^2 \sum_{n_1} \sum_{n_2} \sum_{n_3} n_k\, n_l\, g^{kl}\, S^{(n)} e^{2\pi(n r)\sqrt{-1}}. \qquad \text{(III 9, 23)}$$

Nun ist die Norm des Vektors n mit den kovarianten Komponenten n_i durch

$$(n)^2 = g^{kl}\, n_k\, n_l \qquad \text{(III 9, 24)}$$

gegeben, so daß man statt (III 9, 23) schreiben kann

$$\nabla^2 S = -4\pi^2 \sum_{n_1} \sum_{n_2} \sum_{n_3} (n)^2 S^{(n)} e^{2\pi(n r)\sqrt{-1}}. \qquad \text{(III 9, 25)}$$

Zu dem nämlichen Ergebnis gelangt man sogleich, falls man S auf *Kartesische* Koordinaten transformiert, im Einklang mit dem invarianten Charakter des Differentialsymboles ∇^2 gemäß Gl. (III 6, 15).

f) An Hand der Formel (III 9, 25) wollen wir die *Poisson*sche Differentialgleichung

$$\nabla^2 S = \varrho \qquad \text{(III 9, 26)}$$

für das Raumgitter lösen.

Da die Quellendichte ϱ eine skalare Funktion repräsentiert, läßt sie sich in die *Fourier*sche Reihe entwickeln

$$\varrho = \sum_{n_1} \sum_{n_2} \sum_{n_3} \varrho^{(n)} e^{2\pi (n r) \sqrt{-1}}. \qquad \text{(III 9, 27)}$$

wobei, etwa bei Bezugnahme auf *Kartesische* Koordinaten, gilt

$$\varrho^{(n)} = \frac{1}{\sqrt{g}} \int_{(x^1)} \int_{(x^2)} \int_{(x^3)} \varrho(x^1, x^2, x^3)\, e^{-2\pi (n r) \sqrt{-1}}\, dx^1\, dx^2\, dx^3. \qquad \text{(III 9, 28)}$$

Setzt man (III 9, 25) und (III 9, 28) in (III 9, 26) ein, so resultiert für jeden Vektor n die Gleichung

$$-4\pi^2 (n)^2 S^{(n)} = \varrho^{(n)}. \qquad \text{(III 9, 29)}$$

Damit das gestellte Problem eine endliche Lösung besitzt, muß man also voraussetzen

$$\varrho^{(0)} = 0. \qquad \text{(III 9, 30)}$$

Aus (III 9, 29) folgt dann für alle Vektoren, welche vom „Nullvektor" $n_1 = n_2 = n_3 = 0$ verschieden sind

$$S^{(n)} = -\frac{1}{4\pi^2} \frac{\varrho^{(n)}}{(n)^2}, \qquad \text{(III 9, 31)}$$

während $S^{(0)}$ die Form $0'/0$ annimmt. Um diese Unbestimmtheit zu beheben, entnehmen wir aus (III 9, 21) mit Rücksicht auf (III 9, 5) die Berechnungsvorschrift

$$S^{(0)} = \frac{1}{\sqrt{g}} \iiint_{(T_0)} S\, dx^1\, dx^2\, dx^3 = \frac{1}{T_0} \iiint_{(T_0)} S\, dx^1\, dx^2\, dx^3. \qquad \text{(III 9, 32)}$$

g) Um das Integral (III 9, 32) zu berechnen, gehen wir von dem allseitig unbegrenzten Raumgitter zu einem System der endlichen Zellenzahl Z, also des Volumens

$$T = Z\, T_0 \qquad \text{(III 9, 33)}$$

über; in der Tat ist nur ein solcher „Torso" eines mathematischen Raumgitters mittels natürlicher Kristalle physikalisch zu verwirklichen, und wir bezeichnen weiterhin das endliche Zellensystem kurz als „Kristall". Wir setzen voraus, daß die Quellendichte ϱ außerhalb des Kristalles identisch verschwindet. Dagegen soll sie innerhalb jeder einzelnen Zelle nach dem nämlichen Gesetz verteilt sein, welches wir der Untersuchung des allseitig unbegrenzten Raumgitters zugrunde gelegt haben; die in Wahrheit nahe der Kristalloberfläche auftretenden „Störungen" in der Verteilung der Quelldichte werden also außer Acht gelassen.

Der Ursprung des Bezugssystemes soll so gewählt werden, daß der gesamte Kristall innerhalb einer Kontrollkugel vom Halbmesser R liegt; dF bezeichne das vektorielle Element ihrer Hüllfläche F_R.

Das Skalarfeld S dieses Systemes ist nunmehr selbstverständlich keine periodische Funktion der Koordinaten des gesamten Konfigurationsraumes; doch konvergiert es mit unbegrenzt zunehmender Zellenzahl Z innerhalb T gegen eine periodische Funktion. Über sein Verhalten außerhalb von T läßt sich auf Grund der in II 8 entwickelten Rechenmethoden eine allgemeine Aussage machen: Es sei r der Radiusvektor eines außerhalb der Kontrollkugel gelegenen Aufpunktes Q, also

$$r_{Q,\, z(m)} = r - z_{(m)} = r - (m + z) \qquad \text{(III 9, 34)}$$

sein vektorieller Abstand von einem inneren Punkte der Zelle (m). Das Raumelement dT dieser Zelle liefert dann zu S den Beitrag

$$dS = \frac{1}{4\pi} \frac{\varrho}{|r_{Q,\, z(m)}|} \, dT. \qquad \text{(III 9, 35)}$$

Sei ϑ der Winkel zwischen den Vektoren r und $z_{(m)}$, so gilt

$$(r_{Q,\, z(m)})^2 = (r)^2 - 2\,(z_{(m)}\, r) + (z_{(m)})^2 = |r|^2 - 2\,|z_{(m)}|\,|r| \cos\vartheta + |z_{(m)}|^2. \qquad \text{(III 9, 36)}$$

Da nun stets $|r| > |z_{(m)}|$ ist, dürfen wir binomisch entwickeln

$$\frac{1}{|r_{Q,\, z(m)}|} = \frac{1}{|r|} + \frac{|z_{(m)}|}{|r|^2} P_1(\cos\vartheta) + \frac{|z_{(m)}|^2}{|r|^3} P_2(\cos\vartheta) + \ldots . \qquad \text{(III 9, 37)}$$

Hierin bezeichnen die Funktionen $P_1, P_2, \ldots P_k$, die *Legendre*schen Polynome k-ter Ordnung (Kugelfunktionen) von $\cos\vartheta$

$$P_1(\cos\vartheta) = \cos\vartheta; \qquad P_2(\cos\vartheta) = \frac{1}{2}(3\cos^2\vartheta - 1); \;\ldots . \qquad \text{(III 9, 38)}$$

welche für alle ganzzahligen $k \geqq 1$ der Bedingung genügen

$$\int_0^\pi P_k(\cos\vartheta) \sin\vartheta \, d\vartheta = 0. \qquad \text{(III 9, 39)}$$

Durch Integration von (III 9, 35) über das Volumen der Zelle (m) und nachfolgende Summation über alle Z Zellen des Kristalles folgt also

$$S = \sum_{(m)} \frac{1}{4\pi} \iiint_{(T_0)} \left[\frac{1}{|r|} + \frac{|z_{(m)}|}{|r|^2} P_1(\cos\vartheta) + \frac{|z_{(m)}|^2}{|r|^3} P_2(\cos\vartheta) \ldots \right] \varrho \, dT. \qquad \text{(III 9, 40)}$$

Nach Gl. (III 9, 28) ist, mit Rücksicht auf (III 9, 30)

$$\iiint\limits_{(T_0)} \frac{1}{|r|} \varrho \, dT = \frac{1}{|r|} \iiint\limits_{(T_0)} \varrho \, dT = 0. \qquad \text{(III 9, 41)}$$

Weiter läßt sich wegen (III 9, 38) schreiben

$$\frac{|z_{(m)}|}{|r|^2} P_1 (\cos \vartheta) = \frac{(z_{(m)} r)}{|r|^3}, \qquad \text{(III 9, 42)}$$

so daß man, abermals mit Beachtung von (III 9, 30), erhält

$$\iiint\limits_{(T_0)} \frac{|z_{(m)}|}{|r|^2} P_1 (\cos \vartheta) \varrho \, dT = \frac{1}{|r|^3} \iiint\limits_{(T_0)} (z_{(m)} r) \varrho \, dT = \frac{1}{|r|^3} \left(r \iiint\limits_{(T_0)} z \varrho \, dT \right). \qquad \text{(III 9, 43)}$$

Das Integral

$$D = \iiint\limits_{(T_0)} z \varrho \, dT \qquad \text{(III 9, 44)}$$

definiert einen von (m) unabhängigen Vektor: Das *Moment* der Quellendichte je Zelle. Mit seiner Hilfe erhalten wir also bis auf Glieder höherer Ordnung für S die Entwicklung

$$S = \frac{Z}{4 \pi |r|^3} (D r) + \ldots \qquad \text{(III 9, 45)}$$

Nunmehr führen wir den Hilfsvektor ein

$$V = S r. \qquad \text{(III 9, 46)}$$

Seine Quellendichte beträgt

$$\operatorname{div} V = S \operatorname{div} r + (r \operatorname{grad} S) = 3 S + (r \operatorname{grad} S). \qquad \text{(III 9, 47)}$$

Daher liefert der *Gauß*sche Integralsatz, erstreckt über die Kontrollkugel (Volumen T_R, Hülle F_R)

$$\iiint\limits_{(T_R)} \{3 S + (r \operatorname{grad} S)\} \, dT = \iint\limits_{(F_R)} (V \, dF) = \iint\limits_{(F_R)} S (r \, dF). \qquad \text{(III 9, 48)}$$

Die Flächenelemente der zwischen ϑ und $(\vartheta + d\vartheta)$ auf der Oberfläche der Kontrollkugel gelegenen Breitenzone sind überall parallel zum Vektor r gerichtet, welcher vom Ursprung des Bezugssystemes nach dem Flächenelemente führt. Da für ihn $|r| = R$ gilt, berechnete sich

$$\iint\limits_{(\vartheta)}^{(\vartheta + d\vartheta)} (r \, dF) = 2 \pi R^3 \sin \vartheta \, d\vartheta \qquad \text{(III 9, 49)}$$

und also, wegen (III 9, 39) und (III 9, 45)

$$\iint\limits_{(F_R)} S (r \, dF) = \iint\limits_{(F_R)} (V \, dF) = 0. \qquad \text{(III 9, 50)}$$

Mit Rücksicht auf (III 9, 48) schließen wir also auf

$$\iiint\limits_{(T_R)} S\,dT = -\frac{1}{3}\iiint\limits_{(T_R)} (r\,\mathrm{grad}\,S)\,dT. \qquad \text{(III 9, 51)}$$

Wir definieren einen weiteren Hilfsvektor

$$W = (r)^2\,\mathrm{grad}\,S \qquad \text{(III 9, 52)}$$

mit der Quellendichte

$$\mathrm{div}\,W = (r)^2\,\nabla^2 S + (\mathrm{grad}\,(r)^2\,\mathrm{grad}\,S) = (r)^2\,\nabla^2 S + 2\,(r\,\mathrm{grad}\,S). \qquad \text{(III 9, 53)}$$

Integration über die Kontrollkugel führt, mittels abermaliger Anwendung des *Gauß*schen Satzes, auf

$$\iiint\limits_{(T_R)} \{(r)^2\,\nabla^2 S + 2\,(r\,\mathrm{grad}\,S)\}\,dT = \iint\limits_{(F_R)} (W\,dF) = \iint\limits_{(F_R)} (r)^2\,(\mathrm{grad}\,S\,dF). \qquad \text{(III 9, 54)}$$

Da die vektoriellen Elemente von F_R sämtlich parallel zu r gerichtet sind, ist in diesem Integral nur die radiale Komponente von grad S in Betracht zu ziehen. Aus (III 9, 37), (III 9, 39) und (III 9, 41) folgt also, daß dieses Integral verschwindet, und wir erhalten

$$\iiint\limits_{(T_R)} (r\,\mathrm{grad}\,S)\,dT = -\frac{1}{2}\iiint\limits_{(T_R)} (r)^2\,\nabla^2 S\,dT \qquad \text{(III 9, 55)}$$

und durch Substitution in (III 9, 51)

$$\iiint\limits_{(T_R)} S\,dT = \frac{1}{6}\iiint\limits_{(T_R)} (r)^2\,\nabla^2 S\,dT = \frac{1}{6}\iiint\limits_{(T_R)} (r)^2\,\varrho\,dT, \qquad \text{(III 9, 56)}$$

wobei die *Poisson*sche Differentialgleichung (III 9, 26) herangezogen wurde.

Da nun voraussetzungsgemäß ϱ außerhalb T identisch verschwindet, während es innerhalb T eine periodische Funktion des Zellenvektors repräsentiert, folgt aus (III 9, 56)

$$\iiint\limits_{(T)} S\,dT + \iiint\limits_{(T_R - T)} S\,dT = \frac{1}{6}\iiint\limits_{(T)} (r)^2\,\varrho\,dT = \frac{Z}{6}\iiint\limits_{(T_0)} (r)^2\,\varrho\,dT. \qquad \text{(III 9, 57)}$$

Wir lassen jetzt Z soweit zunehmen, daß der Kristall die Kontrollkugel möglichst dicht erfüllt, ohne jedoch ihre Oberfläche zu durchdringen: Sei

$$d < |a_1| + |a_2| + |a_3| \qquad \text{(III 9, 58)}$$

die größte Raumdiagonale einer Zelle, so genügen alle Vektoren r des Gebietes $(T_R - T)$ der Ungleichung

$$R - |r| \leqq d. \qquad \text{(III 9, 59)}$$

Bezeichne weiter $|S|_{max}$ den größten, in $(T_R - T)$ auftretenden Betrag von S, so gelangen wir also zu der Abschätzung

$$\left| \iiint\limits_{(T_R - T)} S\, dT \right| \leqq \iiint\limits_{(T_R - T)} |S|\, dT \leqq |S|_{max} \iiint\limits_{(T_R - T)} dT < |S|_{max}\, 4\pi R^2 d. \tag{III 9, 60}$$

Für $Z \to \infty$ konvergiert S innerhalb T gegen das periodische Skalarfeld des allseitig unbegrenzten Raumgitters, so daß wir aus (III 9, 32) schließen

$$\lim_{Z \to \infty} \iiint\limits_{(T)} S\, dT \to Z \iiint\limits_{(T_0)} S\, dT = Z\, T_0\, S^{(0)}. \tag{III 9, 61}$$

Unter den gleichen Bedingungen wird

$$\lim_{Z \to \infty} Z\, T_0 = \lim_{Z \to \infty} T = T_R = \frac{4}{3} \pi R^3; \qquad R^2 = \lim_{Z \to \infty} \left(\frac{3}{4\pi} Z\, T_0 \right)^{\frac{2}{3}}, \tag{III 9, 62}$$

so daß das Integral (III 9, 60) („Oberflächen-Effekt") schließlich nur entsprechend $Z^{2/3}$ mit wachsender Zellenzahl ansteigt. Daher folgt aus (III 9, 57), nach Substitution von (III 9, 61) und (III 9, 62), der gesuchte Wert von $S^{(0)}$ in der asymptotischen Formel

$$\lim_{Z \to \infty} S^{(0)} = \frac{1}{6} \frac{1}{T_0} \iiint\limits_{(T_0)} (r)^2 \varrho\, dT. \tag{III 9, 63}$$

Viertes Kapitel.

Algebra der Tensoren.

IV 1. Tensoren zweiter Stufe.

a) Gegeben seien in ein und demselben Raumpunkte P des *Euklid*ischen R_z zwei voneinander unabhängige Vektoren A und B, welche mit Bezug auf das affine Grundsystem der Koordinaten u^i wahlweise mittels ihrer kontravarianten oder ihrer kovarianten Koordinaten dargestellt werden können. Wir bilden aus ihnen in P drei Arten von Produkten:

1. Das „kontravariante Produkt"

$$\Pi^{ik} = A^i B^k. \qquad \text{(IV 1, 1)}$$

2. Das „kovariante Produkt"

$$\Pi_{ik} = A_i B_k. \qquad \text{(IV 1, 2)}$$

3. Das „gemischte Produkt"

$$\Pi^i{}_k = A^i B_k. \qquad \text{(IV 1, 3)}$$

Wegen der Unabhängigkeit der Vektoren A und B sind diese Ausdrücke in der Regel nicht symmetrisch bezüglich der Indizes i und k gebaut, so daß man beim Anschreiben der Π-Symbole sowohl ihre Stellung wie ihre Reihenfolge genau zu beachten hat.

b) Es seien im R_z zwei gegenläufige Transformationen definiert, welche die Variabelnpaare u^i, $\overline{u}_i$ einerseits, $u^{i\prime}$, $\overline{u}_i{}'$ andererseits miteinander verknüpfen. Wir verabreden, weiterhin stets die u^i und $u^{i\prime}$ als unabhängige Variable im Existenzgebiet der Vektoren A und B zu benützen.

Mittels der früher für Vektoren in affinen Bezugssystemen entwickelten Transformationsformeln gewinnen wir die Transformationsregeln für die eingeführten Produkte in P beim Wechsel der Koordinaten u^i in $u^{i\prime}$: Für das kontravariante Produkt entsteht

$$\Pi^{ik} = \alpha^i_j A^{j\prime} \alpha^k_l B^{l\prime} = \alpha^i_j \alpha^k_l \Pi^{jl\prime} \qquad \text{(IV 1, 4)}$$

für das kovariante Produkt

$$\Pi_{ik} = \overline{\alpha}^j_i A_j{}' \overline{\alpha}^l_k B_l{}' = \overline{\alpha}^j_i \overline{\alpha}^l_k \Pi_{jl}{}' \qquad \text{(IV 1, 5)}$$

und für das gemischte Produkt

$$\Pi^i{}_k = \alpha^i_j A^{j\prime} \overline{\alpha}^l_k B_l{}' = \alpha^i_j \overline{\alpha}^l_k \Pi^j{}_l{}'. \qquad \text{(IV 1, 6)}$$

c) Die metrischen Relationen, welche zwischen den kontravarianten und den kovarianten Komponenten ein und desselben Vektors in P bestehen, ziehen eine Reihe von Beziehungen zwischen den Werten der drei eingeführten Produkte im gleichen Raumpunkte nach sich. Beispielsweise führt

$$A_i\, B_k = g_{ij}\, A^j\, B_k = g_{ij}\, A^j\, g_{kl}\, B^l \qquad \text{(IV 1, 7)}$$

zu der Umrechnungsregel

$$\Pi_{ik} = g_{ij}\, \Pi^j{}_k = g_{ij}\, g_{kl}\, \Pi^{jl}. \qquad \text{(IV 1, 8)}$$

Auf dem gleichen Wege findet man aus

$$A^i\, B_k = A^i\, g_{kl}\, B^l = g^{ij}\, A_j\, B_k \qquad \text{(IV 1, 9)}$$

die Regel

$$\Pi^i{}_k = g_{kl}\, \Pi^{il} = g^{ij}\, \Pi_{jk}. \qquad \text{(IV 1, 10)}$$

Schließlich gilt

$$A^i\, B^k = g^{ij}\, A_j\, B^k = g^{ij}\, A_j\, g^{kl}\, B_l \qquad \text{(IV 1, 11)}$$

also

$$\Pi^{ik} = g^{ij}\, \Pi_j{}^k = g^{ij}\, g^{kl}\, \Pi_{jl}. \qquad \text{(IV 1, 12)}$$

d) Durch Verallgemeinerung der vorstehenden Sätze gelangen wir zur Definition des Tensors zweiter Stufe T im Raumpunkte P als einer Familie von z^2 Zahlen, welche die Komponenten des Tensors in P heißen. Wir unterscheiden drei Darstellungsarten ein und desselben Tensors in P:

1. Die z^2 Größen T^{ik} heißen kontravariante Komponenten des Tensors zweiter Stufe T, wenn sie sich beim Übergang vom System u^i auf $u^{i\prime}$ in P nach dem Muster der Π^{ik} transformieren

$$T^{ik} = \alpha^i_j\, \alpha^k_l\, T^{jl\prime}. \qquad \text{(IV 1, 13)}$$

2. Die z^2 Größen T_{ik} heißen kovariante Komponenten des Tensors zweiter Stufe T, wenn sie sich beim Übergang von u^i auf $u^{i\prime}$ in P nach dem Muster der Π_{ik} transformieren

$$T_{ik} = \overset{-1}{\alpha}{}^j_i\, \overset{-1}{\alpha}{}^l_k\, T_{jl}{}'. \qquad \text{(IV 1, 14)}$$

3. Die z^2 Größen $T^i{}_k$ heißen gemischte Komponenten des Tensors zweiter Stufe, wenn sie sich beim Übergang von u^i auf $u^{i\prime}$ in P nach dem Muster der $\Pi^i{}_k$ transformieren

$$T^i{}_k = \alpha^i_j\, \overset{-1}{\alpha}{}^l_k\, T^j{}_l{}'. \qquad \text{(IV 1, 15)}$$

Zwischen diesen verschiedenartigen Komponenten postulieren wir die nämlichen metrischen Relationen, welche nach (IV 1, 8), (IV 1, 10) und (IV 1, 12) die drei Produktarten miteinander verknüpfen, nämlich

$$T_{ik} = g_{ij}\, T^j{}_k = g_{ij}\, g_{kl}\, T^{jl} \qquad \text{(IV 1, 16)}$$

sowie

$$T^i{}_k = g_{kl}\, T^{il} = g^{ij}\, T_{jk} \qquad \text{(IV 1, 17)}$$

und

$$T^{ik} = g^{ij}\, T_j{}^k = g^{ij}\, g^{kl}\, T_{jl}. \qquad \text{(IV 1, 18)}$$

e) Aus der gegebenen Definition geht hervor, daß die in Abschnitt a) gebildeten Produkte selbst die Komponenten eines Tensors zweiter Stufe Π darstellen, welchen wir sinngemäß als *Produkttensor* der Vektorfaktoren A und B (Symbol $A \times B$) bezeichnen. Indessen ist der Tensor T wesentlich allgemeiner als der Tensor Π; denn T besitzt ja definitionsgemäß z^2 voneinander unabhängige Komponenten, während das Bildungsgesetz von Π nur $2z$ unabhängige Komponenten erzeugt. Wählt man jedoch statt des *einen* Paares der Vektoren A und B deren z voneinander unabhängige Paare $A^{(1)}, B^{(1)}; A^{(2)}, B^{(2)}; \ldots A^{(z)}, B^{(z)}$, so ist — wegen der Linearität der Transformationsgleichungen — auch

$$\sum_1^z \Pi^{(k)} = A^{(1)} \times B^{(1)} + A^{(2)} \times B^{(2)} + \ldots + A^{(z)} \times B^{(z)} \qquad \text{(IV 1, 19)}$$

ein Tensor zweiter Stufe von derselben Allgemeinheit wie T.

f) Ein Tensor zweiter Stufe T heißt *symmetrisch*, wenn seine kontravarianten oder seine kovarianten Komponenten bei Vertauschung der Indizes unverändert bleiben

$$T^{ik} = T^{ki}; \qquad T_{ik} = T_{ki}. \qquad \text{(IV 1, 20)}$$

Er heißt *antimetrisch*, wenn diese Komponenten bei der angezeigten Operation in das Gegenteil umschlagen

$$T^{ik} = -T^{ki}; \qquad T_{ik} = -T_{ki}. \qquad \text{(IV 1, 21)}$$

Symmetrie und Antimetrie sind invariante Tensoreigenschaften. Denn aus (IV 1, 13) folgt für die verglichenen kontravarianten Tensorkomponenten zunächst

$$T^{ik} = \alpha^i_j \alpha^k_l T^{jl\prime} \qquad \text{(IV 1, 22)}$$

sowie

$$T^{ki} = \alpha^k_j \alpha^i_l T^{jl\prime} \equiv \alpha^k_l \alpha^i_j T^{lj\prime} = \alpha^i_j \alpha^k_l T^{jl\prime}, \qquad \text{(IV 1, 23)}$$

so daß der Vergleich mit (IV 1, 22) den Beweis für das behauptete, invariante Verhalten der kontravarianten Tensorkomponenten ausspricht. Auf dem nämlichen Wege beweist man, ausgehend von Gl. (IV 1, 14), das invariante Verhalten der kovarianten Tensorkomponenten.

Die gemischten Tensorkomponenten entweder der Matrix $T_i{}^k$ für sich oder der Matrix $T^i{}_k$ für sich lassen sich nicht durch die Merkmale der Symmetrie und der Antimetrie invariant kennzeichnen. Sei jedoch ein symmetrischer Tensor etwa in kontravarianter Form vorgegeben, so folgt wegen $g_{ik} = g_{ki}$ für seine gemischten Komponenten der beiden unterschiedlichen Matrizen die Beziehung

$$T_i{}^k = g_{ij} T^{jk} = g_{ji} T^{kj} = T^k{}_i \equiv T^k_i, \qquad \text{(IV 1, 24)}$$

wobei nun das Untereinandersetzen der Indizes die Identität der sonst verschiedenen Komponenten $T_i{}^k$ und $T^k{}_i$ im Spezialfall des symmetrischen Tensors symbolisch ausdrückt.

g) Im Raumpunkte P seien zwei Vektoren A und B mittels ihrer kontravarianten Komponenten A^i und B^i gegeben. Ferner sei im gleichen Punkte eine Familie von z^2 Größen T_{ik} vorgelegt. Falls dann beim Übergange vom Bezugssysteme u^i zum Systeme $u^{i'}$ die Größe $T_{ik} A^i B^k$ für *beliebige* Vektoren A und B invariant bleibt

$$S = T_{ik} A^i B^k = T_{ik}' A^{i'} B^{k'} \qquad \text{(IV 1, 25)}$$

bilden die T_{ik} die kovarianten Komponenten eines Tensors zweiter Stufe.

Zum Beweise ersetzen wir nach Gl. (III 5, 3) die Vektorkomponenten A^i, B^k durch ihre Werte im gestrichenen System und erhalten für den Skalar (IV 1, 25)

$$S = T_{ik} \alpha^i_j A^{j'} \alpha^k_l B^{l'} = T_{ik}' A^{i'} B^{k'}. \qquad \text{(IV 1, 26)}$$

Wir vertauschen linker Hand den Summationsindex j mit i sowie den Summationsindex l mit k und finden

$$\alpha^j_i \alpha^l_k T_{jl} A^{i'} B^{k'} = T_{ik}' A^{i'} B^{k'}. \qquad \text{(IV 1, 27)}$$

Wegen der Freiheit in der Wahl der A und B folgt hieraus

$$\alpha^j_i \alpha^l_k T_{jl} = T_{ik}'. \qquad \text{(IV 1, 28)}$$

Wir erweitern diese Gleichung mit $\overline{\alpha}^i_m \overline{\alpha}^k_n$ (für feste m und n), summieren nach den Indizes j und l und erhalten mit Rücksicht auf (III 4, 16)

$$T_{mn} = \overline{\alpha}^i_m \overline{\alpha}^k_n T_{ik}'. \qquad \text{(IV 1, 29)}$$

Der Vergleich mit (IV 1, 14) liefert den Beweis der Identität der T_{ik} mit den kovarianten Komponenten eines Tensors zweiter Stufe.

Auf genau analogem Wege zeigt man:

Sind im Raumpunkte P die Vektoren A und B mittels ihrer kovarianten Komponenten A_i, B_i gegeben und erweist sich für *beliebige* A und B

$$T^{ik} A_i B_k \qquad \text{(IV 1, 30)}$$

beim Übergang vom Systeme u^i auf $u^{i'}$ als Invariante, so bilden die z^2 Größen T^{ik} die kontravarianten Komponenten eines Tensors zweiter Stufe. Ebenso gilt:

Ist im Raumpunkte P der Vektor A mittels seiner kovarianten Komponenten A_i und der Vektor B mittels seiner kontravarianten Komponenten B^i gegeben, und erweist sich für *beliebige* A und B

$$T^i{}_k A_i B^k \qquad \text{(IV 1, 31)}$$

beim Übergang vom System u^i auf $u^{i'}$ als Invariante, so bilden die z^2 Größen $T^i{}_k$ die gemischten Komponenten eines Tensors zweiter Stufe.

h) Die im vorigen Abschnitt mitgeteilten Existenzsätze bedürfen einer Einschränkung für den Fall, daß B mit A identisch wird, so daß dann also nur noch dieser *eine* Vektor A beliebig gewählt werden kann.

Es sei demgemäß, analog (IV 1, 25)

$$S = T_{ik} A^i A^k \qquad \text{(IV 1, 32)}$$

ein Skalar (Invariante). Genau wie im Falle $B \neq A$ kommt man auf dem zu (IV 1, 27) führenden Weg zu der Gleichheit

$$\alpha_i^j \alpha_k^l T_{jl} A^{i\prime} A^{k\prime} = T_{ik}' A^{i\prime} A^{k\prime}. \qquad \text{(IV 1, 33)}$$

Da aber selbstverständlich $A^{i\prime} A^{k\prime} = A^{k\prime} A^{i\prime}$, folgt hieraus nur

$$(\alpha_i^j \alpha_l^k + \alpha_k^j \alpha_i^l) T_{jl} = T_{ik}' + T_{ki}'. \qquad \text{(IV 1, 34)}$$

Wir erweitern diese Gleichung mit $\overline{\alpha}_m^i \overline{\alpha}_n^k$ (m und n fest), summieren nach j und l und erhalten

$$T_{mn} + T_{nm} = \overline{\alpha}_m^i \overline{\alpha}_n^k (T_{ik}' + T_{ki}'). \qquad \text{(IV 1, 35)}$$

Der Vergleich mit (IV 1, 14) lehrt, daß man hieraus nur dann auf den Tensorcharakter von T schließen darf, falls die kovarianten Komponenten T_{mn} und T_{nm} einander gleich, der Tensor also ein symmetrischer ist. Der entsprechende Satz gilt für die Tensoreigenschaft von T, falls

$$S = T^{ik} A_i A_k \qquad \text{(IV 1, 36)}$$

ein Skalar ist; hier ist die Gleichheit der kontravarianten Komponenten $T^{mn} = T^{nm}$, also abermals Symmetrie des Tensors vorauszusetzen.

i) Falls die drei Skalare (IV 1, 25), (IV 1, 30) und (IV 1, 31) untereinander gleich sind und die Komponenten A^i, A_i einerseits, B^i, B_i andererseits je für sich immer demselben Vektor A, B angehören, sind T_{ik}, T^{ik} und $T^i{}_k$ die kovarianten, kontravarianten und gemischten Komponenten *desselben* Tensors zweiter Stufe T.

Sei etwa gemäß dieser Voraussetzung

$$T_{ik} A^i B^k = T^{ik} A_i B_k. \qquad \text{(IV 1, 37)}$$

Durch Erweitern mit $g_{ij} g_{kl}$ erhalten wir mit Rücksicht auf Gl. (IV 1, 17)

$$T_{ik} A_j B_l = g_{ij} g_{kl} T^{ik} A_i B_k. \qquad \text{(IV 1, 38)}$$

Wir vertauschen rechter Hand — unter Ausnützung der Symmetrieeigenschaft $g_{ij} = g_{ji}$; $g_{kl} = g_{lk}$ — die Summationsindizes i mit j; k mit l und finden

$$T_{ik} A_j B_l = g_{ij} g_{kl} T^{jl} A_j B_l \qquad \text{(IV 1, 39)}$$

also, wegen der Unabhängigkeit der Vektoren A und B

$$T_{ik} = g_{ij} g_{kl} T^{jl} \qquad \text{(IV 1, 40)}$$

und dies ist in der Tat identisch mit (IV 1, 16). Ähnlich folgt aus der Voraussetzung

$$T_{ik} A^i B^k = T^i{}_k A_i B^k \qquad \text{(IV 1, 41)}$$

nach Erweitern mit g_{ij}

$$T_{ik} A_j B^k = g_{ij} T^i{}_k A_i B^k = g_{ji} T^j{}_k A_j B^k, \qquad \text{(IV 1, 42)}$$

wo rechter Hand i mit j vertauscht wurde. Wegen der Unabhängigkeit von A und B resultiert hieraus, ebenfalls in Übereinstimmung mit (IV 1, 16),

$$T_{ik} = g_{ji} T^j{}_k. \qquad \text{(IV 1, 43)}$$

Wird der Vektor B mit A identisch, so reduziert sich die Gültigkeit der hier abgeleiteten Sätze gemäß Abschnitt h auf *symmetrische* Tensoren zweiter Stufe.

IV 2. Der Maßtensor.

a) In der Formel für die Norm des Radiusvektors r in affinen Koordinaten

$$(r)^2 = g_{ik}\, u^i\, u^k \qquad \text{(IV 2, 1)}$$

erscheint linker Hand ein Skalar, rechter Hand das Produkt der Ziffern g_{ik} mit den kontravarianten Komponenten des Vektors r. Da überdies definitionsgemäß $g_{ik} = g_{ki}$ ist, erweist sich auf Grund der in IV 1, h) entwickelten Existenzsätze der Inbegriff der z^2 Größen g_{ik} als kovariante Darstellung eines Tensors zweiter Stufe g. Dieser Tensor, dem wir schon beim Aufbau der Vektorrechnung in affinen Bezugssystemen wiederholt begegnet sind — ohne dort allerdings von seinem Tensorcharakter Gebrauch zu machen — heißt der *Maßtensor*.

b) Wir behaupten, daß die mittels Gl. (III 3, 16) eingeführten z^2 Größen $g^{ik} = g^{ki}$ die kontravarianten Komponenten des nämlichen Maßtensors repräsentieren.

Der Bèweis knüpft an die Relationen (III 3, 17) an

$$g_{jl}\, g^{kl} = \delta^k_j = \begin{matrix} 1 \text{ für } k = j \\ 0 \text{ für } k \neq j. \end{matrix} \qquad \text{(IV 2, 2)}$$

Mit ihrer Hilfe schreiben wir Gl. (IV 2, 1) um

$$(r)^2 = g_{kl}\, g^{kl}\, g_{ik}\, u^i\, u^k. \qquad \text{(IV 2, 3)}$$

Hierin sind, vermöge Gl. (III 3, 10)

$$\overline{u}_k \equiv u_k = g_{ik}\, u^i\,; \quad \overline{u}_l \equiv u_l = g_{kl}\, u^k \qquad \text{(IV 2, 4)}$$

die kovarianten Komponenten des Radiusvektors r. Aus (IV 2, 3) entspringt somit

$$(r)^2 = g^{kl}\, u_k\, u_l\,, \qquad \text{(IV 2, 5)}$$

so daß nach IV 1, sowohl (Abschnitt h) der Tensorcharakter der g^{kl} wie auch (Abschnitt i) die Identität dieses Tensors mit dem Maßtensor der g_{ik} erwiesen ist.

c) Die gemischten Komponenten des Maßtensors lauten nach Gl. (IV 1, 17)

$$g^i{}_k = g_{kl}\, g^{il} \qquad \text{(IV 2, 6)}$$

also, mit Rücksicht auf (IV 2, 2)

$$g^i{}_k = \delta^i_k. \qquad \text{(IV 2, 7)}$$

Der gemischte Tensor zweiter Stufe δ^i_k heißt der *Einheitstensor I*. Er zeichnet sich durch die Unabhängigkeit seiner Komponenten vom gewählten Bezugssystem aus. Denn setzt man im gestrichenen System

$$g^i{}_k{}' = \delta^i_k, \qquad \text{(IV 2, 8)}$$

so liefert (IV 2, 15)

$$g^i{}_k = \alpha^i_j\, \overline{\alpha}^l_k\, g^j{}_l{}' = \alpha^i_j\, \overline{\alpha}^l_k\, \delta^j_l = \alpha^i_l\, \overline{\alpha}^l_k = \delta^i_k, \qquad \text{(IV 2, 9)}$$

wie behauptet wurde.

d) Unter der *kovarianten Determinante* des Maßtensors (der „Maßdeterminante" schlechthin) verstehen wir die Determinante

$$g = \det g_{ik} \qquad \text{(IV 2, 10)}$$

Dagegen ist die kontravariante Determinante des Maßtensors durch

$$\overline{g} = \det g^{lm} \qquad \text{(IV 2, 11)}$$

definiert.

Aus der Tatsache, daß die g_{ik} einerseits, die g^{ik} andererseits die dualen Komponenten eben desselben Maßtensors bezeichnen, darf man sich keineswegs zu der Meinung verleiten lassen, als ob die Determinanten g und $\overline{g}$ einander gleich wären. Wohl aber besteht zwischen ihnen die invariante Beziehung, welche wir schon in III 3 kennen gelernt haben

$$g\,\overline{g} = 1. \qquad \text{(IV 2, 12)}$$

Ebenso entnehmen wir aus III 4 das Transformationsgesetz, welches die Umrechnung dieser Determinanten beim Übergang vom gestrichenen auf das ungestrichene Bezugssystem reguliert

$$g = \overline{A}^2 g' = \frac{1}{A^2} g' \qquad \text{(IV 2, 13)}$$

und

$$\overline{g} = A^2 \overline{g}' = \frac{1}{\overline{A}^2} \overline{g}'. \qquad \text{(IV 2, 14)}$$

Es sei daran erinnert, daß hierin A die Determinante der Matrix α^i_k und ebenso $\overline{A}$ die Determinante der Matrix $\overline{\alpha}^k_i$ bezeichnet. Auf Grund dieser Formeln erkennt man, daß in der Regel sowohl g wie auch $\overline{g}$ ihre Werte beim Übergang vom gestrichenen zum ungestrichenen Bezugssystem ändern, es sei denn, man beschränkt sich auf Transformationen der speziellen Eigenschaft $A^2 = \overline{A}^2 = 1$. Hiernach dürfen g und $\overline{g}$ *nicht als Skalare* aufgefaßt werden. Diesem negativen Ergebnis gegenüber offenbaren jedoch die Formeln (IV 2, 13) und (IV 2, 14) im *Vorzeichen* sowohl der Maßdeterminante g wie der kontravarianten Determinante $\overline{g}$ eine *Invariante* gegenüber beliebiger Koordinatentransformationen.

IV 3. Tensoren beliebiger Stufe.

a) Es seien in einem Punkte P des R_z eine Anzahl v voneinander unabhängiger Vektoren *A*, *B*, ... *V* vorgegeben. Wir denken uns etwa die ersten $r \leqq v$ unter ihnen mittels ihrer kontravarianten, die restlichen mittels ihrer kovarianten Komponenten dargestellt. Nunmehr bilden wir die Produkte

$$\Pi^{a,b,\dots r}{}_{s\dots v} = A^a B^b \dots R^r S_s \dots V_v, \qquad \text{(IV 3, 1)}$$

wobei die Zahlen a, b, ... v irgendwelche der Koordinatenindizes im Systeme der u^i bedeuten ($i = 1 \dots z$). Die Anzahl verschiedener Produkte dieser Art gleicht der Anzahl der Variationen von z Elementen — der Dimensionen — zur v-ten Klasse — der Anzahl der Vektoren —, sie beträgt also z^v.

Beim Übergang zum System $u^{i\prime}$ besteht, gemäß der Definition der Vektoren, zwischen dem Π'-Produkt im neuen und den Π-Produkten des alten Bezugssystemes die Relation

$$\begin{aligned} \Pi^{a,\,b\ldots r}{}_{s\ldots v} &= \alpha^{a}_{a*}\, A^{a*\prime}\, \alpha^{b}_{b*}\, B^{b*\prime} \ldots \alpha^{r}_{r*}\, R^{r*\prime}\, \overline{\alpha}^{s*}_{s}\, S_{s*}{}' \ldots \overline{\alpha}^{v*}_{v}\, V_{v*}{}' \\ &= \alpha^{a}_{a*}\, \alpha^{b}_{b*} \ldots \alpha^{r}_{r*}\, \overline{\alpha}^{s*}_{s} \ldots \overline{\alpha}^{v*}_{v}\, \Pi^{a*,\,b*,\ldots r*}{}_{s*\ldots v*}{}' \end{aligned} \qquad \text{(IV 3, 2)}$$

wobei verabredungsgemäß die Zahlen a* ... v* je die gesamte Reihe von 1 bis z durchlaufen. An diese Formel schließt sich folgende Definition an:

Jede Familie von z^v Größen $T^{a,\,b\ldots r}{}_{s\ldots v}$, welche sich beim Übergange vom Systeme u^i zum Systeme $u^{i\prime}$ im Raumpunkte P nach dem Muster der Π-Produkte in Gl. (IV 3, 2) transformiert, heißt ein *gemischter Tensor v-ter Stufe T*. Die Größe $T^{a,\,b\ldots r}{}_{s\ldots v}$ selbst gibt eine *Komponente* dieses Tensors an; sie ist in den (oberen) Indizes a ... r *kontravariant*, in den (unteren) Indizes s ... v *kovariant*. Für r = v geht der gemischte Tensor in die rein kontravariante Darstellung, für r = 0 in die rein kovariante Darstellung über. Der Fall v = 1 führt auf Vektoren zurück. Kommt man überein, die skalaren Größen als Tensoren nullter Stufe zu notieren, so deckt also der hier aufgestellte Begriff des gemischten Tensors v-ter Stufe alle bisher getrennt aufgeführten Kennzahlen der linearen Transformationen.

Die in (IV 3, 1) gegebenen Produkte bilden, auf Grund der gegebenen Definition, selbst die Komponenten eines gemischten Tensors v-ter Stufe. Allerdings ist er insofern von spezieller Natur, als er seiner Entstehung gemäß nur z . v voneinander unabhängige Komponenten besitzt. Doch kommt man, ganz ähnlich wie im Falle des Tensors zweiter Stufe früher gezeigt wurde, zu einem allgemeinen Tensor der in Rede stehenden Art, indem man statt nur *einer* Gruppe von v unabhängigen Vektoren deren z benützt, wobei ihre je gleichnamigen Tensorkomponenten zur resultierenden Komponente dieses Namens vereinigt werden.

b) Gegeben die Tensorkomponente $T^{a,\,b\ldots q,\,r}{}_{s\ldots v}$; gesucht wird die Komponente $T^{a,\,b\ldots q}{}_{r,\,s\ldots v}$ des gleichen Tensors, welche aus der erstgenannten durch „Heruntersetzen des Index" entsteht.

Aus der Vektorregel

$$R_r = g_{ri}\, R^i \qquad (i = 1 \ldots z) \qquad \text{(IV 3, 3)}$$

folgt für den speziellen Tensor (IV 3, 1) die Formel

$$T^{a,\,b\ldots q}{}_{r,\,s\ldots v} = g_{ri}\, T^{a,\,b\ldots q,\,i}{}_{s\ldots v}. \qquad \text{(IV 3, 4)}$$

Sie erweist sich sofort auch für den allgemeinen Tensor als gültig, indem man diesen, wie oben angedeutet, aus z Gruppen der Art (IV 3, 1) zusammensetzt und (IV 3, 4) auf jede dieser Gruppen anwendet.

Auf dem nämlichen Wege ergibt sich für den Übergang von der Tensorkomponente $T^{a,b\ldots r}{}_{s,t\ldots v}$ zur Komponente $T^{a,b\ldots r,s}{}_{t\ldots v}$ („Heraufsetzen des Index") mittels

$$S^s = g^{si}\, S_i \qquad (i = 1 \ldots z) \qquad \text{(IV 3, 5)}$$

die Vorschrift

$$T^{a,b\ldots r,s}{}_{t\ldots v} = g^{si}\, T^{a,b\ldots r}{}_{i,t\ldots v}. \qquad \text{(IV 3, 6)}$$

Die Operationen des Heruntersetzens und des Heraufsetzens können auch für mehrere Indizes gleichzeitig ausgeführt werden. Dabei tritt für jeden heruntergesetzten Index r der Faktor g_{ri} nebst anschließender Summierung über i und für jeden gehobenen Index s der Faktor g^{sj}, abermals mit anschließender Summierung über j, auf. Die Gesamtzahl der Multiplikationen und Summierungen gleicht also der Gesamtzahl der versetzten Indizes.

c) Ist

$$S = T^{a,b\ldots r}{}_{s\ldots v}\, A_a\, B_b, \ldots R_r\, S^s \ldots V^v \qquad \text{(IV 3, 7)}$$

für *beliebige* Vektoren *A*, *B*, ... *V* invariant gegen Wechsel des Bezugssystemes, so bildet die Gesamtheit der $T^{ab\ldots r}{}_{s\ldots v}$ einen gemischten Tensor v-ter Stufe.

Der Beweis verläuft auf Grundlage der Transformationsformeln der Vektoren genau wie im Spezialfall des Tensors zweiter Stufe (IV 1), so daß sich eine Wiederholung erübrigt.

d) Ein gemischter Tensor v-ter Stufe heißt symmetrisch, wenn er bei der Vertauschung zweier Indizes entweder der kontravarianten (oberen) oder der kovarianten (unteren) Reihe unverändert bleibt; schlägt er bei dieser Operation in sein Gegenteil um, so heißt er antimetrisch. Genau wie im Falle des Tensors zweiter Stufe beweist man, daß Symmetrie oder Antimetrie den Tensor in invarianter Weise charakterisieren.

Bei Tensoren von höherer als zweiter Stufe treten kompliziertere Symmetrie- oder Antimetriemerkmale den oben genannten ergänzend zur Seite; sie beziehen sich zum Teil auf die Permutation von mehr als zwei Indizes derselben Reihe, zum Teil auf den Austausch ganzer Indexgruppen, schließlich auch auf mehr als je zwei miteinander verglichene Tensorkomponenten. Der Kürze halber verzichten wir auf die Methodik der zahlreichen, sich hierbei bietenden Möglichkeiten und begnügen uns mit der Erläuterung von Einzelfällen an Hand der später gebrachten Beispiele.

In allen den Symmetriecharakter betreffenden Untersuchungen sind obere und untere Indexreihe streng getrennt zu halten; ein Austausch zwischen den Indizes verschiedener Reihen ist keineswegs in Betracht zu ziehen.

IV 4. Algebra der Tensoren.

a) Umfang der Tensoralgebra: Bei einer algebraischen Operation beschäftigen wir uns lediglich mit einer Gruppe von Tensoren, welche sämtlich *ein und demselben Raume* R_z angehören. (Dimensions-Bedingung.) Nachdem die *Dimensionszahl* z einmal vorgegeben wurde, gilt sie also im Verlaufe der algebraischen Operation als *unveränderlich*; dagegen kann sich wohl die *Stufenzahl* v des Tensors bei dieser Operation ändern.

Innerhalb des gegebenen R_z sind affine Koordinatentransformationen zulässig. Doch tritt, sobald man algebraische Operationen in Tensorfeldern auszuführen hat, die „*Ortsbindung*" als Zusatzbedingung auf. Es darf nur mit Tensoren gerechnet werden, die in *ein und demselben Raumpunkt* P definiert sind; wir beziehen uns weiterhin stets auf Tensoren dieser Art.

b) Multiplikation eines Tensors mit einem Skalar: Gegeben ein reeller Skalar S (Invariante). Unter dem Produkt des Tensors T mit dem Skalar S verstehen wir einen Tensor U

$$U = \mathrm{S}\, T, \tag{IV 4, 1}$$

dessen Komponenten aus den Komponenten des Originaltensors T je durch Multiplikation mit S hervorgehen. Die durch die Operation (IV 4, 1) miteinander verbundenen Tensoren T und U unterscheiden sich also weder in ihrer Stufenzahl noch in ihrer Darstellungsart.

Aus der Definition geht unmittelbar hervor, daß die Multiplikation eines Tensors mit einem Skalar dem assoziativen, dem distributiven und dem kommutativen Gesetze genügt.

c) Addition von Tensoren: Gegeben seien zwei Tensoren T_{I} und T_{II} von gleicher Stufenzahl v und gleicher Darstellungsart ihrer Komponenten. Unter ihrer Summe

$$T = T_{\mathrm{I}} + T_{\mathrm{II}} \tag{IV 4, 2}$$

versteht man einen Tensor der nämlichen Stufenzahl und Darstellungsart, dessen Komponenten je durch Addition der gleichindizierten Komponenten der Postentensoren gebildet sind. Die erklärte Operation genügt allen Gesetzen der Addition im Bereiche der gewöhnlichen Zahlen.

Die Bedeutung der Subtraktion der Tensoren T_{I} und T_{II}

$$T = T_{\mathrm{I}} - T_{\mathrm{II}} \tag{IV 4, 3}$$

erhellt durch Kombination von (IV 4, 1) und (IV 4, 2): Wir bilden zunächst aus T_{II} durch Multiplikation mit S = — 1 den Tensor $T_{\mathrm{II}}' = -T_{\mathrm{II}}$ und finden den Tensor (IV 4, 3) als Summe

$$T = T_{\mathrm{I}} + T_{\mathrm{II}}' = T_{\mathrm{I}} + (-T_{\mathrm{II}}). \tag{IV 4, 4}$$

Jede Komponente dieses Tensors entsteht also, indem man die Differenz der je gleichindizierten Komponenten von T_{I} und T_{II} bildet. Insbesondere gelten die Tensoren als einander *gleich*, wenn sämtliche Komponenten ihres

Differenztensors gleichzeitig verschwinden; die *Gleichheit* ist also ein *invariantes Kennzeichen* zweier Tensoren.

Die Addition (und Subtraktion) läßt sich auch dann ausführen, falls die zu verbindenden Tensoren zwar die gleiche Stufenzahl aufweisen, aber ihre Komponenten auf verschiedene Arten dargestellt sind; nur muß man dann vor Ausführung der Rechnung mittels der in IV 3 angegebenen Regeln sämtliche Komponenten auf eine einheitliche Darstellungsform bringen („Uniformisierung").

d) Äußere Multiplikation von Tensoren: Gegeben sei ein gemischter Tensor v_I-ter Stufe T_I und ein gemischter Tensor v_{II}-ter Stufe T_{II}. Unter ihrem *äußeren Produkte*

$$T_{I,II} = T_I \times T_{II} \tag{IV 4, 5}$$

(Achtung auf die Reihenfolge!) versteht man einen Tensor der $(v_I + v_{II})$-ten Stufe, dessen Komponenten durch Multiplikation der Komponenten der Faktortensoren gebildet sind. Da T_I die Komponentenzahl z^{v_I} und T_{II} die Komponentenzahl $z^{v_{II}}$ besitzt, treten im Produkttensor $T_{I,II}$ insgesamt $z^{v_I + v_{II}}$ Komponenten auf, im Einklang mit seiner Stufenzahl. Diese Regel rechtfertigt die früher erwähnte Auffassung des Skalares als Tensor nullter Stufe, da Gl. (IV 3, 1) sich ihr unterordnet. Bei der expliziten Berechnung solcher Produkte hat man die kontravarianten und die kovarianten Indexreihen streng getrennt zu halten. Da ferner die erklärte Operation zwar distributiv, aber nicht kommutativ ist, muß man die Stellung der Indizes in den Komponenten der miteinander verknüpften Tensoren genau beachten.

Als Beispiel der äußeren Multiplikation sei die Konstruktion des gemischten Tensors v-ter Stufe $\Pi^{a,b\ldots r}{}_{s\ldots v} = A^a B^b \ldots R^r S_s \ldots V_v$ nach Gl. (IV 3, 1) angeführt, in welchem als Faktoren die Vektoren (Tensoren erster Stufe) $A^a \ldots V_v$ auftreten. Da jede Teilgruppe von $n < v$ dieser Vektoren für sich schon einen Tensor n-ter Stufe erzeugen, gibt die nämliche Konstruktion ein Beispiel für die Bildung des Tensors v-ter Stufe als äußeres Produkt eines Tensors n-ter Stufe mit einem Tensor $(v - n)$-ter Stufe.

e) Verjüngung: Gegeben sei ein gemischter Tensor von mindestens zweiter Stufe $(v \geqq 2)$ mit den Komponenten $T^{a,b\ldots q,r}{}_{s,t\ldots v}$; es sei $0 < r < v$ vorausgesetzt, so daß also auch die Zahl $(v - r)$ seiner unteren Indizes von Null verschieden ausfällt. Setzt man nun je einen Index der oberen Reihe, etwa r, und einen Index der unteren Reihe, etwa s, einander gleich

$$r = s \to i \tag{IV 4, 6}$$

und summiert dann verabredungsgemäß über alle $1 \leqq i \leqq z$, so entsteht aus den z^v Komponenten von T eine Familie von nur noch z^{v-2} Größen

$$T^{*a,b\ldots q}{}_{t\ldots v} = T^{a,b\ldots q,i}{}_{i,t\ldots v}. \tag{IV 4, 7}$$

Dieser Prozeß heißt *Verjüngung*. Wir behaupten: Die $T^{*a,b\ldots q}{}_{t\ldots v}$ sind die Komponenten eines Tensors, dessen Stufenzahl v′ um den Betrag 2 niedriger ist als v. Der Beweis gründet sich auf die Beziehung (IV 3, 2) zwischen den Komponenten des Tensors T im Bezugssystem u^i zu seinen Komponenten im System $u^{i\,\prime}$:

$$T^{a,b\ldots q,r}{}_{s,t\ldots v} = \alpha^a_{a^*}\,\alpha^b_{b^*}\ldots\alpha^q_{q^*}\,\underset{\cdot}{\alpha^r_{r^*}}\,\underset{\cdot}{\overline{\alpha}^{s^*}_s}\,\overline{\alpha}^{t^*}_t\ldots\overline{\alpha}^{v^*}_v\,T^{a^*,b^*\ldots q^*,r^*}{}_{s^*,t^*\ldots v^*}{}' . \qquad \text{(IV 4, 8)}$$

Bei der Verjüngung tritt rechter Hand der Faktor auf — er ist der Deutlichkeit halber durch untergesetzte Punkte hervorgehoben —

$$\alpha^r_{r^*}\,\overline{\alpha}^{s^*}_s \rightarrow \alpha^i_{r^*}\,\overline{\alpha}^{s^*}_i = \delta^{s^*}_{r^*} = \begin{matrix} 1 \text{ für } r^* = s^* \\ 0 \text{ für } r^* \neq s^*. \end{matrix} \qquad \text{(IV 4, 9)}$$

Daher verbleibt bei der Summierung über alle r*, s* = 1 … z (für eine bestimmte Kombination der Indizes a*, b* … q*, t* … v*) in Gl. (IV 4, 8) nur jene eine Tensorkomponente, für welche s* = r* ist, und diese Gleichung reduziert sich auf

$$T^{a,b\ldots q,i}{}_{i,t\ldots v} = \alpha^a_{a^*}\,\alpha^b_{b^*}\ldots\alpha^q_{q^*}\,\overline{\alpha}^{t^*}_t\ldots\overline{\alpha}^{v^*}_v\,T^{a^*,b^*\ldots q^*,r^*}{}_{r^*,t^*\ldots v^*}{}'. \qquad \text{(IV 4, 10)}$$

Hieraus fließt für die in (IV 4, 7) definierten Größen, da die Benennung des doppelt vorkommenden Summationsindex belanglos ist, die Formel

$$T^{*a,b\ldots q}{}_{t\ldots v} = \alpha^a_{a^*}\,\alpha^b_{b^*}\ldots\alpha^q_{q^*}\,\overline{\alpha}^{t^*}_t\ldots\overline{\alpha}^{v^*}_v\,T^{*a^*,b^*\ldots q^*}{}_{t^*\ldots v^*}, \qquad \text{(IV 4, 11)}$$

welche, als Transformationsgesetz des gemischten Tensors vom (v — 2)-ten Grade, das behauptete Resultat der Verjüngung beweist. Wir erläutern den Prozeß der Verjüngung an einigen Beispielen:

1. Aus den kontravarianten Komponenten A^i des Vektors A und den kovarianten Komponenten B_k eines Vektors B konstruieren wir den gemischten Produkttensor zweiter Stufe

$$T^i{}_k = A^i\,B_k. \qquad \text{(IV 4, 12)}$$

Verjüngung liefert den Tensor nullter Stufe (Invariante)

$$T^i_i = A^i\,B_i, \qquad \text{(IV 4, 13)}$$

welcher uns bereits als skalares Produkt der Vektoren A und B bekannt ist.

2. Aus den kontravarianten Komponenten A^l des Vektors A und den kovarianten Komponenten g_{ik} des Maßtensors gewinnen wir durch äußere Multiplikation den Tensor dritter Stufe

$$T_{ik}{}^l = g_{ik}\,A^l. \qquad \text{(IV 4, 14)}$$

Die Verjüngung bezüglich der Indizes k und l führt auf den Vektor V mit den kovarianten Komponenten

$$V_i = g_{ik}\,A^k, \qquad \text{(IV 4, 15)}$$

also auf die kovarianten Komponenten von A selbst.

3. Aus dem Tensor T mit den gemischten Komponenten $T^{a,b,\ldots r}{}_{s\ldots v}$ entsteht durch Multiplikation mit den Komponenten A_{a*}, B_{b*} ..., R_{r*}, S^{s*} ... V^{v*} von v Vektoren der Tensor (2 v)-ter Stufe mit den Komponenten

$$T^{a,\,b,\ldots\, r,\; s*\ldots v*}_{a*,\,b*,\ldots r*,\,s\ldots\, v} = T^{a,b,\ldots r}{}_{s\ldots v}\, A_{a*}\, B_{b*}\ldots R_{r*}\, S^{s*}\ldots V^{v*}. \qquad \text{(IV 4, 16)}$$

Durch v-fache Verjüngung $a \to a^*, \ldots, v \to v^*$ resultiert der Skalar

$$S = T^{a,b,\ldots r}{}_{s\ldots v}\, A_a\, B_b \ldots R_r\, S^s \ldots V^v, \qquad \text{(IV 4, 17)}$$

auf dessen Existenz früher der Beweis für den Tensorcharakter der Familie $T^{a,b,\ldots r}{}_{s\ldots v}$ gegründet wurde.

4. Gegeben der Tensor zweiter Stufe T mittels seiner gemischten Komponenten $T^i{}_k$. Welche Beziehung besteht zwischen ihnen und den Komponenten $T_j{}^l$?

Wir bilden zunächst aus den kontravarianten Komponenten des Maßtensors und den gegebenen Komponenten von T den Tensor vierter Stufe T^* mit den gemischten Komponenten

$$T^{*ik}{}_j{}^l = g^{ik}\, T_j{}^l. \qquad \text{(IV 4, 18)}$$

Durch die Verjüngung $k \to j$ gelangen wir zu den kontravarianten Komponenten von T

$$T^{il} = T^{*ij}{}_j{}^l = g^{ij}\, T_j{}^l. \qquad \text{(IV 4, 19)}$$

Wir rufen jetzt die kovarianten Komponenten des Maßtensors zu Hilfe und bilden einen neuen Tensor vierter Stufe T^{**} mit den gemischten Komponenten

$$T^{**}{}_{mk}{}^{il} = g_{mk}\, T^{il} = g_{mk}\, g^{ij}\, T_j{}^l. \qquad \text{(IV 4, 20)}$$

Mittels der Verjüngung $m \to l$ finden wir also die Lösung der gestellten Aufgabe in der Formel

$$T^i{}_k = T^{**}{}_{lk}{}^{il} = g_{lk}\, g^{ij}\, T_j{}^l. \qquad \text{(IV 4, 21)}$$

5. Gegeben der Tensor T zweiter Stufe mittels seiner gemischten Komponenten $T^i{}_k$. Durch äußere Multiplikation mit dem gemischten Einheitstensor der Komponenten δ_l^m entsteht der Tensor T^* der vierten Stufe mit den gemischten Komponenten

$$T^{*i}{}_{kl}{}^m = T^i{}_k\, \delta_l^m. \qquad \text{(IV 4, 22)}$$

Durch die Verjüngung $k \to m$ kehren wir zu einem Tensor $\overline{T}$ der zweiten Stufe zurück, dessen gemischte Komponenten lauten

$$\overline{T}^i{}_l = T^i{}_k\, \delta_l^k = T^i{}_l. \qquad \text{(IV 4, 23)}$$

Sei T durch seine kovarianten Komponenten T_{ik} gegeben, so erhält man ebenso

$$T^*{}_{ikl}{}^m = T_{ik}\, \delta_l^m; \qquad \overline{T}_{il} = T_{ik}\, \delta_l^k = T_{il}. \qquad \text{(IV 4, 24)}$$

Bei kontravarianter Darstellung von T mittels der Komponenten T^{ik} entsteht zunächst

$$T^{*ikm}_{l} = T^{ik}\, \delta_l^m \qquad \text{(IV 4, 25)}$$

und nunmehr, durch die Verjüngung $k \to l$

$$\overline{T}^{im} = T^{il}\,\delta_l^m = T^{im}. \qquad (IV\ 4,\ 26)$$

Da sonach durch alle diese Operationen T in sich selbst überführt wird, vertritt in ihnen der Einheitstensor I die Rolle der Zahl 1 der gewöhnlichen Zahlenrechnung.

6. Gegeben die Tensoren zweiter Stufe S und T mittels ihrer gemischten Komponenten $S^i{}_j$ und $T^k{}_l$. Wir bilden aus ihnen den Tensor vierter Stufe R mit den gemischten Komponenten

$$R^i{}_j{}^k{}_l = S^i{}_j\,T^k{}_l \qquad (IV\ 4,\ 27)$$

und aus ihm durch Verjüngung $k \to j$ den Tensor zweiter Stufe R^* mit den gemischten Komponenten

$$R^{*i}{}_l = S^i{}_j\,T^j{}_l. \qquad (IV\ 4,\ 28)$$

Wir nennen R^* das *innere Produkt* oder *Matrizenprodukt* von S und T (in dieser Reihenfolge!) und schreiben symbolisch

$$R^* = (S\,T). \qquad (IV\ 4,\ 29)$$

Identifiziert man S mit T, so liefert diese Operation eindeutig den Tensor

$$(T\,T) \equiv T^2 \qquad (IV\ 4,\ 30)$$

und die n-malige Fortsetzung des gleichen Verfahrens ergibt die Gesamtheit aller ganzen, positiven Potenzen T^n von T. Indem man diese je mit passenden, skalaren Faktoren $C_{(n)}$ multipliziert und dann addiert, gelangt man zunächst zu dem Tensorpolynom

$$P(T) = \sum_n C_{(n)}\,T^n \qquad (IV\ 4,\ 31)$$

und der Grenzübergang $n \to \infty$ führt zum Begriff der *Tensorfunktion*. Wir kommen auf diese Entwicklung in Kapitel VIII in erweiterter und vertiefter Form zurück.

IV 5. Lineare Vektorfunktionen.

a) Gegeben sei im R_z ein Tensor zweiter Stufe T mittels seiner kovarianten Komponenten T_{ik}. Wir rufen einen Vektor A mit den kontravarianten Komponenten A^l zu Hilfe und bilden durch äußere Multiplikation von T mit A einen Tensor dritter Stufe T^* mit den gemischten Komponenten

$$T^*{}_{ik}{}^l = T_{ik}\,A^l. \qquad (IV\ 5,\ 1)$$

Durch den Prozeß der Verjüngung $l \to k$ steigen wir zu einem Vektor B herab, welchen man gelegentlich als inneres Produkt des Tensors T mit dem Vektor A bezeichnet und, mittels sinngemäßer Erweiterung des Symboles der inneren Multiplikation von Vektoren, in der Form

$$B = (T\,A) \qquad (IV\ 5,\ 2)$$

schreiben kann. Die kovarianten Komponenten des Vektors B lauten

$$B_i = T_{ik} A^k. \qquad \text{(IV 5, 3)}$$

Führt man dagegen den Verjüngungsprozeß $l \to i$ aus, so gelangt man zu einem, in der Regel von B verschiedenen Vektor $\tilde{B}$, welchen wir als die *duale Ergänzung* von B bezeichnen. Wir kennzeichnen ihn durch das Symbol der inneren Multiplikation

$$\tilde{B} = (A\,T), \qquad \text{(IV 5, 4)}$$

welches sich von (IV 5, 2) durch die Reihenfolge der Faktoren unterscheidet. Die kovarianten Komponenten des Vektors $\overline{B}$ folgen mittels

$$\tilde{B}_k = T_{ik} A^i \qquad \text{(IV 5, 5)}$$

oder, nachdem man die Indizes i und k miteinander vertauscht, mittels

$$\tilde{B}_i = T_{ki} A^k \qquad \text{(IV 5, 6)}$$

Führt man also die *duale Ergänzung $\tilde{T}$ des Tensors zweiter Stufe T* durch die Definition ein

$$\tilde{T}_{ik} = T_{ki} \qquad \text{(IV 5, 7)}$$

so kann man (IV 5, 4) in die Form kleiden

$$\tilde{B} = (A\,T) = (\tilde{T}\,A). \qquad \text{(IV 5, 8)}$$

Falls insbesondere T ein symmetrischer Tensor ist, wird $T \equiv \tilde{T}$ und $B \equiv \tilde{B}$, während im Falle eines antimetrischen Tensors die Beziehungen $T \equiv -\tilde{T}$ und $B \equiv -\tilde{B}$ gelten.

Sei T mittels der gemischten Komponenten $T_i{}^k$ gegeben, während A kovariant dargestellt sei; dann ist der Vektor B mit den kovarianten Komponenten

$$B_i = T_i{}^k A_k = T_i{}^k g_{kj} A^j = T_{ij} A^j \qquad \text{(IV 5, 9)}$$

identisch mit (IV 5, 3), so daß er mittels (IV 5, 2) symbolisch bezeichnet werden darf. Dagegen führt die Operation

$$\tilde{B}^k = T_i{}^k A^i; \quad \tilde{B}^i = T_k{}^i A^k \qquad \text{(IV 5, 10)}$$

mittels der Umrechnung

$$\tilde{B}_i = g_{ik} \tilde{B}^k = g_{ik} T_j{}^k A^j = T_{ji} A^j \qquad \text{(IV 5, 11)}$$

auf (IV 5, 6) zurück, so daß sie durch das Symbol (IV 5, 8) erfaßt wird. Im Einklang mit (IV 5, 7) sind also die gemischten Komponenten der dualen Ergänzung $\tilde{T}$ nach der Vorschrift zu berechnen

$$\tilde{T}_i{}^k = T^k{}_i = g^{kj} g_{li} T_j{}^l. \qquad \text{(IV 5, 12)}$$

Auf dem gleichen Wege beweist man die kontravariante Darstellung

$$\tilde{T}^{ik} = T^{ki}. \qquad \text{(IV 5, 13)}$$

Vom formalen Standpunkt aus kann man, die im Bereiche allein des Vektorbegriffes früher erklärten elementaren Rechenoperationen der

Addition, Subtraktion und Multiplikation erweiternd und abschließend, an Hand von (IV 5, 3) die *Division zweier Vektoren* mittels des Tensors T definieren, indem man schreibt

$$T = \frac{B}{A}; \quad [B = (T\,A)]. \tag{IV 5, 14}$$

b) Geometrisch ist durch den Prozeß (IV 5, 3) eine *Abbildung* des Vektors A (Original) auf den Vektor B (Bild) hergestellt, welche von einer *linearen Vektorfunktion* vermittelt wird. Setzt man nämlich

$$A = A_{(1)} + A_{(2)} \tag{IV 5, 15}$$

und

$$B = B^{(1)} + B^{(2)}, \tag{IV 5, 16}$$

so erhellt der lineare Charakter der Abbildung aus der Gleichung

$$B = B^{(1)} + B^{(2)} = (T\,A_{(1)}) + (T\,A_{(2)}) = (T\,\{A_{(1)} + A_{(2)}\}) = (T\,A). \tag{IV 5, 17}$$

Falls die Determinante $\mathrm{T} = \det \mathrm{T}_{ik}$ der Tensorkomponenten von Null verschieden ist — dies soll weiterhin stets vorausgesetzt werden — ist die Abbildung des Vektors A in den Vektoren B *umkehrbar*, und wir setzen

$$A = (\overline{T}\,B). \tag{IV 5, 18}$$

Im Einklang mit der Darstellung des Vektors A durch seine kontravarianten und von B durch seine kovarianten Komponenten hat man $\overline{T}$ kontravariant zu formulieren:

$$\mathrm{A}^i = \overline{T}^{ik}\,\mathrm{B}_k. \tag{IV 5, 19}$$

Man bezeichnet $\overline{T}$ als den zu T *reziproken Tensor* und schreibt, in formaler Übertragung der algebraischen Operationssymbole

$$\overline{\mathrm{T}} = (T)^{-1} \equiv T^{-1}. \tag{IV 5, 20}$$

Darin berechnen sich die Komponenten $\overline{\mathrm{T}}^{ik}$ durch Auflösung der z linearen Gl. (IV 5, 3): Sei t^{ki} die zu T_{ik} gehörige Unterdeterminante der Determinante T (Achtung auf die Stellung der Indizes!), so gilt

$$\overline{\mathrm{T}}^{ik} = \frac{\mathrm{t}^{ik}}{\mathrm{T}} \tag{IV 5, 21}$$

und hieraus folgt die Regel

$$\mathrm{T}_{ik}\,\overline{\mathrm{T}}^{kj} = \frac{\mathrm{T}_{ik}\,\mathrm{t}^{kj}}{\mathrm{T}} = \delta_i^j. \tag{IV 5, 22}$$

c) Gibt es innerhalb der Abbildung (IV 5, 3) spezielle Vektoren $A = A^*$, deren Bildvektor $B = B^*$ dem Originalvektor parallel gerichtet ist?

Die gefragten Vektoren sind durch einen *Maßstabsfaktor* λ von zunächst noch nicht bekannter Größe miteinander verknüpft

$$B^* = \lambda\,A^*. \tag{IV 5, 23}$$

Da diese vektorielle Gleichung die Gesamtheit aller Komponenten gleicher Art betrifft, gilt insbesondere die kovariante Forderung

$$B_i^* = \lambda A_i^* = \lambda g_{ik} A^{*k}, \tag{IV 5, 24}$$

so daß wir durch Einsetzen in (IV 5, 3) erhalten

$$\lambda g_{ik} A^{*k} = T_{ik} A^{*k} \tag{IV 5, 25}$$

oder

$$(T_{ik} - \lambda g_{ik}) A^{*k} = 0. \tag{IV 5, 26}$$

Dies ist ein System von z linearen, homogenen Gleichungen für die z Komponenten A^{*k}. Soll — neben der trivialen Lösung $A^{*k} \equiv 0$ — eine endliche Lösung existieren, so muß die Determinante des Koeffizientensystemes von (IV 5, 26) verschwinden

$$\det (T_{ik} - \lambda g_{ik}) = 0. \tag{IV 5, 27}$$

Dies ist eine algebraische Gleichung vom Grade z für den unbekannten Maßstabsfaktor λ. Wir setzen voraus, daß ihre z Wurzeln, die *Eigenwerte* $\lambda_{(p)}$ $(p = 1 \ldots z)$ sämtlich voneinander verschieden sind. Dann existieren also auch z voneinander verschiedene Paare von je einem Originalvektor $A^*_{(p)}$ und einem Bildvektor $B^*_{(p)}$, welche dem nämlichen Eigenwerte $\lambda_{(p)}$ zugeordnet sind, und welche definitionsgemäß in die gleiche Richtung weisen. Ihre Gesamtheit zeichnet im z-dimensionalen Raume z verschiedene Orientierungen aus, welche die Struktur des Tensors T charakterisieren und als seine *Hauptachsen* bezeichnet werden. Aus ihrer Definition geht hervor, daß die Eigenwerte mit den Tensorkomponenten im Hauptachsensystem identisch, also unabhängig von jenem Bezugssysteme sind, in welchem die Komponenten von T ursprünglich gemessen werden. Denkt man sich daher Gl. (IV 5, 27) explizit entwickelt und schreibt sie — gegebenen Falles nach Teilung durch den Faktor von λ^z — in der geordneten Form

$$\lambda^z + t_{(1)} \lambda^{z-1} + t_{(2)} \lambda^{z-2} + \ldots + t_{(z)} \equiv [\lambda - \lambda_{(1)}] [\lambda - \lambda_{(2)}] \ldots [\lambda - \lambda_{(z)}] = 0, \tag{IV 5, 28}$$

so erweist sich jeder der Koeffizienten $t_{(1)}, t_{(2)}, \ldots t_{(z)}$ als *Invariante*.

d) Bei beliebigen Werten der Tensorkomponenten kann es vorkommen, daß die Eigenwerte sämtlich oder teilweise komplex ausfallen; wir verschieben diesen Fall auf die systematische Untersuchung komplex-komponentiger Tensoren zweiter Stufe (Kapitel VIII). Falls jedoch der Tensor *symmetrisch* ist

$$T_{ik} = T_{ki}; \qquad T \equiv \tilde{T} \tag{IV 5, 29}$$

stehen seine Hauptachsen *senkrecht* aufeinander.

Zum Beweise dieser Behauptung wählen wir zwei voneinander verschiedene Wurzeln $\lambda_{(1)}$ und $\lambda_{(2)}$:

$$\lambda_{(1)} \neq \lambda_{(2)}. \tag{IV 5, 30}$$

Dann liefert (IV 5, 26) für die i-te kovariante Komponente des Vektors $A^*_{(1)}$

$$\lambda_{(1)}\, g_{ik}\, A^{*k}_{(1)} = T_{ik}\, A^{*k}_{(1)} \qquad \text{(IV 5, 31)}$$

und gleichzeitig — nach Umbenennung des Summationsindex — für die k-te kovariante Komponente des Vektors $A^*_{(2)}$

$$\lambda_{(2)}\, g_{ki}\, A^{*i}_{(2)} = T_{ki}\, A^{*i}_{(2)} \,. \qquad \text{(IV 5, 32)}$$

Wir erweitern (IV 5, 31) mit $A^{*i}_{(2)}$ und (IV 5, 32) mit $A^{*k}_{(1)}$, subtrahieren und erhalten wegen $g_{ik} = g_{ki}$

$$(\lambda_{(1)} - \lambda_{(2)})\, g_{ik}\, A^{*k}_{(1)}\, A^{*i}_{(2)} = (T_{ik} - T_{ki})\, A^{*k}_{(1)}\, A^{*i}_{(2)}. \qquad \text{(IV 5, 33)}$$

Mit Rücksicht auf die Voraussetzungen (IV 5, 29) und (IV 5, 30) schließen wir hieraus auf

$$g_{ik}\, A^{*k}_{(1)}\, A^{*i}_{(2)} \equiv (A^*_{(1)}\, A^*_{(2)}) = 0, \qquad \text{(IV 5, 34)}$$

womit der Beweis erbracht ist.

e) Das Hauptachsenproblem nimmt eine etwas vereinfachte algebraische Form an, wenn man von der gemischten Darstellung des Tensors T mittels seiner Komponenten $T^i{}_k$ ausgeht. Benützt man nämlich etwa die kontravarianten Komponenten der Vektoren A und B, so lautet die Abbildungsgleichung

$$B^i \equiv \delta^i_k\, B^k = T^i{}_k\, A^k. \qquad \text{(IV 5, 35)}$$

Die nach den Hauptachsen ausgerichteten Vektoren A^* und B^* müssen daher der Forderung genügen

$$\lambda\, \delta^i_k\, A^{*k} = T^i{}_k\, A^{*k} \qquad \text{(IV 5, 36)}$$

oder

$$(T^i{}_k - \lambda\, \delta^i_k)\, A^{*k} = 0, \qquad \text{(IV 5, 37)}$$

welche sich von (IV 5, 25) oder (IV 5, 26) formal lediglich durch die Komponenten des Einheitstensors δ^i_k (gemischte Komponenten des Maßtensors) an Stelle der Komponenten g_{ik} des kovariant dargestellten Maßtensors unterscheiden. Dementsprechend erscheint die Gleichung für den Maßstabsfaktor λ in der Gestalt

$$\det (T^i{}_k - \lambda\, \delta^i_k) = 0. \qquad \text{(IV 5, 38)}$$

Wegen ihres Auftretens beim Problem der interplanetaren Bahnstörungen mit ihren, sich über Jahrhunderte erstreckenden Perioden pflegt man (IV 5, 38) als *Säkulargleichung* zu bezeichnen. Sie ist insofern wesentlich einfacher als (IV 5, 27) gebaut, als die Unbekannte λ nunmehr nur noch in den Gliedern der „Hauptdiagonalen" der Determinante (IV 5, 38) vorkommt. Beispielsweise lautet die explizite Form der Säkulargleichung im R_3 für einen symmetrischen Tensor

$$\begin{vmatrix} T^1_1 - \lambda & T^1_2 & T^1_3 \\ T^2_1 & T^2_2 - \lambda & T^2_3 \\ T^3_1 & T^3_2 & T^3_3 - \lambda \end{vmatrix} = 0. \qquad \text{(IV 5, 39)}$$

f) Während die Symmetrie (IV 5, 29) notwendig die Orthogonalität der Hauptachsen nach sich zieht, gilt das keineswegs immer im Falle

$$T^{i}{}_{k} = T^{k}{}_{i}. \qquad \text{(IV 5, 40)}$$

In der Tat wurde schon früher darauf hingewiesen, daß die Relation (IV 5, 40) keine invariante Tensoreigenschaft ausspricht und insbesondere nichts über die Symmetrie des Tensors lehrt. Um diesen Sachverhalt aufzuklären, bilden wir, analog zu (IV 5, 31) und (IV 5, 32)

$$\lambda_{(1)}\, \delta^{i}_{k}\, A^{*k}_{(1)} = T^{i}{}_{k}\, A^{*k}_{(1)} \qquad \text{(IV 5, 41)}$$

und

$$\lambda_{(2)}\, \delta^{k}_{i}\, A^{*i}_{(2)} = T^{k}{}_{i}\, A^{*i}_{(2)}. \qquad \text{(IV 5, 42)}$$

Wir erweitern (IV 5, 41) mit der kovarianten Komponente $A^{*}_{(2)i}$ und ebenso (IV 5, 42) mit der kovarianten Komponente $A^{*}_{(1)k}$ und erhalten durch Subtraktion

$$\lambda_{(1)}\, \delta^{i}_{k}\, A^{*k}_{(1)}\, A^{*}_{(2)i} - \lambda_{(2)}\, \delta^{k}_{i}\, A^{*i}_{(2)}\, A^{*}_{(1)k} \equiv \{\lambda_{(1)} - \lambda_{(2)}\}\, (A^{*}_{(1)}\, A^{*}_{(2)}) =$$
$$= T^{i}{}_{k}\, A^{*k}_{(1)}\, A^{*}_{(2)i} - T^{k}{}_{i}\, A^{*i}_{(2)}\, A^{*}_{(1)k}. \qquad \text{(IV 5, 43)}$$

Nun ist aber in der Regel

$$A^{*k}_{(1)}\, A^{*}_{(2)i} \neq A^{*i}_{(2)}\, A^{*}_{(1)k}, \qquad \text{(IV 5, 44)}$$

so daß die rechte Seite von (IV 5, 43) nicht verschwindet; damit entfällt der Schluß auf die Orthogonalität der $\lambda_{(1)}$ und $\lambda_{(2)}$ zugehörigen Hauptachsen.

Eine wichtige Ausnahme von diesem Satze findet für den Fall *Kartesischer* Bezugssysteme statt. Denn in diesen sind ja kovariante und kontravariante Vektorkomponenten miteinander identisch, so daß man folgert

$$A^{*k}_{(1)}\, A^{*}_{(2)i} \equiv A^{*i}_{(2)}\, A^{*}_{(1)k}. \qquad \text{(IV 5, 45)}$$

Wegen (IV 5, 40) verschwindet nunmehr die rechte Seite von (IV 5, 43), so daß man zur Orthogonalität der Hauptachsen zurückkommt.

g) Wir wählen die Hauptachsen selbst als Achsen eines neuen, affinen Bezugssystemes. Sind in ihm A^{*i} die kontravarianten Komponenten von A und B^{*i} die kontravarianten Komponenten von B, so folgt aus (IV 5, 23)

$$B^{*i} = \lambda_{(i)}\, A^{*i} \equiv \lambda_{(i)}\, \delta^{i}_{k}\, A^{*k}. \qquad \text{(IV 5, 46)}$$

Hiernach stellt, wie schon oben erwähnt, die Gesamtheit der Wurzeln $\lambda_{(m)}$ $(m = 1 \ldots z)$ mittels der Größen

$$T^{*i}_{k} = \lambda_{(i)}\, \delta^{i}_{k} \qquad \text{(IV 5, 47)}$$

die gemischten Komponenten des Tensors T in dem neuen Bezugssystem dar. Da sie ersichtlich der Bedingung $T^{*i}{}_{k} = T^{*k}{}_{i}$ genügen, bilden sie das Beispiel eines Tensors der Eigenschaft (IV 5, 40), dessen Hauptachsen in der Regel nicht senkrecht aufeinander stehen.

h) Es verbleibt die Aufgabe, die Richtungen der Hauptachsen relativ zu den Grundvektoren a^{i} des ursprünglich gegebenen affinen Systemes anzugeben.

Wir kehren zu den z Gleichungen (IV 5, 26) zurück, welche für die der Wurzel $\lambda_{(m)}$ zugehörige Hauptachse (m) lauten

$$(T_{ik} - \lambda_{(m)} g_{ik}) A^{*k}_{(m)} = 0 \quad (i = 1 \ldots z). \qquad \text{(IV 5, 48)}$$

Hierin sei abkürzend gesetzt

$$S_{ik} = T_{ik} - \lambda_{(m)} g_{ik} \qquad \text{(IV 5, 49)}$$

und es bezeichne s^{ki} die zu S_{ik} in der Determinante $S = \det S_{ik}$ gehörige Unterdeterminante. Wir behaupten: Sei K eine willkürliche Konstante, so ist die Lösung des Systemes (IV 5, 48)

$$A^{*k}_{(m)} = K\, s^{km}. \qquad \text{(IV 5, 50)}$$

Denn nach dem Entwicklungssatze der Determinanten gilt

$$S_{ik}\, s^{km} = \delta_i^m\, S = \begin{matrix} S \text{ für } m = i \\ 0 \text{ für } m \neq i. \end{matrix} \qquad \text{(IV 5, 51)}$$

Da nun wegen (IV 5, 27) die rechte Seite dieser Gleichung auch für $m = i$ verschwindet, sind in der Tat sämtliche Gl. (IV 5, 48) erfüllt.

Sei jetzt $1^*_{(m)}$ der Einheitsvektor in Richtung der untersuchten Hauptachse

$$1^*_{(m)} = \frac{A^*_{(m)}}{|A^*_{(m)}|}. \qquad \text{(IV 5, 52)}$$

Aus

$$|A^*_{(m)}|^2 = (A^*_{(m)})^2 = g_{ik}\, A^{*i}_{(m)}\, A^{*k}_{(m)} \qquad \text{(IV 5, 53)}$$

folgt dann mit Rücksicht auf (IV 5, 50) als Lösung der gestellten Aufgabe

$$1^{*j}_{(m)} = \frac{s^{jm}}{\sqrt{g_{ik}\, A^{*i}_{(m)}\, A^{*k}_{(m)}}}. \qquad \text{(IV 5, 54)}$$

i) Der *Tensor T* und *seine duale Ergänzung* $\tilde{T}$ besitzen stets das *nämliche Eigenwert-Spektrum*; denn die Determinante (IV 5, 27) ändert sich nicht, falls man ihre Zeilen mit den Spalten vertauscht. Dagegen sind für $T \neq \tilde{T}$ die *Eigenvektoren* des Tensors T *durchaus verschieden* von den Eigenvektoren der dualen Ergänzung $\tilde{T}$.

k) Bisher sind wir von einem Tensor zweiter Stufe T ausgegangen, welcher mittels (IV 5, 2) den Vektor A in den Vektor B abbildet. Wir behaupten nunmehr umgekehrt: Besteht zwischen dem Vektor $A = a_k\, A^k = \overline{a}^k\, A_k$ und einem Vektor $B = a_i\, B^i = \overline{a}^i\, B_i$ eine Relation von der Form

$$B_i = S_{ik}\, A^k, \qquad \text{(IV 5, 55)}$$

so bilden die S_{ik} die kovarianten Komponenten eines Tensors zweiter Stufe S. Zum Beweise rufen wir einen *beliebigen* Vektor $C = a_j\, C^j = \overline{a}^j\, C_j$ zu Hilfe und bilden die Invariante

$$(B\, C) = B_i\, C^i = S_{ik}\, A^k\, C^i. \qquad \text{(IV 5, 56)}$$

Daher enthält der Existenzsatz der Tensoren nach IV 1, h) den verlangten Beweis; ähnlich schließt man aus

$$B_i = S_i{}^k\, A_k; \qquad B^i = S^i{}_k\, A^k \qquad \text{(IV 5, 57)}$$

auf die Existenz des Tensors S, der nunmehr mittels seiner gemischten Komponenten dargestellt ist.

IV 6. Elastische Deformationen von Seilen und Wellen.

a) Gegeben sei ein vollkommen biegsames Seil der Länge l, welches zwischen den zwei Festpunkten A und B durch die Kraft S gespannt wird. In den Abständen $0 < x^i < l$ $(i = t \ldots z)$ von A greifen entsprechend Abb. IV 1, (a) die Kräfte K_i $(i = t \ldots z)$ an, welche sämtlich senkrecht zur Ruhelage des Seiles gerichtet seien. Gesucht werden die von ihnen geweckten Verrückungen y^i der Punkt x^i.

b) Wir vernachlässigen die Eigenmasse des Seiles, also auch sein Eigengewicht und setzen S als so groß gegenüber dem Betrage aller K_i voraus, daß die Spannung auch des deformierten Seiles nirgends merklich

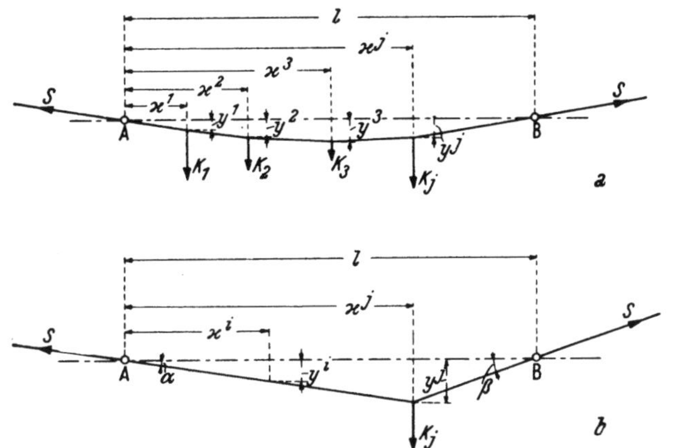

Abb. IV 1. (*a*) Orientierung am deformierten Seil.
(*b*) Deformation des Seiles durch den Einfluß einer Einzelkraft.

von S abweicht. Die Dehnbarkeit des Seiles wird als so gering angenommen, daß alle y^i stets klein gegen die x^i bleiben.

Im Anschluß an Abb. IV 1, (b) untersuchen wir nun zunächst die Deformation des Seiles unter dem Einfluß der Einzelkraft $K_{(j)}$: Indem man den Sinus der bei A und B auftretenden Deformationswinkel α und β auf Grund der genannten Voraussetzungen mit ihrem Tangens vertauschen darf, lautet die Gleichgewichtsbedingung des Angriffspunktes selbst

$$K_{(j)} = S\left\{\frac{y^{(j)}}{x^{(j)}} + \frac{y^{(j)}}{l - x^{(j)}}\right\}; \qquad y^{(j)} = \frac{x^{(j)}\,(l - x^{(j)})}{l}\,\frac{K_{(j)}}{S}. \qquad \text{(IV 6, 1)}$$

Die Deformation des Seilabschnittes $0 \leqq x \leqq x^{(j)}$ wird also durch die Gleichung der Geraden beschrieben

$$y = \frac{x}{x^{(j)}}\,y^{(j)} = \frac{x\,(l - x^{(j)})}{l}\,\frac{K_{(j)}}{S} \qquad \text{(IV 6, 2)}$$

und ebenso die Deformation des Seilabschnittes $x^{(j)} \leqq x \leqq l$ durch

$$y = \frac{l - x}{l - x^{(j)}}\,y^{(j)} = \frac{(l - x)\,x^{(j)}}{l}\,\frac{K_{(j)}}{S}\,. \qquad \text{(IV 6, 3)}$$

Wir identifizieren in (IV 6, 2) x mit $x^{(i)} \leqq x^{(j)}$, in (IV 6, 3) mit $x^{(k)} \geqq x^{(j)}$ und erhalten

$$y^{(i)} = \frac{x^{(i)}(1 - x^{(j)})}{1}\frac{K_{(j)}}{S}; \quad [x^{(i)} \leqq x^{(j)}] \qquad \text{(IV 6, 4)}$$

sowie

$$y^{(k)} = \frac{(1 - x^{(k)})\, x^{(j)}}{1}\frac{K_{(j)}}{S}; \quad [x^{(k)} \geqq x^{(j)}]. \qquad \text{(IV 6, 5)}$$

Die resultierende Verrückung y^j folgt hieraus durch Summierung über alle gleichzeitig wirkenden Kräfte. Wir setzen

$$T^{ij} = \frac{x^i (l^i - x^j)}{l} = T^{ji} \qquad \text{(IV 6, 6)}$$

und finden, mit Ausnützung der Summenkonvention

$$y^i = T^{ij}\frac{K_j}{S}. \qquad \text{(IV 6, 7)}$$

c) Wir betrachten weiterhin die Abszissen x^i der Angriffspunkte der Kräfte als invariant. Dagegen definieren wir die y^i als kontravariante Komponenten eines einheitlichen Vektors y, des *Verrückungsvektors.* Ebenso liefern die Verhältnisse K_j/S die kovarianten Komponenten $\varkappa_j$ eines zweiten Vektors $\varkappa$, der auf die Einheit S bezogenen numerischen *Belastung*. Der Übergang zu einem neuen Bezugssysteme verlangt hiernach die Ausführung zweier gegenläufiger Transformationen, welche definitionsgemäß die x^i nicht betreffen. In dieser Terminologie repräsentiert die Gesamtheit der T^{ik} die kontravarianten Komponenten eines z-dimensionalen Tensors zweiter Stufe T, welcher nach (IV 6, 8) symmetrisch ausfällt; wir bezeichnen ihn als *Einflußtensor*. Mit seiner Hilfe schreibt sich (IV 6, 7) in der Form

$$y = (T\varkappa). \qquad \text{(IV 6, 8)}$$

Umgekehrt drücken sich die (numerischen) Kräfte als Funktion der Verrückung mittels der Tensorgleichung aus

$$\varkappa = (T^{-1}\, y). \qquad \text{(IV 6, 9)}$$

d) Die vorstehenden Überlegungen lassen sich unschwer auf den technisch höchst wichtigen Fall der elastischen Deformation einer zylindrischen Welle vom Halbmesser a übertragen. An den Fixpunkten A und B hat man sich jetzt Lager vorzustellen, deren Orientierung im Konfigurationsraume den Bewegungen der Welle frei folgen kann.

Es sei M (x) das statische Drehmoment, welches im Abstande x von A auf die ruhende Welle einwirkt, E ihr Elastizitätsmodul (vergleiche V 4) und $\Theta = a^4\pi/4$ das Trägheitsmoment des Wellenquerschnittes. Dann liefert die elementare Festigkeitslehre für die Deformation y der Wellenachse die Differentialgleichung

$$\frac{d^2y}{dx^2} = \frac{M(x)}{E\,\Theta}. \qquad \text{(IV 6, 10)}$$

Wir vernachlässigen die Eigenmasse der Welle, also auch ihr Eigengewicht. Im Falle der Einzelkraft $K_{(j)}$, welche im Punkte $x^{(i)}$ senkrecht zur Gleichgewichtslage der Welle angreift, gilt dann

$$\begin{aligned} M(x) &= K_{(j)} \frac{x\,(l - x^{(j)})}{l} \quad \text{für } 0 \leqq x \leqq x^{(j)} \\ M(x) &= K_{(j)} \frac{(l - x)\,(x^{(j)})}{l} \quad \text{für } x^{(j)} \leqq x \leqq l. \end{aligned} \qquad \text{(IV 6, 11)}$$

Die Randbedingungen der Biegungslinie an den Lagern lauten

$$y = 0 \text{ für } x = 0 \text{ und } x = l. \qquad \text{(IV 6, 12)}$$

Der strukturelle Zusammenhang der Welle in $x = x^{(j)}$ verlangt dort sowohl die Stetigkeit der Biegungslinie wie ihrer Steigung:

$$\begin{aligned} \lim_{x \to x^{(j)} - 0} y &= \lim_{x \to x^{(j)} + 0} y \\ \lim_{x \to x^{(j)} - 0} \left(\frac{dy}{dx}\right) &= \lim_{x \to x^{(j)} + 0} \left(\frac{dy}{dx}\right). \end{aligned} \qquad \text{(IV 6, 13)}$$

Wir erfüllen (IV 6, 12) und (IV 6, 13) gleichzeitig durch folgendes Integral der Gl. (IV 6, 10):

$$\begin{aligned} y &= \frac{x\,(l - x^{(j)})\,\{x^2 - l^2 + (l - x^{(j)})^2\}}{l^3} \, \frac{l^2 K_{(j)}}{6\,E\,\Theta} \quad \text{für } 0 \leqq x \leqq x^{(j)}, \\ y &= \frac{x^{(j)}\,(l - x)\,\{x^{(j)2} - l^2 + (l - x)^2\}}{l^3} \, \frac{l^2 K_{(j)}}{6\,E\,\Theta} \quad \text{für } x^{(j)} \leqq x \leqq l, \end{aligned} \qquad \text{(IV 6, 14)}$$

wovon man sich durch Einsetzen überzeugt. Indem wir nun x mit $x^{(i)}$ identifizieren und, wie früher, unter Benützung der Summenkonvention über alle gleichzeitig wirkenden Kräfte summieren, gelangen wir zu der Formulierung

$$y^i = T^{ij} \varkappa_j. \qquad \text{(IV 6, 15)}$$

Hierin interpretieren wir die y^i als die kontravarianten Komponenten des Verrückungsvektors y und die

$$\varkappa_j = \frac{l^2 K_j}{6\,E\,\Theta} \equiv \frac{K_j}{S}; \qquad S = \frac{6\,E\,\Theta}{l^2} \qquad \text{(IV 6, 16)}$$

als kovariante Komponenten des Vektors $\varkappa$, der auf die Einheit S bezogenen numerischen Belastung. Die T^{ij} definieren somit die kontravarianten Komponenten des Einflußtensors zweiter Stufe T:

$$T^{ij} = \frac{x^i\,(l - x^j)\,\{(x^i)^2 - l^2 + (l - x^j)^2\}}{l^3} = T^{ji}. \qquad \text{(IV 6, 17)}$$

Die tensorielle Zusammenfassung von (IV 6, 15), (IV 6, 16) und (IV 6, 17) führt formal auf (IV 6, 8) zurück. Dieses Ergebnis läßt sich auf die elastische Deformation beliebiger Systeme verallgemeinern, wobei auch die Symmetrie des Einflußtensors erhalten bleibt. Die thermodynamische Wurzel dieser Sätze von *Castigliano* und *Maxwell* wird in V 4 gefunden werden.

e) Wir spezialisieren die K_i als Massenkräfte: Sie mögen der Wirkung materieller Punkte der Massen $M_{(i)}$ zuzuschreiben sein, welche den Orten x^i verhaftet sind.

1. Im Falle des Gleichgewichtes ist allein das Schwerefeld mit der Erdbeschleunigung g in Rechnung zu stellen. Es weckt an den „schweren“ Massen die Kräfte

$$K_{(i)} = g\, M_{(i)}. \qquad \text{(IV 6, 18)}$$

2. Wir denken uns den untersuchten Körper als ganzes in gleichförmige Drehung von der Winkelgeschwindigkeit ω versetzt und beziehen aus auf ein gestrichenes Konfigurationssystem (x', y'), welches diese Bewegung mitmacht. In ihm lassen wir die zirkular gerichteten Komponenten der Trägheitsreaktionen außer acht, so daß die Achse des deformierten Körpers stets merklich in einer durch die Drehachse verlaufenden „Meridianebene“ verbleibt. Bei geeigneter Wahl von Ursprung und Orientierung des gestrichenen Systemes sowie des Anfangspunktes der Zeit t gilt dann

$$x^{i\,\prime} = x^i \qquad \text{(IV 6, 19)}$$

und

$$y_i{}' \equiv y^{i\,\prime} = y^i \quad \text{für } t = 0. \qquad \text{(IV 6, 20)}$$

Mit den x^i sind auch die $x^{i\,\prime}$ Invarianten.

Im gestrichenen System sind die statischen Kräfte $K_{(i)}$ durch jene dynamischen Kräfte $K_{(i)}{}'$ zu ersetzen, welche aus den nunmehr veränderlichen Schwerkräften und den konstanten Zentrifugalkräften resultieren

$$K_{(i)}{}' = g\, M_{(i)} \cos \omega\, t + \omega^2 M_{(i)}\, y_{(i)}{}'. \qquad \text{(IV 6, 21)}$$

Wir setzen abkürzend

$$\varkappa_{(i)}' = g\, \frac{M_{(i)}}{S} \qquad \text{(IV 6, 22)}$$

und erhalten, da wegen (IV 6, 19) $T^{ij} \equiv T^{ij\,\prime}$ ist, durch Übertragung von (IV 6, 7) auf das gestrichene System die Tensorgleichung

$$y^{i\,\prime} = T^{ij\,\prime} \left\{ \varkappa_j' \cos \omega\, t + \frac{\omega^2 M_{(j)}}{S}\, y_j{}' \right\}. \qquad \text{(IV 6, 23)}$$

Wir gehen von den Vektoren y' und $\varkappa'$ mittels der folgenden, gegenläufigen Transformation auf die neuen Vektoren y^* und $\varkappa^*$ über:

$$\left.\begin{aligned} y_i^* &= \frac{y_i{}'}{\sqrt{M_{(i)}}}; \qquad y^{i\,*} = y^{i\,\prime} \sqrt{M_{(i)}} \\ \varkappa_i^* &= \frac{\varkappa_i'}{\sqrt{M_{(i)}}}; \qquad \varkappa^{i\,*} = \varkappa^{i\,\prime} \sqrt{M_{(i)}}. \end{aligned}\right\} \qquad \text{(IV 6, 24)}$$

Wegen $y_i{}' \equiv y^{i\,\prime}$ lautet der Maßtensor des gestrichenen Systemes

$$g_{ik}{}' = g^{ik\,\prime} = \begin{matrix} 1 \text{ für } i = k \\ 0 \text{ für } i \neq k. \end{matrix} \qquad \text{(IV 6, 25)}$$

Durch die gegenläufigen Transformationen (IV 6, 24) gelangen wir zu der Metrik des gestirnten Systemes

$$g_{ik}^* = \begin{matrix} \dfrac{1}{M_{(i)}} & \text{für } i = k \\ 0 & \text{für } i \neq k \end{matrix}; \qquad g^{ik*} = \begin{matrix} M_{(i)} & \text{für } i = k \\ 0 & \text{für } i \neq k. \end{matrix} \qquad \text{(IV 6, 26)}$$

Mit ihrer Hilfe finden wir die Relationen

$$y^{i\,*} = M_{(i)}\, y_i^* ; \qquad \varkappa^{i\,*} = M_{(i)}\, \varkappa_i^* \qquad \text{(IV 6, 27)}$$

sowie

$$T^i{}_j{}^* = T^{ij\,*} \frac{1}{M_{(j)}} = T^{ij\,\prime} \sqrt{\frac{M_{(i)}}{M_{(j)}}}, \qquad \text{(IV 6, 28)}$$

so daß (IV 6, 23) auf die „gemischte“ Form gebracht werden kann

$$y^{i\,*} = T^i{}_j{}^* \left\{ K^{j\,*} \cos \omega\, t + \frac{\omega^2}{S} M_{(j)}\, y^{j\,*} \right\}. \qquad \text{(IV 6, 29)}$$

Wir führen im gestirnten System den Tensor τ mit den gemischten Komponenten ein

$$\tau^i{}_j = T^i{}_j{}^* \frac{M_{(j)}}{S} = \frac{T^{ij\,\prime} \sqrt{M_{(i)}\, M_{(j)}}}{S} = \frac{T^{ji\,\prime} \sqrt{M_{(j)}\, M_{(i)}}}{S} = \tau^j{}_i{}^* \qquad \text{(IV 6, 30)}$$

und den Vektor μ mit den kontravarianten Komponenten

$$\mu^j = S\, g \sqrt{M_{(j)}}. \qquad \text{(IV 6, 31)}$$

Damit entsteht aus (IV 6, 29)

$$y^{i\,*} \equiv \delta^i_j\, y^{j\,*} = \tau^i{}_j\, (\mu^j \cos \omega\, t + \omega^2\, y^{j\,*}) \qquad \text{(IV 6, 32)}$$

oder also

$$(\{I - \omega^2\, \tau\}\, y^*) = (\tau\, \mu) \cos \omega\, t. \qquad \text{(IV 6, 33)}$$

Wir erweitern diese Gleichung von links her mit dem Tensor $(I - \omega^2\, \tau)^{-1}$ und erhalten für die dynamischen Deformationen des geschwungenen Körpers

$$y^* = \big((I - \omega^2\, \tau)^{-1}\, (\tau\, \mu)\big) \cos \omega\, t. \qquad \text{(IV 6, 34)}$$

(Achtung auf die Reihenfolge der Faktoren!)

Unser Auflösungsverfahren ist an die Existenz des Tensors $(I - \omega^2\, \tau)^{-1}$ gebunden. Es versagt daher in jenem „Ausnahmefall“, welcher durch die Gleichung gekennzeichnet ist

$$\det (\delta^i_j - \omega^2\, \tau^i{}_j) = 0. \qquad \text{(IV 6, 35)}$$

Schreiben wir

$$\frac{1}{\omega^2} = \lambda \qquad \text{(IV 6, 36)}$$

so nimmt (IV 6, 35) die Form der Säkulargleichung an

$$\det (\tau^i{}_j - \lambda\, \delta^i_j) = 0. \qquad \text{(IV 6, 37)}$$

Sie liefert die z Eigenwerte $\lambda_{(n)}$ des Tensors τ, deren Gesamtheit mittels (IV 6, 36) rückwärts das Spektrum der „kritischen" Winkelgeschwindigkeiten $\omega_{(n)}$ definiert: Gemäß (IV 6, 34) gibt die Resonanz der erzwingenden Umlaufsfrequenz ω der Schwerkräfte mit einer der Eigenfrequenzen $\omega_{(n)}$ ($n = 1, 2, \ldots z$) zu unendlichen großen Deformationen des geschwungenen Körpers Anlaß. Allerdings hat man bei dieser physikalischen Interpretation jene Beschränkungen zu beachten, welche unserem Rechenverfahren durch die Voraussetzung $|y^i| \ll x^i$ auferlegt sind.

IV 7. Geometrische Darstellung der Tensoren zweiter Stufe.

a) Gegeben sei der Tensor zweiter Stufe T mittels seiner kovarianten Komponenten T_{ik}. Unter Berufung auf das Additionstheorem der Tensoren zerlegen wir T in seinen symmetrischen Anteil $T^{(s)}$ und seinen antimetrischen Anteil $T^{(a)}$ mittels der Gleichung

$$T = T^{(s)} + T^{(a)}. \tag{IV 7, 1}$$

Die Komponenten des symmetrischen Anteiles folgen zu

$$T^{(s)}_{ik} = \frac{1}{2}(T_{ik} + T_{ki}) = T^{(s)}_{ki}, \tag{IV 7, 2}$$

während die Komponenten des antimetrischen Anteiles aus

$$T^{(a)}_{ik} = \frac{1}{2}(T_{ik} - T_{ki}) = -T^{(a)}_{ki} \tag{IV 7, 3}$$

zu berechnen sind. Wir suchen eine geometrische Interpretation dieser beiden unterschiedlichen Anteile.

b) Wir richten unser Augenmerk zunächst auf den symmetrischen Tensor $T^{(s)}$ und rufen zwei Vektoren A und B mit den kontravarianten Komponenten A^l und B^m zu Hilfe, mittels deren wir einen Tensor vierter Stufe T^* mit den gemischten Komponenten bilden

$$T^{*}{}_{ik}{}^{lm} = T^{(s)}_{ik} A^l B^m. \tag{IV 7, 4}$$

Mittels des doppelten Verjüngungsprozesses $l \to i$ und $m \to k$ erniedrigen wir die Stufenzahl um $2.2 = 4$ und gelangen zu dem Skalar

$$S^* = T^{(s)}_{ik} A^i B^k. \tag{IV 7, 5}$$

Zu derselben Invarianten kommt man, wenn man zunächst den Vektor A auf innere Weise mit dem Tensor $T^{(s)}$ (in dieser Reihenfolge!) multipliziert und den hieraus entspringenden Vektor $(A\, T^{(s)})$ nochmals auf innere Weise mit B multipliziert. An Stelle von (IV 7, 5) schreibt man dann

$$S^* = ((A\, T^{(s)})\, B) \equiv (A\, T^{(s)}\, B) \tag{IV 7, 6}$$

und bezeichnet die in dieser Gleichung ausgedrückte Rechenoperation als *doppelt-skalare Multiplikation* von $T^{(s)}$ mit A und B.

c) Wir identifizieren sowohl den Vektor A wie den Vektor B mit dem Radiusvektor r des Bezugssystemes der Grundvektoren a_i

$$A \equiv B = r = a_i \, u^i . \qquad \text{(IV 7, 7)}$$

Indem wir den (skalaren) Faktor ½ hinzufügen, entsteht aus (IV 7, 5) das *Skalarfeld*

$$S = \frac{1}{2} S^* = \frac{1}{2} T^{(s)}_{ik} u^i u^k. \qquad \text{(IV 7, 8)}$$

Zu seiner geometrischen Darstellung benützen wir die Schar der *Isoskalarflächen*

$$S = \text{const.}, \qquad \text{(IV 7, 9)}$$

welche sich als *Flächen zweiten Grades* [Gradzahl gleich Stufenzahl des Tensors $T^{(s)}$] erweisen. Um uns ihre Gestalt vorzustellen, müssen wir uns allerdings auf den R_3 beschränken, in welchem diese Flächen entweder als Ellipsoide oder als (ein und zweischalige) Hyperboloide samt ihren Ausartungen (Kugel, Zylinder, Doppelkegel) erscheinen; doch dürfen wir die gleichen Bezeichnungen auf den R_z übertragen.

d) Jede Fläche zweiten Grades kann relativ zum Bezugssystem durch die Lage jener Achsen gekennzeichnet werden, für welche die Norm des Radiusvektors r vom Ursprung bis zu einem Punkte der Fläche ein *Extremum* wird. Aus

$$(r)^2 = g_{ik} \, u^i \, u^k \qquad \text{(IV 7, 10)}$$

folgt also für jene besonderen Radiusvektoren r^*, welche in die „Extremalrichtungen" weisen, die Bedingung

$$d(r^*)^2 = 2 \, g_{ik} \, u^{*i} \, du^{*k} = 0. \qquad \text{(IV 7, 11)}$$

Hierin sind jedoch die z Differentiale du^{*k} nicht unabhängig voneinander, sondern als Angehörige der Fläche (IV 7, 9) durch die aus (IV 7, 8) fließende Relation

$$dS = T^{(s)}_{ik} \, u^{*i} \, du^{*k} = 0 \qquad \text{(IV 7, 12)}$$

aneinander gebunden. Um uns von den hierdurch gebotenen Beschränkungen zu befreien, multiplizieren wir (IV 7, 11) mit einem vorerst noch unbekannten *Lagrange*schen Faktor (— ½ λ) und addieren das Ergebnis zu (IV 7, 12). In der entstehenden Gleichung

$$(T^{(s)}_{ik} - g_{ik} \, \lambda) \, u^{*i} \, du^{*k} = 0 \qquad \text{(IV 7, 13)}$$

sind nunmehr alle du^{*k} frei wählbar, so daß wir für die Komponenten u^{*i} des gesuchten Radiusvektors r auf die z linearen, homogenen Gleichungen geführt werden

$$(T^{(s)}_{ik} - g_{ik} \, \lambda) \, u^{*i} = 0. \qquad \text{(IV 7, 14)}$$

Sie sind mit den Gl. (IV 5, 26) identisch, welche für die Hauptachsen eines beliebigen Tensors zweiter Stufe T früher auf anderem Wege aufgefunden wurden. Daher existieren hier wie dort z Eigenwerte $\lambda_{(m)}$ als Lösung der algebraischen Gl. (IV 5, 27).

Wegen der Symmetrie des Tensors $T^{(s)}$ stehen die Hauptachsen senkrecht aufeinander. Man kann sie daher zu den Achsen eines *Kartesischen* Bezugssystemes machen, in welchem dem Eigenwerte $\lambda_{(m)}$ die kontravarianten Koordinaten x^m und die — mit diesen identischen — kovarianten Koordinaten x_m korrespondieren. Nun sind die $\lambda_{(m)}$ die gemischten Komponenten $T^{(m)}_{(m)}$ des auf die Hauptachsen transformierten Tensors T, während alle Komponenten T^n_m $(m \neq n)$ verschwinden. Wegen der Invarianz von (IV 7, 8) lautet somit die Gleichung der Isoskalarfläche im *Kartesischen* System

$$S = \frac{1}{2} \lambda_{(m)} x^m x_m = \text{const.} \qquad \text{(IV 7, 15)}$$

Insbesondere liefert die Fläche

$$\lambda_{(m)} x^m x_m = 1 \qquad \text{(IV 7, 16)}$$

die *Normalform für die Mittelpunktsgleichung der Flächen zweiten Grades.* Daher erhält man als ihre Halbachsen in Richtung (m) die Strecken

$$X^m = \sqrt{X^{(m)} X_{(m)}} = \frac{1}{\sqrt{\lambda_{(m)}}}. \qquad \text{(IV 7, 17)}$$

Sie fallen für $\lambda_{(m)} > 0$ reell, für $\lambda_{(m)} < 0$ dagegen imaginär aus, so daß man an Hand dieser Alternative den geometrischen Charakter der untersuchten Fläche leicht feststellen kann; im allgemeinen Falle (IV 7, 15) hat man zum gleichen Zwecke lediglich $\lambda_{(m)}$ durch den Quotienten $\left(\frac{1}{2} \frac{\lambda_{(m)}}{\text{const}}\right)$ zu ersetzen.

e) Von dem Skalarfelde S nach Gl. (IV 7, 8) steigen wir durch Multiplikation mit dem affinen *Nabla*-Vektor in seiner kovarianten Darstellung

$$\nabla = \overline{a}^l \frac{\partial}{\partial u^l} \qquad \text{(IV 7, 18)}$$

zu dem ebenfalls kovariant formulierten Felde des Gradientenvektors G auf

$$G = \nabla S = \frac{1}{2} \overline{a}^l \frac{\partial}{\partial u^l} (T^{(s)}_{ik} u^i u^k) = \overline{a}^l T^{(s)}_{lk} u^k. \qquad \text{(IV 7, 19)}$$

Man schließt hieraus auf

$$G = (T^{(s)} r) = (r T^{(s)}). \qquad \text{(IV 7, 20)}$$

Diese Gleichung enthält folgende Vorschrift für die Konstruktion des inneren Produktes $(r T^{(s)}) \equiv (T^{(s)} r)$:

Trage vom Ursprung O des Bezugssystemes den Radiusvektor $r = O \to R$ auf und suche diejenige Fläche $S = S_R$ der Isoskalarflächen-Schaar (IV 7, 9) auf, welche den Endpunkt R von r enthält. Konstruiere in R die Tangentialebene von S_R und fälle von O aus das Lot auf diese Ebene; seine Richtung $O \to P$ liefert die Richtung des Vektors $(r T^{(s)}) = (T^{(s)} r)$, während die Dichte der Isoskalarflächen in der Umgebung von R die Größe dieses Vektors mißt.

In Abb. IV 2 ist diese Konstruktion für das Beispiel eines symmetrischen Tensors zweiter Stufe im R_3 durchgeführt; es wurde dabei angenommen, daß alle drei Eigenwerte des Tensors positiv sind, so daß die Halbachsen der Fläche $S = S_R$ sämtlich reell ausfallen und die Fläche als Tensorellipsoid erscheint.

f) Wir wenden uns jetzt zur geometrischen Interpretation des antimetrischen Tensors (IV 7, 3) und behaupten, daß er im R_3 durch eine *Plangröße* ersetzt werden kann, welche von zwei Vektoren

$$A = a_i \, A^i = \overline{a}^j \, A_j \qquad \text{(IV 7, 21)}$$

und

$$B = a_k \, B^k = \overline{a}^l \, B_l \qquad \text{(IV 7, 22)}$$

aufgespannt wird.

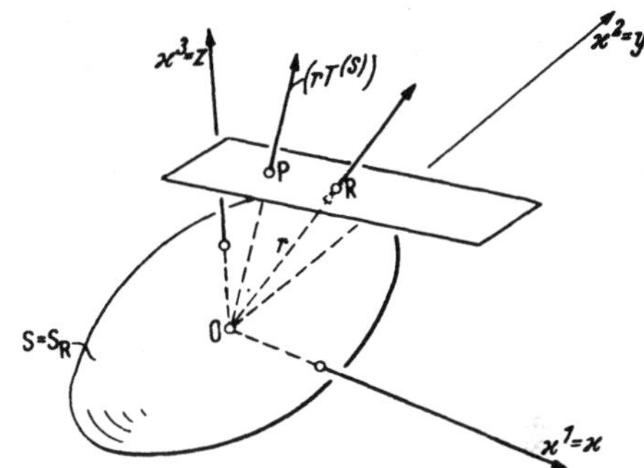

Abb. IV 2. Geometrische Darstellung eines symmetrischen Tensors $T^{(s)}$ im R_3.

Zum Beweise bilden wir aus den kontravarianten Komponenten A^i, A^k einerseits und B^i, B^k andererseits den antimetrischen Tensor zweiter Stufe T mit den kontravarianten Komponenten

$$T^{ik} = \begin{vmatrix} A^i & A^k \\ B^i & B^k \end{vmatrix} = -T^{ki}. \qquad \text{(IV 7, 23)}$$

Ebenso bilden wir aus den kovarianten Vektorkomponenten die kovarianten Komponenten des gleichen Tensors T

$$T_{ik} = \begin{vmatrix} A_i & A_k \\ B_i & B_k \end{vmatrix} = -T_{ki}. \qquad \text{(IV 7, 24)}$$

Äußere Multiplikation beider Tensoren führt auf den Tensor vierter Stufe T^* mit den gemischten Komponenten

$$T^{*ik}{}_{lm} = \begin{vmatrix} A^i & A^k \\ B^i & B^k \end{vmatrix} \cdot \begin{vmatrix} A_l & A_m \\ B_l & B_m \end{vmatrix} = \begin{vmatrix} A^i & A^k \\ B^i & B^k \end{vmatrix} \cdot \begin{vmatrix} A_l & B_l \\ A_m & B_m \end{vmatrix} =$$

$$= \begin{vmatrix} A^i A_l + A^k A_m & A^i B_l + A^k B_m \\ B^i A_l + B^k A_m & B^i B_l + B^k B_m \end{vmatrix}. \qquad \text{(IV 7, 25)}$$

Durch doppelte Verjüngung $l \to i$ und $m \to k$ gelangen wir zu dem Skalar

$$S = T^{*ik}{}_{ik} = \begin{vmatrix} A^i A_i + A^k A_k & A^i B_i + A^k B_k \\ B^i A_i + B^k A_k & B^i B_i + B^k B_k \end{vmatrix} = 2 \begin{vmatrix} (A)^2 & (A\,B) \\ (A\,B) & (B)^2 \end{vmatrix} =$$

$$= 2\,[(A)^2 (B)^2 - (A\,B)^2]. \qquad \text{(IV 7, 26)}$$

Bezeichnet also γ den von den Vektoren A und B eingeschlossenen Winkel, so gilt

$$S = 2\,(|A|^2\,|B|^2 - |A|^2\,|B|^2 \cos^2\gamma) = 2\,|A|^2\,|B|^2 \sin^2\gamma, \qquad \text{(IV 7, 27)}$$

so daß S das doppelte Quadrat der von A und B ausgespannten Parallelogrammfläche angibt. Wir sind hiernach in der Tat berechtigt, dieses Parallelogramm als geometrische Darstellung des antimetrischen Tensors $T^{(a)}$ anzusprechen, sofern wir die Relation

$$T^{(a)}_{ik} = \begin{vmatrix} A_i & A_k \\ B_i & B_k \end{vmatrix} \qquad \text{(IV 7, 28)}$$

innehalten.

g) Wir wählen im R_3 einen Vektor

$$C = a_i\, C^i \qquad \text{(IV 7, 29)}$$

und bilden aus ihm durch innere Multiplikation mit dem Tensor $T^{(a)}$ den Vektor

$$D = (T^{(a)}\, C). \qquad \text{(IV 7, 30)}$$

Wir behaupten folgende Eigenschaften des Vektors D:

1. D steht senkrecht auf C.
2. D gehört der von A und B aufgespannten Ebene an.

Zum Beweise der ersten Behauptung bilden wir

$$(C\, D) = C^i\, D_i = C^i\, T^{(a)}_{ik}\, C^k. \qquad \text{(IV 7, 31)}$$

Durch Vertauschung der Summationsindizes folgt hieraus

$$(C\, D) = C^k\, T^{(a)}_{ki}\, C^i \qquad \text{(IV 7, 32)}$$

und also, mit Rücksicht auf die Antimetrie von $T^{(a)}$

$$(C\, D) = -C^k\, T^{(a)}_{ik}\, C^i. \qquad \text{(IV 7, 33)}$$

Die Addition von (IV 7, 31) und (IV 7, 33) liefert somit in

$$2\,(C\, D) = 0 \qquad \text{(IV 7, 34)}$$

den gewünschten Beweis.

Um auch die zweite Behauptung zu verifizieren, bilden wir mittels (IV 7, 28)

$$D_l = T^{(a)}_{lm}\, C^m = (A_l\, B_m - A_m\, B_l)\, C^m = A_l\, (B\, C) - B_l\, (C\, A). \qquad \text{(IV 7, 35)}$$

Hieraus schließen wir auf die Vektorgleichung

$$D = A\, (B\, C) - B\, (C\, A), \qquad \text{(IV 7, 36)}$$

welche den behaupteten Satz ausspricht.

Im R_3 kommen die beiden, den Vektor D auszeichnenden Eigenschaften dem „doppelten Vektorprodukt“ zu

$$D = [[A\, B]\, C], \qquad \text{(IV 7, 37)}$$

dessen Entwicklungsformel genau die Gestalt (IV 7, 36) ausweist. Im R_z gelten die gleichen Relationen allerdings nur für jene speziellen antimetrischen Tensoren zweiter Stufe, deren wesentlich voneinander verschiedene Komponenten die Zahl z nicht übersteigt; im allgemeinen Falle hat man daher den antimetrischen Tensor zweiter Stufe durch soviel linear voneinander unabhängige Plangrößen darzustellen, als zur Erfassung aller seiner wesentlich voneinander verschiedenen Komponenten erforderlich sind. Hieraus erkennt man, daß der antimetrische Tensor im R_z beliebiger Dimensionenzahl als legitimer Ersatz des definitionsgemäß auf den R_3 beschränkten Vektorproduktes zweier Vektoren angesehen werden kann. Aus dem Vergleich mit III 5 ergibt sich also, daß sich zwecks Verallgemeinerung des Vektorproduktes auf mehr als dreidimensionale Räume ein doppelter Weg eröffnet: Bleibt man im Bereiche der Vektoren, so verlangt der Übergang zu $z > 3$ die Vermehrung der Faktor-Vektoren auf $(z - 1)$; hält man dagegen die Zahl zwei der zu verbindenden Vektoren fest, so wird man für $z > 3$ notwendig zur Konzeption der antimetrischen Tensoren zweiter Stufe geführt.

h) Mit Rücksicht auf ihre besondere Bedeutung für die Anwendungen wollen wir die vordem nur angedeutete Beziehung zwischen dem im R_3 gebildeten Vektorprodukte zweier Faktorvektoren V und W und dem ihm äquivalenten antimetrischen Tensor zweiter Stufe T explizit angeben: Sei i, k, l eine zyklische Anordnung der drei Zahlen 1, 2, 3, so entnehmen wir aus III 2, e), Gl. (III 2, 25) die Darstellung des Vektorproduktes (in einem Rechtssystem):

$$[V\,W]_i = \sqrt{g}\,\{V^k W^l - V^l W^k\} \equiv \sqrt{g}\,T^{kl}. \qquad \text{(IV 7, 38)}$$

Die behauptete Äquivalenz verlangt den Nachweis, daß diese Gleichungen gegen Änderungen des affinen Bezugssystemes im R_3 invariant sind. Wir führen deshalb neben dem Bezugssystem der u^i ein gestrichenes System der $u^{k'}$ durch die Definition ein

$$u^{i'} = \alpha_k^{i'}\, u^k, \qquad \text{(IV 7, 39)}$$

welche wir durch die gegenläufige Transformation ergänzen

$$u_i{}' = \overline{\alpha}_i^{k'}\, u_k. \qquad \text{(IV 7, 40)}$$

Daher lauten die kontravarianten Komponenten des Tensors T im gestrichenen System

$$T^{kl'} = \alpha_m^{k'}\,\alpha_n^{l'}\,T^{mn} = \alpha_m^{k'}\,\alpha_n^{l'}\,\{V^m W^n - V^n W^m\} = \{\alpha_m^{k'}\,\alpha_n^{l'} - \alpha_n^{k'}\,\alpha_m^{l'}\}\,V^m W^n. \qquad \text{(IV 7, 41)}$$

Dagegen ist die kovariante Vektorkomponente $[V\,W]_i{}'$ nach der Vorschrift zu berechnen

$$[V\,W]_i{}' = \overline{\alpha}_i^{j'}\,[V\,W]_j. \qquad \text{(IV 7, 42)}$$

Sei nun A' die Determinante

$$A' = \det \alpha_k^{i'} = \sqrt{\frac{g}{g'}} \qquad \text{(IV 7, 43)}$$

und bedeute j, m, n zunächst eine zyklische Anordnung der drei Zahlen 1, 2, 3, so folgt aus der Gegenläufigkeit der Transformationen (IV 7, 39) und (IV 7, 40)

$$\overline{\alpha}_i^{j'} = \frac{\alpha_m^{k'}\,\alpha_n^{l'} - \alpha_n^{k'}\,\alpha_m^{l'}}{A'} = \sqrt{\frac{g'}{g}}\,\{\alpha_m^{k'}\,\alpha_n^{l'} - \alpha_n^{k'}\,\alpha_m^{l'}\}. \qquad \text{(IV 7, 44)}$$

Nach (IV 7, 42) und (IV 7, 38) erhält man daher, mit der bisherigen Bedeutung des Zahlentripels j, m, n

$$\overline{\alpha}_i^{j\,\prime}\,[V\,W]_j = \sqrt{g'}\,\{\alpha_m^{k\,\prime}\,\alpha_n^{l\,\prime} - \alpha_n^{k\,\prime}\,\alpha_m^{l\,\prime}\}\,\{V^m\,W^n - V^n\,W^m\}. \qquad \text{(IV 7, 45)}$$

Wir lassen jetzt die Beschränkung auf zyklische Zahlentripel j, m, n fallen und ziehen auf der rechten Seite von (IV 7, 45) alle in R_3 zulässigen Kombinationen des Zahlenpaares m, n in Betracht. Dann hat man zu schreiben

$$\overline{\alpha}_i^{j\,\prime}\,[V\,W]_j = \sqrt{g'}\,\{\alpha_m^{k\,\prime}\,\alpha_n^{l\,\prime} - \alpha_n^{k\,\prime}\,\alpha_m^{l\,\prime}\}\,V^m\,W^n. \qquad \text{(IV 7, 46)}$$

Mit Rücksicht auf (IV 7, 41) und (IV 7, 42) schließt man hieraus auf

$$[V\,W]_i{}' = \sqrt{g'}\,T^{kl\,\prime}. \qquad \text{(IV 7, 47)}$$

Der Vergleich mit (IV 7, 38) offenbart somit die Invarianz dieser Äquivalenz gegen Änderungen des affinen Bezugssystemes, welche oben behauptet wurde. Insbesondere sind wir hierdurch von der Beschränkung auf das Rechtssystem freigekommen, solange wir ein für allemal an der zyklischen Anordnung der Indizes i, k, l gemäß (IV 7, 38) festhalten.

Auf dem nämlichen Wege beweist man die zu (IV 7, 38) duale Formel

$$[V\,W]^i = \frac{1}{\sqrt{g}}\{V_k\,W_l - V_l\,W_k\} \equiv \frac{1}{\sqrt{g}}\,T_{kl}. \qquad \text{(IV 7, 48)}$$

IV 8. Das invariante Volumen.

a) Die den Grundvektoren $\mathfrak{a}_k$ zugehörigen affinen Koordinaten u^k des R_z seien mit den *Kartesischen* Koordinaten x^i des gleichen Raumes mittels der Gleichungen verbunden

$$x^i = a_k{}^i\,u^k; \qquad a_k{}^i = \frac{\partial x^i}{\partial u^k}. \qquad \text{(IV 8, 1)}$$

Wir verwenden in diesem Abschnitt ausschließlich die kontravarianten Koordinaten u^k und x^i, so daß wir, ohne Mißverständnissen ausgesetzt zu sein, $a_k{}^i \equiv a_k^i$ schreiben dürfen; dagegen werden wir uns in den weiter unten einzuführenden Tensoren nicht an diese Beschränkung halten.

Wir wählen einen festen Raumpunkt

$$P_{(0)} = P_{(0)}(u_{(0)}^k) = P_{(0)}(x_{(0)}^i) \quad (i, k = 1 \ldots z) \qquad \text{(IV 8, 2)}$$

und konstruieren von ihm aus nach den z sowohl voneinander wie von $P_{(0)}$ verschiedenen Raumpunkten

$$P_{(m)} = P_{(m)}(u_{(m)}^k) = P_{(m)}(x_{(m)}^i) \quad (m = 1 \ldots z) \qquad \text{(IV 8, 3)}$$

die z Vektoren

$$W_{(m)} = P_{(0)} \rightarrow P_{(m)}. \qquad \text{(IV 8, 4)}$$

Ihre Gesamtheit ergänzen wir zu einem z-dimensionalen Parallelepiped. Gefragt wird nach seinem Rauminhalt T, welcher nach III 2, f) durch das z-fache Integral definiert ist

$$T = \int\limits_{(x^1)} \int\limits_{(x^2)} \dots \int\limits_{(x^z)} dx^1 \, dx^2 \dots dx^z. \qquad \text{(IV 8, 5)}$$

Die — nicht ausgeschriebenen — Grenzen der Integrale sind durch (IV 8, 2) und (IV 8, 3) gemäß (IV 8, 4) festgelegt.

b) Der Anschaulichkeit halber knüpfen wir die Behandlung der Aufgabe an den Fall $z = 2$ an, in welchem der z-dimensionale Raum zur Fläche wird; doch wird der Gang der Lösung ihre Verallgemeinerung auf beliebige Dimensionenzahlen gestatten.

Wir setzen $(i, k) = (1, 2)$ und rufen eine abstrakte „u-Ebene" zu Hilfe, deren Koordinatenachsen, ohne Rücksicht auf die wirkliche Lage der affinen Grundvektoren a_1 und a_2, definitionsgemäß senkrecht aufeinander stehen:

$$(\mathit{1}_i \, \mathit{1}_k) = \begin{matrix} 1 \text{ für } i = k \\ 0 \text{ für } i \neq k. \end{matrix} \qquad \text{(IV 8, 6)}$$

In dieser Ebene definiert das Aggregat (u^1, u^2) den Vektor

$$u = \mathit{1}_1 u^1 + \mathit{1}_2 u^2 = \mathit{1}_k u^k. \qquad \text{(IV 8, 7)}$$

Ebenso liefert das Zahlenpaar (x^1, x^2) in der realen „x-Ebene" mit den *Kartesischen*, also von Haus aus rechtwinkeligen Koordinaten den Vektor

$$x = \mathit{1}_1 x^1 + \mathit{1}_2 x^2 = \mathit{1}_i x^i. \qquad \text{(IV 8, 8)}$$

Hiernach repräsentiert (IV 8, 1) eine *lineare Vektorfunktion*: Der Tensor a mit den gemischten Komponenten a^i_k bildet die von $W_{(1)}$ und $W_{(2)}$ gemäß den Koordinaten $u^k_{(1)}$, $u^k_{(0)}$ einerseits, $u^k_{(2)}$, $u^k_{(0)}$ andererseits in der abstrakten u-Ebene aufgespannte Fläche

$$F_u = \int\limits_{(u^1)} \int\limits_{(u^2)} du^1 \, du^2 \qquad \text{(IV 8, 9)}$$

in die Fläche

$$F_x = \int\limits_{(x^1)} \int\limits_{(x^2)} dx^1 \, dx^2 \qquad \text{(IV 8, 10)}$$

der realen x-Ebene ab; diese mißt definitionsgemäß die von $W_{(1)}$ und $W_{(2)}$ tatsächlich ausgespannte Fläche.

c) Es sei ΔF_u die Größe einer infinitesimalen Fläche der u-Ebene, ΔF_x die Größe der zugehörigen Bildfläche und f ihr Maßverhältnis zur Originalfläche

$$f = \frac{\Delta F_x}{\Delta F_u}. \qquad \text{(IV 8, 11)}$$

Aus der Linearität der Abbildung folgt, daß dieses Verhältnis von der Lage der Originalfläche in der u-Ebene unabhängig ist. Man kann nun stets durch Wahl der Elementarflächen $\Delta\, F_u$ als Vielheit ähnlicher und ähnlich gelegener Parallelogramme eine beliebige, endliche Fläche F_u in solche Elemente $\Delta\, F_u$ lückenlos parzellieren. Daher mißt f sogleich auch das Verhältnis der endlichen Bildfläche F_x zu ihrem Originale F_u

$$f = \frac{F_x}{F_u}. \qquad \text{(IV 8, 12)}$$

d) Wir spezialisieren auf F_x als Kreis vom Halbmesser $|r|$. Mittels (IV 8, 1) folgt seine Gleichung in der u-Ebene zu

$$(r)^2 = \sum_i x^i x^i = \sum_i a^i_k a^i_l u^k u^l, \qquad \text{(IV 8, 13)}$$

in welcher man eine *Ellipse* erkennt; wir haben ihre Fläche aufzufinden. Zu diesem Zwecke betrachten wir den Skalar

$$S = \frac{1}{2}(r)^2 = \frac{1}{2} b_{kl} u^k u^l, \qquad \text{(IV 8, 14)}$$

in welchem die Größen

$$b_{kl} = \sum_i a^i_k a^i_l = b_{lk} \qquad \text{(IV 8, 15)}$$

die kovarianten Komponenten eines symmetrischen Tensors zweiter Stufe *b* bilden. Daher stehen seine Hauptachsen senkrecht aufeinander, und die zugehörigen z Eigenwerte $\lambda_{(1)}, \lambda_{(2)}, \ldots \lambda_{(z)}$ folgen durch Auflösung der algebraischen Gleichung vom Grade z (in unserem Falle ist $z = 2$):

$$\begin{vmatrix} b_{11} - \lambda & b_{12} & \ldots & b_{1z} \\ b_{21} & b_{22} - \lambda & \ldots & b_{2z} \\ \vdots & \vdots & \vdots & \vdots \\ b_{z1} & b_{z2} & \ldots & b_{zz} - \lambda \end{vmatrix} = 0. \qquad \text{(IV 8, 16)}$$

Daher findet man für das Produkt der Eigenwerte

$$\lambda_{(1)}\, \lambda_{(2)} \ldots \lambda_{(z)} = \det b_{kl}. \qquad \text{(IV 8, 17)}$$

Vermöge (IV 8, 15) gilt hierin

$$\det b_{kl} = \det \sum_i a^i_k a^i_l = (\det a^i_k)^2. \qquad \text{(IV 8, 18)}$$

In den Koordinaten u^{k*} des Hauptachsensystemes nimmt also die Ellipsengleichung die Gestalt an

$$\sum_i \lambda_{(i)} u^{i*} u^{i*} = (r)^2. \qquad \text{(IV 8, 19)}$$

Ihr entnimmt man die Halbachsen der Ellipse zu

$$U^{1*} = \frac{|r|}{\sqrt{\lambda_{(1)}}}; \qquad U^{2*} = \frac{|r|}{\sqrt{\lambda_{(2)}}}. \qquad \text{(IV 8, 20)}$$

Die Ellipsenfläche F_u steht demnach zur Fläche F_x des Kreises in dem Maßverhältnis

$$\frac{F_u}{F_x} = \frac{\pi U^{1*} U^{2*}}{\pi (r)^2} = \frac{1}{\sqrt{\lambda_{(1)} \lambda_{(2)}}} . \qquad (IV\ 8,\ 21)$$

Daher liefert (IV 8, 12) mit Rücksicht auf (IV 8, 17) und (IV 8, 18)

$$f = \det a^i_k = \det \frac{\partial x^i}{\partial u^k} . \qquad (IV\ 8,\ 22)$$

e) Die durchgeführte Entwicklung läßt sogleich die Gültigkeit des Satzes (IV 8, 22) im R_z beliebiger Dimensionenzahl erkennen, indem man nur folgende Änderungen vornimmt: Statt der abstrakten u-Ebene ist ein abstrakter, z-dimensionaler u-Raum zu benützen, dessen Achsen paarweise senkrecht aufeinander stehen; an Stelle der Ellipse tritt dann ein Ellipsoid, welches durch (IV 8, 13) für beliebige Dimensionenzahl allgemein definiert ist. Das Maßverhältnis f vermittelt dann zwischen dem Volumen V_u eines im abstrakten u-Raum befindlichen, z-dimensionalen Körpers und dem Volumen V_x seines Bildkörpers im realen x-Raum, welcher seinerseits mit dem Rauminhalte T des im affinen Raume tatsächlich vorgegebenen Körpers identisch ist:

$$V_x \equiv T = f\, V_u = \det a^i_k \,.\, V_u . \qquad (IV\ 8,\ 23)$$

f) Von der speziellen Transformation des affinen Systemes u^k auf das *Kartesische* System x^i gehen wir nun zu der allgemeinen, affinen Transformation über

$$u^i = \alpha^i_k u^{k'} ; \qquad \alpha^i_k = \frac{\partial u^i}{\partial u^{k'}} . \qquad (IV\ 8,\ 24)$$

Nach dem Muster der Darstellung der u^i in einem abstrakten, z-dimensionalen u-Raum mit senkrecht aufeinander stehenden Achsen transportieren wir auch die $u^{k'}$ in einen ebensolchen, abstrakten u'-Raum. Im u-Raume spielen nun die u^i die gleiche Rolle wie vordem die *Kartesischen* Koordinaten im realen x-Raume, während an Stelle von u^k die gestrichenen Koordinaten $u^{k'}$ einzusetzen sind. Daher erhält man aus (IV 8, 23), indem man die a^i_k mit den α^i_k vertauscht, die Gleichung

$$V_u = \det \alpha^i_k \,.\, V_{u'} . \qquad (IV\ 8,\ 25)$$

Die hier auftretende „Funktionaldeterminante"

$$A \equiv \det \alpha^i_k = \det \frac{\partial u^i}{\partial u^{k'}} \qquad (IV\ 8,\ 26)$$

ist nun nach III 5, e) durch folgende Gleichung mit den Maßdeterminanten g des affinen Raumes der u^k und g' des affinen Raumes der $u^{k'}$ verknüpft:

$$A = \sqrt{\frac{g'}{g}} . \qquad (IV\ 8,\ 27)$$

Daher offenbart (IV 8, 25) die Existenz der *Invarianten*

$$\sqrt{g}\, V_u = \sqrt{g'}\, V_{u'} \qquad (IV\ 8,\ 28)$$

Spezialisiert man rückwärts das gestrichene System zu einem *Kartesischen*, so wird $\sqrt{g'} = 1$, und $V_{u'}$ geht in das reale Volumen $V_x = T$ über: Die Invariante (IV 8, 28) definiert das „*invariante Volumen*"

$$T = \sqrt{g}\, V_u = \sqrt{g'}\, V_{u'} \qquad \text{(IV 8, 29)}$$

als Maßvorschrift für die in den abstrakten u- und u'-Räumen erscheinenden, z-dimensionalen Volumina V_u und $V_{u'}$.

g) Wir behandeln drei Beispiele von hervorragender Bedeutung:

1. Wir identifizieren die Grundvektoren a_j des affinen Bezugssystemes mit den z Vektoren $W_{(j)}$ der Gesamtheit (IV 8, 4). Dann lauten die kontravarianten Komponenten dieser Vektoren im affinen Bezugssysteme

$$W^i_{(j)} = \begin{matrix} 1 \text{ für } i = j \\ 0 \text{ für } i \neq j. \end{matrix} \qquad \text{(IV 8, 30)}$$

Dagegen messen die Größen a^i_j die Komponenten der Vektoren $W_{(j)}$ parallel zu den Einheitsvektoren 1_i des *Kartesischen* Bezugssystemes. Da nunmehr $V_u = 1$ wird, entnimmt man aus (IV 8, 23) das reale Volumen T des von den z Vektoren $W_{(j)}$ ausgespannten, z-dimensionalen Parallelepipedes

$$T = \begin{vmatrix} W^1_{(1)} & W^1_{(2)} & \ldots & W^1_{(z)} \\ W^2_{(1)} & W^2_{(2)} & \ldots & W^2_{(z)} \\ \vdots & \vdots & & \vdots \\ W^z_{(1)} & W^z_{(2)} & \ldots & W^z_{(z)} \end{vmatrix} = \begin{vmatrix} W^1_{(1)} & W^2_{(1)} & \ldots & W^z_{(1)} \\ W^1_{(2)} & W^2_{(2)} & \ldots & W^z_{(2)} \\ \vdots & \vdots & & \vdots \\ W^1_{(z)} & W^2_{(z)} & \ldots & W^z_{(z)} \end{vmatrix}. \qquad \text{(IV 8, 31)}$$

Insbesondere wird man im R_3 auf die Determinantendarstellung des dreifachen Produktes geführt

$$T = (W_{(1)}\, [W_{(2)} \cdot W_{(3)}]), \qquad \text{(IV 8, 32)}$$

so daß (IV 8, 31) sinngemäß als z-faches Produkt der z Vektoren $W_{(j)}$ bezeichnet werden darf; damit ist der Beweis für die in III 5, e) ausgesprochene Behauptung erbracht.

2. Wir identifizieren die z Vektoren $W_{(m)}$ mit den von P_0 aus parallel zu den Grundvektoren a_m des affinen Bezugssystemes aufgetragenen infinitesimalen Koordinatenabschnitten (Differentialen) du^m. Dann berechnet sich also im u-Raum

$$V_u = du^1\, du^2 \ldots du^z \qquad \text{(IV 8, 33)}$$

und das entsprechende, infinitesimale Volumen $dT = V_x$ beträgt nach (IV 8, 29)

$$dT = \sqrt{g}\, du^1\, du^2 \ldots du^z. \qquad \text{(IV 8, 34)}$$

Für die Berechnung eines endlichen Volumens entspringt hieraus die Vorschrift

$$T = \int\limits_{(u^1)} \int\limits_{(u^2)} \ldots \int\limits_{(u^z)} \sqrt{g}\, du^1\, du^2 \ldots du^z, \qquad \text{(IV 8, 35)}$$

wobei die Integrationsgrenzen von der Form des vorgelegten Hyperkörpers diktiert werden.

3. Wir bilden einen im System der u^i vorgegebenen Hyperkörper K vom Volumen T nach (IV 8, 35) mittels des Tensors zweiter Stufe B auf einen gleichfalls dem Systeme der u^i angehörigen Hyperkörper $\overline{K}$ ab; welches ist sein Volumen $\overline{T}$?

Wir zerlegen K in infinitesimale Elemente mit achsenparallelen Kanten

$$du^k_{(i)} = \delta^k_i \, du_{(i)}. \tag{IV 8, 36}$$

Sie werden durch B in die infinitesimalen Vektoren verwandelt

$$d\overline{u}^j_{(i)} = B^j{}_k \, du^k_{(i)} = B^j{}_k \, \delta^k_i \, du_{(i)} = B^j{}_i \, du_{(i)}. \tag{IV 8, 37}$$

Da nun die Maßdeterminante von der durchgeführten Transformation nicht betroffen wird — denn wir bleiben im Bezugssystem der u^i — folgt aus (IV 8, 31)

$$\frac{\overline{T}}{T} = \frac{\det d\overline{u}^j_{(i)}}{\det du^j_{(i)}} = \frac{\det (B^j{}_i \, du_{(i)})}{\det (\delta^j_i \, du_{(i)})}. \tag{IV 8, 38}$$

Auf Grund des Produktsatzes der Determinanten gilt hierin

$$\det (B^j{}_i \, du_{(i)}) = \det B^j{}_i \det (\delta^i_l \, du_{(l)}) \tag{IV 8, 39}$$

also

$$\frac{\overline{T}}{T} = \det B^j{}_i, \tag{IV 8, 40}$$

so daß umgekehrt die Determinante der Bildtensor-Komponenten $B^j{}_i$ durch diese Gleichung in einfacher Weise geometrisch gedeutet wird.

IV 9. Pseudoskalare.

a) Im z-dimensionalen affinen Bezugssystem der u^i seien z Vektoren $P_{(1)}, P_{(2)}, \ldots P_{(z)}$ gegeben, welche wir als voneinander linear unabhängig voraussetzen:

1. In der Gesamtheit der kontravarianten Vektorkomponenten $P^k_{(l)}$ wählen wir z gleiche oder unterschiedliche Indizes $1 \leqq k^* \leqq z$ und bilden die Determinante

$$T^{a^* \ldots z^*} = \begin{vmatrix} P^{a^*}_{(1)} & P^{b^*}_{(1)} & \ldots & P^{z^*}_{(1)} \\ P^{a^*}_{(2)} & P^{b^*}_{(2)} & \ldots & P^{z^*}_{(2)} \\ \vdots & \vdots & \vdots & \vdots \\ P^{a^*}_{(z)} & P^{b^*}_{(z)} & \ldots & P^{z^*}_{(z)} \end{vmatrix}. \tag{IV 9, 1}$$

Sie definiert, auf Grund des Entwicklungssatzes der Determinanten im Verein mit den Regeln der Tensoralgebra, die kontravariante Darstellung eines Tensors T von der Stufenzahl z.

2. Indem wir das gleiche Verfahren auf die kovarianten Komponenten der $P_{(l)}$ anwenden, erhalten wir die kovariante Darstellung des Tensors T:

$$T_{a^*\ldots z^*} = \begin{vmatrix} P_{(1)a^*} & P_{(1)b^*} & \ldots & P_{(1)z^*} \\ P_{(2)a^*} & P_{(2)b^*} & \ldots & P_{(2)z^*} \\ \vdots & \vdots & \vdots & \vdots \\ P_{(z)a^*} & P_{(z)b^*} & \ldots & P_{(z)z^*} \end{vmatrix}. \qquad \text{(IV 9, 2)}$$

Dieser Tensor zeichnet sich je in einer seiner Formen (IV 9, 1) oder (IV 9, 2) durch folgende Eigenschaften aus:

1. Nur diejenigen Tensorkomponenten weisen einen endlichen Wert auf, deren sämtliche Indizes voneinander verschieden sind; alle übrigen Komponenten verschwinden.

2. Ausgehend von der „Grundkomponente" mit natürlicher Reihenfolge der Indizes: $a^* = 1$, $b^* = 2$, ... $z^* = z$, erweisen sich alle Tensorkomponenten als einander gleich, welche aus der ersten durch eine gerade Zahl von Permutationen der Indizes (zyklische Vertauschung) hervorgehen.

3. Bei ungerader Zahl von Permutationen der Indizes entstehen aus der Grundkomponente Komponenten von gleichem Betrage, aber von umgekehrten Vorzeichen.

Hiernach sind alle existierenden kontravarianten Komponenten von T wesentlich auf den *einen* Wert der kontravarianten Grundkomponente zurückzuführen, den wir mit dem Symbol V bezeichnen; ebenso sind alle existierenden kovarianten Komponenten von T aus dem *einen* Wert der kovarianten Grundkomponente zu gewinnen, der seinerseits gleich ϱ sei. Tensoren dieser Art mögen *Pseudoskalare* genannt werden; insbesondere definieren wir V als *skalares Volumen*, ϱ als *skalare Dichte*.

b) Die nur scheinbar skalare Natur der Größen V und ϱ, welche zum Namen „Pseudoskalar" Anlaß gibt, offenbart sich beim Übergang von dem Bezugssystem der Koordinaten u^i zum gestrichenen System der Koordinaten $u^{i'}$ nach (IV 8, 24): Mittels der Relationen

$$P^k_{(l)} = \alpha^k_m P^{m'}_{(l)}; \qquad P_{(l)k'} = \alpha^m_k P'_{(l)m} \qquad \text{(IV 9, 3)}$$

resultiert aus (IV 9, 1) als Transformation der kontravarianten Grundkomponente

$$T^{1\ldots z} = \begin{vmatrix} \alpha^1_m P^{m'}_{(1)} & \alpha^2_m P^{m'}_{(1)} & \ldots & \alpha^z_m P^{m'}_{(1)} \\ \alpha^1_m P^{m'}_{(2)} & \alpha^2_m P^{m'}_{(2)} & \ldots & \alpha^z_m P^{m'}_{(2)} \\ \ldots & \ldots & \ldots & \ldots \\ \alpha^1_m P^{m'}_{(z)} & \alpha^2_m P^{m'}_{(z)} & \ldots & \alpha^z_m P^{m'}_{(z)} \end{vmatrix} =$$

$$= \begin{vmatrix} \alpha^1_1 & \alpha^2_1 & \ldots & \alpha^z_1 \\ \alpha^1_2 & \alpha^2_2 & \ldots & \alpha^z_2 \\ \ldots & \ldots & \ldots & \ldots \\ \alpha^1_z & \alpha^2_z & \ldots & \alpha^z_z \end{vmatrix} \cdot \begin{vmatrix} P^{1'}_{(1)} & P^{2'}_{(1)} & \ldots & P^{z'}_{(1)} \\ P^{1'}_{(2)} & P^{2'}_{(2)} & \ldots & P^{z'}_{(2)} \\ \ldots & \ldots & \ldots & \ldots \\ P^{1'}_{(z)} & P^{2'}_{(z)} & \ldots & P^{z'}_{(z)} \end{vmatrix} \qquad \text{(IV 9, 4)}$$

oder

$$V = A\,V'; \qquad A = \det \alpha^i_k. \qquad \text{(IV 9, 5)}$$

Auf dem nämlichen Wege findet man als Transformations-Gesetz der kovarianten Grundkomponente

$$\varrho' = \mathrm{A}\,\varrho; \qquad \varrho = \frac{1}{\mathrm{A}}\,\varrho'. \tag{IV 9, 6}$$

Die Multiplikation von (IV 9, 5) und (IV 9, 6) liefert die Invariante („echter" Skalar)

$$\varrho\,\mathrm{V} = \varrho'\,\mathrm{V}'. \tag{IV 9, 7}$$

Ersetzt man A gemäß (IV 8, 27) durch die Wurzel aus dem Verhältnis der Maßdeterminanten, so kann man (IV 9, 5) und (IV 9, 6) je für sich in die invariante Form bringen

$$\mathrm{V}\sqrt{\mathrm{g}} = \mathrm{V}'\sqrt{\mathrm{g}'}; \qquad \frac{\varrho}{\sqrt{\mathrm{g}}} = \frac{\varrho'}{\sqrt{\mathrm{g}'}}. \tag{IV 9, 8}$$

Der Vergleich mit (IV 8, 28) zeigt nunmehr, daß $\sqrt{\mathrm{g}}$, $\sqrt{\mathrm{g}'}$ als skalare Dichten aufzufassen sind, während die Größen V_{u}, $\mathrm{V}_{\mathrm{u}'}$ die Rolle skalarer Volumina spielen.

c) Multipliziert man den Pseudoskalar V mit einem Tensor S, so resultiert ein *tensorielles Volumen*; die Multiplikation von ϱ mit S liefert eine *Tensordichte*. In diesen Begriffen sind folgende Sonderfälle enthalten:

1. Ist S ein Tensor der Stufe Null (Invariante), so läßt die genannte Rechenoperation den Charakter je von V und ϱ unverändert.

2. Falls das im R_{z} ausgeführte, z-fache Integral

$$J = \int\limits_{(\mathrm{u}^1)}\int\limits_{(\mathrm{u}^2)}\dots\int\limits_{\mathrm{u}^{(\mathrm{z})}} w\,\mathrm{du}^1\,\mathrm{du}^2\dots\mathrm{du}^{\mathrm{z}} \tag{IV 9, 9}$$

für J einen *Tensor* der Stufenzahl r liefert, heißt w eine *Tensordichte* r-ter Stufe. Sie wird entsprechend (IV 8, 34) durch Teilung mit $\sqrt{\mathrm{g}}$ auf ihr konventionelles Maß je Volumeneinheit des R_{z} zurückgeführt.

d) Nach dem Vorgang von *Brillouin* kann man den Begriff des Pseudoskalares auf Pseudotensoren beliebiger Stufenzahl verallgemeinern; doch bietet diese Erweiterung nur für den dreidimensionalen Raum methodische Vorteile, so daß wir diesen Fall gesondert behandeln werden.

e) Wir erläutern die vorstehend entwickelten Begriffe am Beispiel der räumlichen Verteilungsgesetze der Elektrizität: Es sei die Elektrizitätsmenge Q (Skalar) im Konfigurationsvolumen T (Hüllfläche F) des R_3 eingeschlossen. Im Bezugssystem der u^{i} liefert somit die Integraldarstellung

$$\mathrm{Q} = \iiint\limits_{(\mathrm{T})} \varrho^*\,\mathrm{du}^1\,\mathrm{du}^2\,\mathrm{du}^3 \tag{IV 9, 10}$$

als Faktor des skalaren Volumens $\mathrm{du}^1\,\mathrm{du}^2\,\mathrm{du}^3$ die skalare Ladungsdichte ϱ^*; die konventionelle Ladungsdichte ϱ erweist sich somit als *Skalar*

$$\varrho = \frac{\varrho^*}{\sqrt{\mathrm{g}}}. \tag{IV 9, 11}$$

Man unterscheide sorgfältig zwischen den „tensoriellen Dimensionen" (Skalar, skalare Dichte, skalares Volumen, Tensor, Tensordichte, Tensorvolumen) und den physikalischen Dimensionen dieser Größen: Da die kontravarianten Koordinaten reine Zahlen sind, gilt das gleiche für das skalare Volumen, so daß ϱ^* gleich Q die physikalische Dimension einer Ladung besitzt. Gleichzeitig ist die skalare Dichte $\sqrt{g}$ von der physikalischen Dimension einer Länge in dritter Potenz; daher folgt für ϱ in der Tat physikalisch-dimensionell das Verhältnis Ladung zu Volumen.

Aus ϱ bilden wir durch Multiplikation mit dem Vektor v der Verrückungsgeschwindigkeit die Stromdichte j, welche sich also wegen (IV 9, 11) ebenfalls als Vektor erweist:

$$j = \varrho v = \frac{\varrho^*}{\sqrt{g}} v. \qquad \text{(IV 9, 12)}$$

Benützt man seine kontravarianten Komponenten, so ist seine physikalische Dimension die einer reziproken Zeit, und also resultiert für j die Dimension eines Stromes, geteilt durch die dritte Potenz einer Länge. Definiert man jedoch, abweichend von (IV 9, 12), die Stromdichte durch

$$j^* = \varrho^* v = \sqrt{g}\, j, \qquad \text{(IV 9, 13)}$$

so erweist sie sich als *Vektordichte*; ihre kontravarianten Komponenten besitzen die Dimension eines Stromes.

Das Kontinuitätsgesetz der Elektrizität lautet nun

$$-\frac{\partial \varrho}{\partial t} = \operatorname{div} j \qquad \text{(IV 9, 14)}$$

oder, da in dem hier benützten Bezugssysteme die Maßdeterminante nicht vom Orte abhängt

$$-\frac{\partial \varrho}{\partial t} = \frac{1}{\sqrt{g}} \operatorname{div} (\sqrt{g}\, j); \quad -\frac{\partial \varrho^*}{\partial t} = \operatorname{div} j^*. \qquad \text{(IV 9, 15)}$$

Der *Gauß*sche Satz, angewandt auf T, liefert also

$$-\frac{d}{dt} \iiint\limits_{(T)} \varrho\, dT = -\frac{d}{dt} \iiint\limits_{(T)} \varrho \sqrt{g}\, du^1\, du^2\, du^3 =$$
$$= -\frac{d}{dt} \iiint\limits_{(T)} \varrho^*\, du^1\, du^2\, du^3 = \iiint\limits_{(T)} \operatorname{div} (\varrho^* v)\, du^1\, du^2\, du^3 =$$
$$= \iint\limits_{(F)} (\{\varrho v\}\, dF) = \iint\limits_{(F)} (\varrho v\, dF), \qquad \text{(IV 9, 16)}$$

wobei dF das vektorielle Element von F bezeichnet. Das Produkt $(\varrho v\, dF)$ erweist sich also, nach (IV 9, 12) und (IV 7, 38) als Skalar von der physikalischen Dimension eines Stromes.

IV 10. Drehung und Spiegelung.

a) Wir handeln in diesem Abschnitt von der Kinematik *Kartesischer* Bezugssysteme im dreidimensionalen Raume. Neben dem System der Koordinaten x^i führen wir ein weiteres, *Kartesisches* System $x^{i'}$ ein, welches aus dem ungestrichenen durch eine *Drehung* hervorgeht. Es gilt also

$$x^{i'} = a^i_k\, x^k, \tag{IV 10, 1}$$

wobei die a^i_k die Projektionen der Einheitsvektoren $\mathit{1}_i{}'$ auf die Achsen $\mathit{1}_k$ messen; sie genügen deshalb den Orthogonalitätsrelationen

$$b_{kj} = \sum_i a^i_k\, a^i_j = \begin{matrix} 1 \text{ für } k = j \\ 0 \text{ für } k \neq j. \end{matrix} \tag{IV 10, 2}$$

In ihrer Gesamtheit repräsentieren die a^i_k die gemischten Komponenten eines Tensors zweiter Stufe a, welchen wir den *Drehungstensor* nennen. Aus der skalaren Gleichung

$$\sum_i (x^{i'})^2 = \sum_i a^i_k\, a^i_j\, x^k\, x^j \equiv b_{kj}\, x^k\, x^j \tag{IV 10, 3}$$

geht dann weiter hervor, daß die durch (IV 10, 2) definierten Größen b_{kj} die kovarianten Komponenten eines Tensors zweiter Stufe b bilden. Sowohl die Maßdeterminante g' des gestrichenen Systemes wie die Maßdeterminante g des ungestrichenen Systemes sind je gleich 1; daher folgt aus (IV 8, 29) und (IV 8, 31) sofort das Volumen T des von den Einheitsvektoren im gestrichenen System aufgespannten Quaders

$$T = \det a^i_k = 1 \tag{IV 10, 4}$$

im Einklang mit seiner unmittelbaren Berechnung aus den Einheitsvektoren des gestrichenen Systemes, auf ihre eigenen Achsen bezogen.

Sei V ein beliebiger Vektor

$$V = \mathit{1}_i\, V^i, \tag{IV 10, 5}$$

so lautet er im gedrehten System, da er definitionsgemäß den Transformationsgleichungen (IV 10, 1) unterliegt

$$V = \mathit{1}_{i'}\, V^{i'}; \qquad V^{i'} = a^i_k\, V^k. \tag{IV 10, 6}$$

b) Durch den Prozeß der Drehung gehen Rechtssysteme stets in Rechtssysteme, Linkssysteme in Linkssysteme über. Dagegen existiert — im Reellen — keine Drehung, welche ein System der einen Art in ein System der anderen Art überführt.

Die für eine solche Operation notwendige Verallgemeinerung der homogenen, linearen Transformationen der Art (IV 10, 1), (IV 10, 2) — der Drehungen allein — erfordert somit ein neues kinematisches Prinzip: Die *Spiegelung am Nullpunkt*, welche die Achsen x^i in die Achsen $(-x^i)$ abbildet. In der Tat: Sei etwa das ungestrichene System ein Rechtssystem, so erweist sich das aus der Spiegelung hervorgehende, gestrichene System als Linkssystem, und umgekehrt.

Wir schreiben die Operation der Spiegelung in der Form

$$x^{i\prime} = s^i_k\, x^k, \qquad \text{(IV 10, 7)}$$

wobei die Komponenten s^i_k des „Spiegelungstensors" zweiter Stufe *s* durch

$$s^i_k = -\,\delta^i_k \qquad \text{(IV 10, 8)}$$

definiert sind; seine Determinante beträgt also

$$\det s^i_k = -\,1. \qquad \text{(IV 10, 9)}$$

Bei der Anwendung der Spiegelung (IV 10, 8) auf den Vektor *V* schlagen seine Komponenten sämtlich in ihr Gegenteil um

$$V^{i\prime} = -\,V^i. \qquad \text{(IV 10, 10)}$$

Die durch die Spiegelung ergänzte Gruppe der genannten homogenen, linearen Transformationen innerhalb der *Kartesischen* Bezugssysteme des R_3, mit der Maßdeterminante $|g| = 1$, ist *vollständig*: Führt man nach der Spiegelung noch eine Drehung aus, so bildet die resultierende Transformation ein *Kartesisches* System rechter Art in ein solches linker Art ab, und umgekehrt. Um diese Behauptung zu beweisen, führen wir ein weiteres *Kartesisches* System $x^{i\prime\prime}$ ein, welches nach der Anweisung (IV 10, 1) aus dem gestrichenen System hervorgeht

$$x^{i\prime\prime} = a^i_k\, x^{k\prime}. \qquad \text{(IV 10, 11)}$$

Durch Verbindung mit (IV 10, 7) resultiert die Transformation

$$x^{i\prime\prime} = a^i_k\, s^k_l\, x^l \equiv \bar{a}^i_l\, x^l. \qquad \text{(IV 10, 12)}$$

Der Tensor $\bar{a}$ mit den gemischten Komponenten $\bar{a}^i_l$ vereint in sich, wie verlangt, Drehung und Spiegelung. Aus dem Multiplikationssatz der Determinanten folgt, mit Rücksicht auf (IV 10, 4) und (IV 10, 9) die Eigenschaft

$$\det \bar{a}^k_i = -\,1. \qquad \text{(IV 10, 13)}$$

Sie definiert, im Gegensatz zur bloßen Drehung, den Übergang von einem Rechtssystem zu einem Linkssystem oder umgekehrt.

c) Es sei im ungestrichenen System ein Tensor zweiter Stufe *t* mittels seiner gemischten Komponenten t^k_i vorgelegt. Wie lauten sie in dem gestrichenen System, welches durch Spiegelung aus dem ersten hervorgeht?

Nach den allgemeinen Gesetzen der Tensortransformation erhalten wir zunächst

$$t^{k\prime}_i = s^j_i\, s^k_l\, t^l_j \qquad \text{(IV 10, 14)}$$

und also, mit Rücksicht auf (IV 10, 8)

$$t^{k\prime}_i = \delta^j_i\, \delta^k_l\, t^l_j = t^k_i. \qquad \text{(IV 10, 15)}$$

Im Gegensatz zu dem Verhalten des Vektors *V* nach (IV 10, 10) erweist sich also der Tensor zweiter Stufe gegenüber der Spiegelung als *invariant*.

d) In der Physik treten Größen auf, welche den Transformationsgesetzen der Vektoren im R_3 gehorchen, solange man von einem *Kartesischen* Rechtssystem wieder zu einem solchen System oder von einem *Kartesischen* Linkssystem zu einem Linkssystem übergeht. Dagegen behalten ihre Komponenten, im Widerspruch zu der Aussage (IV 10, 10), ihre Vorzeichen beim Übergang von einem System zu seinem gespiegelten Systeme bei. Es sind dies, allgemein gesprochen, alle dreikomponentigen Größen, welchen man neben ihrer Pfeilrichtung einen Umlaufssinn zuweist; dabei ist die kinematische Relation zwischen Umlauf und Pfeilrichtung, die „Schraube", mathematisch in jedem der unterschiedlichen Bezugssysteme durch die in den Indizes zyklisch geordnete Reihenfolge der nach den Achsen orientierten Einheitsvektoren festgelegt. Läßt man also beim Übergang von einem bestimmten Grundsysteme zum gespiegelten System die algebraische Größe der drei Komponenten ungeändert, so gelangt man — vermöge der gleichzeitigen Umkehr aller drei Achsenrichtungen — von der gerichteten Originalgröße zu ihrem genauen Spiegelbilde; da indessen auch die der Pfeilrichtung zugeordnete Umlaufsbewegung ihr Zeichen umgekehrt hat, bleibt die im Konfigurationsraume tatsächlich auftretende Umlaufsrichtung gegen die Spiegelung invariant.

Man pflegt dreidimensionale Größen der genannten kinematischen Natur, welche also eine physikalisch wohlbestimmte Umlaufsrichtung repräsentieren, auf Grund ihres Verhaltens entweder in der Gruppe der *Kartesischen* Rechtssysteme allein oder in der Gruppe der *Kartesischen* Linkssysteme allein als eine neue, besondere Klasse von Vektoren zu definieren, welche man als *achsiale Vektoren* bezeichnet; sie werden als solche den *polaren Vektoren* gegenübergestellt, deren Komponenten bei der Spiegelung in ihr Gegenteil umschlagen. Ob ein gegebenes, dreikomponentiges Gebilde den achsialen oder den polaren Vektoren zugehört, läßt sich im allgemeinen nur an Hand der physikalischen Erfahrung entscheiden. In einigen einfachen Fällen der Mechanik kann man allerdings die Entscheidung der Anschauung entnehmen, indem man den analytischen Begriff der Spiegelung sozusagen realisiert: Man denkt sich durch den Ursprung des Bezugssystemes einen ebenen Spiegel so gelegt, daß seine Normalenrichtung mit der Richtung des zu prüfenden, achsialen oder polaren Vektors koinzidiert. Kehrt der vom Vektor symbolisierte Vorgang im Spiegelbilde seine Aktionsrichtung um, so liegt ein polarer Vektor vor; bleibt der gespiegelte Vorgang dem realen gleich, so handelt es sich um einen achsialen Vektor.

e) Wir erläutern die Unterscheidung von polaren und achsialen Vektoren an einer Reihe von Beispielen.

1. Der Vektor einer Translation ist dem Koordinatenvektor wesensgleich: Er ist ein *polarer* Vektor.

2. Geschwindigkeit und Beschleunigung entstehen als Grenzprozesse der Teilung linearer Koordinaten-Vektordifferenzen mit dem Differential der Zeit; aus der skalaren Natur der Zeit geht somit der *polare* Charakter von Geschwindigkeits- und Beschleunigungsvektor hervor.

3. Der Vektor der *Winkelgeschwindigkeit* ω ist so definiert, daß seine Länge den Betrag der Winkelgeschwindigkeit mißt, während seine Pfeilrichtung — im Rechtssystem nach einer Rechtsschraube, im Linkssystem nach einer Linksschraube — den Drehsinn bestimmt: Er ist ein *achsialer* Vektor.

4. Das Vektorprodukt C zweier Vektoren A und B zunächst je beliebigen Charakters ist, bei Beschränkung auf die betrachtete Gruppe *Kartesischer* Bezugssysteme, durch die Vorschriften der I 7 erklärt. Doch ist die dortige Definition (I 7, 15) von den in (IV 7, 38), (IV 7, 48) gegebenen Formulierungen des Vektorproduktes durch die in diesen als Faktor oder Divisor auftretende Größe $\sqrt{g}$ wesentlich verschieden. In Verschärfung der bisherigen Bezeichnungsweise haben wir daher alle nach (I 7, 15) berechneten, dreikomponentigen Gebilde als „*Pseudo-Vektorprodukte*" von dem durch (IV 7, 38), (IV 7, 48) definierten „echten" Vektorprodukte lediglich zweier je polarer Vektoren streng zu unterscheiden. Der Deutlichkeit halber bezeichnen wir weiterhin das mit den kontravarianten Komponenten von A und B gebildete Pseudo-Vektorprodukt — dessen Komponenten kovariant resultieren — durch das Symbol $C_* = [A\ B]_*$; dagegen wird das mit den kovarianten Komponenten von A und B gebildete Pseudo-Vektorprodukt, dessen Komponenten nunmehr kontravariant resultieren, durch $C^* = [A\ B]^*$ symbolisiert werden.

Wir untersuchen insbesondere:

α) Das mechanische Drehmoment M ist als Pseudo-Vektorprodukt des Radiusvektors r und der Kraft K zu berechnen:

$$M_* = 1^i\,\mathrm{M}_i = [r\,K]_*; \qquad M^* = 1_i\,\mathrm{M}^i = [r\,K]^*. \qquad \text{(IV 10, 16)}$$

Auf Grund des *Newton*schen Beschleunigungsgesetzes zieht der polare Charakter des Beschleunigungsvektors den polaren Charakter des Kraftvektors nach sich, sofern man — im Einklang mit der klassischen Mechanik — die träge Masse als Skalar betrachtet. Da also beim Wechsel vom *Kartesischen* Grundsystem zum gespiegelten System die Komponenten von r und K gleichzeitig ihr Vorzeichen wechseln, ist das Drehmoment — vermittels seiner Definition als Pseudo-Vektorprodukt — als *achsialer* Vektor zu bezeichnen. Man entnimmt diesem Beispiel die Regel: *Das Pseudo-Vektorprodukt zweier polarer Vektoren* ergibt einen *achsialen Vektor.*

β) Die Lineargeschwindigkeit v eines Punktes, welcher vom Ursprung um den Radiusvektor r entfernt ist, und welcher sich mit der (vektoriellen)

Winkelgeschwindigkeit ω um eine durch den Ursprung ziehende Achse dreht, ist durch das Pseudo-Vektorprodukt gegeben:

$$v_* = 1^i \, \mathrm{v}_i = [\omega\, r]_*; \qquad v^* = 1_i \, \mathrm{v}^i = [\omega\, r]^*. \qquad \text{(IV 10, 17)}$$

Aus r=polarer Vektor, ω=achsialer Vektor und v=polarer Vektor folgt: *Das Pseudo-Vektorprodukt eines polaren Vektors mit einem achsialen Vektor* (oder umgekehrt) liefert einen *polaren Vektor.*

5. Die im R_3 nach der Vorschrift (II 2, 17) gebildete spezifische Wirbelstärke besitzt im *Kartesischen* Grundsystem die Komponenten

$$\mathrm{rot}^i\, V = \frac{\partial \mathrm{V}_l}{\partial \mathrm{x}^k} - \frac{\partial \mathrm{V}_k}{\partial \mathrm{x}^l}, \qquad \text{(IV 10, 18)}$$

wobei i, k, l eine zyklische Reihenfolge der Zahlen 1, 2, 3 bedeutet. Hieraus fließt die Alternative: Ist V ein polarer Vektor, so besitzt rot V achsialen Charakter; ist dagegen V ein achsialer Vektor, so stellt rot V einen polaren Vektor dar.

6. Zwischen den Vektoren U und V des R_3 möge eine spiegelungsinvariante Relation bestehen

$$\frac{\partial U}{\partial \mathrm{t}} = \lambda\, \mathrm{rot}\, V. \qquad \text{(IV 10, 19)}$$

Wir setzen hierin λ als echten Skalar voraus. Aus (IV 10, 18) folgt dann, daß U und V bezüglich ihres vektoriellen Charakters notwendig einander entgegengesetzt sind.

f) Der aufgezeigte Dualismus: Polarer Vektor — achsialer Vektor, ist unsachgemäß: Er verschwindet von selbst, sobald man, im Gegensatz zu den speziellen Transformationen (IV 10, 12) der hier untersuchten *Kartesischen* Gruppe, allgemein-invariante Gleichungen aufstellt. Im Lichte dieser Kritik sind lediglich die polaren Vektoren der Auszeichnung als „echte" Vektoren würdig. Welches ist dagegen die Bedeutung der achsialen Vektoren?

Wir knüpfen an den Begriff des Pseudoskalars an: Auf Grund der Definitionen (IV 9, 1) und (IV 9, 2) wechselt jeder Pseudoskalar des R_3 bei der Spiegelung sein Zeichen; dies gilt insbesondere für den Pseudoskalar $\sqrt{\mathrm{g}}$ (skalare Dichte) und $\frac{1}{\sqrt{\mathrm{g}}}$ (skalares Volumen). Ist also A ein „echter", polarer Vektor, so offenbart sowohl die Vektordichte $A\sqrt{\mathrm{g}}$ wie das Vektorvolumen $A\frac{1}{\sqrt{\mathrm{g}}}$ das einen achsialen Vektor kennzeichnende Verhalten gegenüber der Spiegelung.

Wir wenden diese Erkenntnis auf das *Pseudo-Vektorprodukt* $U_* = [V\, W]_*$ *der beiden polaren Vektoren* V und W an, indem wir (IV 7, 38) in der Form schreiben:

$$\mathrm{U}_i = \frac{1}{\sqrt{\mathrm{g}}} [\mathrm{V}\, \mathrm{W}]_i = \mathrm{V}^k\, \mathrm{W}^l - \mathrm{V}^l\, \mathrm{W}^k \equiv \mathrm{T}^{kl}. \qquad \text{(IV 10, 20)}$$

Hier bedeutet i, k, l eine zyklische Reihenfolge der Zahlen 1, 2, 3. Bei Benützung der kontravarianten Komponenten der Faktor-Vektoren V und W ist also das Pseudo-Vektorprodukt auf die kovarianten Komponenten eines Vektorvolumens zurückgeführt. Drückt man dagegen V und W durch ihre kovarianten Komponenten aus, so erhält man für das Pseudo-Vektorprodukt $U^* = [V\,W]^*$ aus (IV 7, 48)

$$U^i = \sqrt{g}\,[V\,W]^i = V_k W_l - V_l W_k \equiv T_{kl} \qquad \text{(IV 10, 21)}$$

die kontravarianten Komponenten einer Vektordichte.

Wir definieren von nun an das *Pseudo-Vektorprodukt zweier je polarer Vektoren als Prototyp eines jeden achsialen Vektors.* Demgemäß verallgemeinern und verschärfen wir (IV 10, 20), (IV 10, 21) zu dem Satz:

Die *kovarianten Komponenten* eines *achsialen Vektors* sind „in Wahrheit" die *kovarianten Komponenten* eines *Vektorvolumens*, die *kontravarianten Komponenten* eines *achsialen Vektors* sind die *kontravarianten Komponenten* einer *Vektordichte*. Wir erweitern diese Definitionen auf *beliebige Bezugssysteme* des R_3. Hieraus folgt: Die Norm eines achsialen Vektors sowie das innere Produkt zweier je achsialer Vektoren liefern echte Skalare. Dagegen sind die Relationen zwischen den kovarianten und den kontravarianten Komponenten polarer (echter) Vektoren für achsiale Vektoren ungültig: Für den achsialen Vektor $U = 1_i\,U^i = 1^i\,U_i$ ist zu setzen

$$U_i = \frac{g_{ik}}{g}\,U^k; \qquad U^i = \frac{g^{ik}}{\overline{g}}\,U_k = g\,g^{ik}\,U_k. \qquad \text{(IV 10, 22)}$$

Aus den getroffenen Festsetzungen geht hervor, daß man, genau genommen, jeden achsialen Vektor mittels zweier, unterschiedlicher Symbole — im Einklang mit der jeweils beabsichtigten Komponenten-Darstellung — beschreiben muß; doch mag, wo Irrtümer ausgeschlossen sind, der ausdrückliche Hinweis auf den achsialen Charakter der Komponentendreiheit als Ersatz des Gebrauches dualer Symbole genügen.

g) Die Äquivalenz eines beliebigen, achsialen Vektors mit dem Pseudo-Vektorprodukte führt im Lichte der Gl. (IV 10, 20), (IV 10, 21) zu einer zweiten Interpretation des achsialen Vektors:

Die i-te kovariante Komponente eines achsialen Vektors ist identisch mit der sie zyklisch ergänzenden kontravarianten Komponente T^{kl} eines gewissen, antimetrischen Tensors T; ebenso ist die i-te kontravariante Komponente eines achsialen Vektors identisch mit der sie zyklisch ergänzenden kovarianten Komponente T_{kl} jenes Tensors.

Wir behandeln folgende Beispiele:

1. Gegeben zwei Verrückungsvektoren (polare Vektoren) a und b. Ihr Pseudo-Vektorprodukt liefert definitionsgemäß einen achsialen Vektor: Die von a und b — in dieser Reihenfolge! — aufgespannte *Plangröße P*. Ihre kovariante Darstellung lautet

$$P_* = [a\,b]_* = \begin{vmatrix} \gamma^1 & \gamma^2 & \gamma^3 \\ a^1 & a^2 & a^3 \\ b^1 & b^2 & b^3 \end{vmatrix}. \qquad \text{(IV 10, 23)}$$

In der Tat wird die Plangröße nach IV 7, f) gerade durch jenen antimetrischen Tensor t der kontravarianten Komponenten t^{kl} beschrieben, welcher vermöge (IV 10, 20) den kovarianten Komponenten des Pseudo-Vektorproduktes $[a\,b]_*$ äquivalent ist. In Anpassung an die geometrische Konzeption des achsialen Vektors können wir daher die Plangröße im R_3 als ein ebenes Flächenstück interpretieren, dessen mit spiegelungsinvariantem Umlaufssinn begabte Randkurve mit der positiven Normalenrichtung des Flächenstückes nach der Schraubenregel verknüpft ist. Gerade diese Konstruktionsvorschrift führte in I 7 zu jener Produktbildung, die wir hier als Pseudo-Vektorprodukt definierten.

Bilden wir hingegen aus a und b das echte Vektorprodukt $F = [a\,b]$, so erhalten wir — wiederum in kovarianter Darstellung — mittels

$$F = [a\,b] = \sqrt{g}\begin{vmatrix} \gamma^1 & \gamma^2 & \gamma^3 \\ a^1 & a^2 & a^3 \\ b^1 & b^2 & b^3 \end{vmatrix} \qquad \text{(IV 10, 24)}$$

den polaren *Flächenvektor* des von a und b — in dieser Reihenfolge! — aufgespannten Parallelogrammes. Geometrisch zwingt die polare Natur des Vektors F zu seiner spiegelungsinvarianten Orientierung senkrecht zu einer, unabhängig vom Bezugssystem als positiv definierten („rot angestrichenen") Seite der Parallelogrammfläche.

Sowohl die Plangröße P wie der Flächenvektor F genügen den antimutativen Gesetzen

$$\begin{matrix} [a\,b]_* = -[b\,a]_* \\ [a\,b]^* = -[b\,a]^* \end{matrix}; \qquad [a\,b] = -[b\,a], \qquad \text{(IV 10, 25)}$$

welche also von den vorher diskutierten, unterschiedlichen Spiegelungseigenschaften — bei fester Reihenfolge von a und b — streng getrennt zu halten sind.

2. In engstem Zusammenhange mit den Begriffen der Plangröße und des Flächenvektors steht die Analyse der Spiegelungseigenschaften eines Vektorflusses Φ, welcher von dem Vektor V — polarer oder achsialer Natur — durch die Fläche F getrieben wird:

α) Wir teilen F in infinitesimale Plangrößen $\mathrm{d}P$ und definieren

$$\Phi = \iint_{(F)} (V\,\mathrm{d}P) \qquad \text{(IV 10, 26)}$$

als *Planfluß*; auf ihn bezieht sich im wesentlichen der *Stokes*sche Satz. Entsprechend der Alternative: V polar — V achsial, erhalten wir für die tensoriellen Dimensionen des Planflusses folgende Tabelle:

Die tensoriellen Dimensionen des Planflusses.

V = polarer Vektor	V = achsialer Vektor
V^i = kontravar. Vektorkomp.	V^i = kontravar. Komp. d. Vektordichte
dP_i = kovar. Komp. d. Vektorvolumens	dP_i = kovar. Komp. d. Vektorvolumens
Φ = skalares Volumen	Φ = Skalar
V_i = kovar. Vektorkomp.	V_i = kovar. Komp. d. Vektorvolumens
dP^i = kontravar. Komp. d. Vektordichte	dP^i = kontravar. Komp. d. Vektordichte
Φ = skalare Dichte	Φ = Skalar

β) Wir teilen F in infinitesimale Flächenvektoren dF und definieren

$$\Phi = \iint\limits_{(F)} (V\, dF) \qquad \text{(IV 10, 27)}$$

als *Flächenfluß*; auf ihn bezieht sich im wesentlichen der *Gauß*sche Satz. Seine tensoriellen Dimensionen sind der folgenden Tabelle zu entnehmen:

Die tensoriellen Dimensionen des Flächenflusses.

V = polarer Vektor	V = achsialer Vektor
V^i = kontravar. Vektorkomp.	V^i = kontravar. Komp. d. Vektordichte
dF_i = kovar. Vektorkomp.	dF_i = kovar. Vektorkomp.
Φ = Skalar	Φ = skalare Dichte
V_i = kovar. Vektorkomp.	V_i = kovar. Komp. d. Vektorvolumens
dF^i = kontravar. Vektorkomp.	dF^i = kontravar. Vektorkomp.
Φ = Skalar	Φ = skalares Volumen

3. Wir verallgemeinern die Definition (IV 10, 23) auf das Pseudo-Vektorprodukt C des polaren Vektors A mit dem achsialen Vektor β, indem wir diesen, je nach der Art seiner Komponenten-Darstellung, als Vektorvolumen oder als Vektordichte einführen. Beispielsweise wird bei Benützung der kontravarianten Komponenten der Faktorvektoren

$$\beta^i = \sqrt{g}\, B^i, \qquad \text{(IV 10, 28)}$$

wobei nunmehr die B^i die Komponenten eines echten Vektors B angeben. Demnach finden wir nach dem Muster von (IV 10, 23)

$$C_* = [A\ \beta]_* = \begin{vmatrix} \gamma^1 & \gamma^2 & \gamma^3 \\ A^1 & A^2 & A^3 \\ \beta^1 & \beta^2 & \beta^3 \end{vmatrix} = \sqrt{g} \begin{vmatrix} \gamma^1 & \gamma^2 & \gamma^3 \\ A^1 & A^2 & A^3 \\ B^1 & B^2 & B^3 \end{vmatrix}, \qquad \text{(IV 10, 29)}$$

so daß, im Einklang mit den früher genannten Sätzen, C als polarer Vektor resultiert. Wir bringen diesen Sachverhalt durch die Tensorgleichung zum Ausdruck

$$C_i = T_{ik}\, A^k \qquad \text{(IV 10, 30)}$$

und der Vergleich mit (IV 10, 28) liefert die Aussage

$$\beta^1 = T_{23}; \qquad \beta^2 = T_{31}; \qquad \beta^3 = T_{12} \qquad \text{(IV 10, 31)}$$

als Äquivalenz von β und T.

4. Der Anblick der Determinante (IV 10, 23) legt es nahe, das Pseudo-Vektorprodukt zweier je achsialer Vektoren α und β als ebenfalls achsialen Vektor γ anzusprechen; jedoch ist diese Behauptung nicht richtig. Um diese Frage zu prüfen, setzen wir neben (IV 10, 28) auch $\alpha^i = \sqrt{g}\,A^i$ ($A =$ polarer Vektor) und bilden

$$[\alpha\,\beta]_* = \begin{vmatrix} 1^1 & 1^2 & 1^3 \\ \alpha^1 & \alpha^2 & \alpha^3 \\ \beta^1 & \beta^2 & \beta^3 \end{vmatrix} = \sqrt{g}\sqrt{g} \begin{vmatrix} 1^1 & 1^2 & 1^3 \\ A^1 & A^2 & A^3 \\ B^1 & B^2 & B^3 \end{vmatrix} = \sqrt{g}\,[A\,B]. \qquad \text{(IV 10, 32)}$$

Wir stellen nun den echten Vektor $[A\,B]$ mittels seiner kontravarianten Komponenten dar

$$[A\,B] = 1_i\,[A\,B]^i = \frac{1}{\sqrt{g}} \begin{vmatrix} 1_1 & 1_2 & 1_3 \\ A_1 & A_2 & A_3 \\ B_1 & B_2 & B_3 \end{vmatrix} = \sqrt{g} \begin{vmatrix} 1_1 & 1_2 & 1_3 \\ \alpha_1 & \alpha_2 & \alpha_3 \\ \beta_1 & \beta_2 & \beta_3 \end{vmatrix} = \sqrt{g}\,[\alpha\,\beta]^*. \qquad \text{(IV 10, 33)}$$

Auf Grund der Definition achsialer Vektoren erhalten wir also die *kontravarianten* Komponenten eines solchen (Symbol γ^*) in der Vektordichten-Gleichung:

$$\gamma^* = 1_i\,\gamma^i = \sqrt{g}\,1_i\,[A\,B]^i = g\,[\alpha\,\beta]^*. \qquad \text{(IV 10, 34)}$$

Erst das mit der Maßdeterminante multiplizierte Pseudo-Vektorprodukt $[\alpha\,\beta]^*$ liefert somit einen achsialen Vektor; bei der Berechnung von $[\alpha\,\beta]_*$ tritt entsprechend die kontravariante Determinante $\overline{g} = 1/g$ als Faktor auf.

5. Das *Nabla*-Vektorsymbol repräsentiert, vermöge seiner Transformationseigenschaften, einen polaren Vektor. Auf Grund der Definitionen der III 6, e) folgen hieraus die Sätze:

α) Im Einklang mit (III 6, 19) ist der Rotor eines polaren Vektors $A = 1^i\,A_i$ (kovariante Komponenten-Darstellung!) das kontravariante Pseudo-Vektorprodukt von ∇ mit A:

$$\operatorname{rot} A = [\nabla\,A]^* = \begin{vmatrix} 1_1 & 1_2 & 1_3 \\ \dfrac{\partial}{\partial x^1} & \dfrac{\partial}{\partial x^2} & \dfrac{\partial}{\partial x^3} \\ A_1 & A_2 & A_3 \end{vmatrix}. \qquad \text{(IV 10, 35)}$$

Diese Darstellung ist ihrerseits durch (IV 10, 21) mit den kovarianten Komponenten des antimetrischen Tensors T zweiter Stufe verknüpft

$$\operatorname{rot}^i A = T_{kl} = \frac{\partial A_l}{\partial x^k} - \frac{\partial A_k}{\partial x^l}. \qquad \text{(IV 10, 36)}$$

Wir kommen in V 1, d) auf dieses überaus wichtige Ergebnis zurück.

β) Der Rotor eines achsialen Vektors $\mathfrak{a} = \mathbf{1}^i \, a_i = \mathcal{1}^i \frac{A^i}{\sqrt{g}} (\mathfrak{A} = \mathcal{1}^i \, A_i =$ $=$ polarer Vektor) ist das Pseudo-Vektorprodukt von ∇ mit $\mathfrak{a}$

$$\operatorname{rot} \mathfrak{a} = [\nabla \, \mathfrak{a}]^* = \begin{vmatrix} \mathcal{1}_1 & \mathcal{1}_2 & \mathcal{1}_3 \\ \frac{\partial}{\partial x^1} & \frac{\partial}{\partial x^2} & \frac{\partial}{\partial x^3} \\ a_1 & a_2 & a_3 \end{vmatrix} = \frac{1}{\sqrt{g}} \begin{vmatrix} \mathcal{1}_1 & \mathcal{1}_2 & \mathcal{1}_3 \\ \frac{\partial}{\partial x^1} & \frac{\partial}{\partial x^2} & \frac{\partial}{\partial x^3} \\ A_1 & A_2 & A_3 \end{vmatrix} . \quad \text{(IV 10, 37)}$$

Als Resultat erscheint, nach (IV 10, 21), ein polarer Vektor der kontravarianten Komponenten

$$\operatorname{rot}^i \mathfrak{a} = \frac{1}{\sqrt{g}} \operatorname{rot}^i \mathfrak{A} = \frac{\partial a_k}{\partial x^l} - \frac{\partial a_l}{\partial x^k} = \frac{1}{\sqrt{g}} \left(\frac{\partial A_k}{\partial x^l} - \frac{\partial A_l}{\partial x^k} \right) . \quad \text{(IV 10, 38)}$$

Beschränkt man sich durchaus auf die Gruppe *Kartesischer* Rechtssysteme, welche durch Drehungen auseinander hervorgehen, so bleibt stets $\sqrt{g} = 1$: Der Unterschied zwischen rot $\mathfrak{A}$ und rot $\mathfrak{a}$ verschwindet, beide Größen erscheinen als Vektoren; wir sind hierdurch zu dem mehr elementaren Standpunkt der in Kapitel II durchgeführten Überlegungen zurückgekommen.

h) Wir erproben die Gesamtheit der vorstehenden Sätze am System der *Maxwell*schen Feldgleichungen nach II 7:

$$\operatorname{rot} \mathfrak{H} = \mathfrak{j} + \frac{\partial \mathfrak{D}}{\partial t}; \quad \mathfrak{D} = \Delta \, \mathfrak{E} \quad \text{(IV 10, 39)}$$

sowie

$$\operatorname{rot} \mathfrak{E} = - \frac{\partial \mathfrak{B}}{\partial t}; \quad \mathfrak{B} = \Pi \, \mathfrak{H}. \quad \text{(IV 10, 40)}$$

α) Da die polare Natur der Stromdichte $\mathfrak{j} = \varrho \, \mathfrak{v}$ auf Grund des skalaren Charakters der Ladungsdichte ϱ aus dem polaren Charakter von $\mathfrak{v}$ folgt, fordert die Spiegelungsinvarianz der Ersten *Maxwell*schen Feldgleichung die achsiale Natur der magnetischen Feldstärke $\mathfrak{H}$; diese zieht ihrerseits, da Π ein Skalar ist, die achsiale Natur der magnetischen Induktion $\mathfrak{B}$ nach sich.

β) Im Einklang mit der achsialen Natur von $\mathfrak{B}$ folgt aus der Zweiten *Maxwell*schen Feldgleichung die polare Natur der elektrischen Feldstärke $\mathfrak{E}$; da Δ ein Skalar ist, liegt kein Widerspruch zur Ersten *Maxwell*schen Feldgleichung vor.

γ) Wir üben die div-Operation auf die Erste *Maxwell*sche Feldgleichung aus und finden wegen $\varrho = \operatorname{div} \mathfrak{D}$ die skalare Kontinuitätsgleichung

$$\operatorname{div} \operatorname{rot} \mathfrak{H} \equiv 0 = \operatorname{div} \left(\mathfrak{j} + \frac{\partial \mathfrak{D}}{\partial t} \right) = \operatorname{div} \mathfrak{j} + \frac{\partial \varrho}{\partial t} . \quad \text{(IV 10, 41)}$$

Wir integrieren sie über die Elemente dT des Kontrollvolumens T, dessen Hüllfläche F in die infinitesimalen Flächenvektoren $d\mathfrak{F}$ eingeteilt sei. Der *Gauß*sche Integralsatz verknüpft dann in

$$\iiint\limits_{(T)} \frac{\partial \varrho}{\partial t} \mathrm{d}T = \frac{\mathrm{d}Q}{\mathrm{d}t} = -\iint\limits_{(F)} (j\,\mathrm{d}F) = -J \qquad \text{(IV 10, 42)}$$

den Skalar Q der in T enthaltenen Gesamtladung (IV 9, e) mit dem ebenfalls als Skalar erscheinenden Leitungsstrom J durch F.

δ) Wir üben die div-Operation auf die Zweite *Maxwell*sche Feldgleichung aus und erhalten nunmehr die pseudoskalare Gleichung

$$\operatorname{div} B = \text{const.}, \qquad \text{(IV 10, 43)}$$

welche für const. = 0 in (II 7, 6) übergeht. Die auf den Kontrollraum T bezügliche, *Gauß*sche Integralaussage

$$\iiint\limits_{(T)} \operatorname{div} B\,\mathrm{d}T = \iint\limits_{(F)} (B\,\mathrm{d}F) = 0 \qquad \text{(IV 10, 44)}$$

ist von ebenfalls pseudoskalarem Charakter.

ε) Wir wählen eine geschlossene, mit Umlaufssinn begabte Kurve C der polar-vektoriellen Bogenelemente ds; sie umspanne die Kontrollfläche F der Plangrößen-Elemente dP. Der *Stokes*sche Integralsatz, angewandt auf (IV 10, 34), liefert die pseudoskalare Gleichung (Durchflutungsgesetz):

$$\oint\limits_{(C)} (H\,\mathrm{d}s) = \iint\limits_{(F)} \left(\left\{j + \frac{\partial D}{\partial t}\right\} \mathrm{d}P\right). \qquad \text{(IV 10, 45)}$$

Das links stehende Linienintegral wird als magnetische Umlaufsspannung, das rechter Hand auftretende Flächenintegral als „wahrer Strom" bezeichnet; es ist gewiß bemerkenswert, daß dieser — als Pseudoskalar — sich tensor-dimensionell von dem in (IV 10, 42) auftretenden, skalaren Leitungsstrom unterscheidet.

ζ) Die Anwendung des *Stokes*schen Integralsatzes auf (IV 10, 39) führt auf die skalare Gleichung (Induktionsgesetz):

$$\oint\limits_{(C)} (E\,\mathrm{d}s) = -\iint\limits_{(F)} \left(\frac{\partial B}{\partial t} \mathrm{d}P\right) = -\frac{\mathrm{d}}{\mathrm{d}t} \iint\limits_{(F)} (B\,\mathrm{d}P). \qquad \text{(IV 10, 46)}$$

Sie verknüpft die elektrische Umlaufsspannung mit der Abnahmegeschwindigkeit des magnetischen Induktionsflusses; beide Größen sind echte Skalare.

IV 11. Der Trägheitstensor.

a) Wir behandeln die Drehbewegung eines starren Körpers um einen festen Punkt O relativ zu einem dreidimensionalen Inertialsystem, welches wir durch seine *Kartesischen* Koordinaten x^i (i = 1, 2, 3) beschreiben.

Neben diesem „raumfesten" System führen wir ein „körperfestes" System ein, dessen ebenfalls *Kartesische* Koordinaten mit ξ^k (k = 1, 2, 3) bezeichnet seien. Das körperfeste System dient zur Definition der Lage des starren Körpers relativ zum Inertialsystem; sein Ursprung möge mit dem Zentrum der Drehbewegung zusammenfallen.

b) Die momentane Winkelgeschwindigkeit der Drehbewegung relativ zum Inertialsystem sei durch den (achsialen) Vektor ω gegeben. Wir zerlegen ihn nach den Achsen des körperfesten Systemes:

$$\omega = 1_k \, \omega^k. \tag{IV 11, 1}$$

Wir richten unser Augenmerk auf ein Volumenelement dT des starren Körpers; sei r sein vektorieller Abstand von O, gemessen im körperfesten System

$$r = 1_k \, \xi^k, \tag{IV 11, 2}$$

so ist seine Lineargeschwindigkeit v (polarer Vektor) relativ zum Inertialsystem durch das Pseudo-Vektorprodukt gegeben

$$v = [\omega \, r]. \tag{IV 11, 3}$$

Nennen wir ϱ die in dT herrschende Massendichte (Skalar), so ist die träge Masse dieses Elementes

$$\mathrm{dm} = \varrho \, \mathrm{dT}. \tag{IV 11, 4}$$

Daher gibt der polare Vektor

$$\mathrm{d}p = v \, \mathrm{dm} = [\omega \, r] \, \varrho \, \mathrm{dT} \tag{IV 11, 5}$$

den *linearen Impuls* der am Element dT haftenden Materie an. Der zugehörige *Drehimpuls* folgt durch pseudo-vektorielle Multiplikation mit dem Radiusvektor r in Form des achsialen Vektors

$$\mathrm{d}J = [r \, \mathrm{d}p] = [r \, [\omega \, r]] \, \varrho \, \mathrm{dT}. \tag{IV 11, 6}$$

In dem rechter Hand auftretenden doppelten Pseudo-Vektorprodukte machen wir von der Entwicklungsformel Gebrauch

$$[r \, [\omega \, r]] = \omega \, (r)^2 - r \, (\omega \, r). \tag{IV 11, 7}$$

Die Komponentendarstellung dieses Ausdruckes im körperfesten System lautet

$$[r \, [\omega \, r]] = 1_k \, \{\omega^k \, (\xi^i \, \xi_i) - \xi^k \, (\omega^j \, \xi_j)\}. \tag{IV 11, 8}$$

Mit Hilfe des gemischten Einheitstensors schreiben wir hierfür

$$[r \, [\omega \, r]] = 1_k \, \omega^j \, \{\delta^k_j \, (r)^2 - \xi^k \, \xi_j\}. \tag{IV 11, 9}$$

Indem man dies in (IV 11, 6) einträgt und über das Gesamtvolumen T des starren Körpers integriert, erhält man den (achsialen) Vektor J des Gesamtdrehimpulses:

$$J = 1_k \, \omega^j \iiint\limits_{(T)} \{\delta^k_j \, (r)^2 - \xi^k \, \xi_j\} \, \varrho \, \mathrm{dT}. \tag{IV 11, 10}$$

Nach IV 10, f) sind die beiden achsialen Vektoren J und ω in jeder sie verbindenden Gleichung stets gleichzeitig entweder mittels ihrer kontravarianten oder ihrer kovarianten Komponenten zu formulieren. Daher folgt aus (IV 11, 10) oder ihrer dual entsprechenden kovarianten Gleichung, daß die Größen

$$\Theta^k{}_j = \Theta_j{}^k \equiv \Theta^k_j = \iiint\limits_{(T)} \{\delta^k_j (r)^2 - \xi^k \xi_j\} \varrho \, dT \qquad \text{(IV 11, 11)}$$

die gemischten Komponenten eines Tensors zweiter Stufe Θ definieren, welcher als *Trägheitstensor* bezeichnet wird.

c) Die Formulierung (IV 11, 11) des Trägheitstensors ermöglicht es, von den im *Kartesischen* Bezugssystem ξ^k, ξ_j ausgedrückten Komponenten $\Theta^k{}_j$ auf die in den kontravarianten Koordinaten u^m und den kovarianten Koordinaten u_n eines affinen Bezugssystemes angeschriebenen Komponenten Θ^m_n überzugehen. Man hat hierbei zunächst zu beachten, daß der gemischte Einheitstensor in allen Bezugssystemen gleich lautet, und außerdem ist, auf Grund der Definition der Tensoren zweiter Stufe, bei der gewünschten Umrechnung das Produkt $\xi^k \xi_j$ durch $u^m u_n$ zu ersetzen; schließlich tritt an Stelle des Elementes dT das invariante infinitesimale Volumen $\sqrt{g}\, du^1 du^2 du^3$, so daß man also erhält

$$\Theta^m_n = \int\limits_{(u^1)} \int\limits_{(u^2)} \int\limits_{(u^3)} \{\delta^m_n (r)^2 - u^m u_n\} \varrho \sqrt{g}\, du^1 du^2 du^3 \quad (m, n = 1, 2, 3). \qquad \text{(IV 11, 12)}$$

Die — nicht ausgeschriebenen — Grenzen der Einzelintegrale sind entsprechend der vorgegebenen Gestalt des starren Körpers zu wählen; $\varrho \sqrt{g}$ mißt die „skalare Massendichte". Die kovarianten Komponenten des Trägheitstensors im affinen System lauten nun

$$\Theta_{l\,n} = g_{l\,m} \Theta^m_n = \int\limits_{(u^1)} \int\limits_{(u^2)} \int\limits_{(u^3)} \{g_{l\,n} (r)^2 - u_l u_n\} \varrho \sqrt{g}\, du^1 du^2 du^3, \qquad \text{(IV 11, 13)}$$

welche unmittelbar die *Symmetrie* des Trägheitstensors erkennen lassen; zu dem gleichen Ergebnis führt auch der Anblick der gemischten Darstellung (IV 11, 11) unter Berufung auf die dort benützten *Kartesischen* Koordinaten. Die Komponenten mit je zwei gleichen Indizes werden als *Trägheitsmomente* der gleichnamigen Achse, die — mit dem Minuszeichen multiplizierten — Tensorkomponenten mit je zwei verschiedenen Indizes als die, den zwei zugeordneten Achsen entsprechenden *Deviationsmomente* bezeichnet.

d) Aus der Symmetrie des Trägheitstensors geht hervor, daß seine drei Hauptachsen senkrecht aufeinander stehen; wir können sie daher zu den Achsen eines neuen, körperfesten Bezugssystemes wählen, welches wir mit dem vorher eingeführten affinen System der Koordinaten u^m, u_n identifizieren.

Wir berechnen die auf dieses System bezogenen, gemischten Komponenten des Trägheitstensors als Eigenwerte der Säkulargleichung (IV 5, 38), welche im vorliegenden Falle explizit lautet

$$\begin{vmatrix} \Theta_1^1 - \lambda & \Theta_2^1 & \Theta_3^1 \\ \Theta_1^2 & \Theta_2^2 - \lambda & \Theta_3^2 \\ \Theta_1^3 & \Theta_2^3 & \Theta_3^3 - \lambda \end{vmatrix} = 0. \qquad \text{(IV 11, 14)}$$

Man bezeichnet die drei Eigenwerte $\lambda_{(1)}$, $\lambda_{(2)}$, $\lambda_{(3)}$ als *Hauptträgheitsmomente* und schreibt, um ihre physikalische Dimension sinnfällig darzustellen,

$$\lambda_{(1)} = \Theta_{(1)}; \qquad \lambda_{(2)} = \Theta_{(2)}; \qquad \lambda_{(3)} = \Theta_{(3)}. \qquad \text{(IV 11, 15)}$$

Mittels (IV 11, 12) kann man diese Größen aus den, auf die Hauptachsen bezogenen Daten des starren Körpers berechnen. Legt man nun das *Kartesische* System als Rechtssystem aus — dies ist durch geeignete Indizierung der Hauptachsen stets möglich — so wird $\sqrt{g} = +1$, und man erhält explizit etwa für die $\lambda_{(1)}$ zugeordnete Hauptachse

$$\Theta_{(1)} = \int\limits_{(u^1)} \int\limits_{(u^2)} \int\limits_{(u^3)} \{(u^2)^2 + (u^3)^2\}\, \varrho\, du^1\, du^2\, du^3 \qquad \text{(IV 11, 16)}$$

und entsprechende Ausdrücke für $\Theta_{(2)}$ und $\Theta_{(3)}$; sie zeigen, daß die Hauptträgheitsmomente stets positiv ausfallen.

Bezieht man den (achsialen) Vektor der Winkelgeschwindigkeit auf die Hauptachsen (Einheitsvektoren 1_i^*), so nimmt der gleichfalls achsiale Vektor des Drehimpulses bei Benützung seiner kontravarianten Komponenten die einfache Gestalt an [wir benützen die Schreibweise (IV 5, 2)]:

$$J = 1_i^*\, \omega^i\, \Theta_{(i)} = (\Theta\, \omega) \quad (i = 1, 2, 3). \qquad \text{(IV 11, 17)}$$

Der tensordimensionelle Charakter dieser Relation als Vektordichten-Gleichung kommt wegen $\sqrt{g} = 1$ nicht mehr zum Ausdruck; aus dem gleichen Grunde verschwindet im Hauptachsensystem der Unterschied zwischen den kontravarianten und den kovarianten Komponenten je der achsialen Vektoren ω und J.

e) Aus (IV 11, 3) und (IV 11, 4) erhalten wir die kinetische Energie dW (Skalar), welche dem Element dT des starren Körpers verhaftet ist, zu

$$dW = \frac{1}{2}\, ([\omega\, r])^2\, \varrho\, dT. \qquad \text{(IV 11, 18)}$$

Die Invariante $([\omega\, r])^2$ läßt sich mittels der Koordinaten ξ^i, ξ_k des körperfesten Bezugssystemes und der, auf die nämlichen Achsen bezogenen Komponenten der Winkelgeschwindigkeit in folgende Gestalt bringen:

$$([\omega\, r])^2 = (\omega)^2 (r)^2 - (\omega\, r)^2 = \delta_i^k\, \omega^i\, \omega_k\, (r)^2 - (\omega^i\, \xi_i)(\omega_k\, \xi^k) =$$
$$= \omega^i\, \omega_k\, \{\delta_i^k\, (r)^2 - \xi_i\, \xi^k\}. \qquad \text{(IV 11, 19)}$$

Indem man dies in (IV 11, 18) einsetzt und über den gesamten starren Körper integriert, erhält man die Invariante der kinetischen Energie mit

Rücksicht auf die Definition (IV 11, 11) der Komponenten des Trägheitstensors in der Form:

$$W = \frac{1}{2} \Theta_i^k \omega^i \omega_k. \qquad \text{(IV 11, 20)}$$

Sie gleicht dem halben inneren Produkt des Drehimpuls-Vektors J mit dem Vektor der Winkelgeschwindigkeit

$$W = \frac{1}{2} (J \omega) = \frac{1}{2} \Theta_i^k \omega^i \omega_k. \qquad \text{(IV 11, 21)}$$

Die Schar der Isoskalarflächen

$$W = \text{const}$$

definiert in einem abstrakten, *Kartesischen* Koordinatensystem der ω^i, ω_k die Gesamtheit der Flächen zweiten Grades, welche den Trägheitstensor kennzeichnen; auf Grund des positiv-definiten Charakters der Hauptträgheitsmomente nach Gl. (IV 11, 16) erweisen sich diese Flächen als *Ellipsoide.*

Indem man im ω-Raum den Gradienten bildet (Symbol $\nabla_{(\omega)}$), finden wir nach (IV 11, 20)

$$\nabla_{(\omega)} W = (\Theta \omega) = J. \qquad \text{(IV 11, 22)}$$

Dieser Zusammenhang zwischen der (skalaren) kinetischen Energie und dem Vektor des Drehimpulses, welcher hier aus den Regeln der Tensorrechnung hergeleitet wurde, steht im Einklang mit folgender Definition der analytischen Mechanik: Die kovariante Komponente des Impulses ist gleich der partiellen Derivierten der kinetischen Energie nach der zugehörigen kontravarianten Geschwindigkeits-Koordinate.

f) Dem Übergang vom linearen Impuls $\mathrm{d}p$ zum Drehimpuls $\mathrm{d}J$ entspricht dynamisch der Schluß von der am kontrollierten Element dT angreifenden Elementarkraft $\mathrm{d}K$ zum elementaren Drehmoment (achsialer Vektor):

$$\mathrm{d}M = [r\, \mathrm{d}K]. \qquad \text{(IV 11, 23)}$$

Bei der Integration über den gesamten starren Körper heben sich, zufolge des Prinzipes von Wirkung und Gegenwirkung, die „inneren“ Momente auf, welche von einem Element zum anderen Element des Körpers übertragen werden, so daß allein das Moment M der äußeren Kräfte verbleibt. Daher lautet die Bewegungsgleichung des starren Körpers

$$\frac{\mathrm{d}J}{\mathrm{d}t} = M. \qquad \text{(IV 11, 24)}$$

Der Differentialquotient des achsialen Vektors J ist relativ zum Interialsystem zu verstehen. Wir haben daher die in I 9, b) lediglich für polare Vektoren gegebene Anweisung auf achsiale Vektoren zu erweitern und erhalten auf Grund von IV 10, f) 4, etwa für die kovariante Komponentendarstellung von $J = 1^{j*}\,J_j$ die Vektorvolumen-Gleichung

$$\frac{dJ}{dt} = \frac{dJ'}{dt} + \overline{g}\,[\omega\, J]_* = \frac{dJ'}{dt} + \frac{1}{g}\,[\omega\, J]_*, \qquad \text{(IV 11, 25)}$$

wobei im Pseudo-Vektorprodukt $[\omega\, J]_*$ die achsialen Vektoren ω und J je mittels ihrer kontravarianten Komponenten einzusetzen sind. Wegen $\frac{d\omega}{dt} \equiv \frac{d\omega'}{dt}$ lautet daher, mit Benützung von (II 11, 17), die Bewegungsgleichung

$$\left(\Theta\,\frac{d\omega}{dt}\right) + \overline{g}\,[\omega\,(\Theta\,\omega)]_* = M. \qquad \text{(IV 11, 26)}$$

Im Hauptachsen-System wird wegen $\overline{g} = g = 1$

$$\left(\Theta\,\frac{d\omega}{dt}\right) = 1^{*i}\,\Theta_{(i)}\,\frac{d\omega_i}{dt}\;;\quad \omega_i \equiv \omega^i,\quad M_i \equiv M^i \qquad \text{(IV 11, 27)}$$

sowie

$$[\omega\,(\Theta\,\omega)]_* = \begin{vmatrix} 1^{*1} & 1^{*2} & 1^{*3} \\ \omega^1 & \omega^2 & \omega^3 \\ \omega^1\,\Theta_{(1)} & \omega^2\,\Theta_{(2)} & \omega^3\,\Theta_{(3)} \end{vmatrix}. \qquad \text{(IV 11, 28)}$$

Man erhält daher explizit die von *Euler* angegebenen dynamischen Gleichungen für die Bewegung des starren Körpers um einen festgehaltenen Punkt (*Kreiselgleichungen*):

$$\begin{aligned} \Theta_{(1)}\frac{d\omega_1}{dt} + [\Theta_{(3)} - \Theta_{(2)}]\,\omega_2\,\omega_3 &= M_1, \\ \Theta_{(2)}\frac{d\omega_2}{dt} + [\Theta_{(1)} - \Theta_{(3)}]\,\omega_3\,\omega_1 &= M_2, \\ \Theta_{(3)}\frac{d\omega_3}{dt} + [\Theta_{(2)} - \Theta_{(1)}]\,\omega_1\,\omega_2 &= M_3. \end{aligned} \qquad \text{(IV 11, 29)}$$

g) Im Falle der *kräftefreien Bewegung*

$$M = 0 \qquad \text{(IV 11, 30)}$$

vermitteln die Eigenschaften des Trägheitstensors eine unmittelbare Einsicht in die Kinematik des Vorganges: Aus (IV 11, 24) folgt zunächst

$$J = \text{const} = J_0. \qquad \text{(IV 11, 31)}$$

Der Drehimpuls-Vektor verharrt also ein für allemal in seiner Lage relativ zum Inertialsystem. Da nun das Bezugssystem der Hauptachsen in jedem Augenblicke durch eine passende Drehung mit dem Inertialsystem zur Deckung gebracht werden kann, bleibt der Betrag $|J|$ des Drehimpulsvektors auch relativ zum Hauptachsen-System konstant

$$|J| = |J_0|. \qquad \text{(IV 11, 32)}$$

Um diesen geometrisch unmittelbar einleuchtenden Satz analytisch zu beweisen, erweitern wir (IV 11, 26) auf skalare Weise mit $J = (\Theta\,\omega)$ und finden wegen $(J\,[\omega\,J]) \equiv 0$ im kräftefreien Falle

$$\left(\left(\Theta\,\frac{d\omega}{dt}\right)(\Theta\,\omega)\right) = \frac{1}{2}\frac{d}{dt}(\Theta\,\omega)^2 = 0. \qquad \text{(IV 11, 33)}$$

Durch Integration dieser skalaren Gleichung nach der Zeit folgt

$$\frac{1}{2}(\Theta\,\omega)^2 = \frac{1}{2}\{(\Theta_{(1)}\,\omega_1)^2 + (\Theta_{(2)}\,\omega_2)^2 + (\Theta_{(3)}\,\omega_3)^2\} \equiv \frac{1}{2}(J_0)^2 \qquad \text{(IV 11, 34)}$$

und dies ist in der Tat inhaltlich identisch mit (IV 11, 32). Im Hauptachsen-System erscheint hiernach als geometrischer Ort für die Spitze des Vektors ω das „Impulsellipsoid“ mit den Halbachsen

$$a_{(1)} = \frac{|J_0|}{\Theta_{(1)}}; \quad a_{(2)} = \frac{|J_0|}{\Theta_{(2)}}; \quad a_{(3)} = \frac{|J_0|}{\Theta_{(3)}}. \qquad \text{(IV 11, 35)}$$

Der Erhaltungsgleichung des Drehimpulses tritt das Gesetz der Erhaltung der Energie zur Seite, welches nach (IV 11, 21) im Hauptachsen-System die Form annimmt

$$W = \frac{1}{2}\{\Theta_{(1)}(\omega_1)^2 + \Theta_{(2)}(\omega_2)^2 + \Theta_{(3)}(\omega_3)^2\} = \text{const} = W_0. \qquad \text{(IV 11, 36)}$$

Hierdurch ist im Hauptachsen-System ein zweiter geometrischer Ort für die Spitze des Vektors ω festgelegt: Das Tensorellipsoid mit den Halbachsen

$$\Omega_{(1)} = \sqrt{\frac{2\,W_0}{\Theta_{(1)}}}; \quad \Omega_{(2)} = \sqrt{\frac{2\,W_0}{\Theta_{(2)}}}; \quad \Omega_{(3)} = \sqrt{\frac{2\,W_0}{\Theta_{(3)}}}, \qquad \text{(IV 11, 37)}$$

welche in der Regel von den Halbachsen des Impulsellipsoides verschieden ausfallen.

Aus der Kombination der Ergebnisse (IV 11, 34) und (IV 11, 37) geht hervor, daß die Spitze des Vektors ω auf der gemeinsamen Schnittlinie der beiden Ellipsoide verbleiben muß. Die hierdurch definierte Kurve heißt die *Polhodie*. Aus den Symmetrie-Eigenschaften der Ellipsoide folgt, daß die Polhodie in sich geschlossen ist und symmetrisch zu einer der Hauptachsen verläuft.

Um von der Analyse der Winkelgeschwindigkeit im Hauptachsen-System auf die Bewegung des starren Körpers relativ zum Inertialsystem zu schließen, stützen wir uns auf den Charakter der kinetischen Energie als Invariante und schreiben

$$W = \frac{1}{2}(J\,\omega) = W_0, \qquad \text{(IV 11, 38)}$$

wobei nun J und ω auf das *Kartesische* Koordinatensystem x^i zu beziehen sind. In diesem skalaren Produkt ist der Vektor des Drehimpulses J nach Größe und Richtung konstant gleich dem Vektor J_0. Daher bleibt bei allen physikalisch zulässigen Bewegungen des starren Körpers um den Ursprung O im Falle $M = 0$ die Projektion von ω auf J_0 konstant: Relativ zum Inertialsystem verharrt die Spitze des Vektors ω in jener „unveränderlichen Ebene", welche im Abstand $\frac{2\,W_0}{|J|}$ von O auf der Richtung von J_0 senkrecht steht. Andererseits weist J orthogonal zur Tangentialebene des Isoskalares $S = W_0$ im Punkte $r = \omega$. Daher muß das Ellipsoid $S = W_0$ sich so einstellen, daß es jene unveränderliche Ebene in jedem Augenblick berührt. Wechselt dann ω im Verlaufe der Bewegung relativ zum Hauptachsensystem seinen Ort längs der Polhodie, so wälzt sich also das Ellipsoid mit dieser Kurve auf der invariabeln Ebene ab. Der Berührungspunkt des Ellipsoides mit der Ebene beschreibt dabei auf dieser eine weitere Kurve, welche die *Herpolhodie* genannt wird. Die gegebene, kinematische Darstellung der kräftefreien Kreiselbewegung rührt von *Poinsot* her (Abb. IV 3).

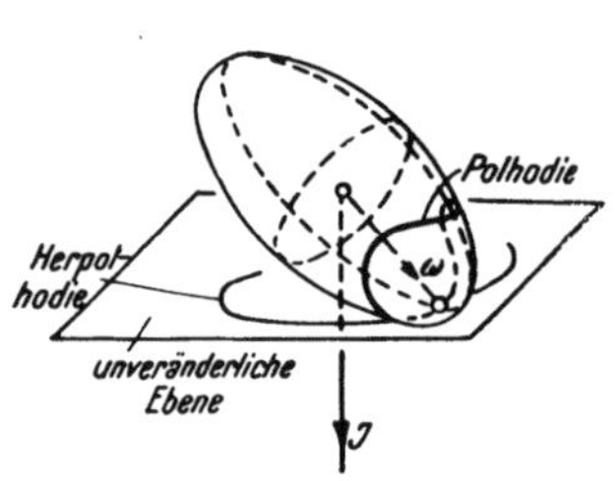

Abb. IV 3. Zur Kinematik des kräftefreien Kreisels (nach *Winkelmann* und *Grammel*, Kinetik der starren Körper). (Handbuch der Physik, Bd. V. S. 393, Berlin, Springer.)

h) Um die geschilderten Bewegungsvorgänge analytisch zu erfassen, ersetzen wir die skalaren Integrationskonstanten $(J_0)^2$ und W_0 durch zwei neue Konstanten Θ_0 und ω_0, welche wir durch die Gleichungen definieren

$$(J_0)^2 = (\omega_1\,\Theta_{(1)})^2 + (\omega_2\,\Theta_{(2)})^2 + (\omega_3\,\Theta_{(3)})^2 = (\omega_0\,\Theta_0)^2 \qquad \text{(IV 11, 39)}$$

und

$$W_0 = \frac{1}{2}\{(\omega_1)^2\,\Theta_{(1)} + (\omega_2)^2\,\Theta_{(2)} + (\omega_3)^2\,\Theta_{(3)}\} = \frac{1}{2}\,\omega_0{}^2\,\Theta_0. \qquad \text{(IV 11, 40)}$$

Ferner führen wir die Norm der Winkelgeschwindigkeit ein

$$(\omega)^2 = (\omega_1)^2 + (\omega_2)^2 + (\omega_3)^2. \qquad \text{(IV 11, 41)}$$

Wir fassen in (IV 11, 39), (IV 11, 40) und (IV 11, 41) als drei Gleichungen für die drei Unbekannten $(\omega_1)^2$, $(\omega_2)^2$, $(\omega_3)^2$ auf und erhalten durch ihre Auflösung

$$(\omega_1)^2 = \frac{\Theta_{(2)}\,\Theta_{(3)}}{(\Theta_{(1)} - \Theta_{(2)})\,(\Theta_{(1)} - \Theta_{(3)})}\,[(\omega)^2 - (\varepsilon_1)^2], \qquad \text{(IV 11, 42)}$$

wobei gesetzt ist

$$(\varepsilon_1)^2 = \frac{\Theta_0\,(\Theta_{(2)} + \Theta_{(3)} - \Theta_{(1)})}{\Theta_{(2)}\,\Theta_{(3)}}\,\omega_0{}^2. \qquad \text{(IV 11, 43)}$$

Die entsprechenden Gleichungen für $(\omega_2)^2$ und $(\omega_3)^2$ gehen aus (IV 11, 42) und (IV 11, 43) durch zyklische Vertauschung der Indizes hervor.

Wir multiplizieren nun die drei *Euler*schen Gl. (IV 11, 29) der Reihe nach mit $\omega_1\,\Theta_{(2)}\,\Theta_{(3)}$, $\omega_2\,\Theta_{(3)}\,\Theta_{(1)}$, $\omega_3\,\Theta_{(1)}\,\Theta_{(2)}$, addieren und erhalten im kräftefreien Falle

$$\Theta_{(1)}\,\Theta_{(2)}\,\Theta_{(3)}\left(\omega_1\frac{\mathrm{d}\omega_1}{\mathrm{dt}}+\omega_2\frac{\mathrm{d}\omega_2}{\mathrm{dt}}+\omega_3\frac{\mathrm{d}\omega_3}{\mathrm{dt}}\right)+[\Theta_{(2)}\,\Theta_{(3)}\,(\Theta_{(3)}-\Theta_{(2)})+ \\ +\Theta_{(3)}\,\Theta_{(1)}\,(\Theta_{(1)}-\Theta_{(3)})+\Theta_{(1)}\,\Theta_{(2)}\,(\Theta_{(2)}-\Theta_{(1)})]\,\omega_1\,\omega_2\,\omega_3=0. \qquad \text{(IV 11, 44)}$$

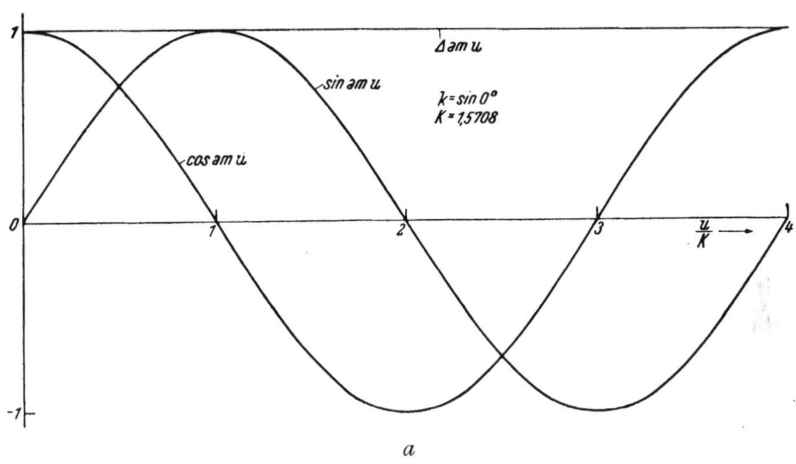

a

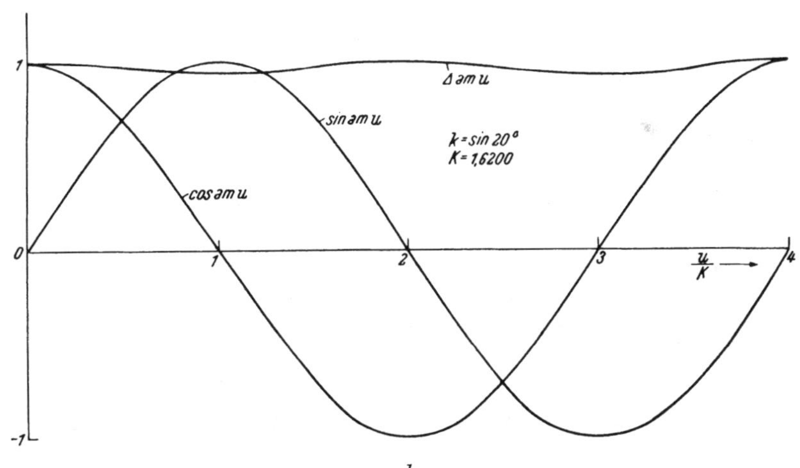

b

Abb. IV 4. Die *Jacobi*schen Elliptischen Funktionen sin am u, cos am u und Δ am u (*a*) $\mathrm{k}=\sin 0^0$; (*b*) $\mathrm{k}=\sin 20^0$.

Mittels (IV 11, 41) und (IV 11, 43) entsteht hieraus

$$\frac{1}{2}\frac{\mathrm{d}(\omega)^2}{\mathrm{dt}}=\sqrt{[(\omega)^2-(\varepsilon_1)^2]\,[(\varepsilon_2)^2-(\omega)^2]\,[(\omega)^2-(\varepsilon_3)^2]}. \qquad \text{(IV 11, 45)}$$

Die Realität der Wurzel erfordert, daß etwa die Ungleichungen

$$(\varepsilon_3)^2<(\varepsilon_1)^2<(\omega)^2<(\varepsilon_2)^2 \qquad \text{(IV 11, 46)}$$

erfüllt sind, so daß dann das Verhältnis

$$k^2 = \frac{(\varepsilon_2)^2 - (\varepsilon_1)^2}{(\varepsilon_2)^2 - (\varepsilon_3)^2} < 1 \qquad \text{(IV 11, 47)}$$

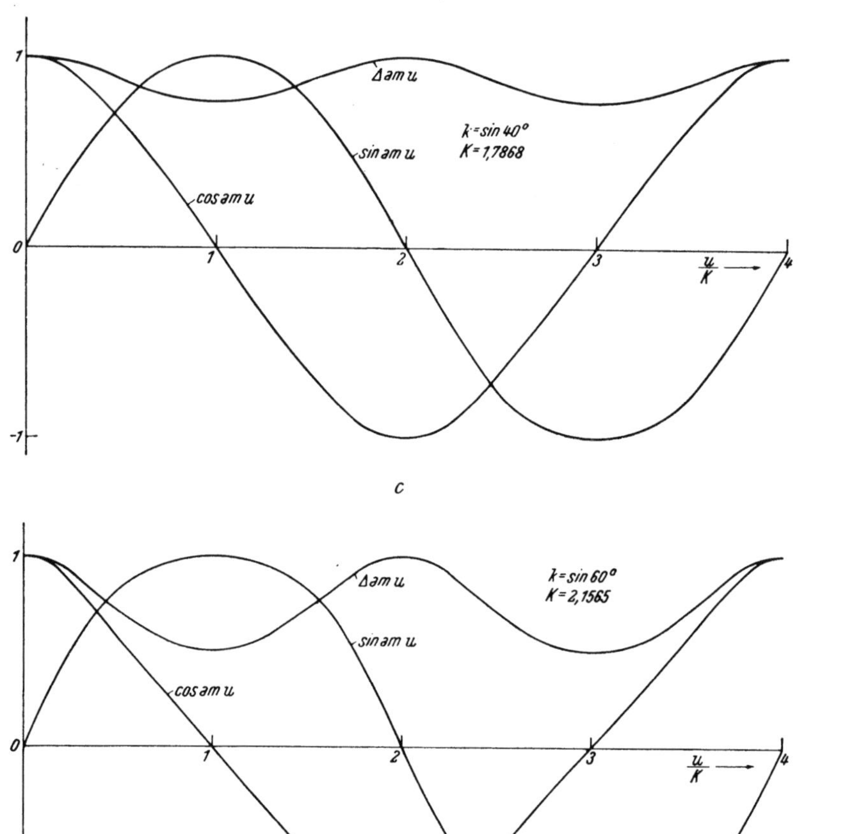

d

Abb. IV 4. Die *Jacobi*schen Elliptischen Funktionen sin am u, cos am u und Δ am u (*c*) k = sin 40°; (*d*) k = sin 60°.

ausfällt. Nunmehr substituieren wir einen reellen Hilfswinkel α mittels der Definitionsgleichung

$$(\omega)^2 = (\varepsilon_1)^2 \sin^2 \alpha + (\varepsilon_2)^2 \cos^2 \alpha$$

$$\frac{1}{2}\frac{d(\omega)^2}{dt} = [(\varepsilon_1)^2 - (\varepsilon_2)^2] \sin \alpha \cos \alpha \frac{d\alpha}{dt} \qquad \text{(IV 11, 48)}$$

so daß (IV 11, 45) in

$$\frac{d\alpha}{dt} = -\sqrt{(\varepsilon_2)^2 - (\varepsilon_3)^2}\sqrt{1 - k^2 \sin^2 \alpha} \qquad \text{(IV 11, 49)}$$

übergeht. Hieraus folgt, falls man den Winkel $\alpha = 0$ dem Zeitpunkte $t = t_0$ zuordnet

$$-\sqrt{(\varepsilon_2)^2 - (\varepsilon_3)^2}\,(t - t_0) = \int_0^\alpha \frac{d\alpha'}{\sqrt{1 - k^2 \sin^2 \alpha'}}. \qquad \text{(IV 11, 50)}$$

In dem Integral erkennt man die *Legendre*sche Normalform des *Elliptischen* Integrales zweiter Gattung; seine Umkehrung liefert die Funktion Amplitude (Symbol am):

$$\alpha = \text{am}\left[\sqrt{(\varepsilon_2)^2 - (\varepsilon_3)^2}\,(t - t_0)\right] \qquad \text{(IV 11, 51)}$$

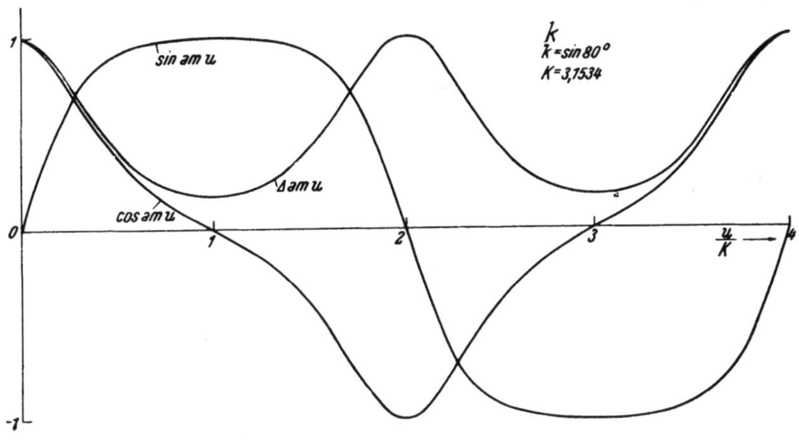

Abb. IV *e*

Abb. IV 4. *a—e*. Die *Jacobi*schen Elliptischen Funktionen sin am u, cos am u und Δ am u.

Durch Einsetzen dieses Ergebnisses in (IV 11, 42) und die entsprechenden Gleichungen für $(\omega_2)^2$ und $(\omega_3)^2$ findet man schließlich die gesuchte Lösung in der expliziten Form

$$\omega_1 = \sqrt{\frac{\Theta_{(2)}\,\Theta_{(3)}}{(\Theta_{(1)} - \Theta_{(2)})\,(\Theta_{(1)} - \Theta_{(3)})}\,[(\varepsilon_2)^2 - (\varepsilon_1)^2]}\;\cos \text{am}\left[\sqrt{(\varepsilon_2)^2 - (\varepsilon_3)^2}\,(t_0 - t)\right]$$

$$\omega_2 = \sqrt{\frac{\Theta_{(3)}\,\Theta_{(1)}}{(\Theta_{(2)} - \Theta_{(3)})\,(\Theta_{(1)} - \Theta_{(2)})}\,[(\varepsilon_2)^2 - (\varepsilon_1)^2]}\;\sin \text{am}\left[\sqrt{(\varepsilon_2)^2 - (\varepsilon_3)^2}\,(t_0 - t)\right],$$

$$\omega_3 = \sqrt{\frac{\Theta_{(1)}\,\Theta_{(2)}}{(\Theta_{(3)} - \Theta_{(2)})\,(\Theta_{(3)} - \Theta_{(1)})}\,[(\varepsilon_2)^2 - (\varepsilon_3)^2]}\;\Delta\, \text{am}\left[\sqrt{(\varepsilon_2)^2 - (\varepsilon_3)^2}\,(t_0 - t)\right], \qquad \text{(IV 11, 52)}$$

also im wesentlichen mittels der drei *Jacobi*schen Elliptischen Funktionen des Moduls k (Abb. IV 4).

Fünftes Kapitel.

Tensoranalysis im affinen Raum.

V 1. Bildung affiner Tensoren mittels des *Nabla*-Vektors.

a) Im affinen Bezugssystem der Grundvektoren a_i und der reziproken Vektoren $\overline{a}^k$ genügt das Operationssymbol *Nabla* in der Formulierung

$$\nabla = \overline{a}^k \frac{\partial}{\partial u^k}, \qquad \text{(V 1, 1)}$$

den Transformationsgesetzen eines Vektors mit den kovarianten Komponenten $\nabla_k = \partial/\partial u^k$.

Es sei nun als Funktion des Radiusvektors

$$r = a_i\, u^i \qquad \text{(V 1, 2)}$$

das Vektorfeld vorgegeben

$$A = A\,(r) = a_i\, A^i\,(u^k) = \overline{a}^k\, A_k\,(u^i). \qquad \text{(V 1, 3)}$$

Wir bilden aus dem *Nabla*-Vektor ∇ und dem Feldvektor A (in dieser Reihenfolge) einen Tensor zweiter Stufe G mit den gemischten Komponenten

$$G_k{}^i = \nabla_k\, A^i = \frac{\partial A^i}{\partial u^k}. \qquad \text{(V 1, 4)}$$

Wir nennen G den *Gradiententensor* des Vektors A. Um ihn auch äußerlich von dem, um eine Stufe niedriger stehenden Begriff des Gradienten*vektors* G einer *skalaren* Feldfunktion S (Symbol: $G =$ grad S) zu unterscheiden, benützen wir für den Gradienten*tensor* des *Vektors* A das Symbol

$$G = \text{Grad}\, A. \qquad \text{(V 1, 5)}$$

b) Wir stellen A mittels einer *Verrückung* dar, welche den Raumpunkt P des Radiusvektors r entsprechend Abb. V 1 in den Raumpunkt Q des Radiusvektors $(r + A)$ transportiert. Von P gehen wir mittels des infinitesimalen Vektors $\Delta\, r$ zum Nachbarpunkt $P^* = (r + \Delta\, r)$ über; er wird durch die Verrückung

$$A^* = A + \Delta\, A \qquad \text{(V 1, 6)}$$

nach $Q^* = (r + \Delta\, r + A^*)$ verbracht. Aus dem infinitesimalen Abstande $\Delta\, r$, welcher P und Q *vor* der Verrückung trennte, geht also *nach* diesem kinematischen Prozeß der Abstand hervor

$$(r + \Delta\, r + A^*) - (r + \Delta\, r + A) = A^* - A = \Delta\, A. \qquad \text{(V 1, 7)}$$

Aus (V 1, 3) folgt nun mittels *Taylor*scher Entwicklung, bis auf Glieder höherer Ordnung

$$\varDelta A = a_i \frac{\partial A^i}{\partial u^k} du^k . \qquad (V\ 1,\ 8)$$

Aus der Vektornatur von $\varDelta r = a_i \varDelta u^i$ einerseits, der Vektornatur von $\varDelta A = a_i \varDelta A^i$ andererseits geht hervor, daß die Größen $\partial A^i/\partial u^k$ die gemischten Komponenten eines Tensors zweiter Stufe bilden: Es ist, wie ein Blick auf Gl. (V 1, 4) zeigt, der Gradiententensor, welcher vordem auf wesentlich formalem Wege hergestellt wurde. Wir können demnach Gl. (V 1, 8) in die Form kleiden (Achtung auf die Reihenfolge der Faktoren!)

$$\varDelta A = (\varDelta r G) = (\varDelta r \operatorname{Grad} A) = (\tilde{G} \varDelta r), \qquad (V\ 1,\ 9)$$

welche die Analogie des Gradienten*tensors* als Feld des *Vektors* A mit dem durch

$$\varDelta S = (\varDelta r G) = (\varDelta r \operatorname{grad} S) \qquad (V\ 1,\ 10)$$

definierten Gradienten*vektor* des *Skalares* S in helles Licht setzt.

Stützt man sich auf die Interpretation des Tensors zweiter Stufe als Quotient jener beiden Vektoren, welche mittels der in (V 1, 2) erklärten Operation ineinander abgebildet werden, so gelangt man an Hand von (V 1, 9) zur Definition des Differentialquotienten des Vektors A nach dem Radiusvektor r mittels des Grenzprozesses

$$G = \operatorname{Grad} A = \lim_{\varDelta r \to 0} \frac{\varDelta A}{\varDelta r} = \frac{dA}{dr}. \qquad (V\ 1,\ 11)$$

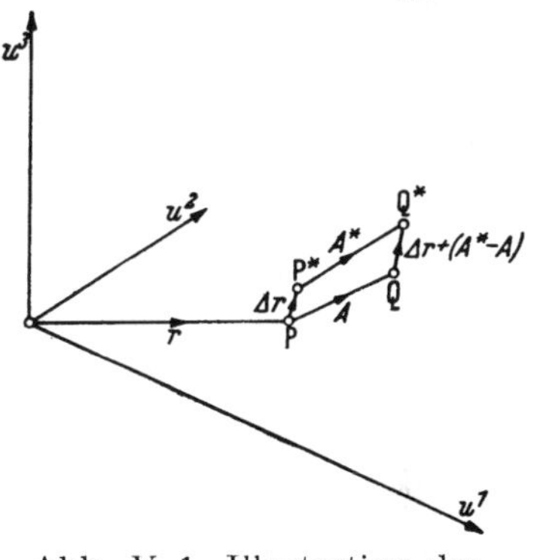

Abb. V 1. Illustration des Gradiententensors im R_3.

c) Von dem Gradiententensor steigen wir durch Verjüngung $k \to i$ zu dem Skalar S* herab

$$S^* = \frac{\partial A^i}{\partial u^i}, \qquad (V\ 1,\ 12)$$

in welchem wir die *Divergenz* des Vektors A wiedererkennen

$$\frac{\partial A^i}{\partial u^i} = \operatorname{div} A = G^i_i = \nabla_i A^i = (\nabla A). \qquad (V\ 1,\ 13)$$

d) Wir drücken A mittels seiner kovarianten Komponenten aus und bilden aus ihnen, zusammen mit den kovarianten Komponenten des *Nabla*-Vektors, den Tensor zweiter Stufe T mit den kovarianten Komponenten

$$T_{ik} = \nabla_i A_k = \frac{\partial A_k}{\partial u^i} \qquad (V\ 1,\ 14)$$

Aus ihm bilden wir den antimetrischen Tensor zweiter Stufe R mit den kovarianten Komponenten

$$R_{ik} = T_{ik} - T_{ki} = \frac{\partial A_k}{\partial u^i} - \frac{\partial A_i}{\partial u^k} = - R_{ki}. \qquad \text{(V 1, 15)}$$

Im dreidimensionalen Raume besitzt dieser Tensor nur drei wesentlich (bis auf das Vorzeichen) voneinander verschiedene, endliche Komponenten, deren explizite Werte wir folgender Matrix entnehmen:

$$(R_{ik}) = \begin{pmatrix} 0 & \frac{\partial A_2}{\partial u^1} - \frac{\partial A_1}{\partial u^2} & \frac{\partial A_3}{\partial u^1} - \frac{\partial A_1}{\partial u^3} \\ \frac{\partial A_1}{\partial u^2} - \frac{\partial A_2}{\partial u^1} & 0 & \frac{\partial A_3}{\partial u^2} - \frac{\partial A_2}{\partial u^3} \\ \frac{\partial A_1}{\partial u^3} - \frac{\partial A_3}{\partial u^1} & \frac{\partial A_2}{\partial u^3} - \frac{\partial A_3}{\partial u^2} & 0 \end{pmatrix} \qquad \text{(V 1, 16)}$$

Diese *kovarianten* Tensorkomponenten lassen sich in die *kontravarianten* Komponenten des dreidimensionalen, achsialen Vektors rot A nach folgendem Schlüssel umrechnen

$$\text{rot}^1 A = \frac{\partial A_3}{\partial u^2} - \frac{\partial A_2}{\partial u^3}; \quad \text{rot}^2 A = \frac{\partial A_1}{\partial u^3} - \frac{\partial A_3}{\partial u^1}; \quad \text{rot}^3 A = \frac{\partial A_2}{\partial u^1} - \frac{\partial A_1}{\partial u^2}. \qquad \text{(V 1, 17)}$$

Wir sehen daher den antimetrischen Tensor zweiter Stufe R mit den Komponenten (V 1, 15) als sinngemäße Verallgemeinerung des Rotorbegriffes auf den affinen R_z an und schreiben abkürzend

$$R = \text{Rot}\, A. \qquad \text{(V 1, 18)}$$

Im z-dimensionalen Raume besitzt der Tensor R insgesamt $z\,(z - 1)/2$ endliche Komponenten, welche wesentlich voneinander verschieden sind. In der begrifflichen Konzeption des Rotors erweist sich also beim Übergang vom dreidimensionalen zum mehr als dreidimensionalen Raum dieselbe Methode der Verallgemeinerung als notwendig, welche wir früher für den Begriff des Vektorproduktes zweier Vektoren kennengelernt haben. Dieses Verhalten des Rotors steht im Einklang mit seiner im R_3 geübten Darstellung als Pseudo-Vektorprodukt des *Nabla*-Vektors mit jenem Feldvektor A, dessen Rotor gesucht wird.

e) Wir kehren zu dem Tensor zweiter Stufe $G_k{}^i$ nach Gl. (V 1, 4) zurück und rufen einen Vektor

$$B = B\,(r) = a_i\, B^i\,(u^k) = \bar{a}^k\, B_k\,(u^i) \qquad \text{(V 1, 19)}$$

zu Hilfe, um den Tensor dritter Stufe T mit den gemischten Komponenten

$$T^l{}_k{}^i = B^l\, G_k{}^i = B^l\, \nabla_k\, A^i \qquad \text{(V 1, 20)}$$

(in der angegebenen Reihenfolge der Faktoren) zu bilden. Durch den Verjüngungsprozeß $l \to k$ steigen wir zu einem Vektor V herab, dessen kontravariante Komponenten lauten

$$V^i = B^k \nabla_k A^i = B^k \frac{\partial A^i}{\partial u^k}. \qquad (V\ 1,\ 21)$$

Im Gebiet der Vektorrechnung gelangen wir zu dem gleichen Ergebnis, indem wir das skalare Operationssymbol

$$(B \nabla) = B^k \nabla_k = B^k \frac{\partial}{\partial u^k} \qquad (V\ 1,\ 22)$$

auf den Vektor A anwenden. In der Sprache der Tensorrechnung dagegen erweist sich der Vektor V als inneres Produkt des Vektors B mit dem Gradiententensor G (in dieser Reihenfolge!)

$$V = (B G) = (B \operatorname{Grad} A). \qquad (V\ 1,\ 23)$$

f) Gegeben sei ein Tensor zweiter Stufe T mittels seiner kontravarianten Komponenten T^{kl}. Wir bilden aus ihm und dem *Nabla*-Vektor den Tensor dritter Stufe T^* mit den gemischten Komponenten

$$T^{*\ kl}_{\ i} = \nabla_i T^{kl} = \frac{\partial T^{kl}}{\partial u^i}. \qquad (V\ 1,\ 24)$$

Durch die Verjüngung $k \to i$ gelangen wir zu einem Vektor V mit den kontravarianten Komponenten

$$V^l = \nabla_i T^{il} = \frac{\partial T^{il}}{\partial u^i}. \qquad (V\ 1,\ 25)$$

Der Prozeß läßt sich ähnlich durchführen, falls T mittels seiner gemischten Komponenten $T^k{}_l = g_{jl} T^{kj}$ gegeben ist; man erhält dann T^* in der Form

$$T^{*\ k}_{\ i\ l} = \nabla_i T^k{}_l = \frac{\partial T^k{}_l}{\partial u^i}, \qquad (V\ 1,\ 26)$$

so daß nach der Verjüngung V in seinen kovarianten Komponenten erscheint

$$V_l = \nabla_i T^i{}_l = \frac{\partial T^i{}_l}{\partial u^i} = g_{lj} V^j. \qquad (V\ 1,\ 27)$$

Wir nennen den Vektor V die *Vektordivergenz* des *Tensors* T. Um den Unterschied dieses Begriffes gegen die *skalare Divergenz* eines *Vektors* hervorzuheben, schreiben wir

$$V = (\nabla T) = \operatorname{Div} T. \qquad (V\ 1,\ 28)$$

Wir verstehen weiterhin unter der Divergenz schlechthin stets die skalare Divergenz eines Vektors; dagegen soll die vektorielle Divergenz als solche ausdrücklich bezeichnet werden.

g) Gegeben das Vektorfeld V. Wir bilden den Gradiententensor G mit den gemischten Komponenten

$$G_i{}^k = \frac{\partial V^k}{\partial u^i} \qquad (V\ 1,\ 29)$$

und suchen die vektorielle Divergenz

$$W = \operatorname{Div} G = \operatorname{Div} \operatorname{Grad} V. \qquad (V\ 1,\ 30)$$

Um die verlangte Operation auszuführen, berechnen wir zunächst

$$G^{kl} = g^{jk} G_j^{\ l} = g^{jk} \frac{\partial V^l}{\partial u^j} \qquad (V\ 1,\ 31)$$

und haben nunmehr in

$$W^l = \mathrm{Div}^l\, G = \frac{\partial G^{il}}{\partial u^i} = g^{ji} \frac{\partial^2 V^l}{\partial u^i\, \partial u^j} \qquad (V\ 1,\ 32)$$

die kontravarianten Komponenten des gesuchten Vektors gefunden.

V 2. Infinitesimale Verrückungen.

a) Gegeben sei ein materieller Körper von beliebiger physikalischer Beschaffenheit. Als seinen natürlichen Zustand definieren wir jenen, in welchem er sich bei Abwesenheit aller äußeren Kräfte befindet. Aus den Prinzipien der Mechanik folgt dann die Existenz einer Gruppe von Bezugssystemen, relativ zu denen der Körper ruht. Innerhalb dieser Gruppe wählen wir das affine System der Grundvektoren a_i und der reziproken Vektoren $\overline{a}^k$, wobei die Indizes i, k auf die Zahlen 1, 2, 3 zu beschränken sind; in ihm wird die Lage eines Körperelementes dT durch den Radiusvektor r gegeben

$$r = a_i\, u^i = \overline{a}^k\, u_k \qquad (V\ 2,\ 1)$$

b) Falls ein System äußerer Kräfte an dem Körper angreift, versetzt es ihn in einen Zwangszustand. Er unterscheidet sich von dem natürlichen Zustand kinematisch durch eine vektorielle Verrückung

$$V = a_i\, V^i = \overline{a}^k\, V_k = V(r), \qquad (V\ 2,\ 2)$$

welche das Element dT von seinem natürlichen Orte r nach

$$r' = r + V(r) \qquad (V\ 2,\ 3)$$

verbringt. Nunmehr führen wir die für das weitere fundamentale Voraussetzung ein: Der Betrag des Verrückungsvektors bleibe innerhalb seines gesamten Feldgebietes von infinitesimaler Größe. Sie schließt den Fall des infinitesimalen Anteiles $V \equiv \Delta\, V^*(r)$ einer endlichen Verrückung $V^*(\mathrm{r})$ in sich, welcher in der infinitesimalen Zeitspanne Δ t erfolgt; der Grenzwert

$$W(r) = \lim_{\Delta t \to 0} \frac{V}{\Delta t} = \lim_{\Delta t \to 0} \frac{\Delta\, V^*(r)}{\Delta t} = \frac{dV^*(r)}{dt} \qquad (V\ 2,\ 4)$$

definiert, auf Grund des skalaren Charakters der Zeit, das Vektorfeld der Verrückungsgeschwindigkeiten $W(r)$ (oder Geschwindigkeitsfeld schlechthin).

Die folgenden Überlegungen sollen der Kürze halber nur für den infinitesimalen Verrückungsvektor $V(r)$ explizit angeschrieben werden; mittels des Grenzprozesses (V 2, 4) kann man von ihm sogleich auf die Geschwindigkeit übergehen.

c) Wir untersuchen die Feinstruktur des Verrückungsfeldes in der infinitesimalen Umgebung des Punktes $P = r_P$. Setzen wir dort

$$\varDelta r = a_i \varDelta u^i = \bar{a}^k \varDelta u_k, \qquad (V\ 2,\ 5)$$

so gilt auf Grund der Definition (V 1, 9) des Gradiententensors $G = \text{Grad}\ V$ die Entwicklung

$$V(r + \varDelta r) = V(r)_{r=r_P} + (\varDelta r\, G_{r=r_P}). \qquad (V\ 2,\ 6)$$

Der Anteil

$$V_0 = V(r)_{r=r_P} \qquad (V\ 2,\ 7)$$

schildert eine *gleichförmige Translation* des gesamten, infinitesimalen Kontrollgebietes. Ihr überlagert sich das Feld des *homogenen Verrückungsvektors*

$$\varDelta V = V - V_0 = (\varDelta r\, G_{r=r_P}) \qquad (V\ 2,\ 8)$$

mit den kontravarianten Komponenten

$$\varDelta V^i = G_k{}^i \varDelta u^k \qquad (V\ 2,\ 9)$$

und den kovarianten Komponenten

$$\varDelta V_i = g_{ij} \varDelta V^j = G_{ki} \varDelta u^k \qquad (V\ 2,\ 10)$$

oder — nach Umbenennung der Indizes —

$$\varDelta V_k = G_{ik} \varDelta u^i. \qquad (V\ 2,\ 11)$$

Wir behaupten, daß in der Gruppe aller hierdurch beschriebenen Verrückungen die infinitesimalen Drehungen des Kontrollgebietes enthalten sind. Dem Beweise schicken wir folgenden Hilfssatz voraus:

Im dreidimensionalen, *Euklid*ischen Raume ist das innere Produkt des Vektors $\varDelta r$ mit dem antimetrischen Tensor zweiter Stufe $R = \text{Rot}\ V$ (in dieser Reihenfolge!) gleich dem Pseudo-Vektorprodukte des (achsialen) Vektors rot V mit dem (polaren) Vektor $\varDelta r$; bei Benützung kovarianter Komponenten wird also behauptet

$$(\varDelta r\, \text{Rot}\ V) = [\text{rot}\ V\, \varDelta r]_*. \qquad (V\ 2,\ 12)$$

Denn beispielsweise gilt für die zu $\bar{a}^1$ parallele Komponente dieser Vektorgleichung

$$(\varDelta r\, \text{Rot}\ V)_1 = R_{k_1} \varDelta u^k = \left(\frac{\partial V_1}{\partial u^2} - \frac{\partial V_2}{\partial u^1}\right) \varDelta u^2 + \left(\frac{\partial V_1}{\partial u^3} - \frac{\partial V_3}{\partial u^1}\right) \varDelta u^3 \qquad (V\ 2,\ 13)$$

und

$$[\text{rot}\ V\, \varDelta r]_{*1} = \text{rot}^2 V\, \varDelta u^3 - \text{rot}^3 V\, \varDelta u^2 \qquad (V\ 2,\ 14)$$

und diese Ausdrücke sind, nach (V 1, 17), in der Tat miteinander identisch.

Nun können wir den Tensor G in die Form bringen

$$G = \frac{1}{2} R + D, \qquad (V\ 2,\ 15)$$

wobei D einen symmetrischen Tensor zweiter Stufe mit den kovarianten Komponenten bezeichnet

$$D_{ik} = G_{ik} - \frac{1}{2} R_{ik} = \frac{1}{2}\left(\frac{\partial V_k}{\partial u^i} + \frac{\partial V_i}{\partial u^k}\right). \qquad (V\ 2,\ 16)$$

Falls also D verschwindet, reduziert sich der Tensor G auf $\frac{1}{2} R$, so daß die zugehörige infinitesimale Verrückung — in kovarianter Darstellung — lautet

$$(\varDelta\, r\, G) = \frac{1}{2}(\varDelta\, r \operatorname{Rot} V) = \frac{1}{2}[\operatorname{rot} V\, \varDelta\, r]_*. \qquad (V\ 2,\ 17)$$

Damit ist der Beweis des oben behaupteten kinematischen Satzes erbracht. Denn führen wir den achsialen Vektor

$$\vartheta = a_i\, \vartheta^i \qquad (V\ 2,\ 18)$$

der infinitesimalen Drehung des Kontrollgebietes um P ein, so dürfen wir (wir befinden uns im dreidimensionalen Raume!) die zugehörige Verrückung des Punktes $Q = r_P + \varDelta\, r$ kovariant durch das Pseudo-Vektorprodukt darstellen

$$\varDelta\, V = [\vartheta\, \varDelta\, r]_* \qquad (V\ 2,\ 19)$$

und der Vergleich mit (V 2, 17) liefert

$$\vartheta = \frac{1}{2} \operatorname{rot} V. \qquad (V\ 2,\ 20)$$

Sowohl die Translation wie die Rotation lassen die gegenseitige Lage aller Punkte des infinitesimalen Kontrollgebietes unverändert. Daher schildert der symmetrische Anteil des Gradiententensors

$$D = G - \frac{1}{2} R \qquad (V\ 2,\ 21)$$

die kinematische Abweichung der Verrückung von dem Verhalten eines starren Körpers, so daß er als *Deformationstensor* zu kennzeichnen ist.

d) Um die Kinematik der Deformation zu analysieren, betrachten wir neben dem Punkte $P = r_P$ seinen Nachbarpunkt $Q = r_P + \varDelta\, r$. Definitionsgemäß bezeichnet $\varDelta\, r$ ihren vektoriellen Abstand *vor* der Deformation, welcher sich also durch den Deformationsvorgang selbst auf den vektoriellen Abstand

$$\varDelta\, r + (\varDelta\, r\, D) = \varDelta\, r' \qquad (V\ 2,\ 22)$$

nach der Deformation vergrößert. Wir wollen die Längen von $\varDelta\, r$ und $\varDelta\, r'$ miteinander vergleichen. Zu diesem Zwecke berechnen wir die Norm

$$(\varDelta\, r')^2 = (\varDelta\, r + (\varDelta\, r\, D))^2 = (\varDelta\, r)^2 + 2(\varDelta\, r\, (\varDelta\, r\, D)) + ((\varDelta\, r\, D))^2. \qquad (V\ 2,\ 23)$$

Wegen der infinitesimalen Größe des Deformationstensors ist das letzte der angeschriebenen Glieder unendlich klein von zweiter Ordnung, so daß es vernachlässigt werden darf. In der gleichen Genauigkeit finden wir mittels binomischer Entwicklung

$$|\Delta r'| = |\Delta r| \left\{1 + \frac{(\Delta r (\Delta r D))}{(\Delta r)^2.}\right\}. \qquad \text{(V 2, 24)}$$

Man hat hiernach den Ausdruck

$$\varepsilon = \frac{[\Delta r (\Delta r D)]}{(\Delta r)^2} \qquad \text{(V 2, 25)}$$

als *Dehnung* zu interpretieren. Mit Hilfe des Einheitsvektors in Richtung von Δr

$$1^{(r)} = \frac{\Delta r}{|\Delta r|} \qquad \text{(V 2, 26)}$$

nimmt (V 2, 25) die Form an

$$\varepsilon = (1^{(r)} (1^{(r)} D)) \equiv (1^{(r)} D\, 1^{(r)}), \qquad \text{(V 2, 27)}$$

wobei die Schreibweise (IV 7, 7) benützt wurde.

Nun ist D ein symmetrischer Tensor zweiter Stufe. Daher stehen seine Hauptachsen senkrecht aufeinander, und die zugehörigen Eigenwerte sind die Wurzeln der Säkulargleichung

$$\begin{vmatrix} D^1_1 - \lambda & D^1_2 & D^1_3 \\ D^2_1 & D^2_2 - \lambda & D^2_3 \\ D^3_1 & D^3_2 & D^3_3 - \lambda \end{vmatrix} = 0. \qquad \text{(V 2, 28)}$$

Seien $x^{*i} \equiv x^*_i$ die *Kartesischen* Koordinaten des Vektors $1^{(r)}$ im Hauptachsen-System, so wird zunächst

$$(1^{(r)} D)_k = x^*_i D^i_k = x^*_i \delta^i_k \lambda_{(k)} = x^*_k \lambda_{(k)} \qquad \text{(V 2, 29)}$$

und also, nach (V 2, 27)

$$\varepsilon = x^{*k} x^*_k \lambda_{(k)}. \qquad \text{(V 2, 30)}$$

In Richtung der Hauptachsen erscheinen die „Hauptdehnungen“

$$\varepsilon_{(k)} = \lambda_{(k)}. \qquad \text{(V 2, 31)}$$

Ihre Summe gleicht der Invarianten

$$\varepsilon_{(1)} + \varepsilon_{(2)} + \varepsilon_{(3)} = D^i_i = \operatorname{div} V \equiv |D| \equiv e, \qquad \text{(V 2, 32)}$$

welche durch Verjüngung aus dem Deformationstensor hervorgeht. Sie besitzt selbst eine einfache kinematische Bedeutung: Wir betrachten im Hauptachsen-System den infinitesimalen Quader, dessen achsenparallele Kanten im natürlichen Zustande des Körpers gleich Δx^{*k} seien; dieses Körperelement besitzt dann das Volumen

$$\Delta T = \Delta x^{*(1)} \Delta x^{*(2)} \Delta x^{*(3)}. \qquad \text{(V 2, 33)}$$

Nach vollzogener Deformation haben sich die Kanten auf $\Delta x^{*k} (1 + \varepsilon_{(k)})$ verlängert, so daß das Volumen des Quaders auf

$$\Delta T' = \Delta x^{*(1)} \Delta x^{*(2)} \Delta x^{*(3)} \{(1 + \varepsilon_{(1)}) (1 + \varepsilon_{(2)}) (1 + \varepsilon_{(3)})\} \qquad \text{(V 2, 34)}$$

angewachsen ist. Da nun die linearen Dehnungen $\varepsilon_{(k)}$ infinitesimale Größen sind, liefert (V 2, 34) — bis auf infinitesimale Größen höherer Ordnung —

$$\Delta T' = \Delta T\left\{1 + \varepsilon_{(1)} + \varepsilon_{(2)} + \varepsilon_{(3)}\right\} = \Delta T\left\{1 + \operatorname{div} V\right\}. \quad (V\ 2,\ 35)$$

Die (skalare) Divergenz des Verrückungsvektors V mißt demnach die Raumzunahme je Einheit des kontrollierten Bereiches; sie wird als *Raumdehnung* bezeichnet.

Neben der linearen Dehnung nach Gl. (V 2, 25) zeigt Gl. (V 2, 22) in der Regel eine Drehung des infinitesimalen Vektors $\Delta r'$ gegen seine natürliche Ausgangslage Δr an. Um diesen Effekt quantitativ zu schildern, wählen wir zwei, nicht in eine Richtung fallende, infinitesimale Vektoren

$$\Delta r^{(a)} = 1^{(a)}\left|\Delta r^{(a)}\right|; \qquad \Delta r^{(b)} = 1^{(b)}\left|\Delta r^{(b)}\right|. \quad (V\ 2,\ 36)$$

Im natürlichen Zustande des Körpers folgt der von ihnen eingeschlossene Winkel (a, b) aus

$$\cos(a, b) = (1^{(a)}\, 1^{(b)}), \quad (V\ 2,\ 37)$$

während er nach vollzogener Deformation aus der Formel

$$\cos(a', b') = \frac{(\Delta r^{(a)\prime}\, \Delta r^{(b)\prime})}{\left|\Delta r^{(a)\prime}\right|\left|\Delta r^{(b)\prime}\right|} = \frac{(\{1^{(a)} + (1^{(a)} D)\}\{1^{(b)} + (1^{(b)} D)\})}{\left|1^{(a)} + (1^{(a)} D)\right|\left|1^{(b)} + (1^{(b)} D)\right|} \quad (V\ 2,\ 38)$$

zu berechnen ist. Mit Rücksicht auf die infinitesimale Größe des Deformationstensors folgt also mit (V 2, 27) bis auf Glieder höherer Ordnung

$$\cos(a', b') = (1^{(a)}\, 1^{(b)}) + (1^{(a)} D\, 1^{(b)}) + (1^{(b)} D\, 1^{(a)}) - \\ - (1^{(a)}\, 1^{(b)})\left\{(1^{(a)} D\, 1^{(a)}) + (1^{(b)} D\, 1^{(b)})\right\}. \quad (V\ 2,\ 39)$$

Bezeichnen wir mit γ die infinitesimale Ausweitung des Winkels (a, b) durch die Deformation, so gilt

$$\cos(a', b') = \cos(a, b) - \gamma \sin(a, b) \quad (V\ 2,\ 40)$$

und der Vergleich mit (V 2, 39) liefert

$$-\gamma = \frac{1}{\sin(a, b)}\left\{(1^{(a)} D\, 1^{(b)}) + (1^{(b)} D\, 1^{(a)}) - (1^{(a)}\, 1^{(b)})\left\{(1^{(a)} D\, 1^{(a)}) + (1^{(b)} D\, 1^{(b)})\right\}\right\}. \quad (V\ 2,\ 41)$$

Wir berechnen an Hand dieser Formel die Ausweitung des Winkels (i, k) welcher zwischen den Achsen (i) und (k) der gleichnamigen Grundvektoren des affinen Bezugssystemes eingeschlossen ist. Indem wir den Deformationstensor mittels seiner kovarianten Komponenten einführen, finden wir zunächst die kovarianten Komponenten des Vektors $(1^{(i)} D)$ zu

$$(1^{(i)} D)_j = \frac{D_{ij}}{\sqrt{g_{ii}}} \quad (V\ 2,\ 42)$$

also weiter

$$(1^{(i)} D\, 1^{(k)}) = \frac{D_{ik}}{\sqrt{g_{ii}\, g_{kk}}} = (1^{(k)} D\, 1^{(i)}). \quad (V\ 2,\ 43)$$

Mittels der Formeln

$$\cos(i, k) = (1^{(i)}\, 1^{(k)}) = \frac{g_{ik}}{\sqrt{g_{ii}\, g_{kk}}}; \qquad \sin(i, k) = \frac{\sqrt{g_{ii}\, g_{kk} - (g_{ik})^2}}{\sqrt{g_{ii}\, g_{kk}}} \quad (V\ 2,\ 44)$$

erhalten wir also aus (V 2, 41) die gesuchte Ausweitung zu

$$-\gamma_{ik} = \frac{1}{\sqrt{g_{ii}\, g_{kk} - (g_{ik})^2}} \left\{2\, D_{ik} - g_{ik}\left(\frac{D_{ii}}{g_{ii}} + \frac{D_{kk}}{g_{kk}}\right)\right\}. \qquad (V\ 2,\ 45)$$

Insbesondere erhält man für *Kartesische* Bezugssysteme

$$-\gamma_{ik} = 2\, D_{ik} = \frac{\partial V_k}{\partial x^i} + \frac{\partial V_i}{\partial x^k}. \qquad (V\ 2,\ 46)$$

Im System x^{*i} der Hauptachsen verschwinden gleichzeitig mit den dort gemessenen Komponenten D^{*i}_{k} $(i \neq k)$ des Deformationstensors auch die Komponenten D^{*}_{ik}. Daher bleiben die Winkel zwischen den Hauptachsen, im Einklang mit deren Definition, bei der Deformation als rechte Winkel erhalten.

e) Wir zerlegen den Deformationstensor D in die beiden Anteile

$$D = C + \overline{D}, \qquad (V\ 2,\ 47)$$

deren gemischte Komponenten wir durch die Gleichungen definieren

$$C^i_k = \frac{1}{3}\, \delta^i_k\, D^j_j = \frac{1}{3}\, \delta^i_k \operatorname{div} V \qquad (V\ 2,\ 48)$$

und

$$\overline{D}^i_k = D^i_k - \frac{1}{3}\, \delta^i_k \operatorname{div} V. \qquad (V\ 2,\ 49)$$

Da die Komponenten des gemischten Einheitstensors in allen Bezugssystemen gleich lauten, berechnen sich die kovarianten Komponenten des Tensors C zu

$$C_{ik} = g_{ij}\, C^j_k = \frac{1}{3}\, g_{ij}\, \delta^j_k \operatorname{div} V = \frac{1}{3}\, g_{ik} \operatorname{div} V. \qquad (V\ 2,\ 50)$$

Wir behaupten, daß die vom Tensor C herrührende Teil-Winkelausweitung identisch verschwindet. In der Tat folgt aus (V 2, 45) für diesen Anteil

$$-\gamma_{(C)} = \frac{1}{\sqrt{g_{ii}\, g_{kk} - (g_{ik})^2}} \left\{\frac{2}{3}\, g_{ik} \operatorname{div} V - g_{ik}\left(\frac{1}{3} \operatorname{div} V + \frac{1}{3} \operatorname{div} V\right)\right\} \equiv 0. \qquad (V\ 2,\ 51)$$

Daher beschränkt sich die kinematische Aktion des Tensors C auf eine Volumendehnung der infinitesimalen Körperelemente, ohne jedoch ihre Gestalt zu verändern; wir nennen deshalb C den *konformen Anteil* des Deformationstensors.

Dagegen zeigen wir, daß der Anteil $\overline{D}$ des Deformationstensors das Volumen der Körperelemente unverändert läßt. Denn seine Raumdehnung gleicht dem durch Verjüngung aus (V 2, 49) resultierenden Skalar

$$\overline{D}^i_i = D^i_i - \frac{1}{3}\, \delta^i_i \operatorname{div} V = \operatorname{div} V - \frac{1}{3}\, 3 \operatorname{div} V \equiv 0 \qquad (V\ 2,\ 52)$$

und diese Identität enthält den Beweis des obigen Satzes. Indessen verbleibt nunmehr in der Regel eine Ausweitung der Achsenwinkel; wir bezeichnen deshalb $\overline{D}$, im Gegensatz zum konformen Anteil C, als *diformen Anteil* des *Deformationstensors* oder kurz als *Verzerrungstensor*.

V 3. Der Spannungstensor.

a) Eines der einfachsten Beispiele eines Tensors wird durch das System der mechanischen Spannungen in einem deformierten Körper gegeben. Vom Standpunkte der Anwendungen eröffnet die Untersuchung dieses Tensors den Zugang zur Theorie der Elastizität und der Plastizität. Doch rechtfertigt sich die Analyse des Spannungstensors auch aus methodischen Gründen, da sie den Anstoß zur Entwicklung der Tensorrechnung gab; in der Tat stammt der Name „Tensor" gleich „Spanner" aus dem Vorstellungskreis der mechanischen Beanspruchungen, welche in einem deformierten Körper auftreten.

b) Aus der Natur der Aufgabe folgt, daß man sich bei der Analyse des Spannungszustandes auf den R_3 beschränken darf. Darüber hinaus werden wir uns, sofern nichts anderes gesagt wird, auf ein *Kartesisches* System der kontravarianten Koordinaten x^i und der — mit ihnen identischen — kovarianten Koordinaten x_i beziehen, welches sich für das vorliegende Problem als das geeignetste erweist; erforderlichen Falles kann man von ihm mittels der Transformationsformeln der Tensorrechnung stets zu beliebigen, affinen Bezugssystemen aufsteigen.

c) Der physikalische Begriff der inneren Spannungen in einem Punkte P des deformierten Körpers knüpft an folgendes Gedankenexperiment an:

Man wähle in P eine bestimmte Richtung n, welche relativ zum *Kartesischen* Bezugssystem durch den Einheitsvektor

$$\mathit{1}^{(n)} = \mathit{1}_i \, \nu^i = \mathit{1}^k \, \nu_k \qquad (V\ 3,\ 1)$$

definiert ist. Senkrecht zu $\mathit{1}^{(n)}$ konstruiere man eine ganz im Innern des Körpers gelegene, infinitesimale Fläche vom absoluten Betrage $dF^{(n)}$. Nunmehr führe man längs $dF^{(n)}$ einen Schnitt, welcher die vordem dort einheitlich zusammenhängenden Teile des als Kontinuum gedachten Körpers voneinander trennt. Als Folge dieser „Verletzung" werden sich in der Regel die beiderseits des Schnittes gelegenen Körperelemente gegeneinander verschieben. Man kann jedoch diese Deformation annullieren und damit den vor Anlegen des Schnittes herrschenden Zustand wieder herstellen, indem man an beiden „Wundrändern" gewisse Kräfte $\pm\, dK^{(n)}$ anbringt; hier weist das doppelte Vorzeichen auf das Prinzip von Wirkung und Gegenwirkung hin, welchem diese Kräfte genügen müssen. Um die Gedanken festzulegen, richten wir weiterhin unsere Aufmerksamkeit nur auf jenes Ufer des Schnittes, für welches die positive Richtung des Einheitsvektors $\mathit{1}^{(n)}$ vom Körperinnern zum Schnitte hinzeigt; die dort angreifende Kraft bezeichnen wir mit $(+\, dK^{(n)})$. Das genannte Prinzip von Wirkung und Gegenwirkung findet demnach seinen analytischen Ausdruck in der Gleichung

$$dK^{(n)} = -\, dK^{(-n)}. \qquad (V\ 3,\ 2)$$

Es muß betont werden, daß zwischen der Wirkungsrichtung von $dK^{(n)}$ und der Orientierung von $1^{(n)}$ von vornherein kein Zusammenhang geometrischer Art besteht; vielmehr gibt das Symbol (n) lediglich den „Namen“ des infinitesimalen Kraftvektors an, welcher die physikalische Zuordnung der Kraft zum Flächenelement formal ausdrückt.

d) Wir bilden das Verhältnis

$$p^{(n)} = \frac{dK^{(n)}}{dF^{(n)}}. \qquad (V\ 3,\ 3)$$

und setzen voraus, daß es sich für $dF^{(n)} \to 0$ einem bestimmten Grenzwert nähert. Vermöge des skalaren Charakters von $dF^{(n)}$ — als absoluter Betrag der Schnittfläche — ist dann durch (V 3, 3) ein neuer Vektor erklärt, welchen wir den *Spannungsvektor* nennen; er ist also als (innere) *Kraft je Flächeneinheit* zu deuten.

Aus der Vektoreigenschaft von $p^{(n)}$ folgt, daß sich die Komponenten von $p^{(n)}$ relativ zu einem beliebigen Bezugssysteme transformieren wie die Koordinaten selbst; wohlverstanden unter der Bedingung, daß ungeachtet dieses Wechsels der Koordinatenachsen die Stellung der Schnittfläche $dF^{(n)}$ und mit ihr des Einheitsvektors $1^{(n)}$ im Raum festgehalten werden. Von diesem Satze Gebrauch machend, wählen wir neben dem System der *Kartesischen* Koordinaten x^i, x_i ein gestrichenes, ebenfalls *Kartesisches* Bezugssystem $x^{i'}$, x_i' mit dem Ursprung in P derart, daß die $x^{1'}$-Achse parallel zu $1^{(n)}$ weist, so daß also die $x^{2'}$- und $x^{3'}$-Achse beide der Ebene $dF^{(n)}$ angehören. Die Komponente $p^{1'} = p_1'$ des Spannungsvektors heißt *Zugspannung*; negative (zu $1^{(n)}$ antiparallele) Werte dieser Komponente schildern nach den hier gemachten Festsetzungen einen Druck und heißen deshalb häufig *Druckspannungen* (auch *Druck* schlechthin). Die Komponenten $p^{2'} = p_2'$ und $p^{3'} = p_3'$ des Spannungsvektors werden als *Schubspannungen* bezeichnet. In der Technischen Literatur wird häufig für die Zugspannung das Symbol σ_n benützt, während man den Schubspannungen das Symbol τ_{nk} zuweist; dabei zeigt der Index k die jeweils in Betracht gezogene Wirkungsachse des gestrichenen Systemes innerhalb der Ebene von $dF^{(n)}$ an. Wir werden uns jedoch im folgenden dieser Symbole nicht bedienen, da sie gegen die Indizierungsregeln der Tensorrechnung verstoßen.

e) Wir wenden uns nun zu einer Frage, welche sozusagen das Gegenstück zur vorstehend durchgeführten Analyse der Vektornatur von $p^{(n)}$ bei fester Stellung der Schnittfläche $dF^{(n)}$ bildet: In ein und demselben *Kartesischen* Bezugssysteme der Koordinaten x^i, x_i ändern wir die Stellung der Schnittfläche $dF^{(n)}$ im Punkte P des Körpers, also, mit anderen Worten, den dort erklärten Einheitsvektor $1^{(n)}$; wie hängt dann der Spannungsvektor $p^{(n)}$ vom Einheits-Richtungsvektor $1^{(n)}$ ab? Im Anschluß an Abb. V 2 ergänzen wir die Fläche $dF^{(n)}$ mittels dreier infinitesimaler Flächen $dF^{(i)}$, welche je auf den gleichnamigen Achsen des ungestrichenen Bezugssystemes senkrecht stehen, zu einem elementaren Tetraeder vom Rauminhalt dT. Da wir uns im R_3 befinden, dürfen wir die Fläche $dF^{(n)}$ vorübergehend durch einen zu $1^{(n)}$ parallelen Vektor darstellen, dessen Größe gleich dem absoluten Betrag dieser Fläche ist; aus der entsprechenden Vektorgleichung

$$1^{(n)}\, dF^{(n)} = \sum_i 1^i\, dF^{(i)} \qquad \text{(V 3, 4)}$$

folgen also mit Rücksicht auf (V 3, 1) die Relationen

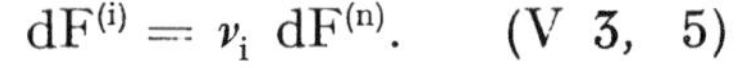

$$dF^{(i)} = \nu_i\, dF^{(n)}. \qquad \text{(V 3, 5)}$$

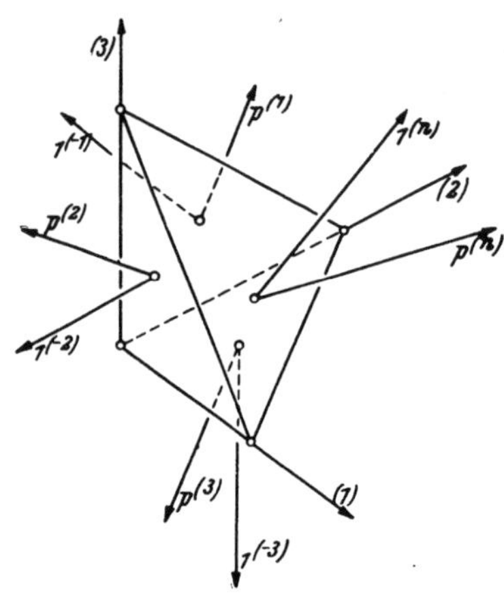

Abb. V 2. Gleichgewicht der Spannungsvektoren am Tetraeder.

Die auf den Flächen $dF^{(i)}$ senkrecht stehenden Einheitsvektoren zeigen in der vom Tetraeder jeweils abgewandten Richtung antiparallel zu den Achsen (i); daher sind die ihnen zugehörigen Spannungsvektoren, im Einklang mit den Anweisungen (V 3, 2) und (V 3, 3), durch

$$p^{(-i)} = -p^{(i)} \qquad \text{(V 3, 6)}$$

zu bezeichnen.

Es sei nun weiter

$$v = 1^i\, v_i \qquad \text{(V 3, 7)}$$

der Vektor der je Einheit des (invarianten) Körpervolumens angreifenden Kraft. Das Gleichgewicht des Tetraeders verlangt dann

$$p^{(n)}\, dF^{(n)} + p^{(-1)}\, dF^{(1)} + p^{(-2)}\, dF^{(2)} + p^{(-3)}\, dF^{(3)} + v\, dT = 0. \qquad \text{(V 3, 8)}$$

Sei dh die Höhe des Tetraeders senkrecht zur Fläche $dF^{(n)}$, so ist dT proportional der dritten Potenz von dh, während die Flächen $dF^{(n)}$ und $dF^{(i)}$ je der zweiten Potenz von dh proportional sind. Indem wir daher Gl. (V 3, 8) mit $dF^{(n)}$ kürzen und dann den Grenzübergang $dh \to 0$ ausführen, entsteht aus (V 3, 8) mit Rücksicht auf (V 3, 5) und (V 3, 6)

$$p^{(n)} = p^{(1)}\, \nu_1 + p^{(2)}\, \nu_2 + p^{(3)}\, \nu_3. \qquad \text{(V 3, 9)}$$

Das *d'Alembert*sche Prinzip der Dynamik verbürgt, daß diese zunächst nur für den Fall des Gleichgewichtes bewiesene Relation auch für beliebige Bewegungsvorgänge im deformierten Körper richtig bleibt. Auf Grund dieses Satzes ist also der Spannungs*vektor* $p^{(n)}$ unter allen dynamischen Bedingungen eine lineare Vektorfunktion des Richtungsvektors $1^{(n)}$. Nach IV 5, k) bildet demnach die Gesamtheit der drei Vektoren $p^{(1)}$, $p^{(2)}$, $p^{(3)}$ einen *Tensor* zweiter Stufe S: Er ist der Spannungstensor.

f) Wir stellen den Vektor $p^{(n)}$ mittels seiner kovarianten Komponenten relativ zum ungestrichenen System dar:

$$p^{(n)} = 1^i\, p_i^{(n)}. \qquad \text{(V 3, 10)}$$

Nun schreiben wir Gl. (V 3, 9) in der tensoriellen Form

$$p_i^{(n)} = \nu_k S^k{}_i \equiv (\mathit{1}^{(n)} \mathit{1}_k) S^k{}_i \qquad \text{(V 3, 11)}$$

und erhalten durch Vergleich mit (V 3, 9) als Relation zwischen den gemischten Komponenten des Spannungs*tensors* und den Komponenten der Spannungs*vektoren*:

$$S^j{}_i = p^{(j)}{}_i . \qquad \text{(V 3, 12)}$$

Beispielsweise ist hiernach $S^1{}_1$ als Zugspannung senkrecht zu $dF^{(1)}$, und $S^2{}_1$ als Schubspannung auf $dF^{(2)}$ in Richtung der x^1-Achse zu interpretieren; auf gleiche Weise deutet man die weiteren Tensorkomponenten.

g) Von dem Gleichgewicht des infinitesimalen Tetraeders gehen wir zu den Gleichgewichtsbedingungen eines Körpers von dem beliebigen, endlichen Volumen T über, welches von der Hüllfläche F begrenzt wird. Aus dem Prinzip der virtuellen Verschiebungen geht hervor, daß man folgenden Forderungen zu genügen hat:

1. Die nach jeder der drei Achsenrichtungen (i) wirkenden resultierenden Volumen- und Flächenkräfte müssen einander aufheben.

2. Das aus den Volumen- und Flächenkräften gebildete resultierende Drehmoment muß in Bezug auf jeden festen Punkt innerhalb des Körpers verschwinden.

Wir wenden uns zunächst zu der ersten Forderung, welche für die Richtung (i) zu der Gleichung führt

$$\iiint\limits_{(T)} v_i \, dT + \iint\limits_{(F)} p_i^{(n)} \, dF^{(n)} = 0. \qquad \text{(V 3, 13)}$$

Man beachte wohl, daß sie Beziehungen zwischen *skalaren* Größen ausdrückt; denn sowohl die kovariante Komponente v_i des Vektors v der spezifischen Volumenkraft

$$v_i = (\mathit{1}_i \, v), \qquad \text{(V 3, 14)}$$

wie die kovariante Komponente $p_i^{(n)}$ des an den Elementen der Hüllfläche angreifenden Spannungsvektors $p^{(n)}$

$$p_i^{(n)} = (\mathit{1}_i \, \mathfrak{p}^{(n)}) \qquad \text{(V 3, 15)}$$

repräsentieren je eine Invariante. Daher lehrt Gl. (V 3, 11), mit Rücksicht auf den Vektorcharakter von $\mathit{1}^{(n)}$, daß

$$q_{(i)} = \mathit{1}_k \, S^k{}_i \qquad \text{(V 3, 16)}$$

einen neuen Vektor mit den kontravarianten Komponenten

$$q^k_{(i)} = S^k{}_i \qquad \text{(V 3, 17)}$$

definiert; er ist die duale Ergänzung des Spannungsvektors $\mathfrak{p}^{(i)} = \mathit{1}^k S^i{}_k$ mit den kovarianten Komponenten $p_k^{(i)} = S^i{}_k$. Man entnimmt hieraus die Relation

$$q^n_{(i)} = (q_{(i)} \, \mathit{1}^{(n)}) = q^k_{(i)} \, \nu_k = S^k{}_i \, \nu_k = p_i^{(n)}, \qquad \text{(V 3, 18)}$$

so daß wir der Bedingung (V 3, 13) die Form geben können

$$\iiint\limits_{(T)} v_i \, dT + \iint\limits_{(F)} q^n_{(i)} \, dF^{(n)} = 0. \qquad \text{(V 3, 19)}$$

Nach dem *Gaußschen* Integralsatze gilt nun

$$\iint\limits_{(F)} q^n_{(i)} \, dF^{(n)} = \iiint\limits_{(T)} \operatorname{div} q_{(i)} \, dT \qquad \text{(V 3, 20)}$$

und daher geht (V 3, 19) in die Gleichung über

$$\iiint\limits_{(T)} (v_i + \operatorname{div} q_{(i)}) \, dT = 0. \qquad \text{(V 3, 21)}$$

Da diese Aussage unabhängig von der Form des kontrollierten Volumens T zu Recht besteht, darf man sie auf jedes Raumelement dT für sich anwenden und kommt so zu der Differentialform der Gleichgewichtsbedingung

$$v_i + \operatorname{div} q_{(i)} = v_i + \frac{\partial S^k{}_i}{\partial u^k} = 0 \qquad (i = 1, 2, 3). \qquad \text{(V 3, 22)}$$

Indem man diese drei Gleichungen vektoriell zusammenfaßt, entsteht also mit Rücksicht auf die Definition (V 1, 27) der Vektordivergenz die Gleichung

$$v + \operatorname{Div} S = 0. \qquad \text{(V 3, 23)}$$

Um die zweite der oben genannten integralen Gleichgewichtsbedingungen zu formulieren, nennen wir V das resultierende Moment der Volumenkräfte, F das resultierende Moment der an der Hülle angreifenden Flächenkräfte und fordern

$$V + F = 0. \qquad \text{(V 3, 24)}$$

Wir führen den Radiusvektor r vom Ursprung des Bezugssystemes zum Körperelement dT ein

$$r = \mathit{1}_i \, x^i = \mathit{1}^k \, x_k. \qquad \text{(V 3, 25)}$$

Indem wir den Ursprung des Bezugssystemes als Momentenzentrum wählen und mit $i \neq k \neq l$ eine zyklische Anordnung der Indizes 1, 2, 3 bezeichnen, erhalten wir als kontravariante Komponente des Momentes V in der Richtung (k)

$$V^k = \iiint\limits_{(T)} (x_l \, v_i - x_i \, v_l) \, dT. \qquad \text{(V 3, 26)}$$

Die gleichnamige Komponente der Flächenkräfte beträgt

$$F^k = \iint\limits_{(F)} (x_l \, p_i^{(n)} - x_i \, p_l^{(n)}) \, dF^{(n)} \qquad \text{(V 3, 27)}$$

oder, mit Einführung der dualen Ergänzung des Spannungsvektors $\mathfrak{p}^{(n)}$ gemäß Gl. (V 3, 18),

$$F^k = \iint\limits_{(F)} (x_l\, q^n_{(i)} - x_i\, q^n_{(l)})\, dF^{(n)}. \qquad (V\ 3,\ 28)$$

Wegen des skalaren Charakters von $x_l = (\mathfrak{l}_l\ \mathfrak{r})$ und $x_i = (\mathfrak{l}_i\ \mathfrak{r})$ definieren sowohl $x_l\ \mathfrak{q}_{(i)}$ wie $x_i\ \mathfrak{q}_{(l)}$ je einen Vektor. Daher gestattet der *Gauß*sche Integralsatz die Umformung

$$F^k = \iiint\limits_{(T)} \{\operatorname{div}(x_l\, \mathfrak{q}_{(i)}) - \operatorname{div}(x_i\, \mathfrak{q}_{(l)})\}\, dT. \qquad (V\ 3,\ 29)$$

Mit Rücksicht auf die Umrechnungsformeln

$$x_l = g_{l\,m}\, x^m; \qquad x_i = g_{i\,m}\, x^m, \qquad (V\ 3,\ 30)$$

welche für ein beliebiges, affines Bezugssystem gültig sind, bestehen nun die Identitäten

$$\begin{aligned} \operatorname{div}(x_l\, \mathfrak{q}_{(i)}) &= \frac{\partial}{\partial x^j}(x_l\, q^j_{(i)}) = \frac{\partial}{\partial x^j}(x_l\, S^j{}_i) = \\ &= x_l \frac{\partial S^j{}_i}{\partial x^j} + g_{l\,m} \frac{\partial x^m}{\partial x^j} S^j{}_i = x_l \frac{\partial S^j{}_i}{\partial x^j} + g_{l\,j}\, S^j{}_i \end{aligned} \qquad (V\ 3,\ 31)$$

und ebenso

$$\begin{aligned} \operatorname{div}(x_i\, \mathfrak{q}_{(l)}) &= \frac{\partial}{\partial x^j}(x_i\, q^j_{(l)}) = \frac{\partial}{\partial x^j}(x_i\, S^j{}_l) = \\ &= x_i \frac{\partial S^j{}_l}{\partial x^j} + g_{i\,m} \frac{\partial x^m}{\partial x^j} S^j{}_l = x_i \frac{\partial S^j{}_l}{\partial x^j} + g_{i\,j}\, S^j{}_l. \end{aligned} \qquad (V\ 3,\ 32)$$

Durch Einsetzen von (V 3, 26), (V 3, 29), (V 3, 31) und (V 3, 32) in die Gleichgewichtsbedingung (V 3, 24) entspringt also für jede Richtung (k) die Gleichung

$$\iiint\limits_{(T)} \left\{ x_l \left(v_i + \frac{\partial S^j{}_i}{\partial x^j} \right) - x_i \left(v_l + \frac{\partial S^j{}_l}{\partial x^j} \right) + (g_{l\,j}\, S^j{}_i - g_{i\,j}\, S^i{}_l) \right\} dT = 0. \qquad (V\ 3,\ 33)$$

Mit Rücksicht auf (V 3, 22) reduziert sich diese Bedingung auf

$$\iiint\limits_{(T)} (g_{l\,j}\, S^j{}_i - g_{i\,j}\, S^j{}_l)\, dT = 0. \qquad (V\ 3,\ 34)$$

Nun sind

$$g_{l\,j}\, S^j{}_i = S_{l\,i}; \qquad g_{i\,j}\, S^j{}_l = S_{i\,l} \qquad (V\ 3,\ 35)$$

die kovarianten Komponenten des Spannungstensors. Indem man also (V 3, 34), auf Grund der Freiheit in der Wahl des Kontrollkörpers T, für jedes Element dT fordern darf, folgt aus (V 3, 34) und (V 3, 35)

$$S_{i\,l} = S_{l\,i}. \qquad (V\ 3,\ 36)$$

Der *Spannungstensor ist symmetrisch*; von nun an dürfen wir seine gemischten Komponenten in der Form $S^i{}_l = S_l^i$ schreiben.

h) Aus der Symmetrie des Spannungstensors geht hervor, daß seine drei Hauptachsen senkrecht aufeinander stehen. Die Berechnung der zugehörigen Eigenwerte führt bei Benützung der gemischten Tensorkomponenten auf die Säkulargleichung

$$\begin{vmatrix} S_1^1 - \lambda & S_2^1 & S_3^1 \\ S_1^2 & S_2^2 - \lambda & S_3^2 \\ S_1^3 & S_2^3 & S_3^3 - \lambda \end{vmatrix} = 0. \qquad (V\ 3,\ 37)$$

Führt man ein neues, ebenfalls *Kartesisches* Bezugssystem ein, dessen Achsen x^{*i}, x^*_i mit den Hauptachsen der Eigenwerte $\lambda_{(i)}$ zusammenfallen, so lauten also die gemischten Komponenten des Spannungstensors in diesem Systeme

$$S^{*i}_k = \delta_k^i\, \lambda_{(i)}. \qquad (V\ 3,\ 38)$$

Man bezeichnet deshalb die Eigenwerte des Spannungstensors als seine *Hauptspannungen*, welche je nach ihrem Vorzeichen als Zugspannung oder Druckspannung manifest werden, während alle Schubspannungen verschwinden. Die Invariante

$$\lambda_{(1)} + \lambda_{(2)} + \lambda_{(3)} = S_1^1 + S_2^2 + S_3^3 \equiv S_i^i \equiv |S| \qquad (V\ 3,\ 39)$$

kann als Maß der „*Beanspruchung*" des deformierten Körpers betrachtet werden; man vergleiche jedoch den nächsten Abschnitt.

Relativ zum Hauptachsensystem x^{*k}, x_k^* kann die Lage des ursprünglich vorgegebenen *Kartesischen* Systemes x^i, x_i durch

$$x^i = \alpha_k^i\, x^{*k}; \qquad x_i = \overline{\alpha}_i^k\, x_k^* \qquad (V\ 3,\ 40)$$

dargestellt werden, wobei die Identität der kontravarianten mit den kovarianten Koordinaten in

$$\alpha_k^i = \overline{\alpha}_i^k \qquad (V\ 3,\ 41)$$

zum Ausdruck kommt. Daher berechnen sich die gemischten Tensorkomponenten im System x^i, x_i aus den Hauptspannungen mittels der Formeln

$$S_k^i = \alpha_j^i\, \overline{\alpha}_k^l\, S^{*j}_l = \alpha_j^i\, \overline{\alpha}_k^l\, \delta_l^j\, \lambda_{(j)} = \alpha_l^i\, \overline{\alpha}_k^l\, \lambda_{(l)}. \qquad (V\ 3,\ 42)$$

Beispielsweise erhält man

$$\begin{aligned} S_1^1 &= \alpha_l^1\, \overline{\alpha}_1^l\, \lambda_{(l)} = \alpha_1^1\, \overline{\alpha}_1^1\, \lambda_{(1)} + \alpha_2^1\, \overline{\alpha}_1^2\, \lambda_{(2)} + \alpha_3^1\, \overline{\alpha}_1^3\, \lambda_{(3)} \\ S_2^1 &= \alpha_l^1\, \overline{\alpha}_2^l\, \lambda_{(l)} = \alpha_1^1\, \overline{\alpha}_2^1\, \lambda_{(1)} + \alpha_2^1\, \overline{\alpha}_2^2\, \lambda_{(2)} + \alpha_3^1\, \overline{\alpha}_2^3\, \lambda_{(3)} \end{aligned} \qquad (V\ 3,\ 43)$$

und weiter entsprechend für die übrigen Komponenten.

i) Wir zerlegen den Spannungstensor in die beiden Anteile

$$S = P + Z, \qquad (V\ 3,\ 44)$$

deren gemischte Komponenten wir durch die Gleichungen definieren

$$P_i^k = \frac{1}{3}\, \delta_i^k\, |S| \qquad (V\ 3,\ 45)$$

und

$$Z_i^k = S_i^k - \frac{1}{3}\,\delta_i^k\,|S|. \qquad (V\ 3,\ 46)$$

Da der gemischte Einheitstensor in jedem Bezugssystem seine analytische Gestalt wahrt, verschwinden die zu P gehörigen Schubspannungen identisch; daher stellt P einen innerhalb der infinitesimalen Elemente dT des Körpers gleichförmigen Druck oder Zug dar. Da der erste Fall die idealen Flüssigkeiten charakterisiert und deshalb in den Anwendungen eine hervorragende Rolle spielt, bezeichnet man P als *Drucktensor*.

Demgegenüber verschwindet die Invariante $|Z| = Z_i^i$, welche durch Verjüngung aus dem Tensor Z hervorgeht:

$$|Z| = Z_i^i = S_i^i - \frac{1}{3}\,\delta_i^i\,|S| = |S| - \frac{1}{3}\,3\,|S| \equiv 0. \qquad (V\ 3,\ 47)$$

Man kann daher passend Z als *Zerrungstensor* bezeichnen.

Im Lichte der Zerlegung (V 3, 44) muß die Wahl der Invarianten $|S|$ als Maß der „Beanspruchung" eines gespannten Körpers Bedenken erregen. Denn sie verschwindet — im Gegensatz zu der physikalischen Wirklichkeit — für den Fall der reinen Zerrung. Man muß deshalb zweifellos entweder andere Invarianten des Spannungstensors zu Hilfe rufen, um die für die Festigkeit des Körpers maßgebliche Größe zu finden oder man hat diese Größe in invarianter Weise aus dem Deformationstensor und dem Spannungstensor zu bilden; die Antwort auf diese Fragen ist indes dem Versuche zu überlassen.

j) Die Symmetrie des Spannungstensors geht verloren, sobald den nach (V 3, 26) aus den Volumkräften kinematisch erzeugten Momenten dynamische Drehmomente zur Seite treten, welche unabhängig vom Momentenzentrum an den Elementen des Körpers erregt werden; solche Momente treten beispielsweise in elektrisch oder magnetisch polarisierten, anisotropen Stoffen auf.

V 4. Das *Hooke*sche Gesetz.

a) Wir behandeln das dynamische Verhalten fester, deformierbarer Körper, welche durch folgende Eigenschaft ausgezeichnet sind: Nach Aufhören jener Zwangskräfte, welche die Deformation relativ zum natürlichen Zustand bewirken, kehren die Körper immer wieder in diesen Ausgangszustand zurück. Allerdings trifft dieses Verhalten für die von der Natur uns zur Verfügung gestellten Stoffe keineswegs zu; vielmehr definiert die genannte Eigenschaft eine Klasse ideeller Körper, welche wir als *vollkommen elastisch* bezeichnen. Der Nutzen dieses zunächst abstrakten Begriffes liegt in der Möglichkeit seiner Anwendung auf eine Anzahl realer Körper, welche innerhalb gewisser Beanspruchungsgrenzen den Gesetzen jener ideellen Körper approximativ gehorchen.

b) Wir analysieren den Zustandsbereich infinitesimaler Deformationen. Soweit nichts anderes bemerkt wird, nehmen wir die Temperatur, welche den Körper kennzeichnet, stets als unveränderlich an (isotherme Prozesse); das gleiche gilt von allen sonstigen physikalischen Parametern, wie beispielsweise elektrische und magnetische Felder, chemische Konstitution,..., welche möglicherweise den Körper beeinflussen können.

Wir betrachten die Komponenten des Deformationstensors D als unabhängige Variable, von welchen die Komponenten des Spannungstensors S funktionell abhängen; auf Grund der Definition der Elastizität, zusammen mit der Forderung, jeden Zustand als „natürlichen" Ausgangszustand ansehen zu dürfen, folgt dann die Eindeutigkeit jenes funktionellen Zusammenhanges.

Die Gesamtheit der in Rede stehenden Funktionen sei mit Hilfe geeigneter Versuche bestimmt. Indem man jede von ihnen in eine *Taylor*sche Reihe entwickelt denkt, dürfen wir uns, unter Berufung auf die infinitesimale Größe der Deformation, auf die linearen Glieder der Entwicklung beschränken. Mit Einführung der gemischten Tensorkomponenten erhalten wir somit

$$\mathrm{S}_{\mathrm{k}}^{\mathrm{i}} = \mathrm{E}_{\mathrm{km}}^{\mathrm{il}}\, \mathrm{D}_{\mathrm{l}}^{\mathrm{m}}. \qquad \text{(V 4, 1)}$$

Wir bezeichnen diesen Ansatz als das *Hooke*sche *Gesetz der Elastizität.*

Es ist zu verlangen, daß die lineare Tensorfunktion (V 4, 1) invarianten Charakter besitzt. Dies ist dann und nur dann der Fall, wenn die Gesamtheit der Zahlen $\mathrm{E}_{\mathrm{km}}^{\mathrm{il}}$ die gemischten Komponenten eines Tensors vierter Stufe E bilden; wir nennen ihn den *Elastizitätstensor.* Der Spannungstensor S entsteht somit als inneres Produkt des Elastizitätstensors E mit dem Deformationstensor D (in dieser Reihenfolge) durch doppelte Verjüngung des Tensors sechster Stufe $\mathrm{E}_{\mathrm{km}}^{\mathrm{il}}\, \mathrm{D}_{\mathrm{p}}^{\mathrm{q}}$ nach der Vorschrift $\mathrm{p} \to \mathrm{l}$, $\mathrm{q} \to \mathrm{m}$, so daß wir — mit Benützung des Symboles der inneren Multiplikation — das *Hooke*sche Gesetz in die Form kleiden können

$$S = (E\, D). \qquad \text{(V 4, 2)}$$

c) In einem Körper von beliebiger physikalischer Natur sind die Komponenten des Elastizitätstensors in jedem Augenblicke von Ort zu Ort veränderlich, es liegt ein *Tensorfeld* vor. Wir beschränken uns indessen im folgenden auf *homogene* Körper; in ihnen bildet der Elastizitätstensor ein System von *Materialkonstanten.*

Wir wollen die voneinander unabhängigen Komponenten des Elastizitätstensors abzählen.

Vom rein algebraischen Standpunkte gleicht ihre Anzahl der Zahl von „Variationen" der drei Elemente 1, 2, 3 zur vierten Klasse, also $3^4 = 81$. Wir wollen jedoch alle jene verschieden indizierten Komponenten nur einmal notieren, welche sich allein mittels des Maßtensors ineinander umrechnen lassen.

Um nun bei dieser Reduktion zunächst die Symmetrieeigenschaften sowohl des Spannungstensors wie des Deformationstensors unmittelbar ausnützen zu können, bringen wir Gl. (V 4, 1) in die Form

$$S^{ik} = E^{iklm} D_{lm}, \qquad \text{(V 4, 3)}$$

in welcher also der Elastizitätstensor kontravariant, der Spannungstensor ebenfalls kontravariant und der Deformationstensor kovariant dargestellt ist.

In dieser Schreibweise gelten die Relationen

$$S^{ik} = S^{ki}; \qquad D_{lm} = D_{ml}. \qquad \text{(V 4, 4)}$$

Daher folgt aus (V 4, 3)

$$E^{iklm} + E^{ikml} = E^{kilm} + E^{kiml}. \qquad \text{(V 4, 5)}$$

Führt man also den *reduzierten Elastizitätstensor* $\overline{E}$ mittels der Definition ein

$$S^{ik} = \overline{E}^{iklm} D_{lm}; \qquad \overline{E}^{iklm} = \frac{1}{2}(E^{iklm} + E^{ikml}), \qquad \text{(V 4, 6)}$$

so genügt er den Relationen

$$\overline{E}^{iklm} = \overline{E}^{ikml} = \overline{E}^{kilm} = \overline{E}^{kiml}. \qquad \text{(V 4, 7)}$$

Statt der je $3^2 = 9$ verschiedenen Variationen der drei Elemente 1, 2, 3 zur zweiten Klasse sowohl im Indexpaar (i, k) wie im Indexpaar (l, m) sind hiernach nur immer $\frac{3 \cdot 4}{1 . 2} = 6$ verschiedene Kombinationen mit Wiederholung in Rechnung zu stellen, so daß sich die Anzahl unabhängiger Komponenten des reduzierten Elastizitätstensors zu $6 . 6 = 36$ gegenüber den $9 . 9 = 81$ des unreduzierten Tensors erniedrigt.

d) Eine weitere Verminderung der in Rede stehenden Komponentenzahl folgt aus den Prinzipen der Thermodynamik.

Wir betrachten das Vektorfeld der infinitesimalen Verrückungen V als Funktion der Zeit t und kontrollieren den Deformationsvorgang während der infinitesimalen Epoche dt; dabei erteilen wir den äußeren Druckkräften p je Einheit der Körperhülle F sowie den Kräften v je Einheit des Körpervolumens T solche Werte, daß der Zustand des gesamten mechanischen Systemes in jedem Augenblick nur äußerst wenig vom Gleichgewichtszustande abweicht. Setzen wir

$$\delta V = \frac{dV}{dt}\, dt, \qquad \text{(V 4, 8)}$$

so ist dann die während der Epoche dt am Körper geleistete Arbeit δA aus

$$\delta A = \iint\limits_{(F)} p_i^{(n)}\, \delta V^i\, dF^{(n)} + \iiint\limits_{(T)} v_i\, \delta V^i\, dT \qquad \text{(V 4, 9)}$$

zu berechnen.

Entsprechend unseren Voraussetzungen ist die Temperatur Θ des Körpers während der Deformation konstant zu halten. Zu diesem Zwecke bringen wir ihn mit einem Wärmebad in Kontakt, dessen Temperatur sich nur um einen infinitesimalen Betrag von Θ unterscheidet. Falls wir diesem Bade während des Deformationsvorganges die Wärmemenge $\delta \underset{\sim}{Q}$ entziehen und sie dem Körper zuführen, nimmt also seine Gesamtenergie W um den Betrag zu

$$\delta W = \delta \underset{\sim}{Q} + \delta A \tag{V 4, 10}$$

(Erster Hauptsatz der Thermodynamik). Nun ist der Prozeß, wegen der Eindeutigkeit des Elastizitätstensors, vollständig reversibel. Sei also Σ die Entropie des Körpers, so liefert der Zweite Hauptsatz der Thermodynamik

$$-\frac{\delta \underset{\sim}{Q}}{\Theta} + \delta \Sigma = 0, \tag{V 4, 11}$$

so daß wir aus (V 4, 10) schließen

$$\delta A = \delta (W - \Theta \Sigma) \equiv \delta \Phi, \tag{V 4, 12}$$

wobei die Zustandsfunktion

$$\Phi = W - \Theta \Sigma \tag{V 4, 13}$$

die Freie Energie des Körpers definiert. Wir setzen

$$\Phi = \iiint\limits_{(T)} \varphi \, dT \equiv \iiint\limits_{(T)} \varphi^* \, du^1 \, du^2 \, du^3, \tag{V 4, 14}$$

so daß nun φ die Freie Energie je Raumeinheit mißt; $\varphi^* = \sqrt{g}\,\varphi$ ist, auf Grund des invarianten Charakters von Energie, Temperatur und Entropie, selbst eine skalare Dichte.

Wir ersetzen in (V 4, 9) den Spannungsvektor p durch den ihm dual zugeordneten Vektor q nach Gl. (V 3, 17) und erhalten mittels des *Gauß*schen Integralsatzes die Umformung

$$\sum_i \iint\limits_{(F)} q^n_{(i)} \, \delta V^i \, dF^{(n)} = \sum_i \iiint\limits_{(T)} \operatorname{div} (q_{(i)} \, \delta V^i) \, dT =$$

$$= \iiint\limits_{(T)} \left\{ \frac{\partial S^k_i}{\partial u^k} \delta V^i + S^k_i \, \delta \left(\frac{\partial V^i}{\partial u^k} \right) \right\} dT. \tag{V 4, 15}$$

Wir führen den Tensor $G = \operatorname{Grad} V$ ein und finden für die Änderung der Freien Energie Φ die Summe

$$\delta \Phi = \iiint\limits_{(T)} \left\{ \left(\frac{\partial S^k_i}{\partial x^k} + v_i \right) \delta V^i \right\} dT + \iiint\limits_{(T)} S^k_i \, \delta \, G^i_k \, dT. \tag{V 4, 16}$$

Der erste Posten annulliert sich mit Rücksicht auf die Gleichgewichtsbedingung (V 4, 22). Im zweiten Posten schreiben wir zunächst

$$S^k_i = g_{ij} \, S^{jk}; \qquad G^i_k = g^{il} \, G_{lk} \tag{V 4, 17}$$

also

$$S_i^k\,\delta G_k^i = g_{ij}\,g^{il}\,S^{jk}\,\delta G_{lk} = \delta_j^l\,S^{jk}\,\delta G_{lk} = S^{jk}\,\delta G_{jk}. \qquad (V\ 4,\ 18)$$

Nunmehr zerlegen wir G in seinen antimetrischen Anteil R und seinen symmetrischen Anteil (Deformationstensor) D. Aus der Symmetrie von S und der Antimetrie von R folgt

$$S^{jk}\,\delta R_{jk} = -S^{kj}\,\delta R_{kj} \qquad (V\ 4,\ 19)$$

und somit, nach bloßer Umbenennung der Indizes,

$$S^{jk}\,\delta R_{jk} = -S^{jk}\,\delta R_{jk} \equiv 0. \qquad (V\ 4,\ 20)$$

Daher vereinfacht sich (V 4, 16) in

$$\delta\Phi = \iiint\limits_{(T)} S^{jk}\,\delta D_{jk}\,dT \qquad (V\ 4,\ 21)$$

oder, mit Benützung von (V 4, 14)

$$\delta\varphi = S^{jk}\,\delta D_{jk}. \qquad (V\ 4,\ 22)$$

Wir fassen weiterhin die Dichte φ der Freien Energie — bei fester Temperatur Θ — als Funktion der kovarianten Komponenten des Deformationstensors auf. Dann liefert Gl. (V 4, 22) für die kontravarianten Komponenten des Spannungstensors die Berechnungsregel

$$S^{jk} = \frac{\partial\varphi}{\partial D_{jk}} \qquad (V\ 4,\ 23)$$

und hieraus folgt weiter

$$\frac{\partial S^{jk}}{\partial D_{lm}} = \frac{\partial^2\varphi}{\partial D_{jk}\,\partial D_{lm}} = \frac{\partial S^{lm}}{\partial D_{jk}}. \qquad (V\ 4,\ 24)$$

Gehen wir mit dieser Relation in Gl. (V 4, 3) ein, so finden wir für die kontravarianten Komponenten des Elastizitätstensors das „Reziprozitätsgesetz"

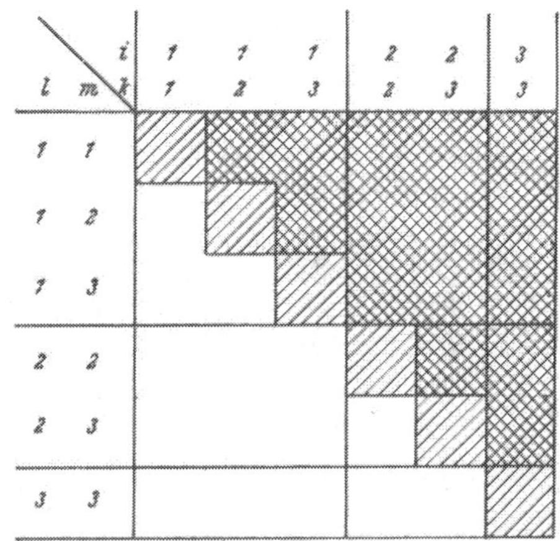

Tafel für die Komponenten des reduzierten Elastizitätstensors.

$$E^{iklm} = \frac{\partial^2\varphi}{\partial D_{ik}\,\partial D_{lm}} = E^{lmik}. \qquad (V\ 4,\ 25)$$

In der quadratischen Matrix der gemäß (V 4, 7) resultierenden 36 verschiedenen Komponenten des (reduzierten) Elastizitätstensors $\overline{E}$ verbleiben nunmehr also nur noch 21 voneinander unabhängige Komponenten, nämlich 6 in der Hauptdiagonalen und $\frac{1}{2}(36-6) = 15$ in den Seitenplätzen der obigen Tafel, deren Teile je nach der „Besetzungszahl" einfach oder doppelt schraffiert sind.

Durch Eintragen von (V 4, 3) in (V 4, 22) ergibt sich mit Rücksicht auf (V 4, 25)

$$\delta\varphi = E^{iklm} D_{lm} \, \delta D_{ik} = E^{lmik} D_{lm} \, \delta D_{ik} \qquad (V\ 4,\ 26)$$

oder, mittels bloßer Umbenennung der Indizes,

$$\delta\varphi = E^{iklm} D_{lm} \, \delta D_{ik} = E^{iklm} D_{ik} \, \delta D_{lm} = \frac{1}{2} E^{iklm} (D_{lm} \, \delta D_{ik} + D_{ik} \, \delta D_{lm}) =$$

$$= \delta \left(\frac{1}{2} E^{iklm} D_{ik} D_{lm} \right). \qquad (V\ 4,\ 27)$$

Wir wollen die Dichte der Freien Energie gleich Null setzen, falls sich der Körper in seinem natürlichen Zustande befindet; aus (V 4, 27) folgt dann durch Integration — bei fester Temperatur Θ — für φ der Ausdruck

$$\varphi = \frac{1}{2} E^{iklm} D_{ik} D_{lm}, \qquad (V\ 4,\ 28)$$

welcher den invarianten Charakter der Freien Energiedichte unmittelbar aufzeigt. Wir schreiben, mit doppelter Benützung des Symboles der skalaren Multiplikation, (V 4, 28) in der Form

$$\varphi = \frac{1}{2} D_{ik} E^{iklm} D_{lm} \equiv \frac{1}{2} (D \, E \, D). \qquad (V\ 4,\ 29)$$

Als Mutterfunktion des Spannungstensors gemäß der Vorschrift (V 4, 23) spielt die Dichte der Freien Energie die Rolle des skalaren „Elastischen Potentiales" je Raumeinheit des deformierten Körpers.

e) Die vorstehend durchgeführte Reduktion der Anzahl voneinander unabhängigen Komponenten des Elastizitätstensors ist ihrer Wurzel nach energetischer Natur. Sie kann durch eine wesentlich geometrische Reduktion ergänzt werden, falls sich der deformierte Körper durch strukturelle Symmetrieeigenschaften auszeichnet; dies trifft namentlich für gewisse Klassen von *Kristallen* zu.

Man darf von vornherein nur dann einfache Formulierungen dieser geometrischen Zusammenhänge erwarten, falls man die Komponenten des Spannungstensors einerseits, des Deformationstensors andererseits in einheitlicher Weise darstellt. Hierbei empfiehlt sich vor anderen Möglichkeiten die Bezugnahme auf die gemischten Komponenten der miteinander verbundenen Tensoren gemäß Gl. (V 4, 1), weil dann der Maßtensor in allen Bezugssystemen die nämliche Gestalt des gemischten Einheitstensors annimmt. Bei dieser Neudarstellung hat man zu beachten, daß die gemischten Komponenten des Elastizitätstensors aus seinen kontravarianten Komponenten mittels der Formeln

$$E^{il}_{km} = g_{kj} \, g_{mn} \, E^{ijln} \qquad (V\ 4,\ 30)$$

zu berechnen sind.

Um die Anzahl der für jede Kristallklasse charakteristischen Komponenten des Elastizitätstensors zu finden, rechnet man sämtliche aus (V 4, 30) resultierenden Komponenten mittels der Transformationsformeln für Tensoren vierter Stufe auf jene Koordinaten um, welche vermöge der jeweils vorliegenden Symmetrieeigenschaft mit den Ausgangskoordinaten physikalisch identisch sind. Bei dieser „Deckoperation" bleibt jede von Null verschiedene Tensorkomponente für sich invariant; diejenigen Komponenten also, welche im Gegensatz zu dieser Identitätsforderung ihren Wert rechnungsmäßig ändern, müssen tatsächlich verschwinden.

f) Den höchsten denkbaren Symmetriegrad weisen die *isotropen* Körper auf, welche durch jede beliebige Drehung mit sich selbst zur Deckung gebracht werden. Daher muß jede endliche Komponente des Elastizitätstensors für sich eine Invariante sein. Um dieser Forderung analytischen Ausdruck zu verleihen, führen wir den Tensor vierter Stufe Δ mit den gemischten Komponenten ein

$$\Delta^{km}_{il} = D^k_i\, D^m_l, \tag{V 4, 31}$$

so daß das Elastische Potential in der Gestalt erscheint

$$\varphi = \frac{1}{2}\, E^{il}_{km}\, \Delta^{km}_{il}. \tag{V 4, 32}$$

Die Invarianz des Elastischen Potentiales ist nur dann mit der Invarianz der Komponenten des Elastizitätstensors vereinbar, falls sich durch passende Zusammenfassung der in (V 4, 32) auftretenden Glieder invariante Teilsummen bilden lassen. Nun resultieren aus dem Tensor Δ nur zwei solcher Skalare: Der erste durch die doppelte Verjüngung $k \to i,\ m \to l$

$$D^i_i\, D^l_l = |D|^2 = (D^1_1 + D^2_2 + D^3_3)^2 \tag{V 4, 33}$$

und der zweite durch die „kreuzweise" Verjüngung $m \to i,\ l \to k$

$$D^k_i\, D^i_k = (D^1_1)^2 + 2\, D^2_1\, D^2_1 + \ldots + (D^3_3)^2. \tag{V 4, 34}$$

Nach Wahl zweier Invarianten $\frac{1}{2}$ A und $\frac{1}{2}$ B erhalten wir also für das Elastische Potential des isotropen Körpers

$$\varphi = \frac{1}{2}\, A\, D^i_i\, D^l_l + \frac{1}{2}\, B\, D^k_i\, D^i_k. \tag{V 4, 35}$$

Wir berechnen aus ihm nach der Vorschrift

$$E^{il}_{km} = \frac{\partial^2 \varphi}{\partial D^k_i\, \partial D^m_l} \tag{V 4, 36}$$

die Komponenten des Elastizitätstensors und stellen sie in der folgenden Tab. zusammen:

Tab. für den Elastizitätstensor homogener, isotroper Körper.

i		1	1	1	2	2	2	3	3	3
	k	1	2	3	1	2	3	1	2	3
l	m									
1	1	A + B	0	0	0	A	0	0	0	A
1	2	0	0	0	B	0	0	0	0	0
1	3	0	0	0	0	0	0	B	0	0
2	1	0	B	0	0	0	0	0	0	0
2	2	A	0	0	0	A + B	0	0	0	A
2	3	0	0	0	0	0	0	0	B	0
3	1	0	0	B	0	0	0	0	0	0
3	2	0	0	0	0	0	B	0	0	0
3	3	A	0	0	0	A	0	0	0	A + B

Man erhält also explizit, mittels $S^i_k = E^{il}_{km} D^m_l$,

$$\begin{aligned} S^1_1 &= (A + B) D^1_1 + A (D^2_2 + D^3_3) = B D^1_1 + A |D| \\ S^1_2 &= B D^1_2 \\ &\vdots \qquad \vdots \end{aligned} \tag{V 4, 37}$$

oder

$$S^i_k = A\, \delta^i_k |D| + B D^i_k. \tag{V 4, 38}$$

Wir zerlegen den Spannungstensor S in seinen Druckanteil P und seinen Zerrungsanteil Z

$$S^i_k = P^i_k + Z^i_k = \frac{1}{3}\, \delta^i_k |S| + Z^i_k \tag{V 4, 39}$$

und ebenso den Deformationstensor D in seinen konformen Anteil C und seinen diformen Anteil $\overline{D}$

$$D^i_k = C^i_k + \overline{D}^i_k = \frac{1}{3}\, \delta^i_k |D| + \overline{D}^i_k. \tag{V 4, 40}$$

Dann nimmt (V 4, 38) die Form an

$$\frac{1}{3}\, \delta^i_k |S| + Z^i_k = A\, \delta^i_k |D| + B \left(\frac{1}{3}\, \delta^i_k |D| + \overline{D}^i_k\right) = (3 A + B) \frac{1}{3}\, \delta^i_k |D| + B D^i_k \tag{V 4, 41}$$

Setzt man abkürzend

$$A^* = 3 A + B, \tag{V 4, 42}$$

so zerfällt (V 4, 41) in zwei lineare Tensorgleichungen, welche je nur *eine* Invariante enthalten: Der Drucktensor erscheint als Funktion lediglich des konformen Anteiles des Deformationstensors

$$P = A^* C, \tag{V 4, 43}$$

während der Zerrungstensor als Funktion allein des diformen Anteiles des Deformationstensors resultiert

$$Z = B \overline{D}. \qquad \text{(V 4, 44)}$$

Wir drücken den Deformationstensor D mittels des infinitesimalen Verrückungsvektors V aus. Dann liefert (V 4, 38) mittels der Regeln $D^i_k = g^{ij} D_{jk}$ und $V_k = g_{kl} V^l$

$$S^i_k = A \, \delta^i_k \operatorname{div} V + \frac{1}{2} B \, g^{ij} \left(\frac{\partial V_k}{\partial u^j} + \frac{\partial V_j}{\partial u^k} \right) =$$

$$= A \, \delta^i_k \operatorname{div} V + \frac{1}{2} B \left(g^{ij} g_{kl} \frac{\partial V^l}{\partial u^j} + \frac{\partial V^i}{\partial u^k} \right). \qquad \text{(V 4, 45)}$$

g) Wir spezialisieren vorübergehend auf *Kartesische* Koordinaten x^i, x_i. Indem wir dann nach (V 2, 40) die Winkelausweitung γ^i_k einführen, folgt aus (V 4, 45)

$$S^i_k = -B \frac{1}{2} \gamma^i_k \quad (i \neq k). \qquad \text{(V 4, 46)}$$

Man definiert das Verhältnis der Schubspannung S^i_k zur negativen Winkelausweitung $(-\gamma^i_k)$ als *Gleitmodul* G des isotropen Körpers

$$\frac{S^i_k}{-\gamma^i_k} = \frac{1}{2} B = G. \qquad \text{(V 4, 47)}$$

Damit erhält man aus (V 4, 45) weiter beispielsweise für $i = k = 1$

$$S^1_1 = A \operatorname{div} V + 2 G \frac{\partial V^1}{\partial x^1} \qquad \text{(V 4, 48)}$$

und zwei analoge Gleichungen für S^2_2 und S^3_3.

Um auch die Konstante A mit den kinematischen Bestimmungsstücken der Deformation zu verbinden, untersuchen wir speziell den „einachsigen Spannungszustand" in Richtung der x^1-Achse, welcher durch

$$S^1_1 \neq 0; \qquad S^2_2 = S^3_3 = 0 \qquad \text{(V 4, 49)}$$

definiert ist. Dann bestehen gleichzeitig die drei Gleichungen

$$\begin{aligned} S^1_1 &= A \operatorname{div} V + 2 G \frac{\partial V^1}{\partial x^1}, \\ 0 &= A \operatorname{div} V + 2 G \frac{\partial V^2}{\partial x^2}, \qquad \text{(V 4, 50)} \\ 0 &= A \operatorname{div} V + 2 G \frac{\partial V^3}{\partial x^3}. \end{aligned}$$

Aus den beiden letzten erhält man durch Addition

$$2 A \operatorname{div} V = -2 G \left(\frac{\partial V^2}{\partial x^2} + \frac{\partial V^3}{\partial x^3} \right) \equiv -2 G \operatorname{div} V + 2 G \frac{\partial V^1}{\partial x^1}. \qquad \text{(V 4, 51)}$$

Daher bewirkt der Zug S_1^1 die *Längsdehnung*

$$\varepsilon_l = \frac{\partial V^1}{\partial x^1} = \frac{A + G}{G} \operatorname{div} V. \qquad \text{(V 4, 52)}$$

Gleichzeitig tritt die *Querdehnung* auf

$$\varepsilon_q = \frac{\partial V^2}{\partial x^2} = \frac{\partial V^3}{\partial x^3} = -\frac{A}{2\,G} \operatorname{div} V, \qquad \text{(V 4, 53)}$$

deren negatives Vorzeichen auf ihre Natur als *Kontraktion* hinweist. Man definiert durch das Verhältnis

$$\frac{\varepsilon_l}{-\varepsilon_q} = \frac{2\,(A + G)}{A} \equiv m \qquad \text{(V 4, 54)}$$

die *Poisson*sche Querkontraktionszahl m. Mit ihrer Hilfe berechnet man also umgekehrt

$$A = 2\,G \frac{1}{m - 2} \qquad \text{(V 4, 55)}$$

und weiter, durch Addition der drei Gleichungen (V 4, 50)

$$S_1^1 = (3\,A + 2\,G) \operatorname{div} V = 2\,G \frac{m + 1}{m - 2} \operatorname{div} V; \qquad \operatorname{div} V = \frac{S_1^1}{2\,G} \frac{m - 2}{m + 1}. \qquad \text{(V 4, 56)}$$

Durch Eintragen in (V 4, 52) finden wir

$$\varepsilon_l = \frac{1}{2\,G} \frac{m}{m + 1} S_1^1. \qquad \text{(V 4, 57)}$$

Man bezeichnet die Invariante

$$E = 2\,G \frac{m + 1}{m} \qquad \text{(V 4, 58)}$$

als *Elastizitätsmodul* des isotropen Körpers und legt Gl. (V 4, 57) in der Form

$$S_1^1 = E\,\varepsilon_l \qquad \text{(V 4, 59)}$$

der elementaren Behandlung elastischer Deformationsvorgänge zu Grunde. Damit schließt sich unser Gedankenkreis: Man erkennt nun rückwärts in Gl. (V 4, 1) die sachgemäße tensorielle Verallgemeinerung der in (V 4, 59) ausgedrückten Grunderfahrung; zugleich findet hierdurch die Wahl des Zeichens E für den Elastizitätstensor ihre Rechtfertigung.

In den meisten Darstellungen dieses Gegenstandes werden die elastischen Eigenschaften homogener, isotroper Körper mittels des Elastizitätsmoduls E und der *Poisson*schen Kontraktionszahl m charakterisiert. Im Lichte der Tensorrechnung verdient jedoch die Formulierung des funktionellen Zusammenhanges von Spannungstensor und Deformationstensor homogener, isotroper Stoffe mit Hilfe der Invarianten A und B gemäß Gl. (V 4, 38) oder A* und B gemäß (V 4, 43), (V 4, 44) als die einfachere und allgemeinere den methodischen Vorzug.

V 5. Die Grundgleichungen der Elastizitätstheorie für homogene, isotrope Körper.

a) Die Bedingung des Gleichgewichtes deformierbarer Körper lautet nach Gl. (V 3, 22) in beliebigen, affinen Koordinaten

$$v_i + \frac{\partial S_i^k}{\partial u^k} = 0. \tag{V 5, 1}$$

Sie liefert mittels (V 4, 45) für die kontravarianten Komponenten des infinitesimalen Verrückungsvektors V in homogenen, isotropen Körpern

$$v_i + A\, \delta_i^k \frac{\partial \operatorname{div} V}{\partial u^k} + \frac{1}{2} B \frac{\partial}{\partial u^k}\left(g^{kj}\, g_{il} \frac{\partial V^l}{\partial u^j} + \frac{\partial V^k}{\partial u^i}\right) = 0 \tag{V 5, 2}$$

oder

$$v_i + \left(A + \frac{1}{2} B\right) \frac{\partial}{\partial u^i} \operatorname{div} V + \frac{1}{2} B\, g_{il}\, \nabla^2 V^l = 0. \tag{V 5, 3}$$

Mit (V 4, 47) und (V 4, 55) entstehen hieraus die drei simultanen, partiellen Differentialgleichungen des elastischen Gleichgewichtes

$$g_{il}\, \nabla^2 V^l + \frac{m}{m-2} \frac{\partial \operatorname{div} V}{\partial u^i} = -\frac{v_i}{G} \tag{V 5, 4}$$

oder

$$\nabla^2 V_i + \frac{m}{m-2} \frac{\partial \operatorname{div} V}{\partial u^i} = -\frac{v_i}{G}. \tag{V 5, 5}$$

b) Wir wollen von der vektoriellen Differentialgleichung (V 5, 5) zu einer skalaren übergehen. Zu diesem Zwecke erweitern wir zunächst (V 5, 5) mit g^{ki} und gelangen zu der kontravarianten Vektorgleichung

$$\nabla^2 V^k + \frac{m}{m-2} g^{ki} \frac{\partial \operatorname{div} V}{\partial u^i} = -\frac{v^k}{G}. \tag{V 5, 6}$$

Sie verwandelt sich durch Multiplikation mit der kovarianten Komponente $\frac{\partial}{\partial u^j}$ des *Nabla*-Vektors in eine Tensorgleichung zweiter Stufe von der gemischten Form

$$\frac{\partial}{\partial u^j} \nabla^2 V^k + \frac{m}{m-2} g^{ki} \frac{\partial \operatorname{div} V}{\partial u^i\, \partial u^j} = -\frac{1}{G} \frac{\partial v^k}{\partial u^j}. \tag{V 5, 7}$$

Mittels des Verjüngungsprozesses $k \to j$ steigen wir zu der gesuchten skalaren Differentialgleichung herab

$$\nabla^2 \operatorname{div} V + \frac{m}{m-2} g^{ji} \frac{\partial \operatorname{div} V}{\partial u^i\, \partial u^j} = -\frac{\operatorname{div} v}{G} \tag{V 5, 8}$$

oder

$$2\frac{m-1}{m-2} \nabla^2 \operatorname{div} V + \frac{1}{G} \operatorname{div} v = 0. \tag{V 5, 9}$$

c) Zu einer wesentlichen Vereinfachung gelangt man in dem wichtigen Falle konservativer Volumkräfte, welche als Gradient eines skalaren Kräftepotentiales ψ aufgefaßt werden können

$$v_i = -\frac{\partial \psi}{\partial u^i}; \qquad v^i = -g^{ij}\frac{\partial \psi}{\partial u^j}. \qquad (V\ 5,\ 10)$$

Es berechnet sich dann

$$\operatorname{div} v = -g^{ij}\frac{\partial^2 \psi}{\partial u^i\, \partial u^j}, \qquad (V\ 5,\ 11)$$

so daß Gl. (V 5, 9) liefert

$$2\frac{m-1}{m-2}\,\nabla^2 \operatorname{div} V = \frac{1}{G}\,g^{ij}\frac{\partial^2 \psi}{\partial u^i\, \partial u^j}. \qquad (V\ 5,\ 12)$$

Nun mögen die Volumkräfte der Zusatzbedingung genügen

$$\nabla^2 v_k = g^{ij}\frac{\partial^2 v_k}{\partial u^i\, \partial u^j} = -g^{ij}\frac{\partial^3 \psi}{\partial u^i\, \partial u^j\, \partial u^k} = 0. \qquad (V\ 5,\ 13)$$

Dann also folgt aus (V 5, 12)

$$2\frac{m-1}{m-2}\,\nabla^2\frac{\partial}{\partial u^k}\operatorname{div} V = 0, \qquad (V\ 5,\ 14)$$

so daß aus dem System (V 5, 5) der simultanen, partiellen Differentialgleichungen die drei in den Komponenten des infinitesimalen Verrückungsvektors V getrennten Differentialgleichungen resultieren

$$\nabla^2\,\nabla^2\,V_k = 0 \qquad (V\ 5,\ 15)$$

oder auch

$$\nabla^2\,\nabla^2\,V^k = 0. \qquad (V\ 5,\ 16)$$

d) Wir gehen vom Falle des Gleichgewichtes auf die dynamischen Gleichungen der Elastizität über, indem wir das *d'Alembert*sche Prinzip zu Hilfe rufen: Bezeichnet ϱ die Massendichte des Körpers in seinem natürlichen Zustande, so ist die Volumkraft v durch die *Trägheitsreaktion* zu ergänzen, welche — bis auf Glieder höherer Ordnung in V — je Rauminhalt durch den Vektor

$$v' = -\varrho\,\frac{\partial^2 V}{\partial t^2} \qquad (V\ 5,\ 17)$$

gegeben ist.

Der Einfachheit halber wollen wir weiterhin die Kraft v als zeitlich konstant voraussetzen. Dann überlagern sich, auf Grund der Linearität des *Hooke*schen Gesetzes, die Deformationen V des statischen Kraftsystemes v den dynamischen Deformationen V' des Kraftsystemes v' ohne gegenseitige Störung. Wir erhalten daher, indem wir in (V 5, 5) sowohl V mit V' wie v mit v' vertauschen, die drei dynamischen Vektorgleichungen

$$\nabla^2 V_i' + \frac{m}{m-2} \frac{\partial \operatorname{div} V'}{\partial u^i} = \frac{\varrho}{G} \frac{\partial^2 V_i'}{\partial t^2}. \qquad \text{(V 5, 18)}$$

Ebenso folgt aus (V 5, 9), da zeitliche und räumliche Differentiation in der Reihenfolge ihrer Ausführung miteinander vertauscht werden dürfen, die skalare Gleichung

$$\nabla^2 \operatorname{div} V' = \frac{m-2}{m-1} \frac{\varrho}{2G} \frac{\partial^2 \operatorname{div} V'}{\partial t^2}. \qquad \text{(V 5, 19)}$$

Ein partikulares Integral dieser Gleichung lautet

$$\operatorname{div} V' = 0. \qquad \text{(V 5, 20)}$$

Die zugehörige Klasse dynamischer Vorgänge zeichnet sich also durch das Fehlen der Volumendehnung aus: Diese Vorgänge erfassen lediglich den diformen Anteil des Deformationstensors. In der Tat lauten nach (V 5, 18) ihre Differentialgleichungen

$$\nabla^2 V_i' = \frac{\varrho}{G} \frac{\partial^2 V_i'}{\partial t^2} = \frac{\varrho}{\frac{1}{2} B} \frac{\partial^2 V_i'}{\partial t^2}, \qquad \text{(V 5, 21)}$$

wobei der Gleitmodul G mittels (V 4, 47) durch die invariante Verhältniszahl B des Zerrungstensors zum diformen Anteil des Deformationstensors ausgedrückt wurde.

Dagegen läßt sich (V 5, 19) mit Rücksicht auf (V 4, 47) und (V 4, 54) in die Form bringen

$$\nabla^2 \operatorname{div} V' = \frac{\varrho}{A+B} \frac{\partial^2 \operatorname{div} V'}{\partial t^2}, \qquad \text{(V 5, 22)}$$

in welcher also der konforme und der diforme Anteil des Deformationstensors gemeinsam auftreten.

e) Um die kinematische Natur der dynamischen Deformationen (V 5, 21) und (V 5, 22) aufzudecken, behandeln wir den Fall „ebener" Vorgänge, welche durch ihre Abhängigkeit von nur *einer* Koordinate definiert sind. Der Kürze halber wählen wir für ihre Beschreibung ein *Kartesisches* Bezugssystem x^i, x_i, in welchem wir die x^1-Achse zu jener ausgezeichneten Koordinatenachse machen. Dann gelten für die in Rede stehenden ebenen Vorgänge die Gleichungen

$$\frac{\partial V^{i\prime}}{\partial x^2} = 0; \quad \frac{\partial V^{i\prime}}{\partial x^3} = 0. \qquad \text{(V 5, 23)}$$

Im Falle der verschwindenden Volumendehnung nach Gl. (V 5, 20) folgt hieraus notwendig

$$\frac{\partial V^{1\prime}}{\partial x^1} = 0. \qquad \text{(V 5, 24)}$$

Die hieraus resultierende, der x^1-Achse parallele Verrückung beschränkt sich also auf eine Translation des gesamten, quasistarren Körpers, welche für die Analyse der dynamischen Deformationen innerhalb des Körpers belanglos ist. Demnach sind mit (V 5, 20) und (V 5, 23) nur *transversale* Deformationen $V^{i\prime}$ ($i = 2$ oder 3) verträglich, welche die Ebenen $x^1 = \text{const.}$ je als ganzes in einer scherenden Bewegung gegeneinander verschieben. Jede dieser Verrückungen gehorcht — in kovarianter Schreibweise — nach (V 5, 21) der Gleichung

$$\frac{\partial^2 V_i'}{(\partial x^1)^2} = \frac{\varrho}{G} \frac{\partial^2 V_i'}{\partial t^2}. \qquad \text{(V 5, 25)}$$

Ihre allgemeine, *d'Alembert*sche Lösung lautet mit einer willkürlichen Funktion f_i

$$V_i' = f_i \left(x^1 \mp \sqrt{\frac{G}{\varrho}}\, t \right). \qquad \text{(V 5, 26)}$$

Wählt man im Argumente dieser willkürlichen Funktion das Minuszeichen, so schildert (V 5, 26) eine in Richtung der positiven x^1-Achse mit der Geschwindigkeit

$$c_t = \sqrt{\frac{G}{\varrho}} = \sqrt{\frac{E}{\varrho}} \sqrt{\frac{m}{2\,(m+1)}} \qquad \text{(V 5, 27)}$$

unverzerrt fortschreitende „Transversalwelle"; ebenso führt die Wahl des Pluszeichens im Argumente von (V 5, 26) zu einer, mit der nämlichen Geschwindigkeit rückschreitenden Transversalwelle.

Im Falle nicht verschwindender Raumdehnung reduziert sich div V vermöge (V 5, 23) auf die in Richtung der x^1-Achse auftretende *longitudinale* Dehnung ε_l

$$\operatorname{div} V = \frac{\partial V^1}{\partial x^1} \equiv \varepsilon_l, \qquad \text{(V 5, 28)}$$

so daß wir aus (V 5, 22) schließen

$$\frac{\partial^2 \varepsilon_l}{(\partial x^1)^2} = \frac{\varrho}{A+B} \frac{\partial^2 \varepsilon_l}{\partial t^2}. \qquad \text{(V 5, 29)}$$

Diese partielle Differentialgleichung ist ihrer mathematischen Form nach mit (V 5, 25) identisch, sofern man nur die Konstante ϱ/G mit $\varrho/(A+B)$ vertauscht. Daher pflanzen sich auch die longitudinalen Dehnungen in Form von gegenläufigen Wellen durch den Körper fort, deren Geschwindigkeit durch

$$c_l = \sqrt{\frac{A+B}{\varrho}} = \sqrt{\frac{E}{\varrho}} \sqrt{\frac{m\,(m-1)}{(m+1)\,(m-2)}} \qquad \text{(V 5, 30)}$$

gegeben ist; transversale und longitudinale Wellen besitzen somit verschiedene Geschwindigkeiten.

V 6. Zähe Flüssigkeiten.

a) Gegeben sei eine Flüssigkeit, deren Deformationszustand wir in jedem Augenblicke gemäß (V 2, 4) durch das Vektorfeld ihrer Geschwindigkeit W („Momentaufnahme") beschreiben

$$W(r) = \lim_{\Delta t \to 0} \frac{\Delta V^*(r)}{\Delta t}. \qquad (V\ 6,\ 1)$$

Indem wir neben den örtlichen die zeitlichen Änderungen dieses Vektors in Betracht ziehen, schreiben wir verallgemeinernd

$$W = W(r, t). \qquad (V\ 6,\ 2)$$

Ein „angestrichenes" Teilchen der Flüssigkeit, welches im Zeitpunkte t gerade den Platz r einnimmt, befindet sich also nach Verlauf der Kontrollepoche Δ t am Orte

$$r' = r + \Delta r = r + W(r, t)\,\Delta t. \qquad (V\ 6,\ 3)$$

Nach Gl. (V 6, 2) besitzt es dort die Geschwindigkeit

$$W' = W(r + \Delta r, t + \Delta t). \qquad (V\ 6,\ 4)$$

Die kontravarianten Komponenten dieses Vektors sind, bis auf infinitesimale Größen höherer Ordnung

$$W^{i\prime} = W^i(r, t) + \frac{\partial W^i(r, t)}{\partial t}\Delta t + \frac{\partial W^i(r, t)}{\partial u^k}\Delta u^k. \qquad (V\ 6,\ 5)$$

Wir führen den Gradiententensor G = Grad W mittels seiner gemischten Komponenten ein

$$G_k{}^i = \frac{\partial W^i}{\partial u^k} \qquad (V\ 6,\ 6)$$

so daß wir (V 6, 5) in die Form bringen können

$$W^{i\prime} - W^i = \frac{\partial W^i}{\partial t}\Delta t + G_k{}^i\,\Delta u^k. \qquad (V\ 6,\ 7)$$

Indem wir mit Δ t dividieren und dann zur Grenze $\Delta t \to 0$ übergehen, finden wir die kontravarianten Komponenten des Beschleunigungsvektors $\dot{W}$, welcher das angestrichene Teilchen kennzeichnet, zu

$$\dot{W}^i = \lim_{\Delta t \to 0} \frac{W^{i\prime} - W^i}{\Delta t} = \frac{\partial W^i}{\partial t} + W^k G_k{}^i \qquad (V\ 6,\ 8)$$

oder, in vektorieller Zusammenfassung dieser Gleichungen unter Benützung der Schreibweise (V 1, 9)

$$\dot{W} = \frac{\partial W}{\partial t} + (W G). \qquad (V\ 6,\ 9)$$

Sei ϱ die Massendichte (skalare Dichte) und Δ T der Rauminhalt des Flüssigkeitsteilchens, so beträgt seine träge Masse

$$\Delta m = \varrho\,\Delta T. \qquad (V\ 6,\ 10)$$

Als seine *d'Alembert*sche Trägheitsreaktion hat man also den Vektor in Rechnung zu stellen

$$\varDelta v' = -\dot{W}\varDelta \mathrm{m} = -\varrho\left\{\frac{\partial W}{\partial \mathrm{t}} + (\dot{W}G)\right\}\varDelta \mathrm{T}. \qquad \text{(V 6, 11)}$$

Er unterscheidet sich — für $\varDelta \mathrm{T} = 1$ — von der Trägheitsreaktion (V 5, 17) der infinitesimalen elastischen Verrückungen wesentlich durch das als Faktor von ϱ auftretende kinematische Glied $(W G)$, dessen im Verrückungsvektor V ausgedrücktes Analogon dort als infinitesimal klein von zweiter Ordnung mit Recht vernachlässigt wurde.

b) Nach den Anschauungen der Klassischen Mechanik, denen wir hier folgen, ist die Masse $\varDelta$ m ein- und desselben Flüssigkeitsteilchens eine skalare Konstante. Dagegen ändert sich während der Kontrollepoche $\varDelta$ t das Volumen $\varDelta$ T des Flüssigkeitsteilchens um [vgl. (V 2, 35)]

$$\varDelta \mathrm{T}\frac{\partial \mathrm{V}^{*\mathrm{k}}}{\partial \mathrm{u}^{\mathrm{k}}} \equiv \varDelta \mathrm{T}\,\mathrm{div}\, V^{*}. \qquad \text{(V 6, 12)}$$

Die Erhaltung der Masse $\varDelta$ m drückt sich also in der Gleichung aus

$$\frac{\mathrm{d}\varDelta \mathrm{m}}{\mathrm{dt}} = \frac{\mathrm{d}\varrho}{\mathrm{dt}}\varDelta \mathrm{T} + \varrho\varDelta \mathrm{T}\frac{\partial \mathrm{W}^{\mathrm{k}}}{\partial \mathrm{u}^{\mathrm{k}}} \equiv \frac{\mathrm{d}\varrho}{\mathrm{dt}}\varDelta \mathrm{T} + \varrho\varDelta \mathrm{T}\,\mathrm{div}\, W = 0. \qquad \text{(V 6, 13)}$$

Hierin hat man die Änderungsgeschwindigkeit der Massendichte ϱ nach der Vorschrift zu berechnen

$$\frac{\mathrm{d}\varrho}{\mathrm{dt}} = \lim_{\varDelta \mathrm{t}\to 0}\frac{\varrho(r+\varDelta r, \mathrm{t}+\varDelta \mathrm{t}) - \varrho(r,\mathrm{t})}{\varDelta \mathrm{t}} = \frac{\partial\varrho}{\partial \mathrm{t}} + \frac{\partial\varrho}{\partial \mathrm{u}^{\mathrm{k}}}\frac{\mathrm{du}^{\mathrm{k}}}{\mathrm{dt}} \equiv \frac{\partial\varrho}{\partial \mathrm{t}} + (W\,\mathrm{grad}\,\varrho), \qquad \text{(V 6, 14)}$$

so daß (V 6, 13) — nach Division mit $\varDelta$ T — die Gestalt annimmt

$$\frac{\partial\varrho}{\partial \mathrm{t}} + (W\,\mathrm{grad}\,\varrho) + \varrho\,\mathrm{div}\, W \equiv \frac{\partial\varrho}{\partial \mathrm{t}} + \mathrm{div}\,(\varrho W) = 0. \qquad \text{(V 6, 15)}$$

Man bezeichnet diese Aussage als *Kontinuitätsgleichung* der Flüssigkeit. Hat man es insbesondere mit inkompressiblen Flüssigkeiten zu tun, so verbleibt die Massendichte ϱ konstant, und (V 6, 15) reduziert sich auf die dem Geschwindigkeitsfelde auferlegte kinematische Bedingung

$$\mathrm{div}\, W = 0. \qquad \text{(V 6, 16)}$$

c) Wir kehren zum Falle einer beliebig kompressibeln Flüssigkeit zurück, welche weiterhin als homogen und isotrop vorausgesetzt sei. Die Isotropie ist übrigens nicht, wie man vielleicht meinen könnte, eine allgemeine Eigenschaft aller Flüssigkeiten; vielmehr bilden die üblichen Schmiermittel eines Gleitlagers ein Beispiel für eine anisotrope Flüssigkeit: Ihre langgestreckten Moleküle ordnen sich in die Hauptbewegungsrichtung des im Lager sich ausbildenden flüssigen Filmes ein und verleihen dieser Richtung Vorzugseigenschaften.

Um das elastische Verhalten homogener und isotroper Flüssigkeiten zu beschreiben, mag uns das *Hooke*sche Gesetz als Wegweiser dienen. Wie dort zerlegen wir den Deformationstensor in seinen konformen Anteil C und seinen diformen Anteil $\overline{D}$, und die entsprechende Aufspaltung in den Drucktensor P und den Zerrungstensor Z nehmen wir im Spannungstensor S vor. Die Erfahrung zeigt nun, daß im Zustande des Gleichgewichtes die Größe der Druckspannung an einem bestimmten Orte innerhalb der Flüssigkeit unabhängig von der Stellung der Kontrollfläche ist, so daß also dann der Zerrungstensor verschwindet; wir übernehmen für diesen Fall die Zustandsgleichung (V 4, 43) elastischer Stoffe unverändert zu

$$P = \mathrm{A}^* C. \qquad \text{(V 6, 17)}$$

Die gemischten Komponenten des Drucktensors sind also

$$\mathrm{P}^{\mathrm{i}}_{\mathrm{k}} = \frac{1}{3}\,\delta^{\mathrm{i}}_{\mathrm{k}}\,|\mathrm{S}| = \delta^{\mathrm{i}}_{\mathrm{k}}\,|\mathrm{P}| = \mathrm{A}^*\frac{1}{3}\,\delta^{\mathrm{i}}_{\mathrm{k}}\operatorname{div} V^*. \qquad \text{(V 6, 18)}$$

Die „inkompressible Flüssigkeit" geht hieraus durch den Grenzübergang hervor

$$\operatorname{div} V^* \to 0;\quad \mathrm{A}^* \to \infty\,;\quad \mathrm{A}^*\frac{1}{3}\operatorname{div} V^* = |\mathrm{P}|\ \text{endlich}. \qquad \text{(V 6, 19)}$$

Diese Gleichungen bestehen auch in der bewegten Flüssigkeit zu Recht, falls sich die Bewegung auf eine *konforme Deformation* beschränkt. Ist jedoch diese kinematische Bedingung nicht erfüllt, so zeigt die Erfahrung, daß dann sowohl richtungsabhängige Druckspannungen wie auch Schubspannungen auftreten. Um diesen Tatbestand zu schildern, führen wir am diformen Anteil des Deformationstensors die Operation (V 6, 1) aus und gelangen hierdurch zu dem symmetrischen Tensor zweiter Stufe

$$\Gamma = \lim_{\Delta t \to 0} \frac{\Delta \overline{D}}{\Delta t} = \lim_{\Delta t \to 0} \left(\frac{\Delta D}{\Delta t} - \frac{\Delta C}{\Delta t}\right) \qquad \text{(V 6, 20)}$$

mit den kovarianten Komponenten

$$\Gamma_{\mathrm{ik}} = \frac{1}{2}\left(\frac{\partial \mathrm{W}_{\mathrm{k}}}{\partial \mathrm{u}^{\mathrm{i}}} + \frac{\partial \mathrm{W}_{\mathrm{i}}}{\partial \mathrm{u}^{\mathrm{k}}}\right) - \frac{1}{3}\,\mathrm{g}_{\mathrm{ik}}\operatorname{div} W \qquad \text{(V 6, 21)}$$

und den gemischten Komponenten

$$\Gamma^{\mathrm{k}}_{\mathrm{i}} = \mathrm{g}^{\mathrm{kj}}\,\Gamma_{\mathrm{ij}} = \mathrm{g}^{\mathrm{kj}}\,\frac{1}{2}\left(\frac{\partial \mathrm{W}_{\mathrm{j}}}{\partial \mathrm{u}^{\mathrm{i}}} + \frac{\partial \mathrm{W}_{\mathrm{i}}}{\partial \mathrm{u}^{\mathrm{j}}}\right) - \frac{1}{3}\,\delta^{\mathrm{k}}_{\mathrm{i}}\operatorname{div} W. \qquad \text{(V 6, 22)}$$

In Analogie zu (V 4, 44) wählen wir nun für den Zerrungstensor den phänomenologischen Ansatz

$$Z = 2\,\eta\,\Gamma;\qquad \mathrm{B} = 0;\qquad \frac{1}{3}\,\mathrm{A}^* = \mathrm{A}. \qquad \text{(V 6, 23)}$$

Hierin fassen wir die Zahl η als skalare Materialkonstante auf, welche die *Zähigkeit* (Viskosität) der Flüssigkeit definiert. Durch Zusammenfassung von (V 6, 18) und (V 6, 23) finden wir somit als elastische Kenngleichungen beliebig bewegter, zäher Flüssigkeiten

$$S^i_k = \delta^i_k \, |P| + 2\,\eta\, \Gamma^i_k. \qquad \text{(V 6, 24)}$$

d) Wir ergänzen die Volumkraft v durch die *d'Alembert*sche Trägheitsreaktion $\Delta\, v'/\Delta$ T je Raumeinheit des Flüssigkeitsteilchens nach (V 6, 11) und erhalten aus (V 3, 23) die vektorielle Bewegungsgleichung

$$\operatorname{Div} S = -v + \varrho\left\{\frac{\partial W}{\partial t} + (W G)\right\}. \qquad \text{(V 6, 25)}$$

Nach (V 6, 24) ist nun

$$\operatorname{Div}_k S = \frac{\partial S^i_k}{\partial u^i} = \frac{\partial |P|}{\partial u^k} + 2\,\eta\,\frac{d\Gamma^i_k}{\partial u^i} \qquad \text{(V 6, 26)}$$

also, mit Rücksicht auf (V 6, 22)

$$\operatorname{Div}_k S = \frac{\partial |P|}{\partial u^k} + \eta\, g^{ij}\left(\frac{\partial^2 W_j}{\partial u^i\, \partial u^k} + \frac{\partial^2 W_k}{\partial u^i\, \partial u^j}\right) - \frac{2}{3}\,\eta\,\frac{\partial \operatorname{div} W}{\partial u^k} =$$

$$= \frac{\partial |P|}{\partial u^k} + \eta\left(\frac{1}{3}\,\frac{\partial \operatorname{div} W}{\partial u^k} + \nabla^2 W_k\right). \qquad \text{(V 6, 27)}$$

Aus der kontravarianten Darstellung

$$(W G)^i = W^l\, G_l{}^i \qquad \text{(V 6, 28)}$$

folgt die kovariante Formulierung

$$(W G)_k = g_{kj}\, W^l\, G_l{}^j = g_{kj}\, g^{lm}\, W_m\, G_l{}^j = g_{kj}\, g^{lm}\, W_m\,\frac{\partial W^j}{\partial u^l} = g^{lm}\, W_m\,\frac{\partial W_k}{\partial u^l}$$

$$\text{(V 6, 29)}$$

so daß man durch Einsetzen von (V 6, 27) und (V 6, 29) in (V 6, 25) findet

$$\varrho\left(\frac{\partial W_k}{\partial t} + g^{lm}\, W_m\,\frac{\partial W_k}{\partial u^l}\right) = v_k + \frac{\partial |P|}{\partial u^k} + \eta\left(\frac{1}{3}\,\frac{\partial \operatorname{div} W}{\partial u^k} + \nabla^2 W_k\right).$$

$$\text{(V 6, 30)}$$

Spezialisiert man auf inkompressible Flüssigkeiten und ersetzt überdies den Betrag $|P|$ des Drucktensors durch den sogenannten hydrostatischen Druck p mittels der Definition

$$p = -|P|, \qquad \text{(V 6, 31)}$$

so erscheinen die Differentialgleichungen für die Bewegung zäher Flüssigkeiten in der *Stokes-Navier*schen Form

$$\varrho\left(\frac{\partial W_k}{\partial t} + g^{lm}\, W_m\,\frac{\partial W_k}{\partial u^l}\right) = v_k - \frac{\partial p}{\partial u^k} + \eta\,\nabla^2 W_k. \qquad \text{(V 6, 32)}$$

In *Kartesischen* Koordinaten x^i lauten sie etwas einfacher

$$\varrho\left(\frac{\partial W_k}{\partial t} + W_l\,\frac{\partial W_k}{\partial x^l}\right) = v_k - \frac{\partial p}{\partial x^k} + \eta\,\nabla^2 W_k. \qquad \text{(V 6, 33)}$$

Im Falle verschwindender Zähigkeit ($\eta = 0$) gehen sie, wie es sein muß, in die *Euler*schen Bewegungsgleichungen idealer Flüssigkeiten über.

e) Die *Stokes-Navier*schen Differentialgleichungen setzen der analytischen Behandlung große Schwierigkeiten entgegen, weil sie in den Komponenten des Geschwindigkeitsvektors nichtlinear gebaut sind. Beschränkt man sich jedoch auf hinreichend langsame Bewegungen, so darf man die Glieder, welche von der zweiten Potenz der Geschwindigkeit abhängen, gegen jene der ersten Ordnung vernachlässigen. Durch diesen Prozeß der „Linearisierung" verwandelt sich also (V 6, 30) für inkompressible Flüssigkeiten in

$$\varrho \frac{\partial W_k}{\partial t} = v_k + \frac{\partial |P|}{\partial u^k} + \eta \nabla^2 W_k. \qquad (V\ 6,\ 34)$$

Es möge nun überdies lediglich der stationäre Zustand in Betracht gezogen werden ($\partial W_k/\partial t = 0$); dann vereinfacht sich (V 6, 34) zu

$$v_k + \frac{\partial |P|}{\partial u^k} + \eta \nabla^2 W_k = 0. \qquad (V\ 6,\ 35)$$

Wir gehen durch Erweitern mit g^{ik} zur kontravarianten Darstellung über

$$v^i + g^{ik} \frac{\partial |P|}{\partial u^k} + \eta \nabla^2 W^i = 0. \qquad (V\ 6,\ 36)$$

Nunmehr multiplizieren wir mit der Komponente $\partial/\partial u^j$ des *Nabla*-Vektors, verjüngen die entstehende Tensorgleichung zweiter Stufe mittels des Prozesses $j \rightarrow i$ und gelangen mit Rücksicht auf die Voraussetzung (V 6, 16) zu der skalaren Gleichung

$$\frac{\partial v^i}{\partial u^i} + g^{ik} \frac{\partial^2 |P|}{\partial u^k\, \partial u^i} \equiv \operatorname{div} v + \nabla^2 |P| = 0 \qquad (V\ 6,\ 37)$$

oder, mittels (V 6, 31)

$$\nabla^2 p = \operatorname{div} v. \qquad (V\ 6,\ 38)$$

Der hydrostatische Druck gehorcht also der *Poisson*schen Gleichung. Häufig darf man von den Volumkräften entweder völlig absehen oder sie doch innerhalb des Strömungsfeldes als unabhängig vom Orte betrachten; in beiden Fällen verschwindet div v, so daß sich (V 6, 38) auf die *Laplace*sche Gleichung reduziert.

f) Wir behandeln infinitesimale Deformationen in einer zähen, kompressiblen Flüssigkeit, in welcher also in der Regel div $W \neq 0$ ausfällt. Es gilt dann, bis auf infinitesimale Glieder von höherer Ordnung

$$W = \frac{\partial V^*}{\partial t}; \qquad (V^* \equiv V), \qquad (V\ 6,\ 39)$$

so daß wir in gleicher Genauigkeit mit Rücksicht auf (V 6, 18) und (V 6, 23) aus (V 6, 30) erhalten

$$\varrho \frac{\partial^2 V_k^*}{\partial t^2} = v_k + A \frac{\partial \operatorname{div} V^*}{\partial u^k} + \eta \left(\frac{1}{3} \frac{\partial^2 \operatorname{div} V^*}{\partial u^k\, \partial t} + \nabla^2 \frac{\partial V_k^*}{\partial t} \right). \qquad (V\ 6,\ 40)$$

Wir setzen voraus, daß die Volumkräfte stationär seien und bezeichnen mit V' denjenigen Teil der infinitesimalen Verrückung, welcher sich bei dynamischen Vorgängen der stationären Deformation überlagert; vermöge des linearen Charakters der Gleichung (V 6, 40) gewinnt man also für V' allein die vektorielle Differentialgleichung

$$\varrho \frac{\partial^2 V'_k}{\partial t^2} = A \frac{\partial \operatorname{div} V'}{\partial u^k} + \eta \left(\frac{1}{3} \frac{\partial^2 \operatorname{div} V'}{\partial u^k \, \partial t} + \nabla^2 \frac{\partial V'_k}{\partial t} \right) \qquad \text{(V 6, 41)}$$

oder, indem wir durch Erweitern mit g^{ik} zur kontravarianten Schreibweise übergehen

$$\varrho \frac{\partial^2 V^{i\prime}}{\partial t^2} = A\, g^{ik} \frac{\partial \operatorname{div} V'}{\partial u^k} + \eta \left(\frac{1}{3} g^{ik} \frac{\partial^2 \operatorname{div} V'}{\partial u^k \, \partial t} + \nabla^2 \frac{\partial V^{i\prime}}{\partial t} \right). \qquad \text{(V 6, 42)}$$

Wir multiplizieren mit $\partial/\partial u^j$ und verjüngen die hierbei entstehende Tensorgleichung zweiter Stufe mittels der Operation $j \to i$; dann resultiert die skalare Gleichung

$$\varrho \frac{\partial^2 \operatorname{div} V'}{\partial t^2} = A \nabla^2 \operatorname{div} V' + \eta \frac{4}{3} \frac{\partial}{\partial t} \nabla^2 \operatorname{div} V'. \qquad \text{(V 6, 43)}$$

Nunmehr spezialisieren wir auf ebene Vorgänge, welche sich längs der x^1-Achse eines *Kartesischen* Bezugssystemes abspielen, indem wir setzen

$$\frac{\partial V'}{\partial x^2} = 0; \qquad \frac{\partial V'}{\partial x^3} = 0. \qquad \text{(V 6, 44)}$$

Die Raumdehnung reduziert sich dann auf die longitudinale Dehnung ε_1'

$$\operatorname{div} V' = \frac{\partial V^{1\prime}}{\partial x^1} = \varepsilon_1' \qquad \text{(V 6, 45)}$$

und für sie folgt aus (V 6, 43) die Gleichung

$$\varrho \frac{\partial^2 \varepsilon_1'}{\partial t^2} = A \frac{\partial^2 \varepsilon_1'}{(\partial x^1)^2} + \eta \frac{4}{3} \frac{\partial^3 \varepsilon_1'}{\partial t \, (\partial x^1)^2}. \qquad \text{(V 6, 46)}$$

Es sei insbesondere angenommen, daß die dynamische Deformation einem zeitlich harmonischen Schwingungsgesetze von der Kreisfrequenz ω gehorche, welches durch den Realteil der komplexen Funktion

$$\varepsilon_1' = \overline{\varepsilon}_1 (x^1)\, e^{-i \omega t} \qquad \text{(V 6, 47)}$$

dargestellt wird. Die nun nur noch ortsabhängige komplexe Amplitude $\overline{\varepsilon}_1$ genügt der aus (V 6, 46) entspringenden gewöhnlichen Differentialgleichung

$$\frac{d^2 \overline{\varepsilon}_1}{(dx^1)^2} + \frac{\varrho}{A} \omega^2 \frac{1}{1 - \frac{4}{3} \frac{\eta}{\varrho} \frac{\varrho}{A} i\, \omega} \overline{\varepsilon}_1 = 0. \qquad \text{(V 6, 48)}$$

Im Grenzfalle verschwindender Zähigkeit $(\eta \to 0)$ ist die Lösung durch zwei Wellen der Amplituden $\overline{K}_+$ und $\overline{K}_-$ gegeben, welche sich mit der Geschwindigkeit

$$c_{l_0} = \sqrt{\frac{A}{\varrho}} \qquad \text{(V 6, 49)}$$

in der Flüssigkeit ausbreiten:

$$\overline{\varepsilon}_l = \overline{K}_{\pm} e^{\pm i \frac{\omega}{c_{l_0}} \cdot x^1} . \qquad \text{(V 6, 50)}$$

Darin entspricht das Pluszeichen einer fortschreitenden, das Minuszeichen einer rückschreitenden Welle.

Im Falle endlicher Zähigkeit dagegen lautet die Lösung der Gl. (V 6, 48)

$$\overline{\varepsilon}_l = \overline{K}_{\pm} e^{\pm i \frac{\omega}{c_{l_0}} \alpha x^1} e^{\mp \frac{\omega}{c_{l_0}} \beta x^1} \qquad \text{(V 6, 51)}$$

wobei abkürzend gesetzt wurde

$$\alpha = \frac{\sqrt{\frac{1}{2} + \frac{1}{2}\sqrt{1 + \left(\frac{4}{3}\frac{\eta}{\varrho\, c_{l_0}{}^2}\,\omega\right)^2}}}{\sqrt{1 + \left(\frac{4}{3}\frac{\eta}{\varrho\, c_{l_0}{}^2}\,\omega\right)^2}} ;$$

$$\beta = \frac{\sqrt{-\frac{1}{2} + \frac{1}{2}\sqrt{1 + \left(\frac{4}{3}\frac{\eta}{\varrho\, c_{l_0}{}^2}\,\omega\right)^2}}}{\sqrt{1 + \left(\frac{4}{3}\frac{\eta}{\varrho\, c_{l_0}{}^2}\,\omega\right)^2}} \qquad \text{(V 6, 52)}$$

Die Wellen pflanzen sich also in der zähen Flüssigkeit mit der Phasengeschwindigkeit fort (Abb. V 3)

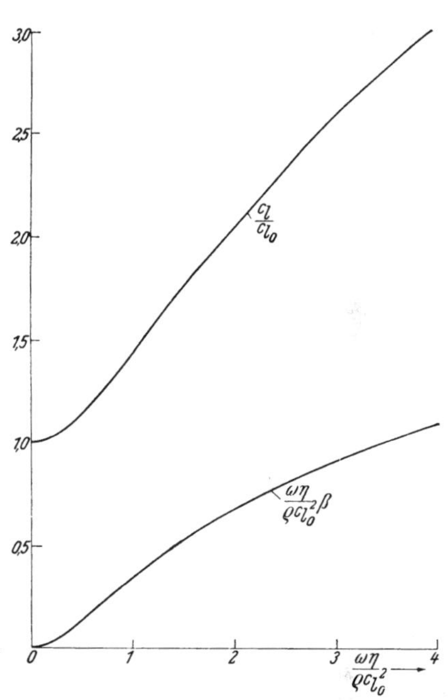

Abb. V 3. Dispersion der Phasengeschwindigkeit und Dämpfung harmonischer Wellen in zähen Flüssigkeiten.

$$c_l = c_{l_0}\frac{1}{\alpha} = c_{l_0}\frac{\sqrt{1 + \left(\frac{4}{3}\frac{\eta}{\varrho\, c_{l_0}{}^2}\,\omega\right)^2}}{\sqrt{\frac{1}{2} + \frac{1}{2}\sqrt{1 + \left(\frac{4}{3}\frac{\eta}{\varrho\, c_{l_0}{}^2}\,\omega\right)^2}}} > c_{l_0} . \qquad \text{(V 6, 53)}$$

Hand in Hand mit der hierin ausgedrückten Geschwindigkeitsdispersion tritt eine *Dämpfung* auf, welche je Einheit des von der Welle durchlaufenen Weges die Größe erreicht

$$\frac{\omega}{c_{l_0}}\beta = \left(\frac{\varrho\, c_{l_0}}{\eta}\right)\left(\frac{\omega\,\eta}{\varrho\, c_{l_0}{}^2}\right)\frac{\sqrt{-\frac{1}{2} + \frac{1}{2}\sqrt{1 + \left(\frac{4}{3}\frac{\eta}{\varrho\, c_{l_0}{}^2}\,\omega\right)^2}}}{\sqrt{1 + \left(\frac{4}{3}\frac{\eta}{\varrho\, c_{l_0}{}^2}\,\omega\right)^2}} . \qquad \text{(V 6, 54)}$$

Nach Abb. V 3 nimmt sie mit wachsender Frequenz stark zu. Fällt daher in die Flüssigkeit eine nicht-harmonisch pulsierende Welle ein, welche ein Gemisch verschieden hoher Frequenzen enthält, so werden beim Durchlaufen hinreichend langer Wege die hohen Frequenzen bis zu einem unmerklichen Betrage abgedämpft, so daß dann nur die tiefen Frequenzen übertragen werden.

g) Einer Flüssigkeit mit großer Viskosität ähnelt in ihren Schwingungseigenschaften die aktive Schicht eines Kohlekörner-Mikrophones: Die von einem solchen in elektrische Widerstands-Schwankungen umzusetzenden Schallwellen werden durch die Membran auf die Körnerschicht übertragen; bei ihrem Eindringen in diese werden die Schallwellen gemäß (V 6, 54) gedämpft und erleiden hierdurch in der Regel schon für kurze Wellenwege eine beträchtliche, überdies frequenzabhängige Schwächung. Hiernach verdienen „Quermikrophone" mit dünnen, weitflächigen Körnerschichten, durch welche der elektrische Strom quer zur Wellennormale geleitet wird, den Vorzug vor „Längsmikrophonen" mit säulenartiger Anordnung der aktiven Schicht und Stromleitung parallel zur Wellennormalen.

V 7. Dielektrische Polarisation.

a) Im leeren Raume haben wir dem Vektor E der elektrischen Feldstärke den Vektor D_{el} der elektrischen Induktion mittels der Definition zur Seite gestellt

$$D_{\mathrm{el}} = \Delta\, E, \tag{V 7, 1}$$

wobei — im technischen Maßsysteme —

$$\Delta = \frac{1}{4\,\pi \cdot 9 \cdot 10^{11}} \tag{V 7, 2}$$

eine universelle Konstante bezeichnet.

Fordert man die Persistenz der *Maxwell*schen Feldgleichungen auch in materiellen Stoffen, so zwingt die Erfahrung zur Erweiterung der Gl. (V 7, 1) mittels des Ansatzes

$$D_{\mathrm{el}} = \Delta\, E + P. \tag{V 7, 3}$$

Hierin definiert P einen neuen Vektor, dessen Existenz also an die eines materiellen Feldträgers gebunden ist; wir bezeichnen P als *dielektrische Polarisation* dieses Stoffes.

Wir setzen weiterhin voraus, daß die Temperatur Θ des gesamten Systemes konstant gehalten werde, ziehen also nur isotherme Prozesse in Betracht; ebenso sollen alle sonstigen äußeren Parameter, welche etwa auf den Zustand des Körpers Einfluß nehmen könnten, mit Ausnahme der Feldstärke E selbst als konstant angenommen werden. Die Erfahrung zeigt dann, daß in den meisten aller Körper die Polarisation als homogene, lineare Vektorfunktion der Feldstärke dargestellt werden kann, so lange sich diese Körper in ihrem natürlichen, spannungsfreien Zustande befinden; eine Ausnahme hiervon bilden neben den Metallen, über deren dielektrisches Verhalten wenig bekannt ist, die sogenannten „*Elektrete*", welche in ihrem natürlichen Zustande eine endliche Polarisation bei verschwindender äußerer Feldkraft ausweisen.

Beschreiben wir die Polarisation mittels ihrer kovarianten Komponenten P_i und die Feldstärke mittels ihrer kontravarianten Komponenten E^k, so ist also die Klasse der hier zu behandelnden Körper durch die Vektorgleichung definiert

$$\mathrm{P}_i = \Sigma_{ik}\, \mathrm{E}^k. \qquad \text{(V 7, 4)}$$

Darin bilden die Zahlen Σ_{ik} die kovarianten Komponenten eines Tensors zweiter Stufe Σ, welchen wir den dielektrischen *Suszeptibilitätstensor* nennen. Mittels des Symboles der inneren Multiplikation können wir dann (V 7, 4) in der Form schreiben

$$P = (\Sigma E). \qquad \text{(V 7, 5)}$$

b) Ändert sich die elektrische Induktion um den Betrag δD_{el}, so wird durch Vermittlung des *Poynting*schen Energiestromes [II 7, j] der Raumeinheit des Systemes die Arbeit zugeführt

$$\delta\, \mathrm{a}^* = (E\, \delta D_{el}) = (E\, \delta\, (\Delta\, E)) + (E\, \delta\, P). \qquad \text{(V 7, 6)}$$

Nur der Posten

$$\delta\, \mathrm{a} = (E\, \delta\, P) \qquad \text{(V 7, 7)}$$

ist als Beitrag der Materie zu buchen; mit ihm beschäftigen wir uns fortan.

Nach Gl. (V 7, 4) ist der Polarisierungsvorgang vollständig reversibel. Da wir nun den Prozeß als isotherm vorausgesetzt haben, bildet also $\delta\,\mathrm{a}$ das Differential einer der Materie eigentümlichen Zustandsfunktion (Zweiter Hauptsatz der Thermodynamik): Der Dichte φ der Freien Energie

$$\delta\, \varphi = (E\, \delta\, P) = \mathrm{E}^i\, \delta\, \mathrm{P}_i, \qquad \text{(V 7, 8)}$$

welche wir als Funktion von Θ und P aufzufassen haben. Aus ihr findet man rückwärts

$$\mathrm{E}^i = \frac{\partial \varphi}{\partial \mathrm{P}_i} \qquad \text{(V 7, 9)}$$

Indessen ist diese Darstellung für unsere Zwecke wenig geeignet, weil ihre Anwendung die Auflösung des linearen Gleichungssystemes (V 7, 4) erforderlich macht. Wir ziehen es daher vor, mittels der Definition

$$\chi = \varphi - (E\, P) \qquad \text{(V 7, 10)}$$

zu einer neuen Zustandsfunktion überzugehen, welche wir die Dichte des Thermodynamischen Potentiales heißen und als Funktion von Θ und E deuten. Es ist dann nämlich mit Rücksicht auf (V 7, 8)

$$\delta\, \chi = \delta\, \varphi - \delta\, \mathrm{E}^i\, \mathrm{P}_i - \mathrm{E}^i\, \delta\, \mathrm{P}_i = -\mathrm{P}_i\, \delta\, \mathrm{E}^i \qquad \text{(V 7, 11)}$$

also

$$\mathrm{P}_i = -\frac{\partial \chi}{\partial \mathrm{E}^i}. \qquad \text{(V 7, 12)}$$

Aus dem Charakter von χ als Zustandsfunktion folgt somit

$$\frac{\partial P_i}{\partial E^k} = \frac{\partial P_k}{\partial E^i}. \qquad (V\ 7,\ 13)$$

Vermöge (V 7, 4) finden wir hieraus das Reziprozitätsgesetz

$$\Sigma_{ik} = -\frac{\partial^2 \chi}{\partial E^i\, \partial E^k} = \Sigma_{ki}. \qquad (V\ 7,\ 14)$$

Der *Suszeptibilitätstensor* ist *symmetrisch.* Auf Grund dieses Ergebnisses liefert (V 7, 11)

$$\delta \chi = -\Sigma_{ik} E^k\, \delta E^i = -\Sigma_{ki} E^k\, \delta E^i \equiv -\Sigma_{ik} E^i\, \delta E^k \qquad (V\ 7,\ 15)$$

oder

$$\delta \chi = -\frac{1}{2}\, \delta (\Sigma_{ik} E^i E^k). \qquad (V\ 7,\ 16)$$

Wir wählen den unpolarisierten Zustand der Materie als Basis des Thermodynamischen Potentiales und finden durch Integration von (V 7, 16) (bei fester Temperatur)

$$\chi = \chi(\Theta, E) = -\frac{1}{2} \Sigma_{ik} E^i E^k = -\frac{1}{2} E^i P_i \qquad (V\ 7,\ 17)$$

und durch Substitution in (V 7, 10) die Dichte der Freien Energie

$$\varphi = \varphi(\Theta, P) = \chi + (E\, P) = +\frac{1}{2} E^i P_i. \qquad (V\ 7,\ 18)$$

c) Welche Gestalt nimmt der Suszeptibilitätstensor in isotropen Stoffen an?

Wir gehen, um die invariante Gestalt des gemischten Einheitstensors ausnützen zu können, von Gl. (V 7, 4) zu der Schreibweise über

$$P^i = \Sigma^i_k E^k. \qquad (V\ 7,\ 19)$$

Das Thermodynamische Potential lautet also

$$\chi = -\frac{1}{2} E^i P_i = -\frac{1}{2} E_i P^i = -\frac{1}{2} \Sigma^i_k E_i E^k. \qquad (V\ 7,\ 20)$$

In isotropen Stoffen müssen nun alle von Null verschiedenen Komponenten des Suszeptibilitätstensors je für sich eine Invariante darstellen. Diese Forderung ist mit dem skalaren Charakter des Thermodynamischen Potentiales nur dann in Einklang zu bringen, falls sich in (V 7, 20) invariante Teilsummen bilden lassen. Wir führen zu diesem Zweck den Tensor zweiter Stufe F mit den gemischten Komponenten ein

$$F^k_i = E_i E^k. \qquad (V\ 7,\ 21)$$

Aus der Verjüngung $i \rightarrow k$ resultiert nur die *eine* Invariante

$$F^i_i = E_i E^i = (E)^2. \qquad (V\ 7,\ 22)$$

Indem wir daher eine skalare Konstante wählen, welche wir aus konventionellen Gründen in der Form $\Delta\,(\varepsilon - 1)$ schreiben wollen, reduziert sich das Thermodynamische Potential des isotropen Körpers auf

$$\chi \doteq -\Delta\,(\varepsilon - 1)\,\mathrm{E}_{\mathrm{i}}\,\mathrm{E}^{\mathrm{i}}. \qquad (\mathrm{V}\ 7,\ 23)$$

Man gewinnt also aus (V 7, 12) als dielektrische Zustandsgleichung der isotropen Körper

$$\mathrm{P}_{\mathrm{i}} = \Delta\,(\varepsilon - 1)\,\mathrm{E}_{\mathrm{i}}, \qquad (\mathrm{V}\ 7,\ 24)$$

welche sich sogleich in der vektoriellen Gestalt

$$P = \Delta\,(\varepsilon - 1)\,E \qquad (\mathrm{V}\ 7,\ 25)$$

formulieren läßt; für die Induktion entspringt hieraus

$$D_{\mathrm{el}} = \Delta\,\varepsilon\,E \qquad (\mathrm{V}\ 7,\ 26)$$

und hierin bezeichnet man die Invariante ε als *Dielektrizitätskonstante* des isotropen Stoffes.

d) Wir kehren zu dem allgemeinen Falle des anisotropen Körpers zurück. Die bisherigen Überlegungen bezogen sich auf den natürlichen, spannungsfreien Zustand des Körpers. Prägt man nun dem Körper mechanische Spannungen auf, so beobachtet man häufig eine neue Erscheinung, welche man als den *direkten piezoelektrischen Effekt* bezeichnet: Der nur von der Feldstärke E abhängigen Polarisation nach Gl. (V 7, 4) superponiert sich eine Polarisation, deren Komponenten linear von den Komponenten des Spannungstensors S abhängen. Wählt man für P wiederum die kovariante Darstellung, während S durch seine kontravarianten Komponenten gegeben sei, so gilt also

$$\mathrm{P}_{\mathrm{i}} = \Pi_{\mathrm{ikl}}\,\mathrm{S}^{\mathrm{kl}}. \qquad (\mathrm{V}\ 7,\ 27)$$

Die Invarianz dieser Gleichung gegen Änderungen des Bezugssystemes verlangt, daß die Gesamtheit der Zahlen Π_{ikl} die kovarianten Komponenten eines Tensors dritter Stufe Π bilden, welcher den *Tensor der direkten Piezoelektrizität* definiert. Mit Benützung des Symboles der inneren Multiplikation können wir somit die Gleichungen (V 7, 27) in der vektoriellen Form zusammenfassen

$$P = (\Pi\,S). \qquad (\mathrm{V}\ 7,\ 28)$$

e) Dem direkten piezoelektrischen Effekte tritt der reziproke piezoelektrische Effekt ergänzend zur Seite: Elektrisiert man den Körper durch das elektrische Feld E, so erscheinen auch bei Abwesenheit mechanischer Spannungen elastische Deformationen. Die kovarianten Komponenten des Deformationstensors D sind den kontravarianten Komponenten der elektrischen Feldstärke durch die Gleichung verbunden

$$\mathrm{D}_{\mathrm{ik}} = \Pi^{*}_{\mathrm{ikl}}\,\mathrm{E}^{\mathrm{l}}. \qquad (\mathrm{V}\ 7,\ 29)$$

Daher bildet die Gesamtheit der Zahlen Π^{*}_{ikl} die kovarianten Komponenten eines weiteren Tensors dritter Stufe Π^{*}, welchen wir als *Tensor* *der reziproken Piezoelektrizität* bezeichnen; mit seiner Hilfe schreiben wir statt (V 7, 29) zusammenfassend

$$D = (\Pi^* E). \qquad (V\ 7,\ 30)$$

f) Bei Änderungen des elektromechanischen Zustandes wird der Raumeinheit des Systemes Arbeit zugeführt:

1. Auf elektrischem Wege der Betrag

$$\delta\, a_{el} = E^i\, \delta\, P_i. \qquad (V\ 7,\ 31)$$

2. Auf mechanischem Wege der Betrag

$$\delta\, a_m = S^{ik}\, \delta\, D_{ik}. \qquad (V\ 7,\ 32)$$

Da sowohl der direkte wie der reziproke piezoelektrische Effekt vollständig reversibel sind, liefert ihre Summe die isotherme Änderung der Freien Energiedichte, welche als Zustandsfunktion der Temperatur Θ, der Polarisation P und der Deformation D das System kennzeichnet

$$\delta\varphi = \delta\, a_{el} + \delta\, a_m = E^i\, \delta\, P_i + S^{ik}\, \delta\, D_{ik}. \qquad (V\ 7,\ 33)$$

Wir gehen zur Dichte χ des Thermodynamischen Potentiales über, welche wir durch

$$\chi = \varphi - E^i\, P_i - S^{ik}\, D_{ik} \qquad (V\ 7,\ 34)$$

definieren und als Funktion von Θ, E und S betrachten. Ihre isotherme Änderung beträgt nach (V 7, 33)

$$\delta\,\chi = -P_i\, \delta\, E^i - D_{ik}\, \delta\, S^{ik}. \qquad (V\ 7,\ 35)$$

Daher kann man aus dem Thermodynamischen Potential sowohl die Polarisation herleiten

$$P_j = -\frac{\partial\chi}{\partial E^j}, \qquad (V\ 7,\ 36)$$

wie die Komponenten des Deformationstensors

$$D_{ik} = -\frac{\partial\chi}{\partial S^{ik}}. \qquad (V\ 7,\ 37)$$

Hieraus entspringt die Relation

$$\frac{\partial P_j}{\partial S^{ik}} = \frac{\partial D_{ik}}{\partial E^j}. \qquad (V\ 7,\ 38)$$

g) Durch Wahl hinreichend schwacher Feldstärken kann die „elektrische" Polarisation (V 7, 4) stets beliebig klein gegen den direkten piezoelektrischen Effekt (V 7, 27) gemacht werden; ebenso kann man durch Anwendung hinreichend schwacher mechanischer Spannungen die elastische Deformation, welche dem *Hooke*schen Gesetze (V 4, 3) entspricht, beliebig klein gegen den reziproken piezoelektrischen Effekt (V 7, 29) machen. Aus Gl. (V 7, 38) geht somit hervor, daß der direkte und der reziproke piezoelektrische Effekt zwangläufig miteinander gekoppelt sind: Ihre Tensoren gehorchen dem dualen Gesetze

$$\Pi_{jik} = \Pi^*_{ikj}. \qquad (V\ 7,\ 39)$$

In der Tat wurde der reziproke piezoelektrische Effekt mittels dieser Relation im Jahre 1881 theoretisch von *Lippmann* vorausgesagt und daraufhin von den Brüdern *Curie* nachgewiesen, die ein Jahr vorher nur den direkten piezoelektrischen Effekt gefunden hatten. Man beachte, daß der *Spannungstensor* in diesem Fallein der Regel *nicht symmetrisch* ist! [V 3, i)].

Mittels (V 7, 39) erhalten wir für denjenigen Anteil des Thermodynamischen Potentiales, welcher den piezoelektrischen Erscheinungen entspricht, durch Substitution von (V 7, 27) und (V 7, 29) in (V 7, 35) den Ausdruck

$$\delta\chi = -\{\Pi_{ikl}\,\mathrm{S}^{kl}\,\delta\,\mathrm{E}^i + \Pi^*_{ikl}\,\mathrm{E}^l\,\delta\,\mathrm{S}^{ik}\} = -\{\Pi_{ikl}\,\mathrm{S}^{kl}\,\delta\,\mathrm{E}^i + \Pi_{lik}\,\mathrm{E}^l\,\delta\,\mathrm{S}^{ik}\} =$$
$$= -\{\Pi_{ikl}\,\mathrm{S}^{kl}\,\delta\,\mathrm{E}^i + \Pi_{ikl}\,\mathrm{E}^i\,\delta\,\mathrm{S}^{kl}\} = -\,\delta\left\{\frac{1}{2}\,\Pi_{ikl}\,\mathrm{E}^i\,\mathrm{S}^{kl}\right\}. \quad \text{(V 7, 40)}$$

Wählt man also als Basis für den untersuchten Anteil des Thermodynamischen Potentiales den natürlichen unelektrischen Zustand ($E = 0$, $S = 0$), so erhält man durch Integration von (V 7, 40) die Invariante

$$\chi = -\frac{1}{2}\,\Pi_{ikl}\,\mathrm{E}^i\,\mathrm{S}^{kl}. \quad \text{(V 7, 41)}$$

Wie aus den früheren Überlegungen hervorgeht, beschränkt sich die Gültigkeit dieser Gleichung auf hinreichend schwache Felder und hinreichend kleine mechanische Spannungen, während anderen Falles Zusatzglieder in Rechnung zu stellen sind, welche die Komponenten E^i oder S^{kl} in mindestens der zweiten Potenz enthalten; indessen wollen wir hier zunächst bei dem einfachen Ausdruck (V 7, 41) stehen bleiben.

h) Wieviel voneinander unabhängige Komponenten besitzt der Tensor der direkten (oder der reziproken) Piezoelektrizität?

Wir kehren zur Gl. (V 7, 27) zurück, in welcher wir die Symmetrie des Spannungstensors beachten (bei hinreichend schwachem elektrischen Felde!)

$$\mathrm{S}^{kl} = \mathrm{S}^{lk}. \quad \text{(V 7, 42)}$$

Wir schließen hieraus nach (V 7, 27)

$$\Pi_{ikl}\,\mathrm{S}^{kl} = \Pi_{ikl}\,\mathrm{S}^{lk} \equiv \Pi_{ilk}\,\mathrm{S}^{kl}. \quad \text{(V 7, 43)}$$

Führen wir also den reduzierten Tensor $\overline{\Pi}$ der direkten Piezoelektrizität durch die Definition ein

$$\overline{\Pi}_{ikl} = \frac{1}{2}\{\Pi_{ikl} + \Pi_{ilk}\}, \quad \text{(V 7, 44)}$$

welcher in den Indizes k und l symmetrisch gebaut ist

$$\overline{\Pi}_{ikl} = \overline{\Pi}_{ilk}, \quad \text{(V 7, 45)}$$

so können wir (V 7, 27) in die Form kleiden

$$\mathrm{P}_i = \overline{\Pi}_{ikl}\,\mathrm{S}^{kl}. \quad \text{(V 7, 46)}$$

Der Index i durchläuft die drei Werte 1, 2, 3 unabhängig von k und l; bei der Abzählung unterschiedlicher Tensorkomponenten in dem Indexpaar (k, l) hat man gemäß (V 7, 45) nur die $\frac{3 \cdot 4}{1 \cdot 2} = 6$ Kombinationen der Elemente 1, 2, 3 zur zweiten Klasse ohne Wiederholung zu berücksichtigen, so daß also der reduzierte Tensor $\overline{\Pi}$ in der Regel 3 . 6 = 18 voneinander unabhängige Komponenten ausweist. Zu dem gleichen Ergebnis führt Gl. (V 7, 29) mit Rücksicht auf die Symmetrie des Deformationstensors für den reduzierten Tensor $\overline{\Pi}^*$ der reziproken Piezoelektrizität, dessen Komponenten durch

$$\overline{\Pi}^*_{ikl} = \frac{1}{2}(\Pi^*_{ikl} + \Pi^*_{kil}) \qquad \text{(V 7, 47)}$$

definiert sind.

Jede weitere Reduktion der Zahl voneinander unabhängiger Tensorkomponenten verlangt die Existenz geometrischer Symmetrieelemente nach dem Beispiel der Kristalle. Um die notwendigen Rechnungen bequem durchführen zu können, geht man mittels der Schreibweise

$$P_i = \Pi_{ik}^{\ \ l} S^k_l \qquad \text{(V 7, 48)}$$

zu gemischten Komponenten des Spannungstensors über und verfährt dann nach den nämlichen Methoden, deren Grundzüge bei der Analyse des Elastizitätstensors in Kristallen (V 4) skizziert wurden; ihre erneute Darstellung erübrigt sich deshalb.

Dagegen wollen wir die Rechnung für den Fall isotroper Körper kurz durchführen: Wir bilden gemäß der Anweisung (V 7, 41) — nach Übergang zur gemischten Schreibweise (V 7, 48) der Polarisation — das Thermodynamische Potential

$$\chi = -\frac{1}{2} \Pi_{ik}^{\ \ l} E^i S^k_l, \qquad \text{(V 7, 49)}$$

in welchem nun die Komponenten des Tensors Π, falls sie existieren, Invariante sein müssen. Zur Prüfung einer solchen Möglichkeit haben wir aus dem Tensor dritter Stufe T mit den gemischten Komponenten

$$T^{ik}_l = E^i S^k_l \qquad \text{(V 7, 50)}$$

Invarianten zu bilden: Solcher gibt es aber nicht eine einzige! Denn dieser Prozeß erfordert ja eine Verjüngung bis zur Tensorstufe Null (Skalar), welche nur bei Tensoren *gerader* Stufenzahl durchführbar ist. Wir sind somit auf rein algebraischem Wege zu der Erkenntnis gelangt, daß piezoelektrische Erscheinungen der hier untersuchten Art in isotropen Körpern ausgeschlossen sind.

i) Wir kehren zu Gl. (V 7, 4) zurück, welche sich definitionsgemäß auf den natürlichen Zustand des Körpers bezog. Sei nun der Spannungstensor von Null verschieden, so hat man, abgesehen von dem direkten piezoelektrischen Effekt (V 7, 27), den Ansatz (V 7, 4) zu der Vektorgleichung zu erweitern

$$P_i = \Sigma_{ik} E^k + \Phi_{iklm} E^k S^{lm}. \qquad \text{(V 7, 51)}$$

Hierin bilden die Zahlen Φ_{iklm} die kovarianten Komponenten eines Tensors vierter Stufe Φ, welchen wir den *Tensor der Photoelastizität* nennen.

Damit ist folgendes gemeint: In einem dielektrischen Körper, den wir als durchsichtig annehmen wollen, möge ein Feld der elastischen Spannungen S herrschen; sendet man nun Lichtwellen durch den Körper, so gehen in seine Ausbreitungsgesetze, welche implizit in den *Maxwell*schen Gleichungen enthalten sind, die Verhältniszahlen der Polarisationskomponenten zu denen der elektrischen Feldstärke ein. Diese enthalten nun, wie ein Blick auf (V 7, 51) zeigt, nicht nur die Komponenten des Suszeptibilitätstensors Σ, sondern außerdem die Komponenten des Tensors der Photoelastizität Φ. Daher wird das Licht durch die mechanischen Spannungen moduliert, und die Beobachtung der hieraus resultierenden optischen Erscheinungen — die meistens mit polarisiertem Licht vorgenommen wird — führt rückwärts zur Kenntnis des mechanischen Spannungsfeldes.

Auch der reziproke Effekt existiert: Die Beeinflussung der mechanischen Eigenschaften des Körpers durch das elektrische Feld. Wir beschreiben ihn mittels der Deformation, welche sich der dem *Hooke*schen Gesetz entsprechenden, rein elastischen Deformation überlagert: Sei $G = \operatorname{Grad} V$ der — in der Regel nicht-symmetrische — Gradiententensor der Verrückung V, so setzen wir an

$$\mathrm{G}_{ik} = \frac{1}{2}\,\Phi^*_{iklm}\,\mathrm{E}^l\,\mathrm{E}^m. \qquad \text{(V 7, 52)}$$

Man beachte, daß nunmehr auch der Spannungstensor S im allgemeinen unsymmetrisch ausfällt [V 3, i)]. Die Gesamtheit der in (V 7, 52) zusammengefaßten Erscheinungen definiert die *Elektrostriktion*; der Tensor vierter Stufe Φ^* wird als *Tensor der Elektrostriktion* bezeichnet.

Es sei χ derjenige Anteil des Thermodynamischen Potentiales, welcher den photoelastischen Effekt und die Elektrostriktion erfaßt, dargestellt als Funktion von Θ, E und S; seine Variation bei einer Zustandsänderung beträgt, indem wir (V 4, 18) berücksichtigen,

$$\delta\chi = \mathrm{S}^{ik}\,\delta\,\mathrm{G}_{ik} + \mathrm{E}^l\,\delta\,\mathrm{P}_l - \delta\{\mathrm{S}^{ik}\,\mathrm{G}_{ik} + \mathrm{E}^l\,\mathrm{P}_l\} = -\,\mathrm{G}_{ik}\,\delta\,\mathrm{S}^{ik} - \mathrm{P}_l\,\delta\,\mathrm{E}^l, \qquad \text{(V 7, 53)}$$

so daß wir finden

$$\mathrm{G}_{ik} = -\frac{\partial\chi}{\partial\mathrm{S}^{ik}}; \qquad \mathrm{P}_l = -\frac{\partial\chi}{\partial\mathrm{E}^l}. \qquad \text{(V 7, 54)}$$

Aus $\dfrac{\partial\mathrm{G}_{ik}}{\partial\mathrm{E}^l} = \dfrac{\partial\mathrm{P}_l}{\partial\mathrm{S}^{ik}}$ folgt somit

$$\frac{1}{2}\,(\Phi^*_{iklm} + \Phi^*_{ikml})\,\mathrm{E}^m = \Phi_{lmik}\,\mathrm{E}^m \qquad \text{(V 7, 55)}$$

und da hierin E^m frei wählbar ist

$$\Phi_{lmik} = \frac{1}{2}\,(\Phi^*_{iklm} + \Phi^*_{ikml}). \qquad \text{(V 7, 56)}$$

Wir tragen dieses Reziprozitätsgesetz in (V 7, 53) ein und erhalten

$$-d\chi = \frac{1}{2}\Phi^*_{iklm}\,E^l\,E^m\,\delta\,S^{ik} + \Phi_{lmik}\,E^m\,S^{ik}\,\delta\,E^l =$$

$$= \frac{1}{2}\,\Phi^*_{iklm}\,E^l\,E^m\,\delta\,S^{ik} + \frac{1}{2}\Phi^*_{iklm}\,S^{ik}\,\delta\,(E^l\,E^m) = \qquad (V\ 7,\ 57)$$

$$= \delta\left\{\frac{1}{2}\,\Phi^*_{iklm}\,S^{ik}\,E^l\,E^m\right\}.$$

Setzt man $\chi = 0$ für $S = 0$ und $E = 0$, so führt die isotherme Integration von (V 7, 52) auf

$$-\chi = \frac{1}{2}\,\Phi^*_{iklm}\,S^{ik}\,E^l\,E^m\,. \qquad (V\ 7,\ 58)$$

Wir spezialisieren auf isotrope Körper. In ihnen reduzieren sich alle existierenden Komponenten des Tensors Φ^* auf Invariante; daher verlangt die Invarianz von χ die Bildung invarianter Teilsummen aus den Komponenten des Tensors vierter Stufe $S^l{}_m\,E^i\,E_k$. Es gibt deren zwei:

$$S^l{}_l\,E^i\,E_i \qquad (V\ 7,\ 59)$$

und

$$S^k{}_i\,E^i\,E_k. \qquad (V\ 7,\ 60)$$

Im Gegensatz zum piezoelektrischen Effekt, dessen Existenz auf anisotrope Körper beschränkt ist, tritt also der photoelastische Effekt sowohl wie die Elektrostriktion auch in isotropen Körpern auf, welche in dieser Hinsicht durch jene zwei Invarianten vollständig beschrieben werden.

Sechstes Kapitel.

Der Minkowskische Raum.

VI 1. Der Weltvektor.

a) Die beschränkte Relativitätstheorie (*Einstein*) beruht auf folgendem Erfahrungssatze (*Michelson*scher Versuch):

Innerhalb der Gruppe der gleichförmig gegeneinander bewegten Inertialsysteme ist die Ausbreitungsgeschwindigkeit des Lichtes im Vakuum gleich der universellen Konstanten c.

b) Wir wählen ein *Kartesisches* Bezugssystem x^j im dreidimensionalen Raume ($j = 1, 2, 3$). Ein Beobachter möge sich im Kontrollpunkte $P = (x^j_P)$ aufhalten und dort den Fortgang der Zeit mittels der Angabe t_P einer dauernd ihm verhafteten Federuhr verfolgen. Diese ist mit einer im Ursprunge O des Bezugssystemes aufgestellten Uhr gleicher Konstruktion, welche die Zeit t_0 weist, optisch synchronisiert: Die Laufzeit eines von O nach P übertragenen Lichtblitzes, definiert als Unterschied der Uhrenangaben t_P des Empfangsmomentes in P gegen den Sendemoment t_0 in O, gleicht der Laufzeit eines von P nach O übertragenen Lichtblitzes, welche ihrerseits durch den Unterschied der Uhrenangaben t_0 des Empfangsmomentes in O gegen den Sendemoment t_P in P gemessen wird. Da P willkürlich gewählt werden darf, definiert diese Vorschrift den Begriff einer einheitlichen Zeit t (ohne Ortsindex) für das gesamte, dreidimensionale Bezugssystem x^j. Falls insbesondere der Beobachter seinen Standpunkt wechselt, bestimmt er die Zeit jedesmal mittels der an seinem augenblicklichen Orte im Bezugssystem x^j ruhenden Uhr, keinesfalls aber mittels einer von ihm mitgeführten „Taschenuhr". Erst durch diese Zusatzvorschrift sind die vier Koordinaten

$$x^1_P,\ x^2_P,\ x^3_P,\ t_P \qquad \text{(VI 1, 1)}$$

des in P zur Zeit t_P stattfindenden „Punktereignisses" eindeutig bestimmt.

c) Es werde zur Zeit $t = 0$ in O ein Lichtblitz erregt. Seine Front erfüllt zur Zeit $t > 0$ die Fläche der Lichtkugel

$$(x^1)^2 + (x^2)^2 + (x^3)^2 - c^2 t^2 = 0. \qquad \text{(VI 1, 2)}$$

Ein gerade dann in P befindlicher Beobachter findet seinen kleinsten Abstand s von dieser Kugelfläche mittels

$$(s)^2 = |(x^1_P)^2 + (x^2_P)^2 + (x^3_P)^2 - c^2 t^2|. \qquad \text{(VI 1, 3)}$$

Neben dem System der x^j wählen wir ein *Kartesisches* Bezugssystem $x^{j'}$ ($j = 1, 2, 3$). Sein Ursprung O' schreitet relativ zu einem in O ruhenden Beobachter mit der gleichförmigen Geschwindigkeit v längs der positiven x-Achse vorwärts; bei geeigneter Wahl der Zeitzählung decken sich O und O' im Zeitpunkte $t = 0$.

Im „gestrichenen" System halte sich ein Beobachter im Punkte $P' = (x^{j'}_{P'})$ auf. Er bedient sich zur Zeitmessung der Angabe $t'_{P'}$ einer in P' aufgestellten, also im gestrichenen System ruhenden Federuhr, welche in ihrem Bau der im ungestrichenen System aufgestellten Uhr gleicht. Mittels des angegebenen optischen Synchronisierverfahrens kann aus $t'_{P'}$ für die Gesamtheit aller $x^{j'}$ die einheitliche Zeit t' (ohne Ortsindex) definiert werden, so daß der Inbegriff der vier Koordinaten

$$x^{1'}_{P'};\quad x^{2'}_{P'};\quad x^{3'}_{P'};\quad t'_{P'} \qquad \text{(VI 1, 4)}$$

ein Punktereignis im gestrichenen System eindeutig festlegt. Auf Grund der Invarianz der Lichtgeschwindigkeit lautet im gestrichenen System die Gleichung der Kugelfläche, welche von dem im Zeitpunkte $t' = 0$ aus O' entsandten Lichtblitz für $t' > 0$ erfüllt wird

$$(x^{1'})^2 + (x^{2'})^2 + (x^{3'})^2 - c^2 (t')^2 = 0. \qquad \text{(VI 1, 5)}$$

Der in P' ruhende Beobachter findet seinen kleinsten Abstand s' von dieser Kugelfläche mittels

$$(s')^2 = |(x^{1'}_{P'})^2 + (x^{2'}_{P'})^2 + (x^{3'}_{P'})^2 - c^2 (t')^2|. \qquad \text{(VI 1, 6)}$$

d) Nach Voraussetzung decken sich O und O' für $t = t' = 0$. Wir begleiten die expandierende Licht-Kugelfläche im ungestrichenen System und ermitteln, aus $s = 0$, diejenige Zeit t_P, in welcher sie gerade über P hinwegfegt. Nunmehr wählen wir den Kontrollpunkt P' so, daß er eben in diesem Augenblick mit P räumlich koinzidiert; doch weist dabei die in P' ruhende Uhr eine in der Regel von t_P verschiedene Zeit t'_P (der „Systemindex" am Namen des Kontrollpunktes kann, wegen $P \equiv P'$, unterdrückt werden). Ein und dasselbe Punktereignis: Die Passage des Lichtblitzes durch den Kontrollpunkt, wird somit, je nach dem Standpunkt des Beobachters, durch eine der beiden Gleichungen beschrieben

$$(x^1_P)^2 + (x^2_P)^2 + (x^3_P)^2 - c^2 t^2_P = (x^{1'}_P)^2 + (x^{2'}_P)^2 + (x^{3'}_P)^2 - c^2 (t'_P)^2 = 0, \qquad \text{(VI 1, 7)}$$

welche die Orts- und Zeitangaben des einen Systemes an die des anderen binden.

e) Wir fordern, Gl. (VI 1, 7) verallgemeinernd und erweiternd, daß zwei in räumlich koinzidenten Kontrollpunkten befindliche Beobachter für alle t_P (oder t'_P) den nämlichen kleinsten Abstand von der expandierenden Lichtkugel konstatieren, also, nach (VI 1, 4) und (VI 1, 6)

$$(x^1_P)^2 + (x^2_P)^2 + (x^3_P)^2 - c^2 t^2_P = (x^{1'}_P)^2 + (x^{2'}_P)^2 + (x^{3'}_P)^2 - c^2 (t'_P)^2. \qquad \text{(VI 1, 8)}$$

Die Gesamtheit aller mit (VI 1, 8) für beliebige Lagen von $P \equiv P'$ verträglichen Transformationen spezialisieren wir zunächst durch die Voraussetzung

$$x^{2'} = x^2; \qquad x^{3'} = x^3. \tag{VI 1, 9}$$

Damit vereinfacht sich (VI 1, 8) zu der Forderung

$$(x^1)^2 - c^2 t^2 = (x^{1'})^2 - c^2 (t')^2. \tag{VI 1, 10}$$

Wir erfüllen sie, indem wir nach Wahl dreier konstanter Zahlen σ, φ und ψ setzen

$$x^1 = \sigma \cosh \varphi; \qquad c\,t = \sigma \sinh \varphi \tag{VI 1, 11}$$

sowie

$$x^{1'} = \sigma \cosh(\varphi + \psi); \qquad c\,t' = \sigma \sinh(\varphi + \psi), \tag{VI 1, 12}$$

denn dann verwandelt sich (VI 1, 10) in die Identität

$$(x^1)^2 - c^2 t^2 = (x^{1'})^2 - c^2 (t')^2 \equiv (\sigma)^2, \tag{VI 1, 13}$$

welche wegen (VI 1, 9) die Gleichheit nach sich zieht

$$(s)^2 = (\sigma)^2 + (x^2)^2 + (x^3)^2 = (\sigma)^2 + (x^{2'})^2 + (x^{3'})^2 = (s')^2. \tag{VI 1, 14}$$

Mittels des Additionstheoremes der Hyperbelfunktionen gilt nun

$$x^{1'} = \sigma(\cosh \varphi \cosh \psi + \sinh \varphi \sinh \psi) = x^1 \cosh \psi + c\,t \sinh \psi \tag{VI 1, 15}$$

und

$$c\,t' = \sigma(\cosh \varphi \sinh \psi + \sinh \varphi \cosh \psi) = x' \sinh \psi + c\,t \cosh \psi. \tag{VI 1, 16}$$

Hieraus erhellt die physikalische Bedeutung der Zahl ψ: Wir setzen $x^{1'} = 0$ und finden, im Einklang mit den kinematischen Bedingungen der Bewegung von O' relativ zum ungestrichenen System

$$x^1 = -\operatorname{tgh} \psi \,.\, \sigma t = v\,t; \qquad \operatorname{tgh} \psi = -\frac{v}{c} \equiv -\beta, \tag{VI 1, 17}$$

wobei β abkürzend für v/c gesetzt ist. Demnach berechnet man

$$\cosh \psi \equiv \frac{1}{\sqrt{1 - \operatorname{tgh}^2 \psi}} = \frac{1}{\sqrt{1 - \beta^2}}; \qquad \sinh \psi \equiv \frac{\operatorname{tgh} \psi}{\sqrt{1 - \operatorname{tgh}^2 \psi}} = -\frac{\beta}{\sqrt{1 - \beta^2}}. \tag{VI 1, 18}$$

Die Gl. (VI 1, 15), (VI 1, 16) nehmen damit die Gestalt der (speziellen) *Lorentz*-Transformation an

$$x^{1'} = x^1 \frac{1}{\sqrt{1 - \beta^2}} - c\,t \frac{\beta}{\sqrt{1 - \beta^2}} = \frac{x^1 - v\,t}{\sqrt{1 - \beta^2}} \tag{VI 1, 19}$$

sowie

$$c\,t' = -x^1 \frac{\beta}{\sqrt{1 - \beta^2}} + c\,t \frac{1}{\sqrt{1 - \beta^2}} = c\,\frac{t - \frac{v}{c^2} x^1}{\sqrt{1 - \beta^2}}. \tag{VI 1, 20}$$

Ihre Auflösung nach x^1 und $c\,t$ folgt durch Vertauschung von v mit $(-v)$:

$$x^1 = \frac{x^{1'} + v\,t'}{\sqrt{1-\beta^2}} \qquad \text{(VI 1, 21)}$$

sowie

$$c\,t = c\,\frac{t' + \dfrac{v}{c^2}\,x^{1'}}{\sqrt{1-\beta^2}}, \qquad \text{(VI 1, 22)}$$

wovon man sich auch durch direkte Ausrechnung leicht überzeugt.

f) Die *Lorentz*-Transformation enthält folgende kinematischen Sätze:

1. Zwei Punkte $x_I^{1'}$ und $x_{II}^{1'}$ der $x^{1'}$-Achse besitzen im gestrichenen System den Abstand

$$\varDelta\,x^{1'} = x_I^{1'} - x_{II}^{1'} \qquad (x_{II}^{1'} < x_I^{1'}). \qquad \text{(VI 1, 23)}$$

Im ungestrichenen System wird ihre Distanz $\varDelta\,x^1$ gleich der Differenz jener Koordinaten x_I^1 und x_{II}^1 gesetzt, welche *zu einem bestimmten Zeitpunkt* t mit $x_I^{1'}$, beziehungsweise $x_{II}^{1'}$ koinzidieren. Aus (VI 1, 19) folgt also, da $\varDelta\,t = 0$,

$$\varDelta\,x^{1'} = \frac{\varDelta\,x^1}{\sqrt{1-\beta^2}}; \qquad \varDelta\,x^1 = \varDelta\,x^{1'}\sqrt{1-\beta^2}. \qquad \text{(VI 1, 24)}$$

Die Strecke $\varDelta\,x^1$ erweist sich demnach im Verhältnis $\sqrt{1-\beta^2} < 1$ kürzer als $\varDelta\,x^{1'}$ (*Lorentz-Kontraktion*).

2. Wir begleiten eine der im gestrichenen System ruhenden Uhren während der Epoche

$$\varDelta\,t' = t'_{II} - t'_I; \qquad (t'_{II} > t'_I). \qquad \text{(VI 1, 25)}$$

Zur Zeitmessung dieses Vorganges im ungestrichenen System bilden wir die Differenz $\varDelta\,t$ der Angaben t_{II} und t_I zweier Uhren, deren Orte zu Beginn und Ende des Vorganges mit dem jeweiligen Orte der Uhr des gestrichenen Systemes gerade koinzidieren. Wegen $\varDelta\,x^{1'} = 0$ liefert (VI 1, 22) sofort

$$c\,\varDelta\,t = c\,\frac{\varDelta\,t'}{\sqrt{1-\beta^2}}, \qquad \text{(VI 1, 26)}$$

so daß die Dauer des Vorganges im ungestrichenen System im Verhältnis $\dfrac{1}{\sqrt{1-\beta^2}}$ länger erscheint als im gestrichenen System (*Lorentz*sche Zeitdilatation).

g) Nach dem Vorgang von *Minkowski* führen wir an Stelle der bisher benützten (reellen) Koordinaten x^j, t und $x^{j'}$, t' $(j = 1, 2, 3)$ die Koordinaten ein

$$x^j = x^j \quad (j = 1, 2, 3); \qquad x^4 = i\,c\,t \quad (i = \sqrt{-1}) \qquad \text{(VI 1, 27)}$$

und

$$x^{j'} = x^{j'} \quad (j = 1, 2, 3); \qquad x^{4'} = i\,c\,t' \quad (i = \sqrt{-1}). \qquad \text{(VI 1, 28)}$$

Obwohl der Anschauung nicht zugänglich, kann man einen abstrakten Raum von vier Dimensionen (R_4) bilden, in welchem die vier Achsen x^j ($j = 1 \dots 4$) des ungestrichenen Systemes einerseits, die vier Achsen $x^{j\prime}$ des gestrichenen Systemes andererseits je ein Orthogonalsystem definieren; wir bezeichnen sie weiterhin als *Minkowski*sche Systeme oder kurz als *Weltsysteme*, im Gegensatz zu den *Kartesischen* Systemen des dreidimensionalen Konfigurationsraumes.

h) Wir führen sowohl im ungestrichenen wie im gestrichenen Weltsystem je ein Quadrupel paarweise zueinander orthogonaler Einheitsvektoren $\mathit{1}_j$ und $\mathit{1}_j'$ ein; der untere Index j läuft von 1 bis 4. Als Welt-Koordinatenvektoren definieren wir die vierkomponentigen Größen („Vierervektoren")

$$R = \mathit{1}_j\, x^j = \mathit{1}_1\, x^1 + \mathit{1}_2\, x^2 + \mathit{1}_3\, x^3 + \mathit{1}_4\, i\, c\, t \qquad \text{(VI 1, 29)}$$

und

$$R' = \mathit{1}_j'\, x^{j\prime} = \mathit{1}_1'\, x^{1'} + \mathit{1}_2'\, x^{2'} + \mathit{1}_3'\, x^{3'} + \mathit{1}_4'\, i\, c\, t', \qquad \text{(VI 1, 30)}$$

so daß also die x^j, $x^{j\prime}$ ihre kontravarianten Komponenten angeben; nach dem Muster der *Kartesischen* Koordinaten im R_3 identifizieren wir sie mit den jeweils gleichnamigen kovarianten Komponenten x_j, x_j'. Daher berechnet sich die *Norm* des Vierervektors R zu

$$(R)^2 = x_j\, x^j = (x^1)^2 + (x^2)^2 + (x^3)^2 - c^2\, t^2 = s^2 \qquad \text{(VI 1, 31)}$$

und ähnlich die Norm des Vierervektors R' zu

$$(R')^2 = x_j'\, x^{j\prime} = (x^{1'})^2 + (x^{2'})^2 + (x^{3'})^2 - c^2\, (t')^2 = (s')^2. \qquad \text{(VI 1, 32)}$$

Obwohl die formalen Gesetze ihrer Berechnung mit der Definition der Norm eines Vektors im R_3 übereinstimmen, zeigt doch das Ergebnis, wegen des imaginären Charakters der Koordinaten x^4, $x^{4'}$, die Existenz dreier verschiedener Typen von Vierervektoren an:

1. Für $(R)^2 > 0$ stellt R einen *„raumartigen"* Weltvektor dar.
2. Der Fall $(R)^2 < 0$ definiert einen *„zeitartigen"* Weltvektor.
3. Verschwindende Norm bei gleichzeitig endlich verbleibenden Komponenten erklärt den Typus des *Nullvektors*.

i) Wir behaupten, daß die *Lorentz*-Transformation als (imaginäre) Drehung des vierdimensionalen Bezugssystemes interpretiert werden kann.

Zum Beweise stellen wir eine Drehung im R_4 durch das Gleichungssystem dar

$$x^j = \alpha^j_k\, x^{k\prime}. \qquad \text{(VI 1, 33)}$$

Hierin messen die α^j_k die Projektionen der Einheitsvektoren $\mathit{1}_k'$ auf die Richtungen j des ungestrichenen Systemes. Aus den Orthogonalitätsrelationen der $1_k'$

$$(\mathit{1}_k'\, \mathit{1}_l') = \begin{matrix} 1 \text{ für } k = l \\ 0 \text{ für } k \neq l \end{matrix} \qquad \text{(VI 1, 34)}$$

folgen daher die Gleichungen

$$\sum_j \alpha^j_k \alpha^j_l = \begin{matrix} 1 \text{ für } k = l \\ 0 \text{ für } k \neq l. \end{matrix} \qquad \text{(VI 1, 35)}$$

Ersetzt man nun in (VI 1, 18) die Hyperbelfunktionen durch trigonometrische Funktionen imaginären Argumentes ($\cosh \psi \equiv \cos i\,\psi$, $\sinh \equiv \equiv 1/i \sin i\,\psi$), so nimmt die nach (VI 1, 9) spezialisierte *Lorentz*-Transformation (VI 1, 21) und (VI 1, 22) die Form (VI 1, 33) an; hierbei lautet die Matrix der α^j_k:

$$\begin{matrix} \alpha^1_1 = \cos i\,\psi & \alpha^1_2 = 0 & \alpha^1_3 = 0 & \alpha^1_4 = \sin i\,\psi \\ \alpha^2_1 = 0 & \alpha^2_2 = 1 & \alpha^2_3 = 0 & \alpha^2_4 = 0 \\ \alpha^3_1 = 0 & \alpha^3_2 = 0 & \alpha^3_3 = 1 & \alpha^3_4 = 0 \\ \alpha^4_1 = -\sin i\,\psi & \alpha^4_2 = 0 & \alpha^4_3 = 0 & \alpha^4_4 = \cos i\,\psi \end{matrix} \qquad \text{(VI 1, 36)}$$

und sie befriedigt in der Tat (VI 1, 35). Im Lichte dieses Ergebnisses definieren wir weiterhin jede Transformation (VI 1, 33) der Eigenschaften (VI 1, 35), also jede Drehung im R_4, als (allgemeine) *Lorentz*transformation; ihre Gesamtheit bildet die *Lorentz*-Gruppe.

Da die Norm des Koordinaten-Weltvektors eine Invariante der Drehung ist, folgt aus der Verbindung von (VI 1, 31) und (VI 1, 32) rückwärts Gl. (VI 1, 8), von welcher wir ausgingen. Insbesondere drückt die Invarianz des Nullvektors das Ergebnis des *Michelson*schen Versuches in der Sprache der vierdimensionalen Vektorrechnung aus.

j) Alle vierkomponentigen Ausdrücke, welche den Transformationsgesetzen (VI 1, 33) und (VI 1, 35) gehorchen, definieren den Inbegriff aller *Vierervektoren*, die der *Lorentz-Gruppe* angehören; damit sind auch die Tensoren der gleichen Gruppe erklärt, die *Welttensoren*. Die Beschreibung aller dieser vierdimensionalen Größen bildet den Inhalt der *Minkowski*schen Geometrie.

VI 2. Kinematische Weltvektoren des materiellen Punktes.

a) Gegeben sei ein materieller Punkt, dessen Lage im R_3 durch den Radiusvektor $\mathfrak{r}$ mit den (kontravarianten) Komponenten x^j beschrieben wird. Während der infinitesimalen Kontrollepoche dt ändert sich $\mathfrak{r}$ um

$$d\mathfrak{r} = \mathfrak{1}_j \, dx^j \quad (j = 1, 2, 3). \qquad \text{(VI 2, 1)}$$

Der Vektor

$$\mathfrak{w} = \mathfrak{1}_j \, w^j = \frac{d\mathfrak{r}}{dt} = \mathfrak{1}_j \frac{dx^j}{dt} \qquad \text{(VI 2, 2)}$$

mit den kontravarianten Komponenten dx^j/dt definiert die *Geschwindigkeit*; er liefert nach nochmaliger Differentiation bezüglich t den (kontravariant dargestellten) *Beschleunigungsvektor*

$$\mathfrak{b} = \mathfrak{1}_j \, b^j = \frac{d\mathfrak{w}}{dt} = \mathfrak{1}_j \frac{d^2x^j}{dt^2}. \qquad \text{(VI 2, 3)}$$

Der Vektorcharakter der Größen w und b im R_3 beruht auf der Invarianz der Zeit t sowohl innerhalb des Systemes der x^j wie aller Systeme, die aus ihm durch (reelle) Drehungen im R_3 hervorgehen. Es fragt sich nun, ob der Vektorcharakter von Geschwindigkeit und Beschleunigung auch dann noch erhalten bleibt, wenn man zu (imaginären) Drehungen des *Minkowski*schen Bezugssystemes im R_4 übergeht.

b) Im gestrichenen Weltsystem sei die Bewegung des materiellen Punktes durch die drei Gleichungen gegeben

$$x^{j\prime} = x^{j\prime}(t') \qquad (j = 1, 2, 3). \qquad \text{(VI 2, 4)}$$

Daher ist der dreidimensionale Vektor der Geschwindigkeit w' im gestrichenen System, analog (VI 2, 2) mittels

$$w^{j\prime} = \frac{dx^{j\prime}}{dt'} \qquad \text{(VI 2, 5)}$$

zu berechnen. Die vierdimensionale Beschreibung des Vorganges lautet also mit Rücksicht auf $x^{4\prime} = i\,c\,t'$ in differentieller Form

$$dx^{j\prime} = w^{j\prime}\,dt' \quad (j = 1, 2, 3); \qquad dx^{4\prime} = i\,c\,dt', \qquad \text{(VI 2, 6)}$$

so daß man mittels (VI 2, 33) sogleich zum ungestrichenen System übergehen kann. Insbesondere ergibt sich im Falle der speziellen *Lorentz*-Transformation (VI 2, 36) mit Beachtung von (VI 2, 17) explizit für $j = 1,2,3$

$$\begin{aligned} dx^1 &= (w^{1\prime} \cos i\psi + i\,c \sin i\psi)\,dt' = (w^{1\prime} + v)\frac{dt'}{\sqrt{1-\beta^2}}. \\ dx^2 &= w^{2\prime}\,dt' \qquad\qquad \text{(VI 2, 7)} \\ dx^3 &= w^{3\prime}\,dt' \end{aligned}$$

und für $j = 4$

$$i\,c\,dt = dx^4 = (-w^{1\prime} \sin i\psi + i\,c \cos i\psi)\,dt' = \left(\frac{v\,w^{1\prime}}{c^2} + 1\right)\frac{i\,c\,dt'}{\sqrt{1-\beta^2}}. \qquad \text{(VI 2, 8)}$$

Gemäß (VI 2, 2) berechnen wir demnach die kontravarianten Komponenten des dreidimensionalen Geschwindigkeitsvektors durch Kombination von (VI 2, 7) und (VI 2, 8) zu

$$\begin{aligned} w^1 &= \frac{dx^1}{dt} = \frac{w^{1\prime} + v}{1 + \frac{w^{1\prime} v}{c^2}}, \\ w^2 &= \frac{dx^2}{dt} = w^{2\prime}\frac{\sqrt{1-\beta^2}}{1 + \frac{w^{1\prime} v}{c^2}}, \qquad \text{(VI 2, 9)} \\ w^3 &= \frac{dx^3}{dt} = w^{3\prime}\frac{\sqrt{1-\beta^2}}{1 + \frac{w^{1\prime} v}{c^2}}. \end{aligned}$$

Diese Gleichungen sprechen das *Einstein*sche Additionstheorem zweier Geschwindigkeiten aus, deren eine (w') relativ zum gestrichenen und deren andere (v) relativ zum ungestrichenen System gemessen wird; man zeigt leicht, daß der Betrag ihrer resultierenden Geschwindigkeit relativ zu einem der beiden Systeme stets kleiner als c bleibt. Würde man hingegen die zu verbindenden Geschwindigkeiten relativ zum gleichen Bezugssystem messen, so folgt selbstverständlich aus (VI 2, 2) und (VI 2, 5) für ihre resultierende Geschwindigkeit das einfache Gesetz der Vektoraddition im R_3; eine unüberschreitbare Grenzgeschwindigkeit existiert hierbei nicht.

c) Im Licht der *Minkowski*schen Geometrie enthalten die Gl. (VI 2, 9) ein negatives Resultat: Die Geschwindigkeitskomponenten gehorchen nicht der (speziellen) *Lorentz*-Transformation; sie können nicht als räumliche Komponenten eines Vierervektors interpretiert werden.

Der „Fehlschlag" rührt von der Benützung der Zeitdifferentiale dt und dt' als Teiler der infinitesimalen, räumlichen Vektorkomponenten her: Innerhalb reeller Drehungen des R_3 ist die skalare Auffassung der Zeit t zulässig; dagegen bildet dt — vom Faktor i c abgesehen — in der *Minkowski*schen Welt die vierte Komponente des infinitesimalen Vierervektors

$$dR = 1_j \, dx^j \quad (j = 1 \ldots 4) \qquad \text{(VI 2, 10)}$$

und im gleichen, weiteren Sinne ist dt' als zeitliche Komponente desselben Vektors im gestrichenen System zu deuten

$$dR = dR' = 1_j{}' \, dx^{j\,'} \quad (j = 1 \ldots 4). \qquad \text{(VI 2, 11)}$$

Die Konzeption der vierdimensionalen Geschwindigkeit — als Erweiterung der dreidimensionalen Vektoren (VI 2, 2) und (VI 2, 5) — verlangt also den Ersatz der vom Bezugssysteme abhängigen Größen dt, dt' durch eine Invariante vom Charakter einer infinitesimalen Epoche.

d) Zunächst ist die Norm von $dR \equiv dR'$ durch die Invariante gegeben

$$(dR)^2 = (dR')^2 = (ds)^2 = (dx^1)^2 + (dx^2)^2 + (dx^3)^2 - c^2\,dt^2 =$$
$$= (dx^{1'})^2 + (dx^{2'})^2 + (dx^{3'})^2 - c^2\,(dt')^2. \qquad \text{(VI 2, 12)}$$

Wir rufen nun ein weiteres *Minkowski*sches System zu Hilfe, dessen Ursprung dauernd dem materiellen Punkt verhaftet bleibe und dessen Achsen ξ^j keine Drehung relativ zu den Achsen x^j ausführen mögen; in ihm ist

$$\xi^4 = i\,c\,\tau, \qquad \text{(VI 2, 13)}$$

wobei τ die dem materiellen Punkte „eingeprägte" *Eigenzeit* definiert. Da nun während des untersuchten Vorganges $d\xi^1 = d\xi^2 = d\xi^3 = 0$ ist — denn der materielle Punkt ruht im Hilfssystem — und da überdies das Hilfssystem der *Lorentz*-Gruppe angehört, berechnet sich die Norm des Vierervektors dR mittels der ξ^j zu

$$(dR)^2 = (ds)^2 = 0 - c^2\,d\tau^2. \qquad \text{(VI 2, 14)}$$

Aus der Invarianz von ds folgt somit, daß das Differential der Eigenzeit

$$d\tau = \frac{ds}{i\,c} \qquad \text{(VI 2, 15)}$$

die Dauer des Vorganges in invarianter Weise charakterisiert. Um von ihr auf dt und dt′ zurückzuschließen, entnehmen wir aus der Gleichheit von (VI 2, 12) und (VI 2, 14) die Relationen

$$\frac{d\tau}{dt} = \sqrt{1 - \frac{1}{c^2}\left\{\left(\frac{dx^1}{dt}\right)^2 + \left(\frac{dx^2}{dt}\right)^2 + \left(\frac{dx^3}{dt}\right)^2\right\}} = \sqrt{1 - \frac{(w^1)^2 + (w^2)^2 + (w^3)^2}{c^2}} \qquad \text{(VI 2, 16)}$$

sowie

$$\frac{d\tau}{dt'} = \sqrt{1 - \frac{1}{c^2}\left\{\left(\frac{dx^{1'}}{dt'}\right)^2 + \left(\frac{dx^{2'}}{dt'}\right)^2 + \left(\frac{dx^{3'}}{dt'}\right)^2\right\}} = \sqrt{1 - \frac{(w^{1'})^2 + (w^{2'})^2 + (w^{3'})^2}{c^2}}. \qquad \text{(VI 2, 17)}$$

e) Wir definieren nunmehr als vierdimensionale Geschwindigkeit („Vierergeschwindigkeit") im ungestrichenen System den Weltvektor

$$u = \frac{dR}{d\tau}. \qquad \text{(VI 2, 18)}$$

Seine kontravariante Darstellung lautet

$$\begin{aligned} u = \mathit{1}_j\, u^j &= \mathit{1}_1 \frac{dx^1}{d\tau} + \mathit{1}_2 \frac{dx^2}{d\tau} + \mathit{1}_3 \frac{dx^3}{d\tau} + \mathit{1}_4\, i\,c \frac{dt}{d\tau} = \\ &= \left(\mathit{1}_1 \frac{dx^1}{dt} + \mathit{1}_2 \frac{dx^2}{dt} + \mathit{1}_3 \frac{dx^3}{dt} + \mathit{1}_4\, i\,c\right)\frac{dt}{d\tau} = \\ &= \left(\mathit{1}_1\, w^1 + \mathit{1}_2\, w^2 + \mathit{1}_3\, w^3 + \mathit{1}_4\, i\,c\right)\frac{1}{\sqrt{1 - \frac{(w^1)^2 + (w^2)^2 + (w^3)^2}{c^2}}}. \end{aligned} \qquad \text{(VI 2, 19)}$$

Entsprechend berechnet sich die Vierergeschwindigkeit im gestrichenen System

$$\begin{aligned} u' = \mathit{1}'_j\, u^{j'} &= \mathit{1}'_1 \frac{dx^{1'}}{d\tau} + \mathit{1}'_2 \frac{dx^{2'}}{d\tau} + \mathit{1}'_3 \frac{dx^{3'}}{d\tau} + \mathit{1}'_4\, i\,c \frac{dt'}{d\tau} = \\ &= \left(\mathit{1}'_1 \frac{dx^{1'}}{dt'} + \mathit{1}'_2 \frac{dx^{2'}}{dt'} + \mathit{1}'_3 \frac{dx^{3'}}{dt'} + \mathit{1}'_4\, i\,c\right)\frac{dt'}{d\tau} = \\ &= \left(\mathit{1}'_1\, w^{1'} + \mathit{1}'_2\, w^{2'} + \mathit{1}'_3\, w^{3'} + \mathit{1}'_4\, i\,c\right)\frac{1}{\sqrt{1 - \frac{(w^{1'})^2 + (w^{2'})^2 + (w^{3'})^2}{c^2}}}. \end{aligned} \qquad \text{(VI 2, 20)}$$

Aus (VI 2, 19) und (VI 2, 20) findet man als Norm der Vierergeschwindigkeiten die Invariante

$$(u)^2 = (u')^2 = u_j\, u^j = u_j{}'\, u^{j\,'} = -c^2. \qquad \text{(VI 2, 21)}$$

Ihr negatives Zeichen besagt zunächst, daß die Vierergeschwindigkeit stets einen *zeitartigen* Weltvektor liefert. Höchst befremdend erscheint der konstante Wert dieser Norm gleich dem negativen Quadrat der Lichtgeschwindigkeit, ganz unabhängig von der manifesten dreidimensionalen Geschwindigkeit des materiellen Punktes; besagt doch dieses Ergebnis, daß für einen mit vierdimensionalem Sehen begabten „Übermenschen" sich alle materiellen Punkte gleichschnell bewegen würden, und lediglich die Projektionen auf die vier Achsen des *Minkowski*schen Systemes änderten sich! Vom formalen Standpunkte erinnert dieses Ergebnis an den Energiesatz der klassischen Dynamik des materiellen Punktes in konservativen Kraftfeldern des R_3; in der Tat wird sich später herausstellen, daß Gl. (VI 2, 21) als eigentliche Wurzel dieses Satzes in verschärfter und vertiefter Form aufzufassen ist.

f) Als *Viererbeschleunigung* definieren wir den Weltvektor

$$a = \frac{du}{d\tau} = \frac{d^2 R}{d\tau^2}. \qquad \text{(VI 2, 22)}$$

Nun folgt durch Differentiation der Invarianten (VI 2, 21) nach der Eigenzeit

$$2\left(u \frac{du}{d\tau}\right) = 2\,(u\,a) = 0. \qquad \text{(VI 2, 23)}$$

Falls also nicht gerade einer der Vektoren u oder a ein Nullvektor ist, schließen wir: Vierergeschwindigkeit und Viererbeschleunigung stehen (im R_4) senkrecht aufeinander. Nachdem nun in (VI 2, 21) der zeitartige Charakter der Vierergeschwindigkeit formuliert ist, erweist sich die Viererbeschleunigung als *raumartiger* Vektor.

In kontravarianter Darstellung lautet die Viererbeschleunigung

$$a = \mathit{1}_j\, a^j = \mathit{1}_1 \frac{d^2 x^1}{d\tau^2} + \mathit{1}_2 \frac{d^2 x^2}{d\tau^2} + \mathit{1}_3 \frac{d^2 x^3}{d\tau^2} + \mathit{1}_4\, i\, c \frac{d^2 t}{d\tau^2} \qquad \text{(VI 2, 24)}$$

oder, nach Einführung der Komponenten w^1, w^2, w^3 der dreidimensionalen Geschwindigkeit

$$a = \mathit{1}_1 \frac{d}{d\tau}\left(w^1 \frac{dt}{d\tau}\right) + \mathit{1}_2 \frac{d}{d\tau}\left(w^2 \frac{dt}{d\tau}\right) + \mathit{1}_3 \frac{d}{d\tau}\left(w^3 \frac{dt}{d\tau}\right) + \mathit{1}_4 \frac{d}{d\tau}\left(i\, c \frac{dt}{d\tau}\right), \qquad \text{(VI 2, 25)}$$

also

$$a^j = \frac{dw^j}{dt}\left(\frac{dt}{d\tau}\right)^2 + w^j \frac{d^2 t}{d\tau^2} \quad (j = 1, 2, 3); \qquad a^4 = i\, c \frac{d^2 t}{d\tau^2}. \qquad \text{(VI 2, 26)}$$

Hierin ist nach (VI 2, 16)

$$\left(\frac{dt}{d\tau}\right)^2 = \frac{1}{1 - \frac{(w^1)^2 + (w^2)^2 + (w^3)^2}{c^2}};$$

$$\frac{d^2 t}{d\tau^2} = \frac{\frac{1}{c^2}\left(w^1 \frac{dw^1}{dt} + w^2 \frac{dw^2}{dt} + w^3 \frac{dw^3}{dt}\right)}{\left(1 - \frac{(w^1)^2 + (w^2)^2 + (w^3)^2}{c^2}\right)^2}, \qquad \text{(VI 2, 27)}$$

also, mit Benützung der dreidimensionalen Vektoren w und $\dot{w} = dw/dt$:

$$a^j = \frac{\dot{w}^j}{1-\beta^2} + \frac{w^j}{c^2}\frac{(w\,\dot{w})}{(1-\beta^2)^2}(j = 1, 2, 3); \quad a^4 = \frac{i}{c}\frac{(w\,\dot{w})}{(1-\beta^2)^2}. \quad \text{(VI 2, 28)}$$

Wir spezialisieren nun auf einen materiellen Punkt, welcher zum Beobachtungszeitpunkt gerade im gestrichenen System ruht:

$$w^1 = v; \qquad w^2 = 0; \qquad w^3 = 0. \qquad \text{(VI 2, 29)}$$

Seine Viererbeschleunigung lautet also im gestrichenen System

$$a^{j\prime} = \dot{w}^{j\prime}\,(j = 1, 2, 3); \qquad a^{4\prime} = 0 \qquad \text{(VI 2, 30)}$$

während im ungestrichenen System gilt

$$a^1 = \frac{\dot{w}^1}{1-\beta^2} + \frac{\beta^2\,\dot{w}^1}{(1-\beta^2)^2} = \frac{\dot{w}^1}{(1-\beta^2)^2}; \qquad a^2 = \frac{\dot{w}^2}{1-\beta^2};$$

$$a^3 = \frac{\dot{w}^3}{1-\beta^2}; \qquad a^4 = \frac{i\,\beta}{(1-\beta^2)^2}\dot{w}^1. \qquad \text{(VI 2, 31)}$$

Daher entnimmt man aus (VI 2, 31) das Transformationsgesetz der dreidimensionalen Beschleunigungskomponenten

$$\dot{w}^{1\prime} = \frac{\dot{w}^1}{(1-\beta^2)^{3/2}}; \qquad \dot{w}^{2\prime} = \frac{\dot{w}^2}{1-\beta^2}; \qquad \dot{w}^{3\prime} = \frac{\dot{w}^3}{1-\beta^2}, \qquad \text{(VI 2, 32)}$$

welches also in „longitudinaler" Richtung parallel zur Geschwindigkeit w verschieden vom „transversalen" Transformationsgesetz senkrecht zu w ausfällt.

Es darf nicht verschwiegen werden, daß die Konzeption der Viererbeschleunigung an einem inneren Widerspruche krankt: Die Eigenzeit τ samt ihrem Differential $d\tau$ sind in einem *Minkowski*schen System definiert, welches der *Lorentz*-Gruppe angehört. Da nun in dieser Gruppe nur gleichförmige Relativbewegungen zulässig sind, hat man grundsätzlich alle Sätze, welche die Viererbeschleunigung betreffen, auf den Grenzfall sehr langsamer (im mathematischen Sinne infinitesimaler) Beschleunigungen zu beschränken. Dagegen fällt die Untersuchung endlicher Beschleunigungen aus der *Minkowski*schen Geometrie heraus; sie gehört dem Gebiete der *Riemann*schen Geometrie an.

VI 3. Dynamische Weltvektoren des materiellen Punktes.

a) Im dreidimensionalen Raume beschreibt man die Bewegungsgröße eines materiellen Punktes in einem *Kartesischen* Bezugssysteme durch den *Impulsvektor* P, welcher als Produkt der trägen Masse m_0 des materiellen Punktes mit dem (dreidimensionalen) Vektor seiner Geschwindigkeit w definiert ist

$$P = m_0\, w. \qquad \text{(VI 3, 1)}$$

Das *Newton*sche Grundgesetz der klassischen Mechanik stellt die Ableitung des Impulsvektors nach der Zeit dem Vektor der Kraft K gleich

$$\frac{\mathrm{d}P}{\mathrm{dt}} = K. \qquad \text{(VI 3, 2)}$$

Es handelt sich nun darum, diese Begriffe auf *Minkowski*sche Bezugssysteme zu übertragen.

b) Der erste Schritt besteht in dem Ersatz der Geschwindigkeit w durch die Vierergeschwindigkeit u. Damit nun weiter das Produkt dieses Vektors mit der Masse des materiellen Punktes einen neuen Vierervektor darstelle, muß die Masse in einer gegen Drehungen des Welt-Koordinatensystemes invarianten Weise charakterisiert werden. Dieser Forderung genügt der Begriff der *Eigenmasse* (oder *Ruhmasse*) m_0. Seine physikalische Bedeutung erhellt aus folgendem Gedankenexperiment:

Man beobachte in einem willkürlich gewählten Zeitpunkt t_0 die Bewegung des materiellen Punktes relativ zu einem, der *Lorentz*-Gruppe angehörigen, gestrichenen Bezugssystem, welches seinerseits relativ zum ungestrichenen Systeme eine gleichförmige Bewegung mit der (dreidimensionalen) vektoriellen Geschwindigkeit $w = w\,(\mathrm{t}_0)$ ausführe. Der materielle Punkt ruht also zu diesem Zeitpunkte t_0 gerade relativ zum gestrichenen System; aus Stetigkeitsgründen folgt dann, daß in der auf t_0 unmittelbar folgenden Epoche $\Delta\,\mathrm{t}'$ die (dreidimensionale) Geschwindigkeit w' des materiellen Punktes relativ zum gestrichenen System mit $\Delta\,\mathrm{t}' \to 0$ selbst gegen Null konvergiert. Daher gehorcht der materielle Punkt für $\Delta\,\mathrm{t}' \to 0$ im gestrichenen Bezugssystem den Gesetzen der *Newton*schen Mechanik; aus den in diesem System beobachteten dynamischen Vorgängen kann demnach gemäß (VI 3, 1) und (VI 3, 2) eine träge Masse hergeleitet werden, und eben sie definiert den Begriff der „Ruhmasse“ m_0.

Mittels der Ruhmasse konstruieren wir durch Multiplikation mit der Vierergeschwindigkeit den *Vierervektor P^* des Impulses*

$$P^* = \mathrm{m}_0\, u \qquad \text{(VI 3, 3)}$$

mit den kontravarianten Komponenten

$$\mathrm{P}^{*\mathrm{j}} = \mathrm{m}_0\, \mathrm{u}^{\mathrm{j}} \qquad (\mathrm{j} = 1 \ldots 4). \qquad \text{(VI 3, 4)}$$

Mit Rücksicht auf (VI 2, 19) lassen sich diese Komponenten auf die (dreidimensionale) Geschwindigkeit w zurückführen: Für die räumlichen Komponenten findet man

$$\mathrm{P}^{*\mathrm{j}} = \frac{\mathrm{m}_0}{\sqrt{1 - \frac{(\mathrm{w}^1)^2 + (\mathrm{w}^2)^2 + (\mathrm{w}^3)^2}{\mathrm{c}^2}}}\,\mathrm{w}^{\mathrm{j}} \qquad (\mathrm{j} = 1, 2, 3) \qquad \text{(VI 3, 5)}$$

und für die zeitliche Komponente

$$\mathrm{P}^{*4} = \frac{\mathrm{m}_0}{\sqrt{1 - \frac{(\mathrm{w}^1)^2 + (\mathrm{w}^2)^2 + (\mathrm{w}^3)^2}{\mathrm{c}^2}}}\,\mathrm{i}\,\mathrm{c}. \qquad \text{(VI 3, 6)}$$

c) Der Bau der Gl. (VI 3, 5) und (VI 3, 6) legt es nahe, neben dem invarianten Begriff der Ruhmasse m_0 die vom relativen Bewegungszustand des materiellen Punktes abhängige Masse m mittels der Definition einzuführen

$$m = \frac{m_0}{\sqrt{1 - \frac{(w^1)^2 + (w^2)^2 + (w^3)^2}{c^2}}} = \frac{m_0}{\sqrt{1-\beta^2}}; \quad \beta^2 = \frac{(w^1)^2 + (w^2)^2 + (w^3)^2}{c^2}, \qquad \text{(VI 3, 7)}$$

Denn dann gehen die räumlichen Komponenten des Vierervektors P^*

$$P^{*j} = m\,w^j \qquad (j = 1, 2, 3) \qquad \text{(VI 3, 8)}$$

aus den gleichnamigen Komponenten des dreidimensionalen *Newton*schen Impulsvektors hervor, indem man die Ruhmasse m_0 durch die Masse m ersetzt; dabei mißt die zeitliche Komponente des Weltvektors P^* — vom Faktor i c abgesehen — diese (veränderliche) Masse selbst:

$$P^{*4} = i\,c\,m. \qquad \text{(VI 3, 9)}$$

d) Aus dem Vierervektor des Impulses bilden wir durch Differentiation nach der Eigenzeit τ einen neuen Weltvektor

$$\frac{dP^*}{d\tau} = K^*. \qquad \text{(VI 3, 10)}$$

K^* heißt die *Minkowski*sche *Viererkraft für einen Beobachter, welcher dem ungestrichenen System verhaftet ist.*

Im Gegensatz zu der bisherigen Übung wollen wir weiterhin K^* und P^* durch ihre kovarianten Komponenten darstellen (welche in *Minkowski*schen Systemen mit den kontravarianten Komponenten zusammenfallen). Wir schreiben, mit Benützung von (VI 2, 19) und (VI 3, 7)

$$\frac{d}{d\tau} = \frac{d}{dt}\frac{dt}{d\tau} = \frac{1}{\sqrt{1-\beta^2}}\frac{d}{d\tau}. \qquad \text{(VI 3, 11)}$$

Dann lauten die drei räumlichen Komponenten der vierdimensionalen Vektorgleichung (VI 3, 10)

$$\frac{d}{dt}P_j^* = \frac{d}{dt}(m\,w_j) = K_j^*\sqrt{1-\beta^2} \qquad (j = 1, 2, 3). \qquad \text{(VI 3, 12)}$$

Sie gleichen formal den dynamischen Grundgesetzen (VI 3, 2) der klassischen Mechanik, wenn man den Inbegriff der drei Komponenten

$$K_j = K_j^*\sqrt{1-\beta^2} \qquad (j = 1, 2, 3) \qquad \text{(VI 3, 13)}$$

als *Newton*sche Kraft den räumlichen Komponenten der *Minkowski*schen Kraft gegenüberstellt.

Welche Bedeutung besitzt nun die zeitliche Komponente K_4^* der *Minkowski*schen Kraft?

Wir erweitern (VI 3, 10) auf skalare Weise mit der Vierergeschwindigkeit u und finden, mit Rücksicht auf (VI 3, 3),

$$\left(u\,\frac{dP^*}{d\tau}\right) = m_0\left(u\,\frac{du}{d\tau}\right) = m_0\,\frac{d\,[\tfrac{1}{2}(u)^2]}{d\tau} = (u\,K^*). \qquad \text{(VI 3, 14)}$$

Da nun gemäß Gl. (VI 2, 21) die Norm der Vierergeschwindigkeit den konstanten Wert ($-c^2$) besitzt, verschwindet die Invariante (VI 3, 14) der *Lorentz*-Gruppe identisch, und wir erhalten

$$u^4\,K_4^* = -(u^1\,K_1^* + u^2\,K_2^* + u^3\,K_3^*). \qquad \text{(VI 3, 15)}$$

Mittels (VI 2, 19) folgt hieraus K_4^* selbst zu

$$K_4^* = \frac{i}{c}(w^1 K_1^* + w^2\,K_2^* + w^3\,K_3^*). \qquad \text{(VI 3, 16)}$$

also gleich der (i/c)-fachen Leistung der räumlichen *Minkowski*schen Kraftkomponenten.

Auf Grund dieses Ergebnisses nimmt die vierte der Gl. (VI 3, 10) mit Beachtung von (VI 3, 9) die Form an

$$\frac{1}{\sqrt{1-\beta^2}}\,\frac{d}{dt}(m\;i\;c) = \frac{i}{c}(w^1\,K_1^* + w^2\,K_2^* + w^3\,K_3^*) \qquad \text{(VI 3, 17)}$$

oder, nach Ersatz der *Minkowski*schen durch die *Newton*schen Kraftkomponenten

$$\frac{d}{dt}(m\,c^2) = w^1\,K_1 + w^2\,K_2 + w^3\,K_3. \qquad \text{(VI 3, 18)}$$

Die Summe $(w^1\,K_1 + w^2\,K_2 + w^3\,K_3)$ stellt im R_3 das Skalarprodukt der dreidimensionalen Vektoren w und K dar: Die *Leistung* der *Newton*schen Kräfte, welche somit gegen reelle Drehungen im R_3 invariant ist. Aus (VI 3, 18) geht dann hervor, daß die im R_3 ebenfalls invariante Größe

$$E = m\,c^2 \qquad \text{(VI 3, 19)}$$

als *Energie* des materiellen Massenpunktes zu deuten ist. Masse und Energie sind hiernach sozusagen nur formal durch den universellen Faktor c^2 unterschieden, wesentlich aber miteinander identisch. Insbesondere entspricht dem Zustande der Ruhe die Eigenenergie

$$E_0 = m_0\,c^2, \qquad \text{(VI 3, 20)}$$

so daß man die Differenz

$$E - E_0 = (m - m_0)\,c^2 = m_0\,c^2\left(\frac{1}{\sqrt{1-\beta^2}} - 1\right) \qquad \text{(VI 3, 21)}$$

als Energie der Bewegung interpretieren kann.

Die Verbindung von (VI 3, 9) und (VI 3, 20) liefert als Darstellung der zeitlichen Komponente von P^*

$$P^{*4} = \frac{i}{c}E, \qquad \text{(VI 3, 22)}$$

so daß man im Hinblick auf (VI 3, 8) den Vierervektor P^* passend als *Impuls-Energievektor* bezeichnet. Insbesondere bleiben im Falle verschwindender äußerer Kräfte bei der Bewegung des materiellen Punktes Impuls und Energie dauernd erhalten.

e) Sowohl die (vierdimensionale) *Minkowski*sche Kraft K^* wie die (dreidimensionale) *Newton*sche Kraft wurden auf einen Beobachter bezogen, der im ungestrichenen System ruht. Hiervon scharf zu unterscheiden sind die „Ruhekräfte", welche ein mit dem materiellen Punkte mitreisender Beobachter feststellen würde. Wir knüpfen ihre Berechnung an den Vierervektor K^* der *Minkowski*schen Kraft an. Neben dem ungestrichenen Bezugssystem benützen wir ein gestrichenes Hilfssystem, welches im Zeitpunkte t_0 mit der gleichförmigen Geschwindigkeit $w \doteq w\,(t_0)$ relativ zum ungestrichenen System fortschreite. Mittels reeller Drehungen im R_3 richten wir die x^1-Achse wie die $x^{1'}$-Achse parallel zu w; bei dieser besonderen Koordinatenwahl wird gemäß (VI 3, 16)

$$K_4^* = \frac{i}{c}\, w^1\, K_1^*. \qquad \text{(VI 3, 23)}$$

Durch Anwendung der — unserem jetzigen System angepaßten — Transformationsformeln (VI 1, 17) und (VI 1, 36) auf den Weltvektor K^* erhalten wir also für die zu w parallele „longitudinale" Komponente der Ruhekraft

$$K_1^{*\prime} = \frac{K_1^*}{\sqrt{1-\beta^2}} + \frac{i\,\beta\, K_4^*}{\sqrt{1-\beta^2}} = K_1^*\sqrt{1-\beta^2} \qquad \text{(VI 3, 24)}$$

und für die zu w senkrechten „transversalen" Komponenten

$$K_2^* = K_2^{*\prime}; \qquad K_3^* = K_3^{*\prime}, \qquad \text{(VI 3, 25)}$$

während die zeitliche Komponente der *Minkowski*schen Ruhekraft verschwindet

$$K_4^{*\prime} = \frac{-\,i\,\beta\, K_1^*}{\sqrt{1-\beta^2}} + \frac{K_4^*}{\sqrt{1-\beta^2}} = 0. \qquad \text{(VI 3, 26)}$$

Durch Verbindung mit (VI 3, 13) entspringt aus (VI 3, 24) für die longitudinale Komponente der *Newton*schen Kraft

$$K_1 = K_1^{*\prime}, \qquad \text{(VI 3, 27)}$$

während sich ihre transversalen Komponenten aus

$$K_2 = K_2^{*\prime}\sqrt{1-\beta^2}; \qquad K_3 = K_3^{*\prime}\sqrt{1-\beta^2} \qquad \text{(VI 3, 28)}$$

berechnen. Bezieht man sich von vornherein auf die Komponenten der Ruhekraft, so nehmen also die (dreidimensionalen) Bewegungsgleichungen (VI 3, 12) die „anisotrope" Form an: „Longitudinal" gilt

$$\frac{d}{dt}(m\, w_1) = K_1^{*\prime} \qquad \text{(VI 3, 29)}$$

und „transversal"

$$\frac{d}{dt}(m\,w_2) = K_2^{*\prime}\sqrt{1-\beta^2}; \quad \frac{d}{dt}(m\,w_3) = K_3^{*\prime}\sqrt{1-\beta^2}. \qquad \text{(VI 3, 30)}$$

Diese Gleichungen, zusammen mit der Massendefinition (VI 3, 7), treten also in der räumlichen Projektion der *Minkowski*schen Welt an Stelle der *Newton*schen Gl. (VI 3, 1) und (VI 3, 2).

f) Wir vergleichen den Koordinaten-Weltvektor

$$R = 1_1\,x^1 + 1_2\,x^2 + 1_3\,x^3 + 1_4\,i\,c\,t \qquad \text{(VI 3, 31)}$$

mit dem Impuls-Energievektor

$$P^* = 1_1\,P^1 + 1_2\,P^2 + 1_3\,P^3 + 1_4\frac{i}{c}E. \qquad \text{(VI 3, 32)}$$

Im R_3 bezeichnet man den Satz der Konfigurationskoordinaten x^j ($j = 1, 2, 3$) einerseits, der Impulse P^{*j} andererseits als *kanonische Koordinaten*; in der *Minkowski*schen Welt tritt ihnen das Variabelpaar $c\,t$ und E/c (im wesentlichen Zeit und Energie) ergänzend zur Seite.

VI 4. Beschreibung vierdimensionaler Strömungsfelder.

a) Gegeben sei ein abgeschlossener, starrer Kasten, welcher N unter sich gleicher, unzerstörbarer und unteilbarer Teilchen von je der Ruhmasse m_0 enthalte. Die Zahl N ist notwendig ganz und positiv; sie ist eine Invariante des Systems.

Ein dauernd dem Kasten verbundener, relativ zu ihm ruhender Beobachter mißt ein für allemal das *Eigenvolumen* T_0 des Kastens; er berechnet auf Grund dieser Kenntnis die (durchschnittliche) *Eigenkonzentration* der Teilchen je Raumeinheit

$$n_0 = \frac{N}{T_0}. \qquad \text{(VI 4, 1)}$$

Dieser ihrem Wesen nach *kinematischen* Invariante stellen wir durch Multiplikation mit m_0 die *dynamische* Invariante der *Eigendichte* γ_0 zur Seite:

$$\gamma_0 = n_0\,m_0 = \frac{N}{T_0}\,m_0. \qquad \text{(VI 4, 2)}$$

b) Der Kasten möge sich als ganzes relativ zum System der Konfigurationskoordinaten x^j ($j = 1, 2, 3$) mit der (dreidimensionalen) Geschwindigkeit $w = 1_j\,w^j$ bewegen. Ohne die Allgemeinheit zu beschränken, dürfen wir den Kasten als Quader voraussetzen, von welchem eine Seite parallel zu w gerichtet sei; denn andernfalls kann man stets den Kasten in infinitesimale Quader der genannten Art zerlegen, für deren jeden einzelnen also die Voraussetzung zutrifft.

Wir beobachten nun den Kasten vom ungestrichenen System aus zu einem festen Zeitpunkt t_0. Dann erscheinen die im R_3 senkrecht zu w gemessenen Dimensionen des Kastens gleich jenen, die der relativ zum Kasten ruhende Beobachter konstatiert; hingegen fällt die zu w parallele Dimension des Kastens im Vergleich zu der Angabe des mitbewegten Beobachters nach Maßgabe der *Lorentz*-Kontraktion

$$\sqrt{1-\frac{(w^1)^2+(w^2)^2+(w^3)^2}{c^2}}=\sqrt{1-\beta^2} \qquad \text{(VI 4, 3)}$$

kürzer aus. Der Kasten offenbart daher relativ zum ungestrichenen System nur das Volumen

$$T = T_0\sqrt{1-\beta^2}, \qquad \text{(VI 4, 4)}$$

so daß bei dieser Beobachtung die Konzentration der Teilchen auf

$$n=\frac{N}{T}=n_0\frac{T_0}{T}=\frac{n_0}{\sqrt{1-\beta^2}} \qquad \text{(VI 4, 5)}$$

ansteigt. Dagegen transformiert sich die Dichte, mit Rücksicht auf das Änderungsgesetz (VI 3, 7) der Masse m des Einzelteilchens, entsprechend der Formel

$$\gamma=\frac{m\,N}{T}=\gamma_0\frac{m}{m_0}\frac{T_0}{T}=\frac{\gamma_0}{(\sqrt{1-\beta^2})^2}=\frac{\gamma_0}{1-\beta^2} \qquad \text{(VI 4, 6)}$$

c) Aus der Eigenkonzentration n_0 und der Vierergeschwindigkeit u des Kastens relativ zum ungestrichenen System konstruieren wir den kinematischen Weltvektor

$$s = 1_j\, s^j = n_0\, u \qquad (j = 1 \ldots 4). \qquad \text{(VI 4, 7)}$$

Nach (VI 2, 19) lauten seine kontravarianten Komponenten

$$s^j=\frac{n_0\, w^j}{\sqrt{1-\beta^2}} \quad (j=1,2,3); \qquad s^4=\frac{n_0\, i\, c}{\sqrt{1-\beta^2}} \qquad \text{(VI 4, 8)}$$

oder, mit Rücksicht auf (VI 4, 5)

$$s^j = n\, w^j \quad (j = 1, 2, 3); \qquad s^4 = n\, i\, c. \qquad \text{(VI 4, 9)}$$

Die drei räumlichen Komponenten des Weltvektors s sind hiernach identisch mit dem dreidimensionalen Vektor der Teilchen-Stromdichte, während die Komponente s^4, vom Faktor i c abgesehen, die Konzentration der relativ zum ungestrichenen System bewegten Teilchen mißt; man bezeichnet deshalb, alle diese Eigenschaften zusammenfassend, den Weltvektor s als *Viererstrom*.

d) Durch Multiplikation des kinematischen Weltvektors s mit der Ruhmasse des Einzelteilchens entsteht der dynamische Weltvektor

$$p^* = m_0\, s = m_0\, n_0\, u = \gamma_0\, u, \qquad \text{(VI 4, 10)}$$

den man als (vierdimensionale) *Impulsdichte* bezeichnen darf. Man beachte indes, daß seine räumlichen Komponenten nicht als Produkt der Dichte γ mit den Komponenten des dreidimensionalen Vektors w berechnet werden können; ebenso darf die zeitliche Komponente der Impulsdichte nicht als Dichte der bewegten Materie aufgefaßt werden. Vielmehr bestehen zwischen den räumlichen Komponenten von p^* und den entsprechenden Komponenten der dreidimensionalen Impulsdichte p die Gleichungen

$$p^j = \gamma\, w^j = \frac{m_0}{\sqrt{1-\beta^2}}\, s^j = \frac{p^{*j}}{\sqrt{1-\beta^2}}, \qquad \text{(VI 4, 11)}$$

während die Dichte γ mit der zeitlichen Komponente von p^* durch

$$\gamma\, i\, c = \frac{m_0}{\sqrt{1-\beta^2}}\, s^4 = \frac{p^{*4}}{\sqrt{1-\beta^2}} \qquad \text{(VI 4, 12)}$$

verbunden ist.

e) Wir ergänzen die vektorielle Darstellung der Strömung in *Minkowski*schen Systemen durch den *kinetischen Tensor* zweiter Stufe M, dessen kontravariante Komponenten mittels

$$M^{jk} = p^{*j}\, u^k = m_0\, n_0\, u^j\, u^k = \gamma_0\, u^j\, u^k = M^{kj} \qquad \text{(VI 4, 13)}$$

definiert sind. Mit Rücksicht auf (VI 2, 19) und (VI 4, 11) finden wir für seine Komponenten

$$\begin{array}{llll}
p^{*1} u^1 = p^1 w^1 & p^{*1} u^2 = p^1 w^2 & p^{*1} u^3 = p^1 w^3 & p^{*1} u^4 = i\, c\, p^1 \\
p^{*2} u^1 = p^2 w^1 & p^{*2} u^2 = p^2 w^2 & p^{*2} u^3 = p^2 w^3 & p^{*2} u^4 = i\, c\, p^2 \\
p^{*3} u^1 = p^3 w^1 & p^{*3} u^2 = p^3 w^2 & p^{*3} u^3 = p^3 w^3 & p^{*3} u^4 = i\, c\, p^3 \\
p^{*4} u^1 = i\, c\, p^1 & p^{*4} u^2 = i\, c\, p^2 & p^{*4} u^3 = i\, c\, p^3 & p^{*4} u^4 = -\gamma\, c^2
\end{array} \qquad \text{(VI 4, 14)}$$

so daß die räumlichen Komponenten ($j, k = 1 \ldots 3$) als Impulsstromdichten, die gemischt räumlich-zeitlichen Komponenten als das ($i\, c$)-fache der (dreidimensionalen) Impulsdichtekomponenten und die zeitliche Komponente als das ($-c^2$)-fache der Massendichte oder, mit anderen Worten, als (negative) Energiedichte zu interpretieren sind.

f) In affinen Bezugssystemen — zu denen die *Minkowski*schen gehören — ist die nach der Koordinate x^l ausgeführte partielle Differentiation einer Tensorkomponente ihrer Multiplikation mit der l-ten kovarianten Komponente des symbolischen *Nabla*-Vektors äquivalent. Daher bilden wir mittels dieser Operation aus (VI 4, 14) einen Tensor dritter Stufe T mit den gemischten Komponenten

$$T_l^{\ jk} = \frac{\partial (p^{*j}\, u^k)}{\partial x^l} = m_0 \frac{\partial (s^j\, u^k)}{\partial x^l} = \gamma_0 \frac{\partial (u^j\, u^k)}{\partial x^l} = T_l^{\ kj}. \qquad \text{(VI 4, 15)}$$

Durch Verjüngung ($l \to k$) steigen wir um zwei Stufen herab und gelangen zu einem neuen Vierervektor, der *Vektordivergenz des kinetischen Tensors M*. Seine kontravarianten Komponenten lauten

$$\text{Div}^j M = \gamma_0 \frac{\partial (u^k\, u^j)}{\partial x^k} = m_0\, n_0 \left(u^j \frac{\partial u^k}{\partial x^k} + u^k \frac{\partial u^j}{\partial x^k} \right) \qquad \text{(VI 4, 16)}$$

Die Summe

$$n_0 \frac{\partial u^k}{\partial x^k} = \frac{\partial s^k}{\partial x^k} \qquad \text{(VI 4, 17)}$$

mißt die (vierdimensionale) *skalare Divergenz* des Viererstromes, also eine Invariante der *Lorentz*-Gruppe. Wir nützen diesen Sachverhalt aus, indem wir auf ein gestrichenes Koordinatensystem übergehen, welches dem Kasten starr verbunden ist. In ihm lauten die Komponenten der Vierergeschwindigkeit nach Gl. (VI 2, 20)

$$u^{1'} = u^{2'} = u^{3'} = 0; \qquad u^{4'} = i\,c, \qquad \text{(VI 4, 18)}$$

so daß die skalare Divergenz des Viererstromes identisch verschwindet. Zum ungestrichenen System zurückkehrend, schließen wir also aus (VI 4, 17) auf die Gleichung

$$\operatorname{div} s = \frac{\partial(n\,w^1)}{\partial x^1} + \frac{\partial(n\,w^2)}{\partial x^2} + \frac{\partial(n\,w^3)}{d x^3} + \frac{\partial n}{\partial t} = 0, \qquad \text{(VI 4, 19)}$$

welche, in dreidimensionaler Terminologie, als *Kontinuitätsgleichung des Teilchen-Konvektionsstromes* bezeichnet wird. Unsere Herleitung läßt deutlich erkennen, daß die Aussage dieser Gleichung eine lediglich kinematische ist, welche die Abzählung der sozusagen qualitätslosen Teilchen je Raumeinheit betrifft. Dagegen darf man sie keineswegs für die Dichteänderung der strömenden Teilchengesamtheit in Anspruch nehmen, welche wir im Abschnitt h) bestimmen werden; nur in der klassischen Mechanik, welche eine veränderliche Masse des Einzelteilchens nicht kennt, verwischt sich dieser für die *Minkowski*sche Auffassung überaus charakteristische Unterschied zwischen der kinematischen Bilanz der Teilchenzahl und der dynamischen Bilanz ihrer trägen Masse je Raumeinheit.

Mit Rücksicht auf (VI 4, 19) vereinfacht sich Gl. (VI 4, 16) zu

$$\operatorname{Div}^j M = m_0\, n_0\, u^k \frac{\partial u^j}{\partial x^k} \qquad \text{(VI 4, 20)}$$

und weiter, mit Rücksicht auf (VI 2, 19) und (VI 2, 16)

$$\operatorname{Div}^j M = m_0\, n_0 \left(u^1 \frac{\partial u^j}{\partial x^1} + u^2 \frac{\partial u^j}{\partial x^2} + u^3 \frac{\partial u^j}{\partial x^3} + \frac{dt}{d\tau}\frac{\partial u^j}{\partial t} \right) = \frac{d p^{*j}}{d\tau} \qquad \text{(VI 4, 21)}$$

g) Wir führen einen neuen Vierervektor f^* durch die Definition ein

$$\frac{d p^*}{d\tau} = f^*. \qquad \text{(VI 4, 22)}$$

Um seine physikalische Bedeutung zu erfassen, bezeichnen wir durch

$$P_0^* = m_0\, u \qquad \text{(VI 4, 23)}$$

den Impuls-Energievektor des Einzelteilchens und erhalten, mit Rücksicht auf (VI 2, 16) und (VI 4, 5)

$$\frac{d p^*}{d\tau} = n_0 \frac{d P_0^*}{d\tau} = n \frac{d P_0^*}{dt} = f^*. \qquad \text{(VI 4, 24)}$$

Nun integrieren wir — zu einem festen Zeitpunkt t — über die Raumelemente dT des Kastens (relativ zum ungestrichenen System) und erhalten wegen der Invarianz der im Kasten eingeschlossenen Teilchenzahl N

$$\iiint_{(T)} n \frac{dP_0^*}{dt} dT = N \frac{dP_0^*}{dt} = \frac{d(N P_0^*)}{dt} = \frac{dP^*}{dt} = \iiint_{(T)} f^* dT, \qquad \text{(VI 4, 25)}$$

wobei $P^* = N P_0^*$ den Impuls-Energievektor der Teilchengesamtheit N von der Masse (N m) angibt. Mit (VI 4, 25) haben wir die Gestalt (VI 3, 12), (VI 3, 17) der dynamischen Gleichungen hergestellt. Daher sind die (kovarianten) räumlichen Komponenten des in (VI 4, 25) rechter Hand auftretenden Integrales mit den gleichnamigen Komponenten der (dreidimensionalen) *Newton*schen Kraft zu identifizieren

$$\iiint_{(T)} f_j^* dT = K_j \qquad (j = 1, 2, 3) \qquad \text{(VI 4, 26)}$$

und umgekehrt sind hiernach die räumlichen Komponenten von f^* als (dreidimensionaler) Vektor der *Newton*schen *Kraftdichte* zu interpretieren.

h) Die zeitliche Komponente der Gl. (VI 4, 25) lautet

$$\frac{d(m N i c)}{dt} = \iiint_{(T)} f_4^* dT. \qquad \text{(VI 4, 27)}$$

Mit Beachtung von (VI 3, 18) folgt hieraus

$$\iiint_{(T)} f_4^* dT = \frac{i}{c} (w^1 K_1 + w^2 K_2 + w^3 K_3), \qquad \text{(VI 4, 28)}$$

so daß also f_4^* das (i/c)-fache der Leistung ν der *Newton*schen Kräfte je Raumeinheit mißt. Im Lichte dieses Ergebnisses liefert die zeitliche Komponente von (VI 4, 24)

$$n \frac{d(m c^2)}{dt} \equiv n \left(\frac{\partial(m c^2)}{\partial t} + w^1 \frac{\partial(m c^2)}{\partial x^1} + w^2 \frac{\partial(m c^2)}{\partial x^2} + w^3 \frac{\partial(m c^2)}{\partial x^3} \right) = \nu. \qquad \text{(VI 4, 29)}$$

Wir addieren hierzu die mit (m c²) erweiterte Kontinuitätsgleichung (VI 4, 19) des Teilchen-Konvektionsstromes und finden, mit Substitution der Dichte $\gamma = n\, m$ nach (VI 4, 5) und (VI 4, 6)

$$\frac{\partial(\gamma c^2)}{\partial t} + \frac{\partial(\gamma c^2 w^1)}{\partial x^1} + \frac{\partial(\gamma c^2 w^2)}{\partial x^2} + \frac{\partial(\gamma c^2 w^3)}{\partial x^3} = \nu. \qquad \text{(VI 4, 30)}$$

Dies ist die Energiebilanz je Raumeinheit der strömenden Teilchengesamtheit; aus ihr geht nach Division mit c^2 die Dichtebilanz hervor

$$\frac{\partial \gamma}{\partial t} + \frac{\partial(\gamma w^1)}{\partial x^1} + \frac{\partial(\gamma w^2)}{\partial x^2} + \frac{\partial(\gamma w^3)}{\partial x^3} = \frac{\nu}{c^2}. \qquad \text{(VI 4, 31)}$$

Diese Gleichung spricht das Prinzip der *Trägheit der Energie* aus: Überall, wo die Kräfte positive Arbeit leisten, wird träge Masse in entsprechender Dichte erzeugt; umgekehrt erscheint als Äquivalent verschwindender träger Masse je Raumeinheit ein entsprechender Betrag an abgegebener Leistung.

Der Übergang zur klassischen Mechanik wird durch die Voraussetzung $\beta^2 \ll 1$ vollzogen. Treibt man die Genauigkeit mit Hilfe der binomischen Entwicklung

$$\gamma = \mathrm{m\,n} = \frac{\mathrm{m}_0}{\sqrt{1-\beta^2}}\,\mathrm{n} = \mathrm{m}_0\,\mathrm{n}\,(1 + \tfrac{1}{2}\beta^2 + \ldots) \qquad \text{(VI 4, 32)}$$

bis zu Gliedern höchstens der zweiten Potenz in β, so entsteht aus (VI 4, 31)

$$\begin{aligned}&\mathrm{m}_0\left(\frac{\partial \mathrm{n}}{\partial \mathrm{t}} + \frac{\partial(\mathrm{n\,w}^1)}{\partial \mathrm{x}^1} + \frac{\partial(\mathrm{n\,w}^2)}{\partial \mathrm{x}^2} + \frac{\partial(\mathrm{n\,w}^3)}{\partial \mathrm{x}^3}\right) + \\ &+ \frac{\mathrm{m}_0}{2}\left(\frac{\partial(\mathrm{n}\,\beta^2)}{\partial \mathrm{t}} + \frac{\partial(\mathrm{n}\,\beta^2\,\mathrm{w}^1)}{\partial \mathrm{x}^1} + \frac{\partial(\mathrm{n}\,\beta^2\,\mathrm{w}^2)}{\partial \mathrm{x}^2} + \frac{\partial(\mathrm{n}\,\beta^2\,\mathrm{w}^3)}{\partial \mathrm{x}^3}\right) = \frac{\nu}{\mathrm{c}^2}.\end{aligned} \qquad \text{(VI 4, 33)}$$

Die erste Zeile der Summe linker Hand verschwindet nach (VI 4, 19); die zweite Zeile liefert, mit abermaliger Benützung dieser Kontinuitätsgleichung

$$\frac{\mathrm{m}_0\,\mathrm{n}}{2}\left(\frac{\partial\beta^2}{\partial \mathrm{t}} + \mathrm{w}^1\frac{\partial\beta^2}{\partial \mathrm{x}^1} + \mathrm{w}^2\frac{\partial\beta^2}{\partial \mathrm{x}^2} + \mathrm{w}^3\frac{\partial\beta^2}{\partial \mathrm{x}^3}\right) = \frac{\mathrm{m}_0\,\mathrm{n}}{2}\,\frac{\mathrm{d}\beta^2}{\mathrm{dt}}, \qquad \text{(VI 4, 34)}$$

so daß wir aus (VI 4, 33) schließen

$$\frac{\mathrm{m}_0\,\mathrm{n}}{2}\,\frac{\mathrm{d}\beta^2}{\mathrm{dt}} = \frac{\nu}{\mathrm{c}^2} \qquad \text{(VI 4, 35)}$$

oder

$$\frac{1}{2}\,(\mathrm{m}_0\,\mathrm{n})\,\frac{\mathrm{d}}{\mathrm{dt}}\{(\mathrm{w}^1)^2 + (\mathrm{w}^2)^2 + (\mathrm{w}^3)^2\} = \nu. \qquad \text{(VI 4, 36)}$$

Dies ist die Energiegleichung der klassischen Mechanik im R_3; wir haben damit gezeigt, daß (VI 4, 31) im Grenzfalle der klassischen Mechanik in die sonst getrennt erscheinenden Aussagen der Kontinuität und der Umwandlung von Leistung in Bewegungsenergie aufspaltet.

VI 5. *Minkowski*sche Elektrodynamik.

a) Wir gehen aus von den *Maxwell*schen Gleichungen für ruhende Bezugssysteme des dreidimensionalen Raumes:

$$\mathrm{rot}\,H = j + \frac{\partial D}{\partial \mathrm{t}} = \varrho\,w + \frac{\partial D}{\partial \mathrm{t}} \qquad \text{(VI 5, 1)}$$

und

$$\mathrm{rot}\,E = -\frac{\partial B}{\partial \mathrm{t}}, \qquad \text{(VI 5, 2)}$$

samt den Quellengleichungen der Induktionsvektoren

$$\mathrm{div}\,D = \varrho \qquad \text{(VI 5, 3)}$$

und

$$\mathrm{div}\,B = 0. \qquad \text{(VI 5, 4)}$$

Vermöge (VI 5, 4) kann B aus einem dreidimensionalen Vektorpotential V hergeleitet werden

$$B = \text{rot } V. \qquad \text{(VI 5, 5)}$$

Die Zweite *Maxwell*sche Gleichung (VI 5, 2) liefert dann

$$\text{rot}\left(E + \frac{\partial V}{\partial t}\right) = 0. \qquad \text{(VI 5, 6)}$$

Daher ist der Vektor $(E + \partial V/\partial t)$ als (negativer) Gradient eines skalaren Potentiales φ darzustellen

$$E + \frac{\partial V}{\partial t} = -\text{grad}\,\varphi; \qquad E = -\frac{\partial V}{\partial t} - \text{grad}\,\varphi. \qquad \text{(VI 5, 7)}$$

Durch Einsetzen in (VI 5, 3) entspringt hieraus die skalare Gleichung

$$\text{div}\,D = \Delta\,\text{div}\,E = -\Delta\left(\frac{\partial}{\partial t}\,\text{div}\,V + \text{div}\,\text{grad}\,\varphi\right) = \varrho. \qquad \text{(VI 5, 8)}$$

Um sowohl das Vektorpotential V wie das Skalarpotential φ eindeutig zu bestimmen, unterwerfen wir sie der skalaren Bindung

$$\text{div}\,V + \Pi\,\Delta\,\frac{\partial \varphi}{\partial t} \equiv \text{div}\,V + \frac{1}{c^2}\frac{\partial \varphi}{\partial t} = 0. \qquad \text{(VI 5, 9)}$$

Damit geht (VI 5, 8) in eine partielle Differentialgleichung für das Skalarpotential allein über

$$\text{div}\,\text{grad}\,\varphi = \nabla^2 \varphi = \frac{1}{c^2}\frac{\partial^2 \varphi}{\partial t^2} - \frac{\varrho}{\Delta}, \qquad \text{(VI 5, 10)}$$

welche sich im Falle verschwindender Ladungsdichte ϱ auf die *Wellengleichung* reduziert

$$\nabla^2 \varphi = \frac{1}{c^2}\frac{\partial^2 \varphi}{\partial t^2}. \qquad \text{(VI 5, 11)}$$

Die Erste *Maxwell*sche Gleichung liefert, nach Multiplikation mit Π,

$$\Pi\,\text{rot}\,H = \text{rot}\,B = \text{grad}\,\text{div}\,V - \nabla^2 V = \Pi\left\{\varrho\,\mathrm{w} - \Delta\left(\frac{\partial^2 V}{\partial t^2} + \text{grad}\,\frac{\partial \varphi}{\partial t}\right)\right\}. \qquad \text{(VI 5, 12)}$$

Nun gilt, nach (VI 5, 9)

$$\text{grad}\,\text{div}\,V = -\Pi\,\Delta\,\text{grad}\,\frac{\partial \varphi}{\partial t} = -\frac{1}{c^2}\,\text{grad}\,\frac{\partial \varphi}{\partial t} \qquad \text{(VI 5, 13)}$$

so daß aus (VI 5, 12) für V die partielle Differentialgleichung resultiert

$$\nabla^2 V = \frac{1}{c^2}\frac{\partial^2 V}{\partial t^2} - \Pi\,\varrho\,w = \frac{1}{c^2}\frac{\partial^2 V}{\partial t^2} - \frac{1}{c^2}\frac{j}{\Delta}. \qquad \text{(VI 5, 14)}$$

Falls gleichzeitig mit ϱ die Konvektionsstromdichte überall verschwindet, genügt auch das Vektorpotential V (und jede seiner *Kartesischen* Komponenten für sich) der Wellengleichung

$$\nabla^2 V = \frac{1}{c^2}\frac{\partial^2 V}{\partial t^2}. \qquad \text{(VI 5, 15)}$$

Auf Grund des skalaren Charakters des *Laplace*schen Differential-Operators sind die Gl. (VI 5, 10), (VI 5, 11) und (VI 5, 14), (VI 5, 15) invariant gegenüber Drehungen des Bezugssystemes im R_3.

b) Wir gehen zu einem *Minkowski*schen Bezugssystem über und betrachten die vierkomponentige Größe

$$\Phi = \mathit{1}_1 V^1 + \mathit{1}_2 V^2 + \mathit{1}_3 V^3 + \mathit{1}_4 i \frac{\varphi}{c}. \qquad \text{(VI 5, 16)}$$

Wir behaupten, daß sie einen *Weltvektor* definiert. Der Beweis knüpft an Gl. (VI 5, 9) an, welche im *Minkowski*schen Bezugssystem lautet

$$\frac{\partial V^1}{\partial x^1} + \frac{\partial V^2}{\partial x^2} + \frac{\partial V^3}{\partial x^3} + \frac{\partial \left(i \frac{\varphi}{c}\right)}{\partial x^4} = 0. \qquad \text{(VI 5, 17)}$$

Denn da die Größen $\partial / \partial x^j$ ($j = 1 \ldots 4$) im *Minkowski*schen Bezugssystem die kovarianten Komponenten des symbolischen *Nabla*-Vektors repräsentieren, während die rechte Seite von (VI 5, 17) den Skalar Null liefert, folgt die Behauptung aus den Existenzsätzen in IV 3. Wir sind daher berechtigt, weiterhin

$$\Phi^1 = V^1; \qquad \Phi^2 = V^2; \qquad \Phi^3 = V^3; \qquad \Phi^4 = i \frac{\varphi}{c} \qquad \text{(VI 5, 18)}$$

als kontravariante Komponenten eines vierdimensionalen elektromagnetischen Potentiales anzusprechen, welches die vordem getrennten Begriffe des Skalarpotentiales und des Vektorpotentiales zusammenfaßt und als *Viererpotential* bezeichnet wird; laut (VI 5, 17) verschwindet seine (vierdimensionale) skalare Divergenz

$$\operatorname{div} \Phi = 0. \qquad \text{(VI 5, 19)}$$

c) Wir gehen zu den kovarianten Komponenten von Φ über und bilden aus ihnen den Tensor zweiter Stufe T mit den kovarianten Komponenten

$$T_{jk} = \frac{\partial \Phi_k}{\partial x^j} \qquad \text{(VI 5, 20)}$$

und weiter aus ihm den antimetrischen Tensor zweiter Stufe

$$F_{jk} = T_{jk} - T_{kj} = \frac{\partial \Phi_k}{\partial x^j} - \frac{\partial \Phi_j}{\partial x^k} = \operatorname{Rot}_{jk} \Phi. \qquad \text{(VI 5, 21)}$$

Von den zunächst 16 Komponenten dieses Tensors verbleiben vermöge der Antimetrie $F_{jk} = - F_{kj}$ nur sechs wesentlich voneinander verschiedene bestehen. Man bezeichnet deshalb gelegentlich F als „*Sechservektor*", welcher dem *Vierervektor* der *Minkowski*schen Geometrie ergänzend zur Seite tritt — im Gegensatz zum R_3, in welchem die Anwendung der „rot"-Operation auf einen dreikompenentigen Vektor abermals einen dreikompenentigen Vektor liefert.

Um F explizit zu finden, beachten wir (VI 5, 5), (VI 5, 7) und (VI 5, 18); es empfiehlt sich hierbei, die magnetische Induktion mittels ihrer kontravarianten Komponenten, dagegen die elektrische Feldstärke mit ihren kovarianten Komponenten einzuführen, so daß man erhält

$$\begin{array}{llll} F_{11} = 0; & F_{12} = B^3; & F_{13} = -B^2; & F_{14} = -\frac{i}{c} E_1; \\ F_{21} = -B^3; & F_{22} = 0; & F_{23} = B^1; & F_{24} = -\frac{i}{c} E_2; \\ F_{31} = B^2; & F_{32} = -B^1; & F_{33} = 0; & F_{34} = -\frac{i}{c} E_3; \\ F_{41} = \frac{i}{c} E_1; & F_{42} = \frac{i}{c} E_2; & F_{43} = \frac{i}{c} E_3; & F_{44} = 0. \end{array} \tag{VI 5, 22}$$

Im Lichte dieses Ergebnisses sind also die Komponenten des elektrischen Feldes und der magnetischen Induktion nur sozusagen verschiedene Seiten ein und desselben „*Feldtensors*". Die zunächst befremdende Zusammengehörigkeit von E und B findet ihre Ergänzung in einem *dualen Feldtensor* G, welcher aus F durch Multiplikation mit $c^2 \Delta$ hervorgeht; in ihm drücken wir die elektrische Induktion durch ihre kontravarianten Komponenten, dagegen die magnetische Feldstärke durch ihre kovarianten Komponenten aus, während G selbst in seinen kontravarianten Komponenten erscheint:

$$\begin{array}{llll} G^{11} = 0; & G^{12} = H_3; & G^{13} = -H_2 & G^{14} = -i\,c\,D^1 \\ G^{21} = -H_3; & G^{22} = 0; & G^{23} = H_1; & G^{24} = -i\,c\,D^2 \\ G^{31} = H_2; & G^{32} = -H_1; & G^{33} = 0; & G^{34} = -i\,c\,D^3 \\ G^{41} = i\,c\,D^1; & G^{42} = i\,c\,D^2; & G^{43} = i\,c\,D^3; & G^{44} = 0 \end{array} \tag{VI 5, 23}$$

Hierin offenbart sich das Zusammenspiel von magnetischem Felde und elektrischer Induktion.

d) Die gemeinsame Wurzel der elektrischen und magnetischen Feldgrößen tritt noch deutlicher hervor, wenn man mittels einer im R_4 ausgeführten imaginären Drehung zu einem anderen Bezugssystem der *Lorentz*-Gruppe übergeht. Zur Umrechnung der Tensorkomponenten F_{ik}' des gestrichenen Systemes auf die Tensorkomponenten des ungestrichenen Systemes dient die Formel

$$F_{ik} = \overline{\alpha}_i^j \, \overline{\alpha}_k^l \, F_{jl}'. \tag{VI 5, 24}$$

Falls die Koeffizienten α_n^m die Transformation der Weltkoordinaten des gestrichenen auf das ungestrichene System beschreiben, gehören die $\overline{\alpha}_p^q$ der gegenläufigen Transformation an; in der *Minkowski*schen Geometrie werden beide Transformationen miteinander identisch, so daß $\overline{\alpha}_p^q = \alpha_q^p$ gilt.

Die in (VI 5, 24) genannte Operation verlangt für die Transformation jeder einzelnen Tensorkomponente formal das Aufsummieren eines Ausdruckes von je 16 Gliedern, von denen jedoch, mit Rücksicht auf die Antimetrie des Feldtensors, eine große Zahl verschwindet. Um die Rechnung noch weiter abzukürzen, beschränken wir uns auf den Fall der speziellen *Lorentz*-Transformation gemäß (VI 1, 36), der bereits alles wesentliche erkennen läßt. Das Ergebnis ist in folgendem Gleichungssystem zusammengefaßt:

$$\begin{aligned}
&F_{11}=0; \quad F_{12}=F_{12}'\cos i\psi + F_{42}'\sin i\psi; \quad F_{13}=F_{13}'\cos i\psi+F_{43}'\sin i\psi; \quad F_{14}=F_{14}';\\
&F_{21}=F_{21}'\cos i\psi+ F_{24}'\sin i\psi; \quad F_{22}=0; \quad F_{23}=F_{23}'; F_{24}=-F_{21}'\sin i\psi+F_{24}'\cos i\psi;\\
&F_{31}=F_{31}'\cos i\psi+F_{34}'\sin i\psi; \quad F_{32}=F_{32}'; \quad F_{33}=0; \quad F_{34}=F_{34}'\cos i\psi-F_{31}'\sin i\psi;\\
&F_{41}=F_{41}'; \; F_{42}=-F_{12}'\sin i\psi+F_{42}'\cos i\psi; \quad F_{43}=F_{43}'\cos i\psi-F_{13}'\sin i\psi; F_{44}=0.
\end{aligned} \tag{VI 5, 25}$$

und entsprechende Formeln regeln die Transformation des dualen Tensors G.

Um die physikalische Bedeutung dieser Gleichungen zu erkennen, drücken wir mittels (VI 5, 22) die Tensorkomponenten durch die elektromagnetischen Feldgrößen aus und ersetzen gleichzeitig die Funktionen $\cos i\psi$ und $\sin i\psi$ durch die kinematischen Bestimmungsstücke (VI 1, 18) der speziellen *Lorentz*-Transformation. Dann entsteht aus (VI 5, 25)

$$\begin{aligned}
&0=0; \; B^3=\frac{B^{3'}-i\beta\frac{i}{c}E_2'}{\sqrt{1-\beta^2}}; \; -B^2=\frac{-B^{2'}-i\beta\frac{i}{c}E_3'}{\sqrt{1-\beta^2}}; \; -\frac{i}{c}E_1=-\frac{i}{c}E_1';\\
&-B^3=\frac{-B^{3'}+i\beta\frac{i}{c}E_2'}{\sqrt{1-\beta^2}}; \; 0=0; \; B^1=B^{1'}; \; -\frac{i}{c}E_2=\frac{-i\beta B^{3'}-\frac{i}{c}E_2'}{\sqrt{1-\beta^2}};\\
&B^2=\frac{B^{2'}+i\beta\frac{i}{c}E_3'}{\sqrt{1-\beta^2}}; \; -B^1=-B^{1'}; \; 0=0; \; -\frac{i}{c}E_3=\frac{-\frac{i}{c}E_3'+i\beta B^{2'}}{\sqrt{1-\beta^2}};\\
&\frac{i}{c}E_1=\frac{i}{c}E_1'; \; \frac{i}{c}E_2=\frac{i\beta B^{3'}+\frac{i}{c}E_2'}{\sqrt{1-\beta^2}}; \; \frac{i}{c}E_3=\frac{\frac{i}{c}E_3'-i\beta B^{2'}}{\sqrt{1-\beta^2}}; \; 0=0.
\end{aligned} \tag{VI 5, 26}$$

oder, in abkürzender Gestalt als „Transformation des Sechservektors"

$$\begin{aligned}
&B^1=B^{1'}; && E_1=E_1';\\
&B^2=\frac{B^{2'}-\frac{v}{c^2}E_3'}{\sqrt{1-\beta^2}}; && E_2=\frac{E_2'+vB^{3'}}{\sqrt{1-\beta^2}};\\
&B^3=\frac{B^{3'}+\frac{v}{c^2}E_2'}{\sqrt{1-\beta^2}}; && E_3=\frac{E_3'-vB^{2'}}{\sqrt{1-\beta^2}}
\end{aligned} \tag{VI 5, 27}$$

Das auf die elektrische Feldstärke des ungestrichenen Systemes bezügliche Gleichungstripel offenbart das Erscheinen elektrischer Kräfte auch dann, wenn im gestrichenen System ein rein magnetostatisches Feld besteht, sozusagen als „Folge" der Relativbewegung; dabei ist es natürlich belanglos, ob dieses Magnetfeld an dem „ruhenden" Beobachter vorübergleitet oder ob sich der Beobachter mit entgegengesetzt gerichteter Geschwindigkeit von dem „ruhenden" Magnetfelde entfernt. Diese Erkenntnis bildet das theoretische Fundament der Spannungserzeugung in elektrischen Dynamomaschinen.

Der auf die magnetische Induktion des ungestrichenen Systemes bezügliche duale Effekt: Das Auftreten magnetischer Kräfte als „Folge" der Relativbewegung zu einem elektrostatischen Felde, ist technisch weniger wichtig, da er bei den üblichen Versuchsbedingungen überaus klein ausfällt; doch ist seine Existenz sicher erwiesen.

e) Wir bilden aus dem Feldtensor F durch Differentiation nach x^l ($l = 1 \ldots 4$) den Tensor dritter Stufe T mit den kovarianten Komponenten

$$T_{ljk} = \frac{\partial F_{jk}}{\partial x^l} = \frac{\partial^2 \Phi_k}{\partial x^j\, \partial x^l} - \frac{\partial^2 \Phi_j}{\partial x^k\, \partial x^l}. \qquad \text{(VI 5, 28)}$$

Hierzu fügen wir die beiden Gleichungen, welche aus (VI 5, 28) durch zyklische Vertauschung der Indizes hervorgehen

$$T_{jkl} = \frac{\partial F_{kl}}{\partial x^j} = \frac{\partial^2 \Phi_l}{\partial x^k\, \partial x^j} - \frac{\partial^2 \Phi_k}{\partial x^l\, \partial x^j} \qquad \text{(VI 5, 29)}$$

und

$$T_{klj} = \frac{\partial F_{lj}}{\partial x^k} = \frac{\partial^2 \Phi_j}{\partial x^l\, \partial x^k} - \frac{\partial^2 \Phi_l}{\partial x^j\, \partial x^k}. \qquad \text{(VI 5, 30)}$$

Die Addition von (VI 5, 28), (VI 5, 29) und (VI 5, 30) liefert die Identität

$$T_{ljk} + T_{jkl} + T_{klj} = \frac{\partial F_{jk}}{\partial x^l} + \frac{\partial F_{kl}}{\partial x^j} + \frac{\partial F_{lj}}{\partial x^k} \equiv 0 \qquad \text{(VI 5, 31)}$$

Für die Gesamtheit der Indizes $j, k, l = 1, 2, 3, 4$ existieren vier derartiger unterschiedlicher Gleichungen (Kombination von vier Elementen zur dritten Klasse ohne Wiederholung); sie sind, wie aus den Regeln der Tensoralgebra hervorgeht, invariant gegen Transformationen innerhalb der *Lorentz*-Gruppe. Wählen wir insbesondere für j, k, l die Indizes 1, 2, 3 der räumlichen Koordinaten, so resultiert aus (VI 5, 31) mit Rücksicht auf (VI 5, 22) die Aussage

$$\frac{\partial B^3}{\partial x^3} + \frac{\partial B^1}{\partial x^1} + \frac{\partial B^2}{\partial x^2} = 0 \qquad \text{(VI 5, 32)}$$

identisch mit der (dreidimensionalen) Eigenschaft $\operatorname{div} B = 0$ der magnetischen Induktion. Sei jedoch einer der Indizes j, k, l immer gleich 4, so entstehen aus (VI 5, 31) drei gemischt raum-zeitliche Verknüpfungsgleichungen zwischen den Komponenten des Feldtensors. Beispielsweise liefert das Tripel $j, k, l = 2, 3, 4$ die Aussage

$$\frac{1}{i\,c}\,\frac{\partial B^1}{\partial t} - \frac{i}{c}\,\frac{\partial E_3}{\partial x^2} + \frac{i}{c}\,\frac{\partial E_2}{\partial x^3} = 0, \qquad \text{(VI 5, 33)}$$

in welcher man die x^1-Komponente der Zweiten *Maxwell*schen Feldgleichung (VI 5, 2) wieder erkennt; entsprechendes gilt für die beiden restlichen Gleichungen des Quartettes (VI 5, 31).

f) Aus dem Tensor G geht durch Differentiation nach x^l ein Tensor dritter Stufe T^* mit den gemischten Komponenten hervor

$$T^{*\,jk}_{l} = \frac{\partial G^{jk}}{\partial x^l}, \qquad \text{(VI 5, 34)}$$

aus welchem durch die Verjüngung $l \to j$ die vektorielle Divergenz von G mit den kontravarianten Komponenten

$$\mathrm{Div}^k G = \frac{\partial G^{jk}}{\partial x^j} \qquad \text{(VI 5, 35)}$$

entsteht. Beispielsweise finden wir für $k = 1$ explizit

$$\mathrm{Div}^1 G = -\frac{\partial H_3}{\partial x^2} + \frac{\partial H_2}{\partial x^3} + \frac{\partial D^1}{\partial t}, \qquad \text{(VI 5, 36)}$$

während für $k = 4$ resultiert

$$\mathrm{Div}^4 G = -i\,c\frac{\partial D^1}{\partial x^1} - i\,c\frac{\partial D^2}{\partial x^2} - i\,c\frac{\partial D^3}{\partial x^3}. \qquad \text{(VI 5, 37)}$$

Auf Grund der Ersten *Maxwellschen* Gl. (VI 5, 1) kann man also schreiben

$$\mathrm{Div}^k G = -\varrho\, w^k \qquad (k = 1, 2, 3) \qquad \text{(VI 5, 38)}$$

und nach der Quellengleichung (VI 5, 3)

$$\mathrm{Div}^4 G = -i\,c\,\varrho. \qquad \text{(VI 5, 39)}$$

Damit ist bewiesen, daß die vierkomponentige Größe

$$j^* = 1_k\, j^{*k} = 1_1(\varrho\, w^1) + 1_2(\varrho\, w^2) + 1_3(\varrho\, w^3) + 1_4(i\,c\,\varrho) \qquad \text{(VI 5, 40)}$$

einen Weltvektor definiert, welchen wir als (elektrischen) *Viererstrom* bezeichnen. Dieser Name rechtfertigt sich zunächst durch die Identität seiner räumlichen Komponenten mit den jeweils gleichnamigen Komponenten der dreidimensionalen elektrischen Stromdichte j. Eine viel tiefer reichende Begründung folgt jedoch aus der Beziehung von j^* zu dem kinematischen Weltvektor s der Teilchenstromdichte nach Gl. (VI 4, 9): Man erhält j^* aus s, indem man jedes der n je Raumeinheit konzentrierten Teilchen mit der ihm eigenen, invarianten Ladung q multipliziert:

$$j^* = q\,s. \qquad \text{(VI 5, 41)}$$

Mit Hilfe von j^* fassen wir (VI 5, 36) und (VI 5, 37) zur vierdimensionalen Vektorgleichung zusammen

$$\mathrm{Div}\, G + j^* = 0. \qquad \text{(VI 5, 42)}$$

g) Die vierdimensionale Analyse der *Maxwell*schen Gleichungen offenbart die im Dreidimensionalen so auffallende Analogie zwischen den Vektoren des elektrischen Feldes einerseits, des magnetischen andererseits sozusagen als eine Art von Zufall; in der *Minkowski*schen Elektrodynamik kann von einem so einfachen Parallelismus nicht die Rede sein:

Erweist sich doch die Erste *Maxwell*sche Gleichung als „Torso" einer vierdimensionalen Vektorgleichung, während die Zweite *Maxwell*sche Gleichung wesentlich als Relation zwischen Tensoren dritter Stufe erscheint. In diesem Zusammenhange bedarf auch die *Maxwell*sche Konzeption der „Verschiebungsstromdichte" einer Revision: Während sie, in dreidimensionaler Terminologie, die Konvektionsstromdichte zu einem quellenfreien Vektor („wahre Stromdichte") ergänzt, tritt sie in der *Minkowski*schen Auffassung als Posten der Vektordivergenz des Feldtensors G neben die magnetischen Anteile dieser Größe. In der Tat bildete der Begriff des Verschiebungsstromes im Vakuum, wenngleich die epochemachenden Versuche von *Hertz* an ihn anknüpfen, einen schwachen Punkt im logischen Aufbau der *Maxwell*schen Elektrodynamik, da ja sozusagen „nichts da ist", was verschoben werden könnte; in der *Minkowski*schen Elektrodynamik wird diese Diskussion gegenstandslos.

Entgegen dem theoretisch so tiefgreifenden Unterschied der beiden *Maxwell*schen Feldgleichungen sind in neuerer Zeit von experimenteller Seite Behauptungen von der Existenz magnetischer Konvektionsströme vorgebracht worden, welche — in dreidimensionaler Terminologie — der Zweiten *Maxwell*schen Feldgleichung formal die zur Ersten *Maxwell*schen Feldgleichung duale Gestalt geben würden, und eine entsprechend „erweiterte" Fassung der klassischen Elektrodynamik findet sich sogar in einigen modernen Lehrbüchern wiedergegeben.

Nun ist es gewiß richtig, daß selbst eine noch so einleuchtende wissenschaftliche Theorie niemals als Beweis gegen den Ausfall eines Versuches ins Feld geführt werden kann, sondern stets gebührt das Primat dem Experiment; dennoch wird man, im Lichte der *Minkowski*schen Elektrodynamik, den genannten Behauptungen mit größter Zurückhaltung begegnen.

h) Als Beispiel der *Minkowski*schen Elektrodynamik behandeln wir das elektromagnetische Feld einer Punktladung Q, welche sich relativ zum ungestrichenen System mit der gleichförmigen Geschwindigkeit $|v|$ parallel zur x^1-Achse bewegt. Da diese Ladung relativ zum gestrichenen System ruht, ist in diesem das gesuchte Feld elektrostatischer Natur: Es erscheint als Gradient des (dreidimensionalen) Skalarpotentiales

$$\varphi' = \frac{Q}{4\pi\Delta}\frac{1}{r'}; \qquad r' = \sqrt{(x^1)^2 + (x^2)^2 + (x^3)^2}. \qquad \text{(VI 5, 43)}$$

Es bezeichne ϑ' den Winkel zwischen der $x^{1\prime}$-Achse und dem Radiusvektor r' nach dem Kontrollpunkte P' der Ebene $x^{3\prime} = 0$. Dort sind also die elektrischen Feldkomponenten anzutreffen

$$E_1' = \frac{Q}{4\pi\Delta}\frac{1}{(r')^2}\cos\vartheta'; \qquad E_2' = \frac{Q}{4\pi\Delta}\frac{1}{(r')^2}\sin\vartheta'; \qquad E_3' = 0, \quad \text{(VI 5, 44)}$$

während das Magnetfeld verschwindet.

Im ungestrichenen System wird der Kontrollpunkt $P \equiv P'$ durch den Radiusvektor r beschrieben, welcher mit der x^1-Achse den Winkel ϑ einschließt. Zu einem festen Zeitpunkt t — gemessen im ungestrichenen System — gilt also in der Konfigurationsebene $x^3 = x^{3'} = 0$ nach der *Lorentz*-Transformation

$$r' = \sqrt{\frac{(x^1)^2}{1-\beta^2} + (x^2)^2} = \frac{r}{\sqrt{1-\beta^2}} \sqrt{1-\beta^2 \sin^2 \vartheta};$$

$$\cos \vartheta' = \frac{\cos \vartheta}{\sqrt{1-\beta^2 \sin^2 \vartheta}}; \qquad \sin \vartheta' = \frac{\sqrt{1-\beta^2} \sin \vartheta}{\sqrt{1-\beta^2 \sin^2 \vartheta}}. \qquad \text{(VI 5, 45)}$$

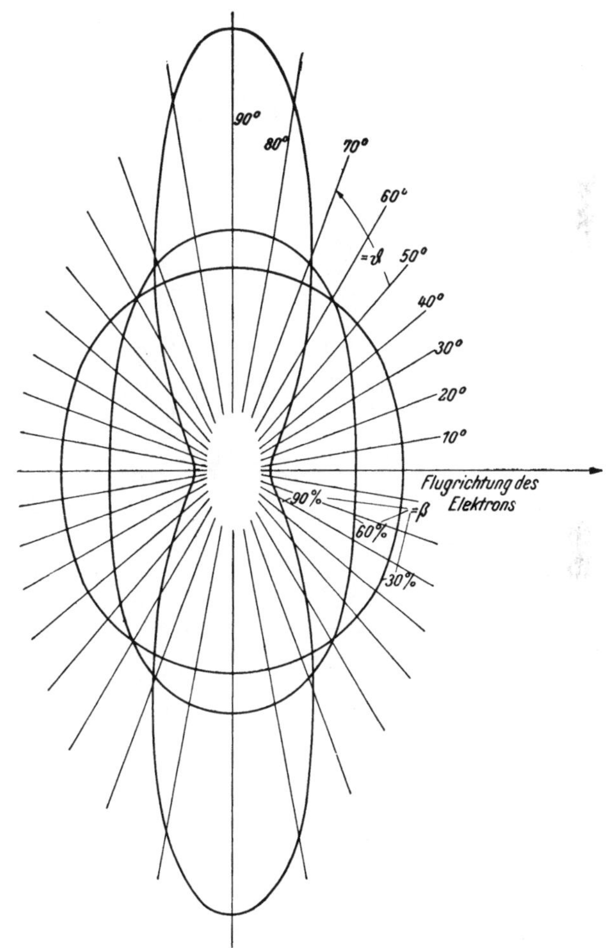

Abb. VI 1. Elektrisches Feld einer rasch bewegten Ladung in festem Abstand vom Zentrum. $\beta = \frac{v}{c}$ („Momentaufnahme").

Polardiagramm: $\frac{|E|\,(r)^2\, 4\pi\Delta}{|Q|} = \frac{1-\beta^2}{(1-\beta^2 \sin \vartheta)^{3/2}}$.

Daher entnimmt man aus (VI 5, 27) die elektrischen Feldkomponenten des ungestrichenen Systemes

$$E_1 = \frac{Q}{4\pi\Delta}\frac{1}{(r)^2}\frac{1-\beta^2}{(1-\beta^2\sin^2\vartheta)^{3/2}}\cos\vartheta;$$

$$E_2 = \frac{Q}{4\pi\Delta}\frac{1}{(r)^2}\frac{1-\beta^2}{(1-\beta^2\sin^2\vartheta)^{3/2}}\sin\vartheta; \qquad E_3 = 0 \quad \text{(VI 5, 46)}$$

oder, in (dreidimensionaler) vektorieller Zusammenfassung und Verallgemeinerung

$$E = \frac{Q}{4\pi\Delta}\frac{1-\beta^2}{(1-\beta^2\sin^2\vartheta)^{3/2}}\frac{r}{|r|^3}. \qquad \text{(VI 5, 47)}$$

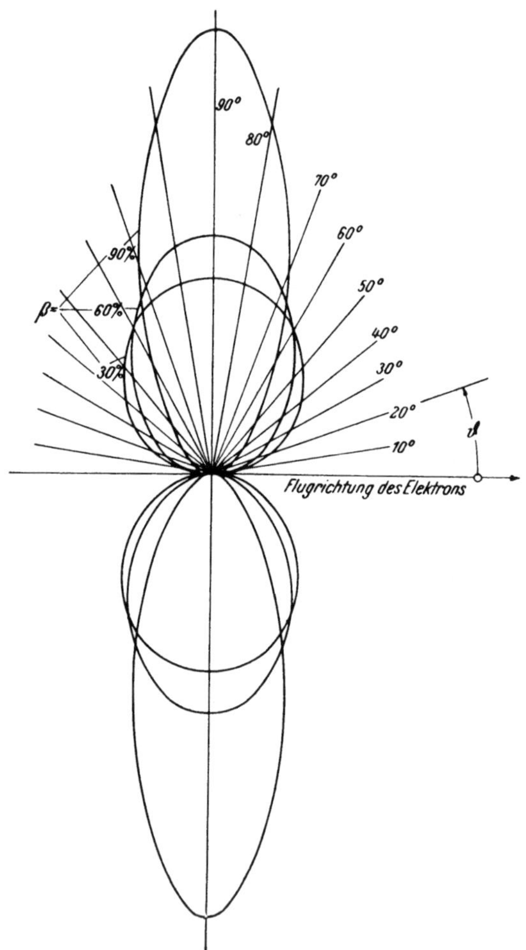

Abb. VI 2. Magnetfeld einer rasch bewegten Ladung in festem Abstand vom Zentrum. $\beta = \frac{v}{c}$ („Momentaufnahme").

Polardiagramm: $\frac{|H|\,(r)^2\,4\pi}{|Q|\,.\,v} = \frac{(1-\beta^2)\sin\vartheta}{(1-\beta^2\sin^2\vartheta)^{3/2}}$.

Gleich dem elektrischen Felde der ruhenden Ladung weist dieser Vektor parallel zum Radiusvektor r; doch konzentriert es sich mit wachsender numerischer Geschwindigkeit β mehr und mehr auf die Umgebung der Äquatorebene $\vartheta = \pi/2$ (Abb. VI 1).

Hand in Hand mit dem elektrischen Felde tritt im ungestrichenen System das Magnetfeld auf

$$H_1 = 0; \quad H_2 = 0; \quad H_3 = H^3 = \frac{1}{\Pi c} \frac{Q}{4\pi \Delta} \frac{1}{(r)^2} \frac{1-\beta^2}{(1-\beta^2 \sin^2 \vartheta)^{3/2}} \beta \sin\vartheta =$$

$$= \frac{Q v}{4\pi} \frac{1}{(r)^2} \frac{1-\beta^2}{(1-\beta^2 \sin^2\vartheta)^{3/2}} \sin\vartheta, \qquad \text{(VI 5, 48)}$$

dessen (dreidimensionale) Vektordarstellung lautet

$$H = \frac{Q}{4\pi} \frac{1-\beta^2}{(1-\beta^2 \sin^2\vartheta)^{3/2}} \frac{[v\, r]}{|r|^3}. \qquad \text{(VI 5, 49)}$$

Nach Abb. VI 2 erfüllt es ebenfalls vornehmlich die Umgebung der Äquatorebene.

VI 6. Die *Hertz*sche Lösung der elektromagnetischen Feldgleichungen.

a) Wir suchen Lösungen der *Maxwell*schen Feldgleichungen im leeren Raume. Um zunächst (VI 5, 9) zu erfüllen, führen wir nach *Hertz* einen dreidimensionalen Hilfsvektor Z der Konfigurationskoordinaten $x^j \equiv x_j$ ($j = 1, 2, 3$) und der Zeit t ein, aus welchem wir das Vektorpotential V und das Skalarpotential φ nach der Vorschrift bilden

$$V = \frac{1}{c^2} \frac{\partial Z}{\partial t}; \qquad \varphi = -\operatorname{div} Z. \qquad \text{(VI 6, 1)}$$

Demnach berechnen sich die dreidimensionalen Vektoren E des elektrischen und H des magnetischen Feldes aus dem *Hertz*schen Vektor Z mittels der Formeln

$$E = -\frac{\partial V}{\partial t} - \operatorname{grad}\varphi = -\frac{1}{c^2}\frac{\partial^2 Z}{\partial t^2} - \operatorname{grad}\operatorname{div} Z; \quad H = \frac{1}{\Pi} \operatorname{rot} V = \Delta \frac{\partial \operatorname{rot} Z}{\partial t}. \qquad \text{(VI 6, 2)}$$

Aus (VI 5, 11) und (VI 5, 15) folgt, daß jede *Kartesische* Komponente Z^j für sich der Wellengleichung gehorcht

$$\nabla^2 Z^j = \frac{1}{c^2} \frac{\partial^2 Z^j}{\partial t^2}. \qquad \text{(VI 6, 3)}$$

b) Ein Partikularintegral der Gl. (VI 6, 3) wird durch die *mit Lichtgeschwindigkeit* c *radial expandierende Kugelwelle* gegeben

$$Z^j = \frac{f^j\left(t - \frac{r}{c}\right)}{r}; \quad r = \sqrt{(r)^2}, \qquad \text{(VI 6, 4)}$$

wobei f^j eine willkürliche Funktion der um die „*Latenszeit*“ r/c retardierten Zeit

$$\bar{t} = t - \frac{r}{c} \qquad \text{(VI 6, 5)}$$

bedeutet. Zum Beweise dieser Behauptung bilden wir zunächst

$$\nabla \frac{f^j\left(t - \frac{c}{r}\right)}{r} = 1^k \left(-\frac{1}{r}\frac{df^j}{c\,d\bar{t}} - \frac{f^j}{r^2}\right)\frac{x_k}{r} \qquad \text{(VI 6, 6)}$$

und weiter

$$\nabla^2 \frac{f^j\left(t - \frac{r}{c}\right)}{r} = \left(\frac{2}{r^2}\frac{df^j}{c\,d\bar{t}} + \frac{1}{r}\frac{d^2f^j}{c^2 d\bar{t}^2} + \frac{2\,f^j}{r^3}\right)\frac{x_k\,x^k}{r^2} + \\ + \left(-\frac{1}{r}\frac{df^j}{c\,d\bar{t}} - \frac{f^j}{r^2}\right)\frac{3\,r^2 - x_k\,x^k}{r^3} = \frac{1}{r}\frac{d^2 f^j}{c^2 d\bar{t}^2} \qquad \text{(VI 6, 7)}$$

sowie

$$\frac{\partial^2}{\partial t^2}\left[\frac{f^j\left(t - \frac{r}{c}\right)}{r}\right] = \frac{1}{r}\frac{d^2 f^j}{d\bar{t}^2} \qquad \text{(VI 6, 8)}$$

im Einklang mit der Forderung (VI 6, 3).

c) Wir entnehmen der Lösung (VI 6, 4) mittels (VI 6. 1) das skalare Potential

$$\varphi = -\left(-\frac{1}{r}\frac{df^j}{c\,d\bar{t}} - \frac{f^j}{r^2}\right)\frac{x_j}{r}. \qquad \text{(VI 6, 9)}$$

Gemäß der hieraus folgenden Eigenschaft

$$\lim_{r\to 0}\,(r^3\,\varphi) = f^j\,(t)\,x_j \qquad \text{(VI 6, 10)}$$

nähert es sich in der Umgebung des Ursprunges $r \to 0$ („*Nahzone*“) der Funktion an

$$\varphi_0 = \frac{f^j\,(t)\,x_j}{r^3}. \qquad \text{(VI 6, 11)}$$

Führen wir also den zeitabhängigen, dreidimensionalen Vektor ein

$$\boldsymbol{m}\,(t) = \boldsymbol{1}_j\,m^j = \boldsymbol{1}_j\,4\,\pi\,\Delta\,f^j\,(t), \qquad \text{(VI 6, 12)}$$

so nimmt (VI 6, 11) die Gestalt an

$$\varphi_0 = \frac{(\boldsymbol{m}\,\boldsymbol{r})}{4\,\pi\,\Delta\,r^3}. \qquad \text{(VI 6, 13)}$$

Nach I 8, e) erkennt man hierin das Potential eines elektrischen Dipoles vom vektoriellen Moment $\boldsymbol{m}$; wir interpretieren $\boldsymbol{m}$ auf zweifachem Wege:

1. Im Ursprung befindet sich der feste, parallel zu $\boldsymbol{m}$ gerichtete lineare Leiter (Einheitsvektor $\boldsymbol{1}^{(m)}$), welcher als „Antenne“ an seinen Enden die

zeitlich veränderlichen Ladungen $\pm\, Q\,(t)$ trägt. Bei infinitesimaler Länge l der Antenne entsteht der *Hertz*sche Erreger vom Ladungsmoment

$$m\,(t) = \mathfrak{l}^{(m)}\, Q\, l. \qquad \text{(VI 6, 14)}$$

Sein Differentialquotient

$$\dot{m}\,(t) = \mathfrak{l}^{(m)} \frac{dQ}{dt}\, l = \mathfrak{l}^{(m)}\, J\, l \qquad \text{(VI 6, 15)}$$

definiert das Strommoment des *Hertz*schen Erregers; der Strom J fließt durch die Antenne von einem Ladungsträger zum andern.

2. Die invariable Ladung Q möge zur Zeit $t = 0$ den Ursprung O des Bezugssystemes passieren, während ihre Lage zur Zeit t durch den infinitesimalen Radiusvektor $s\,(t)$ gegeben sei. Sie erregt dann in einem Aufpunkt P (Radiusvektor r), welcher O hinreichend benachbart ist, das elektrische Skalarpotential

$$\varphi = \frac{Q}{4\pi\Delta}\frac{1}{|r - s|} = \frac{Q}{4\pi\Delta}\frac{1}{r} + \frac{Q}{4\pi\Delta}\frac{(s\,r)}{r^3} + \ldots = \frac{Q}{4\pi\Delta}\frac{1}{r} + \frac{(m\,r)}{4\pi\Delta\, r^3} + \ldots \qquad \text{(VI 6, 16)}$$

wobei nunmehr das Moment mittels

$$m\,(t) = Q\, s \qquad \text{(VI 6, 17)}$$

definiert ist.

d) Wir restituieren (VI 6, 12) in (VI 6, 4) und erhalten den *Hertz*schen Vektor in der Gestalt

$$Z = \frac{m\left(t - \frac{r}{c}\right)}{4\pi\Delta\, r} = \frac{m\,(\bar{t})}{4\pi\Delta\, r}. \qquad \text{(VI 6, 18)}$$

Mit den Abkürzungen $\dot{m} = \frac{\partial m}{\partial t} = \frac{dm}{dt}$; $\ddot{m} = \frac{\partial^2 m}{\partial t^2} = \frac{d^2 m}{dt^2}$ wird dann nach (VI 6, 1)

$$V = \frac{1}{c^2}\frac{\dot{m}\,(\bar{t})}{4\pi\Delta\, r}; \qquad \varphi = -\,\mathrm{div}\,\frac{m\,(\bar{t})}{4\pi\Delta\, r} \qquad \text{(VI 6, 19)}$$

und mittels (VI 6, 2), wegen $\Pi\,\Delta = 1/c^2$,

$$E = -\frac{1}{c^2}\frac{\ddot{m}\,(\bar{t})}{4\pi\Delta\, r} - \frac{1}{4\pi\Delta}\,\mathrm{grad\ div}\,\frac{m\,(\bar{t})}{r}; \quad H = \frac{1}{4\pi}\,\mathrm{rot}\left\{\frac{\dot{m}\,(\bar{t})}{r}\right\}. \qquad \text{(VI 6, 20)}$$

Man bestätigt an Hand dieser Gleichungen, daß sich das elektrische Feld der Nahzone in der Tat auf den Gradienten des skalaren Potentiales φ_0 nach (VI 6, 11) reduziert; hierdurch rechtfertigt sich nachträglich der Vergleich des dort herrschenden, zeitlich veränderlichen elektrischen Feldes mit dem Dipolfelde ruhender Ladungen. Doch offenbart sich die dynamische Natur der *Hertz*schen Lösung in dem gleichzeitig auftretenden

Magnetfelde: Indem wir in der Nahzone $m(\bar{t})$ mit $m(t)$ vertauschen, folgt das entsprechende Feld $H \to H_0$ aus (VI 6, 20) zu

$$H_0 = \frac{1}{4\pi}\,\mathrm{rot}\left\{\frac{\dot{m}(t)}{r}\right\} = \frac{1}{4\pi}\begin{vmatrix} 1_1 & 1_2 & 1_3 \\ \dfrac{\partial}{\partial x^1} & \dfrac{\partial}{\partial x^2} & \dfrac{\partial}{\partial x^3} \\ \dfrac{\dot{m}_1(t)}{r} & \dfrac{\dot{m}_2(t)}{r} & \dfrac{\dot{m}_3(t)}{r} \end{vmatrix} = \frac{[\dot{m}\,r]}{4\pi r^3}. \qquad \text{(VI 6, 21)}$$

Mit Benützung von (VI 6, 15) entspringt hieraus das *Biot-Savart*sche Elementargesetz des Magnetismus [vgl. II 9, d)]

$$H_0 = \frac{J\,l\,[1^{(m)}\,r]}{4\pi r^3}. \qquad \text{(VI 6, 22)}$$

e) Im Gegensatz zur Nahzone sind in der „Fernzone" nur jene Feldanteile merklich, welche bei der Entwicklung des gesamten Feldes nach reziproken Potenzen von r den niedersten Grad aufweisen. Dort findet man also das Skalarpotential vor

$$\varphi = -\frac{1}{4\pi\Delta r}\,\mathrm{div}\,m(\bar{t}) = \frac{\dot{m}^k x_k}{4\pi\Delta c r^2} = \frac{(\dot{m}\,r)}{4\pi\Delta c r^2}. \qquad \text{(VI 6, 23)}$$

In gleicher Genauigkeit folgt somit für das elektrische Feld

$$E = -\frac{1}{c^2}\frac{\ddot{m}}{4\pi\Delta r} - \frac{1}{4\pi\Delta c r^2}\,\mathrm{grad}\,(\dot{m}\,r) = \frac{(\ddot{m}\,r)\,r - (r)^2\,\ddot{m}}{4\pi\Delta c^2 r^3} = \frac{[r\,[r\,\ddot{m}]]}{4\pi\Delta c^2 r^3} \qquad \text{(VI 6, 24)}$$

und für das magnetische Feld

$$H = \frac{1}{4\pi r}\,\mathrm{rot}\,\dot{m}(\bar{t}) = \frac{1}{4\pi r}\begin{vmatrix} 1_1 & 1_2 & 1_3 \\ \dfrac{\partial}{\partial x^1} & \dfrac{\partial}{\partial x^2} & \dfrac{\partial}{\partial x^3} \\ \dot{m}_1 & \dot{m}_2 & \dot{m}_3 \end{vmatrix} = \frac{[\ddot{m}\,r]}{4\pi c r^2}. \qquad \text{(VI 6, 25)}$$

Entsprechend Abb. VI 3 liegt E in der Ebene der Vektoren $\ddot{m}$ und r und weist senkrecht zu r; dagegen steht H senkrecht auf dieser Ebene, also auch auf E. Da nun $|[r\,[r\,\ddot{m}]]| = |r|\,|[\ddot{m}\,r]|$ ist, entnimmt man aus (VI 6, 24) und (VI 6, 25) die Relation

$$\frac{|H|}{|E|} = \Delta c = \frac{1}{\sqrt{\dfrac{\Pi}{\Delta}}}. \qquad \text{(VI 6, 26)}$$

f) Die Kombination von E und H führt zur Kenntnis des Strahlvektors $S = [E\,H]$. Nach Abb. VI 3 weist in der Fernzone S parallel zu r. Dieses Ergebnis der Anschauung wird durch die Rechnung bestätigt und verschärft:

$$S = [E\,H] = \frac{1}{(4\pi c)^2\Delta c r^5}\left[\{(\ddot{m}\,r)\,r - (r)^2\,\ddot{m}\}\,[\ddot{m}\,r]\right] = \frac{(r)^2\,(\ddot{m})^2 - (r\,\ddot{m})^2}{(4\pi c)^2\Delta c r^5}\,r. \qquad \text{(VI 6, 27)}$$

Wir führen (Abb. VI 3) den Winkel ϑ zwischen der Richtung von $\ddot{m}\,(\overline{t})$ und r sowie den radialen Einheitsvektor $1^{(r)} = \frac{r}{|r|}$ ein und erhalten aus (VI 6, 27)

$$S = \frac{(\ddot{m})^2 \sin^2 \vartheta}{(4\pi c)^2 \Delta c r^2} 1^{(r)}. \qquad \text{(VI 6, 28)}$$

Nunmehr konstruieren wir um den Ursprung des Bezugssystemes die Kugel vom Halbmesser r. Durch die von den Nachbarkugeln ϑ und $(\vartheta + d\vartheta)$ aus der Kugelfläche ausgeschnittene infinitesimale Breitenzone dringt also die differentiale Leistung

$$dN = |S|\, 2\pi r^2 \sin\vartheta\, d\vartheta. \qquad \text{(VI 6, 29)}$$

Durch Integration von $\vartheta = 0$ bis $\vartheta = \pi$ folgt die gesamte *Strahlungsleistung*

$$N = \int\limits_{\vartheta=0}^{\pi} dN = \frac{(\ddot{m})^2}{6\pi c^2} \sqrt{\frac{\Pi}{\Delta}}. \qquad \text{(VI 6, 30)}$$

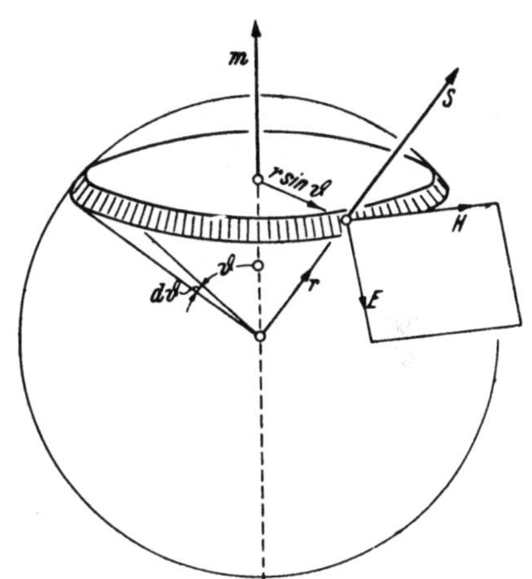

Abb. VI 3. Das Feld des *Hertz*schen Strahlers in der Fernzone.

Identifiziert man m (t) mit dem Ladungsmoment (VI 6, 14) eines *Hertz*schen Erregers und setzt es als periodische Funktion der Zeit an, so enthalten die Gleichungen (VI 6, 24), (VI 6, 25), (VI 6, 28) und (VI 6, 30) das physikalische Fundament der Radiotechnik.

g) Der Strahler möge sich relativ zum Konfigurationssystem der x^j mit der Geschwindigkeit v in Richtung seines Momentenvektors $\ddot{m}$ bewegen; welches ist nunmehr sein Strahlungsfeld?

Wir legen die x^1-Achse in die Richtung des (dreidimensionalen) Geschwindigkeitsvektors und führen neben dem *Minkowski*schen System der Weltkoordinaten $x^1, x^2, x^3, x^4 = i c t$ mittels der *Lorentz*-Transformation jenes gestrichene System $x^{1'}, x^{2'}, x^{3'}, x^{4'} = i c t'$ ein, in dessen räumlichem Ursprung der Strahler ruht. Da dann im gestrichenen System die vorstehend entwickelten Gleichungen zu Recht bestehen, entnehmen wir die in der Ebene $x^{3'} = 0$ der Fernzone herrschende Feldstruktur aus (VI 6, 24) und (VI 6, 25) zu

$$E_1' \equiv E^{1'} = -\frac{\ddot{m}' \sin^2\vartheta'}{4\pi\Delta c^2 r'}; \quad E_2' \equiv E^{2'} = \frac{\ddot{m}' \sin\vartheta' \cos\vartheta'}{4\pi\Delta c^2 r'}; \quad E_3' \equiv E^{3'} = 0 \qquad \text{(VI 6, 31)}$$

sowie

$$H^{1'} = 0; \quad H^{2'} = 0; \quad H^{3'} = \frac{\ddot{m}' \sin\vartheta'}{4\pi c r'}. \qquad \text{(VI 6, 32)}$$

Mittels der Gl. (VI 5, 27) transformieren wir sie auf das ungestrichene System und finden

$$E_1 = -\frac{\ddot{m}' \sin^2 \vartheta'}{4\pi \Delta c^2 r'}; \qquad E_2 = \frac{\ddot{m}' \sin \vartheta' (\cos \vartheta' + \beta)}{4\pi \Delta c^2 r' \sqrt{1-\beta^2}}; \qquad E_3 = 0 \qquad \text{(VI 6, 33)}$$

und

$$H^1 = 0; \qquad H^2 = 0; \qquad H^3 = \frac{\ddot{m}' \sin \vartheta' (1 + \beta \cos \vartheta')}{4\pi c r' \sqrt{1-\beta^2}}. \qquad \text{(VI 6, 34)}$$

Wir konstruieren nun im ungestrichenen System den Weltvektor $R_{(L)}$ vom Ursprung zum „Lichtpunkt“ L

$$R_{(L)} = 1_j x^j = 1_1 x^1 + 1_2 x^2 + 1_3 x^3 + 1_4 i r, \qquad \text{(VI 6, 35)}$$

welcher wegen $r = \sqrt{(x^1)^2 + (x^2)^2 + (x^3)^2}$ einen Nullvektor definiert; sein räumlicher Anteil schließt mit der x^1-Achse den Winkel ϑ ein. Im gestrichenen System lautet dieser Vierervektor

$$R_{(L)}' = 1_1 \frac{x^1 - \beta r}{\sqrt{1-\beta^2}} + 1_2 x^2 + 1_3 x^3 + 1_4 i \frac{r - \beta x^1}{\sqrt{1-\beta^2}}. \qquad \text{(VI 6, 36)}$$

Sein räumlicher Anteil besitzt die Länge

$$r' = \sqrt{\frac{(x^1 - \beta r)^2}{1-\beta^2} + (x^2)^2 + (x^3)^2} = \frac{r - \beta x^1}{\sqrt{1-\beta^2}} = r \frac{1 - \beta \cos \vartheta}{\sqrt{1-\beta^2}}. \qquad \text{(VI 6, 37)}$$

Der Winkel ϑ', welcher zwischen ihm und der $x^{1'}$-Achse eingeschlossen ist, berechnet sich daher mittels der Relationen

$$\cos \vartheta' = \frac{x^1 - \beta r}{r - \beta x^1} = \frac{\cos \vartheta - \beta}{1 - \beta \cos \vartheta};$$
$$\sin \vartheta' = \frac{\sqrt{(x^2)^2 + (x^3)^2}}{r - \beta x^1} \sqrt{1-\beta^2} = \sin \vartheta \frac{\sqrt{1-\beta^2}}{1 - \beta \cos \vartheta}. \qquad \text{(VI 6, 38)}$$

Der Strahler sei relativ zum ungestrichenen System durch die ungleichförmig bewegte, invariante Ladung Q mit dem Moment $\ddot{m}$ nach Gl. (VI 6, 17) gegeben; dann berechnet sich sein Moment im gestrichenen System mittels des Transformationsgesetzes (VI 2, 32) der Beschleunigung in Richtung der x^1-Achse zu

$$\ddot{m}' = \frac{Q \ddot{s}}{(1-\beta^2)^{3/2}} = \frac{\ddot{m}}{(1-\beta^2)^{3/2}}. \qquad \text{(VI 6, 39)}$$

Durch Substitution von (VI 6, 37), (VI 6, 38) und (VI 6, 39) in (VI 6, 33) und (VI 6, 34) erhält man

$$E_1 = -\frac{\ddot{m}}{4\pi \Delta c^2 r} \frac{\sin^2 \vartheta}{(1 - \beta \cos \vartheta)^3};$$
$$E_2 = \frac{\ddot{m}}{4\pi \Delta c^2 r} \frac{\sin \vartheta \cos \vartheta}{(1 - \beta \cos \vartheta)^3}; \qquad E_3 = 0 \qquad \text{(VI 6, 40)}$$

und

$$H^1 = 0; \qquad H^2 = 0; \qquad H^3 = \frac{\ddot{m}}{4\pi c r} \frac{\sin \vartheta}{(1 - \beta \cos \vartheta)^3}. \qquad \text{(VI 6, 41)}$$

Das elektrische Feld liegt also in der Ebene des (dreidimensionalen) Momentenvektors m und des Radiusvektors r und weist senkrecht zu r, während H senkrecht auf dieser Ebene steht. Wie im Falle des ruhenden Strahlers gilt

$$\frac{|E|}{|H|} = \frac{1}{\Delta\, c} = \sqrt{\frac{\Pi}{\Delta}}. \qquad \text{(VI 6, 42)}$$

Der Strahlvektor S ist demnach parallel zu r gerichtet und besitzt die Größe

$$|S| = \frac{(\ddot{m})^2}{(4\pi\, c)^2} \frac{1}{\Delta\, c\, r^2} \frac{\sin^2\vartheta}{(1-\beta\cos\vartheta)^6}. \qquad \text{(VI 6, 43)}$$

h) Wir wenden die Gesetze des bewegten Strahlers auf den Mechanismus der *Röntgenstrahlung* an: In der Röntgenröhre werden die der Kathode entnommenen Elektronen [Ladung $(-q_0)$, Ruhmasse m_0] durch die Anodenspannung U_a bis auf jene numerische Geschwindigkeit β_a beschleunigt, welche sich aus der Energiebilanz

$$m_0\, c^2 \left(\frac{1}{\sqrt{1-\beta_a{}^2}} - 1\right) = q_0\, U_a \qquad \text{(VI 6, 44)}$$

mittels der Formel berechnet

$$\beta_a = \frac{\sqrt{\left(1 + \frac{q_0\, U_a}{m_0\, c^2}\right)^2 - 1}}{1 + \frac{q_0\, U_a}{m_0\, c^2}}. \qquad \text{(VI 6, 45)}$$

Beim Eindringen in die Anode (Antikathode) parallel zur x^1-Achse werden diese Elektronen von $\beta = \beta_a$ auf $\beta = 0$ scharf abgebremst ($\ddot{s}^1 < 0$), so daß eine positive Momenten-Komponente $\ddot{m}^1 = -q_0\, \ddot{s}^1$ resultiert.

Die hierdurch entstehende „Bremsstrahlung" trägt nun durch die senkrecht zu S im Punkt $P = P(r, \vartheta)$ des ungestrichenen Konfigurationssystemes aufgestellte Kontrollfläche F (dreidimensionaler Einheits-Stellungsvektor $\mathit{1}^{(\vartheta)}$) eine gewisse Arbeit A hindurch, die wir berechnen wollen:

Zwischen den Zeitpunkten O und dt schreitet das Elektron nach Abb. VI 4 vom Ursprung O um den infinitesimalen (dreidimensionalen) Vektor $\mathit{1}_1\, v\, dt$ nach Q voran. Die Front derjenigen Strahlung, welche zum Beginn der Zeitrechnung den Ursprung O verlassen hat, erfüllt zur Zeit $(t + dt)$ die in O zentrierte Kugelfläche vom Halbmesser $c\,(t + dt)$; die Front jener „jüngeren" Strahlung hingegen, welche erst zum Zeitpunkt dt von Q ausging, erfüllt zur Zeit $(t + dt)$ entsprechend ihrer Lebenszeit t die in Q zentrierte Kugelfläche nur vom Halbmesser $c\, t$.

Bezeichnen wir mit dr den in Richtung $(\vartheta + d\vartheta)$ (Einheitsvektor $\mathit{1}^{(\vartheta+d\vartheta)}$) gemessenen Abstand beider Lichtfronten, so entnehmen wir Abb. VI 4 die dreidimensionale Vektorgleichung

$$\mathit{1}^{(\vartheta)}\, c\,(t + dt) = \mathit{1}^1\, v\, dt + \mathit{1}^{(\vartheta+d\vartheta)}\,(c\, t + dr). \qquad \text{(VI 6, 46)}$$

Durch skalare Multiplikation mit $1^{(\vartheta)}$ entsteht hieraus, bis auf infinitesimale Glieder höherer Ordnung

$$dr = (c - v\cos\vartheta)\,dt = (1 - \beta\cos\vartheta)\,c\,dt, \qquad \text{(VI 6, 47)}$$

so daß die Strahlung durch F während der Kontrollepoche das Volumen erfüllt

$$dT = F\,dr = (1 - \beta\cos\vartheta)\,F\,c\,dt. \qquad \text{(VI 6, 48)}$$

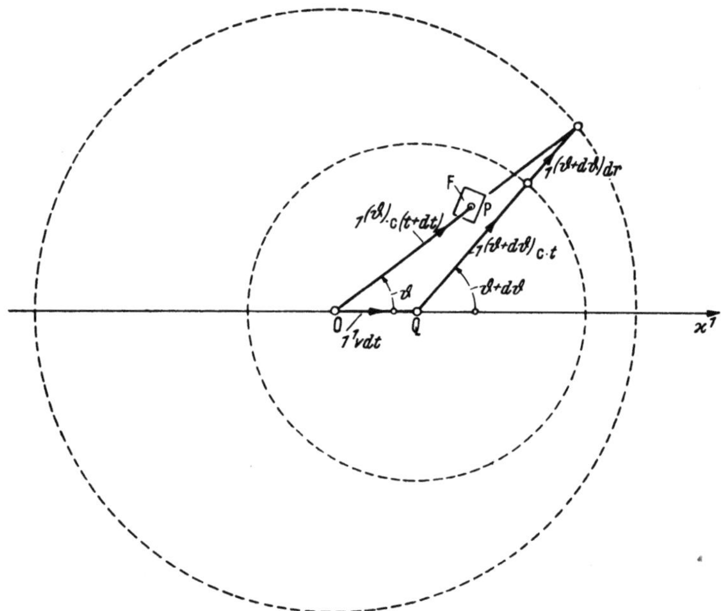

Abb. VI 4. Zur Berechnung der Strahlungsarbeit.

Da nun die Strahlung je Raumeinheit die Energie $|S|/c$ mit sich führt, entfällt auf die Kontrollepoche die Arbeit

$$dA = \frac{|S|}{c}\,dT = \frac{(\ddot{m})^2}{(4\pi c)^2}\,\frac{F}{\Delta\, c\, r^2}\,\frac{\sin^2\vartheta}{(1 - \beta\cos\vartheta)^5}\,dt. \qquad \text{(VI 6, 49)}$$

Mittels $\ddot{s}^1 = c\,d\beta/dt$ folgt hieraus unter Annahme konstanter Bremsverzögerung $|\ddot{s}|$ die gesuchte Arbeit A zu

$$A = \frac{q_0^2\,\ddot{s}^1}{(4\pi c)^2}\,\frac{F\sin^2\vartheta}{\Delta\, r^2}\int\limits_{\beta_a}^{0}\frac{d\beta}{(1 - \beta\cos\vartheta)^5} =$$

$$= \frac{q_0^2\,(-\ddot{s}^1)}{(4\pi c)^2}\,\frac{F\sin^2\vartheta}{\Delta\, r^2}\,\frac{1}{4\cos\vartheta}\left[\frac{1}{(1 - \beta\cos\vartheta)^4} - 1\right]. \qquad \text{(VI 6, 50)}$$

Hierin mißt F/r^2 den körperlichen Winkel Ω, unter welchem die Fläche F vom Strahlungszentrum aus erscheint. Daher liefert

$$\frac{A}{\Omega\, q_0\, U_a} = \frac{q_0\,(-\ddot{s}^1)}{(4\pi c)^2\, U_a\,\Delta}\,\frac{\sin^2\vartheta}{4\cos\vartheta}\left[\frac{1}{(1 - \beta\cos\vartheta)^4} - 1\right] \qquad \text{(VI 6, 51)}$$

den Wirkungsgrad der Röntgen-Bremsstrahlung in ihrer Abhängigkeit von der Richtung ϑ der Röntgen-Beleuchtung. Aus Abb. VI 5 entnimmt man, daß sich mit wachsender numerischer Einfallsgeschwindigkeit β_a die Richtung der maximalen Strahlungsarbeit mehr und mehr der Einfallsrichtung des Kathodenstrahles annähert. Allerdings wird dieser Effekt durch die von den abgebremsten Elektronen angeregte Eigenstrahlung der Antikathoden-Atome teilweise verwischt.

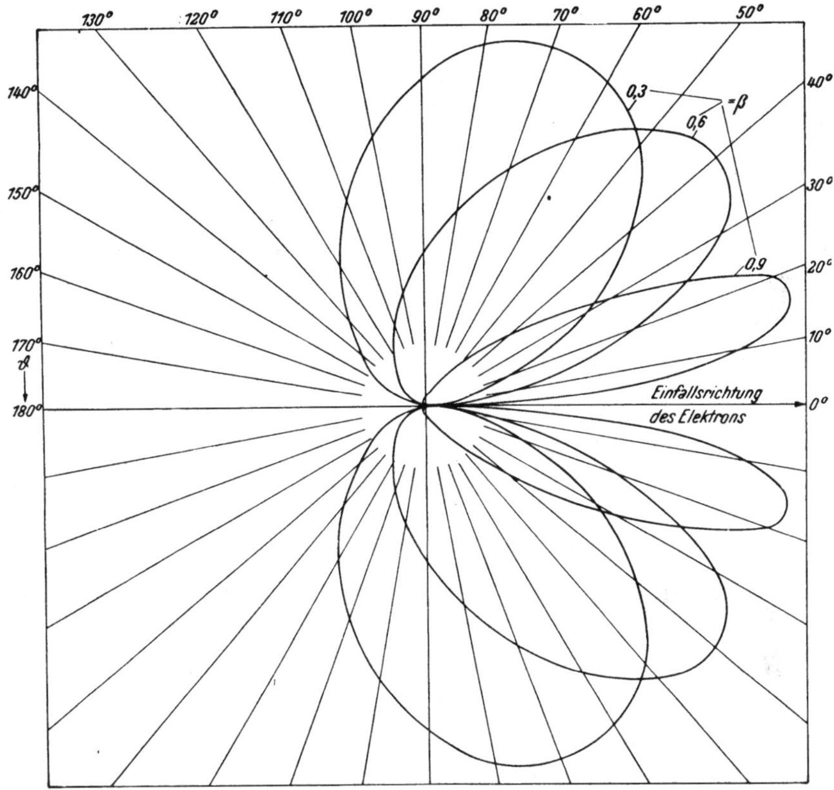

Abb. VI 5. Polardiagramm für die Richtungsverteilung der *Röntgen*-Bremsstrahlung:

$$\frac{A}{\Omega\, q_0\, U_a} = f(\vartheta); \text{ Parameter } \beta.$$

Als Einheit dient jedesmal das Maximum.

VI 7. Kinematik ebener elektromagnetischer Wellen im Vakuum.

a) Gegeben sei im System der *Kartesischen* Konfigurationskoordinaten $x^j \equiv x_j$ $(j = 1, 2, 3)$ ein elektromagnetischer Oszillator, welcher monochromatische Wellen der Kreisfrequenz ω ausstrahlt. Er sei so weit vom Ursprung O entfernt, daß dort die Wellen als eben betrachtet werden dürfen; ihre Wellennormale sei durch den Einheitsvektor gegeben

$$7^{(s)} = \sum_j 7_j \cos(s, j). \qquad \text{(VI 7, 1)}$$

Neben den x^j führen wir die ebenfalls *Kartesischen* Koordinaten $\xi^j = \xi_j$ $(j = 1, 2, 3)$ ein, deren ξ'-Achse parallel zu $7^{(s)}$ orientiert sei. In ihm liefern die *Maxwell*schen Feldgleichungen als Differentialgesetze der untersuchten Wellen

$$\operatorname{rot} H = 7_1\, 0 + 7_2 \left(-\frac{\partial H_3}{\partial \xi^1}\right) + 7_3 \frac{\partial H_2}{\partial \xi^1} = \Delta \frac{\partial}{\partial t} (7_1 E^1 + 7_2 E^2 + 7_3 E^3) \qquad \text{(VI 7, 2)}$$

sowie

$$\operatorname{rot} E = 7_1\, 0 + 7_2 \left(-\frac{\partial E_3}{\partial \xi^1}\right) + 7_3 \frac{\partial E_2}{\partial \xi^1} = -\Pi \frac{\partial}{\partial t} (7_1 H^1 + 7_2 H^2 + 7_3 H^3). \qquad \text{(VI 7, 3)}$$

Die Feldkomponenten E^1 und H^1 sind hiernach zeitlich konstant, so daß sie dem monochromatischen Strahlungsvorgang nicht angehören. Die verbleibenden Gleichungen schildern zwei voneinander unabhängige Teilvorgänge:

$$1. \quad -\frac{\partial H_3}{\partial \xi^1} \equiv -\frac{\partial H^3}{\partial \xi_1} = \Delta \frac{\partial E^2}{\partial t}, \qquad \frac{\partial E_2}{\partial \xi^1} \equiv -\frac{\partial E^2}{\partial \xi_1} = -\Pi \frac{\partial H^3}{\partial t} \qquad \text{(VI 7, 4)}$$

und

$$2. \quad -\frac{\partial H_2}{\partial \xi^1} \equiv -\frac{\partial H^2}{\partial \xi_1} = \Delta \frac{\partial E^3}{\partial t}, \qquad -\frac{\partial E_3}{\partial \xi^1} \equiv -\frac{\partial E^3}{\partial \xi_1} = -\Pi \frac{\partial H^2}{\partial t}. \qquad \text{(VI 7, 5)}$$

b) Da sich die Vorgänge (VI 7, 4) und (VI 7, 5) in ihrem dynamischen Charakter nicht voneinander unterscheiden, dürfen wir uns etwa auf (VI 7, 4) beschränken. Der Ansatz

$$E^2 = \operatorname{Re}(\overline{E}^2 e^{-i\omega t}); \qquad H^3 = \operatorname{Re}(\overline{H}^3 e^{-i\omega t}) \qquad \text{(VI 7, 6)}$$

liefert dann für die komplexen Amplituden $\overline{E}^2$ und $\overline{H}^3$ die simultanen Gleichungen

$$-\frac{d\overline{H}^3}{d\xi_1} = -\Delta\, i\, \omega\, \overline{E}^2; \qquad \frac{d\overline{E}^2}{d\xi_1} = \Pi\, i\, \omega\, \overline{H}^3. \qquad \text{(VI 7, 7)}$$

Eliminiert man etwa das magnetische Feld, so entsteht

$$\frac{d^2\overline{E}^2}{(d\xi_1)^2} = -\Pi \Delta\, \omega^2\, \overline{E}^2 = -\frac{\omega^2}{c^2} \overline{E}^2. \qquad \text{(VI 7, 8)}$$

Diese Differentialgleichung besitzt die zwei Lösungen

$$\overline{E}^2 = \overline{E}^2_+\, e^{i \frac{\omega}{c} \xi} \qquad \text{(VI 7, 9)}$$

und

$$\overline{E}^2 = \overline{E}^2_- e^{-i \frac{\omega}{c} \xi_1}. \qquad \text{(VI 7, 10)}$$

Die Integrationskonstanten $\overline{E}^2_+$, $\overline{E}^2_-$ messen die komplexen Feldamplituden im Ursprung. Die Lösung (VI 7, 9) schildert, nach Ausweis von (VI 7, 6), die fortschreitende Welle

$$\overline{E}^2 = \mathrm{Re}\left\{\overline{E}^2_+ e^{i \frac{\omega}{c} (\xi_1 - c t)}\right\} \qquad \text{(VI 7, 11)}$$

während (VI 7, 10) die rückschreitende Welle beschreibt

$$\overline{E}^2 = \mathrm{Re}\left\{\overline{E}^2_- e^{-i \frac{\omega}{c} (\xi_1 + c t)}\right\}. \qquad \text{(VI 7, 12)}$$

Da der Strahler in $\xi_1 \rightarrow (-\infty)$ zu denken ist, könnte die rückschreitende Welle nur von einem im Halbraum $\xi_1 > 0$ befindlichen, reflektierenden Körper herrühren, so daß im leeren Raume nur der Lösung (VI 7, 9) physikalische Realität zukommt. Wir ergänzen sie durch Angabe des Magnetfeldes

$$\overline{H}^3 = \frac{1}{\Pi i \omega} \frac{d\overline{E}^2}{d\xi_1} = \frac{1}{\Pi c} \overline{E}^2_+ e^{i \frac{\omega}{c} \xi_1}; \qquad H^3 = \frac{E^2}{\Pi c}. \qquad \text{(VI 7, 13)}$$

c) Wir transformieren die Welle (VI 7, 9), (VI 7, 13) mittels einer dreidimensionalen Drehung auf das System der x_j ($j = 1, 2, 3$). Es soll also identisch in t gelten

$$\mathit{1}_i \, E^i (\xi_j, t) = \mathit{1}_k \, E^k (x_j, t) \qquad \text{(VI 7, 14)}$$

und

$$\mathit{1}_i \, H^i (\xi_j, t) = \mathit{1}_k \, H^k (x_j, t). \qquad \text{(VI 7, 15)}$$

Diese Bedingungen sind mit den komplexen Ansätzen (VI 7, 6) nur dann verträglich, falls die Phase

$$\varphi = \frac{\omega}{c} (\xi_1 - \omega t) \qquad \text{(VI 7, 16)}$$

bei der Transformation invariant bleibt. Wegen

$$\xi_1 = (\mathit{1}^{(s)} \{\mathit{1}^1 x_1 + \mathit{1}^2 x_2 + \mathit{1}^3 x_3\}) = \sum_j x_j \cos(s, j) \qquad \text{(VI 7, 17)}$$

lautet also der Phasenskalar im System der Konfigurationskoordinaten x_j

$$\varphi = \frac{\omega}{c} \left\{ \sum_j x_j \cos(s, j) - c t \right\}. \qquad \text{(VI 7, 18)}$$

Die komplexen Amplituden transformieren sich dann, im Einklang mit den Regeln der Vektorrechnung, auf das System der x^j nach den Formeln

$$\overline{E}^j_+ = \overline{E}^2_+ \cos(\xi_2, x^j); \qquad \overline{H}^k_+ = \frac{\overline{E}^2_+}{\Pi c} \cos(\xi_3, x^k). \qquad \text{(VI 7, 19)}$$

Hiernach schwingen die sechs Feldkomponenten $\overline{E}^j$, $\overline{H}^k$ nicht nur untereinander synchron, sondern auch gleichphasig.

d) Wir gehen zur Beschreibung der Welle im *Minkowski*schen Bezugssystem $x^j \equiv x_j$ ($j = 1, 2, 3, 4$) über. Auf Grund derselben Überlegung, welche oben zur Begründung des skalaren Charakters von (VI 7, 16) herangezogen wurden, ist nunmehr die Invarianz von

$$\varphi = \frac{\omega}{c}\{x_1 \cos(s, 1) + x_2 \cos(s, 2) + x_3 \cos(s, 3) - c\,t\} \qquad \text{(VI 7, 20)}$$

zu fordern. Aus dem Welt-Vektorcharakter von $r = 1^j\, x_j$ folgt somit, daß

$$g = \frac{\omega}{c}\{1_1 \cos(s, 1) + 1_2 \cos(s, 2) + 1_3 \cos(s, 3) + 1_4\, i\} \qquad \text{(VI 7, 21)}$$

einen Vierervektor definiert: Den *Phasengradienten.* Da seine Norm verschwindet

$$(g)^2 = \left(\frac{\omega}{c}\right)^2 \{\cos^2(s, 1) + \cos^2(s, 2) + \cos^2(s, 3) - 1\} = 0, \qquad \text{(VI 7, 22)}$$

repräsentiert er einen Nullvektor. Umgekehrt gilt nun

$$\varphi = (r\, g), \qquad \text{(VI 7, 23)}$$

so daß wir mit Rücksicht auf (VI 7, 19) den elektromagnetischen Sechservektor im System der x^j ($j = 1, 2, 3, 4$) erhalten:

$$E^j = \mathrm{Re}\{\overline{E}{}^2_+ \cos(\xi_2, x^j)\, e^{i(r\,g)}\}; \qquad H^k = \mathrm{Re}\left\{\frac{\overline{E}{}^2_+}{\Pi c} \cos(\xi_3, x^k)\, e^{i(r\,g)}\right\}. \qquad \text{(VI 7, 24)}$$

e) Wir gehen vom *Minkowski*schen System der $x^j \equiv x_j$ zum gestrichenen System $x^{j\prime} \equiv x_{j\prime}$ über, welches aus dem ungestrichenen durch die *Lorentz*-Transformation (VI 1, 36) hervorgeht. Die transformierten Komponenten des Sechservektors setzen wir in der Form an

$$E^{j\prime} \equiv E_{j\prime} = \mathrm{Re}\{\overline{E}{}'_{j+}\, e^{i(r'\,g')}\}; \qquad H^{k\prime} \equiv H_{k\prime} = \mathrm{Re}\{\overline{H}{}^{k\prime}_+\, e^{i(r'\,g')}\}. \qquad \text{(VI 7, 25)}$$

Mit Rücksicht auf (VI 7, 23) ist

$$(r\, g) = (r'\, g') = \varphi, \qquad \text{(VI 7, 26)}$$

so daß wir aus (VI 5, 27) — nach Vorzeichenumkehr von v und Vertauschung der gestrichenen mit den ungestrichenen Größen — entnehmen

$$\begin{aligned}
\overline{E}{}'_{1+} &= \cos(\xi_2, x^1) \cdot \overline{E}_{2+}; & \overline{H}{}^{1\prime}_+ &= \cos(\xi_3, x^1) \cdot \frac{\overline{E}_{2+}}{\Pi c}\\
\overline{E}{}'_{2+} &= \frac{\cos(\xi_2, x^2) - \beta\cos(\xi_3, x^3)}{\sqrt{1-\beta^2}}\,\overline{E}_{2+}; & \overline{H}{}^{2\prime}_+ &= \frac{\cos(\xi_3, x^2) + \beta\cos(\xi_2, x^3)}{\sqrt{1-\beta^2}}\,\frac{\overline{E}_{2+}}{\Pi c}\\
\overline{E}{}'_{3+} &= \frac{\cos(\xi_2, x^3) + \beta\cos(\xi_3, x^2)}{\sqrt{1-\beta^2}}\,\overline{E}_{2+}; & \overline{H}{}^{3\prime}_+ &= \frac{\cos(\xi_3, x^3) - \beta\cos(\xi_2, x^2)}{\sqrt{1-\beta^2}}\,\frac{\overline{E}_{2+}}{\Pi c}
\end{aligned} \qquad \text{(VI 7, 27)}$$

f) Während die Relationen (VI 7, 27) die dynamischen Gesetze der Wellen-Transformation aussprechen, vermittelt (VI 7, 26) die kinematischen Beziehungen zwischen den Bestimmungsgrößen des Strahlungsvorganges in den verglichenen Bezugssystemen. Durch abermalige Benützung der *Lorentz*-Transformation (VI 1, 36) folgt somit aus (VI 7, 21) der Phasengradient im gestrichenen System zu

$$g' = \mathfrak{1}_1\left\{\frac{\omega}{c}\cos(s,1)\cos i\psi - \frac{\omega}{c} i \sin i\psi\right\} + \mathfrak{1}_2\frac{\omega}{c}\cos(s,2) + \\ + \mathfrak{1}_3\frac{\omega}{c}\cos(s,3) + \mathfrak{1}_4\left\{\frac{\omega}{c}\cos(s,1)\sin i\psi + \frac{\omega}{c} i \cos i\psi\right\}. \quad \text{(VI 7, 28)}$$

Wir ersetzen hierin den imaginären Drehungswinkel ψ durch den Parameter β der Relativbewegung und erhalten

$$g' = \mathfrak{1}_1\frac{\omega}{c}\frac{\cos(s,1)-\beta}{\sqrt{1-\beta^2}} + \mathfrak{1}_2\frac{\omega}{c}\cos(s,2) + \mathfrak{1}_3\frac{\omega}{c}\cos(s,3) + \\ + \mathfrak{1}_4 i\frac{\omega}{c}\frac{-\beta\cos(s,1)+1}{\sqrt{1-\beta^2}}. \quad \text{(VI 7, 29)}$$

Ein dem gestrichenen Bezugssystem verhafteter Beobachter mißt die Kreisfrequenz der Wellen zu ω', während er als Richtungskosinus der Konfigurationsachsen $x_j{}'$ gegen die Wellennormale die Größen $\cos(s, j')$ ($j' = 1, 2, 3$) konstatiert. Er berechnet also den Phasengradienten, analog (VI 7, 21), mittels

$$g' = \frac{\omega'}{c}\{\mathfrak{1}_1\cos(s,1') + \mathfrak{1}_2\cos(s,2') + \mathfrak{1}_3\cos(s,3') + \mathfrak{1}_4 i\}. \quad \text{(VI 7, 30)}$$

Daher führt der Vergleich mit (VI 7, 29) zu den Schlüssen

$$\frac{\omega}{c}\frac{\cos(s,1)-\beta}{\sqrt{1-\beta^2}} = \frac{\omega'}{c}\cos(s,1'); \quad \frac{\omega}{c}\cos(s,2) = \frac{\omega'}{c}\cos(s,2'); \\ \frac{\omega}{c}\cos(s,3) = \frac{\omega'}{c}\cos(s,3'); \quad \frac{\omega}{c}\frac{1-\beta\cos(s,1)}{\sqrt{1-\beta^2}} = \frac{\omega'}{c}. \quad \text{(VI 7, 31)}$$

Aus der letzten dieser Relationen entnimmt man die Frequenzänderung beim Übergang vom ungestrichenen auf das gestrichene System, den sogenannten *Doppler-Effekt*:

$$\frac{\omega'}{\omega} = \frac{1-\beta\cos(s,1)}{\sqrt{1-\beta^2}}. \quad \text{(VI 7, 32)}$$

Eliminiert man mittels (VI 7, 32) das Verhältnis ω'/ω aus den ersten der Formeln (VI 7, 31), so ergeben sich die Richtungskosinus der Wellennormale gegen die räumlichen Achsen des gestrichenen Systemes mittels der *Aberrationsformeln*:

$$\cos(s,1') = \frac{\cos(s,1)-\beta}{1-\beta\cos(s,1)}; \quad \text{(VI 7, 33)} \\ \cos(s,2') = \frac{\sqrt{1-\beta^2}}{1-\beta\cos(s,1)}\cos(s,2); \quad \cos(s,3') = \frac{\sqrt{1-\beta^2}}{1-\beta\cos(s,1)}\cos(s,3).$$

g) Auf Grund der entwickelten Gleichungen kann man die vorangehenden Überlegungen durch Hinzunahme der Reflexionsvorgänge vervollständigen. Denn die rücklaufende Welle geht ja im ungestrichenen Bezugssystem aus der voranschreitenden Welle formal dadurch hervor, daß man jeden der Richtungskosinus cos (s, j) und cos (s, j′) mit den entsprechenden Größen der rücklaufenden Welle (Index r) vertauscht.

Man denke sich nun im ungestrichenen System einen Planspiegel fest aufgestellt, dessen Spiegelebene senkrecht zum Einheitsvektor $\mathfrak{1}^{(s)}$ orientiert ist. Dann bestimmt sich die Wellennormale $\mathfrak{1}^{(s)}_{(r)}$ der rücklaufenden Welle aus dem Reflexionsgesetz

$$\mathfrak{1}^{(s)}_{(r)} = -\mathfrak{1}^{(s)}. \tag{VI 7, 34}$$

Einem Beobachter, welcher im Ursprung des gestrichenen Systemes ruht, nähert sich dieser Spiegel mit der Geschwindigkeit v parallel zur $x^{1'}$-Achse. Die von ihm wahrgenommene Kreisfrequenz $\omega'_{(r)}$ der rücklaufenden Welle folgt also aus (VI 7, 32) und (VI 7, 34) zu

$$\frac{\omega_{(r)}'}{\omega} = \frac{1-\beta\cos(s_{(r)}, 1)}{\sqrt{1-\beta^2}} = \frac{1+\beta\cos(s, 1)}{\sqrt{1-\beta^2}}, \tag{VI 7, 35}$$

während die Richtung dieser Welle relativ zum gestrichenen System gemäß (VI 7, 33) durch die Gleichungen bestimmt wird

$$\cos(s_{(r)}, 1') = \frac{\cos(s_{(r)}, 1) - \beta}{1-\beta\cos(s_{(r)}, 1)} = -\frac{\cos(s, 1)+\beta}{1+\beta\cos(s, 1)}$$

$$\cos(s_{(r)}, 2') = \frac{\sqrt{1-\beta^2}}{1-\beta\cos(s_{(r)}, 1)}\cos(s_{(r)}, 2) = -\frac{\sqrt{1-\beta^2}}{1+\beta\cos(s, 1)}\cos(s, 2)$$

$$\cos(s_{(r)}, 3') = \frac{\sqrt{1-\beta^2}}{1-\beta\cos(s_{(r)}, 1)}\cos(s_{(r)}, 3) = -\frac{\sqrt{1-\beta^2}}{1+\beta\cos(s, 1)}\cos(s, 3). \tag{VI 7, 36}$$

Wir gelangen von hier zu den Gesetzen der Reflexion am bewegten Spiegel, indem wir die auf das ungestrichene System bezüglichen kinematischen Bestimmungsstücke der fortschreitenden Welle durch ihre Daten im gestrichenen System ersetzen. Zunächst entnimmt man (VI 7, 33)

$$\cos(s, 1) = \frac{\beta+\cos(s, 1')}{1+\beta\cos(s, 1')}; \qquad \cos(s, 2) = \frac{\sqrt{1-\beta^2}}{1+\beta\cos(s, 1')}\cos(s, 2');$$

$$\cos(s, 3) = \frac{\sqrt{1-\beta^2}}{1+\beta\cos(s, 1')}\cos(s, 3'). \tag{VI 7, 37}$$

Durch Verbindung von (VI 7, 35) mit (VI 7, 32) und (VI 7, 37) finden wir den *Doppler-Effekt* der Reflexion am bewegten Spiegel

$$\frac{\omega_{(r)}'}{\omega'} = \frac{\omega_{(r)}'}{\omega}\frac{\omega}{\omega'} = \frac{1+\beta\cos(s, 1)}{1-\beta\cos(s, 1)} = \frac{1+2\beta\cos(s, 1')+\beta^2}{1-\beta^2} \tag{VI 7, 38}$$

während die Aberrationsformeln lauten

$$\cos(s_{(r)}, 1') = -\frac{(1+\beta^2)\cos(s, 1') + 2\beta}{1+\beta^2+2\beta\cos(s, 1')};$$

$$\cos(s_{(r)}, 2') = -\frac{(1-\beta^2)\cos(s, 2')}{1+\beta^2+2\beta\cos(s, 1')}; \qquad \text{(VI 7, 39)}$$

$$\cos(s_{(r)}, 3') = -\frac{(1-\beta^2)\cos(s, 3')}{1+\beta^2+2\beta\cos(s, 1')}.$$

In der Technik stützt man sich auf diese Ergebnisse bei den Suchverfahren rasch fliegender Luftfahrzeuge mittels elektromagnetischer Wellen (*Radar*).

VI 8. Die Kräfte der *Minkowski*schen Elektrodynamik.

a) Aus dem Feldtensor F nach Gl. (VI 5, 22) und dem Viererstrom j^* nach Gl. (VI 5, 40) bilden wir durch äußere Multiplikation einen Tensor dritter Stufe T mit den gemischten Komponenten

$$T_{ik}{}^{l} = F_{ik}\, j^{*l} \qquad \text{(VI 8, 1)}$$

und aus ihm durch die Verjüngung $k \to l$ einen Vierervektor f^* mit den kovarianten Komponenten

$$f_i{}^* = F_{ik}\, j^{*k}. \qquad \text{(VI 8, 2)}$$

Für $i = 1$ erhält man beispielsweise

$$f_1^* = B^3 \varrho\, w^2 - B^2 \varrho\, w^3 - \frac{\sqrt{-1}}{c} E_1 \sqrt{-1}\, c\, \varrho = \varrho\,(E_1 - B^2 w^3 + B^3 w^3) \qquad \text{(VI 8, 3)}$$

und für $i = 4$

$$f_4^* = \frac{\sqrt{-1}}{c} E_1\, \varrho\, w^1 + \frac{\sqrt{-1}}{c} E_2\, \varrho\, w^2 + \frac{\sqrt{-1}}{c} E_3\, \varrho\, w^3 =$$
$$= \frac{\sqrt{-1}}{c}\, \varrho\,(E_1 w^1 + E_2 w^2 + E_3 w^3). \qquad \text{(VI 8, 4)}$$

Die räumlichen Komponenten von f^* ($k = 1, 2, 3$) stimmen also mit den jeweils gleichnamigen Komponenten der dreidimensionalen *Lorentz*schen Kraftdichte überein, während die zeitliche Komponente die mit $\left(\frac{\sqrt{-1}}{c}\right)$ multiplizierte Leistung v dieser Kräfte je Raumeinheit angibt. Auf Grund der Ergebnisse von VI 4, g), ist daher der Vierervektor f^*, wie bereits durch seine formelmäßige Bezeichnung angedeutet, als (*Newton*sche) Kraftdichte des elektromagnetischen Feldes zu deuten.

b) Aus den Tensoren zweiter Stufe F nach Gl. (VI 5, 22) und G nach Gl. (VI 5, 24) bilden wir mittels äußerer Multiplikation einen Tensor Π der vierten Stufe mit den gemischten Komponenten

$$\Pi_{ij}{}^{kl} = F_{ij}\, G^{kl}. \qquad \text{(VI 8, 5)}$$

Durch die Verjüngung k → j steigen wir zu dem Tensor zweiter Stufe Π^* herab, dessen gemischte Komponenten lauten

$$\Pi^{*\,l}_{i} = F_{ij}\, G^{jl}. \tag{VI 8, 6}$$

Nochmalige Verjüngung l → i liefert den Skalar

$$\Pi_0 = \Pi^{*\,i}_{i} = F_{ij}\, G^{ji}. \tag{VI 8, 7}$$

Wir erweitern (VI 8, 7) mit dem gemischten Einheitstensor δ^i_l und kehren hierdurch zu einem Tensor zweiter Stufe zurück, welcher — nach Umbenennung der Summationsindizes — lautet

$$\Pi^{\,l}_{0i} = \delta^l_i\, F_{kj}\, G^{jk}. \tag{VI 8, 8}$$

Schließlich bilden wir aus (VI 8, 6) und (VI 8, 8) den Tensor zweiter Stufe Θ mit gemischten Komponenten

$$\Theta^i_l = \Pi^{*l}_{\ i} - \frac{1}{4}\Pi^{\,l}_{0i} = F_{ij}\, G^{jl} - \frac{1}{4}\delta^l_i\, F_{kj}\, G^{jk} = \Theta^l_{\ i}. \tag{VI 8, 9}$$

Beispielsweise entsteht für i = 1, l = 1

$$\Theta^1_1 = F_{1j}\, G^{j1} - \frac{1}{4}\,1\, F_{kj}\, G^{jk} = -B^3 H_3 - B^2 H_2 + E_1 D^1 +$$

$$+ \frac{1}{2}(B^3 H_3 + B^2 H_2 + B^1 H_1 - E_1 D^1 - E_2 D^2 - E_3 D^3) \tag{VI 8, 10}$$

und analoge Ausdrücke gelten für i = 2, l = 2 und i = 3, l = 3. Dagegen erhält man für i = 4, l = 4

$$\Theta^4_4 = E_1 D^1 + E_2 D^2 + E_3 D^3 +$$

$$+ \frac{1}{2}(B^3 H_3 + B^2 H_2 + B^1 H_1 - E_1 D^1 - E_2 D^2 - E_3 D^3). \tag{VI 8, 11}$$

Wir führen die (Freie) elektromagnetische Energiedichte w des dreidimensionalen Konfigurationsraumes ein

$$w = \frac{1}{2}(E_1 D^1 + E_2 D^2 + E_3 D^3) + \frac{1}{2}(H_1 B^1 + H_2 B^2 + H_3 B^3) \tag{VI 8, 12}$$

und erhalten aus (VI 8, 10)

$$\Theta^1_1 = \frac{1}{2}(E_1 D^1 + H_1 B^1) - w \tag{VI 8, 13}$$

und aus (VI 8, 11)

$$\Theta^4_4 = w. \tag{VI 8, 14}$$

Falls i ≠ l und diese beiden Zahlen der Reihe 1, 2, 3 angehören, ergibt sich

$$\Theta^i_l = H_i\, B^l + E_i\, D^l. \tag{VI 8, 15}$$

Endlich findet sich beispielsweise für i = 1, l = 4

$$\Theta^1_4 = -B^3\, i\, c\, D^2 + B^2\, i\, c\, D^3 = -\frac{i}{c}(E_2 H^3 - E_3 H^2) = -\frac{i}{c} S^1 \quad (i = \sqrt{-1}), \tag{VI 8, 16}$$

wobei — in dreidimensionaler Schreibweise —

$$S = [E\,H] \tag{VI 8, 17}$$

den (dreidimensionalen) *Poynting*schen Strahlvektor bezeichnet.

Wir fassen diese Ergebnisse in der Matrix des Tensors Θ zusammen:

$$\Theta_1^1 = E_1 D^1 + H_1 B^1 - w;\; \Theta_2^1 = E_1 D^2 + H_1 B^2;\; \Theta_3^1 = E_1 D^3 + H_1 B^3;\; \Theta_4^1 = -\frac{\sqrt{-1}}{c} S^1;$$

$$\Theta_1^2 = E_2 D^1 + H_2 B^1;\; \Theta_2^2 = E_2 D^2 + H_2 B^2 - w;\; \Theta_3^2 = E_2 D^3 + H_2 B^3;\; \Theta_4^2 = -\frac{\sqrt{-1}}{c} S^2;$$

$$\Theta_1^3 = E_3 D^1 + H_3 B^1;\; \Theta_2^3 = E_3 D^2 + H_3 B^2;\; \Theta_3^3 = E_3 D^3 + H_3 B^3 - w;\; \Theta_4^3 = -\frac{\sqrt{-1}}{c} S^3;$$

$$\Theta_1^4 = -\frac{\sqrt{-1}}{c} S^1;\quad \Theta_2^4 = -\frac{\sqrt{-1}}{c} S^2;\quad \Theta_3^4 = -\frac{\sqrt{-1}}{c} S^3;\quad \Theta_4^4 = w. \tag{VI 8, 18}$$

c) Wir richten unsere Aufmerksamkeit vorerst auf die rein räumlichen Komponenten dieses Tensors (i, l = 1, 2, 3) und behaupten, daß sie für sich die Komponenten eines dreidimensionalen Tensors zweiter Stufe ϑ bilden. Zum Beweise wählen wir im R_3 zwei zunächst beliebige Vektoren M und N, aus welchen wir den Tensor zweiter Stufe T mit den gemischten Komponenten konstruieren

$$T_k^i = M_k N^i - \frac{1}{2} \delta_k^i M_j N^j \qquad (i, j, k = 1, 2, 3). \tag{VI 8, 19}$$

Beispielsweise wird für i = k = 1

$$T_1^1 = M_1 N^1 - \frac{1}{2} (M_1 N^1 + M_2 N^2 + M_3 N^3) \tag{VI 8, 20}$$

und weiter, etwa für i = 1, k = 2

$$T_2^1 = M_2 N^1. \tag{VI 8, 21}$$

Setzt man nun einmal $M = E$, $N = D$ und weiter $M = H$, $N = B$ und addiert die beiden entstehenden Tensoren T, so erhält man einen Tensor zweiter Stufe mit den gemischten Komponenten

$$\vartheta_l^i = E_l D^i + H_l B^i - \frac{1}{2} \delta_l^i (E_j D^j + H_j B^j), \tag{VI 8, 22}$$

welcher in der Tat, mit Rücksicht auf (VI 8, 12), gerade die Gesamtheit aller rein räumlichen Komponenten von Θ liefert.

d) Der Tensor ϑ heißt der *Maxwell*sche *Spannungstensor.* Welches ist seine physikalische Bedeutung in der Elektrodynamik des leeren Raumes?

Durch Differentiation der Tensorkomponenten T_l^i nach der *Kartesischen* Koordinate x^k des R_3 erhalten wir die gemischten Komponenten eines Tensors dritter Stufe T^*

$$T^{*\,i}_{\;k\,l} = \frac{\partial T_l^i}{\partial x^k} = \frac{\partial M_l}{\partial x^k} N^i + M_l \frac{\partial N^i}{\partial x^k} - \frac{1}{2} \delta_l^i \left(\frac{\partial M_j}{\partial x^k} N^j + M_j \frac{\partial N^j}{\partial x^k} \right). \tag{VI 8, 23}$$

Für die angegebene Wahl der Vektoren M und N ist hierin

$$\frac{\partial M_j}{\partial x^k} N^j = M_j \frac{\partial N^j}{\partial x^k}. \qquad \text{(VI 8, 24)}$$

Von T^* steigen wir mittels Verjüngung (k → i) zu einem (dreidimensionalen) Vektor V herab, dessen kovariante Komponenten mit Rücksicht auf (VI 8, 24) lauten

$$V_l = \frac{\partial M_l}{\partial x^i} N^i + M_l \frac{\partial N^i}{\partial x^i} - \delta^i_l \frac{\partial M_j}{\partial x^i} N^j = \frac{\partial M_l}{\partial x^i} N^i + M_l \frac{\partial N^i}{\partial x^i} - \frac{\partial M_j}{\partial x^l} N^j \qquad \text{(VI 8, 25)}$$

oder — nach Vertauschung des Summationsindex j mit i —

$$V_l = M_l \frac{\partial N^i}{\partial x^i} + N^i \left(\frac{\partial M_l}{\partial x^i} - \frac{\partial M_i}{\partial x^l} \right) \quad (l = 1, 2, 3). \qquad \text{(VI 8, 26)}$$

In dreidimensionaler Terminologie lassen sich die Gleichungen (VI 8, 26) in den Satz zusammenfassen

$$\mathrm{Div}\, T = V = M \,\mathrm{div}\, N - [N \,\mathrm{rot}\, M]. \qquad \text{(VI 8, 27)}$$

Durch Anwendung auf die beiden Anteile des Tensors ϑ findet man als seine (dreidimensionale) Vektordivergenz

$$\mathrm{Div}\, \vartheta = E \,\mathrm{div}\, D + H \,\mathrm{div}\, B - [D \,\mathrm{rot}\, E] - [B \,\mathrm{rot}\, H]. \qquad \text{(VI 8, 28)}$$

Mit Rücksicht auf die *Maxwell*schen Feldgleichungen im Verein mit den Quellenbedingungen (VI 5, 3; VI 5, 4) und der Definition VI 8, 17) des *Poynting*schen Vektors entsteht hieraus

$$\mathrm{Div}\, \vartheta = E \varrho + \left[D \frac{\partial B}{\partial t} \right] + \left[\left(\varrho w + \frac{\partial D}{\partial t} \right) B \right] = \varrho \left(E + [w\, B] \right) + \frac{1}{c^2} \frac{\partial S}{\partial t}. \qquad \text{(VI 8, 29)}$$

Die *Lorentz*sche Kraftdichte auf die bewegte elektrische Ladung

$$f = \varrho \left(E + [w\, B] \right) \qquad \text{(VI 8, 30)}$$

berechnet sich also aus dem *Maxwell*schen Spannungstensor nach der Vorschrift

$$f = \mathrm{Div}\, \vartheta - \frac{1}{c^2} \frac{\partial S}{\partial t}. \qquad \text{(VI 8, 31)}$$

Insbesondere folgt für stationäre Felder die Gleichheit der Kraftdichte mit der Vektordivergenz des *Maxwell*schen Spannungstensors — im Einklang mit der Gleichgewichtsbedingung des mechanischen Spannungstensors mit der Dichte der Raumkraft in einem elastisch deformierten Körper.

e) Wir kehren zu dem vierdimensionalen Tensor Θ zurück und fragen nach jenem Vierervektor, welcher gleich seiner (nunmehr vierdimensionalen) Vektordivergenz ist.

Die parallel zur x^1-Richtung weisende Komponente lautet

$$\mathrm{Div}_1 \Theta = \frac{\partial \Theta_1^i}{\partial x^i} = \frac{\partial \vartheta_1^1}{\partial x^1} + \frac{\partial \vartheta_1^2}{\partial x^2} + \frac{\partial \vartheta_1^3}{\partial x^3} - \frac{1}{c^2}\frac{\partial S^1}{\partial t} \qquad \text{(VI 8, 32)}$$

oder, da die ersten drei Posten rechter Hand definitionsgemäß gleich $\mathrm{Div}_1 \vartheta$ sind, mit Rücksicht auf (VI 8, 29) und (VI 8, 30)

$$\mathrm{Div}_1 \Theta = \varrho\,(E_1 + [w\,B]_1) = f_1 \qquad \text{(VI 8, 33)}$$

und entsprechend berechnen sich die restlichen räumlichen Komponenten von Div Θ. Dagegen findet sich die zeitliche Komponente

$$\mathrm{Div}_4 \Theta = \frac{\partial \Theta_4^i}{\partial x^i} = -\frac{i}{c}\frac{\partial S^1}{\partial x^1} - \frac{i}{c}\frac{\partial S^2}{\partial x^2} - \frac{i}{c}\frac{\partial S^3}{\partial x^3} - \frac{i}{c}\frac{\partial w}{\partial t} \qquad \text{(VI 8, 34)}$$

also, mittels des Satzes von *Poynting* [II 7, k]

$$\mathrm{Div}_4 \Theta = \frac{1}{c}\,\nu. \qquad \text{(VI 8, 35)}$$

Im Hinblick auf (VI 8, 3) und (VI 8, 4) fassen wir die Ergebnisse (VI 8, 32) und (VI 8, 35) in der Weltvektor-Gleichung zusammen

$$\mathrm{Div}\, \Theta = f^*. \qquad \text{(VI 8, 36)}$$

Sie rechtfertigt die Kennzeichnung des Tensors Θ als *Impuls-Energietensor* des elektromagnetischen Feldes: Er faßt die Begriffe der *Maxwell*schen Spannungen, des elektromagnetischen Energiestromes und der Energiedichte in sich vereint zusammen; mittels einer bloßen Maßstabsänderung im Verhältnis $1/c^2$ geht aus ihnen das System der Impulsströme (Tensor im R_3), der Massenstromdichte (Vektor im R_3) und der Masse (Skalar im R_3) des elektromagnetischen Feldes hervor.

f) Aus der Kraftdichte schließen wir gemäß VI 4 auf die Dynamik der elektrischen Ladungsträger: Für ihre Impulsdichte p gilt die vierdimensionale Vektorgleichung

$$\frac{dp}{d\tau} = f^* = \mathrm{Div}\, \Theta. \qquad \text{(VI 8, 37)}$$

Wir ersetzen hierin die Ableitung der Impulsdichte nach der Eigenzeit τ gemäß (VI 4, 21) durch die vierdimensionale Divergenz des kinetischen Tensors M, so daß die Bewegungsgleichungen (VI 8, 37) die Form annehmen

$$\mathrm{Div}\, \Theta = \mathrm{Div}\, M. \qquad \text{(VI 8, 38)}$$

Bezeichnet man schließlich mit

$$T = M - \Theta \qquad \text{(VI 8, 39)}$$

einen neuen Tensor zweiter Stufe: Den (elektromagnetischen) *Materietensor*, so läßt sich das Ergebnis der Analyse in der *einen* Aussage zusammenfassen

$$\mathrm{Div}\, T = 0 \qquad \text{(VI 8, 40)}$$

welche die Invarianz der Elektrodynamik und der Mechanik gegen Transformationen innerhalb der *Lorentz*-Gruppe in unmittelbare Evidenz setzt.

Die Existenz des Materietensors der Eigenschaft (VI 8, 40) wird, über seine Entwicklung aus der Elektrodynamik hinausgehend, für Materie beliebiger Art postuliert; man hält bei dieser Verallgemeinerung wohl an der Deutung seiner 16 Komponenten nach dem Vorbild des elektromagnetischen Materietensors fest, muß jedoch ihrer Abhängigkeit von den physikalischen Bestimmungsgrößen der Materie umfassendere Gesetze, insbesondere solcher nicht-elektrischer Natur, zu Grunde legen.

VI 9. Materiewellen.

a) Gegeben sei ein materieller Punkt der Ruhmasse m_0, welcher sich relativ zum Konfigurationssysteme x^j ($j = 1, 2, 3$) mit der (dreidimensionalen) vektoriellen Geschwindigkeit

$$\mathfrak{w} = \mathfrak{1}_j \, w^j \qquad \text{(VI 9, 1)}$$

bewege. Wir ergänzen das System der x^j durch Hinzunahme der imaginären Koordinate x^4 zu einem Weltsystem, welchem wir folgende vierdimensionalen Bezugssysteme zur Seite stellen:

1. Das Weltsystem ξ^j gehe aus dem System der x^j ($j = 1, 2, 3, 4$) durch eine im dreidimensionalen ausgeführte Drehung hervor, welche die ξ'-Achse in die Richtung von $\mathfrak{w}$ bringt.

2. Das Weltsystem $\xi^{j\,\prime}$ entsteht aus dem System ξ^j durch diejenige *Lorentz*-Transformation, welche der Relativbewegung des gestrichenen Konfigurationsraumes gegen den ungestrichenen mit der Geschwindigkeit $|\mathfrak{w}|$ parallel zur ξ^1-Achse entspricht. Demnach ist $\xi^{4\prime} = i\, c\, \tau$ und τ die Eigenzeit eines Beobachters, welcher im gestrichenen Systeme ruht.

b) Wir ersetzen die determinierte Vorstellung des Punktes m_0 durch die statistische Aussage: Im System $\xi^{j\,\prime}$ sei ein Kasten vom festen Eigenvolumen T_0 vorgegeben, in welchem wir aufs Geratewohl N unter sich identischer Massenpunkte je der Ruhmasse m_0 einbringen. Die durchschnittliche Konzentration dieser Punkte in T_0 ist somit $n_0 = N/T_0$, so daß nach dem *Bernoulli*schen Theorem der N-fach wiederholten Alternative

$$\frac{n_0}{N} = \frac{1}{T_0} \qquad \text{(VI 9, 2)}$$

als Anwesenheitswahrscheinlichkeit des Massenpunktes je Raumeinheit des Kastens zu deuten ist.

c) Wir ordnen der Wahrscheinlichkeitsdichte (VI 9, 2) eine skalare Schwingungsfunktion $\overline{\psi}_0$ komplexen Charakters zu. Es sei ν_0 ihre Eigenfrequenz je Einheit der Eigenzeit, $\omega_0 = 2\,\pi\,\nu_0$ die zugehörige Kreisfrequenz; sie wird, gleich m_0, als Invariante des Massenpunktes definiert.

Dem in T_0 ruhenden Massenpunkte entspreche die stehende Welle

$$\overline{\psi}_0 = \overline{a}_0 e^{-i\omega_0 \tau} = \overline{a}_0 e^{-i\varphi}; \qquad \varphi = -\omega_0 \tau \equiv -\left(\frac{\omega_0}{c}\right)(c\tau), \qquad \text{(VI 9, 3)}$$

wobei $\overline{a}_0$ die komplexe Amplitude der Welle, φ ihre Phase angibt. Um sie mit der reellen Wahrscheinlichkeitsdichte (VI 9, 2) zu verknüpfen, ergänzen wir die Schwingung (VI 9, 3) durch die konjugiert-komplexe Welle

$$\overline{\psi}_0{}^* = \overline{a}_0{}^* e^{i\omega_0 \tau} = \overline{a}_0{}^* e^{i\varphi} \qquad \text{(VI 9, 4)}$$

und fordern nunmehr

$$\overline{\psi}_0 \overline{\psi}_0{}^* = \overline{a}_0 \overline{a}_0{}^* = \frac{1}{T_0}. \qquad \text{(VI 9, 5)}$$

Durch Integration über alle Elemente dT_0 des Kastens nimmt diese Gleichung die Gestalt der *Normierungsvorschrift* an

$$\iiint\limits_{(T_0)} \overline{\psi}_0 \overline{\psi}_0{}^* \, dT_0 = \iiint\limits_{(T_0)} \overline{a}_0 \overline{a}_0{}^* \, dT_0 = 1. \qquad \text{(VI 9, 6)}$$

d) Aus der vorausgesetzten Invarianz von ω_0 im Verein mit der Invarianz von τ folgt die Invarianz von φ. Wir drücken τ mittels der *Lorentz*-Transformation in den Koordinaten ξ^j aus und erhalten

$$c\tau = \frac{ct - \frac{|w|}{c}\xi^1}{\sqrt{1-\beta^2}}; \qquad \beta^2 = \frac{(w^1)^2 + (w^2)^2 + (w^3)^2}{c^2} \qquad \text{(VI 9, 7)}$$

und wenn wir mittels (VI 9, 1) zum System $x^j \equiv x_j$ zurückkehren

$$c\tau = \frac{1}{\sqrt{1-\beta^2}}\left(-\frac{w^1 x_1}{c} - \frac{w^2 x_2}{c} - \frac{w^3 x_3}{c} + ct\right). \qquad \text{(VI 9, 8)}$$

Somit ist der Phasenskalar in diesem System durch den Ausdruck gegeben

$$\varphi = \frac{\omega_0}{c\sqrt{1-\beta^2}}\left(\frac{w^1 x_1}{c} + \frac{w^2 x_2}{c} + \frac{w^3 x_3}{c} - ct\right) \equiv$$
$$\equiv \frac{\omega}{c}\left(\frac{w^1 x_1}{c} + \frac{w^2 x_2}{c} + \frac{w^3 x_3}{c} - ct\right), \qquad \text{(VI 9, 9)}$$

wobei

$$\omega \equiv 2\pi\nu = \frac{\omega_0}{\sqrt{1-\beta^2}} \qquad \text{(VI 9, 10)}$$

die Kreisfrequenz ω (Frequenz ν) der Materiewellen im System x_j definiert. Setzt man nun

$$\Omega = \mathfrak{1}_j \Omega^j = \omega\left(\mathfrak{1}_1 \frac{w^1}{c} + \mathfrak{1}_2 \frac{w^2}{c} + \mathfrak{1}_3 \frac{w^3}{c} + \mathfrak{1}_4 i\right) \qquad \text{(VI 9, 11)}$$

und führt den Weltvektor $\mathfrak{r} = \mathfrak{1}^j x_j$ ein, so ist

$$\varphi = \Omega^j x_j. \qquad \text{(VI 9, 12)}$$

Aus dem skalaren Charakter von φ folgt also, daß Ω einen Vierervektor definiert: Den Weltvektor der Kreisfrequenz. Diese Bezeichnung rechtfertigt sich im Lichte seiner Norm

$$(\Omega)^2 = \omega^2 \left(\frac{(w^1)^2 + (w^2)^2 + (w^3)^2}{c^2} - 1 \right) = -\omega_0{}^2, \qquad \text{(VI 9, 13)}$$

deren negatives Vorzeichen auf den zeitartigen Charakter des Vektors Ω (Messung mittels einer „Taschenuhr") hinweist.

e) Der vierdimensionale Impulsvektor P^* des materiellen Massenpunktes im Systeme x^j beträgt

$$P^* = \mathit{1}_j P^{*j} = \mathit{1}_1 P^1 + \mathit{1}_2 P^2 + \mathit{1}_3 P^3 + \mathit{1}_4 \frac{i}{c} E =$$
$$= m (\mathit{1}_1 w^1 + \mathit{1}_2 w^2 + \mathit{1}_3 w^3 + \mathit{1}_4 i c), \qquad \text{(VI 9, 14)}$$

wobei $m = \dfrac{m_0}{\sqrt{1-\beta^2}}$ die Masse, $E = m c^2$ die Energie dieses Punktes kennzeichnet. Vermöge (VI 9, 10) gilt also

$$\frac{m}{m_0} = \frac{\omega}{\omega_0}. \qquad \text{(VI 9, 15)}$$

Daher liefert der Vergleich von (VI 9, 11) und (VI 9, 14) die fundamentale Relation

$$\Omega = \frac{\omega_0}{m_0 c} P^*. \qquad \text{(VI 9, 16)}$$

Wir erheben sie zum Range eines Naturgesetzes, indem wir verlangen: Das Verhältnis des Vektors Ω zum Vektor P^* liefert einen universellen Skalar. Im Einklang hiermit setzen wir

$$m_0 c^2 = h \nu_0 \equiv h \frac{\omega_0}{2\pi}, \qquad \text{(VI 9, 17)}$$

wobei die universelle Konstante h die Dimension einer Wirkung (Energie mal Zeit) ausweist und als *Planck*sches Wirkungsquantum bezeichnet wird. Denn dann entsteht aus (VI 9, 16)

$$\Omega = \frac{2\pi\nu_0}{m_0 c^2} c P^* = \frac{2\pi c}{h} P^*. \qquad \text{(VI 9, 18)}$$

Als Vektorgleichung zieht sie die Gleichheit ihrer sämtlichen vier Komponenten nach sich. Insbesondere führt der Vergleich der imaginären Komponenten auf die Frequenzgleichung von *Bohr*

$$\omega = 2\pi\nu = \frac{2\pi c}{h} \frac{E}{c}; \qquad \nu = \frac{E}{h}; \qquad E = h\nu, \qquad \text{(VI 9, 19)}$$

während der Vergleich der räumlichen Komponenten liefert

$$\omega \frac{w^k}{c} = 2\pi\nu \frac{w^k}{c} = \frac{2\pi c}{h} P^k; \qquad P^k = \frac{h\nu w^k}{c^2} = \frac{E w^k}{c^2} = m w^k \ (k = 1, 2, 3). \qquad \text{(VI 9, 20)}$$

Da in diesen Folgerungen die Ruhmasse m_0 des materiellen Punktes nicht explizit vorkommt, darf man sie auf Körper verschwindender Ruhmasse übertragen, für welche der Grenzwert existiert

$$m = \frac{E}{c^2} = \frac{h\nu}{c^2} = \lim_{|w| \to c} \frac{m_0}{\sqrt{1 - \frac{|w|^2}{c^2}}}. \qquad \text{(VI 9, 21)}$$

Sie definieren die *Photonen*; ihr — dreidimensionaler — Impuls ist nach (VI 9, 20) parallel zum Lichtstrahl gerichtet.

f) Auf Grund der Invarianz der Phase sind die Wellenfunktionen $\overline{\psi}, \overline{\psi}^*$ im System $x^j \equiv x_j$ in der Form anzusetzen

$$\overline{\psi} = \overline{a}\, e^{i\varphi}\,; \; \overline{\psi}^* = \overline{a}^*\, e^{-i\varphi}. \qquad \text{(VI 9, 22)}$$

Indessen sind die komplexen Amplituden $\overline{a}, \overline{a}^*$ von den Amplituden $\overline{a}_0, \overline{a}_0{}^*$ verschieden. Denn relativ zum System x^j ist das Volumen T des Kastens im Verhältnis der *Lorentz*-Kontraktion $\sqrt{1-\beta^2}$ kleiner als sein Eigenvolumen T_0, so daß die Normierungsvorschrift nun lautet:

$$\iiint\limits_{(T)} \overline{\psi}\,\overline{\psi}^*\, dT = \iiint\limits_{(T)} \overline{a}\,\overline{a}^*\, dT = 1. \qquad \text{(VI 9, 23)}$$

Durch Substitution von (VI 9, 9) in (VI 9, 22) entsteht

$$\overline{\psi} = \overline{a}\, e^{i \frac{\omega}{c} \left(\frac{w^1 x_1}{c} + \frac{w^2 x_2}{c} + \frac{w^3 x_3}{c} - c\,t \right)}. \qquad \text{(VI 9, 24)}$$

Dies ist, im Gegensatz zu der stehenden Welle (VI 9, 3) eine fortschreitende Materiewelle. Schreiben wir ihren Phasenskalar in der Form

$$\varphi = \frac{\omega}{c} \left(\frac{w_1 x^1}{c} + \frac{w_2 x^2}{c} + \frac{w_3 x^3}{c} - c\,t \right), \qquad \text{(VI 9, 25)}$$

so folgt als sein dreidimensionaler Gradient

$$\operatorname{grad} \varphi = \frac{\omega}{c} \left\{ \gamma^1 \frac{w_1}{c} + \gamma^2 \frac{w_2}{c} + \gamma^3 \frac{w_3}{c} \right\} = \frac{\omega}{c^2}\, w. \qquad \text{(VI 9, 26)}$$

Der dreidimensionale Vektor der Materiegeschwindigkeit weist also die Richtung der Wellennormale.

Von der Materiegeschwindigkeit $|w|$ wohl zu unterscheiden ist die „Phasengeschwindigkeit" $|w_{ph}|$ einer bestimmten Phase $\varphi = \varphi_0$. Setzen wir für ihre Bewegung im Konfigurationsraume, im Einklang mit dem Ergebnis (VI 9, 26),

$$x^k = x_0^k + |w_{ph}| \frac{w^k}{|w|}\, t \qquad (k = 1, 2, 3) \qquad \text{(VI 9, 27)}$$

so finden wir aus (VI 9, 25)

$$\varphi = \varphi_0 = \frac{\omega}{c} \left(\frac{w_k\, x_0^k}{c} + w_k\, w^k \frac{|w_{ph}|}{|w|}\, t - c^2\, t \right) = \frac{\omega}{c} \left[\frac{w_k\, x_0^k}{c} + (|w|\, |w_{ph}| - c^2)\, t \right] \qquad \text{(VI 9, 28)}$$

also

$$|w_{ph}| = \frac{c^2}{|w|}. \qquad \text{(VI 9, 29)}$$

Für alle physikalisch realisierbaren Materiewellen $|w| < c$ übertrifft die Phasengeschwindigkeit die Lichtgeschwindigkeit im leeren Raume, und für Photonen werden Materiegeschwindigkeit und Phasengeschwindigkeit miteinander identisch.

Aus der Phasengeschwindigkeit und der Frequenz ν läßt sich die Wellenlänge λ der Schwingungsfunktion $\overline{\psi}$ bilden:

$$\lambda = \frac{|w_{ph}|}{\nu} = \frac{h\,c^2}{|w|\,E}. \qquad \text{(VI 9, 30)}$$

Diese anschauliche Fassung der Wellennatur der Materie rührt von *de Broglie* her.

g) Wir vergleichen die Struktur der Wellenfunktion mit den Ausbreitungsgesetzen elektromagnetischer Wellen in einem Medium vom Brechungsindex n, welcher die Phasengeschwindigkeit des Lichtes im Vakuum zu seiner Phasengeschwindigkeit in jenem Stoffe ins Verhältnis setzt.

Jede Komponente Φ^k des elektromagnetischen Viererpotentiales gehorcht für sich, mit Rücksicht auf (VI 5, 11) und (VI 5, 15), der Wellengleichung; diese lautet in vierdimensionaler Formulierung

$$\frac{\partial^2 \Phi^k}{\partial x^j\,\partial x_j} = \frac{\partial^2 \Phi^k}{\partial \xi^j\,\partial \xi_j} = 0 \quad (j, k = 1, 2, 3, 4). \qquad \text{(VI 9, 31)}$$

Ebene Lichtwellen, welche mit der Kreisfrequenz ω schwingen und längs der ξ^1-Achse fortschreiten, werden durch das Partikularintegral dargestellt

$$\Phi^k = \operatorname{Re}(\overline{\Phi}^k) = \operatorname{Re}\left(\overline{\Phi}{}^k_0\, e^{i\frac{\omega}{c}(\xi^1 - c\,t)}\right) \qquad \text{(VI 9, 32)}$$

Ihr Phasenskalar lautet

$$\varphi = \frac{\omega}{c}(\xi^1 - c\,t). \qquad \text{(VI 9, 33)}$$

Zur Berechnung ihrer Phasengeschwindigkeit setzen wir

$$\xi^1 = \xi^1_0 + |w_{ph}|\,t \qquad \text{(VI 9, 34)}$$

und erhalten aus der Bedingung $\varphi = \varphi_0$

$$\varphi_0 = \frac{\omega}{c}\left\{\xi^1_0 + (|w_{ph}| - c)\,t\right\}; \qquad |w_{ph}| = c \qquad \text{(VI 9, 35)}$$

in Übereinstimmung mit der Phasengeschwindigkeit der Photonen (Identität von Licht und Elektromagnetischem Felde).

In einem Stoffe vom Brechungsindex n nimmt dagegen die Wellengleichung die anisotrope Form an

$$\frac{\partial^2 \Phi^k}{\partial x^j\,\partial x_j} + n^2 \frac{\partial^2 \Phi^k}{\partial x^4\,\partial x_4} = \frac{\partial^2 \Phi^k}{\partial \xi^j\,\partial \xi_j} + n^2 \frac{\partial^2 \Phi^k}{\partial \xi^4\,\partial \xi_4} = 0 \quad \begin{matrix}(k = 1, 2, 3, 4,\\ j = 1, 2, 3).\end{matrix} \qquad \text{(VI 9, 36)}$$

Ebene Wellen, welche mit der Kreisfrequenz ω schwingen und längs der ξ^1-Achse fortschreiten, werden nunmehr durch das Partikularintegral beschrieben

$$\overline{\Phi}^k = \mathrm{Re}\,(\overline{\Phi}^k\, e^{-i\omega t}) = \mathrm{Re}\left(\overline{\Phi}_0^k\, e^{i\frac{\omega}{c}(n\xi^1 - c\,t)}\right). \qquad \text{(VI 9, 37)}$$

Aus ihrem Phasenskalar

$$\varphi = \frac{\omega}{c}(n\,\xi^1 - c\,t) \qquad \text{(VI 9, 38)}$$

erhalten wir mit (VI 9, 34) für $\varphi = \varphi_0$

$$\varphi_0 = \frac{\omega}{c}(n\,\xi_0' + n\,|w_{ph}|\,t - c\,t)\,; \qquad |w_{ph}| = \frac{c}{n} \qquad \text{(VI 9, 39)}$$

im Einklang mit der Definition des Brechungsindex.

Wir kehren nun diesen Gedankengang um, indem wir der Ausbreitung der Materiewellen ein hypothetisches Medium zu Grunde legen, dessen Brechungsindex wir durch

$$n = \frac{c}{|w_{ph}|} = \frac{|w|}{c} = \beta \qquad \text{(VI 9, 40)}$$

definieren. Führen wir neben der Energie $E = m\,c^2$ des materiellen Massenpunktes seine Eigenenergie $E_0 = m_0\,c^2$ ein, so gilt

$$\frac{E}{E_0} = \frac{m}{m_0} = \frac{1}{\sqrt{1-\beta^2}}; \quad \beta^2 = n^2 = \frac{E^2 - E_0^2}{E^2}. \qquad \text{(VI 9, 41)}$$

Wir ersetzen in (VI 9, 36) das Viererpotential durch die Wellenfunktion $\overline{\psi}$, substituieren (VI 9, 41) und erhalten

$$\frac{\partial^2\overline{\psi}}{\partial x^1\,\partial x_1} + \frac{\partial^2\overline{\psi}}{\partial x^2\,\partial x_2} + \frac{\partial^2\overline{\psi}}{\partial x^3\,\partial x_3} - \frac{E^2 - E_0^2}{E^2}\,\frac{1}{c^2}\,\frac{\partial^2\overline{\psi}}{\partial t^2} = 0. \qquad \text{(VI 9, 42)}$$

Neben $\overline{\psi}$ definieren wir die *zeitfreie Schwingungsfunktion* $\overline{u}$ mittels

$$\overline{\psi} = \overline{u}\,e^{-i\omega t} = \overline{u}\,e^{-i\frac{2\pi E}{h}t} = \overline{u}\,e^{-i2\pi\nu t}, \qquad \text{(VI 9, 43)}$$

welche also der partiellen Differentialgleichung genügt

$$\nabla^2\overline{u} + \frac{4\pi^2}{h^2 c^2}(E^2 - E_0^2)\,\overline{u} = 0. \qquad \text{(VI 9, 44)}$$

Aus (VI 9, 23) entspringt die Normierungsvorschrift

$$\iiint_{(T)} \overline{u}\,\overline{u}^*\,dT = 1. \qquad \text{(VI 9, 45)}$$

h) Wir spezialisieren auf „klassische" Bewegungsvorgänge $|w| \ll c$. Dann gilt approximativ

$$E^2 - E_0^2 \equiv (E + E_0)(E - E_0) \approx 2\,E_0\,(E - E_0) = 2\,m_0\,c^2\,(E - E_0). \qquad \text{(VI 9, 46)}$$

Es sei nun W die Gesamtenergie der Bewegung im Sinne der klassischen Mechanik und V_{pot} ihr potentieller Anteil:

$$W = (E - E_0) + V_{pot}; \qquad E - E_0 = W - V_{pot}. \qquad \text{(VI 9, 47)}$$

Die Substitution von (VI 9, 46) und (VI 9, 47) führt zur *Schroedinger*-Gleichung der (klassischen) Wellenmechanik

$$\nabla^2 \bar{u} + \frac{8\pi^2 m_0}{h^2}(W - V_{pot})\,\bar{u} = 0, \qquad \text{(VI 9, 48)}$$

welche wir, über den zu ihrer Herleitung benützten Fall der ebenen Wellen hinausgehend, als differentielle Beschreibung der Materiewellen beliebig bewegter Massenpunkte ansprechen. Diese methodische Erweiterung zieht in (VI 9, 48) die Auffassung von V_{pot} als skalaren Potentialfeldes der Konfigurationskoordinaten nach sich. Gleichzeitig hat man zu verlangen, daß am Rande des Gebietes T die Funktion $\bar{u}$ verschwindet. Diese Randbedingungen sind in der Regel nur für ganz bestimmte Energiestufen W erfüllbar, welche das Spektrum der Eigenwerte definieren. [Vgl. (VIII 9).]

i) Mit der Ortsabhängigkeit von V wird auch E eine Funktion der Konfigurationskoordinaten:

$$E = E_0 + W - V_{pot}. \qquad \text{(VI 9, 49)}$$

Daher folgert man aus (VI 9, 19) eine von Ort zu Ort veränderliche Frequenz der Materiewelle. Sie widerspricht aber der in (VI 9, 43) angezeigten Zerlegung von $\bar{\psi}$ in das Produkt der zeitfreien Ortsfunktion $\bar{u}$ mit einer ortsunabhängigen Schwingung. Wir weisen deshalb auch der potentiellen Energie V eine träge Masse zu

$$m_V c^2 = V_{pot}; \qquad m_V = \frac{V_{pot}}{c^2} \qquad \text{(VI 9, 50)}$$

und definieren die nunmehr konstante Gesamtmasse $\bar{m}$ des — durch seine potentielle Energie ergänzten — materiellen Punktes durch

$$\bar{m} = m + m_V = \frac{1}{c^2}(E + V_{pot}). \qquad \text{(VI 9, 51)}$$

Da in V_{pot} eine additive Konstante willkürlich bleibt, ist $\bar{m}$ durch (VI 9, 51) noch nicht eindeutig festgelegt. Wir setzen deshalb an der Grenze von T die potentielle Energie $V_{pot} = 0$ und erhalten die eindeutige Gesamtenergie

$$\bar{E} = E + V_{pot} = E_0 + W, \qquad \text{(VI 9, 52)}$$

welcher wir die einheitliche Systemfrequenz zuordnen

$$\bar{\nu} = \frac{\bar{E}}{h}. \qquad \text{(VI 9, 53)}$$

j) Durch Differentiation von (VI 9, 43) nach t folgt

$$\frac{\partial \bar{\psi}}{\partial t} = -i\,\frac{2\pi \bar{E}}{h}\,\bar{\psi}; \quad \bar{E} = \frac{i\,h}{2\pi}\,\frac{1}{\bar{\psi}}\,\frac{\partial \bar{\psi}}{\partial t}. \qquad \text{(VI 9, 54)}$$

Wir erweitern (VI 9, 48) mit $e^{-i\frac{2\pi \bar{E}}{h}t}$ und schreiben die entstehende Differentialgleichung für $\bar{\psi}$ mit Beachtung von (VI 9, 52) in der Form

$$\nabla^2 \bar{\psi} + \frac{8\pi^2 m_0}{h^2}[\bar{E} - (V_{pot} + E_0)]\bar{\psi} = 0. \qquad \text{(VI 9, 55)}$$

Mittels (VI 9, 54) läßt sich hieraus die Energiekonstante $\bar{E}$ eliminieren, und wir finden die „zeitabhängige" *Schroedinger*-Gleichung

$$\nabla^2 \bar{\psi} + \frac{4\pi m_0}{h} i \frac{\partial \bar{\psi}}{\partial t} - \frac{8\pi^2 m_0}{h^2}(V_{pot} + E_0)\bar{\psi} = 0. \qquad \text{(VI 9, 56)}$$

Im Gegensatz zu der „zeitfreien" *Schroedinger*-Gleichung (VI 9, 48), welche lediglich „monochromatische" Materiewellen schildert, sehen wir (VI 9, 56) als Differentialgesetz zeitlich beliebig veränderlicher (klassischer) Materiewellen an.

VI 10. Relativistische Wellenmechanik.

a) Wir gehen aus von den zeitabhängigen *Schroedinger*-Gleichungen für $\bar{\psi}$ und $\bar{\psi}^*$

$$\nabla^2 \bar{\psi} + \frac{4\pi m_0}{h} i \frac{\partial \bar{\psi}}{\partial t} - \frac{8\pi^2 m_0}{h^2}(V_{pot} + E_0)\bar{\psi} = 0, \qquad \text{(VI 10, 1)}$$

$$\nabla^2 \bar{\psi}^* - \frac{4\pi m_0}{h} i \frac{\partial \bar{\psi}^*}{\partial t} - \frac{8\pi^2 m_0}{h^2}(V_{pot} + E_0)\bar{\psi}^* = 0. \qquad \text{(VI 10, 2)}$$

Wir erweitern (VI 10, 1) mit $\bar{\psi}^*$, (VI 10, 2) mit $\bar{\psi}$, subtrahieren und erhalten mit Hilfe der im Konfigurationsraum gültigen Identität $\bar{\psi}^* \nabla^2 \psi - \bar{\psi} \nabla^2 \bar{\psi}^* \equiv \operatorname{div}(\bar{\psi}^* \operatorname{grad} \bar{\psi} - \bar{\psi} \operatorname{grad} \bar{\psi}^*)$ die Gleichung

$$\frac{h}{4\pi i} \operatorname{div}(\bar{\psi}^* \operatorname{grad} \bar{\psi} - \bar{\psi} \operatorname{grad} \bar{\psi}^*) = -\frac{\partial(m_0 \bar{\psi}\bar{\psi}^*)}{\partial t}. \qquad \text{(VI 10, 3)}$$

Auf Grund der Definition von $\bar{\psi}$ und $\bar{\psi}^*$ ist

$$\varrho = m_0 \bar{\psi} \bar{\psi}^* \qquad \text{(VI 10, 4)}$$

als Erwartungswert der Massendichte zu interpretieren; daher weist (VI 10, 3) die Gestalt der (Klassischen) Kontinuitätsgleichung der mit der dreidimensionalen, vektoriellen Geschwindigkeit w strömenden Materie auf:

$$-\frac{\partial \varrho}{\partial t} = \operatorname{div}(\varrho w); \quad w = \frac{h}{4\pi i}\frac{1}{m_0}\left(\frac{\operatorname{grad}\bar{\psi}}{\bar{\psi}} - \frac{\operatorname{grad}\bar{\psi}^*}{\bar{\psi}^*}\right). \qquad \text{(VI 10, 5)}$$

Die zugehörige Impulsdichte beträgt

$$p = \varrho w = \frac{h}{4\pi i}(\bar{\psi}^* \operatorname{grad} \bar{\psi} - \bar{\psi} \operatorname{grad} \bar{\psi}^*). \qquad \text{(VI 10, 6)}$$

b) Im Lichte der statistischen Auffassung der Wellenmechanik deuten wir (VI 10, 6) als Mitteilung zweier konjugiert-komplexer, dreidimensionaler

Vektoren der Impulsdichten $\overline{p}$ und $\overline{p}^*$, welche aus $\overline{\psi}$ und $\overline{\psi}^*$ nach der Vorschrift zu bilden sind

$$\overline{p} = \frac{h}{2\pi i}\overline{\psi}^* \operatorname{grad}\overline{\psi}; \qquad \overline{p}^* = -\frac{h}{2\pi i}\overline{\psi}\operatorname{grad}\overline{\psi}^*. \qquad \text{(VI 10, 7)}$$

Daher betragen die Gesamtimpulse

$$\overline{P} = \frac{h}{2\pi i}\iiint\limits_{(T)} \overline{\psi}^* \operatorname{grad}\overline{\psi}\, dT; \ \overline{P}^* = -\frac{h}{2\pi i}\iiint\limits_{(T)} \overline{\psi}\operatorname{grad}\overline{\psi}^*\, dT. \qquad \text{(VI 10, 8)}$$

Wir schreiben die Energiegleichung (VI 9, 54) in den zwei Formen

$$\overline{E} = \frac{i h}{2\pi}\frac{1}{\overline{\psi}}\frac{\partial\overline{\psi}}{\partial t} \equiv \overline{E}^* = -\frac{i h}{2\pi}\frac{1}{\overline{\psi}^*}\frac{\partial\overline{\psi}^*}{\partial t} \qquad \text{(VI 10, 9)}$$

erweitern mit $\frac{i}{c} \equiv \frac{i}{c}\iiint\limits_{(T)} \overline{\psi}\,\overline{\psi}^*\, dT$ (Normierungsbedingung!) und erhalten

$$\frac{i}{c}\overline{E} = \frac{h}{2\pi i}\iiint\limits_{(T)} \overline{\psi}^* \frac{\partial\overline{\psi}}{\partial(i c t)}\, dT; \ \frac{i}{c}\overline{E}^* = -\frac{h}{2\pi i}\iiint\limits_{(T)} \overline{\psi}\frac{\partial\overline{\psi}^*}{\partial(i c t)}\, dT. \qquad \text{(VI 10, 10)}$$

Aus (VI 10, 8) und (VI 10, 10) bilden wir durch Einführung des vierdimensionalen Vektoroperators

$$\Pi = \frac{h}{2\pi i}\left(\Gamma^1\frac{\partial}{\partial x^1} + \Gamma^2\frac{\partial}{\partial x^2} + \Gamma^3\frac{\partial}{\partial x^3} + \Gamma^4\frac{\partial}{\partial(i c t)}\right) \qquad \text{(VI 10, 11)}$$

den Vierervektor P (Impuls-Energievektor) nach der Vorschrift

$$P = \iiint\limits_{(T)} \overline{\psi}^*\, \Pi\, \overline{\psi}\, dT. \qquad \text{(VI 10, 12)}$$

Der Operator Π repräsentiert, abgesehen vom Faktor $h/(2\pi i)$, die vierdimensionale Fassung des *Nabla*-Symboles. Insofern P als Mittelwert von Π erscheint, darf man geradezu den Operator selbst als wellenmechanische Formulierung des Impuls-Energievektors bezeichnen.

c) Wir beziehen die *Schroedinger*-Gleichung (VI 10, 1) auf *Kartesische* Koordinaten des Konfigurationsraumes. Mittels der aus (VI 10, 11) fließenden Substitutionen [Wir schreiben E für die Gesamtenergie]

$$\frac{\partial}{\partial x^j} \to \frac{2\pi i}{h}(P_j) \quad (j = 1, 2, 3); \quad \frac{\partial}{\partial t} \to -\frac{2\pi i}{h}E \qquad \text{(VI 10, 13)}$$

entsteht

$$\frac{1}{2 m_0}\sum_j (P_j)^2 + V_{pot} + E_0 = E. \qquad \text{(VI 10, 14)}$$

Dies ist der Energiesatz der Klassischen Mechanik in seiner *Hamilton*schen Form: Die Energie E ist als Funktion der Impulse und der Koordinaten ausgedrückt:

$$E = H(P_j, x^k) \qquad (j, k = 1, 2, 3). \qquad \text{(VI 10, 15)}$$

Definiert man also den *Hamilton*schen Differentialoperator durch

$$H(P_j, x^k) = \frac{1}{2\,m_0} \sum_{j=1}^{3} (\Pi_j)^2 + V_{pot} + E_0 \qquad \text{(VI 10, 16)}$$

und den Energieoperator gemäß (VI 10, 13) durch

$$E = -\frac{h}{2\pi i}\frac{\partial}{\partial t}, \qquad \text{(VI 10, 17)}$$

so führt die auf $\overline{\psi}$ ausgeübte Operationsvorschrift

$$(H - E)\,\overline{\psi} = 0 \qquad \text{(VI 10, 18)}$$

zur *Schroedinger*-Gleichung zurück.

d) Wir wenden die Operatorenmethode auf die Wellenmechanik eines materiellen Massenpunktes der Ruhmasse m_0 und der (invarianten) Ladung q an, welcher sich in einem stationären elektromagnetischen Felde (Skalarpotential φ, Vektorpotential V) befindet. Die potentielle Energie beträgt somit $V_{pot} = q\,\varphi$, so daß wir

$$E = m\,c^2 + q\,\varphi = \frac{m_0\,c^2}{\sqrt{1-\beta^2}} + q\,\varphi \qquad \text{(VI 10, 19)}$$

als konstante Gesamtenergie anzusetzen haben. Da $\frac{i}{c}E$ die zeitliche Komponente des Viererverktors bildet

$$\mathit{1}_j\,(m\,w^j + q\,V^j) + \mathit{1}_4\,\frac{i}{c}\,(m\,c^2 + q\,\varphi) \quad (j = 1, 2, 3), \qquad \text{(VI 10, 20)}$$

hat man nunmehr die Komponenten des dreidimensionalen Impulsvektors durch die Gleichungen zu definieren

$$P^j = m\,w^j + q\,V^j. \qquad \text{(VI 10, 21)}$$

Der Klassische Energiesatz liefert daher mit $m \to m_0$

$$\frac{1}{2\,m_0} \sum_{j=1}^{3} (P^j - q\,V^j)^2 + q\,\varphi + E_0 = E, \qquad \text{(VI 10, 22)}$$

so daß man — wegen $P^j \equiv P_j$ — die *Schroedinger*-Gleichung aus der Operationsvorschrift zu entnehmen hat

$$\left[\frac{1}{2\,m_0} \sum_{j=1}^{3} \left(\frac{h}{2\pi i}\frac{\partial}{\partial x^j} - q\,V^j\right)^2 + q\,\varphi + E_0 + \frac{h}{2\pi i}\frac{\partial}{\partial t}\right]\overline{\psi} = 0. \qquad \text{(VI 10, 23)}$$

Bei der Ausrechnung verschwindet $\frac{\partial V^j}{\partial x^j}$ mit Rücksicht auf die vorausgesetzte Stationarität $\left(\frac{\partial \varphi}{\partial t} = 0\right)$ nach (VI 5, 17), so daß man zunächst erhält

$$-\frac{h^2}{8\pi^2 m_0} \nabla^2 \overline{\psi} - \frac{q}{m_0} \frac{h}{2\pi i} (V \operatorname{grad} \overline{\psi}) + \frac{q^2}{2 m_0} (V)^2 \overline{\psi} + \\ + (q\varphi + E_0)\overline{\psi} + \frac{h}{2\pi i} \frac{\partial \overline{\psi}}{\partial t} = 0. \qquad \text{(VI 10, 24)}$$

Die technisch herstellbaren Magnetfelder sind stets so schwach, daß man das mit $(V)^2$ proportionale Glied streichen darf. In der hierdurch angezeigten Genauigkeit lautet somit die *Schroedinger*-Gleichung

$$\nabla^2 \overline{\psi} - \frac{8\pi^2 m_0}{h^2} \left\{ \frac{h}{2\pi i} \left[\frac{\partial \overline{\psi}}{\partial t} - \frac{q}{m_0} (V \operatorname{grad} \overline{\psi}) \right] \right\} + (q\varphi + E_0)\overline{\psi} = 0 \qquad \text{(VI 10, 25)}$$

e) Von der Wellengleichung der Klassischen Mechanik steigen wir zur *Dirac*schen Wellengleichung der beschränkten Relativitätstheorie auf: Ausgehend von

$$P^j - q V^j = \frac{m_0}{\sqrt{1-\beta^2}} w^j \quad (j = 1, 2, 3) \qquad \text{(VI 10, 26)}$$

erhalten wir durch Quadrieren und Addieren

$$\sum_{j=1}^{3} (P^j - q V^j)^2 = \frac{c^2 m_0^2 \beta^2}{1-\beta^2}; \qquad \beta^2 = \frac{\sum_{j=1}^{3} (P^j - q V^j)^2}{m_0^2 c^2 + \sum_{j=1}^{3} (P^j - q V^j)^2};$$

$$1 - \beta^2 = \frac{m_0^2 c^2}{m_0^2 c^2 + \sum_{j=1}^{3} (P^j - q V^j)^2} \qquad \text{(VI 10, 27)}$$

also mit (VI 10, 19)

$$H = E = c \sqrt{m_0^2 c^2 + \sum_{j=1}^{3} (P^j - q V^j)^2} + q\varphi. \qquad \text{(VI 10, 28)}$$

Mit $P^4 = (i/c).E$ und Ersatz der Potentiale V^j und $(i/c).\varphi$ durch die entsprechenden Komponenten des elektromagnetischen Viererpotentiales Φ liefert das Quadrat von (VI 10, 28)

$$\sum_{j=1}^{4} (P^j - q \Phi^j)^2 + m_0^2 c^2 = 0. \qquad \text{(VI 10, 29)}$$

Wir führen vier Tensoren zweiter Stufe $a_{(j)}$ mit den gemischten Komponenten $a_{(j)r}^{s}$ ein (r, s = 1, 2, 3, 4); sie werden, im Gegensatz zu den vorher genannten Differentialoperatoren, sämtlich als Konstante vorausgesetzt. Wir verlangen, mit ihrer Hilfe, die Gültigkeit der Zerlegung

$$\sum_{j=1}^{4}(P^j - q\,\Phi^j)^2 + m_0^2 c^2 \equiv$$

$$\equiv \left[\sum_{j=1}^{4} a_{(j)}(P^j - q\,\Phi^j) + i\,m_0\,c\right]\left[\sum_{k=1}^{4} a_{(k)}(P^k - q\,\Phi^k) - i\,m_0\,c\right]. \qquad \text{(VI 10, 30)}$$

Unter den bei der Ausrechnung — bei strenger Wahrung der Reihenfolge! — entstehenden Tensorprodukten verstehen wir weiterhin die Matrizenmultiplikation mit dem Symbol der inneren Multiplikation nach (IV 4, 6, e). Definitionsgemäß ist dann zwar $a_{(j)}(P^j - q\,\Phi^j)\,a_{(k)}(P^k - q\,\Phi^k) \equiv$ $\equiv (a_{(j)}\,a_{(k)})(P^j - q\,\Phi^j)(P^k - q\,\Phi^k)$, in der Regel jedoch $(a_{(j)}\,a_{(k)}) \neq (a_{(k)}\,a_{(j)})$. Man entnimmt somit für die Gesamtheit der $a_{(j)}$ aus (VI 10, 30) die Bedingungen

$$(a_{(j)}\,a_{(j)}) = I \text{ (Einheitstensor)};\; a_{(j)n}^{s}\,a_{(j)r}^{n} = \delta_r^s \qquad \text{(VI 10, 31)}$$

$$(a_{(j)}\,a_{(k)}) + (a_{(k)}\,a_{(j)}) = 0 \text{ (Nulltensor)};\; a_{(j)n}^{s}\,a_{(k)r}^{n} + a_{(k)n}^{s}\,a_{(j)r}^{n} = 0 \quad (j \neq k).$$

Allerdings erweisen sich hiernach die Komponenten $a_{(j)r}^{s}$ teilweise als komplexe Zahlen; doch haben wir von dieser ihrer Eigenschaft im vorliegenden Abschnitt keinen Gebrauch zu machen.

Mittels der Substitution $P \to \Pi$ und Ersatz der kontravarianten Komponenten Φ^j des elektromagnetischen Viererpotentiales durch seine kovarianten Komponenten Φ_j verwandeln wir (VI 10, 30) in den Differentialoperator

$$\left[\sum_{j=1}^{4} a_{(j)}\left(\frac{h}{2\pi i}\frac{\partial}{\partial x^j} - q\,\Phi_j\right) + i\,m_0\,c\right]\left[\sum_{k=1}^{4} a_{(k)}\left(\frac{h}{2\pi i}\frac{\partial}{\partial x^k} - q\,\Phi_k\right) - i\,m_0\,c\right]. \qquad \text{(VI 10, 32)}$$

Im Einklang mit den *vier* Tensoren $a_{(j)}$ ordnen wir dem wellenmechanischen Vorgange *vier* Schwingungsfunktionen $\overline{\psi}^r$ zu, welche im abstrakten Bezugssystem der Indizes r, s die kontravarianten Komponenten eines Vierervektors bilden. Durch Ausüben des Operators (VI 10, 32) auf eine jede von ihnen entsteht, mit Rücksicht auf (VI 10, 29), das System der vier *Dirac*schen Gleichungen

$$\left[\sum_{j=1}^{4} a_{(j)}\left(\frac{h}{2\pi i}\frac{\partial}{\partial x^j} - q\,\Phi_j\right) + i\,m_0\,c\right]\left[\sum_{k=1}^{4} a_{(k)}\left(\frac{h}{2\pi i}\frac{\partial \overline{\psi}^r}{\partial x^k} - q\,\Phi_k\,\overline{\psi}^r\right) - i\,m_0\,c\,\overline{\psi}^r\right] = 0 \quad (r = 1, 2, 3, 4). \qquad \text{(VI 10, 33)}$$

f) Wir führen die Vorschrift (VI 10, 33) aus und finden mit Beachtung von (VI 5, 19) und (VI 10, 31) in *vierdimensionaler* (*Minkowski*scher) Vektorschreibweise

$$\left(\frac{h}{2\pi i}\right)^2 \operatorname{div}\operatorname{grad}\overline{\psi}^r - 2\frac{h}{2\pi i}(q\,\Phi \operatorname{grad}\overline{\psi}^r) + \{(q\,\Phi)^2 + (m_0\,c)^2\}\,\overline{\psi}^r +$$

$$+ \sum_{\substack{j=1\\(j\neq k)}}^{4}\sum_{k=1}^{4}\left\{(a_{(j)}\,a_{(k)})\left(\left(\frac{h}{2\pi i}\right)^2\frac{\partial^2\overline{\psi}^r}{\partial x^j\,\partial x^k} - \frac{h}{2\pi i}\,q\,\Phi_j\frac{\partial\overline{\psi}^r}{\partial x^k} - \frac{h}{2\pi i}\frac{\partial(q\,\Phi_k\,\overline{\psi}^r)}{\partial x^j} + \right.\right.$$

$$\left.\left. + q^2\,\Phi_j\,\Phi_k\,\overline{\psi}^r\right)\right\} = 0. \qquad \text{(VI 10, 34)}$$

Wir zeigen zunächst, daß die erste Zeile dieses Ausdruckes für sich allein im Falle des rein elektrischen Feldes ($\Phi = \mathit{1}_4\, i\,\varphi/c$) durch den Grenzübergang $c \to \infty$ die Klassische *Schroedinger*-Gleichung liefert: Nach (VI 9, 43) ist

$$\operatorname{div}\operatorname{grad}\overline{\psi}^r = \nabla^2\,\overline{\psi}^r + \frac{1}{(i\,c)^2}\frac{\partial^2\overline{\psi}^r}{\partial t^2} = \left(\nabla^2\,\overline{u}^r + \frac{4\,\pi^2\,E^2}{h^2\,c^2}\,\overline{u}^r\right)e^{-i\frac{2\pi E}{h}t} \qquad \text{(VI 10, 35)}$$

sowie

$$(q\,\Phi \operatorname{grad}\overline{\psi}^r) = q\,\frac{i\,\varphi}{c}\,\frac{1}{i\,c}\,\frac{\partial\overline{\psi}^r}{\partial t} = -\,q\,\varphi\,\frac{2\,\pi\,i\,E}{h\,c^2}\,\overline{u}^r\,e^{-i\frac{2\pi E}{h}t};$$

$$(q\,\Phi)^2 = -\,\frac{q^2}{c^2}\,\varphi^2, \qquad \text{(VI 10, 36)}$$

so daß die Annullierung der ersten Zeile von (VI 10, 34) auf die Gleichung führt

$$\nabla^2\,\overline{u}^r + \frac{4\,\pi^2\,E^2}{h^2\,c^2}\,\overline{u}^r - \frac{8\,\pi^2\,E}{h^2\,c^2}\,q\,\varphi\,\overline{u}^r + \frac{4\,\pi^2}{h^2}\left(\frac{q^2}{c^2}\,\varphi^2 - m_0^{\,2}\,c^2\right)\overline{u}^r = 0. \qquad \text{(VI 10, 37)}$$

Mittels der Identität $E \equiv E_0 + (E - E_0)$ und Einführung der Ruhmasse $m_0 = E_0/c^2$ folgt hieraus für $c \to \infty$

$$\nabla^2\,\overline{u}^r + \frac{8\,\pi^2\,m_0}{h^2}\,[E - (E_0 + q\,\varphi)]\,\overline{u}^r = 0 \qquad \text{(VI 10, 38)}$$

und dies stimmt, bis auf die Bezeichnungen, in der Tat mit (VI 9, 55) überein.

Der wesentliche relativistische Effekt auf die Wellenmechanik kommt also in der Doppelsumme der Gl. (VI 10, 34) zum Ausdruck; wir bezeichnen sie mit S und schreiben sie in der Form

$$S = \sum_{\substack{j=1\\j\neq k}}^{4}\sum_{k=1}^{4}(a_{(j)}\,a_{(k)})\left[\left(\frac{h}{2\pi i}\right)^2\frac{\partial^2\overline{\psi}^r}{\partial x^j\,\partial x^k} - \frac{h\,q}{2\pi i}\,\Phi_j\,\frac{\partial\overline{\psi}^r}{\partial x^k} - \frac{h\,q}{2\pi i}\,\Phi_k\,\frac{\partial\overline{\psi}^r}{\partial x^j} - \right.$$

$$\left. - \frac{h\,q}{2\pi i}\frac{\partial\Phi_k}{\partial x^j}\,\overline{\psi}^r + q^2\,\Phi_j\,\Phi_k\,\overline{\psi}^r\right]. \qquad \text{(VI 10, 39)}$$

oder, nach bloßer Vertauschung der Indizes j und k

$$S = \sum_{\substack{j=1 \\ j \neq k}}^{4} \sum_{k=1}^{4} (a_{(k)}\, a_{(j)}) \left[\left(\frac{h}{2\pi i}\right)^2 \frac{\partial^2 \overline{\psi}^r}{\partial x^k\, \partial x^j} - \frac{h\,q}{2\,\pi\,i} \Phi_k \frac{\partial \overline{\psi}^r}{\partial x^j} - \frac{h\,q}{2\,\pi\,i} \Phi_j \frac{\partial \overline{\psi}^r}{\partial x^k} - \right.$$

$$\left. - \frac{h\,q}{2\,\pi\,i} \frac{\partial \Phi_j}{\partial x^k} \overline{\psi}^r + q^2\, \Phi_k\, \Phi_j\, \overline{\psi}^r \right]. \qquad \text{(VI 10, 40)}$$

Mit Rücksicht auf (VI 10, 31) liefert die Addition dieser beiden Ausdrücke

$$2\,S = - \frac{h\,q}{2\,\pi\,i} \sum_{j=1}^{4} \sum_{k=1}^{4} (a_{(j)}\, a_{(k)}) \left(\frac{\partial \Phi_k}{\partial x^j} - \frac{\partial \Phi_j}{\partial x^k} \right) \overline{\psi}^r = \qquad \text{(VI 10, 41)}$$

$$= - \frac{h\,q}{2\,\pi\,i} \sum_{j=1}^{4} \sum_{k=1}^{4} (a_{(j)}\, a_{(k)})\, F_{jk}\, \overline{\psi}^r ,$$

wobei F_{jk} den elektromagnetischen Feldtensor (VI 5, 21) bezeichnet. Die Ausführung der Summation an Hand von (VI 5, 22) ergibt daher

$$S = - \frac{h\,q}{2\,\pi\,i} \{B^1 (a_{(2)}\, a_{(3)}) + B^2 (a_{(3)}\, a_{(1)}) + B^3 (a_{(1)}\, a_{(2)})\} \overline{\psi}^r -$$

$$- \frac{h\,q}{2\,\pi\,c} \{E_1 (a_{(1)}\, a_{(4)}) + E_2 (a_{(2)}\, a_{(4)}) + E_3 (a_{(3)}\, a_{(4)})\} \overline{\psi}^r . \qquad \text{(VI 10, 42)}$$

Um sie mit den „Klassischen" Gliedern der Gl. (VI 10, 38) zu vergleichen, multiplizieren wir mit $\left(\frac{2\,\pi\,i}{h}\right)^2$ und schreiben den resultierenden Ausdruck in der Gestalt

$$\left(\frac{2\,\pi\,i}{h}\right)^2 S = - \frac{8\,\pi^2\, m_0}{h^2} \left(\frac{q\,h}{4\,\pi\, m_0} \{B^1\, i\, (a_{(2)} a_{(3)}) + B^2 i\, (a_{(3)} a_{(1)}) + B^3 i\, (a_{(1)} a_{(2)})\} + \right.$$

$$\left. + \, i\, \frac{q\,h}{4\,\pi\,c\, m_0} \{E_1\, i\, (a_{(1)}\, a_{(4)}) + E_2\, i\, (a_{(2)}\, a_{(4)}) + E_3\, i\, (a_{(3)}\, a_{(4)})\} \right) \overline{\psi}^r . \qquad \text{(VI 10, 43)}$$

Da hierin der Faktor von $\left(- \frac{8\,\pi^2\, m_0}{h^2}\right) \overline{\psi}^r$ nach Ausweis von (VI 10, 38) die physikalische Dimension einer *Energie* offenbart, stellen die Größen

$$\mu_1 = \frac{q\,h\,\Pi}{4\,\pi\, m_0}\, i\, (a_{(2)}\, a_{(3)}); \qquad \mu_2 = \frac{q\,h\,\Pi}{4\,\pi\, m_0}\, i\, (a_{(3)}\, a_{(1)});$$

$$\mu_3 = \frac{q\,h\,\Pi}{4\,\pi\, m_0}\, i\, (a_{(1)}\, a_{(2)}); \quad (\Pi = 4\,\pi\, .\, 10^{-9}), \qquad \text{(VI 10, 44)}$$

die kovarianten Komponenten eines dreidimensionalen magnetischen Momentenvektors μ dar; ebenso liefern die Größen

$$\varepsilon^1 = i \frac{q\,h}{4\pi c\, m_0} i\,(a_{(1)}\, a_{(4)})\,;\quad \varepsilon^2 = i \frac{q\,h}{4\pi c\, m_0} i\,(a_{(2)}\, a_{(4)})\,;\quad \varepsilon^3 = i \frac{q\,h}{4\pi c\, m_0} i\,(a_{(3)}\, a_{(4)}) \qquad \text{(VI 10, 45)}$$

die kontravarianten Komponenten eines dreidimensionalen, elektrischen Momentenvektors ε. Diese beiden Momente, welche also gemäß der Auffassung der relativistischen Wellenmechanik dem materiellen Ladungsträger verhaftet sind, definieren zusammen seinen *Spin*.

Unter allen bekannten Korpuskeln zeichnet sich das Elektron $(q \equiv q_0 < 0)$ durch den größten Absolutwert der spezifischen Ladung $|q_0/m_0|$ aus, so daß ihm der stärkste Spin zukommt. Die universelle Konstante des (magnetischen) Elektronenspins

$$\mu_0 = \frac{|q_0|\, h\, \Pi}{4\pi\, m_0}. \qquad \text{(VI 10, 46)}$$

darf somit als natürliche Einheit des magnetischen Momentes interpretiert werden und wird als *Bohr*sches *Magneton* bezeichnet; das zugehörige elektrische Elementarmoment ist im Verhältnis $\frac{1}{c\,\Pi} = \sqrt{\frac{\Delta}{\Pi}}$ größer.

VI 11. Das Meson.

a) *Rutherford* untersuchte die Passage von α-Strahlen durch Atome. Die Versuchsresultate führten ihn zur Konzeption des planetarischen Atom-Modelles: Um den schweren Kern kreisen Z Elektronen je der Ladung $(-q_0)$; der Kern trägt die positive Ladung $Z\, q_0$. Die Atomzahl Z ist für die Stellung des Atomes im periodischen System der Elemente verantwortlich.

Die von der Kernladung ausgehende *Coulomb*kraft beugt die vorbeistreichenden α-Teilchen aus ihrer Einfallsrichtung ab. Indessen versagt die quantitative Beschreibung dieses Effektes durch die *Rutherford*sche Streuformel, sobald der Abstand des α-Teilchens vom Kern kleiner als etwa $3 \cdot 10^{-12}$ cm wird. Innerhalb der hierdurch definierten Sphäre ist die Vorstellung lediglich der *Coulomb*schen Kraftwirkung unzureichend; sie ist durch ein Feld kleiner Reichweite zu ergänzen: Das Feld der *Kernkräfte*. Welches ist ihre Natur?

b) Nach *Yukawa* sind die gesuchten Kräfte aus der Feldenergie eines Elementarteilchens der Ruhmasse M herzuleiten, welches als *Meson* bezeichnet wird. Seine Aufenthaltswahrscheinlichkeit im Einheitselemente des Konfigurationsraumes unterliegt den *Dirac*schen Gleichungen (VI 10, 33); diesen *Wellen*gleichungen gegenüber fragen wir hier nach den *Feld*gleichungen des Mesons; der Energie dieses Feldes sind seine *Kräfte* zu entnehmen.

Der Weg zu ihrer Formulierung ist notwendig heuristischer Natur. Um uns möglichst eng an den *Dirac*schen Gedankengang anzuschließen, spezialisieren wir Gl. (VI 10, 28) auf ein kräftefreies System ($\varphi = 0$, $V = 0$) und erhalten — nach Ersatz von m_0 durch M — die relativistische Energiebilanz des Mesons in

$$E = c\sqrt{M^2 c^2 + \sum_{j=1}^{3} P_j^2}. \qquad \text{(VI 11, 1)}$$

Wir quadrieren, führen $P_j = \frac{h}{2\pi i}\frac{\partial}{\partial x^j}$ (j = 1, 2, 3) sowie $E = -\frac{h}{2\pi i}\frac{\partial}{\partial t} = -c\frac{h}{2\pi}\frac{\partial}{\partial x^4}$ ein und erhalten die *Klein-Gordon*sche Operatorengleichung

$$\frac{\partial^2}{(\partial x^1)^2} + \frac{\partial^2}{(\partial x^2)^2} + \frac{\partial^2}{(\partial x^3)^2} + \frac{\partial^2}{(\partial x^4)^2} = \frac{4\pi^2}{h^2} M^2 c^2. \qquad \text{(VI 11, 2)}$$

Im Falle M = 0 reduziert sie sich auf die Operatorengleichung

$$\frac{\partial^2}{(\partial x^1)^2} + \frac{\partial^2}{(\partial x^2)^2} + \frac{\partial^2}{(\partial x^3)^2} + \frac{\partial^2}{(\partial x^4)^2} = 0. \qquad \text{(VI 11, 3)}$$

Ihre Anwendung auf je eine Komponente des elektromagnetischen Viererpotentiales Φ beschreibt im wesentlichen die *Maxwell*schen Feldgleichungen des leeren Raumes, oder, korpuskular gesprochen, die Feldgleichungen des *Photons*. Definitionsgemäß verschwindet seine Ruhmasse; daher bleiben die Gesetze der Elektrodynamik erhalten, wenn wir nunmehr, verallgemeinernd, die Vorschrift (VI 11, 2) je auf eine Komponente des Viererpotentiales Φ anwenden: Sie „erzeugt" die gesuchten Feldgleichungen des *Mesons*.

c) Wir behandeln zunächst das stationäre Feld ($\partial/\partial x^4 = 0$) des elektrisch neutralen Mesons. Da in diesem Falle im Konfigurationsraum keine Vorzugsrichtung existiert, kann man versuchen, das Mesonfeld durch das Skalarpotential φ allein zu beschreiben; es unterliegt der Gleichung

$$\frac{\partial^2\varphi}{(\partial x^1)^2} + \frac{\partial^2\varphi}{(\partial x^2)^2} + \frac{\partial^2\varphi}{(\partial x^3)^2} = \frac{4\pi^2}{h^2} M^2 c^2 \varphi. \qquad \text{(VI 11, 4)}$$

Wir beschränken uns auf die kugelsymmetrische Lösung: Sei r der Abstandsskalar des Aufpunktes vom Zentrum des Mesons, so gilt (nach den Regeln der dreidimensionalen Vektorrechnung!) die Identität

$$\frac{\partial^2\varphi}{(\partial x^1)^2} + \frac{\partial^2\varphi}{(\partial x^2)^2} + \frac{\partial^2\varphi}{(\partial x^3)^2} \equiv \operatorname{div}\operatorname{grad}\varphi \equiv \frac{1}{r^2}\frac{d\left(r^2\frac{d\varphi}{dr}\right)}{dr} \equiv \frac{1}{r}\frac{d^2(r\varphi)}{dr^2}. \qquad \text{(VI 11, 5)}$$

Daher nimmt (VI 11, 4) die Form an

$$\frac{d^2(r\varphi)}{dr^2} = \frac{4\pi^2}{h^2} M^2 c^2 (r\varphi). \qquad \text{(VI 11, 6)}$$

Das für $r \to \infty$ verschwindende Integral dieser Gleichung lautet, nach Wahl einer willkürlichen Konstanten g von der Dimension einer elektrischen Ladung

$$\varphi = \frac{g}{4\pi\Delta r} e^{-\left(\frac{2\pi}{h} M c\right) r}. \qquad \text{(VI 11, 7)}$$

Es unterscheidet sich von dem Potential der *Coulomb*schen Kräfte wesentlich durch den Exponentialfaktor: Die vom Meson herrührenden Kräfte werden mit wachsendem r rasch unmerklich. Als Maß ihrer Reichweite kann man jenen Radius r_0 definieren, für welchen der Betrag des Exponenten gleich der Einheit wird:

$$r_0 = \frac{h}{2\pi} \frac{1}{Mc}. \qquad \text{(VI 11, 8)}$$

Auf Grund der *Rutherford*schen Streuversuche ist nun die Größenordnung von r_0 zu $2 \cdot 10^{12}$ cm bekannt. Hieraus können wir umgekehrt die Ruhmasse des Mesons numerisch berechnen:

$$M = \frac{h}{2\pi} \frac{1}{r_0 c} = \frac{6{,}55 \cdot 10^{-34}}{2\pi} \frac{1}{2 \cdot 10^{-12} \cdot 3 \cdot 10^{10}} = 1{,}73 \cdot 10^{-32} \frac{\text{Joule sec}^2}{\text{cm}^2} = 1{,}73 \cdot 10^{-25}\,\text{gr}, \qquad \text{(VI 11, 9)}$$

Wir vergleichen sie mit der Ruhmasse des Elektrons

$$m_0 = 9 \cdot 10^{-35} \frac{\text{Joule sec}^2}{\text{cm}^2} = 9 \cdot 10^{-28}\,\text{gr} \qquad \text{(VI 11, 10)}$$

und finden das Verhältnis der Massen

$$\frac{M}{m_0} = \frac{1{,}73 \cdot 10^{-25}}{9 \cdot 10^{-28}} \approx 200. \qquad \text{(VI 11, 11)}$$

Die Ruhmasse des Protons (Kern des Wasserstoff-Atomes) ist etwa gleich 1870 m_0: Der Name „Meson“ weist auf die Mittelstellung hin, welche dieses Elementarteilchen bezüglich seiner Masse zwischen dem Proton und dem Elektron einnimmt; insofern das Meson hierbei dem Elektron näher steht, benützt man als Synonym des Mesons auch die Bezeichnung „schweres Elektron“.

Das Ergebnis der Rechnung wäre von zweifelhaftem Werte, falls die Konzeption des Mesons eine bloße Spekulation wäre. Sie wurde jedoch zum Range einer fundamentalen Entdeckung erhoben, als in der kosmischen Strahlung experimentell ein Bestandteil aufgefunden wurde, welcher mit den vorausgesagten Eigenschaften des Mesons begabt ist.

d) Der Impulssatz verlangt für gewisse innere Kernumwandlungen, bei welchen das Meson beteiligt ist, seine Ausstattung mit einem Spin. Der Zustand eines solchen Systemes ist wellenmechanisch durch das Quadrupel der *Dirac*schen Gleichungen zu beschreiben; demgemäß verlangt auch die Schilderung seines Feldes vier Funktionen: Wir wenden die Vorschrift (VI 11, 2) auf alle Komponenten von Φ an und erhalten, als Verallgemeinerung von (VI 11, 4)

$$\frac{\partial^2 \Phi^k}{(\partial x^1)^2} + \frac{\partial^2 \Phi^k}{(\partial x^2)^2} + \frac{\partial^2 \Phi^k}{(\partial x^3)^2} + \frac{\partial^2 \Phi^k}{(\partial x^4)^2} = \frac{4\pi^2}{h^2} M^2 c^2 \Phi^k; \quad (k = 1, 2, 3, 4). \tag{VI 11, 12}$$

Um den Charakter von Φ als Weltvektor auch im Mesonfelde zu gewährleisten, fordern wir die Permanenz der *Lorentz*-invarianten Gleichung (VI 5, 19), welche das Skalarpotential φ mit den Komponenten des dreidimensionalen Vektorpotentiales V verknüpft:

$$\operatorname{div} \Phi = \frac{\partial \Phi^k}{\partial x^k} = \frac{\partial V^1}{\partial x^1} + \frac{\partial V^2}{\partial x^2} + \frac{\partial V^3}{\partial x^3} + \frac{i}{c} \frac{\partial \varphi}{\partial x^4} = 0. \tag{VI 11, 13}$$

e) Wir bilden aus dem Viererpotential Φ des Mesons den antimetrischen Feldtensor F nach der Vorschrift

$$F = \operatorname{Rot} \Phi. \tag{VI 11, 14}$$

Die Komponenten von F seien gemäß (VI 5, 22) den Komponenten der je dreidimensionalen Feldvektoren B und E zugeordnet; in dreidimensionaler Terminologie schreiben sich diese Relationen

$$B - \operatorname{rot} V = 0 \tag{VI 11, 15}$$

sowie

$$E + \operatorname{grad} \varphi + \frac{\partial V}{\partial t} = 0. \tag{VI 11, 16}$$

Welchen Differentialgleichungen gehorchen B und E im Mesonfelde?

1. Sei T ein beliebiger, antimetrischer Tensor zweiter Stufe im R_4, so besteht für jede zyklische Folge dreier Zahlen i, k, l des Vorrates 1, 2, 3, 4 die Identität

$$\frac{\partial T_{ik}}{\partial x^l} + \frac{\partial T_{li}}{\partial x^k} + \frac{\partial T_{kl}}{\partial x^i} = 0. \tag{VI 11, 17}$$

Insbesondere sei $T = F$; dann führt die Wahl $i = 1$, $k = 2$, $l = 3$, in der Terminologie der dreidimensionalen Vektorrechnung, zu der Aussage

$$\operatorname{div} B = 0. \tag{VI 11, 18}$$

Ist dagegen eine der Zahlen i, k, l gleich 4, so lassen sich die drei entstehenden tensoriellen Komponentengleichungen zu der Vektorgleichung des dreidimensionalen Raumes zusammenfassen

$$\operatorname{rot} E = -\frac{\partial B}{\partial t}. \tag{VI 11, 19}$$

In der Elektrodynamik bilden die Relationen (VI 11, 18) und (VI 11, 19) den Inhalt des Induktionsgesetzes; dieses überträgt sich somit unverändert auf das Feld des Mesons.

2. Die Operation (VI 11, 14) liefert zunächst die kovarianten Komponenten des Feldtensors F; wir gehen zu seinen kontravarianten Komponenten über:

$$F^{jk} = \delta_j^l\, \delta_k^m\, F_{lm} = \delta_j^l\, \delta_k^m \left(\frac{\partial \Phi_m}{\partial x^l} - \frac{\partial \Phi_l}{\partial x^m}\right). \qquad \text{(VI 11, 20)}$$

Nunmehr bilden wir die Vektordivergenz des Feldtensors:

$$\mathrm{Div}^k F = \sum_{j=1}^{4} \frac{\partial}{\partial x^j} \left\{\delta_j^l\, \delta_k^m \left(\frac{\partial \Phi_m}{\partial x^l} - \frac{\partial \Phi_l}{\partial x^m}\right)\right\} = \sum_{j=1}^{4} \left\{\frac{\partial^2 \Phi_k}{(\partial x^j)^2} - \frac{\partial^2 \Phi_j}{\partial x^j\, \partial x^k}\right\}. \qquad \text{(VI 11, 21)}$$

Wegen $\Phi_k \equiv \Phi^k$, $\Phi_j \equiv \Phi^j$ verschwindet das zweite Glied der rechten Seite mit Rücksicht auf (VI 11, 13). Da weiter das Viererpotential Φ selbst der Differentialgleichung (VI 11, 12) genügt, resultiert aus (VI 11, 21) die Weltvektor-Gleichung

$$\mathrm{Div}\, F = \frac{4\pi^2}{h^2} M^2 c^2 \Phi. \qquad \text{(VI 11, 22)}$$

Ihre drei räumlichen Komponenten lassen sich zu der dreidimensionalen Vektorgleichung vereinigen

$$\mathrm{rot}\, B - \frac{1}{c^2}\frac{\partial E}{\partial t} + \frac{4\pi^2}{h^2} M^2 c^2 V = 0, \qquad \text{(VI 11, 23)}$$

während ihre zeitliche Komponente — in dreidimensionaler Terminologie — lautet

$$\mathrm{div}\, E + \frac{4\pi^2}{h^2} M^2 c^2 \varphi = 0. \qquad \text{(VI 11, 24)}$$

Für $M \to 0$ liefert (VI 11, 23) die Erste *Maxwell*sche Feldgleichung des leeren Raumes, (VI 11, 24) die dem gleichen Falle entsprechende Kontinuitätsgleichung der Elektrizität. Die analogen Feldgleichungen des Mesons sind also von denen der Elektrodynamik *verschieden*.

3. Betrachtet man die Komponenten des Feldtensors als *reell*, so schildern die vorstehend entwickelten Gleichungen das Feld des elektrisch neutralen, spinnenden Mesons. Läßt man jedoch auch komplexe Komponenten des Feldtensors zu und ergänzt sie durch Hinzunahme der konjugiert-komplexen Komponenten, so entsteht ein duales System von Feldgleichungen; sie schildern das Verhalten antipolar geladener, spinnender Mesonen.

Siebentes Kapitel.

Der Riemannsche Raum.

VII 1. Die Idee der *Riemann*schen Geometrie.

a) In einem dreidimensionalen Raume (R_3) orientieren wir uns mittels eines *Kartesischen* Koordinatensystemes x^i ($i = 1, 2, 3$). Zur Ausführung von Messungen bedienen wir uns eines starren Einheits-Maßstabes. Mit seiner Hilfe ermitteln wir die (skalare) Entfernung ds zweier infinitesimal benachbarter Punkte. Wir suchen sie mit den am Koordinaten-Gerüst „eingravierten" Differenzen dx^i ihrer Lagekoordinaten in Beziehung zu setzen, deren „Eichung" mit ebendemselben Einheits-Maßstab vorgenommen wurde. Finden wir hierbei stets

$$ds^2 = \sum_i dx^i\, dx^i \qquad \text{(VII 1, 1)}$$

unabhängig von der Lage des Maßstabes relativ zum Ursprung des Bezugssystemes wie auch von seiner Orientierung relativ zu den Achsen, so ist hierdurch die Geometrie des untersuchten R_3 als *Euklid*ische definiert.

b) Wir führen den gemischten Einheitstensor zweiter Stufe ein

$$\delta_i^k = \begin{matrix} 0 \text{ für } i \neq k \\ 1 \text{ für } i = k. \end{matrix} \qquad \text{(VII 1, 2)}$$

Dann kann man statt (VII 1, 1) bequemer schreiben

$$ds^2 = \delta_i^k\, dx_k\, dx^i. \qquad \text{(VII 1, 3)}$$

Indem wir diese Definition für $i = 1, 2, \ldots z$ als gültig postulieren, gelangen wir zur Metrik der *Euklid*ischen Geometrie des R_z.

c) Wir verallgemeinern (VII 1, 3) mittels Ersatzes von δ_i^k durch den Tensor

$$\delta_i^k * = \pm\, \delta_i^k \qquad \text{(VII 1, 4)}$$

mit freibleibender Wahl des Vorzeichens der von Null verschiedenen Tensorkomponenten. Hierdurch wird eine Geometrie erklärt, welche zwar in der Regel nicht mit der *Euklid*ischen übereinstimmt, aber doch eng mit ihr verwandt ist; wir bezeichnen sie als *Pseudo-Euklid*ische Geometrie, die, nach dem Beispiel der *Euklid*ischen, sogleich auf z Dimensionen ausgedehnt werden kann.

d) Wir führen im R_3 neben den *Kartesischen* Koordinaten x^i mittels dreier reeller Parameter u^k $(k = 1, 2, 3)$ krummlinige Koordinaten ein:

$$x^i = f^i(u^k). \qquad \text{(VII 1, 5)}$$

Durch Differentiation dieses Gleichungssystemes folgt

$$dx^i = \alpha^i_k \, du^k; \qquad \alpha^i_k = \frac{\partial f^i}{\partial u^k}. \qquad \text{(VII 1, 6)}$$

Nach (VII 1, 1) berechnet sich hieraus das Quadrat des Abstandes zweier infinitesimal benachbarter Punkte zu

$$ds^2 = \sum_i \alpha^i_k \, du^k \, \alpha^i_l \, du^l, \qquad \text{(VII 1, 7)}$$

wobei verabredungsgemäß die Summationsvorschrift über k und über l nicht explizit angeschrieben wurde.

Wir setzen

$$g_{lk} = \sum_i \alpha^i_k \, \alpha^i_l = g_{kl} \qquad \text{(VII 1, 8)}$$

und erhalten aus (VII 1, 7)

$$ds^2 = g_{kl} \, du^k \, du^l. \qquad \text{(VII 1, 9)}$$

Trotz ihrer von (VII 1, 1) abweichenden Gestalt definiert auch Gl. (VII 1, 9) die *Euklid*ische Geometrie im R_3; denn man kann ja mittels der Transformation (VII 1, 5) für ihren gesamten Existenzbereich gleichzeitig zu jener metrischen Ausgangsform zurückkehren. Die im R_3 durchgeführte Änderung des Bezugssystemes — von den *Kartesischen* Koordinaten zu den krummlinigen oder umgekehrt — berührt also nicht die geometrische Struktur des Raumes; sie ist eine äußerliche Operation, vergleichbar etwa mit der „Wandlung" eines Menschen, der die Kleidung wechselt.

Der nämliche Satz gilt natürlich für Koordinaten-Transformationen sowohl im *Euklid*ischen wie im *Pseudo-Euklid*ischen R_z, sofern man sich in (VII 1, 5) auf reelle Funktionen beschränkt.

e) Im Rahmen der *Euklid*ischen oder *Pseudo-Euklid*ischen Geometrie bildet die Gesamtheit der g_{kl} für jedes System krummliniger Koordinaten u^k eine Familie von Kennziffern, welche aus der jeweils wirksamen Abbildung (VII 1, 5) auf deduktivem Wege berechnet werden können.

Diesen Gedankengang kehren wir nun um: Wir betrachten in Gl. (VII 1, 9), welche der Allgemeinheit halber sogleich für den R_z angeschrieben sei, die als Vermittler zwischen dem meßbaren Abstande ds der infinitesimal benachbarten Punkte einerseits, den zugehörigen, „eingravierten" Koordinatendifferenzen du^i andererseits auftretenden g_{kl} als bekannte Funktionen der u^k, ohne von vornherein einen analytischen Zusammenhang zwischen ihnen vorauszusetzen: Sie seien, sozusagen, dem

R_z als sein geometrischer Charakter eingeprägt. Kann man dann, ohne den R_z zu verlassen, z Transformationsfunktionen der Art (VII 1,5) auffinden, welche das Quadrat ds^2 der Entfernung infinitesimal benachbarter Punkte für alle Orte des R_z gleichzeitig in eine Quadratsumme (oder Quadratdifferenz) der Koordinatendifferentiale dx^i ($i = 1, 2 \ldots z$) verwandeln?

Da die in Aussicht genommene Formulierung von ds^2 die *Euklid*ische (oder *Pseudo-Euklid*ische) Geometrie beschreibt, kann man zusammenfassen: Gilt im R_z bei beliebig vorgegebenem Felde der g_{kl} die *Euklid*ische (oder *Pseudo-Euklid*ische) Geometrie? Diese Frage möge kurz als *Riemann*sches Problem bezeichnet werden.

f) Wir bemerken zunächst, daß man die *Pseudo-Euklid*ische Geometrie stets in die *Euklid*ische abbilden kann. Falls nämlich etwa das Quadrat des Differentiales dx^m in ds^2 mit negativem Vorzeichen erscheint, führe man statt x^m die imaginäre Koordinate ein

$$x^{m\prime} = \sqrt{-1}\, x^m, \qquad \text{(VII 1, 10)}$$

so daß also $[-(dx^m)^2]$ in $[+(dx^{m\prime})^2]$ transformiert wird; ein Beispiel hierfür haben wir in der *Minkowski*schen vierdimensionalen Welt kennen gelernt. Mittels Ausnützung dieser Transformation dürfen wir uns im folgenden auf jenes speziellere *Riemann*sche Problem beschränken, welches sich allein mit der Gültigkeit der *Euklid*ischen Geometrie im R_z beschäftigt.

g) Wir beginnen mit der Abzählung der im R_z existierenden unterschiedlichen Kennziffern g_{kl}. Als ihre Koeffizienten erscheinen in ds^2 außer den Quadraten der du^k nur die Produkte $du^l\, du^m$ der Koordinaten-Differentiale. Durch passende Gruppierung der $du^l\, du^m$ sowie $du^m\, du^l$ enthaltenden Glieder kann man stets die Symmetrie $g_{lm} = g_{ml}$ erzwingen. Unter dieser Voraussetzung gleicht die Zahl unterschiedlicher Kennziffern g_{kl} der Zahl C von Kombinationen aus z Elementen (der Dimensionen des R_z) zur zweiten Klasse (Paarung der Koordinaten-Differentiale) mit Wiederholung

$$C = \frac{z(z+1)}{2}. \qquad \text{(VII 1, 11)}$$

h) Im *Riemann*schen Problem wird nach der Existenz der Gl. (VII 1, 5) gefragt. Falls die Antwort bejahend ausfällt, gelten auch Gleichungen der Form

$$u^i = F^i(x^k) \qquad (i = 1, 2 \ldots z). \qquad \text{(VII 1, 12)}$$

Aus ihnen folgt durch Differentiation

$$du^i = \beta^i_k\, dx^k; \qquad \beta^i_k = \frac{\partial F^i}{\partial x^k} \quad (i, k = 1, 2 \ldots z). \qquad \text{(VII 1, 13)}$$

Man berechnet hiermit

$$ds^2 = g_{kl}\, du^k\, du^l = g_{kl}\, \beta^k_m\, \beta^l_n\, dx^m\, dx^n. \qquad \text{(VII 1, 14)}$$

Im Falle der *Euklid*ischen Geometrie verlangen wir nun, gemäß (VII 1, 3) — nach Umbenennung der Summations-Indizes —

$$ds^2 = \delta_n^m \, dx_m \, dx^n. \qquad \text{(VII 1, 15)}$$

Der Vergleich von (VII 1, 14) mit (VII 1, 15) liefert, wegen $dx_m = dx^m$, für $n = m$ die z Gleichungen

$$g_{kl} \, \beta_m^k \, \beta_m^l = 1 \qquad \text{(VII 1, 16)}$$

und für $n \neq m$ die $\frac{z(z-1)}{2}$ Gleichungen

$$g_{kl} \, \beta_m^k \, \beta_n^k = 0 \qquad \text{(VII 1, 17)}$$

also zusammen $\frac{z(z+1)}{2}$ Gleichungen entsprechend der in (VII 1, 11) bestimmten Zahl unterschiedlicher Kennziffern g_{kl}. Ihrem analytischen Charakter nach handelt es sich, entsprechend der Definition (VII 1, 13), um simultane Differentialgleichungen, welchen die gesuchte Transformation zu genügen hat.

Sieht man von dem trivialen Falle des „Linienraumes" $z = 1$ ab, so geht hiernach die Zahl der Differentialgleichungen über die Zahl z der zur Verfügung stehenden Abbildungsfunktionen hinaus. Damit man also alle diese Differentialgleichungen gleichzeitig erfüllen kann, müssen offenbar zwischen den bisher als funktionell voneinander unabhängig angenommenen g_{kl} bestimmte innere Bindungen bestehen. Diese Integrabilitätsbedingungen führen somit im *Riemann*schen Problem zu der fundamentalen Alternative:

1. Die Integrabilitätsbedingungen sind erfüllt; der untersuchte R_z gehorcht der *Euklid*ischen Geometrie.

2. Die Integrabilitätsbedingungen sind nicht erfüllt. Der untersuchte R_z kann dann nicht mehr *Euklid*isch beschrieben werden: Er gehorcht der *Riemann*schen Geometrie.

Es ist eine der dringendsten Aufgaben der Analyse, die Zugehörigkeit des R_z zur *Euklid*ischen oder zur *Riemann*schen Geometrie allein aus dem funktionellen Charakter des Feldes der g_{kl} zu erschließen. Dieses Kriterium wird durch den Begriff der *Raumkrümmung* geliefert, welchen wir in VII 5 kennen lernen werden.

i) Im Lichte der vorstehenden Überlegungen entspringt die *Riemann*sche Geometrie des R_z aus dem Konflikt zwischen den $\frac{z(z+1)}{2}$ Bedingungsgleichungen mit den z funktionellen Möglichkeiten der Abbildung. Man kann jedoch die Lösbarkeit des Problemes erzwingen, indem man die Zahl der Abbildungsfunktionen x^i gleich der Zahl der Bedingungsgleichungen macht. Geometrisch bedeutet dieser Schritt den Übergang vom Raume mit z Dimensionen zu einem Oberraume von $\frac{z(z+1)}{2}$ Dimensionen: Der *Riemann*sche R_z wird in den *Euklid*ischen $R_{\frac{z(z+1)}{2}}$ „eingebettet". Im Sinne dieser „Euklidisierung" ist also die *Riemann*sche Geometrie des R_z der *Euklid*ischen Geometrie des $R_{\frac{z(z+1)}{2}}$ mathematisch äquivalent. Der Aufbau der *Riemann*schen Geometrie als einer selbständigen Disziplin verlangt es jedoch, ihre Gesetze in einer vom Einbettungsraume unabhängigen Weise zu formulieren: Der Einbettungsraum darf nur die Rolle einer Hilfskonstruktion übernehmen, welche aus dem Ergebnis der geometrischen Analyse wieder zu eliminieren ist. Wenn auch vom systematischen Standpunkt die angedeutete Methode der *Euklidisierung* als Umweg zu bezeichnen ist, empfiehlt sie sich doch aus Gründen der Anschaulichkeit, und wir werden wiederholt Gebrauch von ihr machen.

VII 2. Vektoren und Tensoren im *Riemann*schen Raum.

a) Im Raume von z Dimensionen (R_z) seien zwischen den je z Variabeln u^i, $\bar{u}_i$ einerseits, $u^{i\prime}$, $\bar{u}_i{}'$ andererseits die Transformationen gegeben

$$u^i = f^i\,(u^{k\prime}) \qquad \text{(VII 2, 1)}$$

und

$$\bar{u}_i = \bar{f}_i\,(\bar{u}_k{}'). \qquad \text{(VII 2, 2)}$$

Wir bilden aus ihnen in einem bestimmten Punkte P die homogenen, linearen Differentialrelationen

$$du^i = \alpha^i_k\, du^{k\prime}; \qquad \alpha^i_k = \left(\frac{\partial f^i}{\partial u^k}\right)_P \qquad \text{(VII 2, 3)}$$

und

$$d\bar{u}_i = \bar{\alpha}^k_i\, d\bar{u}_k{}'; \qquad \bar{\alpha}^k_i = \left(\frac{\partial \bar{f}_i}{\partial \bar{u}_k}\right)_P. \qquad \text{(VII 2, 4)}$$

Die Transformationen (VII 3, 1), (VII 3, 2) heißen in P *gegenläufig*, falls sie dort für beliebige $du^{i\prime}$, $d\bar{u}_i{}'$ der Bedingung genügen

$$du^i\, d\bar{u}_i = du^{j\prime}\, d\bar{u}_j{}'. \qquad \text{(VII 2, 5)}$$

Vertauscht man in ihr die Differentiale der Veränderlichen u^i, $\bar{u}_i$; $u^{i\prime}$, $\bar{u}_i{}'$ mit den Veränderlichen selbst, so kommt man auf die Kontragradienz affiner Systeme zurück. Da von dieser Substitution die Gestalt der Gl. (VII 2, 3) und (VII 2, 4) nicht betroffen wird, bleiben alle aus der Kontragradienz folgenden Beziehungen zwischen den Zahlen α^i_k und $\bar{\alpha}^k_i$ gültig, sofern man sie je *für denselben Punkt* P berechnet. Sei also dort $\bar{A}$ die Determinante det $\bar{\alpha}^k_i$ und $\bar{A}^i_k$ die zu $\bar{\alpha}^k_i$ gehörige Unterdeterminante von $\bar{A}$, so ist

$$\alpha^k_i = \frac{\bar{A}^k_i}{\bar{A}}. \qquad \text{(VII 2, 6)}$$

Ebenso folgt mittels der Determinante $A = \det \alpha^i_k$ und ihrer zu α^k_i gehörigen Unterdeterminante A^i_k die duale Formel

$$\overline{\alpha}^i_k = \frac{A^i_k}{A} \qquad \text{(VII 2, 7)}$$

und durch Kombination von (VII 2, 6) und (VII 2, 7)

$$\alpha^i_k \overline{\alpha}^k_l = \alpha^i_k \frac{A^k_l}{A} = \frac{\overline{A}^i_k}{\overline{A}} \overline{\alpha}^k_l = \delta^i_l . \qquad \text{(VII 2, 8)}$$

b) Vermöge (VII 2, 5) ist die Kontragradienz der Transformationen (VII 2, 1) und (VII 2, 2) eine *differentielle Eigenschaft*, welche in der Regel nur die infinitesimale Umgebung von P auszeichnet. Falls also etwa (VII 2, 1) vorgegeben ist, sind die aus (VII 2, 5) hervorgehenden Differentialgleichungen für das Funktionensystem (VII 2, 2) im allgemeinen nicht integrabel. Daher darf man für *endliche* Gebiete des R_z nur *eine* der dualen Transformationen benützen; wir wählen zu diesem Zwecke ein für allemal die Transformation (VII 2, 1) (mit oberem Index der Variabeln). Die α^i_k sind dann nach (VII 2, 3) als Funktionen der u^k unmittelbar zu berechnen, und aus ihnen resultieren nach der Vorschrift (VII 2, 7) die $\overline{\alpha}^k_i$ ebenfalls als Funktionen der u^k.

c) Mit der Kenntnis der für P bestimmten Werte α^i_k und $\overline{\alpha}^k_i$ sind durch (VII 2, 3) und (VII 2, 4) in der infinitesimalen Umgebung von P zwei kontragradiente, affine Transformationen erklärt. Dieser Satz zieht die Persistenz der im affinen Raum gegebenen Definition der Tensoren aller Stufen (einschließlich der Vektoren und Skalare) im Punkte P des *Riemann*schen Raumes nach sich. Insbesondere sind hiernach die du^i die kontravarianten, die $d\overline{u}_k \equiv du_k$ die kovarianten Komponenten ein und desselben infinitesimalen Verrückungsvektors $d\mathfrak{r} \equiv d\overline{\mathfrak{r}}$. Seine Norm wird durch die metrische Fundamentalform dargestellt

$$(d\mathfrak{r})^2 = g_{ik}\, du^i\, du^k. \qquad \text{(VII 2, 9)}$$

Mittels der Existenzsätze affiner Tensoren, welche sich unverändert auf den *Riemann*schen Raum übertragen, schließt man aus (VII 2, 9): Die $g_{ik} = g_{ki}$ bilden die kovarianten Komponenten des symmetrischen Maßtensors g zweiter Stufe mit der Maßdeterminante $g = \det g_{ik}$; wir stellen ihnen, durch Anwendung der für affine Systeme angegebenen Vorschrift auf den Punkt P des *Riemann*schen Raumes, die kontravarianten Komponenten g^{ik} des Maßtensors samt ihrer Determinante $\overline{g}$ zur Seite und erinnern an die Relationen

$$g^{ki} g_{il} = g^{ik} g_{li} = \delta^k_l \qquad \text{(VII 2, 10)}$$

und

$$g\, \overline{g} = 1. \qquad \text{(VII 2, 11)}$$

In jedem Punkt P vermitteln die Komponenten des Maßtensors den „Transport" der Indizes einer Tensorkomponente beliebig vorgegebener

Natur von der einen in die andere Indexreihe nach denselben Regeln, die für affine Tensoren gelten.

d) Während die Komponenten des Maßtensors in affinen Bezugssystemen vom Orte unabhängig sind, bildet ihre Gesamtheit im *Riemann*schen Raume ein von Punkt zu Punkt veränderliches *Tensorfeld.* Demnach hat man den Begriff des invarianten Volumens, welcher sich in affinen Bezugssystemen auf endliche Raumteile bezieht, auf die infinitesimalen Elemente des *Riemann*schen Raumes zu beschränken. Es bezeichne dV_u das Volumen eines Raumelementes in einem abstrakten, z-dimensionalen u-Raum, dessen Achsen sämtlich senkrecht aufeinander stehen, und $dV_{u'}$ das Volumen seines mittels (VII 2, 3) konstruierten Bild-Raumelementes im entsprechend definierten u'-Raum; dann ist

$$\sqrt{g}\, dV_u = \sqrt{g'}\, dV_{u'} \qquad \text{(VII 2, 12)}$$

eine Invariante. Sei insbesondere das gestrichene System in der infinitesimalen Umgebung von P *kartesisch,* so gilt in ihm $\sqrt{g'} = 1$, und $dV_{u'}$ geht in das Volumenelement $d\tau$ im Sinne der *Euklid*ischen Geometrie über.

Es seien etwa die Koordinaten u^i sämtlich als Funktionen eines reellen Parameters s dargestellt. Seinem Werte s_0 soll für alle u^i der gleiche Raumpunkt P_0 korrespondieren; dem Parameter $(s_0 + ds)$ entsprechen die P_0 infinitesimal benachbarten Punkte $P_{(i)}$. Die z Vektoren

$$P_0 \rightarrow P_{(i)} = du^i = \left(\frac{du^i}{ds}\right)_{P_0} ds \qquad \text{(VII 2, 13)}$$

spannen ein „z-Bein" aus, welches wir zum z-dimensionalen Parallelepiped ergänzen. Sein Volumen beträgt somit

$$d\tau = \sqrt{g}\, du^1\, du^2 \ldots du^z. \qquad \text{(VII 2, 14)}$$

Auf der Kenntnis des invarianten Elementarvolumens beruhen die Begriffe der skalaren, der vektoriellen und der tensoriellen Dichte; diese Größen unterscheiden sich also nicht von den entsprechenden Definitionen in affinen Bezugssystemen. Ebenso übertragen sich ohne Änderung die Begriffe des skalaren, vektoriellen und tensoriellen Volumens.

VII 3. Parallelverschiebung eines Vektors auf einer Fläche.

a) Im einbettenden *Euklid*ischen Raume von drei Dimensionen (R_3) sei das *Kartesische* Koordinatensystem x^i $(i = 1, 2, 3)$ vorgegeben. Mittels zweier stetig veränderlicher, reeller Parameter u^k $(k = 1, 2)$ definieren wir die Fläche

$$x^i = f^i\,(u^k). \qquad \text{(VII 3, 1)}$$

In einem Punkte $P_0 = (u^1, u^2)$ der Fläche konstruieren wir, mit Benützung des einbettenden R_3, die beiden Tangentenvektoren

$$\mathfrak{a}_k = \mathfrak{1}_i \frac{\partial x^i}{\partial u^k} = \mathfrak{1}_i \frac{\partial f^i}{\partial u^k} = \mathfrak{1}_i\, \alpha^i_k; \qquad \alpha^i_k = \frac{\partial f^i}{\partial u^k}, \qquad \text{(VII 3, 2)}$$

wobei die $\mathfrak{1}_i$ die achsenparallelen Einheitsvektoren des *Kartesischen* Bezugssystemes bezeichnen. Es wird weiterhin vorausgesetzt, daß die $\mathfrak{a}_k$ nicht in die nämliche Richtung fallen; sie bestimmen dann gemeinsam die im R_3 für den Punkt P_0 definierte Tangentenebene der vorgelegten Fläche.

b) Es sei in P_0 ein Vektor $\mathfrak{A}$ erklärt, welcher in der genannten Tangentenebene liegt; die Gesamtheit aller Vektoren dieser Art bildet einen zweidimensionalen Vektorkörper. Relativ zum R_3 repräsentiert $\mathfrak{A}$ einen ,,Raumvektor“ mit den *drei* achsenparallelen Komponenten A^i

$$\mathfrak{A} = \mathfrak{1}_i\, A^i \qquad \text{(VII 3, 3)}$$

relativ zur Fläche hingegen einen ,,Flächenvektor“ mit den nur *zwei* kontravarianten Komponenten A^k

$$\mathfrak{A} = \mathfrak{a}_k\, A^k. \qquad \text{(VII 3, 4)}$$

Welcher Zusammenhang besteht zwischen den Auffassungen (VII 3, 3) und (VII 3, 4)?

Wir betrachten neben $P_0 = (u^1, u^2)$ den in infinitesimaler Nachbarschaft gelegenen Punkt $P = (u^1 + du^1, u^2 + du^2)$ der Fläche. Die Verrückung $d\mathfrak{r} = P_0 \rightarrow P$ ist dann — als Flächenvektor — durch die Gleichung gegeben

$$d\mathfrak{r} = \mathfrak{a}_k\, du^k, \qquad \text{(VII 3, 5)}$$

in welcher also die du^k die kontravarianten Komponenten von $d\mathfrak{r}$ messen. Nach (VII 3, 1) und (VII 3, 2) stehen sie mit den Komponenten dx^i der gleichen Verrückung — als Raumvektor — in dem Zusammenhang

$$dx^i = \frac{\partial f^i}{\partial u^k} du^k = \alpha^i_k\, du^k \qquad \text{(VII 3, 6)}$$

und die nämlichen Gleichungen liefern, laut Definition des Vektors, den Zusammenhang der Raumvektor-Komponenten A^i mit den Flächenvektor-Komponenten A^k. Die $3 \cdot 2 = 6$ Elemente α^i_k lassen sich zu einer *rechteckigen* Matrix ordnen, welche, in Verallgemeinerung des Tensors zweiter Stufe mit seiner quadratischen Matrix, zwei *Vektoren verschiedener Dimensionenzahl* miteinander verknüpft.

c) Die Bogenlänge ds des infinitesimalen Vektors $d\mathfrak{r}$ berechnet sich aus der quadratischen Form

$$ds^2 = \sum_i dx^i\, dx^i = g_{kl}\, du^k\, du^l; \qquad g_{kl} = g_{lk} = \sum_i \alpha^i_k\, \alpha^i_l. \qquad \text{(VII 3, 7)}$$

Der Maßtensor der Fläche besitzt nur die drei unterschiedlichen Komponenten g_{11}, $g_{12} = g_{21}$ und g_{22}.

d) Man stelle sich nun in der Fläche lebende, ihr verhaftete Wesen vor, welche lediglich die zweidimensionale Geometrie ihrer Wohnfläche (Flächenvektoren) konzipieren können, während ihnen die Einsicht in die Existenz des dreidimensionalen, *Euklid*ischen Einbettungsraumes (Raumvektoren) versagt ist. Es sei in der Absicht dieser „Flächenwesen", den in P_0 — als Flächenvektor — gegebenen Vektor A parallel zu sich selbst längs des Weges ds nach P zu transportieren. Was ist mit dieser geometrischen Operation gemeint?

Nach dem Vorgang von *Levi-Civita* und *Weyl* rufen wir einen Raumvektor A^* zu Hilfe, welcher in P_0 mit A zusammenfällt

$$A\,(P_0) = A^*\,(P_0). \qquad \text{(VII 3, 8)}$$

Verschieben wir jetzt A^* nach den Regeln der *Euklid*ischen Geometrie im R_3 parallel zu sich selbst nach P, so wird er dort in der Regel nicht mehr der in P konstruierten Tangentialebene der Fläche angehören, er „ragt aus der Fläche heraus". Wir können jedoch $A^*\,(P)$ eindeutig in zwei Komponenten-Vektoren zerlegen: Den Vektor $A^*_t\,(P)$ in der Tangentialebene der Fläche und den normal zu dieser Ebene gerichteten Vektor $A^*_n\,(P)$

$$A^*\,(P) = A^*_t\,(P) + A^*_n\,(P). \qquad \text{(VII 3, 9)}$$

Wir *definieren* nun $A^*_t\,(P)$ als den aus $A\,(P_0)$ durch Parallelverschiebung längs ds hervorgehenden Flächenvektor

$$A\,(P) = A^*_t\,(P). \qquad \text{(VII 3, 10)}$$

e) Welcher geometrische Zusammenhang besteht zwischen $A\,(P_0)$ und $A\,(P)$?

Aus den gleichzeitig geltenden Relationen

$$A^*\,(P_0) = A\,(P_0) \qquad \text{(VII 3, 11)}$$

und

$$A^*\,(P) = A\,(P) + A^*_n\,(P) \qquad \text{(VII 3, 12)}$$

folgt wegen $A^*\,(P_0) = A^*\,(P) \equiv A^*$:

$$0 = A\,(P_0) - A\,(P) - A^*_n\,(P) \qquad \text{(VII 3, 13)}$$

also

$$dA \equiv A\,(P) - A\,(P_0) = -A^*_n\,(P). \qquad \text{(VII 3, 14)}$$

Wir zeigen nun zunächst, daß $A^*_n\,(P)$ für $P \to P_0$ wie ds gegen einen Nullvektor strebt: Definitionsgemäß bestehen gleichzeitig die Relationen — wir befinden uns im *Euklid*ischen R_3 —

$$(A^*\,[a_1\,a_2]_{P_0}) = 0 \qquad \text{(VII 3, 15)}$$

sowie

$$(A^*_t\,(P)\,[a_1\,a_2]_P) = \left(A^*_t\,(P)\left\{[a_1\,a_2]_{P_0} + \frac{d\,[a_1\,a_2]}{ds}\,ds\right\}\right) = 0. \qquad \text{(VII 3, 16)}$$

Wegen $A_t^*(\mathrm{P}) = A^*(\mathrm{P}) - A_n^*(\mathrm{P})$ folgt hieraus

$$(A_n^*(\mathrm{P})\,[a_1\,a_2]_{\mathrm{P}_0}) = \left(A^* \frac{\mathrm{d}\,[a_1\,a_2]}{\mathrm{d}s}\right)\mathrm{d}s. \qquad \text{(VII 3, 17)}$$

Nun ist, bis auf Größen zweiter und höherer Ordnung in ds, der Kosinus des Winkels zwischen den Vektoren $A_n^*(\mathrm{P})$ und $[a_1\,a_2]_{\mathrm{P}_0}$ gleich der Einheit, so daß in (VII 3, 17) die Behauptung bewiesen ist.

Definitionsgemäß steht $A_n^*(\mathrm{P})$ senkrecht auf den beiden in P konstruierbaren Tangentenvektoren:

$$\left(A_n^*(\mathrm{P})\,a_k(\mathrm{P})\right) = \left(A_n^*(\mathrm{P})\left\{a_k(\mathrm{P}_0) + \frac{\mathrm{d}a_k}{\mathrm{d}s}\,\mathrm{d}s\right\}\right) = 0 \quad (k = 1, 2). \qquad \text{(VII 3, 18)}$$

Daher findet man für die Skalarprodukte $\left(A_n^*(\mathrm{P})\,a_k(\mathrm{P}_0)\right)$:

$$\left(A_n^*(\mathrm{P})\,a_k(\mathrm{P}_0)\right) = -\left(A_n^*(\mathrm{P})\frac{\mathrm{d}a_k}{\mathrm{d}s}\right)\mathrm{d}s \qquad \text{(VII 3, 19)}$$

und hieraus folgt mit Rücksicht auf (VII 3, 17), daß diese deiden Produkte für $\mathrm{P} \to \mathrm{P}_0$ wie $\mathrm{d}s^2$ gegen Null konvergieren.

Auf Grund dieser Erkenntnis liefert skalare Multiplikation von (VII 3, 14) mit a_k, bis auf Größen zweiter Ordnung in ds, die beiden Gleichungen

$$(\mathrm{d}A\;a_k) = 0 \quad (k = 1, 2)\,. \qquad \text{(VII 3, 20)}$$

Da nun $\mathrm{d}A$ dem Körper der a_k angehört und die a_k nach Voraussetzung in verschiedene Richtungen weisen, schließt man aus (VII 3, 20) auf die fundamentale Gleichung für das Differential des Flächenvektors

$$\mathrm{d}A = 0. \qquad \text{(VII 3, 21)}$$

Sie kann nachträglich als unmittelbar auf die Fläche bezügliche Definition der Parallelverschiebung interpretiert werden, welche des einbettenden R_3 nicht mehr bedarf.

f) Wir bilden die Norm des Flächenvektors A

$$(A)^2 = g_{kl}\,A^k\,A^l. \qquad \text{(VII 3, 22)}$$

Durch Differentiation folgt mit Rücksicht auf (VII 3, 21)

$$\mathrm{d}(A)^2 = 2\,(A\;\mathrm{d}A) = 0, \qquad \text{(VII 3, 23)}$$

so daß wir schließen: Bei der Parallelverschiebung wahrt der Flächenvektor seine Länge. Sei neben A noch ein weiterer Flächenvektor B in P_0 gegeben, welcher mit A einen beliebigen Winkel γ einschließe. Wir berechnen das Skalarprodukt beider Vektoren in P_0

$$(A\;B)_{\mathrm{P}_0} = g_{kl}\,\mathrm{A}^k\,\mathrm{B}^l. \qquad \text{(VII 3, 24)}$$

Nach gleichzeitiger Parallelverschiebung beider Vektoren von P_0 nach P berechnet sich ihr Skalarprodukt zu

$$(A\;B)_{\mathrm{P}} = (A\;B)_{\mathrm{P}_0} + \mathrm{d}(A\;B) = (A\;B)_{\mathrm{P}_0} + (\mathrm{d}A\;B) + (A\;\mathrm{d}B) \qquad \text{(VII 3, 25)}$$

also, mittels des Satzes (VII 3, 21)

$$(A\ B)_P = (A\ B)_{P_0}. \qquad \text{(VII 3, 26)}$$

Da nun sowohl A wie B je ihre Länge wahren, folgt aus (VII 3, 26) die Invarianz des Winkels γ beim Prozeß der Parallelverschiebung; dieser kann also zusammenfassend als kongruente Verpflanzung des flächenhaften Vektorkörpers von P_0 nach P erschöpfend charakterisiert werden.

Im Lichte der Gl. (VII 3, 21) könnte man zu der Meinung gelangen, daß bei der Parallelverschiebung auch die *Komponenten* des Flächenvektors erhalten bleiben. Dieser Schluß ist jedoch in der Regel deshalb irrig, weil sich der für ihre Größe entscheidende *Maßtensor* von *Ort zu Ort ändert.*

Die Verbindung von (VII 3, 10) mit (VII 3, 21) liefert an Hand von (VII 3, 4) als Ausdruck der Parallelverschiebung

$$a_k\, dA^k + A^k\,(da_k)_t \equiv a_k\, dA^k + A^k \left(\frac{\partial a_k}{\partial u^l}\right)_t du^l = 0. \qquad \text{(VII 3, 27)}$$

Hierin ist jeder der beiden Tangentenvektoren a_k gemäß (VII 3, 2) als Raumvektor aufzufassen, dessen drei Komponenten je als Funktionen der Flächenkoordinaten gedacht sind. Man beachte insbesondere, daß der Differenzvektor da_k in der Regel nicht in die Fläche zu liegen kommt; dagegen gehört $\left(\frac{\partial a_k}{\partial u^l}\right)_t$ definitionsgemäß dem Vektorkörper der a_k an, so daß wir diese Größe in der Form darstellen können

$$\left(\frac{\partial a_k}{\partial u^l}\right)_t = \left(\frac{\partial a_l}{\partial u^k}\right)_t = \Gamma^m_{kl}\, a_m; \qquad \Gamma^m_{kl} = \Gamma^m_{lk}. \qquad \text{(VII 3, 28)}$$

Die in den beiden unteren Indizes symmetrischen Zahlen sollen nach *Pauli* als *geodätische Komponenten* der Fläche bezeichnet werden. Setzt man sie in (VII 3, 27) ein, so entsteht also

$$a_k\, dA^k + A^k\, \Gamma^m_{kl}\, a_m\, du^l = 0 \qquad \text{(VII 3, 29)}$$

oder — nach Umbenennung der Summations-Indizes —

$$a_k\,(dA^k + A^l\, \Gamma^k_{lm}\, du^m) = 0. \qquad \text{(VII 3, 30)}$$

Da nun die Tangentenvektoren a_k nach Voraussetzung in verschiedene Richtungen weisen, kann diese Gleichung nur erfüllt werden, falls man die Komponenten A^k bei der Parallelverschiebung gemäß der Vorschrift ändert

$$dA^k = -A^l\, \Gamma^k_{lm}\, du^m. \qquad \text{(VII 3, 31)}$$

g) Die Gestalt der Gl (VII 3, 31) kann zu der Meinung verleiten, daß die geodätischen Komponenten einen (gemischten) Tensor dritter Stufe repräsentieren. Dieser Schluß ist jedoch durchaus irrig: Es lassen sich in jedem Punkte P_0 der Fläche sogenannte „*geodätische Koordinaten*" $u^{k'}$ angeben, bei deren Benützung die geodätischen Komponenten in P_0 sämtlich gleichzeitig verschwinden — im Widerspruch zu den definierenden Eigenschaft des angenommenen Tensors.

Zum Nachweis dieser Behauptung drehen wir das *Kartesische* Bezugssystem des R_3 so, daß seine x^3-Achse normal zur Tangentenebene der Fläche in P_0 weist. Wir projizieren nun das Netz der Koordinaten x^1 und x^2 parallel zur x^3-Achse auf die Fläche und bezeichnen die Spur des durch den Punkt $(x^1, x^2, 0)$ ziehenden Projektionsstrahles auf der Fläche mit

$$u^{1'} = x^1; \qquad u^{2'} = x^2. \tag{VII 3, 32}$$

In einer hinreichend kleinen Umgebung von P_0 kann dann die Flächengleichung in der Form dargestellt werden

$$x^3 = \frac{1}{2} c_{lm} u^{l'} u^{m'} + \ldots; \qquad c_{lm} = c_{ml}, \tag{VII 3, 33}$$

wobei die weiteren Glieder der Entwicklung von mindestens der dritten Ordnung in den gestrichenen Flächenkoordinaten sind. Die Tangentenvektoren des gestrichenen Systemes werden also

$$\mathfrak{a}_1' = \mathfrak{l}_1 1 + \mathfrak{l}_2 0 + \mathfrak{l}_3 c_{1m} u^{m'} \tag{VII 3, 34}$$

sowie

$$\mathfrak{a}_2' = \mathfrak{l}_1 0 + \mathfrak{l}_2 1 + \mathfrak{l}_3 c_{2n} u^{n'} \tag{VII 3, 35}$$

und hieraus berechnet man für den Punkt P_0

$$\frac{\partial \mathfrak{a}_1'}{\partial u^{l'}} = \mathfrak{l}_3 c_{1l}; \quad \frac{\partial \mathfrak{a}_2'}{\partial u^{2'}} = \mathfrak{l}_3 c_{21}. \tag{VII 3, 36}$$

Da nun in P_0 die $\mathfrak{l}_3$-Achse senkrecht auf der Tangentenebene steht, schließt man aus (VII 3, 36) für $k = 1, 2$ auf

$$\left(\frac{\partial \mathfrak{a}_k'}{\partial u^l}\right)_t = 0. \tag{VII 3, 37}$$

Gemäß (VII 3, 28) verschwinden also tätsächlich sämtliche $\Gamma^{m'}_{kl}$, so daß das gestrichene System ein geodätisches System der behaupteten Art verwirklicht. Aus (VII 3, 31) ersieht man, daß in einem solchen die Flächenvektor-Komponenten bei der infinitesimalen Parallelverschiebung konstant bleiben.

h) Um die Gl. (VII 3, 31) der Anwendung zu erschließen, müssen wir die geodätischen Komponenten explizit aus den Flächengleichungen der Koordinaten u^k berechnen; wir zeigen, daß sie nur von den Komponenten des zugehörigen Maßtensors abhängen: Aus Gl. (VII 3, 22) folgt, mit Rücksicht auf (VII 3, 23)

$$g_{ik}\, dA^i A^k + g_{ik} A^i dA^k + dg_{ik} A^i A^k = 0 \tag{VII 3, 38}$$

und weiter, nach (VII 3, 31)

$$g_{ik} \Gamma^i_{lm} A^l A^k du^m + g_{ik} \Gamma^k_{lm} A^i A^l du^m - dg_{ik} A^i A^k = 0. \tag{VII 3, 39}$$

Wir setzen, unter Verwendung der Index-Transportregel echter Tensoren auf die geodätischen Komponenten

$$\Gamma_{k,lm} = g_{ik}\,\Gamma^i_{lm}; \qquad \Gamma_{k,lm} = \Gamma_{k,ml} \qquad \text{(VII 3, 40)}$$

und erhalten aus (VII 3, 39)

$$\Gamma_{k,lm}\,A^l\,A^k\,du^m + \Gamma_{i,lm}\,A^i\,A^l\,du^m - dg_{ik}\,A^i\,A^k = 0 \qquad \text{(VII 3, 41)}$$

oder, nach passendem Wechsel der Summations-Indizes

$$(\Gamma_{k,im}\,du^m + \Gamma_{i,km}\,dm^m - dg_{ik})\,A^i\,A^k = 0. \qquad \text{(VII 3, 42)}$$

Da diese Gleichung für beliebige Vektoren A gilt, muß der Faktor von $A^i\,A^k$ für sich verschwinden, so daß man, nach zyklischer Vertauschung der Indizes, zu den Relationen geführt wird

$$\begin{aligned}\Gamma_{k,im} + \Gamma_{i,km} &= \frac{\partial g_{ik}}{\partial u^m},\\ \Gamma_{m,ki} + \Gamma_{k,mi} &= \frac{\partial g_{km}}{\partial u^i},\\ \Gamma_{i,mk} + \Gamma_{m,ki} &= \frac{\partial g_{mi}}{\partial u^k}.\end{aligned} \qquad \text{(VII 3, 43)}$$

Wir addieren die erste und dritte Gleichung dieses Tripels, subtrahieren die zweite und erhalten, mit Beachtung der Symmetrien (VII 3, 40)

$$\Gamma_{i,km} = \frac{1}{2}\left(\frac{\partial g_{ik}}{\partial u^m} + \frac{\partial g_{im}}{\partial u^k} - \frac{\partial g_{km}}{\partial u^i}\right). \qquad \text{(VII 3, 44)}$$

Dieser Ausdruck, der also aus dem Maßtensor in einfacher Weise berechnet werden kann, wurde von *Christoffel* als „Dreiindex-Symbol" $\left[{k\,m \atop i}\right]$ eingeführt.

Wir erweitern Gl. (VII 3, 40) in der Form $g_{ij}\,\Gamma^j_{km} = \Gamma_{i,km}$ mit der kontravarianten Komponente g^{ni} des Maßtensors und finden, abermals im Einklang mit den Index-Transportregeln echter Tensor-Komponenten, für die geodätischen Komponenten selbst

$$g^{ni}\,g_{ij}\,\Gamma^j_{km} = \delta^n_j\,\Gamma^j_{km} = \Gamma^n_{km} = g^{ni}\,\Gamma_{i,km}. \qquad \text{(VII 3, 45)}$$

Christoffel schreibt für $\Gamma^n_{km} = \Gamma^n_{mk}$ das Symbol $\left\{{k\,m \atop n}\right\}$; in der *Christoffel*schen Bezeichnungsart gilt also, an Stelle der äußerlich der Tensorsymbolik angepaßten Formeln (VII 3, 44) und (VII 3, 45)

$$\begin{aligned}\left[{k\,m \atop n}\right] &= \frac{1}{2}\left(\frac{\partial g_{nk}}{\partial u^m} + \frac{\partial g_{nm}}{\partial u^k} - \frac{\partial g_{km}}{\partial u^n}\right),\\ \left\{{k\,m \atop n}\right\} &= g^{ni}\,\frac{1}{2}\left(\frac{\partial g_{ik}}{\partial u^m} + \frac{\partial g_{im}}{\partial u^k} - \frac{\partial g_{km}}{\partial u^i}\right).\end{aligned} \qquad \text{(VII 3, 46)}$$

j) In (VII 3, 31) liegt die Anweisung für die Parallelverschiebung eines Vektors A vor, welcher durch seine kontravarianten Komponenten A^k beschrieben wird. Wir suchen die entsprechende Vorschrift für einen

Flächenvektor *B*, welcher mittels seiner kovarianten Komponenten B_k dargestellt ist.

Das skalare Produkt von *A* und *B* lautet

$$S = A^k B_k. \quad \text{(VII 3, 47)}$$

Bei der gemeinsamen Parallelverschiebung beider Vektoren ist nach (VII 3, 26)

$$dS = dA^k B_k + A^k dB_k = 0. \quad \text{(VII 3, 48)}$$

Mit Hilfe von (VII 3, 31) wird also

$$-A^l \Gamma^k_{l\,m} du^m B_k + A^k dB_k = 0. \quad \text{(VII 3, 49)}$$

Im zweiten Gliede vertauschen wir den Namen k des Summationsindex mit l und finden

$$-A^l (\Gamma^k_{l\,m} du^m B_k - dB_l) = 0. \quad \text{(VII 3, 50)}$$

Da hierin A^l beliebig gewählt werden darf, folgt die gesuchte Transportvorschrift zu

$$dB_l = B_k \Gamma^k_{l\,m} du^m. \quad \text{(VII 3, 51)}$$

k) Obwohl die Parallelverschiebung von Vektoren aus Gründen der Anschaulichkeit im Vorstehenden für eine dem R_3 eingebettete Fläche durchgeführt wurde, sind die Ergebnisse so formuliert, daß sie sich sogleich auf die Parallelverschiebung von Vektoren in *Riemann*schen Räumen der Dimensionszahl z übertragen lassen, welche in einem *Euklid*ischen Raum von $z(z+1)/2$ Dimensionen eingebettet sind. Man hat bei dieser Verallgemeinerung nur zu beachten, daß die vorgeschriebenen Summationen über einen Laufindex jeweils z Glieder umfassen. Die gleiche Bemerkung erstreckt sich auf die entsprechenden weiteren Entwicklungen, ohne daß wir die genannte Verallgemeinerung jedesmal besonders hervorheben werden.

VII 4. Geodätische Linien.

a) Wir denken uns, wie in VII 3, dem dreidimensionalen *Euklid*ischen Raum (R_3) eine Fläche eingebettet, auf welcher das System der Koordinaten u^k ($k = 1, 2$) definiert sei. Nach Wahl eines Punktes $P_0 = (u_0^1, u_0^2)$ der Fläche stellen wir uns folgende kinematische Aufgabe:

Es soll ein vorgegebener Vektor *A* längs einer in P_0 beginnenden, der Fläche angehörigen Kurve parallel zu sich selbst derart verschoben werden, daß er die Kurve stets tangiert. Die hierdurch erklärte Kurve, deren expliziter Verlauf natürlich von der jeweiligen Lage des Vektors *A* in P_0 abhängt, heißt *geodätische Linie.* Wir suchen ihre von diesen Anfangsbedingungen unabhängigen Differentialgleichungen der u^k in Abhängigkeit von der Bogenlänge s.

b) Es sei

$$d\mathfrak{r} = \mathfrak{a}_k \, du^k \tag{VII 4, 1}$$

das Vektorelement der verlangten Kurve in $P = (u^1, u^2)$, also

$$ds^2 = (d\mathfrak{r})^2 = g_{kl} \, du^k \, du^l \tag{VII 4, 2}$$

das Quadrat des zugehörigen Bogenelementes. Da ds einen Skalar repräsentiert, liefert

$$\mathfrak{v} = \frac{d\mathfrak{r}}{ds} = \mathfrak{a}_k \frac{du^k}{ds} \tag{VII 4, 3}$$

einen Vektor, der überall die Richtung der Kurve weist; die Wahl der Bezeichnung $\mathfrak{v}$, welche an einen Geschwindigkeitsvektor erinnern soll, wird sich später [diese Ziffer, c)] rechtfertigen.

Wegen

$$(\mathfrak{v})^2 = \left(\frac{d\mathfrak{r}}{ds}\right)^2 = \frac{(d\mathfrak{r})^2}{ds^2} = 1 \tag{VII 4, 4}$$

bleibt die Länge des Vektors $\mathfrak{v}$ beim Fortschreiten längs der Kurve stets gleich 1. Ebenso bleibt die Länge $|\mathfrak{A}|$ des Vektors $\mathfrak{A}$ bei seiner Parallelverschiebung konstant. Daher gilt

$$\mathfrak{A} = |\mathfrak{A}| \, \mathfrak{v}. \tag{VII 4, 5}$$

Aus Gl. (VII 3, 31) folgt somit, nach Division mit ds,

$$\frac{dv^k}{ds} = - v^l \, \Gamma^k_{l\,m} \frac{du^m}{ds} \tag{VII 4, 6}$$

und weiter, mit Rücksicht auf (VII 4, 3)

$$\frac{d^2u^k}{ds^2} + \Gamma^k_{l\,m} \frac{du^l}{ds} \frac{du^m}{ds} = 0. \tag{VII 4, 7}$$

c) Wir stellen der kinematischen Herleitung der Differentialgleichungen (VII 4, 7) der geodätischen Linie ihre Herleitung aus einem Variationsproblem zur Seite:

Neben dem Punkte $P_0 = (u_0^1, u_0^2)$ wird ein von P_0 verschiedener Punkt $P_1 = (u_1^1, u_1^2)$ auf der Fläche gewählt. Es soll diejenige in der Fläche verlaufende Kurve angegeben werden, welche die gesamte Bogenlänge

$$S_{0,1} = \int_{P_0}^{P_1} ds = \int_{P_0}^{P_1} \sqrt{g_{k\,l} \, du^k \, du^l} \tag{VII 4, 8}$$

zu einem Extremum macht.

Wir charakterisieren alle innerhalb der Fläche miteinander konkurrierenden Kurven zwischen den beiden Fixpunkten P_0 und P_1 mittels zweier reeller Parameter ε und t

$$u^k = u^k(\varepsilon, t) \tag{VII 4, 9}$$

von folgender Bedeutung:

1. Der Parameter ε unterscheidet die einzelnen Kurven-Individuen namentlich voneinander; insbesondere soll der Wert $\varepsilon = 0$ der gesuchten Extremalen selbst zukommen.

2. Der Parameter t liefert die Lage des Punktes $P = (u^1, u^2)$ auf der Kurve vom Namen ε; aus Gründen der Anschaulichkeit empfiehlt es sich, t als laufende Zeit einer Bewegung zu interpretieren, welche P stetig von P_0 nach P_1 überführt. Wir setzen fest, daß für die gesamte Kurvenschar einheitlich der gleiehe Wert des Parameters $t = t_0$ dem Punkte P_0, und ebenso der Wert $t = t_1$ dem Punkte P_1 entspreche.

Für die Bogenlänge $S_{0,1}$ finden wir somit

$$S_{0,1} = \int_{t_0}^{t_1} F(\varepsilon, t)\, dt, \qquad \text{(VII 4, 10)}$$

wobei abkürzend gesetzt ist

$$F^2 = g_{kl}\, \dot{u}^k \dot{u}^l; \quad \dot{u}^k = \frac{\partial u^k}{\partial t}. \qquad \text{(VII 4, 11)}$$

Die gesuchte Extremale folgt aus der Bedingung

$$\left(\frac{\partial S_{0,1}}{\partial \varepsilon}\right)_{\varepsilon=0} = \int_{t_0}^{t_1} \left(\frac{\partial F(\varepsilon, t)}{\partial \varepsilon}\right)_{\varepsilon=0} dt = 0. \qquad \text{(VII 4, 12)}$$

Unter der *Variation* einer Funktion $f(\varepsilon, t)$ — Symbol δf — verstehen wir die Änderung dieser Funktion zwischen zwei Punkten, welche im gleichen Zeitpunkt t auf zwei Kurven vom infinitesimalen Namensunterschied $\delta \varepsilon$ erscheinen

$$\delta f = \frac{\partial f}{\partial \varepsilon} \delta \varepsilon. \qquad \text{(VII 4, 13)}$$

Insbesondere verschwindet die Variation der Koordinaten u^k in den Fixpunkten P_0 und P_1

$$\delta u^k(\varepsilon, t_0) = \delta u^k(\varepsilon, t_1) = 0. \qquad \text{(VII 4, 14)}$$

Unter der *Differentiation* der Funktion $f(\varepsilon, t)$ — Symbol df — verstehen wir die Änderung der Funktion zwischen zwei Punkten, welche einander auf der Kurve vom Namen ε im infinitesimalen Zeitabstande dt folgen

$$df = \dot{f}\, dt; \qquad \dot{f} = \frac{\partial f}{dt}. \qquad \text{(VII 4, 15)}$$

Nach (VII 4, 14) und (VII 4, 15) gilt

$$\delta\, df = \frac{\partial \left(\frac{\partial f}{\partial t} dt\right)}{\partial \varepsilon} \delta \varepsilon = \frac{\partial^2 f}{\partial t\, \partial \varepsilon} dt\, \delta \varepsilon = \frac{\partial \left(\frac{\partial f}{\partial \varepsilon} \delta \varepsilon\right)}{\partial t} dt = d \delta f, \qquad \text{(VII 4, 16)}$$

so daß also das Resultat der vereinigten Variation und Differentiation von der Reihenfolge ihrer Ausführung unabhängig ist.

Mit Hilfe dieser Definitionen nimmt (VII 4, 12) — nach Multiplikation mit $\delta\varepsilon$ — die Gestalt eines „Variationsprinzipes" an

$$\int_{t_0}^{t_1} (\delta F)_{\varepsilon=0} = 0. \qquad \text{(VII 4, 17)}$$

Die Variation δF berechnet sich gemäß (VII 4, 11) zu

$$(\delta F)_{\varepsilon=0} = \left\{ \frac{1}{2\sqrt{g_{kl}\,\dot u^k\,\dot u^l}} \left[\frac{\partial g_{kl}}{\partial\varepsilon}\,\delta\varepsilon\,\dot u^k\,\dot u^l + g_{kl}\left(\frac{\partial \dot u^k}{\partial\varepsilon}\,\dot u^l + \dot u^k\,\frac{\partial \dot u^l}{\partial\varepsilon}\right)\right]\delta\varepsilon. \right\}_{\varepsilon=0} \qquad \text{(VII 4, 18)}$$

Hierin ist zunächst

$$\frac{\partial g_{kl}}{\partial\varepsilon}\,\delta\varepsilon = \frac{\partial g_{kl}}{\partial u^m}\,\frac{\partial u^m}{\partial\varepsilon}\,\delta\varepsilon = \frac{\partial g_{kl}}{\partial u^m}\,\delta u^m \qquad \text{(VII 4, 19)}$$

und weiter, mit Rücksicht auf die Symmetrie $g_{kl} = g_{lk}$ des Maßtensors

$$g_{kl}\left(\frac{\partial \dot u^k}{\partial\varepsilon}\,\dot u^l + \dot u^k\,\frac{\partial \dot u^l}{\partial\varepsilon}\right)\delta\varepsilon = 2\,g_{kl}\,\dot u^k\,\frac{\partial \dot u^l}{\partial\varepsilon}\,\delta\varepsilon = 2\,g_{kl}\,\dot u^k\,\delta\dot u^l. \qquad \text{(VII 4, 20)}$$

Mit Benützung des Vertauschungssatzes (VII 4, 16) finden wir also aus (VII 4, 18)

$$(\delta F)_{\varepsilon=0} = \left\{ \frac{1}{2\sqrt{g_{kl}\,\dot u^k\,\dot u^l}} \left[\frac{\partial g_{kl}}{\partial u^m}\,\dot u^k\,\dot u^l\,\delta u^m + 2\,g_{kl}\,\dot u^k\,\frac{\partial\,\delta u^l}{\partial t} \right] \right\}_{\varepsilon=0} \qquad \text{(VII 4, 21)}$$

Nunmehr legen wir den Parameter t für die Extremale $\varepsilon = 0$ selbst mittels der Forderung fest, daß der Transport des Punktes P von P_0 nach P_1 mit gleichförmiger Geschwindigkeit vom Betrage c erfolge

$$\left(\frac{\partial s}{\partial t}\right)_{\varepsilon=0} = \left(\sqrt{g_{kl}\,\dot u^k\,\dot u^l}\right)_{\varepsilon=0} = c. \qquad \text{(VII 4, 22)}$$

Wir unterdrücken weiterhin den besonderen Hinweis $\varepsilon = 0$ auf die geodätische Linie und vertauschen, da Irrtümer ausgeschlossen sind, für die Punkte eben dieser Linie selbst das Zeichen $\partial/\partial t$ mit d/dt. Aus (VII 4, 17), (VII 4, 21) und (VII 4, 22) folgt dann für die gesuchte Kurve die Bedingung

$$\int_{t_0}^{t_1} \left(\frac{1}{2}\,\frac{\partial g_{kl}}{\partial u^m}\,\dot u^k\,\dot u^l\,\delta u^m + g_{kl}\,\dot u^k\,\frac{d\,\delta u^l}{dt}\right) dt = 0. \qquad \text{(VII 4, 23)}$$

Wir formen das zweite Glied des Integranden durch partielle Integration um

$$\int_{t_0}^{t_1} g_{kl}\, \dot{u}^k \frac{d\delta u^l}{dt}\, dt = g_{kl}\, \dot{u}^k\, \delta u^l \Big|_{t_0}^{t_1} - \int_{t_0}^{t_1} \frac{d}{dt}(g_{kl}\, \dot{u}^k)\, \delta u^l\, dt. \quad \text{(VII 4, 24)}$$

Mit Rücksicht auf (VII 4, 14) verschwindet das erste Glied dieser Summe, so daß wir — nach Ersatz von l durch m — finden

$$\int_{t_0}^{t_1} g_{kl}\, \dot{u}^k \frac{d\delta u^l}{dt}\, dt = -\int_{t_3}^{t_1} \frac{d}{dt}(g_{km}\, \dot{u}^k)\, \delta u^m\, dt. \quad \text{(VII 4, 25)}$$

Aus (VII 4, 23) resultiert somit

$$\int_{t_0}^{t_1} \left[\frac{1}{2} \frac{\partial g_{kl}}{\partial u^m}\, \dot{u}^k\, \dot{u}^l - \frac{d}{dt}(g_{km}\, \dot{u}^k)\right] \delta u^m\, dt = 0. \quad \text{(VII 4, 26)}$$

Da hierin die Variation δu^m willkürlich gewählt werden darf, zieht das Verschwinden des Integrales die Bedingung nach sich

$$\frac{d}{dt}(g_{km}\, \dot{u}^k) - \frac{1}{2} \frac{\partial g_{kl}}{\partial u^m}\, \dot{u}^k\, \dot{u}^l = 0. \quad \text{(VII 4, 27)}$$

Nun ist

$$\frac{d}{dt}(g_{km}\, \dot{u}^k) \equiv g_{km} \frac{d^2u^k}{dt^2} + \frac{\partial g_{km}}{\partial u^n}\, \dot{u}^k\, \dot{u}^n \quad \text{(VII 4, 28)}$$

und — nach Umbenennung der Summationsindizes —

$$\frac{\partial g_{km}}{\partial u^n}\, \dot{u}^k\, \dot{u}^n \equiv \frac{\partial g_{km}}{\partial u^l}\, \dot{u}^k\, \dot{u}^l \equiv \frac{\partial g_{lm}}{\partial u^k}\, \dot{u}^k\, \dot{u}^l. \quad \text{(VII 4, 29)}$$

Man kann also (VII 4, 27) entwickeln

$$g_{km} \frac{d^2u^k}{dt^2} + \frac{1}{2}\left(\frac{\partial g_{km}}{\partial u^l} + \frac{\partial g_{lm}}{\partial u^k} - \frac{\partial g_{kl}}{\partial u^m}\right) \dot{u}^k\, \dot{u}^l = 0 \quad \text{(VII 4, 30)}$$

oder, mit der Abkürzung (VII 3, 44)

$$g_{km} \frac{d^2u^k}{dt^2} + \Gamma_{m,kl}\, \dot{u}^k\, \dot{u}^l = 0. \quad \text{(VII 4, 31)}$$

Um schließlich $\dfrac{d^2u^k}{dt^2}$ zu isolieren, erweitern wir diese Gleichung mit g^{im} und erhalten mit Hilfe des Symboles (VII 3, 45) die geodätischen Komponenten

$$\frac{d^2u^i}{dt^2} + \Gamma^i_{kl} \frac{du^k}{dt} \frac{du^l}{dt} = 0 \quad (i = 1, 2) \quad \text{(VII 4, 32)}$$

Diese Differentialgleichungen sind mit den auf kinematischem Wege gefundenen Gl. (VII 4, 7) der geodätischen Linie inhaltlich identisch. Die unabhängige Variable t geht in die früher benützte Variable s über, sofern man speziell die Geschwindigkeit c = 1 wählt.

VII 5. Krümmung.

a) Im dreidimensionalen *Euklid*ischen Raume ist der Prozeß der Parallelverschiebung eines vorgegebenen Raumvektors A^* von einem Punkte P_0 zu einem anderen Punkte P_1 eindeutig: Das Ergebnis des Transportes ist unabhängig von dem je benützten Verbindungswege zwischen diesen beiden Punkten. Wählt man zwei verschiedene Wege dieser Art und transportiert den Vektor längs des ersten Weges von P_0 nach P_1 und längs des zweiten von P_1 wieder zurück nach P_0, so ist am Ende dieses „Kreisprozesses" die Lage des Vektors A^* mit seiner Anfangslage identisch. Kommt die gleiche geometrische Eigenschaft auch den Vektoren einer nicht-*Euklid*ischen, *Riemann*schen Mannigfaltigkeit zu?

b) Aus Gründen der Anschaulichkeit untersuchen wir das Verhalten eines Flächenvektors A, dessen Existenzfläche mit den Koordinaten u^1, u^2 in den *Euklid*ischen R_3 mit den *Kartesischen* Koordinaten x^1, x^2, x^3 eingebettet ist. Die Koordinaten u^l $(l = 1, 2)$ seien ihrerseits von zwei skalaren, reellen Parametern s und t abhängig

$$u^l = f^l\,(s, t). \qquad \text{(VII 5, 1)}$$

Als Kontrollweg, längs dessen der Kreisprozeß mit A ausgeführt werden soll, wählen wir auf der Fläche ein infinitesimales, krummliniges „Parallelogramm" mit den Eckpunkten

$$P_{0,\,0} = (s, t), \qquad P_{1,\,0} = (s + ds, t),$$
$$P_{0,\,1} = (s, t + dt), \qquad P_{1,\,1} = (s + ds, t + dt).$$

Wir beginnen den Kreisprozeß in $P_{0,\,0}$ und vollführen ihn in der Reihenfolge

$$P_{0,\,0} \to P_{1,\,0} \to P_{1,\,1} \to P_{0,\,1} \to P_{0,\,0}.$$

Es wird sich zeigen, daß in der Regel bei einmaligem Umgang um das Kontrollparallelogramm der parallel mit sich selbst transportierte Flächenvektor A eine infinitesimale Änderung erleidet, welche mit ds dt proportional ist; ein solcher Effekt wurde im Ausdruck der Parallelverschiebung längs eines infinitesimalen Streckenzuges (VII 3) geflissentlich außer acht gelassen. Der Deutlichkeit halber wollen wir deshalb hier, wo wir genauer sein müssen, den Vektor A bei seiner jedesmaligen Kontrolle in einer der Parallelogramm-Ecken mit dem Namen des Kontrollpunktes bezeichnen, den wir — um Verwechselungen mit den Indizes der Koordinaten auszuschließen — in Klammern setzen werden; die gleiche Bezeichnungsweise verwenden wir sinngemäß für die geodätischen Komponenten der Fläche. Der Kürze halber unterdrücken wir den auf $P_{0,\,0}$ hinweisenden Klammerindex; nach dieser Verabredung definiert also A den Flächenvektor in seiner Anfangslage zu Beginn des Kreisprozesses, während er in seiner Endlage am Schluß dieses Prozesses mit $\overline{A}$ bezeichnet sei. Wir setzen voraus, daß A mittels seiner kontravarianten Komponenten

A^i $(i = 1, 2)$ vorgegeben sei; gesucht werden die kontravarianten Komponenten $\overline{A}^i$ des Vektors $\overline{A}$.

c) Wir wenden uns zur Durchführung des im vorigen Abschnitt aufgestellten Programmes:

1. Längs des Weges $P_{0,0} \to P_{1,0}$ ändert sich gemäß Gl. (VII 3, 31) die Komponente A^i um

$$dA^i = - A^k \Gamma^i_{kl} du^l = - A^k \Gamma^i_{kl} \frac{\partial u^l}{\partial s} ds. \qquad \text{(VII 5, 2)}$$

Daher findet man bei der Kontrolle in $P_{1,0}$ den Vektor $A_{(1,0)}$ mit den kontravarianten Komponenten

$$A^i_{(1,0)} = A^i - A^k \Gamma^i_{kl} \frac{\partial u^l}{\partial s} ds. \qquad \text{(VII 5, 3)}$$

Die geodätische Komponente $\Gamma^i_{km\,(1,0)}$ berechnet sich aus Γ^i_{km} mittels

$$\Gamma^i_{km\,(1,0)} = \Gamma^i_{km} + \frac{\partial \Gamma^i_{km}}{\partial u^l} \frac{\partial u^l}{\partial s} ds. \qquad \text{(VII 5, 4)}$$

2. Der Vektor $A_{(1,0)}$ werde nunmehr parallel zu sich selbst von $P_{1,0}$ nach $P_{1,1}$ verschoben. Dabei ändert sich seine Komponente $A^i_{(1,0)}$, abermals nach Gl. (VII 3, 31), um

$$dA^i_{(1,0)} = - A^k_{(1,0)} \Gamma^i_{km\,(1,0)} \frac{\partial u^m}{\partial t} dt. \qquad \text{(VII 5, 5)}$$

Mit (VII 3, 3) und (VII 3, 4) erhält man also — nachdem man zwecks Ausschlusses der doppelten Verwendung des gleichen Summationsindex passende Umbenennungen vorgenommen hat —

$$dA^i_{(1,0)} = -\left(A^k - A^n \Gamma^k_{nl} \frac{\partial u^l}{\partial s} ds\right)\left(\Gamma^i_{km} + \frac{\partial \Gamma^i_{km}}{\partial u^l} \frac{\partial u^l}{\partial s} ds\right)\frac{\partial u^m}{\partial t} dt \qquad \text{(VII 5, 6)}$$

und weiter, indem man nur die Glieder von höchstens der zweiten Ordnung in ds und dt beibehält

$$dA^i_{(1,0)} = - A^k \Gamma^i_{km} \frac{\partial u^m}{\partial t} dt + \left(A^n \Gamma^k_{nl} \Gamma^i_{km} - A^k \frac{\partial \Gamma^i_{km}}{\partial u^l}\right) \frac{\partial u^l}{\partial s} \frac{\partial u^m}{\partial t} ds\, dt \qquad \text{(VII 5, 7)}$$

oder schließlich, mit Vertauschung der Indizes n und k im ersten Gliede der runden Klammer,

$$dA^i_{(1,0)} = - A^k \left[\Gamma^i_{km} \frac{\partial u^m}{\partial t} dt - \left(\Gamma^n_{kl} \Gamma^i_{nm} - \frac{\partial \Gamma^i_{km}}{\partial u^l}\right) \frac{\partial u^l}{\partial s} \frac{\partial u^m}{\partial t} ds\, dt\right]. \qquad \text{(VII 5, 8)}$$

3. Wir transportieren $A_{(1,1)}$ parallel zu sich selbst von $P_{1,1}$ nach $P_{0,1}$. Die zugehörige Änderung der Komponente $A^i_{(1,1)}$ folgt aus (VII 5, 8), in-

dem man — mit Rücksicht auf die beim Umlauf des Kontrollparallelogrammes vorgeschriebene Transportrichtung — das Vorzeichen umkehrt und gleichzeitig s und t miteinander vertauscht

$$dA^i_{(1,1)} = + A^k \left[\Gamma^i_{km} \frac{\partial u^m}{\partial s} ds - \left(\Gamma^n_{kl} \Gamma^i_{nm} - \frac{\partial \Gamma^i_{km}}{\partial u^l} \right) \frac{\partial u^l}{\partial t} \frac{\partial u^m}{\partial s} ds\, dt \right] \tag{VII 5, 9}$$

oder endlich, nach Vertauschung von l und m

$$dA^i_{(1,1)} = + A^k \left[\Gamma^i_{kl} \frac{\partial u^l}{\partial s} ds - \left(\Gamma^n_{km} \Gamma^i_{nl} - \frac{\partial \Gamma^i_{kl}}{\partial u^m} \right) \frac{\partial u^l}{\partial s} \frac{\partial u^m}{\partial t} ds\, dt \right]. \tag{VII 5, 10}$$

4. Wir schließen den Kreisprozeß durch Transport des Vektors $A_{(0,1)}$ parallel zu sich selbst von $P_{0,1}$ nach $P_{0,0}$. Die entsprechende Änderung der Komponente $A^i_{(0,1)}$ geht aus (VII 5, 2) hervor, indem man — aus den in 3. dargelegten Gründen — das Vorzeichen umkehrt und s mit t vertauscht:

$$dA^i_{(0,1)} = + A^k \Gamma^i_{kl} \frac{\partial u^l}{\partial t} dt \tag{VII 5, 11}$$

oder, mit Ersatz von l durch m,

$$dA^i_{(0,1)} = A^k \Gamma^i_{km} \frac{\partial u^m}{\partial t} dt. \tag{VII 5, 12}$$

d) Wir fassen zusammen: Definitionsgemäß ist

$$\bar{A}^i = A^i + dA^i + dA^i_{(1,0)} + dA^i_{(1,1)} + dA^i_{(0,1)}. \tag{VII 5, 13}$$

Nach (VII 5, 2), (VII 5, 8), (VII 5, 10) und (VII 5, 12) erhält man also für die totale Änderung der i-ten Komponente des Flächenvektors durch den Kreisprozeß

$$\begin{aligned} \bar{A}^i - A^i = - A^k \Bigg[& \Gamma^i_{kl} \frac{\partial u^l}{\partial s} \partial s + \\ & + \Gamma^i_{km} \frac{\partial u^m}{\partial t} dt - \left(\Gamma^n_{kl} \Gamma^i_{nm} - \frac{\partial \Gamma^i_{km}}{\partial u^l} \right) \frac{\partial u^l}{\partial s} \frac{\partial u^m}{\partial t} ds\, dt - \\ & - \Gamma^i_{kl} \frac{\partial u^l}{\partial s} ds + \left(\Gamma^n_{km} \Gamma^i_{nl} - \frac{\partial \Gamma^i_{kl}}{\partial u^m} \right) \frac{\partial u^l}{\partial s} \frac{\partial u^m}{\partial t} ds\, dt - \\ & - \Gamma^i_{km} \frac{\partial u^m}{\partial t} dt \Bigg] = \\ = - A^k \left(\Gamma^n_{km} \Gamma^i_{nl} - \Gamma^n_{kl} \Gamma^i_{nm} + \frac{\partial \Gamma^i_{km}}{\partial u^l} - \frac{\partial \Gamma^i_{kl}}{\partial u^m} \right) & \frac{\partial u^l}{\partial s} \frac{\partial u^m}{\partial t} ds\, dt. \end{aligned} \tag{VII 5, 14}$$

Im Grenzfalle $ds \to 0$, $dt \to 0$ existiert also der Limes

$$\frac{\bar{A}^i - A^i}{ds\, dt} = - A^k \left(\Gamma^n_{km} \Gamma^i_{nl} - \Gamma^n_{kl} \Gamma^i_{nm} + \frac{\partial \Gamma^i_{km}}{\partial u^l} - \frac{\partial \Gamma^i_{kl}}{\partial u^m} \right) \frac{\partial u^l}{\partial s} \frac{\partial u^m}{\partial t}. \tag{VII 5, 15}$$

e) Auf der linken Seite dieser Gleichung erscheint im Zähler die Differenz zweier für denselben Flächenpunkt $P_{0,0}$ definierten Vektoren, welcher ihrerseits selbst einen neuen Vektor erklärt; bei seiner Division durch den Skalar ds dt wird der Vektorcharakter gewahrt. Rechter Hand tritt das Produkt des Ausdruckes

$$B^i_{k\,l\,m} = \Gamma^n_{k\,m}\,\Gamma^i_{n\,l} - \Gamma^n_{k\,l}\,\Gamma^i_{n\,m} + \frac{\partial \Gamma^i_{k\,m}}{\partial u^l} - \frac{\partial \Gamma^i_{k\,l}}{\partial u^m} \qquad \text{(VII 5, 16)}$$

mit den kontravarianten Komponenten A^k, $\frac{\partial u^l}{\partial s}$ und $\frac{\partial u^m}{\partial t}$ dreier Vektoren auf, welche frei gewählt werden können. Daher bilden die $B^i_{k\,l\,m}$ die Komponenten eines gemischten (in i kontravarianten, in k, l und m kovarianten) *Tensors vierter Stufe*; er wird, nach seinen Entdeckern, als *Riemann-Christoffel*scher *Krümmungstensor* bezeichnet.

f) Der *Riemann-Christoffel*sche Tensor ist, wie aus seiner Definition unmittelbar hervorgeht, in den Indizes l und m antimetrisch

$$B^i_{k\,l\,m} = -B^i_{k\,m\,l}. \qquad \text{(VII 5, 17)}$$

Mit Einführung des antimetrischen Flächentensors (Plangröße)

$$df^{l\,m} = \left(\frac{\partial u^l}{\partial s}\frac{\partial u^m}{\partial t} - \frac{\partial u^m}{\partial s}\frac{\partial u^l}{\partial t}\right) ds\,dt. \qquad \text{(VII 5, 18)}$$

kann man also Gl. (VII 5, 15) schreiben

$$\overline{A}^i - A^i = -A^k \frac{1}{2} B^i_{k\,l\,m}\,df^{l\,m}. \qquad \text{(VII 5, 19)}$$

Die Krümmung ist hiernach im wesentlichen als relative Vektoränderung je Einheit des beim Kreisprozeß umlaufenen Flächentensors zu deuten. In dieser anschaulichen Fassung erinnert der *Riemann-Christoffel*sche Tensor an den Begriff der spezifischen Wirbelstärke eines im *Euklid*ischen R_3 bestehenden Raumvektor-Feldes. Insbesondere erhält man, in Analogie zum *Stokes*schen Satz der Vektoranalysis im *Euklid*ischen R_3, durch Integration über einen endlichen Bereich der Existenzfläche von A aus Gl. (VII 5, 19) die nunmehr in der Regel endliche Vektoränderung $\overline{A} - A$, welche der Vektor A bei seiner Parallelverschiebung längs der — in sich geschlossenen — Randkurve jenes Bereiches erleidet.

g) Falls die Komponenten g_{ik} des Maßtensors in einem *endlichen* Bereiche ihres Existenzgebietes *konstant* sind, verschwinden dort sämtliche geodätischen Komponenten gleichzeitig, so daß sich also auch der *Riemann-Christoffel*sche Tensor annulliert. Indem wir dieses Ergebnis sogleich von der vorstehend benützten, zweidimensionalen Fläche auf Gebilde von beliebiger Dimensionenzahl z verallgemeinern, entsteht der Satz: Jeder Raum mit verschwindendem *Riemann-Christoffel*schen Tensor ist krümmungsfrei.

Dieser Schluß ist — wegen des Tensorcharakters der B^i_{klm} — unabhängig von dem jeweils gewählten Bezugssysteme. Insbesondere ist hiernach der *Euklid*ische Raum krümmungsfrei, da man seiner Maßbestimmung ein *Kartesisches* Koordinatensystem zu Grunde legen kann; die gleiche Eigenschaft zeichnet den *Pseudo-Euklid*ischen Raum aus.

Diese Aussagen lassen sich nun umkehren und liefern damit das in VII 1 in Aussicht gestellte Kriterium für die geometrische Struktur eines Raumes mit vorgelegtem Maßtensor-Feld: Ein R_z, dessen *Riemann-Christoffel*scher Tensor identisch verschwindet, ist *Euklid*isch (oder *Pseudo-Euklid*isch). Wesentlich ist hierbei, daß diese Forderung alle Raumpunkte gleichzeitig betrifft; denn in der Umgebung eines einzelnen Punktes kann man ja stets, durch Einführung eines geodätischen Koordinatensystemes, die geodätischen Komponenten forttransformieren und der hierdurch definierte „Tangentenraum" ist krümmungsfrei.

h) Aus dem *Riemann-Christoffel*schen Tensor erhalten wir durch Gleichsetzung der Indizes i und m (Verjüngung) den Tensor zweiter Stufe

$$B_{kl} = \Gamma^n_{km}\,\Gamma^m_{nl} - \Gamma^n_{kl}\,\Gamma^m_{nm} + \frac{\partial \Gamma^m_{km}}{\partial u^l} - \frac{\partial \Gamma^m_{kl}}{\partial u^m} \tag{VII 5, 20}$$

der als *verjüngter Krümmungstensor* bezeichnet wird.

Nun gilt, gemäß der Definition der geodätischen Komponenten nach Gl. (VII 3, 44) und (VII 3, 45) zunächst

$$\Gamma^i_{ki} = g^{in}\,\Gamma_{n,ki} = g^{in}\,\frac{1}{2}\left(\frac{\partial g_{kn}}{\partial u^i} + \frac{\partial g_{ni}}{\partial u^k} - \frac{\partial g_{ki}}{\partial u^n}\right). \tag{VII 5, 21}$$

Da hierin wegen $g^{in} = g^{ni}$ die Ausdrücke $g^{in}\,\frac{\partial g_{kn}}{\partial u^i}$ und $g^{in}\,\frac{\partial g_{ki}}{\partial u^n}$ einander gleichen — denn sie gehen durch Vertauschung der Summationsindizes i und n auseinander hervor — vereinfacht sich (VII 5, 21) zu

$$\Gamma^i_{ki} = \frac{1}{2}\,g^{in}\,\frac{\partial g_{in}}{\partial u^k}. \tag{VII 5, 22}$$

Nach der Regel für die Differentiation von Determinanten folgt durch Differentiation der Determinante $g = \det g_{in}$ des Maßtensors

$$dg = g\,g^{in}\,dg_{in}; \qquad g^{in}\,dg_{in} = \frac{dg}{g} = 2\,d\,(\ln \sqrt{-g}) \tag{VII 5, 23}$$

und also, mit (VII 5, 22)

$$\Gamma^i_{ki} = \frac{\partial \ln \sqrt{-g}}{\partial u^k}. \tag{VII 5, 24}$$

Durch Einsetzen dieses Ausdruckes in (VII 5, 20) findet man nunmehr für den verjüngten Krümmungstensor

$$B_{kl} = \Gamma^n_{km}\,\Gamma^m_{nl} - \frac{\partial \Gamma^m_{kl}}{\partial u^m} - \Gamma^n_{kl}\,\frac{\partial \ln \sqrt{-g}}{\partial u^n} + \frac{\partial^2 \ln \sqrt{-g}}{\partial u^k\,\partial u^l}. \tag{VII 5, 25}$$

Aus dieser Darstellung ist die Symmetrie des Tensors B_{kl} unmittelbar ersichtlich. Beschränkt man nun die Wahl der zulässigen Bezugssysteme durch die Bedingung

$$g = -1, \qquad \text{(VII 5, 26)}$$

so vereinfacht sich (VII 5, 25) zu

$$B_{kl} = \Gamma^n_{km}\,\Gamma^m_{nl} - \frac{\partial \Gamma^m_{kl}}{\partial u^m}\,; \qquad \sqrt{-g} = 1. \qquad \text{(VII 5, 27)}$$

i) Multiplikation von B_{kl} mit g^{im} und doppelte Verjüngung ($i \to k$, $m \to l$) führt auf einen *Skalar* B, die *invariante Krümmung*:

$$B = g^{kl}\,B_{kl}\,. \qquad \text{(VII 5, 28)}$$

j) Durch Kombination von (VII 5, 27) und (VII 5, 28) bilden wir einen neuen Tensor zweiter Stufe

$$G_{kl} = B_{kl} - \frac{1}{2}\,g_{kl}\,B \qquad \text{(VII 5, 29)}$$

welcher, gleich B_{kl} und B, lediglich von der Krümmung des *Riemann*schen Raumes oder, mit anderen Worten, von seinem Maßtensor abhängt; auch er ist symmetrisch.

VII 6. Vektorielle Differentialoperationen.

a) Es sei im *Riemann*schen Raume R_z ein Skalar $S = S(u^i)$ vorgelegt ($i = 1 \ldots z$). Wir untersuchen sein Verhalten längs einer Raumkurve, welche mit Hilfe ihrer Bogenlänge s in der Parameterdarstellung

$$u^i = u^i(s) \qquad \text{(VII 6, 1)}$$

gegeben sei. Die Größen

$$du^i = \frac{du^i}{ds}\,ds \qquad \text{(VII 6, 2)}$$

sind demnach die kontravarianten Komponenten des infinitesimalen Verrückungsvektors $d\mathfrak{r}$, welcher von dem Punkte $P = P(s)$ der Raumkurve zu seinem infinitesimal benachbarten Punkte $P' = P'(s + ds)$ führt. Längs dieses Vektors ändert sich S um

$$dS = \frac{\partial S}{\partial u^i}\,du^i. \qquad \text{(VII 6, 3)}$$

Da nach Voraussetzung S — und also auch dS — einen Skalar repräsentiert, folgt aus dem Vektorcharakter von $d\mathfrak{r}$: Die Größen

$$G_i = \frac{\partial S}{\partial u^i} \qquad \text{(VII 6, 4)}$$

bilden die kovarianten Komponenten eines Vektors *G*, welcher als *Gradient* des Skalares S bezeichnet wird.

b) Wir konstruieren aus zwei zunächst beliebigen Vektoren A und B durch innere Multiplikation den Skalar

$$S = (A\ B) = A^i\ B_i. \qquad \text{(VII 6, 5)}$$

Beim Fortschritt von P nach P′ ändert sich S um den Betrag

$$dS = dA^i\ B_i + A^i\ dB_i. \qquad \text{(VII 6, 6)}$$

Nunmehr setzen wir fest: Während des Überganges P → P′ soll der Vektor B parallel mit sich selbst verschoben werden.

Wir denken uns zunächst A mittels seiner kontravarianten Komponenten, B hingegen mittels seiner kovarianten Komponenten gegeben; diese wie jene sind als Funktion der Koordinaten u^i aufzufassen. Dann entsteht also, mit Benützung von (VII 3, 51)

$$dS = dA^i\ B_i + A^i\ B_k\ \Gamma^k_{il}\ du^l \qquad \text{(VII 6, 7)}$$

oder — nach Ersatz des im ersten Gliede rechter Hand auftretenden Summationsindex i durch k —

$$dS = (dA^k + A^i\ \Gamma^k_{il}\ du^l)\ B_k. \qquad \text{(VII 6, 8)}$$

Aus dem skalaren Charakter von dS im Verein mit der Vektornatur von B geht hervor, daß

$$dV^k = dA^k + A^i\ \Gamma^k_{il}\ du^l \qquad \text{(VII 6, 9)}$$

die kontravarianten Komponenten eines infinitesimalen Vektors dV definiert.

Falls umgekehrt A mittels seiner kovarianten Komponenten, B jedoch mittels seiner kontravarianten Komponenten gegeben ist, folgt durch Anwendung der Vorschrift (VII 3, 31) auf den Paralleltransport des Vektors B von P nach P′

$$dS = dA_i\ B^i - A_i\ B^l\ \Gamma^i_{lk}\ du^k = (dA_l - A_i\ \Gamma^i_{lk}\ du^k)\ B^l. \qquad \text{(VII 6, 10)}$$

Daher liefert

$$dV_l = dA_l - A_i\ \Gamma^i_{lk}\ du^k \qquad \text{(VII 6, 11)}$$

die kovarianten Komponenten eines infinitesimalen Vektors dV.

c) Aus den Gl. (VII 6, 9) und (VII 6, 11) lernt man: Es ist in der *Riemann*schen Geometrie durchaus unzulässig, die in einem Bezugssystem bestimmter Koordinaten u^i für infinitesimal benachbarte Punkte berechneten Komponenten-Differenzen dA^i oder dA_i des Vektors A als Komponenten eines neuen Vektors anzusehen. Dieses Verhalten steht in schroffem Gegensatze zur *Euklid*ischen Geometrie: Im *Riemann*schen Raume ist die Möglichkeit des Vergleiches zweier Vektoren (und der aus ihnen zu konstruierenden Tensoren beliebiger Stufenzahl) auf Vektoren (Tensoren) beschränkt, welche für ein und denselben Bezugspunkt definiert sind; „freie“ Vektoren, deren Transport von einem zum anderen Punkte ein vom Bezugssystem unabhängiges Resultat liefert, existieren im *Riemann*schen Raume nicht.

d) Teilt man die infinitesimalen Vektoren dV nach (VII 6, 9) und (VII 6, 11) durch das Bogenelement ds (Skalar), so erhält man die neuen Vektoren

$$W = \frac{dV}{ds}. \qquad \text{(VII 6, 12)}$$

Seine kontravarianten Komponenten sind

$$W^k = \frac{dA^k}{ds} + A^i \Gamma^k_{il} \frac{du^l}{ds} = \left(\frac{\partial A^k}{\partial u^l} + A^i \Gamma^k_{il}\right)\frac{du^l}{ds} \qquad \text{(VII 6, 13)}$$

und seine kovarianten Komponenten

$$W_l = \frac{dA_l}{ds} - A_i \Gamma^i_{lk} \frac{du^k}{ds} = \left(\frac{dA_l}{\partial u^k} - A_i \Gamma^i_{lk}\right)\frac{du^k}{ds}. \qquad \text{(VII 6, 14)}$$

Hierin sind $\frac{du^l}{ds}$ $\left[\text{oder } \frac{du^k}{ds}\right]$ die kontravarianten Komponenten des Tangenten-Einheitsvektors an die Raumkurve. Daher liefert

$$T_l{}^k = \frac{\partial A^k}{\partial u^l} + A^i \Gamma^k_{il} \equiv \frac{\partial A^k}{\partial u^l} + \Gamma_{l\,i}^{\,k} A^i \qquad \text{(VII 6, 15)}$$

die gemischten Komponenten eines Tensors zweiter Stufe und

$$T_{kl} = \frac{\partial A_l}{\partial u^k} - A_i \Gamma^i_{lk} \equiv \frac{\partial A_l}{\partial u^k} - \Gamma_{k\,l}^{\,i} A_i \qquad \text{(VII 6, 16)}$$

die kovarianten Komponenten eines Tensors zweiter Stufe. Durch Vertauschen der Indizes geht aus (VII 6, 16) die Komponente hervor

$$T_{lk} = \frac{\partial A_k}{\partial u^l} - A_i \Gamma^i_{kl} \equiv \frac{\partial A_k}{\partial u^l} - \Gamma_{l\,k}^{\,i} A_i. \qquad \text{(VII 6, 17)}$$

Wegen $\Gamma^i_{kl} \equiv \Gamma^i_{lk}$ erhält man also durch Subtraktion der Komponente (VII 6, 16) von (VII 6, 17) die kovariante Komponente eines antimetrischen Tensors zweiter Stufe T^*

$$T^*_{lk} = \frac{\partial A_k}{\partial u^l} - \frac{\partial A_l}{\partial u^k}. \qquad \text{(VII 6, 18)}$$

Im Einklang mit der Terminologie affiner Bezugssysteme bezeichnen wir T^* als den *Rotor* des Vektors A:

$$T^* = \text{Rot}\, A. \qquad \text{(VII 6, 19)}$$

Es muß hervorgehoben werden, daß die Definition des Rotors in der *Riemann*schen Geometrie durchaus an die kovarianten Komponenten des zu analysierenden Vektorfeldes gebunden ist; denn in den Komponenten (VII 6, 15) des aus den kontravarianten Vektorkomponenten gebildeten Tensors treten die geodätischen Komponenten Γ^k_{il} auf, und in der Regel ist $\Gamma^k_{il} \neq \Gamma^i_{kl}$.

e) Von dem Tensor T der gemischten Komponenten T_l steigen wir durch den Prozeß der Verjüngung $l \rightarrow k$ zu der Invarianten herab

$$T_k{}^k = \frac{\partial A^k}{\partial u^k} + \Gamma^k_{k\,i}\, A^i = \frac{\partial A^k}{\partial u^k} + A^i\, \Gamma^k_{i\,k}. \qquad \text{(VII 6, 20)}$$

Mittels der Regel (VII 5, 24) entsteht hieraus

$$T_k{}^k = \frac{\partial A^k}{\partial u^k} + A^i \frac{\partial \ln \sqrt{-g}}{\partial u^i} = \frac{1}{\sqrt{-g}} \frac{\partial(\sqrt{-g}\, A^i)}{\partial u^i} \qquad \text{(VII 6, 21)}$$

wobei $\frac{\partial A^k}{\partial u^k}$ mit $\frac{\partial A^i}{\partial u^i}$ vertauscht werden dürfte. Entsprechend der Terminologie affiner Bezugssysteme ist diese Invariante als *skalare Divergenz* des Vektors A zu bezeichnen:

$$\operatorname{div} A = \frac{1}{\sqrt{-g}} \frac{\partial(\sqrt{-g}\, A^i)}{\partial u^i}. \qquad \text{(VII 6, 22)}$$

Wie oben der Rotorbegriff an die kovarianten Komponenten von A gebunden wurde, so ist hier die Berechnung der Divergenz auf die Kenntnis der kontravarianten Komponenten des analysierten Vektorfeldes zu gründen, da andernfalls die Verjüngung nicht ausgeführt werden kann.

f) Aus den gemischten Komponenten $T^k{}_l$ eines Tensors zweiter Stufe bilden wir durch Multiplikation mit den kontravarianten Komponenten B^m eines Hilfsvektors B sowie mit den kovarianten Komponenten C_n eines weiteren Hilfsvektors C den Tensor vierter Stufe mit den gemischten Komponenten

$$T^k{}_l{}^m{}_n = T^k{}_l\, B^m\, C_n. \qquad \text{(VII 6, 23)}$$

Durch zweimal hintereinander ausgeführte Verjüngung $(m \rightarrow l;\ n \rightarrow k)$ steigen wir zu dem Skalar herab

$$S = T^k{}_l\, B^l\, C_k. \qquad \text{(VII 6, 24)}$$

Seine Änderung beim Übergange $P \rightarrow P'$ beträgt

$$dS = dT^k{}_l\, B^l\, C_k + T^k{}_l\, dB^l\, C_k + T^k{}_l\, B^l\, dC_k \qquad \text{(VII 6, 25)}$$

und wenn wir nun verlangen, daß bei dieser Operation B und C je parallel zu sich selbst verschoben werden, nach (VII 3, 31) und (VII 3, 51)

$$dS = dT^k{}_l\, B^l\, C_k - T^k{}_l\, B^m\, \Gamma^l_{m\,n}\, du^n\, C_k + T^k{}_l\, B^l\, C_m\, \Gamma^m_{k\,n}\, du^n =$$
$$= (dT^k{}_l - T^k{}_m\, \Gamma^m_{l\,n}\, du^n + T^m{}_l\, \Gamma^k_{m\,n}\, du^n)\, B^l\, C_k. \qquad \text{(VII 6, 26)}$$

Wir haben also in

$$dR^k{}_l = dT^k{}_l - T^k{}_m\, \Gamma^m_{l\,n}\, du^n + T^m{}_l\, \Gamma^k_{m\,n}\, du^n \qquad \text{(VII 6, 27)}$$

die gemischten Komponenten eines infinitesimalen Tensors zweiter Stufe dR vor uns. Seine Natur bleibt erhalten, wenn wir durch den Skalar ds dividieren:

$$\frac{dR^k{}_l}{ds} = \left(\frac{\partial T^k{}_l}{\partial u^n} - T^k{}_m\, \Gamma^m_{l\,n} + T^m{}_l\, \Gamma^k_{m\,n} \right) \frac{du^n}{ds} \qquad \text{(VII 6, 28)}$$

und daher liefert — man beachte $\Gamma^m_{ln} \equiv \Gamma^m_{nl}$ und $\Gamma^k_{mn} = \Gamma^k_{nm}$, —

$$R^{*k}{}_{nl} = \frac{\partial T^k{}_l}{\partial u^n} - T^k{}_m \Gamma^m_{nl} + \Gamma^k_{nm} T^m{}_l \qquad \text{(VII 6, 29)}$$

die gemischte Komponente eines Tensors dritter Stufe R^*.

Geht man von den kontravarianten Komponenten T^{ik} eines Tensors zweiter Stufe aus, so entsteht durch äußere Multiplikation mit den Vektoren B und C (dargestellt mittels ihrer kovarianten Komponenten) und zweimalige Verjüngung der Skalar

$$S = T^{ik} B_i C_k. \qquad \text{(VII 6, 30)}$$

Wiederum verlangen wir, daß beim Übergange von P nach P′ die Hilfsvektoren B und C je zu sich selbst parallel bleiben. Dann ändert sich S um den Betrag

$$\begin{aligned} dS &= dT^{ik} B_i C_k + T^{ik} dB_i C_k + T^{ik} B_i dC_k = \\ &= dT^{ik} B_i C_k + T^{ik} B_l \Gamma^l_{im} du^m C_k + T^{ik} B_i C_j \Gamma^j_{km} du^m = \\ &= (dT^{ik} + T^{lk} \Gamma^i_{lm} du^m + T^{il} \Gamma^k_{lm} du^m) B_i C_k. \end{aligned} \qquad \text{(VII 6, 31)}$$

Der Faktor von $B_i C_k$ liefert den infinitesimalen Tensor zweiter Stufe dR mit den kontravarianten Komponenten

$$dR^{ik} = dT^{ik} + T^{lk} \Gamma^i_{lm} du^m + T^{il} \Gamma^k_{lm} du^m \qquad \text{(VII 6, 32)}$$

aus welchem mittels Division durch ds und Abspaltung des vektoriellen Faktors du^m/ds der Tensor dritter Stufe R^* mit den gemischten Komponenten

$$R^*{}_m{}^{ik} = \frac{\partial T^{ik}}{\partial u^m} + \Gamma^i_{ml} T^{lk} + T^{il} \Gamma^k_{ml} \qquad \text{(VII 6, 33)}$$

hervorgeht.

Ersichtlich kann man durch wiederholte Anwendung des gleichen Verfahrens der „kovarianten Differentiation“ aus Tensoren beliebiger Stufe und beliebiger Darstellungsart Tensoren höherer Stufenzahl mit je einem zusätzlichen kovarianten Index gewinnen.

g) Wir verjüngen den Tensor R^* mit den gemischten Komponenten (VII 6, 29) mittels $n \to k$ und steigen hierdurch zu einem Vektor herab, welchen wir als Vektordivergenz des Tensors T (mit den gemischten Tensorkomponenten $T^k{}_l$) bezeichnen; die Größen

$$\text{Div}_l\, T = \frac{\partial T^k{}_l}{\partial u^k} - T^k{}_m \Gamma^m_{kl} + T^m{}_l \Gamma^k_{mk} \qquad \text{(VII 6, 34)}$$

geben die kovarianten Komponenten dieser Vektordivergenz an. Mit Rücksicht auf die Regel (VII 5, 24) ist

$$T^m{}_l \Gamma^k_{mk} = T^m{}_l \frac{1}{\sqrt{-g}} \frac{\partial \sqrt{-g}}{\partial u^m} \equiv T^k{}_l \frac{1}{\sqrt{-g}} \frac{\partial \sqrt{-g}}{\partial u^k}. \qquad \text{(VII 6, 35)}$$

so daß man statt (VII 6, 34) vereinfachend schreiben kann

$$\mathrm{Div}_l\, T = \frac{1}{\sqrt{-g}} \frac{\partial \sqrt{(-g}\, T^k{}_l)}{\partial u^k} - T^k{}_m\, \Gamma^m_{lk}\,. \qquad \text{(VII 6, 36)}$$

Ähnlich gewinnt man aus (VII 6, 33) mittels der Verjüngung $m \to k$ die Vektordivergenz des Tensors T, welcher in seinen kontravarianten Komponenten T^{ik} vorliegt; die kontravarianten Komponenten der Vektordivergenz lauten dann

$$\mathrm{Div}^i\, T = \frac{\partial T^{ik}}{\partial u^k} + T^{lk}\, \Gamma^i_{lk} + T^{il}\, \Gamma^k_{lk} = \frac{1}{\sqrt{-g}} \frac{\partial \sqrt{(-g}\, T^{ik})}{\partial u^k} + T^{lk}\, \Gamma^i_{lk}.$$
(VII 6, 37)

Ist insbesondere T antimetrisch, so annulliert sich wegen $\Gamma^i_{lk} = \Gamma^i_{kl}$ das Glied $T^{lk}\, \Gamma^i_{lk}$, so daß sich (VII 6, 37) auf

$$\mathrm{Div}^i\, T = \frac{1}{\sqrt{-g}} \frac{\partial (\sqrt{-g}\, T^{ik})}{\partial u^k} \qquad (T^{ik} = -T^{ki}) \qquad \text{(VII 6, 38)}$$

reduziert.

h) Wir wenden die vorstehenden Sätze auf den *Maßtensor* g an: Der Skalar

$$S = \delta^k_l\, B^l\, C_k = g^{ik}\, B_i\, C_k \qquad \text{(VII 6, 39)}$$

ist in diesem Falle gleich dem inneren Produkt der Vektoren B und C, und dieses bleibt bei der Parallelverschiebung der Vektoren von P nach P′ konstant. Daher verschwinden die durch kovariante Differentiation aus dem Maßtensor hervorgehenden Tensoren dritter Stufe. Hiernach entnimmt man aus (VII 6, 29) nur die Identität $0 = 0$, während (VII, 6 33) die Identität liefert

$$\frac{\partial g^{ik}}{\partial u^m} + g^{lk}\, \Gamma^i_{lm} + g^{il}\, \Gamma^k_{lm} = 0. \qquad \text{(VII 6, 40)}$$

Ihre Verjüngung führt auf

$$\frac{\partial g^{ik}}{\partial u^k} + g^{lk}\, \Gamma^i_{lk} + g^{il}\, \Gamma^k_{lk} = 0 \qquad \text{(VII 6, 41)}$$

oder, mit Rücksicht auf (VII 6, 37)

$$\frac{1}{\sqrt{-g}} \frac{\partial (\sqrt{-g}\, g^{ik})}{\partial u^k} + g^{lk}\, \Gamma^i_{lk} = 0. \qquad \text{(VII 6, 42)}$$

Aus (VII 6, 40) erkennt man, daß in einem geodätischen Bezugssysteme gleichzeitig mit den geodätischen Komponenten die ersten Ableitungen des Maßtensors sämtlich verschwinden.

i) Wir suchen die Vektordivergenz des Tensors zweiter Stufe G, dessen kovariante Komponenten in (VII 5, 29) definiert wurden. Seine gemischten

Komponenten sind — mit Rücksicht auf seine Symmetrie — in dei Form zu schreiben

$$G^i_l = g^{ik}\left(B_{kl} - \frac{1}{2} g_{kl} B\right) = g^{ik} B_{kl} - \frac{1}{2} \delta^i_l B. \qquad \text{(VII 6, 43)}$$

Wir beschränken uns weiterhin auf Koordinatensysteme der Eigenschaft $g = -1$; in ihnen ist

$$B_{kl} = -\frac{\partial \Gamma^p_{kl}}{\partial u^p} + \Gamma^n_{km} \Gamma^m_{nl}; \qquad B = g^{mn} B_{mn}. \qquad \text{(VII 6, 44)}$$

Von der Vektornatur der gesuchten Divergenz Gebrauch machend, wählen wir unter allen zulässigen Bezugssystemen ein im Kontrollpunkte geodätisches System, in welchem sowohl die Γ^i_{kl} wie die ersten Ableitungen der g^{mn} verschwinden. Daher entsteht aus (VII 6, 43) nach der Vorschrift (VII 6, 36) für die l-te Komponente der Vektordivergenz

$$\mathrm{Div}_l\, G = g^{ik} \frac{\partial B_{kl}}{\partial u^i} - \frac{1}{2} g^{mn} \frac{\partial B_{mn}}{\partial u^l} = \frac{1}{2} g^{mn} \left(\frac{\partial B_{ml}}{\partial u^n} + \frac{\partial B_{nl}}{\partial u^m} - \frac{\partial B_{mn}}{\partial u^l}\right). \qquad \text{(VII 6, 45)}$$

In diesem geodätischen System gilt nun, gemäß (VII 6, 44)

$$B_{kl} = -\frac{\partial \Gamma^p_{kl}}{\partial u^p} = -g^{pq} \frac{\partial \Gamma_{q,kl}}{\partial u^p}, \qquad \text{(VII 6, 46)}$$

so daß (VII 6, 44) die Form annimmt

$$\mathrm{Div}_l\, G = -\frac{1}{2}\left[g^{mn} g^{pq} \frac{\partial}{\partial u^p}\left(\frac{\partial \Gamma_{q,ml}}{\partial u^n} + \frac{\partial \Gamma_{q,nl}}{\partial u^m} - \frac{\partial \Gamma_{q,mn}}{\partial u^l}\right)\right]. \qquad \text{(VII 6, 47)}$$

Vermöge der Definition (VII 3, 44) der $\Gamma_{i,jk}$ erhält man explizit

$$\begin{aligned} -2\, \mathrm{Div}_l\, G = g^{mn} g^{pq} \Big\{ & \frac{\partial^3 g_{qm}}{\partial u^p\, \partial u^n\, \partial u^l} + \frac{\partial^3 g_{ql}}{\partial u^p\, \partial u^n\, \partial u^m} - \frac{\partial^3 g_{ml}}{\partial u^p\, \partial u^n\, \partial u^q} + \\ & + \frac{\partial^3 g_{qn}}{\partial u^p\, \partial u^m\, \partial u^l} + \frac{\partial^3 g_{ql}}{\partial u^p\, \partial u^m\, \partial u^n} - \frac{\partial^3 g_{nl}}{\partial u^p\, \partial u^m\, \partial u^q} - \\ & - \frac{\partial^3 g_{qn}}{\partial u^p\, \partial u^l\, \partial u^n} - \frac{\partial^3 g_{qn}}{\partial u^p\, \partial u^l\, \partial u^m} + \frac{\partial^3 g_{mn}}{\partial u^p\, \partial u^l\, \partial u^q} \Big\}. \end{aligned} \qquad \text{(VII 6, 48)}$$

Wir behaupten, daß dieser Ausdruck identisch verschwindet. Denn zunächst sieht man sogleich, daß das erste Glied der ersten Zeile und das erste Glied der dritten Zeile innerhalb der geschweiften Klammer einander zerstören; dasselbe gilt für das erste Glied der zweiten Zeile und das zweite Glied der dritten Zeile. Nunmehr vertausche man in dem — mit $g^{mn} g^{pq}$ multiplizierten — letzten Gliede der ersten Zeile sowohl m mit q wie auch n mit p; es annulliert dann das zweite Glied der ersten Zeile.

Ebenso vertausche man in dem — mit $g^{mn} g^{pq}$ multiplizierten — letzten Gliede der zweiten Zeile sowohl n mit q wie auch m mit p, wobei es das zweite Glied der zweiten Zeile annulliert. Es verbleibt somit nur

$$-2\,\mathrm{Div}_l\, G = g^{mn} g^{pq} \frac{\partial^3 g_{mn}}{\partial u^p\, \partial u^l\, \partial u^q}. \qquad \text{(VII 6, 49)}$$

Mit nochmaliger Ausnützung des im Kontrollpunkte geodätischen Bezugssystemes ist nun

$$g^{mn} g^{pq} \frac{\partial^3 g_{mn}}{\partial u^p\, \partial u^l\, \partial u^q} = g^{pq} \frac{\partial^2 \left(g_{mn} \dfrac{\partial g^{mn}}{\partial u^q} \right)}{\partial u^p\, \partial u^l}. \qquad \text{(VII 6, 50)}$$

Da nach (VII 5, 22) und (VII 5, 24) wegen $\sqrt{-g} = 1$ die rechte Seite verschwindet, ist hiermit der Beweis abgeschlossen.

VII 7. Krummlinige Koordinaten im dreidimensionalen *Euklid*ischen Raum.

a) In einem dreidimensionalen, *Kartesischen* Bezugssysteme seien die Koordinaten als Funktion dreier reeller Parameter gegeben

$$x^i = x^i(u^k). \qquad \text{(VII 7, 1)}$$

Verändert man je nur *einen* dieser Parameter, so beschreibt der Endpunkt des Radiusvektors $r = 1_i\, x^i$ eine Raumkurve. Jede der drei so entstehenden Linien spielt die Rolle einer Koordinatenachse in einem krummlinigen Bezugssystem des R_3

Obwohl die Bezugssysteme dieser Art dem *Euklid*ischen Raume angehören, sind sie doch wesentlich allgemeiner als die gleichfalls *Euklid*ischen affinen Systeme, da die Komponenten ihres Maßtensors nunmehr vom Orte abhängen. Wir rechnen deshalb die Gruppe der in (VII 7, 1) definierten Bezugssysteme zweckmäßig dem *Riemann*schen Raume zu, aus welchem sie genetisch im Sonderfalle verschwindenden Krümmungstensors hervorgehen.

b) Unter den krummlinigen Bezugssystemen zeichnen sich die Orthogonalsysteme durch ihre Bedeutung für die Anwendungen aus: Die drei infinitesimalen Vektoren

$$dr^{(1)} = 1_i \frac{\partial x^i}{\partial u^1} du^1; \quad dr^{(2)} = 1_i \frac{\partial x^i}{\partial u^2} du^2; \quad dr^{(3)} = 1_i \frac{\partial x^i}{\partial u^3} du^3 \qquad \text{(VII 7, 2)}$$

stehen paarweise senkrecht aufeinander. Daher reduziert sich die metrische Fundamentalform auf

$$ds^2 = g_{ik}\, du^i\, du^k = \sum_j \left(\frac{\partial x^j}{\partial u^1}\right)^2 (du^1)^2 + \left(\frac{\partial x^j}{\partial u^2}\right)^2 (du^2)^2 + \left(\frac{\partial x^j}{\partial u^3}\right)^2 (du^3)^2. \qquad \text{(VII 7, 3)}$$

Man entnimmt hieraus die Matrix der kovarianten Komponenten des Maßtensors einschließlich ihrer Determinante

$$(g_{ik}) = \begin{vmatrix} \sum_j \left(\frac{\partial x^j}{\partial u^1}\right)^2 & 0 & 0 \\ 0 & \sum_j \left(\frac{\partial x^j}{\partial u^2}\right)^2 & 0 \\ 0 & 0 & \sum_j \left(\frac{\partial x^j}{\partial u^3}\right)^2 \end{vmatrix};$$

$$g = \sum_j \left(\frac{\partial x^j}{\partial u^1}\right)^2 \sum_j \left(\frac{\partial x^j}{\partial u^2}\right)^2 \sum_j \left(\frac{\partial x^j}{\partial u^3}\right)^2. \qquad \text{(VII 7, 4)}$$

Die Matrix der kontravarianten Maßtensor-Komponenten und ihre Determinante folgen hieraus zu

$$(g^{ik}) = \begin{vmatrix} \frac{1}{\sum_j \left(\frac{\partial x^j}{\partial u^1}\right)^2} & 0 & 0 \\ 0 & \frac{1}{\sum_j \left(\frac{\partial x^j}{\partial u^2}\right)^2} & 0 \\ 0 & 0 & \frac{1}{\sum_j \left(\frac{\partial x^j}{\partial u^3}\right)^2} \end{vmatrix}; \quad \bar{g} = \frac{1}{g}. \qquad \text{(VII 7, 5)}$$

Man kennt somit die geodätischen Komponenten

$$\Gamma_{n,kl} = \frac{1}{2}\left(\frac{\partial g_{kn}}{\partial u^l} + \frac{\partial g_{ln}}{\partial u^k} - \frac{\partial g_{kl}}{\partial u^n}\right); \quad \Gamma^i_{kl} = g^{in}\Gamma_{n,kl}. \qquad \text{(VII 7, 6)}$$

Nach dem Muster orthogonaler, affiner Bezugssysteme bilden wir durch geometrische Mittelung aus den kontravarianten Komponenten A^i und den je gleichnamigen kovarianten Komponenten A_i eines beliebigen, dem krummlinigen Bezugssystem angehörigen Vektors A seine physikalischen Komponenten

$$A^{i} = \sqrt{A^{(i)} A_{(i)}} = A^i \sqrt{g_{(ii)}} = \frac{A_i}{\sqrt{g_{(ii)}}} = A^i \sqrt{\sum_j \left(\frac{\partial x^j}{\partial u^i}\right)^2} \qquad \text{(VII 7, 7)}$$

deren Quadratsumme definitionsgemäß der Norm $(A)^2$ gleicht. Ebenso übernehmen wir vermöge der an (IV 10, 20), (IV 10, 21) anknüpfenden Definitionen die Unterscheidung echter (polarer) Vektoren und achsialer Vektoren in das System krummliniger Orthogonalkoordinaten nebst der *ersten* der Relationen (VII 7, 7).

c) Wir führen eine Reihe differentieller Vektoroperationen für den Sonderfall krummliniger Orthogonalsysteme im R_3 aus:

1. Sei $S = S(u^1, u^2, u^3)$ ein Skalarfeld; der Vektor $G = \operatorname{grad} S$ folgt aus den Formeln

$$G_i = \frac{\partial S}{\partial u^i}; \quad G^i = \frac{1}{g_{(ii)}} \frac{\partial S}{\partial u^i}; \quad G^i = \frac{1}{\sqrt{g_{(ii)}}} \frac{\partial S}{\partial u^i}. \qquad \text{(VII 7, 8)}$$

2. Wir bilden die skalare Divergenz des Vektors A

$$\operatorname{div} A = \frac{1}{\sqrt{g}} \frac{\partial (\sqrt{g} A^i)}{\partial u^i} = \frac{1}{\sqrt{g}} \frac{\partial}{\partial u^i} \left(\frac{\sqrt{g}}{g_{(ii)}} A_i \right) = \frac{1}{\sqrt{g}} \frac{\partial}{\partial u^i} \left(\sqrt{\frac{g}{g_{(ii)}}} A^i \right). \qquad \text{(VII 7, 9)}$$

3. Der *Laplace*sche Differentialausdruck von S beträgt

$$\Delta^2 S = \operatorname{div} \operatorname{grad} S = \frac{1}{\sqrt{g}} \frac{\partial}{\partial u^i} \left(\sqrt{g} \frac{1}{g_{(ii)}} \frac{\partial S}{\partial u^i} \right). \qquad \text{(VII 7, 10)}$$

4. Aus dem (echten) Vektor V bilden wir den antimetrischen Tensor zweiter Stufe Rot V mit den kovarianten Komponenten

$$R_{12} = \frac{\partial V_2}{\partial u^1} - \frac{\partial V_1}{\partial u^2} = -R_{21}; \quad R_{23} = \frac{\partial V_3}{\partial u^2} - \frac{\partial V_2}{\partial u^3} = -R_{32};$$
$$R_{31} = \frac{\partial V_1}{\partial u^3} - \frac{\partial V_3}{\partial u^1} = -R_{13}. \qquad \text{(VII 7, 11)}$$

Mittels der Formeln (V 1, 17) gehen wir zu den kontravarianten Komponenten des achsialen Vektors rot V über:

$$\operatorname{rot}^1 V = \frac{\partial V_3}{\partial u^2} - \frac{\partial V_2}{\partial u^3}; \quad \operatorname{rot}^2 V = \frac{\partial V_1}{\partial u^3} - \frac{\partial V_3}{\partial u^1}; \quad \operatorname{rot}^3 V = \frac{\partial V_2}{\partial u^1} - \frac{\partial V_1}{\partial u^2}. \qquad \text{(VII 7, 12)}$$

An Hand der Transformationsregel (IV 10, 22) für achsiale Vektoren folgen die kovarianten Komponenten $\operatorname{rot}_i V$ aus $\operatorname{rot}^i V$ durch Multiplikation mit $\frac{g_{(ii)}}{g}$. Daher lauten, mit Rücksicht auf $\operatorname{rot} i\, V = \sqrt{\operatorname{rot}^{(i)} V \operatorname{rot}_{(i)} V}$, die Relationen (VII 7, 12) in „physikalischer" Schreibweise:

$$\begin{aligned}
\operatorname{rot} 1\, V &= \sqrt{\frac{g_{11}}{g}} \left[\frac{\partial}{\partial u^2} (\sqrt{g_{33}}\, V3) - \frac{\partial}{\partial u^3} (\sqrt{g_{22}}\, V2) \right] \\
\operatorname{rot} 2\, V &= \sqrt{\frac{g_{22}}{g}} \left[\frac{\partial}{\partial u^3} (\sqrt{g_{11}}\, V1) - \frac{\partial}{\partial u^1} (\sqrt{g_{33}}\, V3) \right] \\
\operatorname{rot} 3\, V &= \sqrt{\frac{g_{33}}{g}} \left[\frac{\partial}{\partial u^1} (\sqrt{g_{22}}\, V2) - \frac{\partial}{\partial u^2} (\sqrt{g_{11}}\, V1) \right].
\end{aligned} \qquad \text{(VII 7, 13)}$$

Wir suchen die Definition des Rotors auf den, mittels seiner kovarianten Komponenten vorgegebenen, achsialen Vektor a zu übertragen. Dabei verlangen wir, daß nunmehr diese Operation einen echten Vektor liefere.

Wir behaupten, daß man hierzu, an Stelle der dem polaren Vektor V angepaßten Gl. (VII 7, 12), setzen muß

$$\begin{aligned} \operatorname{rot}^1 \alpha &= \frac{1}{\sqrt{g}}\left[\frac{\partial(\sqrt{g}\,\alpha_3)}{\partial u^2} - \frac{\partial(\sqrt{g}\,\alpha_2)}{\partial u^3}\right] \\ \operatorname{rot}^2 \alpha &= \frac{1}{\sqrt{g}}\left[\frac{\partial(\sqrt{g}\,\alpha_1)}{\partial u^3} - \frac{\partial(\sqrt{g}\,\alpha_3)}{\partial u^1}\right] \\ \operatorname{rot}^3 \alpha &= \frac{1}{\sqrt{g}}\left[\frac{\partial(\sqrt{g}\,\alpha_2)}{\partial u^1} - \frac{\partial(\sqrt{g}\,\alpha_1)}{\partial u^2}\right]. \end{aligned} \qquad \text{(VII 7, 14)}$$

Um dies einzusehen, bezeichnen wir mit T^{kl} diejenige kontravariante Komponente des mit α äquivalenten antimetrischen Tensors T, welche gemäß (IV 10, 20) die kovariante Vektorkomponente α_i zyklisch ergänzt. Dann gilt etwa für $\operatorname{rot}^1 \alpha$ explizit:

$$\begin{aligned} \operatorname{rot}^1 \alpha = \frac{1}{\sqrt{g}}\left[\frac{\partial(\sqrt{g}\,T^{12})}{\partial u^2} - \frac{\partial(\sqrt{g}\,T^{31})}{\partial u^3}\right] \equiv \frac{1}{\sqrt{g}}\Bigg[\frac{\partial(\sqrt{g}\,T^{11})}{\partial u^1} &+ \\ + \frac{\partial(\sqrt{g}\,T^{12})}{\partial u^2} + \frac{\partial(\sqrt{g}\,T^{13})}{\partial u^3}\Bigg]. \end{aligned} \qquad \text{(VII 7, 15)}$$

Mit Einführung der Vektordivergenz des antimetrischen Tensors T nach (VII 6, 38) gelangt man also zu der bemerkenswerten Vektorgleichung

$$\operatorname{rot} \alpha = \operatorname{Div} T, \qquad \text{(VII 7, 16)}$$

welche den verlangten Beweis enthält.

Nach (IV 10, 22) sind die physikalischen Komponenten des achsialen Vektors α mittels der Vorschrift $\mathfrak{a}_i = \sqrt{\alpha^{(i)}\alpha_{(i)}} = \alpha_i \sqrt{g\, g^{(ii)}} = \alpha_i \sqrt{\frac{g}{g_{(ii)}}}$ zu bilden; dagegen folgen die physikalischen Komponenten des echten Vektors $\operatorname{rot} \alpha$ aus $\operatorname{rot}_i \alpha = \sqrt{g_{(ii)}}\operatorname{rot}^i \alpha$. Daher werden, in physikalischer Schreibweise, die dem Felde des achsialen Vektors α entsprechenden Rotorgleichungen formal identisch mit jenen, welche aus dem Felde des echten Vektors V hervorgehen:

$$\begin{aligned} \operatorname{rot}_1 \alpha &= \sqrt{\frac{g_{11}}{g}}\left[\frac{\partial}{\partial u^2}(\sqrt{g_{33}}\,\mathfrak{a}_3) - \frac{\partial}{\partial u^3}(\sqrt{g_{22}}\,\mathfrak{a}_2)\right] \\ \operatorname{rot}_2 \alpha &= \sqrt{\frac{g_{22}}{g}}\left[\frac{\partial}{\partial u^3}(\sqrt{g_{11}}\,\mathfrak{a}_1) - \frac{\partial}{\partial u^1}(\sqrt{g_{33}}\,\mathfrak{a}_3)\right] \\ \operatorname{rot}_3 \alpha &= \sqrt{\frac{g_{33}}{g}}\left[\frac{\partial}{\partial u^1}(\sqrt{g_{22}}\,\mathfrak{a}_2) - \frac{\partial}{\partial u^2}(\sqrt{g_{11}}\,\mathfrak{a}_1)\right]. \end{aligned} \qquad \text{(VII 7, 17)}$$

Wir verbinden (VII 7, 13) mit (VII 7, 17) zur Berechnung der physikalischen Komponenten des echten Vektors rot (rot V) und erhalten, indem wir auch den polaren Vektor V durch seine physikalischen Komponenten ausdrücken:

$$\operatorname{rot}_1(\operatorname{rot} V) = \sqrt{\frac{g_{11}}{g}} \left\{ \frac{\partial}{\partial u^2} \left[\frac{g_{33}}{\sqrt{g}} \left(\frac{\partial}{\partial u^1} (\sqrt{g_{22}}\, V_2) - \frac{\partial}{\partial u^2} (\sqrt{g_{11}}\, V_1) \right) \right] - \right.$$
$$\left. - \frac{\partial}{\partial u^3} \left[\frac{g_{22}}{\sqrt{g}} \left(\frac{\partial}{\partial u^3} (\sqrt{g_{11}}\, V_1) - \frac{\partial}{\partial u^1} (\sqrt{g_{33}}\, V_3) \right) \right] \right\} \qquad \text{(VII 7, 18)}$$

nebst zwei analogen Formeln für $\operatorname{rot}_2(\operatorname{rot} V)$ und $\operatorname{rot}_3(\operatorname{rot} V)$; sie lassen sich in der *einen* Gleichung zusammenfassen:

$$\operatorname{rot}_i(\operatorname{rot} V) = \sqrt{\frac{g_{(ii)}}{g}} \sum_k \frac{\partial}{\partial u^k} \left[\sqrt{g}\, \frac{\frac{\partial}{\partial u^i} (\sqrt{g_{(kk)}}\, V_k) - \frac{\partial}{\partial u^k} (\sqrt{g_{(ii)}}\, V_i)}{g_{(ii)}\, g_{(kk)}} \right]. \qquad \text{(VII 7, 19)}$$

d) Wir geben Beispiele krummliniger Orthogonalkoordinaten, welche sich durch ihre Bedeutung für die Anwendungen auszeichnen. Dabei werden wir durchgängig $x^1 \equiv x$, $x^2 \equiv y$, $x^3 \equiv z$ setzen sowie u^1, u^2 und u^3 mit anderen Zeichen vertauschen; wir dürfen dann, ohne Irrtümern ausgesetzt zu sein, die übliche Schreibweise der Potenzen benützen.

1. Zylinderkoordinaten.

α) Definition: Die Lage des Kontrollpunktes P wird nach Abb. VII 1 durch seinen Abstand $u^1 \equiv \varrho$ von der z-Achse, sein in der Ebene $z = 0$ gegen die Ebene $y = 0$ gemessenes Azimut $u^2 \equiv \psi$ und seine Höhe $u^3 = z$ bestimmt:

$$x = \varrho \cos \psi; \qquad y = \varrho \sin \psi; \qquad z = z. \qquad \text{(VII 7, 20)}$$

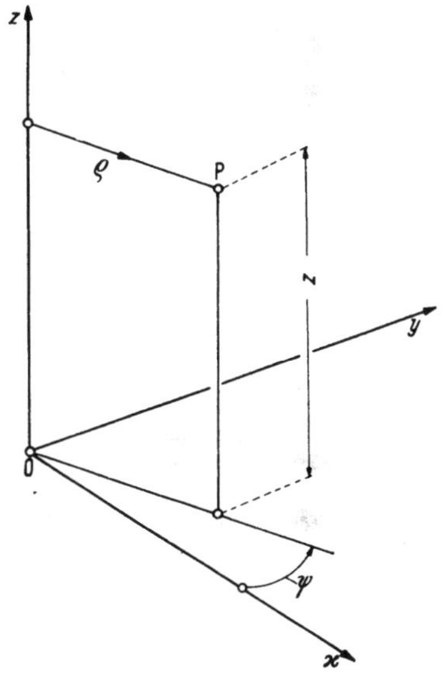

Abb. VII 1. Zylinderkoordinaten.

β) Die metrische Fundamentalform lautet

$$g_{ik}\, du^i\, du^k = d\varrho^2 + \varrho^2\, d\psi^2 + dz^2 \qquad \text{(VII 7, 21)}$$

Aus ihr folgen die Matrix der kovarianten Maßtensor-Komponenten, ihre Determinante g und das invariante Volumenelement $d\tau$

$$(g_{ik}) = \begin{pmatrix} 1 & 0 & 0 \\ 0 & \varrho^2 & 0 \\ 0 & 0 & 1 \end{pmatrix}; \quad g = \varrho^2; \; d\tau = \varrho\, d\varrho\, d\psi\, dz \qquad \text{(VII 7, 22)}$$

sowie die Matrix der kontravarianten Maßtensor-Komponenten samt ihrer Determinante $\overline{g}$

$$(g^{ik}) = \begin{pmatrix} 1 & 0 & 0 \\ 0 & 1/\varrho^2 & 0 \\ 0 & 0 & 1 \end{pmatrix}; \quad \bar{g} = 1/\varrho^2. \qquad \text{(VII 7, 23)}$$

γ) Wir geben die Tafel der geodätischen Komponenten:

$\Gamma_{n,kl}$					Γ^{i}_{kl}				
n	l \ k	1	2	3	i	l \ k	1	2	3
	1	0	0	0		1	0	0	0
1	2	0	$-\varrho$	0	1	2	0	$-\varrho$	0
	3	0	0	0		3	0	0	0
	1	0	ϱ	0		1	0	$1/\varrho$	0
2	2	ϱ	0	0	2	2	$1/\varrho$	0	0
	3	0	0	0		3	0	0	0
	1	0	0	0		1	0	0	0
3	2	0	0	0	3	2	0	0	0
	3	0	0	0		3	0	0	0

(VII 7, 24)

δ) Der Vektor $G = \operatorname{grad} S$ besitzt die Komponenten

$$G_\varrho = \frac{\partial S}{\partial \varrho}; \quad G_\psi = \frac{\partial S}{\partial \psi}; \quad G_z = \frac{\partial S}{\partial z} \quad \text{(kovariant)},$$

$$G^\varrho = \frac{\partial S}{\partial \varrho}; \quad G^\psi = \frac{1}{\varrho^2}\frac{\partial S}{\partial \psi}; \quad G^z = \frac{\partial S}{\partial z} \quad \text{(kontravariant)}; \qquad \text{(VII 7, 25)}$$

$$G\varrho = \frac{\partial S}{\partial \varrho}; \quad G\psi = \frac{1}{\varrho}\frac{\partial S}{\partial \psi}; \quad Gz = \frac{\partial S}{\partial z} \quad \text{(physikalisch)}.$$

Die skalare Divergenz des Vektors A beträgt

$$\operatorname{div} A = \frac{\partial A^\varrho}{\partial \varrho} + \frac{A^\varrho}{\varrho} + \frac{\partial A^\psi}{\partial \psi} + \frac{\partial A^z}{\partial z} = \frac{\partial A_\varrho}{\partial \varrho} + \frac{A_\varrho}{\varrho} + \frac{1}{\varrho^2}\frac{\partial A_\psi}{\partial \psi} + \frac{\partial A_z}{\partial z} =$$

$$= \frac{\partial A\varrho}{\partial \varrho} + \frac{1}{\varrho}\frac{\partial A\psi}{\partial \psi} + \frac{\partial Az}{\partial z}. \qquad \text{(VII 7, 26)}$$

Der *Laplace*sche Differentialausdruck von S lautet

$$\nabla^2 S = \frac{\partial^2 S}{\partial \varrho^2} + \frac{1}{\varrho}\frac{\partial S}{\partial \varrho} + \frac{1}{\varrho^2}\frac{\partial^2 S}{\partial \psi^2} + \frac{\partial^2 S}{\partial z^2}. \qquad \text{(VII 7, 27)}$$

ε) Der antimetrische Tensor Rot V besitzt die kovarianten Komponenten

$$R_{\varrho\psi} = \frac{\partial V_\psi}{\partial \varrho} - \frac{\partial V_\varrho}{\partial \psi} = -R_{\psi\varrho}; \qquad R_{\psi z} = \frac{\partial V_z}{\partial \psi} - \frac{\partial V_\psi}{\partial z} = -R_{z\psi};$$

$$R_{z\varrho} = \frac{\partial V_\varrho}{\partial z} - \frac{\partial V_z}{\partial \varrho} = -R_{\varrho z}. \qquad \text{(VII 7, 28)}$$

Aus ihm berechnen sich die kontravarianten Komponenten des achsialen Vektors rot V

$$\mathrm{rot}^{\varrho}\, V = \frac{\partial V_z}{\partial \psi} - \frac{\partial V_\psi}{\partial z}; \quad \mathrm{rot}^{\psi}\, V = \frac{\partial V_\varrho}{\partial z} - \frac{\partial V_z}{\partial \varrho}; \quad \mathrm{rot}^{z}\, V = \frac{\partial V_\psi}{\partial \varrho} - \frac{\partial V_\varrho}{\partial \psi}. \tag{VII 7, 29}$$

In physikalischer Schreibweise lauten diese Formeln

$$\mathrm{rot}_{\varrho}\, V = \frac{1}{\varrho}\frac{\partial V_z}{\partial \psi} - \frac{\partial V_\psi}{\partial z}; \quad \mathrm{rot}_{\psi}\, V = \frac{\partial V_\varrho}{\partial z} - \frac{\partial V_z}{\partial \varrho};$$

$$\mathrm{rot}_{z}\, V = \frac{1}{\varrho}\frac{\partial (\varrho\, V_\psi)}{\partial \varrho} - \frac{1}{\varrho}\frac{\partial V_\varrho}{\partial \psi}. \tag{VII 7, 30}$$

Die hieraus durch Wiederholung hervorgehende Operation rot (rot V) führen wir für den Sonderfall $V_\varrho = 0$; $V_\psi \neq 0$; $V_z = 0$ aus:

$$\mathrm{rot}_{\varrho}\, (\mathrm{rot}\, V) = \frac{1}{\varrho^2}\frac{\partial^2 (\varrho\, V_z)}{\partial \psi\, \partial \varrho}; \quad \mathrm{rot}_{\psi}\, (\mathrm{rot}\, V) = -\frac{\partial^2 V_\psi}{\partial z^2} - \frac{\partial}{\partial \varrho}\left[\frac{1}{\varrho}\frac{\partial (\varrho\, V_\psi)}{\partial \varrho}\right];$$

$$\mathrm{rot}_{z}\, (\mathrm{rot}\, V) = \frac{1}{\varrho}\frac{\partial^2 V_\psi}{\partial \psi\, \partial z}. \tag{VII 7, 31}$$

2. Kugelkoordinaten.

α) Definition: Die Lage des Kontrollpunktes P wird nach Abb. VII 2 durch seinen Abstand $u^1 \equiv r$ vom Ursprung, den Winkel $u^2 \equiv \vartheta$ zwischen dem Radiusvektor und der z-Achse und das Azimut $u^3 \equiv \psi$ gegen die Ebene $y = 0$ beschrieben:

$$x = r \sin \vartheta \cos \psi;$$
$$y = r \sin \vartheta \sin \psi;$$
$$z = r \cos \vartheta. \tag{VII 7, 32}$$

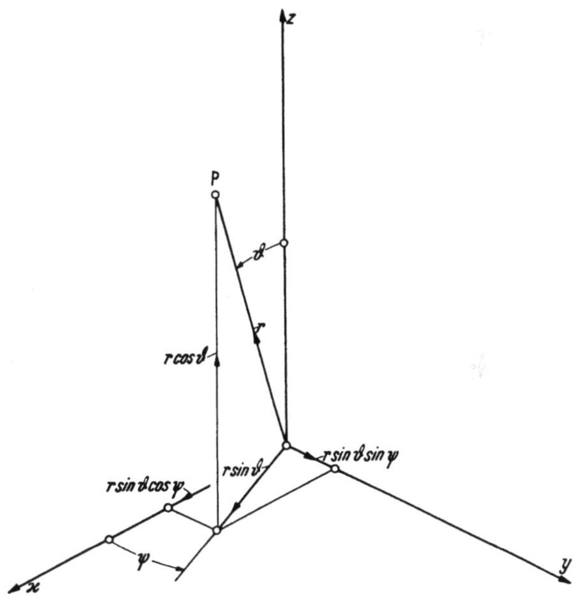

Abb. VII 2. Kugelkoordinaten.

β) Die metrische Fundamentalform

$$g_{ik}\, du^i\, du^k = dr^2 + r^2\, d\vartheta^2 + r^2 \sin^2 \vartheta\, d\psi^2 \tag{VII 7, 33}$$

liefert die Matrix (g_{ik}), ihre Determinante g und das invariante Volumenelement $d\tau$:

$$(g_{ik}) = \begin{pmatrix} 1 & 0 & 0 \\ 0 & r^2 & 0 \\ 0 & 0 & r^2 \sin^2 \vartheta \end{pmatrix}; \quad g = r^4 \sin^2 \vartheta; \quad d\tau = r^2 \sin \vartheta\, dr\, d\vartheta\, d\psi. \tag{VII 7, 34}$$

Die Matrix (g^{ik}) samt ihrer Determinante $\overline{g}$ lautet

$$(g^{ik}) = \begin{pmatrix} 1 & 0 & 0 \\ 0 & \frac{1}{r^2} & 0 \\ 0 & 0 & \frac{1}{r^2 \sin^2 \vartheta} \end{pmatrix}; \quad \overline{g} = \frac{1}{r^4 \sin^2 \vartheta}. \tag{VII 7, 35}$$

γ) Die geodätischen Komponenten sind der folgenden Tab. zu entnehmen:

	$\Gamma_{n,kl}$					Γ^i_{kl}			
n	l \ k	1	2	3	i	l \ k	1	2	3
	1	0	0	0		1	0	0	0
1	2	0	$-r$	0	1	2	0	$-r$	0
	3	0	0	$-r\sin^2\vartheta$		3	0	0	$-r\sin^2\vartheta$
	1	0	r	0		1	0	$1/r$	0
2	2	r	0	0	2	2	$1/r$	0	0
	3	0	0	$-r^2\sin\vartheta\cos\vartheta$		3	0	0	$-\sin\vartheta\cos\vartheta$
	1	0	0	$r\sin^2\vartheta$		1	0	0	$1/r$
3	2	0	0	$r^2\sin\vartheta\cos\vartheta$	3	2	0	0	$\operatorname{cotg}\vartheta$
	3	$r\sin^2\vartheta$	$r^2\sin\vartheta\cos\vartheta$	0		3	$1/r$	$\operatorname{cotg}\vartheta$	0

(VII 7, 36)

δ) Aus dem Skalarfeld $S = S(r, \vartheta, \psi)$ bilden wir $G = \operatorname{grad} S$

$$G_r = \frac{\partial S}{\partial r}; \quad G_\vartheta = \frac{\partial S}{\partial \vartheta}; \quad G_\psi = \frac{\partial S}{\partial \psi} \quad \text{(kovariant)}$$

$$G^r = \frac{\partial S}{\partial r}; \quad G^\vartheta = \frac{1}{r^2}\frac{\partial S}{\partial \vartheta}; \quad G^\psi = \frac{1}{r^2 \sin^2\vartheta}\frac{\partial S}{\partial \psi} \quad \text{(kontravariant)},$$

$$\mathrm{G}_r = \frac{\partial S}{\partial r}; \quad \mathrm{G}_\vartheta = \frac{1}{r}\frac{\partial S}{\partial \vartheta}; \quad \mathrm{G}_\psi = \frac{1}{r\sin\vartheta}\frac{\partial S}{\partial \psi} \quad \text{(physikalisch)}. \tag{VII 7, 37}$$

Die Divergenz des Vektors A beträgt

$$\begin{aligned} \operatorname{div} A &= \frac{1}{r^2}\frac{\partial(r^2 A^r)}{\partial r} + \frac{1}{\sin\vartheta}\frac{\partial(\sin\vartheta\, A^\vartheta)}{\partial\vartheta} + \frac{\partial A^\psi}{\partial\psi} = \\ &= \frac{1}{r^2}\frac{\partial(r^2 A_r)}{\partial r} + \frac{1}{r^2\sin\vartheta}\frac{\partial(\sin\vartheta\, A_\vartheta)}{\partial\vartheta} + \frac{1}{r^2\sin^2\vartheta}\frac{\partial A_\psi}{\partial\psi} = \\ &= \frac{1}{r^2}\frac{\partial(r^2 \mathrm{A}_r)}{\partial r} + \frac{1}{r\sin\vartheta}\frac{\partial(\sin\vartheta\, \mathrm{A}_\vartheta)}{\partial\vartheta} + \frac{1}{r\sin\vartheta}\frac{\partial \mathrm{A}_\psi}{\partial\psi}. \end{aligned} \tag{VII 7, 38}$$

Der *Laplace*sche Differentialausdruck von S ergibt sich zu

$$\nabla^2 S = \frac{1}{r^2}\frac{\partial\left(r^2 \frac{\partial S}{\partial r}\right)}{\partial r} + \frac{1}{r^2\sin\vartheta}\frac{\partial\left(\sin\vartheta\frac{\partial S}{\partial\vartheta}\right)}{\partial\vartheta} + \frac{1}{r^2\sin^2\vartheta}\frac{\partial^2 S}{\partial\psi^2}. \tag{VII 7, 39}$$

ε) Die kovarianten Komponenten des antimetrischen Tensors

$$\mathrm{Rot}_{r\vartheta}\, V = \frac{\partial V_\vartheta}{\partial r} - \frac{\partial V_r}{\partial \vartheta} = -\mathrm{Rot}_{\vartheta r}\, V; \quad \mathrm{Rot}_{\vartheta\psi}\, V = \frac{\partial V_\psi}{\partial \vartheta} - \frac{\partial V_\vartheta}{\partial \psi} = -\mathrm{Rot}_{\psi\vartheta}\, V;$$

$$\mathrm{Rot}_{\psi r}\, V = \frac{\partial V_r}{\partial \psi} - \frac{\partial V_\psi}{\partial r} = -\mathrm{Rot}_{r\psi}\, V \qquad \text{(VII 7, 40)}$$

liefern die kontravarianten Komponenten von rot V:

$$\mathrm{rot}^r\, V = \frac{\partial V_\psi}{\partial \vartheta} - \frac{\partial V_\vartheta}{\partial \psi}; \quad \mathrm{rot}^\vartheta\, V = \frac{\partial V_r}{\partial \psi} - \frac{\partial V_\psi}{\partial r}; \quad \mathrm{rot}^\psi\, V = \frac{\partial V_\vartheta}{\partial r} - \frac{\partial V_r}{\partial \vartheta}. \qquad \text{(VII 7, 41)}$$

In physikalischer Schreibweise lauten diese Formeln

$$\mathrm{rot}_r\, V = \frac{1}{r \sin\vartheta}\left[\frac{\partial (V_\psi \sin\vartheta)}{\partial \vartheta} - \frac{\partial V_\vartheta}{\partial \psi}\right]; \quad \mathrm{rot}_\vartheta\, V = \frac{1}{r\sin\vartheta}\frac{\partial V_r}{\partial \psi} - \frac{1}{r}\frac{\partial (V_\psi r)}{\partial r};$$

$$\mathrm{rot}_\psi\, V = \frac{1}{r}\left[\frac{\partial (V_\vartheta r)}{\partial r} - \frac{\partial V_r}{\partial \vartheta}\right]. \qquad \text{(VII 7, 42)}$$

3. Parabelkoordinaten.

α) Definition: Wir setzen $\varrho = \sqrt{x^2 + y^2}$, $u^1 \equiv u$, $u^2 \equiv v$, $u^3 \equiv \psi$ und wählen ψ als Azimut aller die z-Achse enthaltenden Ebenen gegen die Ebene $y = 0$. In jeder dieser Meridianebenen bestimmen wir die Lage des Kontrollpunktes P mittels der Koordinaten u und v, welche mit ϱ und z durch die Gleichungen verbunden sind

$$\varrho + \sqrt{-1}\, z = \frac{1}{2\sqrt{-1}}(u + \sqrt{-1}\, v)^2 \qquad \text{(VII 7, 43)}$$

oder, nach Trennung des Reellen vom Imaginären,

$$\varrho = u\, v; \qquad z = \frac{1}{2}(v^2 - u^2). \qquad \text{(VII 7, 44)}$$

Die hieraus für $u = \text{const.}$ entspringenden Kurven

$$\varrho^2 - 2\, u^2 \left(z - \frac{u^2}{2}\right) = 0 \qquad \text{(VII 7, 45)}$$

definieren eine Schar konfokaler Parabeln, welche sich nach $z > 0$ hin öffnen; ebenso stellen die Kurven $v = \text{const}$:

$$\varrho^2 + 2\, v^2 \left(z - \frac{v^2}{2}\right) = 0 \qquad \text{(VII 7, 46)}$$

eine konfokale Parabelschar dar, welche sich nach $z < 0$ hin öffnet (Abb VII 3). Die Herkunft der Parabelkoordinaten u und v aus der konformen Abbildung (VII 7, 43) verbürgt die Orthogonalität der dualen Parabelscharen. Aus

$$x = u\, v \cos\psi; \qquad y = u\, v \sin\psi; \qquad z = \frac{1}{2}(v^2 - u^2) \qquad \text{(VII 7, 47)}$$

entnehmen wir die Norm des Radiusvektors

$$(\mathfrak{r})^2 = x^2 + y^2 + z^2 = \varrho^2 + z^2 = u^2 v^2 + \frac{1}{4}(v^2 - u^2)^2 = \frac{1}{4}(u^2 + v^2)^2, \qquad \text{(VII 7, 48)}$$

so daß sich $|\mathfrak{r}| = 1/2\,(u^2 + v^2)$ rational in u und v ausdrückt.

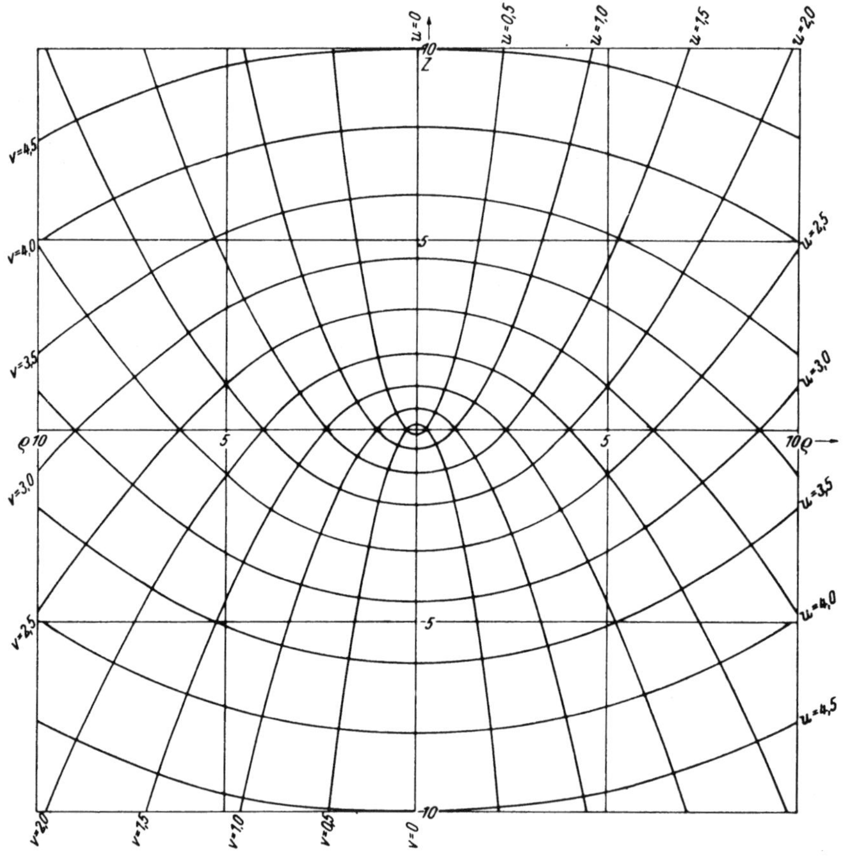

Abb. VII 3. Parabelkoordinaten.

β) Die metrische Fundamentalform

$$dr^2 = du^2\,(u^2 + v^2) + dv^2\,(u^2 + v^2) + u^2 v^2\,d\psi^2 \qquad \text{(VII 7, 49)}$$

liefert

$$\left(g_{ik}\right) = \begin{pmatrix} u^2 + v^2 & 0 & 0 \\ 0 & u^2 + v^2 & 0 \\ 0 & 0 & u^2 v^2 \end{pmatrix}; \qquad \text{(VII 7, 50)}$$

$$g = (u^2 + v^2)^2\,u^2 v^2; \quad d\tau = (u^2 + v^2)\,u\,v\,du\,dv\,d\psi$$

sowie

$$(g^{ik}) = \begin{pmatrix} \frac{1}{u^2+v^2} & 0 & 0 \\ 0 & \frac{1}{u^2+v^2} & 0 \\ 0 & 0 & \frac{1}{u^2 v^2} \end{pmatrix}; \quad \overline{g} = \frac{1}{(u^2+v^2)^2 u^2 v^2} \qquad \text{(VII 7, 51)}$$

γ) Die geodätischen Komponenten lauten

	$\Gamma_{n,kl}$				Γ^i_{kl}			
n	l \ k	1	2	3	i	l \ k	1	2	3
1	1	u	v	0	1	1	$\frac{u}{u^2+v^2}$	$\frac{v}{u^2+v^2}$	0
	2	v	$-u$	0		2	$\frac{v}{u^2+v^2}$	$-\frac{u}{u^2+v^2}$	0
	3	0	0	$-uv^2$		3	0	0	$-\frac{uv^2}{u^2+v^2}$
2	1	$-v$	u	0	2	1	$-\frac{v}{u^2+v^2}$	$\frac{u}{u^2+v^2}$	0
	2	u	v	0		2	$\frac{u}{u^2+v^2}$	$\frac{v}{u^2+v^2}$	0
	3	0	0	$-u^2v$		3	0	0	$-\frac{u^2v}{u^2+v^2}$
3	1	0	0	uv^2	3	1	0	0	$\frac{1}{u}$
	2	0	0	u^2v		2	0	0	$\frac{1}{v}$
	3	uv^2	u^2v	0		3	$\frac{1}{u}$	$\frac{1}{v}$	0

(VII 7, 52)

δ) Der Gradient des Skalarfeldes $S = S(u, v, \psi)$ beträgt

$$G_u = \frac{\partial S}{\partial u}; \quad G_v = \frac{\partial S}{\partial v}; \quad G_\psi = \frac{\partial S}{\partial \psi} \quad \text{(kovariant)},$$

$$G^u = \frac{1}{u^2+v^2}\frac{\partial S}{\partial u}; \quad G^v = \frac{1}{u^2+v^2}\frac{\partial S}{\partial v}; \quad G^\psi = \frac{1}{u^2v^2}\frac{\partial S}{\partial \psi} \quad \text{(kontravariant)},$$

$$G\text{u} = \frac{1}{\sqrt{u^2+v^2}}\frac{\partial S}{\partial u}; \quad G\text{v} = \frac{1}{\sqrt{u^2+v^2}}\frac{\partial S}{\partial v}; \quad G\psi = \frac{1}{uv}\frac{\partial S}{\partial \psi} \quad \text{(physikalisch)}.$$

(VII 7, 53)

Die Divergenz des Vektors A berechnet sich aus

$$\operatorname{div} A = \frac{1}{u^2+v^2}\left[\frac{1}{u}\frac{\partial[u(u^2+v^2)A^u]}{\partial u} + \frac{1}{v}\frac{\partial[v(u^2+v^2)A^v]}{\partial v}\right] + \frac{\partial A^\varphi}{\partial \psi} =$$

$$= \frac{1}{u^2+v^2}\left[\frac{1}{u}\frac{\partial(u A_u)}{\partial u} + \frac{1}{v}\frac{\partial(v A_v)}{\partial v}\right] + \frac{1}{u^2 v^2}\frac{\partial A_\psi}{\partial \psi} = \qquad \text{(VII 7, 54)}$$

$$= \frac{1}{u^2+v^2}\left[\frac{1}{u}\frac{\partial(u\sqrt{u^2+v^2}A_u)}{\partial u} + \frac{1}{v}\frac{\partial(v\sqrt{u^2+v^2}A_v)}{\partial v}\right] + \frac{1}{u v}\frac{\partial A_\varphi}{\partial \psi}.$$

Der *Laplace*sche Differentialausdruck von S lautet

$$\nabla^2 S = \frac{1}{u^2+v^2}\left[\frac{1}{u}\frac{\partial}{\partial u}\left(u\frac{\partial S}{\partial u}\right) + \frac{1}{v}\frac{\partial}{\partial v}\left(v\frac{\partial S}{\partial v}\right) + \left(\frac{1}{u^2}+\frac{1}{v^2}\right)\frac{\partial^2 S}{\partial \psi^2}\right] \qquad \text{(VII 7, 55)}$$

ε) Der antimetrische Tensor Rot V besitzt die kovarianten Komponenten

$$R_{uv} = \frac{\partial V_v}{\partial u} - \frac{\partial V_u}{\partial v} = -R_{vu};\quad R_{v\psi} = \frac{\partial V_\psi}{\partial v} - \frac{\partial V_v}{\partial \psi} = -R_{\psi v};$$

$$R_{\psi u} = \frac{\partial V_u}{\partial \psi} - \frac{\partial V_\psi}{\partial u} = -R_{u\psi}. \qquad \text{(VII 7, 56)}$$

Sie liefern als kontravariante Komponenten von rot V

$$\operatorname{rot}^u V = \frac{\partial V_\psi}{\partial v} - \frac{\partial V_v}{\partial \psi};\quad \operatorname{rot}^v V = \frac{\partial V_u}{\partial \psi} - \frac{\partial V_\psi}{\partial u};\quad \operatorname{rot}^\varphi V = \frac{\partial V_v}{\partial u} - \frac{\partial V_u}{\partial \psi},$$

$$\text{(VII 7, 57)}$$

so daß man in physikalischer Schreibweise erhält

$$\operatorname{rot}_u V = \frac{1}{\sqrt{u^2+v^2}}\frac{1}{v}\frac{\partial}{\partial v}(v V_\varphi) - \frac{1}{u v}\frac{\partial V_v}{\partial \psi};$$

$$\operatorname{rot}_v V = \frac{1}{u v}\frac{\partial V_u}{\partial \psi} - \frac{1}{\sqrt{u^2+v^2}}\frac{1}{u}\frac{\partial}{\partial u}(u V_\varphi); \qquad \text{(VII 7, 58)}$$

$$\operatorname{rot}_\varphi V = \frac{1}{u^2+v^2}\left[\frac{\partial}{\partial u}(\sqrt{u^2+v^2}\,V_v) - \frac{\partial}{\partial v}(\sqrt{u^2+v^2}\,V_u)\right].$$

4. Elliptische Koordinaten.

α) Definition: Im Punkte P = P (x, y, z) sei die Funktion der reellen Variabeln u gegeben

$$f(u) = \frac{x^2}{u-a} + \frac{y^2}{u-b} + \frac{z^2}{u-c} - 1, \qquad \text{(VII 7, 59)}$$

wobei a, b, c als positiv-reell vorausgesetzt werden und der Ungleichung genügen mögen

$$a \leqq b \leqq c. \qquad \text{(VII 7, 60)}$$

Die Gleichung

$$f(u) = 0 \qquad \text{(VII 7, 61)}$$

besitzt nach Abb. VII 4 die drei reellen Wurzeln

$$u^1 \equiv p;\quad u^2 \equiv q;\quad u^3 \equiv r;\quad a \leqq p \leqq b \leqq q \leqq c \leqq r, \qquad \text{(VII 7, 62)}$$

p, q und r heißen die Elliptischen Koordinaten von P. Der Ausdruck

$$f(u)(u-a)(u-b)(u-c) \qquad \text{(VII 7, 63)}$$

definiert eine ganze Funktion dritten Grades von u, welche mit dem Gliede ($-u^3$) beginnt und in p, q und r verschwindet. Daher besteht in u die Identität

$$x^2(u-b)(u-c) + y^2(u-a)(u-c) + z^2(u-a)(u-b) - \\ -(u-a)(u-b)(u-c) \equiv (p-u)(q-u)(r-u). \qquad \text{(VII 7, 64)}$$

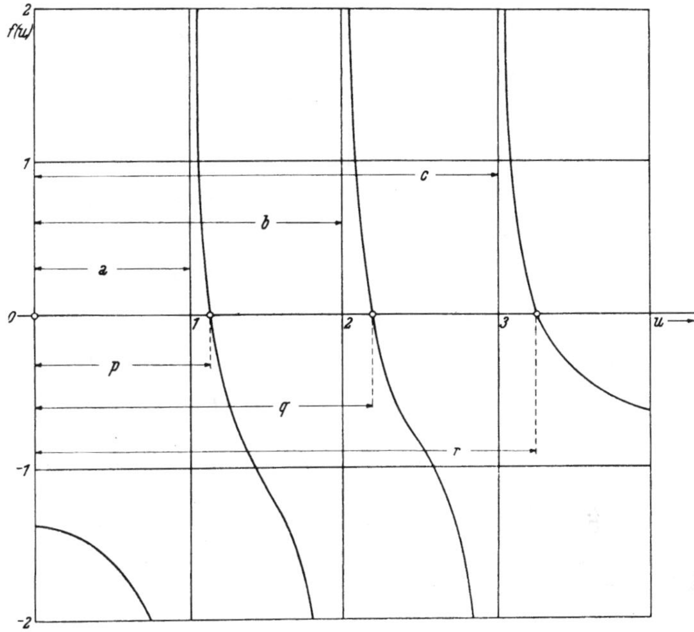

Abb. VII 4. Elliptische Koordinaten.

Indem wir hierin nacheinander u = a, b und c wählen, folgen die Relationen zwischen den *Kartesischen* und den Elliptischen Koordinaten:

$$x^2 = \frac{(p-a)(q-a)(r-a)}{(a-b)(a-c)}; \qquad y^2 = \frac{(p-b)(q-b)(r-b)}{(b-a)(b-c)};$$

$$z^2 = \frac{(p-c)(q-c)(r-c)}{(c-a)(c-b)}. \qquad \text{(VII 7, 65)}$$

β) Wir teilen (VII 7, 64) mit $(u-a)(u-b)(u-c)$ und erhalten

$$\frac{x^2}{u-a} + \frac{y^2}{u-b} + \frac{z^2}{u-c} - 1 \equiv \frac{(p-u)(q-u)(r-u)}{(u-a)(u-b)(u-c)}. \qquad \text{(VII 7, 66)}$$

Differentiation nach u liefert

$$\frac{x^2}{(u-a)^2}+\frac{y^2}{(u-b)^2}+\frac{z^2}{(u-c)^2}=$$
$$=\frac{(q-u)(r-u)+(r-u)(p-u)+(p-u)(q-u)}{(u-a)(u-b)(u-c)}-$$
$$-(p-u)(q-u)(r-u)\frac{d}{du}\frac{1}{(u-a)(u-b)(u-c)}. \qquad \text{(VII 7, 67)}$$

Wir setzen abkürzend

$$\varphi(u)=(u-a)(u-b)(u-c), \qquad \text{(VII 7, 68)}$$

substituieren in (VII 7, 67) nacheinander u = p; q; r und gelangen zu den Identitäten

$$\begin{aligned}
\frac{x^2}{(p-a)^2}+\frac{y^2}{(p-b)^2}+\frac{z^2}{(p-c)^2}&\equiv\frac{(q-p)(r-p)}{\varphi(p)},\\
\frac{x^2}{(q-a)^2}+\frac{y^2}{(p-b)^2}+\frac{z^2}{(q-c)^2}&\equiv\frac{(p-q)(r-q)}{\varphi(q)},\\
\frac{x^2}{(r-a)^2}+\frac{y^2}{(r-b)^2}+\frac{z^2}{(r-c)^2}&\equiv\frac{(p-r)(q-r)}{\varphi(r)}.
\end{aligned} \qquad \text{(VII 7, 69)}$$

Wir ergänzen sie durch die weiteren Identitäten

$$\begin{aligned}
\frac{x^2}{(p-a)(q-a)}+\frac{y^2}{(p-b)(q-b)}+\frac{z^2}{(p-c)(q-c)}&\equiv 0,\\
\frac{x^2}{(q-a)(r-a)}+\frac{y^2}{(q-b)(r-b)}+\frac{z^2}{(q-c)(r-c)}&\equiv 0,\\
\frac{x^2}{(r-a)(p-a)}+\frac{y^2}{(r-b)(p-b)}+\frac{z^2}{(r-c)(p-c)}&\equiv 0
\end{aligned} \qquad \text{(VII 7, 70)}$$

von deren Richtigkeit man sich mittels (VII 7, 65) überzeugt.

Durch Logarithmieren und darauf folgende Differentiation der Gl. (VII 7, 65) finden wir

$$\begin{aligned}
2\frac{dx}{x}&=\frac{dp}{p-a}+\frac{dq}{q-a}+\frac{dr}{r-a},\\
2\frac{dy}{y}&=\frac{dp}{p-b}+\frac{dq}{q-b}+\frac{dr}{r-b},\\
2\frac{dz}{z}&=\frac{dp}{p-c}+\frac{dq}{q-c}+\frac{dr}{r-c}.
\end{aligned} \qquad \text{(VII 7, 71)}$$

Hieraus folgt mit Rücksicht auf (VII 7, 70) und (VII 7, 71) die metrische Fundamentalform

$$ds^2 = g_{ik}\, du^i\, du^k = \frac{1}{4}\left[\frac{(q-p)\,(r-p)}{\varphi(p)}\, dp^2 + \frac{(p-q)\,(r-q)}{\varphi(q)}\, dq^2 + \right.$$
$$\left. + \frac{(p-r)\,(q-r)}{\varphi(r)}\, dr^2\right] \qquad \text{(VII 7, 73)}$$

also

$$(g_{ik}) = \begin{pmatrix} \frac{1}{4}\frac{(q-p)(r-p)}{\varphi(p)} & 0 & 0 \\ 0 & \frac{1}{4}\frac{(p-q)(r-q)}{\varphi(q)} & 0 \\ 0 & 0 & \frac{1}{4}\frac{(p-r)(q-r)}{\varphi(r)} \end{pmatrix} \qquad \text{(VII 7, 74)}$$

$$g = -\frac{1}{64}\frac{(q-p)^2\,(r-q)^2\,(r-p)^2}{\varphi(p)\,\varphi(q)\,\varphi(r)}; \quad d\tau = \frac{1}{8}\frac{(q-p)\,(r-q)\,(r-p)}{\sqrt{-\varphi(p)\,\varphi(q)\,\varphi(r)}}\, dp\, dq\, dr$$

sowie

$$(g^{ik}) = \begin{pmatrix} 4\,\frac{\varphi(p)}{(q-p)(r-p)} & 0 & 0 \\ 0 & 4\,\frac{\varphi(q)}{(p-q)(r-q)} & 0 \\ 0 & 0 & 4\,\frac{\varphi(r)}{(p-r)(q-r)} \end{pmatrix} \qquad \text{(VII 7, 75)}$$

$$\overline{g} = -64\,\frac{\varphi(p)\,\varphi(q)\,\varphi(r)}{(q-p)^2\,(r-q)^2\,(r-p)^2}.$$

Die geodätischen Komponenten $\Gamma_{n,kl}$ und $\Gamma^{i}_{\ kl}$ sind hieraus mittels der Vorschriften (VII 7, 6) unschwer zu berechnen; doch verzichten wir der Kürze halber auf ihre explizite Angabe.

γ) Der Gradient des Skalarfeldes $S = S(p, q, r)$ lautet

$$G_p = \frac{\partial S}{\partial p}\quad ; \quad G_q = \frac{\partial S}{\partial q}\quad ; \quad G_r = \frac{\partial S}{\partial r}$$

(kovariant),

$$G^p = \frac{4\,\varphi(p)}{(q-p)\,(r-p)}\frac{\partial S}{\partial p}\;; \quad G^q = \frac{4\,\varphi(q)}{(p-q)\,(r-q)}\frac{\partial S}{\partial q}\;; \quad G^r = \frac{4\,\varphi(r)}{(p-r)\,(q-r)}\frac{\partial S}{\partial r}$$

(kontravariant),

$$G_{\mathrm{p}} = 2\sqrt{\frac{\varphi(p)}{(q-p)(r-p)}}\,\frac{\partial S}{\partial p}; \quad G_{\mathrm{q}} = 2\sqrt{\frac{\varphi(q)}{(p-q)(r-q)}}\,\frac{\partial S}{\partial q}; \quad G_{\mathrm{r}} = 2\sqrt{\frac{\varphi(r)}{(p-r)(q-r)}}\,\frac{\partial S}{\partial r}$$

(physikalisch).

(VII 7, 76)

Die Divergenz des Vektors A beträgt

$$\operatorname{div} A =$$

$$= \frac{\sqrt{\varphi(p)}}{(q-p)(r-p)} \frac{\partial}{\partial p}\left[\frac{(q-p)(r-p)A^p}{\sqrt{\varphi(p)}}\right] + \frac{\sqrt{(\varphi(q)}}{(p-q)(r-q)} \frac{\partial}{\partial q}\left[\frac{(p-q)(r-q)A^q}{\sqrt{\varphi(q)}}\right] +$$

$$+ \frac{\sqrt{\varphi(r)}}{(p-r)(q-r)} \frac{\partial}{\partial r}\left[\frac{(p-r)(q-r)A^r}{\sqrt{\varphi(r)}}\right] =$$

$$= \frac{4\sqrt{\varphi(p)}}{(q-p)(r-p)} \frac{\partial}{\partial p}[\sqrt{\varphi(p)}\,A_p] + \frac{4\sqrt{\varphi(q)}}{(p-q)(r-q)} \frac{\partial}{\partial q}[\sqrt{\varphi(q)}\,A_q] +$$

$$+ \frac{4\sqrt{\varphi(r)}}{(p-r)(q-r)} \frac{\partial}{\partial r}[\sqrt{\varphi(r)}\,A_r] =$$

$$= \frac{2\sqrt{\varphi(p)}}{(q-p)(r-p)} \frac{\partial}{\partial p}[\sqrt{q-p}\sqrt{r-p}A^p] + \frac{2\sqrt{\varphi(q)}}{(p-q)(r-q)} \frac{\partial}{\partial q}[\sqrt{(p-q}\sqrt{r-q}A^q] +$$

$$+ \frac{2\sqrt{\varphi(r)}}{(p-r)(q-r)} \frac{\partial}{\partial r}[\sqrt{p-r}\sqrt{q-r}A^r]. \tag{VII 7, 77}$$

Der *Laplace*sche Differentialausdruck von S wird

$$\nabla^2 S = \frac{4\sqrt{\varphi(p)}}{(q-p)(r-p)} \frac{\partial}{\partial p}\left[\sqrt{\varphi(p)}\frac{\partial S}{\partial p}\right] + \frac{4\sqrt{\varphi(q)}}{(p-q)(r-q)} \frac{\partial}{\partial q}\left[\sqrt{\varphi(q)}\frac{\partial S}{\partial q}\right] +$$

$$+ \frac{4\sqrt{\varphi(r)}}{(p-r)(q-r)} \frac{\partial}{\partial r}\left[\sqrt{\varphi(r)}\frac{\partial S}{\partial r}\right]. \tag{VII 7, 78}$$

Führt man die Hilfsvariabeln ein

$$\xi = \int_a^p \frac{dp'}{\sqrt{\varphi(p')}}; \qquad \eta = \int_b^q \frac{dq'}{\sqrt{-\varphi(q')}}; \qquad \zeta = \int_c^r \frac{dr'}{\sqrt{\varphi(r')}}, \tag{VII 7, 79}$$

so nimmt (VII 7, 78) die Form an

$$\nabla^2 S = \frac{4}{(q-p)(r-p)}\frac{\partial^2 S}{\partial \xi^2} + \frac{4}{(p-q)(r-q)}\frac{\partial^2 S}{\partial \eta^2} + \frac{4}{(p-r)(q-r)}\frac{\partial^2 S}{\partial \zeta^2}, \tag{VII 7, 80}$$

in welcher, nach (VII 7, 79), p, q und r Elliptische Funktionen beziehentlich von ξ, η und ζ bezeichnen.

δ) Wir bilden den Tensor Rot V mit den kovarianten Komponenten

$$R_{pq} = \frac{\partial V_q}{\partial p} - \frac{\partial V_p}{\partial q} = -R_{qp}; \qquad R_{qr} = \frac{\partial V_r}{\partial q} - \frac{\partial V_q}{\partial r} = -R_{rq};$$

$$R_{rp} = \frac{\partial V_p}{\partial r} - \frac{\partial V_r}{\partial p} = -R_{pr}, \tag{VII 7, 81}$$

also den Vektor rot V mit den kontravarianten Komponenten

$$\mathrm{rot}^p\, V = \frac{\partial V_r}{\partial q} - \frac{\partial V_q}{\partial r}; \quad \mathrm{rot}^q\, V = \frac{\partial V_p}{\partial r} - \frac{\partial V_r}{\partial p}; \quad \mathrm{rot}^r\, V = \frac{\partial V_q}{\partial p} - \frac{\partial V_p}{\partial q} \tag{VII 7, 82}$$

und in physikalischer Schreibweise

$$\mathrm{rot}_p\, V = \frac{2}{r-q}\left[\sqrt{\frac{-\varphi(q)}{q-p}}\frac{\partial}{\partial q}\left(\sqrt{r-q}\, V_r\right) - \sqrt{\frac{\varphi(r)}{r-p}}\frac{\partial}{\partial r}\left(\sqrt{r-q}\, V_q\right)\right]$$

$$\mathrm{rot}_q\, V = \frac{2}{r-p}\left[\sqrt{\frac{\varphi(r)}{r-q}}\frac{\partial}{\partial r}\left(\sqrt{r-p}\, V_p\right) - \sqrt{\frac{\varphi(p)}{q-p}}\frac{\partial}{\partial p}\left(\sqrt{r-p}\, V_r\right)\right]$$

$$\mathrm{rot}_r\, V = \frac{2}{q-p}\left[\sqrt{\frac{\varphi(p)}{r-p}}\frac{\partial}{\partial p}\left(\sqrt{q-p}\, V_q\right) - \sqrt{\frac{-\varphi(q)}{r-q}}\frac{\partial}{\partial q}\left(\sqrt{q-p}\, V_p\right)\right]. \tag{VII 7, 83}$$

VII 8. Klassische Punktmechanik im *Riemann*schen Raume.

a) Ein materieller Punkt der Masse m_0 sei im R_3 einer Kraft K ausgesetzt. Mit Bezug auf ein *Kartesisches* Koordinatensystem der kontravarianten Koordinaten x^i — welche in diesem System mit den kovarianten Koordinaten identisch sind — seien K_i die kovarianten Komponenten des Kraftvektors. Der Kürze halber beschränken wir uns auf den Fall des *konservativen Kraftfeldes*: Es existiere ein skalares Potential V, dessen Gradient die Kraft angibt

$$K_i = -\frac{\partial V}{\partial x^i}. \tag{VII 8, 1}$$

Doch gelten die folgenden Entwicklungen auch für nicht-konservative Kraftfelder, sobald man das vollständige Differential (— dV) des Potentialgefälles zwischen infinitesimal benachbarten Feldorten durch das im allgemeinen unvollständige Differential $K_i\, dx^i$ der Arbeit ersetzt, welche definitionsgemäß ebenfalls einen Skalar darstellt.

Die kovarianten Koordinaten gehorchen in Abhängigkeit von der Zeit t dem *Newton*schen dynamischen Grundgesetze

$$m_0 \frac{d^2 x_i}{dt^2} = K_i = -\frac{\partial V}{\partial x^i}. \tag{VII 8, 2}$$

b) Um zu allgemeinen Koordinatensystemen überzugehen, wollen wir den Differentialgleichungen (VII 8, 2) die Form eines Variationsprinzipes geben:

Wir vergleichen die von dem materiellen Punkte wirklich durchlaufene Bahn zwischen dem Raumpunkte P_0 (entsprechend dem Zeitpunkte t_0) und dem Raumpunkte P_1 (entsprechend dem Zeitpunkte $t_1 > t_0$) mit einer variierten Bahn, welche den materiellen Punkt im nämlichen Zeitraum $(t_1 - t_0)$ von P_0 nach P_1 überführt; δx^i bezeichne die kontravarianten, δx_i die kovarianten Komponenten jenes infinitesimalen Vektors $d\mathfrak{x}$, der — laut Definition der Variation — zwei gleichzeitige Raumpunkte der wirklichen und der variierten Bahn miteinander verbindet.

Durch skalare Erweiterung der Vektorgleichung (VII 8, 2) mit δx entsteht

$$m_0 \frac{d^2 x_i}{dt^2} \delta x^i = -\frac{\partial V}{\partial x^i} \delta x^i = -\delta V. \qquad \text{(VII 8, 3)}$$

Bezeichnet ds das Bogenelement der Bahnkurve, so ist die kinetische Energie W_{kin} der klassischen Mechanik definiert durch den Skalar

$$W_{kin} = \frac{m_0}{2}\left(\frac{ds}{dt}\right)^2 = \frac{m_0}{2} \frac{dx_i \, dx^i}{dt^2} = \frac{m_0}{2} \dot{x}_i \dot{x}^i. \qquad \text{(VII 8, 4)}$$

Wegen der für irgend zwei Vektoren *A* und *B* bestehenden Identität $A_i B^i \equiv A^i B_i$ berechnet sich die Variation dieser kinetischen Energie zu

$$\delta W_{kin} = \frac{m_0}{2} (\dot{x}_i \, \delta \dot{x}^i + \dot{x}^i \, \delta \dot{x}^i) = m_0 \dot{x}_i \, \delta \dot{x}^i. \qquad \text{(VII 8, 5)}$$

Mit Rücksicht auf den Vertauschungssatz (VII 4, 16) gilt die Regel

$$\frac{d}{dt}(\dot{x}_i \, \delta x^i) = \frac{d^2 x_i}{dt^2} \delta x_i + \dot{x}_i \frac{d \delta x^i}{dt} = \frac{d^2 x_i}{dt^2} \delta x^i + \dot{x}_i \, \delta \dot{x}^i \qquad \text{(VII 8, 6)}$$

also, mit Benützung von (VII 8, 5)

$$m_0 \frac{d^2 x_i}{dt^2} \delta x^i = m_0 \frac{d}{dt} (\dot{x}_i \, \delta x^i) - m_0 \dot{x}_i \, \delta \dot{x}^i = m_0 \frac{d}{dt} (\dot{x}_i \, \delta x^i) - \delta W_{kin}. \qquad \text{(VII 8, 7)}$$

Wir definieren als *kinetisches Potential* L den Skalar (man beachte die Vorzeichen!)

$$L = W_{kin} - V. \qquad \text{(VII 8, 8)}$$

Mittels (VII 8, 7) und (VII 8, 8) nimmt (VII 8, 3) die Form an

$$\delta L = m_0 \frac{d}{dt} (\dot{x}_i \, \delta x^i). \qquad \text{(VII 8, 9)}$$

Wir befreien uns von der letzten Bindung an das *Kartesische* Koordinatensystem, indem wir diese Gleichung über den Zeitraum $t_0 \leqq t \leqq t_1$ integrieren. Denn da alle miteinander konkurrierenden Kurven durch die Fixpunkte P_0 und P_1 verlaufen, verschwindet δx für $t = t_0$ und $t = t_1$, und wir erhalten

$$m_0 \int_{t_0}^{t_1} \frac{d}{dt} (\dot{x}_i \, \delta x^i) \, dt = m_0 \dot{x}_i \, \delta x^i \Big|_{t_0}^{t_1} = 0. \qquad \text{(VII 8, 10)}$$

Aus (VII 8, 9) entspringt damit das *Hamilton*sche Variationsprinzip

$$\int_{t_0}^{t_1} \delta L \, dt = 0 \qquad \text{(VII 8, 11)}$$

welches, seiner Herleitung nach, für beliebige Koordinatensysteme gültig ist.

c) Von der Freiheit in der Koordinatenwahl machen wir Gebrauch, indem wir die Parameter u^k $(k = 1, 2)$ einer Fläche mit *Riemann*scher Maßbestimmung einführen, welche ihrerseits in den *Euklid*ischen R_3 eingebettet ist. Wir setzen voraus, daß der materielle Punkt mittels gewisser „Führungskräfte", welche der Fläche eingeprägt sind, auf Bewegungen innerhalb der Fläche beschränkt ist.

Das skalare Potential in der Fläche lautet

$$V = V(u^1, u^2). \qquad \text{(VII 8, 12)}$$

Für die kinetische Energie erhält man aus Gl (VII 8, 4)

$$W_{kin} = \frac{m_0}{2} g_{kl} \frac{du^k du^l}{dt^2} = \frac{m_0}{2} g_{kl} \dot{u}^k \dot{u}^l. \qquad \text{(VII 8, 13)}$$

Das kinetische Potential L offenbart also die funktionelle Struktur

$$L = L(u^k, \dot{u}^k). \qquad \text{(VII 8, 14)}$$

Seine Variation beträgt, mit Rücksicht auf den Vertauschungssatz (VII 4, 16)

$$\delta L = \frac{\partial L}{\partial u^k} \delta u^k + \frac{\partial L}{\partial \dot{u}^k} \delta \dot{u}^k = \frac{\partial L}{\partial u^k} \delta u^k + \frac{\partial L}{\partial \dot{u}^k} \frac{d\, \delta u^k}{dt}. \qquad \text{(VII 8, 15)}$$

Das *Hamilton*sche Prinzip liefert also

$$\int_{t_0}^{t_1} \left(\frac{\partial L}{\partial u^k} \delta u^k + \frac{\partial L}{\partial \dot{u}^k} \frac{d \delta u^k}{dt} \right) dt = 0. \qquad \text{(VII 8, 16)}$$

Partielle Integration des zweiten Gliedes liefert weiter

$$\int_{t_0}^{t_1} \frac{\partial L}{\partial \dot{u}^k} \frac{d \delta u^k}{dt} dt = \frac{\partial L}{\partial \dot{u}^k} \delta u^k \Big|_{t_0}^{t_1} - \int_{t_0}^{t_1} \frac{d}{dt} \left(\frac{\partial L}{\partial \dot{u}^k} \right) \delta u^k\, dt. \qquad \text{(VII 8, 17)}$$

Da die Variationen δu^k für $t = t_0$ und $t = t_1$ verschwinden, folgt durch Restitution von (VII 8, 17) in (VII 8, 16)

$$\int_{t_0}^{t_1} \left[\frac{\partial L}{\partial u^k} - \frac{d}{dt} \left(\frac{\partial L}{\partial \dot{u}^k} \right) \right] \delta u^k\, dt = 0. \qquad \text{(VII 8, 18)}$$

Wegen der Willkür der Variation δu^k zieht das Verschwinden des Integrales die *Lagrange*schen Gleichungen nach sich

$$\frac{d}{dt} \left(\frac{\partial L}{\partial \dot{u}^k} \right) - \frac{\partial L}{\partial u^k} = 0. \qquad \text{(VII 8, 19)}$$

d) Um die vektoranalytische Bedeutung der *Lagrange*schen Gleichungen aufzudecken, schreiben wir das kinetische Potential (VII 8, 8) mittels (VII 8, 12) und (VII 8, 13) explizit

$$L = \frac{m_0}{2} g_{kl} \dot{u}^k \dot{u}^l - V(u^k, u^l). \qquad \text{(VII 8, 20)}$$

Seine Variation beträgt

$$\delta L = \frac{m_0}{2} \frac{\partial g_{kl}}{\partial u^m} \dot{u}^k \dot{u}^l \delta u^m + m_0 g_{kl} \dot{u}^k \delta \dot{u}^l - \frac{\partial V}{\partial u^m} \delta u^m. \qquad \text{(VII 8, 21)}$$

Mittels des Vertauschungssatzes (VII 4, 16) wird aus dem zweiten Gliede, indem wir gleichzeitig den Summationsindex l mit m vertauschen

$$m_0 g_{kl} \dot{u}^k \delta \dot{u}^l = m_0 g_{km} \dot{u}^k \frac{d \delta u^m}{dt}. \qquad \text{(VII 8, 22)}$$

Partielle Integration über den Bereich $t_0 \leqq t \leqq t_1$ gibt wegen $\delta u^m = 0$ an den Integrationsgrenzen

$$\int_{t_0}^{t_1} m_0 g_{km} \dot{u}^k \frac{d \delta u^m}{dt} dt = -m_0 \int_{t_0}^{t} \frac{d}{dt} (g_{km} \dot{u}^k) \delta u^m dt. \qquad \text{(VII 8, 23)}$$

Mittels der Umformungen (VII 4, 28) und (VII 4, 29) erscheint nunmehr das *Hamilton*sche Prinzip in der Gestalt

$$\int_{t_0}^{t_1} \left\{ \frac{m_0}{2} \frac{\partial g_{kl}}{\partial u^m} \dot{u}^k \dot{u}^l - m_0 \left[g_{km} \frac{d^2 u^k}{dt^2} + \left(\frac{1}{2} \frac{\partial g_{km}}{\partial u^l} + \frac{1}{2} \frac{\partial g_{lm}}{\partial u^k} \right) \dot{u}^k \dot{u}^l \right] - \frac{\partial V}{\partial u^m} \right\} \delta u^m dt = 0. \qquad \text{(VII 8, 24)}$$

Wegen der Willkür der δu^m schließt man hieraus auf die *kovariante* Form der *Lagrange*schen Gleichungen

$$m_0 \left(g_{km} \frac{d^2 u^k}{dt^2} + \Gamma_{m,kl} \dot{u}^k \dot{u}^l \right) = -\frac{\partial V}{\partial u^m} = K_m. \qquad \text{(VII 8, 25)}$$

Durch Erweitern mit g^{im} resultiert aus ihr die *kontravariante* Form dieser Gleichungen

$$m_0 \left(\frac{d^2 u^i}{dt^2} + \Gamma^i_{kl} \dot{u}^k \dot{u}^l \right) = g^{im} K_m = K^i \ (i = 1, 2). \qquad \text{(VII 8, 26)}$$

Insbesondere resultiert im Falle verschwindender Kraft *K*, wie durch Vergleich mit (VII 4, 32) hervorgeht, als Bahn des materiellen Punktes auf der Fläche eine geodätische Linie.

e) Um diese Erkenntnis noch anschaulicher zu erfassen, schreiben wir Gl. (VII 8, 26) in der Gestalt

$$m_0 \frac{d^2 u^i}{dt^2} = -m_0 \Gamma^i_{kl} \dot{u}^k \dot{u}^l + K^i, \qquad \text{(VII 8, 27)}$$

welche eine sehr bemerkenswerte Ähnlichkeit mit der Form (VII 8, 2) des *Newton*schen Gesetzes aufweist. Allerdings hat man zunächst zu beachten, daß dort die kovarianten Kraftkomponenten als sozusagen „natürlich" berechnete Wirkung des Potentialfeldes V auftreten, während hier die kontravarianten Kraftkomponenten zu benützen sind; da jedoch im *Kartesischen* System des R_3 zwischen beiden Komponentenarten kein Unterschied besteht, kann man (VII 8, 2) sofort in die Gestalt (VII 8, 27) — mit $\Gamma^i_{kl} = 0$ — umschreiben.

Diesen Gedankengang kehren wir nun um: Wir interpretieren (VII 8, 27) als Bewegungsgleichung eines materiellen Punktes, auf welchen die resultierende Kraft $\overline{K}$ mit den kontravarianten Komponenten $\overline{K}^i$ $(i = 1, 2)$ einwirkt

$$\overline{K}^i = - m_0 \Gamma^i_{kl} \dot{u}^k \dot{u}^l + K^i. \qquad \text{(VII 8, 28)}$$

Der erste Anteil enthält die mathematische Definition der Führungskraft, herrührend von dem der Fläche eingeprägten „Führungsfelde"; ihr stellen wir in K^i die Komponenten der „Störkraft" des von der Flächenstruktur unabhängigen „Störungsfeldes" gegenüber, welche für die Abweichung der resultierenden Bahnkurve von der geodätischen Linie als „natürliche" Kurve allein des „Führungsfeldes" verantwortlich ist.

f) Wie V als Mutterfunktion der Störkraft K, so ist die Gesamtheit der Komponenten g_{ik} des Maßtensors als Mutterfunktion der Führungskraft anzusprechen: In beiden Fällen sind die verglichenen Kräfte wesentlich durch gewisse partielle Differentiations-Prozesse aus den genannten Mutterfunktionen zu bilden. Man bringt diesen mathematischen Sachverhalt zum sprachlichen Ausdruck, indem man dem *skalaren Störkraft-Potential* V den Maßtensor g als *Tensorpotential der Führungskraft* zur Seite stellt.

Ungeachtet dieser formalen Verwandtschaft beider Kraftarten empfiehlt es sich vom Standpunkte der Physik, die durch $m_0 \Gamma^i_{kl} \dot{u}^k \dot{u}^l$ eingeführten Komponenten als „Scheinkräfte" den Komponenten K^i der „wahren Kräfte" entgegenzusetzen. Was ist mit dieser unterscheidenden Ausdrucksweise gemeint?

Nach VII 3, b) repräsentieren die geodätischen Komponenten Γ^i_{kl} keinen Tensor; vielmehr lassen sich in jedem Flächenpunkte P_0 „geodätische" Koordinatensysteme $u^{k'}$ $(k = 1, 2)$ angeben, in welchen sämtliche geodätischen Komponenten gleichzeitig verschwinden. Das gleiche Verhalten ist jedoch für die Störkraft ausgeschlossen, da diese — als Gradient eines Skalarpotentiales — einen Vektor darstellt, und das Verschwinden aller seiner Komponenten in *einem* Koordinatensystem zieht das Verschwinden aller Komponenten in *allen* anderen Koordinatensystemen nach sich.

In einem geodätischen Bezugssysteme nehmen hiernach die Gl. (VII 8, 27) die einfache Form an

$$m_0 \frac{d^2 u^{i'}}{dt^2} = K^{i'}. \qquad \text{(VII 8, 29)}$$

Im Gegensatz zur Störkraft kann also die Führungskraft durch Benützung eines geeigneten, für P_0 definierten „lokalen" Bezugssystemes $u^{k'}$ „forttransformiert" werden, und gerade diese Eigenschaft rechtfertigt die Kennzeichnung der Führungskraft als „Scheinkraft". Falls umgekehrt die Bewegungsgleichungen eines materiellen Punktes sich für einen Flächenpunkt so transformieren lassen, daß dort die resultierende Kraft verschwindet, so sind sämtliche, am materiellen Punkte angreifenden Kräfte „Scheinkräfte", es liegt die Bewegung in einem Führungsfelde vor. Diesem mathematischen Unterschied im Transformationsverhalten beider Kraftarten tritt ein physikalisches Unterscheidungsmerkmal zur Seite. Im Lichte der Gl. (VII 8, 28) zeigt sich nämlich, daß die Führungskraft (Scheinkraft) stets der trägen Masse m_0 des materiellen Punktes streng proportional ist. Dagegen ist die Störkraft häufig merklich unabhängig von der Masse; man denke etwa an die elektrischen Kräfte auf Ladungen, welche dem materiellen Punkte verhaftet sind.

VII 9. Über die Natur der Gravitationskräfte.

a) „Alle Körper fallen gleich schnell."

In den klassischen Gleichungen des freien Falles erscheint die *Beschleunigung* des fallenden Körpers mit seiner *trägen* Masse multipliziert, während die bewegende *Kraft* seiner wägbaren, *schweren* Masse proportional ist. Da beide Massenarten nach Übereinkunft in der gleichen Einheit gemessen werden, lehrt also der an die Spitze gestellte Erfahrungssatz: Schwere und träge Masse sind einander für alle Körper gleich; er wurde durch sehr sorgfältige Versuche unter den verschiedensten Bedingungen geprüft und stets überaus genau bestätigt.

b) Unter dem Zwange dieser Erfahrungen erheben wir die Gleichheit von schwerer und träger Masse zum Range eines universellen physikalischen Prinzipes. Hierdurch werden wir zu der Frage geführt: Ist die Schwerkraft eine „Scheinkraft" (Führungskraft) oder eine „wahre" Kraft (Störkraft)? Ihre Untersuchung ist gleichbedeutend mit der Frage: Kann die Schwerkraft durch Wahl eines geeigneten Koordinatensystemes forttransformiert werden (Kriterium der Scheinkraft) oder ist dies nicht möglich (Kriterium der wahren Kraft)?

c) Im dreidimensionalen Raume der Konfigurationskoordinaten offenbart sich die Wirkung der Schwere in allen relativ zur Erde ruhenden oder gleichförmig bewegten Bezugssystemen. Innerhalb dieser Gruppe ist somit die Schwere als wahre Kraft zu charakterisieren, die durch einen dreidimensionalen Vektor zu beschreiben ist.

Diese Sachlage ändert sich, sobald man die zulässigen Koordinaten-Transformationen durch Hinzunahme von Systemen erweitert, welche relativ zur Erde eine beschleunigte Bewegung ausführen. Nach dem Vorgange von *Einstein* denke man sich einen Kasten, welcher im Schwerefelde frei fällt. Für einen in diesen Kasten eingeschlossenen Beobachter werden alle im Kasten befindlichen Gegenstände entweder ruhen oder eine gleichförmige Bewegung ausführen: Durch den Übergang zu einem, dem Kasten verhafteten Koordinatensystem ist also die Schwerkraft „forttransformiert“ worden. In einem homogenen Gravitationsfelde gelingt diese Transformation mittels eines einheitlich für das ganze Feld definierten Bezugssystemes, während im Falle des inhomogenen Feldes für jeden Punkt P des Konfigurationsraumes ein „lokales“ Bezugssystem von infinitesimalem Umfange einzuführen ist.

Die hiermit nachgewiesene Natur der Gravitationskräfte als Scheinkräfte offenbart sich vielleicht noch deutlicher durch den der „Forttransformation“ umgekehrten Prozeß: Der „Erzeugung“ von Gravitationsfeldern auf rein kinematischem Wege. Man denke sich ein Inertialsystem, relativ zu dem sich alle materiellen Körper mangels wirksamer „wahrer“ Kräfte nach dem Trägheitsgesetze bewegen. Daneben führe man ein neues Bezugssystem ein, welches eine beschleunigte Bewegung relativ zum Inertialsystem besitze. Für einen Beobachter, welcher diesem beschleunigten System verhaftet ist, werden also die dem Inertialsystem angehörigen materiellen Körper eine beschleunigte Bewegung ausführen, welche er, mangels anderer Information über ihre „Ursache“, der Existenz von Gravitationsfeldern zuschreiben wird. Zusammenfassend ist also festzustellen: Der kinematische Begriff der Beschleunigung und der dynamische Begriff der Gravitation sind physikalisch ununterscheidbar, somit „in Wahrheit“ miteinander identisch (*Einstein*sches Äquivalenzprinzip).

d) Im Lichte der Ergebnisse der beschränkten Relativitätstheorie ist die bisher ins Auge gefaßte Transformation der Konfigurations-Koordinaten durch eine solche der Zeitkoordinaten zu ergänzen; wir haben es somit, mathematisch gesprochen, mit Koordinaten-Transformationen im vierdimensionalen Raume zu tun. Es ist jedoch zu beachten, daß die *Lorentz*-Gruppe der beschränkten Relativitätstheorie nicht zur Forttransformation der Gravitationskräfte oder ihrer Erzeugung hinreicht, da sie definitionsgemäß nur gleichförmige Translationsbewegungen umfaßt; man hat also zunächst beliebige Transformationen in Betracht zu ziehen (Allgemeine Relativitätstheorie).

Wir führen neben dem lokalen System ein gegen jenes beliebig bewegtes Bezugssystem ein, in welchem der physikalisch stattfindende Vorgang messend verfolgt wird: Das „reale“ System, welches natürlich unter Umständen mit dem lokalen System zusammenfallen kann.

Im lokalen System orientieren wir uns mittels dreier räumlicher Koordinaten x^1, x^2, x^3 sowie der zeitlichen Koordinate x^4; jene werden mit einem im Lokalsysteme ruhenden, starren Maßstabe, diese mit einer im gleichen System ruhenden Uhr — nach Multiplikation der konventionellen Zeitskala mit der Lichtgeschwindigkeit c — ausgemessen. Die Physik des Lokalsystemes soll der beschränkten Relativitätstheorie gehorchen; diese Lehre kann hiernach kurz als Physik der gravitationsfreien Felder gekennzeichnet werden, da ja im Lokalsysteme selbst die Gravitation forttransformiert ist, während jede kinematische Abweichung von der *Lorentz*-

Gruppe nach dem *Einstein*schen Äquivalenzprinzip einem Gravitationsfelde wesensgleich ist. Für das Quadrat des Linienelementes im Lokalsystem setzen wir deshalb, indem wir uns, im Gegensatz zur *Minkowski*schen Weltgeometrie, auf *reelle* Koordinaten beschränken,

$$ds^2 = -(dx^1)^2 - (dx^2)^2 - (dx^3)^2 + (dx^4)^2. \qquad \text{(VII 9, 1)}$$

Die Vorzeichen sind so gewählt, daß für alle physikalisch möglichen Vorgänge mit Geschwindigkeiten $v < c$ die Größe von ds^2 *positiv* bleibt. Im R_4 besitzt der Maßtensor g im allgemeinen $4 \,.\, 5/2 = 10$ voneinander verschiedene Komponenten. Von ihnen verbleiben jedoch im Falle der beschränkten Relativitätstheorie gemäß (VII 9, 1) nur die vier Tensorkomponenten der „Hauptdiagonale"

$$g_{11} = -1; \quad g_{22} = -1; \quad g_{33} = -1; \quad g_{44} = 1, \qquad \text{(VII 9, 2)}$$

während alle übrigen Komponenten gleich Null sind. Die Determinante dieses Maßtensors beträgt also

$$g = -1, \qquad \text{(VII 9, 3)}$$

so daß

$$\sqrt{-g} = 1 \qquad \text{(VII 9, 4)}$$

reell ausfällt.

Zur Beschreibung des physikalischen Geschehens im realen System bedienen wir uns der Koordinaten u^1, u^2, u^3, u^4. Es empfiehlt sich aus Gründen der Bequemlichkeit, nach dem Muster des Lokalsystemes den drei räumlichen Koordinaten u^1, u^2, u^3 räumlichen Charakter und der Koordinate u^4 zeitlichen Charakter zuzusprechen; wir schließen uns diesem Gebrauche an. Für das quadratische Intervall zweier infinitesimal benachbarter Weltpunkte im realen System erhält man

$$ds^2 = g_{ik}\, du^i\, du^k \quad (i, k = 1, 2, 3, 4). \qquad \text{(VII 9, 5)}$$

Diese Größe repräsentiert die durch (VII 9, 1) gegebene, von der Natur des gerade benützten realen Systemes unabhängige Invariante; daher stellen die g_{ik} die zehn Komponenten des Maßtensors g im realen Systeme dar. Die Determinante det g_{ik} muß, wie in IV 2 bewiesen wurde, jedenfalls das Zeichen der Determinante (VII 9, 3) aufweisen, also negativ sein. Darüber hinausgehend wollen wir die zunächst noch völlig voneinander unabhängigen Koordinaten des realen Bezugssystemes durch die Bindung beschränken

$$\det g_{ik} \equiv g = -1. \qquad \text{(VII 9, 6)}$$

e) Um die Natur der Gravitationskräfte im realen System zu offenbaren, hat man nur die Bewegungsgleichungen eines materiellen Massenpunktes vom — gravitationsfreien — lokalen System auf das reale System zu transformieren; denn durch diese Operation wird ja das Gravitationsfeld „erzeugt".

Da im lokalen System die beschränkte Relativitätstheorie gilt, lauten die Bewegungsgleichungen eines materiellen Punktes mit der *Ruhmasse* m_0 (vergleiche VI 3)

$$m_0 \frac{d^2x^i}{d\tau^2} = K^i(x) \quad (i = 1, 2, 3, 4). \qquad \text{(VII 9, 7)}$$

Darin ist

$$d\tau = \frac{ds}{c} \qquad \text{(VII 9, 8)}$$

das Differential der „Eigenzeit", welche von einer dem materiellen Punkte verhafteten Uhr angezeigt wird, also gleich ds eine Invariante gegenüber beliebigen Koordinaten-Transformationen. Die $K^i(x)$ bedeuten die im Lokalsystem gemessenen Komponenten des Vierervektors der *Minkowski*schen Kraft, welche somit als „wahre" Kraft zu kennzeichnen ist.

Die dynamische Gl. (VII 9, 7) der beschränkten Relativitätstheorie geht in Gl. (VII 8, 29) der klassischen Mechanik in einem geodätischen Bezugssysteme über, wenn man folgende „Übersetzungsvorschrift" benützt:

Klassische Mechanik	Allgemeine Relativitätstheorie
3 Dimensionen	4 Dimensionen
Masse m_0	Ruhmasse m_0
Zeit t (Skalar)	Eigenzeit τ (Skalar)
*Newton*sche Kraft (Vektor)	*Minkowski*sche Kraft (Vektor)
Beschleunigung $\frac{d^2x^i}{dt^2}$	Eigenbeschleunigung $\frac{d^2x^i}{d\tau^2}$
Metrische Fundamentalform:	Metrische Fundamentalform:
$ds^2 = (dx^1)^2 + (dx^2)^2 + (dx^3)^2$	$ds^2 = -(dx^1)^2 - (dx^2)^2 - (dx^3)^2 + (dx^4)^2$

Indem man alle diese Änderungen in das *Hamilton*sche Prinzip einträgt, erhält man sofort die Bewegungsgleichungen des materiellen Punktes im realen System durch „Übersetzung" der Klassischen, *Lagrange*schen Gleichungen (VII 8, 27) in die Sprache der allgemeinen Relativitätstheorie:

$$m_0 \frac{d^2u^i}{d\tau^2} = -m_0 \Gamma^i_{kl} \frac{du^k}{d\tau} \frac{du^l}{d\tau} + K^i(u). \qquad \text{(VII 9, 9)}$$

Insbesondere ergibt sich für die störkraftfreie Bewegung ($K = 0$) im Gravitationsfelde, mittels Ersatz von τ durch s gemäß (VII 9, 8), aus (VII 9, 9)

$$m_0 \frac{d^2u^i}{ds^2} + m_0 \Gamma^i_{kl} \frac{du^k}{ds} \frac{du^l}{ds} = 0. \qquad \text{(VII 9, 10)}$$

Dies ist, wie der Vergleich mit (VII 4, 32) zeigt, die Gleichung einer geodätischen Linie; die Invarianz dieses Begriffes gegen beliebige Koordinaten-Transformationen führte *Einstein* erstmalig zu der Formulierung (VII 9, 10). In unserer Terminologie schildert die Scheinkraft

$$G^i = - m_0 \Gamma^i_{kl} \frac{du^k}{ds} \frac{du^l}{ds} \qquad \text{(VII 9, 11)}$$

die kontravarianten Komponenten der Gravitation. Da die geodätischen Komponenten keinen Tensor bilden, stellt auch die Gesamtheit der G^i keinen Vektor dar; wohl aber folgt aus VII 6 der Vektorcharakter der Summe $m_0 \frac{d^2u^i}{ds^2} + m_0 \Gamma^i_{kl} \frac{du^k}{ds} \frac{du^l}{ds}$, im Einklang mit Gl. (VII 6, 9), deren invariantes Verhalten gegen beliebige Koordinaten-Transformationen ohne den Umweg über das *Hamilton*sche Prinzip aus den Gesetzen der *Riemann*schen Geometrie nachgewiesen wurde.

Ehe wir uns den Folgerungen dieser Ergebnisse zuwenden, wollen wir einem Einwand begegnen, der gegen die Benützung des *Hamilton*schen Prinzipes im R_4 erhoben werden könnte: Die im R_3 durch (VII 8, 4) definierte Invariante — welche in der klassischen Mechanik als kinetische Energie interpretiert wurde — gibt bei analoger Berechnung im R_4 die Konstante

$$W = \frac{m_0}{2} \left(\frac{ds}{d\tau}\right)^2 = \frac{m_0}{2} c^2 \qquad \text{(VII 9, 12)}$$

und hieraus folgt natürlich $\delta W = 0$. Der Irrtum liegt darin, daß zwar auf der *wahren* Bahn im R_4 die Gleichung $ds = c\, d\tau$ gilt, nicht aber auf den *variierten* Bahnen; denn $d\tau$ ist als Eigenzeit des materiellen Punktes auf seiner wahren Bahn definiert, und eben diese selbe Zeitbestimmung wird, laut Definition des Variations-Prozesses, allen miteinander konkurrierenden Bahnkurven zu Grunde gelegt. Auf irgend einer dieser Kurven hat man also statt (VII 9, 12) den Skalar einzuführen

$$W = \frac{m_0}{2} \frac{-(dx^1)^2 - (dx^2)^2 - (dx^3)^2 + (dx^4)^2}{d\tau^2} = \frac{m_0}{2} \frac{g_{ik}\, du^i\, du^k}{d\tau^2}. \qquad \text{(VII 9, 13)}$$

Die Vorzeichen der räumlichen Anteile von ds^2 sind im lokalen System des R_4, laut Ausweis der „Übersetzungsvorschrift", den entsprechenden Vorzeichen im *Kartesischen* System des R_3 gerade entgegengesetzt. Daher muß man als kinetisches Potential im R_4 die Funktion benützen

$$L = \frac{m_0}{2} \frac{g_{ik}\, du^i\, du^k}{d\tau^2} + V \qquad \text{(VII 9, 14)}$$

und ihre Variation führt, mittels des *Hamilton*schen Prinzipes, in der Tat auf (VII 9, 9); allerdings ist die energetische Deutung von L im R_4 von der Interpretation der Klassischen Mechanik im R_3 verschieden.

VII 10. Metrik und Gravitation.

a) Die Transformation vom lokalen auf das reale Bezugssystem bleibt physikalisch inhaltsleer, solange man nicht die konkrete Bedeutung der Koordinaten des realen Systemes kennt; sie bedarf, über die rein mathematischen Beziehungen hinausgehend, der Definition an Hand einer ausführbaren Messung.

Wir rüsten uns mit einer Uhr aus und begleiten einen materiellen Punkt auf seiner vierdimensionalen Bahn längs eines Elementes der quadratischen Länge ds^2, welche an Hand des entsprechenden Differentiales $d\tau$ der von der Uhr angezeigten Eigenzeit nach Gl. (VII 9, 8) bequem bestimmt werden kann. Die nämliche Größe ds^2 ist, durch Vermittelung des Maßtensors, auf die Koordinaten-Differentiale des realen Systemes bezogen:

$$ds^2 = c^2 d\tau^2 = g_{ik} du^i du^k \quad (i, k = 1, 2, 3, 4). \qquad \text{(VII 10, 1)}$$

Nunmehr führen wir die folgende, „metrische Fundamentalhypothese" über das Verhalten von Maßstäben und Uhren im realen Systeme ein:

Die Werte der drei räumlichen Differentiale du^1, du^2, du^3 entsprechen der Ausmessung von ds^2 mittels eines infinitesimalen Einheitsmaßstabes, welcher relativ zum realen Systeme ruht; ebenso stellt dx^4 den entsprechenden, mit c multiplizierten Zeigerfortschritt einer im realen System ruhenden Uhr dar.

b) Nehmen wir diesen rein empirischen Standpunkt ein, so liefert die Gesamtheit aller Messungen, welche nach den angegebenen Vorschriften in der infinitesimalen Umgebung eines Punktes P im realen System vorgenommen werden, die zehn dort herrschenden Komponenten des Maßtensors. Durch wiederholte Ausführung der gleichen Versuche in anderen Punkten des realen Systemes erhält man somit das gesamte Feld dieses Tensors. Als Tensorpotential aufgefaßt, dient es, unter Vermittelung der *Christoffel*schen Differentialoperationen, als Mutterfunktion der im realen System auftretenden geodätischen Komponenten, welche ihrerseits, nach Gl. (VII 9, 11), die Größe der Gravitationskräfte regeln. Treibt man die Analyse einen Schritt weiter, zur differentiellen Struktur der geodätischen Komponenten vorstoßend, so lernen wir den *Riemann-Christoffel*schen Tensor kennen: Verschwindet er, so erweist sich der R_4 des untersuchten, realen Systemes als *Pseudo-Euklid*isch; besitzt jedoch der *Riemann-Christoffel*sche Tensor im Punkte P endliche Komponenten, so ist dort der vierdimensionale Raum gekrümmt. Man kann hiernach lediglich auf Grund der Vermessung des R_4 die Frage der Existenz eines Gravitationsfeldes in dem untersuchten, realen Systeme entscheiden: Ein gravitationsfreies System ist stets auch krümmungsfrei; denn da es der *Lorentz*-Gruppe angehört, kann sein Maßtensor nicht nur in der infinitesimalen Umgebung eines Punktes P durch ein „lokales System", sondern innerhalb *endlicher*

Bereiche auf die besondere Form (VII 9, 2) transformiert werden, aus welcher der behauptete Satz sofort hervorgeht.

c) Statt die zehn Komponenten des Maßtensors oder, wie wir nunmehr sagen können, des Tensorpotentiales g der Gravitation, der bloßen *Erfahrung* zu entnehmen, stellen wir die viel tiefer greifende *theoretische* Frage: Welche Differentialgesetze beherrschen die vierdimensionale Struktur des Tensorpotentiales g in einem vorgegebenen, realen Systeme? Wie lauten, mit anderen Worten, die Feldgleichungen der Gravitation?

Wir entwickeln die hierzu notwendigen Überlegungen in drei Stufen:

1. Im Grenzfalle überall verschwindender Gravitationskräfte verschwindet auch der *Riemann-Christoffel*sche Tensor identisch. Der gleichen Bedingung genügen, eben auf Grund des Tensorcharakters der Krümmung, alle Gravitationsfelder, welche sich auf rein kinematischem Wege aus den vorgenannten „erzeugen" lassen.

2. Gesucht wird das Gravitationsfeld im materiefreien Raum, etwa in der (dreidimensionalen) Umgebung einer schweren Masse. Es handelt sich hier um ein *inhomogenes* Gravitationsfeld, und ein solches läßt sich nur *lokal* forttransformieren. Hieraus schließt man, daß der zugehörige *Riemann-Christoffel*sche Krümmungstensor nicht mehr identisch verschwinden kann. Um andererseits der Voraussetzung des materiefreien Raumes zu genügen, muß also das Verschwinden eines anderen Tensors gefordert werden, soll das resultierende Differentialgesetz unabhängig vom Bezugssystem gelten; als solcher bietet sich der verjüngte Krümmungstensor dar. Indem wir die Bindung (VII 9, 6) zwischen den Koordinaten des realen Systemes einführen, folgt aus Gl. (VII 5, 27) die gesuchte Feldgleichung in der Form

$$-B_{kl} = \frac{\partial \Gamma^{m}_{kl}}{\partial u^{m}} - \Gamma^{n}_{km}\,\Gamma^{m}_{nl} = 0. \qquad \text{(VII 10, 2)}$$

Da die geodätischen Komponenten ihrerseits durch partielle Differentiationen erster Ordnung aus dem Gravitationspotentiale (Maßtensor g) hervorgehen, ergibt (VII 10, 2) ein System von partiellen Differentialgleichungen zweiter Ordnung für die zehn Komponenten des Gravitationspotentiales. Sie ist als solche der *Laplace*schen Gleichung des *Newton*schen Schwerepotentiales im materiefreien (dreidimensionalen) Raume verwandt; allerdings wird dieses durch einen einzigen Skalar in viel einfacherer Weise beschrieben.

3. Um das Gravitationsfeld innerhalb des materie-erfüllten Raumes zu schildern, hat man (VII 10, 2) durch einen, von der Materie abhängigen Tensor in ähnlicher Weise zu ergänzen, wie dies in der Klassischen Mechanik durch Berücksichtigung der — in dieser Disziplin invarianten — Massendichte ϱ geschieht (Übergang von der *Laplace*schen zur *Poisson*schen Gleichung).

Nun ist in der *Minkowski*schen Geometrie die Materie durch einen Tensor zweiter Stufe T (Differenz des kinetischen Tensors und des Impuls-Energie-Tensors) zu beschreiben, welcher der Gleichung genügt

$$\mathrm{Div}\, T = 0. \qquad \text{(VII 10, 3)}$$

Sie verwandelt sich in eine gegenüber beliebigen Koordinatentransformationen invariante Komponentengleichung, indem man etwa gemischte Komponenten einführt und nach (VII 6, 36) schreibt

$$\mathrm{Div}_l\, T = \frac{\partial T^k_l}{d u^k} - T^k_m \Gamma^m_{lk}; \quad \sqrt{-g} = 1. \qquad \text{(VII 10, 4)}$$

Andererseits genügt der Tensor zweiter Stufe G mit den kovarianten Komponenten (VII 5, 29) nach VII 6, i) der Gleichung $\mathrm{Div}\, G = 0$. Wir erhalten daher eine gegenüber beliebigen Transformationen des Bezugssystemes (mit der einzigen Einschränkung $\sqrt{-g} = 1$) invariante Relation zwischen Krümmung und Materie, wenn wir, nach Wahl einer universellen, skalaren Konstanten $\varkappa$ ansetzen

$$G_{ik} \equiv B_{ik} - \frac{1}{2} g_{ik} B = -\varkappa T_{ik}. \qquad \text{(VII 10, 5)}$$

Unter Berufung auf die verschwindende Vektordivergenz des Maßtensors g [VII 6, h)] gelangt man, nach Wahl einer zweiten universellen, skalaren Konstanten λ von (VII 10, 5) zu der ebenfalls invarianten Tensorgleichung

$$B_{ik} - \frac{1}{2} g_{ik} B + \lambda g_{ik} = -\varkappa T_{ik}. \qquad \text{(VII 10, 6)}$$

In (VII 10, 5) und (VII 10, 6) liegen die *Einstein*schen Feldgleichungen der Gravitation vor. Ähnlich wie im Falle (VII 10, 2) des von der Materie freien Feldes handelt es sich um partielle Differentialgleichungen zweiter Ordnung für die Komponenten des Gravitationspotentiales (Maßtensors) g; sie sind zwar linear in den Ableitungen der geodätischen Komponenten aber nicht in diesen Komponenten selbst.

d) Man denke sich die Feldgleichungen der Gravitation für ein bestimmtes System gelöst. Damit kennt man seinen Maßtensor, so daß man nunmehr das Verhalten von Maßstäben und Uhren im realen Bezugssystem angeben kann:

1. Man lege in die u^1-Achse des realen Bezugssystemes einen ruhenden, infinitesimalen Einheitsmaßstab

$$du^1 = 1; \quad du^2 = 0; \quad du^3 = 0; \quad du^4 = 0. \qquad \text{(VII 10, 7)}$$

Mittels einer passenden Transformation bringe man nun das lokale Bezugssystem in eine solche Lage, daß auch in ihm der Maßstab ruht:

Bei seiner Vermessung im lokalen System ist $d\tau = 0$. Daher ist seine Länge $d\sigma$, im Lokalsystem bestimmt, der Formel zu entnehmen

$$ds^2 = -d\sigma^2 = g_{11}\, 1^2. \qquad \text{(VII 10, 8)}$$

Der Stab erscheint also im Lokalsystem im Verhältnis $\sqrt{-g_{11}}$ länger als im realen System; analoges gilt für die Koordinaten-Achsen u^2 und u^3. Im Gegensatz zur *Lorentz*-Transformation der *Minkowski*schen Geometrie, bei welcher zwei relativ zueinander gleichförmig *bewegte* Maßstäbe *kinematisch* miteinander verglichen werden, handelt es sich in (VII 10, 8) um einen *dynamischen* Effekt: Den Einfluß des Gravitationsfeldes (oder seiner äquivalenten Beschleunigung) auf den *ruhenden* Stab. Vielleicht noch deutlicher wird dieser fundamentale Unterschied, wenn man auf die begriffliche Wurzel der *Lorentz*-Kontraktion zurückgeht: Sie kommt dadurch zustande, daß der „gleichzeitigen" Betrachtung der Stabenden im ungestrichenen System ($\Delta t = 0$) eine zu verschiedenen Zeitpunkten vorgenommene Beobachtung der Stabenden im gestrichenen Systeme ($\Delta t' \neq 0$) korrespondiert; gerade der Beitrag von $c\, \Delta t'$ zum invarianten Element Δs^2 wird in der *Lorentz*-Kontraktion manifest. Dagegen sind der Metrik des Einheitsmaßstabes sowohl im realen wie im lokalen System des hier untersuchten Feldes gleichzeitige Beobachtungen der Stabenden zu Grunde gelegt und die gefundene Längenänderung ist lediglich der Abweichung der Tensorkomponente g_{11} von dem Werte (-1) der *Lorentz*-Gruppe (VII 9, 2) zuzuschreiben.

2. Im Ursprung des realen Systemes sei eine Uhr aufgestellt, deren Zeiger um eine Einheit fortschreite:

$$du^1 = 0; \quad du^2 = 0; \quad du^3 = 0; \quad du^4 = c\, dt. \qquad \text{(VII 10, 9)}$$

Wir vergleichen ihre Anzeige mit der Weisung $d\tau$ einer Uhr, welche dem Ursprung des lokalen Systemes verhaftet ist

$$dx^1 = 0; \quad dx^2 = 0; \quad dx^3 = 0; \quad dx^4 = c\, d\tau. \qquad \text{(VII 10, 10)}$$

Die Invarianz der quadratischen Form ds^2 führt somit auf

$$(d\tau)^2 = g_{44}\, (dt)^2, \qquad \text{(VII 10, 11)}$$

so daß die im lokalen System aufgestellte Uhr eine im Verhältnis $\sqrt{g_{44}}$ längere Periode als die Uhr des realen Systemes besitzt. Auch dieser Effekt ist ein dynamischer, welcher an die Existenz des Gravitationsfeldes gebunden ist; er ist als solcher von der kinematischen Zeitdilatation der *Lorentz*-Transformation zu unterscheiden, welche ihrerseits über das Verhalten zweier beschleunigungsfrei relativ zueinander bewegter Uhren Auskunft erteilt.

Achtes Kapitel.

Der Hilbertsche Raum.

VIII 1. Vektoren mit komplexen Komponenten.

a) Bisher wurden die Skalare und unter ihnen die Komponenten der Vektoren, auf *reelle* Werte beschränkt. Diese Voraussetzung geben wir nun auf, indem wir auch *komplexe* Größen der Form

$$\mathrm{w} = \mathrm{u} + \sqrt{-1}\,\mathrm{v} \qquad \text{(VIII 1, 1)}$$

mit reellem Werte sowohl von u wie von v als Invariante auffassen wollen. Allerdings kann man die komplexen Zahlen nicht mehr mittels einer einfachen „Skala" eindeutig charakterisieren, sondern es bedarf hierzu der zweidimensionalen, *Gauß*schen Zahlenebene, welche die Stelle eines „Meßblattes" übernimmt; es sei betont, daß von den Koordinaten innerhalb dieser Ebene und den in ihr möglichen Koordinaten-Transformationen weiterhin nicht die Rede sein soll.

Wir ergänzen die *Gauß*sche Zahl w nach (VIII 1, 1) durch die konjugiert-komplexe Zahl

$$\mathrm{w}^* = \mathrm{u} - \sqrt{-1}\,\mathrm{v}. \qquad \text{(VIII 1, 2)}$$

Die zu w* konjugiert-komplexe Zahl ist mit w identisch.

b) In einem z-dimensionalen, *Kartesischen* Bezugssysteme führen wir neben den achsenparallelen Einheitsvektoren 1_k die — mit ihnen identischen — reziproken Einheitsvektoren 1^k ein. Mittels z komplexer, kontravarianter Komponenten V^k konstruieren wir den Vektor

$$V = 1_k\, V^k. \qquad \text{(VIII 1, 3)}$$

In Erweiterung der Bildungsgesetze reellkomponentiger Vektoren definieren wir mittels der z kovarianten Komponenten

$$V_k = V^{k*} \qquad \text{(VIII 1, 4)}$$

als duale Ergänzung zu V den Vektor

$$\tilde{V} = 1^k\, V_k. \qquad \text{(VIII 1, 5)}$$

Insbesondere ist hiernach 1^k die duale Ergänzung von 1_k.

c) Unter dem Produkt eines Vektors V mit einem komplexen Skalar S verstehen wir den Vektor

$$W = S\,V = 1_k\, S\, V^k = 1_k\, V^k\, S = V\, S. \qquad \text{(VIII 1, 6)}$$

Seine duale Ergänzung lautet

$$\tilde{W} = S^* \tilde{V} = 1^k S^* V_k = 1^k V_k S^* = \tilde{V} S^*. \qquad \text{(VIII 1, 7)}$$

d) Als *Produktinvariante* zweier Vektoren A und B in dieser Reihenfolge [Symbol $(A\,;\,B)$] definieren wir das innere Produkt des A dual zugeordneten Vektors $\tilde{A}$ mit B

$$(A\,;\,B) \equiv (\tilde{A}\,B) = (B\,\tilde{A}) = (1^k A_k 1_j B^j) = \delta^k_j A_k B^j = A_k B^k. \qquad \text{(VIII 1, 8)}$$

Demnach gilt

$$(B;A) \equiv (\tilde{B}\,A) = (A\,\tilde{B}) = (1^k B_k 1_j A^j) = \delta^k_j B_k A^j = A^k B_k = (A\,;\,B)^*, \qquad \text{(VIII 1, 9)}$$

so daß die Produktinvariante in der Regel nicht dem kommutativen Gesetze gehorcht. Indessen ist auf zwei wichtige Ausnahmen hinzuweisen:

1. Identifiziert man in der Produktinvariante B mit A, so resultiert aus (VIII 1, 8) und (VIII 1, 9) eindeutig die reelle, positiv definite Zahl

$$(A\,;A) = (\tilde{A}\,A) = (A\,\tilde{A}) = A^j A_j. \qquad \text{(VIII 1, 10)}$$

Wir bezeichnen sie als *Norm* der komplex-komponentigen Vektoren A, $\tilde{A}$ und leiten aus ihr den *Betrag* dieser Vektoren nach der Vorschrift ab

$$|A| = |\tilde{A}| = +\sqrt{(\tilde{A}\,A)} = +\sqrt{A^j A_j}. \qquad \text{(VIII 1, 11)}$$

Insbesondere definieren Vektoren der Norm 1, in Erweiterung und Verallgemeinerung der Grundvektoren des Bezugssystemes, die komplex-komponentigen *Einheitsvektoren*; die duale Ergänzung eines solchen ist in der Regel von ihm selbst verschieden.

2. Zwei komplex-komponentige Vektoren heißen zueinander orthogonal, falls ihre Produktinvarianten $(A\,;\,B)$ und $(B,\,A)$ gleichzeitig verschwinden:

$$(A\,;\,B) = (\tilde{A}\,B) = A_k B^k = 0 = A^k B_k = (\tilde{B}\,A) = (B;A). \qquad \text{(VIII 1, 12)}$$

Das (arithmetische) Mittel der beiden Produktinvarianten (VIII 1, 8) und (VIII 1, 9) fällt stets reell aus:

$$\frac{1}{2}\,[(A\,;B) + (B;A)] = \frac{1}{2}\,(A_k B^k + A^k B_k). \qquad \text{(VIII 1, 13)}$$

Dagegen liefert die halbe Differenz der Produktinvarianten den rein imaginären Ausdruck

$$\frac{1}{2}\,[(A\,;B) - (B;\,A)] = \frac{1}{2}\,(A_k B^k - A^k B_k). \qquad \text{(VIII 1, 14)}$$

e) Wir wenden diese Produktbildungen auf die Vektoren V nach (VIII 1, 3) und $\tilde{V}$ nach (VIII 1, 5) an.

Zunächst definieren wir die Projektion von V auf den komplex-komponentigen Einheitsvektor $a = 1_j a^j$ durch die Gleichung

$$V^a = (a;V) = (\tilde{a}\,V) = a_j V^j = (V\,\tilde{a}) = (\tilde{V}\,;\,\tilde{a}) \qquad \text{(VIII 1, 15)}$$

und ähnlich die Projektion von $\tilde{V}$ auf $\tilde{a}$ durch

$$\mathrm{V_a} = (\tilde{a}; \tilde{V}) = (a\,\tilde{V}) = \mathrm{a^j\,V_j} = (\tilde{V}\,a) = (V; a). \qquad \text{(VIII 1, 16)}$$

Man entnimmt hieraus

$$\mathrm{V^{a}*} = \mathrm{V_a}; \qquad \mathrm{V_a*} = \mathrm{V^a}. \qquad \text{(VIII 1, 17)}$$

Identifiziert man insbesondere a mit einem der (reellkomponentigen) Grundvektoren 1_{k} des Bezugssystemes, so liefern (VIII 1, 15) und (VIII 1, 16) die Vorschriften zur Berechnung der kontravarianten Komponenten $\mathrm{V^k}$ und der kovarianten Komponenten $\mathrm{V_k}$ von V.

Weiter berechnen wir die Produktinvarianten des Vektors V und seiner dualen Ergänzung $\tilde{V}$

$$(\tilde{V}; V) = (V)^2 = \mathrm{V^k\,V_k^*} = \sum_{\mathrm{k}} (\mathrm{V^k})^2; \; (V; \tilde{V}) = (\tilde{V})^2 = \mathrm{V_k\,V^{k}*} = \sum_{\mathrm{k}} (\mathrm{V_k})^2 \qquad \text{(VIII 1, 18)}$$

welche also wesentlich von der Norm dieser Vektoren verschieden sind.

f) Es mögen die Vektoren V und W von der Zeit t (reeller Skalar) nach einem vielfach-periodischen Gesetze abhängen

$$V = 1_{\mathrm{k}}\,\mathrm{V^k} = 1_{\mathrm{k}}\,\mathrm{v^k\,e}^{-\sqrt{-1}\,\omega_{\mathrm{k}}\,\mathrm{t}}; \; W = 1_{\mathrm{k}}\,\mathrm{W^k} = 1_{\mathrm{k}}\,\mathrm{w^k\,e}^{-\sqrt{-1}\,\omega_{\mathrm{k}}\,\mathrm{t}}. \qquad \text{(VIII 1, 19)}$$

Die komplexen Zahlen $\mathrm{v^k}$ und $\mathrm{w^k}$ sollen die Zeit nicht enthalten: Sie definieren die „komplexen Amplituden" der Vektorkomponenten in Richtung der Achse (k). Die reellen Skalare ω_{k} messen dann die Kreisfrequenzen der Teilschwingungen $\mathrm{V^k}$, $\mathrm{W^k}$. Für die Produktinvarianten erhält man somit die zeitunabhängigen Werte

$$(V; W) = \mathrm{v_k\,w^k}; \quad (W; V) = \mathrm{v^k\,w_k}. \qquad \text{(VIII 1, 20)}$$

Aus ihnen leitet man die reelle Konstante her

$$\mathrm{L} = \frac{1}{2}\,[(V; W) + (W; V)] = \frac{1}{2}(\mathrm{v_k\,w^k} + \mathrm{v^k\,w_k}), \qquad \text{(VIII 1, 21)}$$

welche man als Maß des zeitlichen Wirkungsmittelwertes der miteinander kombinierenden Vektoren interpretieren kann. Die ebenfalls reelle Konstante

$$\mathrm{M} = \frac{1}{2\sqrt{-1}}\,[(V; W) - (W; V)] = \frac{1}{2\sqrt{-1}}(\mathrm{v_k\,w^k} - \mathrm{v^k\,w_k}) \qquad \text{(VIII 1, 22)}$$

mag als Pendelwert der miteinander kombinierenden Vektoren bezeichnet werden.

g) Gegeben die komplex-komponentigen Vektoren A und B. Wir behaupten das Bestehen der *Schwarz*schen Ungleichung

$$|(A; B)| \equiv |B; A| \leq |A|\,|B|. \qquad \text{(VIII 1, 23)}$$

Zum Beweise wählen wir eine *reelle* Zahl λ und bilden den Vektor $A + \lambda B$. Seine Norm erfüllt die Ungleichung

$$(A + \lambda B; A + \lambda B) = |A|^2 + \lambda [(A; B) + (B; A)] + \lambda^2 |B|^2 \geqq 0. \tag{VIII 1, 24}$$

Ersetzt man das Ungleichheits-Zeichen durch das Zeichen der Gleichheit, so resultiert also in der Regel λ als *komplexe* Zahl. Dieser Sachverhalt kommt auf Grund der Auflösungsformel

$$\lambda = -\frac{(A; B) + (B; A)}{2 |B|^2} \pm \sqrt{\left[\frac{(A; B) + (B; A)}{2 |B|^2}\right]^2 - \frac{|A|^2}{|B|^2}} \tag{VIII 1, 25}$$

in der Ungleichung zum Ausdruck

$$\frac{1}{4} [(A; B) + (B; A)]^2 \leqq |A|^2 |B|^2. \tag{VIII 1, 26}$$

Wir setzen mittels zweier *reeller* Zahlen α und β

$$(A; B) = \alpha + \sqrt{-1}\, \beta; \quad (B; A) = (A; B)^* = \alpha - \sqrt{-1}\, \beta \tag{VIII 1, 27}$$

also

$$|(A; B)| = |(B; A)| = \sqrt{\alpha^2 + \beta^2} \tag{VIII 1, 28}$$

und erhalten aus (VIII 1, 26) durch Wurzelziehen

$$\alpha \leqq |A|\, |B|. \tag{VIII 1, 29}$$

Neben A führen wir jenen Vektor A' ein, welcher aus A durch eine Drehung um den Winkel φ in der *Gauß*schen Zahlenebene, also durch Multiplikation mit $e^{\sqrt{-1}\,\varphi}$ hervorgeht (φ reell). Nun ist

$$(A'; B) \equiv (\tilde{A}'\, B) = e^{-\sqrt{-1}\,\varphi} (A; B); \quad (B; A') \equiv (\tilde{B}\, A') = e^{\sqrt{-1}\,\varphi} (B; A) \tag{VIII 1, 30}$$

so daß man nach Ersatz von A durch A' und Wurzelziehen aus (VIII 1, 26) mit Beachtung von (VIII 1, 27) für alle φ findet

$$\begin{aligned} \frac{1}{2} [(A'; B) + (B; A')] &= \frac{1}{2} [e^{-\sqrt{-1}\,\varphi} (\alpha + \sqrt{-1}\, \beta) + e^{\sqrt{-1}\,\varphi} (\alpha - \sqrt{-1}\, \beta)] \\ &= \alpha \cos\varphi + \beta \sin\varphi \leqq |A'|\, |B| = |A|\, |B|. \end{aligned} \tag{VIII 1, 31}$$

Die Funktion $f(\varphi) = \alpha \cos\varphi + \beta \sin\varphi$ nimmt den höchsten Betrag $\sqrt{\alpha^2 + \beta^2}$ an; mit Rücksicht auf (VIII 1, 28) ist somit (VIII 1, 23) bewiesen. Von den komplex-komponentigen Vektoren A und B wird also ein reeller Winkel γ eingeschlossen, welcher durch die Gleichung definiert ist

$$\cos\gamma = \frac{|(A; B)|}{|A|\, |B|} = \frac{|(B; A)|}{|B|\, |A|} = \sqrt{\frac{(A; B)\,(B; A)}{(A; A)\,(B; B)}}. \tag{VIII 1, 32}$$

h) Gegeben ein System von z paarweise zueinander orthogonalen, komplex-komponentigen Einheitsvektoren a_i, $\tilde{a}_i \equiv a^i$, deren Gesamtheit die „Basis“ eines Bezugssystemes im z-dimensionalen Raume definiert.

Die Projektion von V auf a_i ist nach (VIII 1, 15), die Projektion von a_i auf V nach (VIII 1, 16) zu berechnen: Der zwischen beiden Vektoren eingeschlossene Winkel folgt nach (VIII 1, 32) mittels

$$\cos^2(V, a_i) = \cos^2(a_i V) = \frac{(a_i; V)(V; a_i)}{(V; V)}. \qquad \text{(VIII 1, 33)}$$

Neben der Basis a_i führen wir durch

$$a'_k = a_i \, \alpha^i{}_k; \qquad a^{k\prime} = a^j \, \alpha_j{}^k \qquad \text{(VIII 1, 34)}$$

die Basis eines gestrichenen Bezugssystemes ein. Es bestehen dann die Identitäten

$$(a_i; a'_k) \equiv (a^i \, a'_k) = \alpha^i{}_k; \qquad (a^j; a^{k\prime}) \equiv (a_j \, a^{k\prime}) = \alpha_j{}^k \qquad \text{(VIII 1, 35)}$$

und demnach

$$a'_k = a_i \, (a^i \, a'_k) \equiv \sum_i a_i \, (a_i; a'_k); \quad a^{k\prime} = a^j \, (a_j \, a^{k\prime}) \equiv a^j \, (a'_k; a_j). \qquad \text{(VIII 1, 36)}$$

Substituiert man jetzt für den in (VIII 1, 33) beliebigen Vektor V etwa a'_k, so folgt aus (VIII 1, 35)

$$\cos^2(\mathrm{i}, \mathrm{k}') = (a_i; a'_k)(a'_k; a_i). \qquad \text{(VIII 1, 37)}$$

Daher entnimmt man aus (VIII 1, 36) den Satz

$$(a'_k; a'_k) = \sum_i (a^j \, a_i)(a_i; a'_k)(a'_k; a_j) = \sum_i \delta^j_i \, (a_i; a'_k)(a'_k; a_j) =$$

$$= \sum_i \cos^2(\mathrm{i}, \mathrm{k}') = 1 \qquad \text{(VIII 1, 38)}$$

als Erweiterung und Verallgemeinerung der Eigenschaften reeller, *Kartesischer* Bezugssysteme im *Euklid*ischen Raum.

Wir bezeichnen das durch diese Metrik festgelegte Existenzgebiet der komplex-komponentigen Vektoren samt den aus ihnen bildbaren Tensoren als *Hilbert*schen Raum. Seine Dimensionenzahl z wird zunächst als endlich vorausgesetzt; doch müssen wir später auch *Hilbert*sche Räume von unbegrenzt vielen Dimensionen in Betracht ziehen, auf welche sich die *Hilbert*sche Theorie wesentlich erstreckt.

VIII 2. Lineare Operatoren.

a) Wir interpretieren die Tensoren zweiter Stufe als „Operatoren", deren „Anwendung" auf den z-dimensionalen Originalvektor zum z-dimensionalen Bildvektor führt; mit einer solchen „Rechenvorschrift" deckt sich der Begriff der linearen Vektorfunktion. Derartige Anweisungen sind nicht auf das Gebiet der Mathematik beschränkt, wie folgende Beispiele zeigen mögen:

1. Notenschrift: Es werden durch den „Schlüssel" die Basisfrequenz, durch die „Vorzeichen" die logarithmischen Frequenzdifferenzen (Tonart),

durch das „Tempo" der Taktschlag des Metronomes festgesetzt, dieser dreifache Operator definiert die Interpretation des hinter ihm niedergeschriebenen Notentextes bis zum Auftreten eines abgeänderten oder eines neuen Operators (Wiederholungszeichen; Schlußzeichen).

2. Elektrische Netzwerke: Der „allgemeine Transformator" setzt — im einfachsten Falle des „Vierpoles" — ein gegebenes Paar „hinter" ihm auftretender Betriebsvariabeln (Ausgangsstrom und Ausgangsspannung) in ein anderes solches Paar (Eingangsstrom und Eingangsspannung) „vor" dem Transformator um.

b) Die formale Identität eines linearen Operators R mit einem Tensor zweiter Stufe T zieht die Persistenz der Tensoralgebra im Gebiete der Operatoren nach sich. Doch soll von nun an in der Regel der Name „Tensor" für (quadratische) Matrizen mit reellen Komponenten vorbehalten bleiben, während wir in den Operatoren auch Matrizen mit komplexen Komponenten oder sogar mit Komponenten zulassen, welche ihrerseits selbst Matrizen sind („Übermatrizen").

Wir beschreiben den linearen Operator R durch seine gemischten Komponenten $\mathrm{R}^i{}_k$. Neben ihm definieren wir seine duale Ergänzung (den adjungierten Operator) $\tilde{R}$ mit den Komponenten $\tilde{\mathrm{R}}^i{}_k$ durch die Gleichungen

$$\tilde{\mathrm{R}}^i{}_k = \mathrm{R}^{k*}_{\ i} = \mathrm{R}_k{}^i; \qquad \mathrm{R}^i{}_k = \mathrm{R}_i{}^{k*} = \tilde{\mathrm{R}}_k{}^i. \qquad \text{(VIII 2, 1)}$$

(Achtung auf Stellung und Reihenfolge der Indizes!)

Unter dem Produkt des Operators R mit einem (komplexen) Skalar S verstehen wir den Operator $T = \mathrm{S}\,R$, dessen Komponenten $\mathrm{T}^i{}_k$ je aus $\mathrm{R}^i{}_k$ durch Multiplikation mit S hervorgehen:

$$\mathrm{T}^i{}_k = \mathrm{S}\,\mathrm{R}^i{}_k; \qquad \tilde{\mathrm{T}}^i{}_k = \mathrm{T}^{k*}_{\ i} = \mathrm{S}^*\,\mathrm{R}^{k*}_{\ i} = \mathrm{S}^*\,\tilde{\mathrm{R}}^i{}_k$$
$$T = \mathrm{S}\,R; \qquad \tilde{T} = \mathrm{S}^*\,\tilde{R}. \qquad \text{(VIII 2, 2)}$$

Ist R mit sich selbst adjungiert ($R = \tilde{R}$), so gilt hiernach

$$\left.\begin{array}{l} \tilde{\mathrm{R}}^i{}_k \equiv \mathrm{R}^{k*}_{\ i} \equiv \mathrm{R}_k{}^i = \mathrm{R}^i{}_k \equiv \mathrm{R}^i_k \\ \tilde{\mathrm{R}}^{k*}_{\ i} \equiv \mathrm{R}^i{}_k \equiv \mathrm{R}_i{}^k = \mathrm{R}^{k*}_{\ i} \equiv \mathrm{R}^k_i \end{array}\right\} \mathrm{R}^i_k = \mathrm{R}^k_i{}^*. \qquad \text{(VIII 2, 3)}$$

Operatoren dieser Symmetrie-Eigenschaften heißen *Hermite*sche Operatoren. Ihnen gegenüber sind die antimetrischen Operatoren S durch $\tilde{S} = -S$ [oder $\widetilde{(\sqrt{-1}\,S)} = (\sqrt{-1}\,S)$] definiert, so daß ihre Matrix-Komponenten den Gleichungen genügen

$$\tilde{\mathrm{S}}^i{}_k = \mathrm{S}^{k*}_{\ i} = -\mathrm{S}^i{}_k; \qquad \mathrm{S}_i{}^k = -\mathrm{S}_k{}^{i*} = -\tilde{\mathrm{S}}_i{}^k. \qquad \text{(VIII 2, 4)}$$

Auf Grund dieser Definitionen läßt sich jeder Operator T eindeutig in einen *Hermite*schen Operator (symmetrischen Operator) R und einen antimetrischen Operator S zerlegen:

$$T = R + S; \qquad R = \frac{1}{2}(T + \tilde{T}); \quad \mathrm{S} = \frac{1}{2}(T - \tilde{T}). \qquad \text{(VIII 2, 5)}$$

c) Als Produkt des linearen Operators R mit dem Vektor V definieren wir den Vektor W mit den Komponenten

$$\mathrm{W}^{i} = \mathrm{R}^{i}{}_{k}\,\mathrm{V}^{k}; \qquad \tilde{\mathrm{W}}^{i} = \mathrm{W}_{i} = (\mathrm{R}^{i}{}_{k}\,\mathrm{V}^{k})^{*} = \mathrm{V}_{k}\,\tilde{\mathrm{R}}^{k}{}_{i}$$

$$W = R\,V; \qquad \tilde{W} = \tilde{V}\,\hat{R}. \qquad \text{(VIII 2, 6)}$$

Gegeben die Vektoren A und B; wir bilden die Produktinvarianten

$$(A\,;\,R\,B) = (\tilde{A}\;R\,B) = \mathrm{A}_{i}\,\mathrm{R}^{i}{}_{k}\,\mathrm{B}^{k},$$

$$(R\,A\,;\,B) = (\tilde{A}\;\tilde{R}\,B) = \mathrm{B}^{k}\,\mathrm{R}_{k}{}^{i}\,\mathrm{A}_{i}\,. \qquad \text{(VIII 2, 7)}$$

Im Falle eines *Hermite*schen Operators R sind diese Ausdrücke einander gleich:

$$(A\,;\,R\,B) = (R\,A\,;\,B). \qquad \text{(VIII 2, 8)}$$

Identifizieren wir außerdem B mit A, so folgt

$$(A\,;\,R\,A) = \mathrm{A}_{i}\,\mathrm{R}^{i}_{k}\,\mathrm{A}^{k} \equiv \mathrm{R}^{k}_{i}\,\mathrm{A}_{k}\,\mathrm{A}^{i} = \mathrm{R}^{i*}_{k}\,\mathrm{A}^{*}_{i}\,\mathrm{A}^{k*} = (R\,A\,;\,A)^{*}, \qquad \text{(VIII 2, 9)}$$

so daß wir mit Rücksicht auf (VIII 2, 8) die Realität dieser Produktinvariante erkennen; umgekehrt kann diese Eigenschaft als definierendes Merkmal eines *Hermite*schen Operators dienen.

d) Ausgehend von der Transformation (VIII 2, 6) bilden wir mittels eines neben R vorgegebenen linearen Operators S den Vektor

$$X = S\,W = S\,R\,V \equiv T\,V,$$

$$\mathrm{X}^{i} = \mathrm{S}^{i}{}_{k}\,\mathrm{W}^{k} = \mathrm{S}^{i}{}_{k}\,\mathrm{R}^{k}{}_{l}\,\mathrm{V}^{l}. \qquad \text{(VIII 2, 10)}$$

Der Operator $T = S\,R$, welcher V unter Ausschaltung des „Zwischenbildes" W unmittelbar in X transformiert, heißt *inneres Produkt* oder *Matrizenprodukt* von S und R; in der Regel gehorcht es nicht dem kommutativen Gesetze. Der Bau der Matrix

$$\mathrm{T}^{i}{}_{l} = \mathrm{S}^{i}{}_{k}\,\mathrm{R}^{k}{}_{l} \qquad \text{(VIII 2, 11)}$$

offenbart die Genetik des Operators T durch den Verjüngungsprozeß $\mathrm{k} \to \mathrm{m}$, angewandt auf den Operator vierter Stufe (komplex-komponentiger Tensor) der gemischten Matrix $\mathrm{S}^{i}{}_{k}\,\mathrm{R}^{m}{}_{l}$ (IV 4, e, 6).

e) Die Forderung

$$S\,R = R\,S \qquad \text{(VIII 2, 12)}$$

hebt aus der Klasse aller miteinander verbindbaren Operatoren zweiter Stufe die Gruppe der *miteinander vertauschbaren* Operatoren heraus:

1. Das Zeichen O bedeute den „Nulloperator" (*Nihilator*), dessen Komponenten sämtlich gleichzeitig verschwinden. Demnach gilt für irgend einen Operator R die „vertauschbare" Gleichung der „Vernichtung"

$$R\,O = O\,R = O. \qquad \text{(VIII 2, 13)}$$

2. Zwei Operatoren R und S heißen *orthogonal* zueinander, falls sie der vertauschbaren Eigenschaft genügen

$$R\,S = S\,R = O. \qquad \text{(VIII 2, 14)}$$

3. Das Zeichen I definiert den „*Identor*", dessen Komponenten gleich denen des gemischten Einheitstensors $\delta^i{}_\kappa$ sind. Der Identor führt jeden Operator in sich selbst über:

$$I\,R = R\,I = R. \tag{VIII 2, 15}$$

4. Die Wahl $S \equiv R$ liefert aus (VIII 2, 12) den Operator

$$T = R\,R \equiv R^2; \qquad \mathrm{T}^i{}_l = \mathrm{R}^i{}_k\,\mathrm{R}^k{}_l\,. \tag{VIII 2, 16}$$

Durch n-fache Wiederholung dieses Prozesses (n > 0, ganzzahlig) gelangen wir zu dem Operator

$$T = R\,R\,\ldots\,R = R\,R^{n-1} = R^n. \tag{VIII 2, 17}$$

Ergänzend sei festgesetzt, daß das Symbol R^0 dem Identor synonym sei:

$$R^0 \equiv I. \tag{VIII 2, 18}$$

5. Falls die Determinante det $\mathrm{R}^i{}_k \neq 0$ ist und $\varrho^l{}_m$ den Quotienten der $\mathrm{R}^m{}_l$ zugehörigen Unterdeterminante geteilt durch det $\mathrm{R}^i{}_k$ bezeichnet, existiert die Umkehrung der Transformation (VIII 2, 6) in der Form

$$V = R^{-1}\,W; \qquad (\mathrm{R}^{-1})^k{}_l = \varrho^k{}_l\,. \tag{VIII 2, 19}$$

Die Berechtigung des negativen Potenzsymboles R^{-1} resultiert, analog zu (IV 5, 22) aus der Relation

$$(\mathrm{R}\,\mathrm{R}^{-1})^i{}_l = \mathrm{R}^i{}_k\,\varrho^k{}_l = \delta^i_l = \varrho^i{}_k\,\mathrm{R}^k{}_l = (\mathrm{R}^{-1}\,\mathrm{R})^i{}_l\,, \tag{VIII 2, 20}$$

welche in der Schreibweise

$$R\,R^{-1} = R^{-1}\,R = R^0 = I = \frac{1}{I} = \frac{1}{R^0}. \tag{VIII 2, 21}$$

die Vertauschbarkeit von R und R^{-1} in Evidenz setzt. Durch wiederholte Anwendung des Operators R^{-1} kommt man zur Gesamtheit der ganzzahligen, negativen Potenzen des Operators R.

6. Sind R und S zwei miteinander vertauschbare, *Hermite*sche Operatoren, so liefert $R\,S = S\,R$ ebenfalls einen *Hermite*schen Operator. Denn es gilt

$$(\mathrm{R}\,\mathrm{S})^i{}_k = \mathrm{R}^i_j\,\mathrm{S}^j_k; \qquad (\mathrm{R}\,\mathrm{S})^k{}_i = \mathrm{R}^k_j\,\mathrm{S}^j_i = \mathrm{R}^{j*}_k\,\mathrm{S}^{i*}_j = (\mathrm{S}\,\mathrm{R})^{i*}_k;$$
$$(\mathrm{R}\,\mathrm{S})^k_i = (\mathrm{R}\,\mathrm{S})^{i*}_k. \tag{VIII 2, 22}$$

f) Ein Operator, welcher mit seinem Quadrat identisch ist, heißt *idempotenter Operator* oder *Repetitor*:

$$R = R^2. \tag{VIII 2, 23}$$

Für ganzzahliges n > 0 führt n-fache Wiederholung dieses Prozesses auf

$$R = R^n. \tag{VIII 2, 24}$$

Diesen Bedingungen genügen selbstverständlich der Nihilator O und der Identor I. Wir fügen folgende Sätze hinzu:

1. Der Identor ist der einzige Repetitor, dessen reziproker Operator existiert. Denn aus (VIII 2, 23) folgt durch Erweitern mit R^{-1}

$$R\,R^{-1} \equiv I = R^2\,R^{-1} \equiv R. \qquad \text{(VIII 2, 25)}$$

2. Gleichzeitig mit R ist $(I - R)$ ein Repetitor:

$$(I - R)^2 = I^2 - I\,R - R\,I + R^2 = I - 2\,R + R = I - R. \qquad \text{(VIII 2, 26)}$$

3. Sind R und S zwei Repetitoren, so ist nur im Falle ihrer Vertauschbarkeit auch $(R\,S)$ ein Repetitor:

$$(R\,S)^2 = (R\,S)\,(R\,S) = R\,(S\,R)\,S = R\,(R\,S)\,S = R\,R\,S\,S = R\,S. \qquad \text{(VIII 2, 27)}$$

4. Gegeben die Repetitoren R und S; unter welchen Bedingungen ist $(R + S)$ ein Repetitor? Wir verlangen

$$(R + S)^2 = R^2 + R\,S + S\,R + S^2 = R + R\,S + S\,R + S \to R + S. \qquad \text{(VIII 2, 28)}$$

Hieraus folgt zunächst

$$R\,S + S\,R = 0 \qquad \text{(VIII 2, 29)}$$

und also

$$R\,S^2 + S\,R\,S = R\,S + S\,R\,S = 0; \qquad S\,R\,S + S^2\,R\,S = S\,R\,S + {}$$
$$+ S\,R\,S = 2\,S\,R\,S = 0; \qquad R\,S = 0. \qquad \text{(VIII 2, 30)}$$

5. Wann liefert die Differenz der Repetitoren R und S einen Repetitor? Aus der Forderung

$$(R - S)^2 = R^2 - R\,S - S\,R + S^2 = R - R\,S - S\,R + S \to R - S \qquad \text{(VIII 2, 31)}$$

schließen wir auf

$$R\,S + S\,R = 2\,S \qquad \text{(VIII 2, 32)}$$

und demnach wird

$$R\,S^2 + S\,R\,S = R\,S + S\,R\,S = 2\,S; \qquad S\,R\,S + S^2\,R\,S = 2\,S\,R\,S = 2\,S;$$
$$S\,R\,S = S; \qquad R\,S = S. \qquad \text{(VIII 2, 33)}$$

Man beachte, daß S nur im Falle (VIII 2, 25) einen reziproken Operator aufweist, so daß dann aus (VIII 2, 33) auch $R = I$ folgt.

g) Gegeben der Operator R samt seinem adjungierten Operator $\tilde{R}$. Im Falle seiner Existenz definiert $(\tilde{R})^{-1}$ den zu R *gegenläufigen* (*kontragradienten*) *Operator*. Seien nämlich A und B zwei komplex-komponentige Vektoren, so gilt, im Einklang mit der kontragradienten Transformation reell-komponentiger Vektoren

$$(R\,\mathrm{A}; (\tilde{R})^{-1}\,\mathrm{B}) = \tilde{\mathrm{R}}_i{}^j\,\mathrm{A}_j\,(\tilde{\mathrm{R}})^{-1\,i}{}_k\,\mathrm{B}^k = \delta^j_k\,\mathrm{A}_j\,\mathrm{B}^k = \mathrm{A}_j\,\mathrm{B}^j = (\mathrm{A}; \mathrm{B}). \qquad \text{(VIII 2, 34)}$$

Ein Operator U, welcher mit seinem gegenläufigen Operator identisch ist, heißt *unitär*:

$$U = (\check{U})^{-1}. \qquad \text{(VIII 2, 35)}$$

Durch Erweitern mit $\tilde{U}$ gelangt man somit zu der Relation

$$\tilde{U}\,U = U\,\tilde{U} = I; \qquad \tilde{U} = U^{-1}, \qquad \text{(VIII 2, 36)}$$

so daß sich die Matrix von U durch die Eigenschaften auszeichnet

$$\tilde{\mathrm{U}}^{\mathrm{i}}{}_{\mathrm{k}} = \mathrm{U}^{\mathrm{k}*}_{\mathrm{i}} = (\mathrm{U}^{-1})^{\mathrm{i}}{}_{\mathrm{k}}; \qquad \tilde{\mathrm{U}}^{\mathrm{i}}{}_{\mathrm{j}}\,\mathrm{U}^{\mathrm{j}}{}_{\mathrm{k}} = \mathrm{U}^{\mathrm{i}}{}_{\mathrm{j}}\,\tilde{\mathrm{U}}^{\mathrm{j}}{}_{\mathrm{k}} = \delta^{\mathrm{i}}_{\mathrm{k}}. \qquad \text{(VIII 2, 37)}$$

h) Seien R und S zwei nicht-vertauschbare Operatoren, so ist

$$(R\,S)^{-1} = S^{-1}\,R^{-1}. \qquad \text{(VIII 2, 38)}$$

Denn man bestätigt die nach (VIII 2, 21) zu fordernde Identität

$$R\,S\,(R\,S)^{-1} = R\,S\,S^{-1}\,R^{-1} = R\,(S\,S^{-1})\,R^{-1} = R\,R^{-1} = I. \qquad \text{(VIII 2, 39)}$$

Die Nicht-Vertauschbarkeit von R und S kann man, nach Wahl eines skalaren Faktors $1/\varkappa$, mittels des Operators messen

$$[R; S] = \frac{1}{\varkappa}(R\,S - S\,R). \qquad \text{(VIII 2, 40)}$$

Das Symbol der eckigen Klammer mag an das analoge Zeichen des Vektorproduktes zweier Vektoren R und S im dreidimensionalen *Euklid*ischen Raume erinnern: Der Vertauschbarkeit der Operatoren entspricht dort die Vertauschbarkeit der Vektoren, welche im Falle ihrer Parallelität statthat.

Sind R und S je *Hermite*sche Operatoren, und wählt man $\varkappa$ als rein imaginäre Zahl ($\varkappa^* = -\varkappa$), so stellt (VIII 2, 40) einen *Hermite*schen Operator dar. Denn man findet für die Komponenten seiner Matrix

$$[\mathrm{R}; \mathrm{S}]^{\mathrm{i}}{}_{\mathrm{k}} = \frac{1}{\varkappa}(\mathrm{R}^{\mathrm{i}}_{\mathrm{j}}\,\mathrm{S}^{\mathrm{j}}_{\mathrm{k}} - \mathrm{S}^{\mathrm{i}}_{\mathrm{j}}\,\mathrm{R}^{\mathrm{j}}_{\mathrm{k}}); \qquad [\mathrm{R}; \mathrm{S}]^{\mathrm{k}}{}_{\mathrm{i}} = \frac{1}{\varkappa}(\mathrm{R}^{\mathrm{k}}_{\mathrm{j}}\,\mathrm{S}^{\mathrm{j}}_{\mathrm{i}} - \mathrm{S}^{\mathrm{k}}_{\mathrm{j}}\,\mathrm{R}^{\mathrm{j}}_{\mathrm{i}}) =$$

$$= \frac{1}{\varkappa^*}(\mathrm{R}^{\mathrm{i}*}_{\mathrm{j}}\,\mathrm{S}^{\mathrm{j}*}_{\mathrm{k}} - \mathrm{S}^{\mathrm{i}*}_{\mathrm{j}}\,\mathrm{R}^{\mathrm{j}*}_{\mathrm{k}}); \qquad [\mathrm{R}; \mathrm{S}]^{\mathrm{k}}{}_{\mathrm{i}} = [\mathrm{R}; \mathrm{S}]^{\mathrm{i}*}_{\mathrm{k}}. \qquad \text{(VIII 2, 41)}$$

i) Gegeben ein System von z paarweise zueinander orthogonalen, komplex-komponentigen Einheitsvektoren a_{k}. Wie lautet in dieser Basis die Matrix des Operators R, welcher den Vektor V in den Vektor W transformiert?

Mit Rücksicht auf (VIII 2, 15) finden wir

$$V = a_{\mathrm{k}}\,\mathrm{V}^{\mathrm{k}}; \qquad W = a_{\mathrm{i}}\,\mathrm{W}^{\mathrm{i}} = \sum_{\mathrm{i}} a_{\mathrm{i}}\,(a_{\mathrm{i}}; W). \qquad \text{(VIII 2, 42)}$$

Vermöge der Definition von R besteht also die Gleichung

$$W = \sum_{\mathrm{i}} a_{\mathrm{i}}\,(a_{\mathrm{i}}; R\,a_{\mathrm{k}})\,\mathrm{V}^{\mathrm{k}}, \qquad \text{(VIII 2, 43)}$$

wobei die über k auszuführende Summation nicht explizit angegeben wurde (Summenkonvention!). Man entnimmt daher aus (VIII 2, 43) die gefragte Matrix zu

$$\mathrm{R}^{\mathrm{i}}{}_{\mathrm{k}} = (a_{\mathrm{i}}; R\,a_{\mathrm{k}}) = (a^{\mathrm{i}}\,R\,a_{\mathrm{k}}). \qquad \text{(VIII 2, 44)}$$

VIII 3. Operatorfunktionen.

a) Unter Berufung auf die Persistenz der Regeln der Tensoralgebra im Gebiete der Operatoren folgt, daß das mit Hilfe skalarer, im allgemeinen komplexer Konstanten $C_{(n)}$ bei ganzzahligem n mit Einschluß der Null gebildete Polynom

$$\Pi(R) = \sum_{n} C_{(n)} R^{n} \qquad \text{(VIII 3, 1)}$$

einen linearen Operator definiert. Durch Übergang zu unbegrenzter Gliedzahl steigen wir von Π zur Darstellung einer Operatorfunktion f (R) mittels einer Potenzreihe auf, deren Konvergenzgebiet (für jedes Element der Matrix) natürlich besonders untersucht werden muß. Beispielsweise liefert e^{R} den linearen Operator

$$e^{R} = R^{0} + \frac{R}{1!} + \frac{R^{2}}{2!} + \ldots \qquad \text{(VIII 3, 2)}$$

b) Seien R und S zwei vertauschbare Operatoren je von *Hermite*schem Charakter, so ist nach (VIII 2, 22) auch $R\,S$ ein solcher Operator. Insbesondere ergeben hiernach die Potenzen von R je einen *Hermite*schen Operator. Daher liefert die aus R nach der Vorschrift (VIII 3, 1) gebildete Potenzreihe immer dann einen *Hermite*schen Operator, wenn die Koeffizienten $C_{(n)}$ sämtlich *reell* sind; diese Bedingung trifft für das Beispiel (VIII 3, 2) zu.

c) Für zwei vertauschbare Operatoren R und S gilt

$$R^{2} S \equiv R(R\,S) = R(S\,R) = (S\,R)\,R \equiv S\,R^{2} \qquad \text{(VIII 3, 3)}$$

und durch n-fache Wiederholung des gleichen Prozesses

$$R^{n} S = S\,R^{n}. \qquad \text{(VIII 3, 4)}$$

Vermöge der Definition einer Operatorfunktion $f_1(R)$ als Potenzreihe des Argument-Operators R schließt man somit auf die Vertauschbarkeit

$$f_1(R)\,S = S\,f_1(R). \qquad \text{(VIII 3, 5)}$$

Die nämlichen Überlegungen lassen sich auf eine Operatorfunktion $f_2(S)$ des Argument-Operators S anwenden und führen dann auf

$$f_1(R)\,f_2(S) = f_2(S)\,f_1(R). \qquad \text{(VIII 3, 6)}$$

Insbesondere gilt für vertauschbare Operatoren R und S die Gleichung

$$e^{R}\,e^{S} = e^{R+S}. \qquad \text{(VIII 3, 7)}$$

Wählt man hierin $S = -R$, so folgt

$$e^{R}\,e^{-R} = I; \qquad e^{-R} = (e^{R})^{-1}. \qquad \text{(VIII 3, 8)}$$

d) Durch passende Zusammenfassung von Ausdrücken der Form (VIII 3, 5) gelangen wir zur eindeutigen Darstellung einer Operatorfunktion von zwei, miteinander vertauschbaren Argument-Operatoren R und S mittels der Potenzreihe

$$f(R, S) = \sum_m \sum_n C_{(m, n)} R^m S^n. \qquad \text{(VIII 3, 9)}$$

Der Aufbau dieser Funktion zieht ihre Vertauschbarkeit mit R oder S nach sich:

$$R f(R, S) = f(R, S) R; \quad S f(R, S) = f(R, S) S. \qquad \text{(VIII 3, 10)}$$

Bedeutet schließlich $g(R, S)$ eine weitere Operatorenfunktion, die ihrerseits durch eine Potenzreihe der Form (VIII 3, 9) definiert ist, so folgt aus (VIII 3, 10) die Regel

$$g(R, S) f(R, S) = f(R, S) g(R, S). \qquad \text{(VIII 3, 11)}$$

Diese Begriffe und die für sie gültigen Sätze lassen sich auf Operatorenfunktionen von beliebig vielen, untereinander vertauschbaren Argument-Operatoren verallgemeinern.

e) Gegeben zwei nicht-vertauschbare Operatoren R und S

$$[R; S] \neq 0. \qquad \text{(VIII 3, 12)}$$

Aus m Faktoren R und n Faktoren S bilden wir, nach Festsetzung einer bestimmten Rangordnung, gemäß den Regeln der Matrizen-Multiplikation einen neuen Operator. Die additive Verbindung solcher Operatoren liefert, als Verallgemeinerung von (VIII 3, 10), die Potenzreihen-Darstellung einer Operatorenfunktion von zwei nicht-vertauschbaren Operatoren R und S in der Form

$$f(R, S) = \sum_m \sum_n (\Pi\, C_{(m, n)} R \ldots S). \qquad \text{(VIII 3, 13)}$$

Hierin drückt das Symbol Π die Forderung aus, sämtliche $\frac{(m+n)!}{m!\, n!}$ voneinander verschiedenen Permutationen der m Faktoren R und der n Faktoren S getrennt als unterschiedliche Summenglieder anzuschreiben. Auch dieser erweiterte Begriff der Operatorfunktion ist auf beliebig viele Argument-Operatoren übertragbar.

f) Gegeben ein Operator R, dessen Matrixelemente (Komponenten) $R^i{}_k$ von einem skalaren Parameter t abhängen; diesen mag man als Zeit deuten. Unter der Ableitung von R nach t verstehen wir den Operator $\dot{R}$ mit der Matrix

$$\dot{R}^i{}_k = \frac{dR^i{}_k}{dt}. \qquad \text{(VIII 3, 14)}$$

g) Zum Zwecke der Differentiation der Operatorfunktion $f(R)$ nach ihrem Argument-Operator R rufen wir einen reellen Parameter ε zu Hilfe und bilden den Operator $R + \varepsilon R^0$. Auf Grund von (VIII 2, 21) liefert dann die Vorschrift

$$f'(R) = \lim_{\varepsilon \to 0} \frac{f(R + \varepsilon R^0) - f(R)}{\varepsilon} = \lim_{\varepsilon \to 0} \frac{f(R + \varepsilon R^0) - f(R)}{\varepsilon R^0} \qquad \text{(VIII 3, 15)}$$

eindeutig den Operator $f'(R)$, welcher den gefragten Differentialquotienten von $f(R)$ definiert. Aus der Darstellung der Operatorfunktionen mittels Potenzreihen des Argument-Operators geht hervor, daß sich die üblichen Differentiationsregeln auf das Rechnen mit Operatoren übertragen.

h) Im Falle einer Operatorfunktion, die nach dem Muster von (VIII 3, 9) oder (VIII 3, 13) von mehreren Argument-Operatoren abhängt, führt der Prozeß (VIII 3, 15) auf den partiellen Differentialquotienten

$$\frac{\partial f(R, S, \ldots)}{\partial R} = \lim_{\varepsilon \to 0} \frac{f(R + \varepsilon R^0, S, \ldots) - f(R, S, \ldots)}{\varepsilon R^0} \qquad \text{(VIII 3, 16)}$$

und entsprechend sind die Differentialquotienten $\frac{\partial f(R, S \ldots)}{\partial S}$, ..., zu bilden.

VIII 4. Projektoren.

a) Gegeben der Einheitsvektor a samt seiner dualen Ergänzung

$$a = 1_i\, a^i; \qquad \tilde{a} = 1^i\, a_i; \qquad (a; a) = a_i\, a^i = 1. \qquad \text{(VIII 4, 1)}$$

Der zu a gehörige *Projektor* (Projektionsoperator) P verkürzt den Vektor V auf den Wert der Projektion $(a; V)$ und wirft diese als Bildvektor W in die Richtung a:

$$W = P\,V = a\,(a; V) = a\,(\tilde{a}\,V)$$
$$W^i = a^i\, a_k\, V^k. \qquad \text{(VIII 4, 2)}$$

Demnach sind die Komponenten des Projektors P durch die Matrix gegeben

$$P^i{}_k = a^i\, a_k = a_i^*\, a^{k*} \equiv a^{k*}\, a_i^* = P^{k*}{}_i, \qquad \text{(VIII 4, 3)}$$

aus welcher der *Hermite*sche Charakter des Projektors hervorgeht.

b) Das Quadrat des Projektors ist mit ihm selbst identisch

$$(P^2)^i{}_l = P^i{}_k\, P^k{}_l = a^i\, a_k\, a^k\, a_l = a^i\, a_l = P^i{}_l. \qquad \text{(VIII 4, 4)}$$

Daher ist P ein *Hermite*scher Repetitor, und es gilt für alle ganzzahligen $n > 0$

$$P^n = P, \qquad \text{(VIII 4, 5)}$$

während definitionsgemäß $P^0 = I$ zu setzen ist. Die Determinante $|P^i{}_k|$ verschwindet identisch:

$$\begin{vmatrix} a^1 a_1 & a^1 a_2 & \ldots & a^1 a_z \\ a^2 a_1 & a^2 a_2 & \ldots & a^2 a_z \\ \ldots & \ldots & \ldots & \ldots \\ a^z a_1 & a^z a_2 & \ldots & a^z a_z \end{vmatrix} = \begin{vmatrix} a^1 & a^1 & \ldots & a^1 \\ a^2 & a^2 & \ldots & a^2 \\ \ldots & \ldots & \ldots & \ldots \\ a^z & a^z & \ldots & a^z \end{vmatrix} \cdot \begin{vmatrix} a_1 & 0 & \ldots & 0 \\ 0 & a_2 & \ldots & 0 \\ \ldots & \ldots & \ldots & \ldots \\ 0 & 0 & \ldots & a_z \end{vmatrix} = 0. \qquad \text{(VIII 4, 6)}$$

Im Einklang mit den Sätzen aus VIII 2, f) gibt es daher keine negativen Potenzen von P; in der Tat lehrt die Definition des Projektors unmittelbar, daß die Transformation $V \to W$ nicht eindeutig umgekehrt werden kann.

c) Es seien $a_{(1)} = 1_i\, a^i_{(1)}$; $a_{(2)} = 1_i\, a^i_{(2)}$ zwei zueinander orthogonale, komplex-komponentige Einheitsvektoren

$$(a_{(1)}; a_{(2)}) = (\tilde{a}_{(1)}\, a_{(2)}) = a_{(1)i}\, a^i_{(2)} = 0. \qquad \text{(VIII 4, 7)}$$

Wir behaupten die Orthogonalität der ihnen zugehörigen Projektoren $P_{(1)}$ und $P_{(2)}$:

$$(P_{(1)}\, P_{(2)})^i{}_l = P^i_{(1)k}\, P_{(2)}{}^k_l = a^i_{(1)}\, a_{(1)k}\, a^k_{(2)}\, a_{(2)l} = 0; \quad P_{(1)}\, P_{(2)} = 0. \qquad \text{(VIII 4, 8)}$$

Seien nun $a_{(1)}; a_{(2)}; \ldots a_{(z)}$ die Einheitsvektoren einer beliebigen Basis und $P_{(k)}$ die zugehörigen Projektoren. Wir zerlegen in diesem Bezugssysteme V nach seinen Komponenten V^k und erhalten mit Rücksicht auf (VIII 1, 15) und (VIII 4, 2)

$$V = \sum_k a_{(k)}\, V^k = \sum_k a_{(k)}\, (a_{(k)}; V) = \sum_k P_{(k)}\, V. \qquad \text{(VIII 4, 9)}$$

Hieraus folgt die Identität

$$\sum_k P_{(k)} = I. \qquad \text{(VIII 4, 10)}$$

d) Die auf den Vektor r durch den Operator R bewirkte „Ähnlichkeitstransformation"

$$\lambda\, r = R\, r \qquad \text{(VIII 4, 11)}$$

definiert für alle endlichen $r = r_{(k)}$ die zu den skalaren „*Eigenwerten*" $\lambda_{(k)}$ von R gehörigen *Eigenvektoren.* Das Spektrum der Eigenwerte folgt, wie beim Hauptachsenproblem der gemischt dargestellten Tensoren zweiter Stufe, aus der Säkulargleichung

$$\begin{vmatrix} R^1{}_1 - \lambda & R^1{}_2 & \ldots & R^1{}_z \\ R^2{}_1 & R^2{}_2 - \lambda & \ldots & R^2{}_z \\ \ldots & \ldots & \ldots & \ldots \\ R^z{}_1 & R^z{}_2 & \ldots & R^z{}_z - \lambda \end{vmatrix} = 0. \qquad \text{(VIII 4, 12)}$$

Da in den $r_{(k)}$ je ein konstanter Faktor frei gewählt werden kann, normieren wir sie fortan als (komplex-komponentige) Einheitsvektoren; wir ergänzen sie durch die Gesamtheit der zugehörigen *Eigen-Projektoren* $P_{(k)}$.

e) Falls die Einheits-Eigenvektoren $r_{(k)}$ von R senkrecht aufeinander stehen, dürfen wir sie mit den z Basisvektoren eines vom Grundsystem in der Regel verschiedenen Bezugssystemes identifizieren. In diesem *Hauptachsensystem* sei ein beliebiger Vektor V durch (VIII 4, 9) dargestellt; dann folgt vermittels (VIII 4, 11) für den durch R aus V hergestellten Bildvektor W die Doppelgleichung

$$W = R\,V = \sum_{k} \lambda_{(k)}\, P_{(k)}\, V. \qquad \text{(VIII 4, 13)}$$

Man entnimmt aus ihr die „*kanonische Darstellung*“ des Operators R: Seine Entwicklung nach dem Orthogonalsystem der Eigen-Projektoren

$$R = \sum_{k} \lambda_{(k)}\, P_{(k)}. \qquad \text{(VIII 4, 14)}$$

Mit Rücksicht auf (VIII 4, 10) heißt das System der $P_{(k)}$ die zum Operator R gehörige *Zerlegung der Einheit* [des Identors I]. Mit ihrer Hilfe berechnet sich nunmehr die n-te Potenz von R wegen (VIII 4, 5) und (VIII 4, 8) nach der Vorschrift

$$R^{n} = \sum_{k} \lambda_{(k)}^{n}\, P_{(k)}; \quad n \geqq 0. \qquad \text{(VIII 4, 15)}$$

Sei die Operatorfunktion $f(R)$ mit den skalaren Koeffizienten $C_{(n)}$ in eine nach positiven Potenzen $n \geqq 0$ von R fortschreitende Reihe entwickelt, so folgt also

$$f(R) = \sum_{n=0}^{\infty} C_{(n)}\, R^{n} = \sum_{n=0}^{\infty} \sum_{k} C_{(n)}\, \lambda_{(k)}^{n}\, P_{(k)} \qquad \text{(VIII 4, 16)}$$

und weiter, nach Vertauschung der Summations-Reihenfolge

$$f(R) = \sum_{k} g(\lambda_{(k)})\, P_{(k)}; \quad g(\lambda_{(k)}) = \sum_{n=0}^{\infty} C_{(n)}\, \lambda_{(k)}^{n}. \qquad \text{(VIII 4, 17)}$$

Insbesondere entnimmt man hieraus die Identität

$$e^{R} = e^{\sum_{k} \lambda_{(k)} P_{(k)}} = \sum_{n=0}^{\infty} \frac{R^{n}}{n!} = \sum_{n=0}^{\infty} \sum_{k} \frac{\lambda_{(k)}^{n}}{n!}\, P_{(k)} = \sum_{k} e^{\lambda(k)}\, P_{(k)}. \qquad \text{(VIII 4, 18)}$$

f) Jeder Operator mit *Hermite*scher Matrix zeichnet sich durch die Orthogonalität seiner Eigenvektoren und durch reelle Eigenwerte aus.

Zum Beweise dieser Behauptung bezeichnen wir mit $\lambda_{(1)}$, $\lambda_{(2)}$ zwei gleiche oder unterschiedliche Eigenwerte, welche zu den Eigenvektoren $r_{(1)}$ und $r_{(2)}$ gehören. Dann bestehen gleichzeitig die skalaren Gleichungen

$$\lambda_{(1)}\, r_{(1)}^{k} = R_{i}^{k}\, r_{(1)}^{i}; \qquad \lambda_{(2)}\, r_{(2)}^{k} = R_{i}^{k}\, r_{(2)}^{i}. \qquad \text{(VIII 4, 19)}$$

Wir bilden $(\lambda_{(1)}\, r_{(1)}; r_{(2)})$ sowie $(r_{(1)}; \lambda_{(2)}\, r_{(2)})$ und erhalten mit Rücksicht auf (VIII 2, 3) und (VIII 2, 7)

$$\begin{aligned} (\lambda_{(1)}\, r_{(1)}; r_{(2)}) &= \lambda_{(1)}^{*}\, (\tilde{r}_{(1)}\, r_{(2)}) = R_{k}^{i}\, r_{(1)\,i}\, r_{(2)}^{k} \\ (r_{(1)}; \lambda_{(2)}\, r_{(2)}) &= \lambda_{(2)}\, (\tilde{r}_{(1)}\, r_{(2)}) = r_{(1)k}\, R_{i}^{k}\, r_{(2)}^{i} \equiv R_{k}^{i}\, r_{(1)\,i}\, r_{(2)}^{k} \end{aligned} \qquad \text{(VIII 4, 20)}$$

also

$$(\lambda_{(1)}^{*} - \lambda_{(2)})\, (\tilde{r}_{(1)}; r_{(2)}) = 0. \qquad \text{(VIII 4, 21)}$$

Sind nun die Eigenvektoren $r_{(1)}$ und $r_{(2)}$ miteinander identisch, so folgt hieraus

$$\lambda^*_{(1)} = \lambda_{(1)}, \qquad \text{(VIII 4, 22)}$$

womit die Realität der Eigenwerte bewiesen ist. Demnach kann man (VIII 4, 21) in der Gestalt schreiben

$$(\lambda_{(1)} - \lambda_{(2)})\ (r_{(1)}\,;\, r_{(2)}) = 0, \qquad \text{(VIII 4, 23)}$$

so daß für $\lambda_{(2)} \neq \lambda_{(1)}$ die zugehörigen Eigenvektoren in der Tat senkrecht aufeinander stehen.

g) Es sei ein Operator R mit senkrecht aufeinander stehenden Eigenvektoren $r_{(k)}$ in der kanonischen Form dargestellt

$$R = \sum_k \lambda_{(k)}\, P_{(k)}. \qquad \text{(VIII 4, 24)}$$

Wir identifizieren nunmehr die Basis des Bezugssystemes mit dem System der Eigenvektoren; in ihm lautet die Matrix des Operators R

$$\mathrm{R}^i{}_k = \lambda_{(k)}\, \delta^i_k \qquad \text{(VIII 4, 25)}$$

so daß also nur die Glieder der Hauptdiagonalen von Null verschieden sind; eine Matrix dieser Art wird als *Diagonalmatrix* bezeichnet.

Sei der Operator S auf die gleiche Basis bezogen, so findet man für die Operatoren $S\,R$ und R S die Matrizen

$$\left.\begin{aligned} (\mathrm{S\,R})^i{}_l &= \mathrm{S}^i{}_k\, \mathrm{R}^k{}_l = \lambda_{(k)}\, \mathrm{S}^i{}_k\, \delta^k_l = \lambda_{(l)}\, \mathrm{S}^i{}_l \\ (\mathrm{R\,S})^i{}_l &= \mathrm{R}^i{}_k\, \mathrm{S}^k{}_l = \lambda_{(k)}\, \delta^i_k\, \mathrm{S}^k{}_l = \lambda_{(i)}\, \mathrm{S}^i{}_l \end{aligned}\right\} \qquad \text{(VIII 4, 26)}$$

also

$$(\mathrm{R\,S} - \mathrm{S\,R})^i{}_l = (\lambda_{(i)} - \lambda_{(l)})\, \mathrm{S}^i{}_l\,. \qquad \text{(VIII 4, 27)}$$

Im Falle der Vertauschbarkeit von R und S verschwindet die linke Seite von (VIII 4, 27) identisch; nur unter dieser Bedingung, dann aber stets lassen sich also R und S *gleichzeitig* je in die Form einer Diagonalmatrix bringen.

h) Unter der *Spur* eines Operators R verstehen wir die Summe der Haupt-Diagonalglieder seiner Matrix. Aus der Säkulargleichung (VIII 4, 12) geht hervor, daß sie der Summe aller Eigenwerte gleicht:

$$\mathrm{R}^i{}_i = \sum_k \lambda_{(k)}\,. \qquad \text{(VIII 4, 28)}$$

Wir beweisen folgende Sätze:

1. Die Spur des Identors ist gleich seiner Dimensionenzahl z

$$\mathrm{I}^k_k = \delta^k_k = \mathrm{z} \qquad \text{(VIII 4, 29)}$$

2. Die Spur eines Projektors P ist mit Rücksicht auf (VIII 1, 38) und (VIII 4, 3) gleich 1.

$$\mathrm{P}^k_k = \mathrm{a}^k\, \mathrm{a}_k = 1. \qquad \text{(VIII 4, 30)}$$

3. Sind R und S zwei Operatoren von gleicher Dimensionenzahl z, so ist — gemäß der Definition der Tensoraddition — die Spur ihrer Summe gleich der Summe ihrer Spuren

$$(\mathrm{R} + \mathrm{S})^{\mathrm{i}}{}_{\mathrm{i}} = \mathrm{R}^{\mathrm{i}}{}_{\mathrm{i}} + \mathrm{S}^{\mathrm{i}}{}_{\mathrm{i}}. \qquad \text{(VIII 4, 31)}$$

4. Bei endlicher Dimensionenzahl z ist die Spur des Produktes $(R\,S)$ stets — auch für nicht-vertauschbare Operatoren — gleich der Spur des Produktes $(S\,R)$:

$$(\mathrm{R\,S})^{\mathrm{i}}{}_{\mathrm{i}} = \mathrm{R}^{\mathrm{i}}{}_{\mathrm{k}}\,\mathrm{S}^{\mathrm{k}}{}_{\mathrm{i}} = \mathrm{S}^{\mathrm{k}}{}_{\mathrm{i}}\,\mathrm{R}^{\mathrm{i}}{}_{\mathrm{k}} = (\mathrm{S\,R})^{\mathrm{k}}{}_{\mathrm{k}}. \qquad \text{(VIII 4, 32)}$$

Insbesondere schließt man hieraus auf

$$[\mathrm{R};\,\mathrm{S}]^{\mathrm{i}}{}_{\mathrm{i}} \equiv 0 \qquad \text{(VIII 4, 33)}$$

sowie auf

$$(\mathrm{R\,S\,R^{-1}})^{\mathrm{i}}{}_{\mathrm{i}} = (\mathrm{R^{-1}\,R\,S})^{\mathrm{i}}{}_{\mathrm{i}} = \mathrm{S}^{\mathrm{i}}{}_{\mathrm{i}}. \qquad \text{(VIII 4, 34)}$$

Es sei nochmals betont, daß die Gültigkeit von (VIII 4, 33) und (VIII 4, 34) durchaus auf *endliche* Dimensionenzahl beschränkt ist.

i) Wir bringen die Säkulargleichung (VIII 4, 12) in die Form

$$\lambda^{z} + a_1\,\lambda^{z-1} + a_2\,\lambda^{z-2} + \ldots + a_{z-1}\,\lambda^{1} + a_z\,\lambda^{0} = 0. \qquad \text{(VIII 4, 35)}$$

Ausgehend von (VIII 4, 11) erhalten wir nun die Relationen

$$\begin{aligned}
\lambda^0\, r &\equiv I\, r &&\equiv R^0\, r,\\
\lambda^1\, r &= R\, r &&\equiv R^1\, r,\\
\lambda^2\, r &= R\,\lambda\, r &&= R^2\, r,\\
\lambda^3\, r &= R^2\,\lambda\, r &&= R^3\, r,\\
&\vdots &&\vdots\\
\lambda^z\, r &= R^{z-1}\,\lambda\, r &&= R^z\, r.
\end{aligned} \qquad \text{(VIII 4, 36)}$$

Wir erweitern sie der Reihe nach mit a_z, a_{z-1}, ... a_1, 1, addieren und finden mit Rücksicht auf (VIII 4, 35) die Vektorgleichung

$$(R^z + a_1\,R^{z-1} + a_2\,R^{z-2} + \ldots + a_{z-1}\,R + a_z\,I)\,r = O. \qquad \text{(VIII 4, 37)}$$

Hieraus folgt die Existenz des Nihilators

$$R^z + a_1\,R^{z-1} + a_2\,R^{z-2} + \ldots + a_{z-1}\,R + a_z\,I = O. \qquad \text{(VIII 4, 38)}$$

[Operatorengleichung von *Caylay* und *Hamilton.*] Sei nun $a_z \neq 0$ und $\det \mathrm{R}^{\mathrm{j}}{}_{\mathrm{k}} \neq 0$, so existiert der Operator R^{-1}, und wir können (VIII 4, 38) in die Form bringen

$$R\,R^{-1} = -\frac{1}{a_z}\,\{R^z + a_1\,R^{z-1} + \ldots + a_{z-1}\,R\} \qquad \text{(VIII 4, 39)}$$

Daher folgt für R^{-1} die Polynom-Entwicklung

$$R^{-1} = -\frac{1}{a_z}\,\{R^{z-1} + a_1\,R^{z-2} + \ldots + a_{z-1}\}. \qquad \text{(VIII 4, 40)}$$

VIII 5. Versoren.

a) Wir definieren, als operatorenmäßige Erweiterung und Verallgemeinerung des Drehungstensors, den *Versor* U als denjenigen Operator, welcher die Gesamtheit der [komplex-komponentigen] Einheitsvektoren $a_{(k)}$ des „ungestrichenen" Orthogonalsystemes des z-dimensionalen *Hilbert*schen Raumes in die Basis $a'_{(k)}$ des dem gleichen Raume angehörigen „gestrichenen" Systemes transformiert:

$$a'_{(k)} = U\, a_{(k)}\,; \qquad a_k = U^{-1}\, a'_{(k)}. \qquad \text{(VIII 5, 1)}$$

b) Im ungestrichenen System sei der Originalvektor gegeben

$$V = \sum_k a_{(k)}\, \mathrm{V}^k; \qquad \mathrm{V}^k = (a_{(k)}; V). \qquad \text{(VIII 5, 2)}$$

Durch U wird er in den Bildvektor transformiert

$$W = U\,V = \sum_k U\, a_{(k)}\, \mathrm{V}^k = \sum_k a'_{(k)}\, \mathrm{V}^k. \qquad \text{(VIII 5, 3)}$$

Nun ist definitionsgemäß $P'_{(k)}\; a_{(k)}\; \mathrm{V}^k$ ein Vektor der *Richtung* $a'_{(k)}$ und der kontravarianten *Komponentengröße* $\mathrm{V}^k\,(a'_{(k)}; a_{(k)})$, so daß wir schreiben können

$$a'_{(k)}\, \mathrm{V}^k = \frac{P'_{(k)}\, a_{(k)}\, \mathrm{V}^k}{(a'_{(k)}; a_{(k)})} = \frac{P'_{(k)}\, P_{(k)}}{(a'_{(k)}; a_{(k)})}\, V. \qquad \text{(VIII 5, 4)}$$

Durch Einsetzen in (VIII 5, 3) folgt also

$$W = \sum_k \frac{P'_{(k)}\, P_{(k)}}{(a'_{(k)}; a_{(k)})}\, V; \qquad U = \sum_k \frac{P'_{(k)}\, P_{(k)}}{(a'_{(k)}; a_{(k)})}. \qquad \text{(VIII 5, 5)}$$

Nach wechselseitiger Vertauschung des gestrichenen mit dem ungestrichenen Systeme entspringt hieraus mit Rücksicht auf (VIII 5, 1) die duale Formel

$$U^{-1} = \sum_k \frac{P_{(k)}\, P'_{(k)}}{(a_{(k)}; a'_{(k)})}. \qquad \text{(VIII 5, 6)}$$

Für die Matrizen der Operatoren U und U^{-1} findet man nunmehr mit Hilfe der Projektoren-Darstellung (VIII 4, 3)

$$\mathrm{U}^{i}{}_{l} = \sum_k \frac{\mathrm{a}^{i\prime}{}_{(k)}\, \mathrm{a}'_{(k)j}\, \mathrm{a}^{j}{}_{(k)}\, \mathrm{a}_{(k)l}}{(a'_{(k)}\,;\; a_{(k)})} \qquad \text{(VIII 5, 7)}$$

sowie

$$(\mathrm{U}^{-1})^{i}{}_{l} = \sum_k \frac{\mathrm{a}^{i}{}_{(k)}\, \mathrm{a}_{(k)j}\, \mathrm{a}^{j\prime}{}_{(k)}\, \mathrm{a}'_{(k)l}}{(a_{(k)}; a'_{(k)})} = \sum_k \frac{\mathrm{a}^{l\prime *}_{(k)}\, \mathrm{a}'^{*}_{(k)j}\, \mathrm{a}^{j*}_{(k)}\, \mathrm{a}^{*}_{(k)i}}{(a'_{(k)}; a_{(k)})^*} = \mathrm{U}^{l}{}^{*}_{i}\,. \qquad \text{(VIII 5, 8)}$$

Der Versor ist somit als *unitärer Operator* erkannt.

c) Bisher betrachteten wir U als Erzeuger des Bildvektors W nach (VIII 5, 3) mit den Komponenten

$$W^i = (a_{(i)}\,;W) = \sum_k (a_{(i)}\,;a'_{(k)})\,V^k. \qquad \text{(VIII 5, 9)}$$

Dieser Deutung stellen wir die folgende zur Seite: Der Vektor V lautet im gestrichenen Bezugssystem

$$V = \sum_i a'_{(i)}\,V^{i'}. \qquad \text{(VIII 5, 10)}$$

Daher berechnen sich seine gestrichenen Komponenten $V^{i'}$ aus den ungestrichenen Komponenten V^k nach der Vorschrift

$$V^{i'} = (a'_{(i)}\,;V) = \sum_k (a'_{(i)}\,;a_{(k)})\,V^k. \qquad \text{(VIII 5, 11)}$$

Der Vergleich mit (VIII 5, 9) zeigt, daß nunmehr gestrichenes und ungestrichenes System ihre Rolle getauscht haben: An Stelle der Operatorengleichung

$$W^i = U^i{}_k\,V^k, \qquad \text{(VIII 5, 12)}$$

welche zwischen den *unterschiedlichen* Vektoren W und V des *gleichen Bezugssystemes* vermittelt, tritt die Gleichung

$$V^{i'} = (U^{-1})^i{}_k\,V^k \qquad \text{(VIII 5, 13)}$$

als kinematische Beziehung zwischen den Komponenten des *gleichen Vektors* in den *unterschiedlichen Bezugssystemen.*

Wir identifizieren in (VIII 5, 13) V beispielsweise mit dem Einheitsvektor $a_{(1)}$ der ungestrichenen Basis und erhalten mit Rücksicht auf (VIII 1, 15)

$$(a'_{(i)}\,;a_{(1)}) = a^{i'}_{(1)} = (U^{-1})^i{}_1\,a^1_{(1)} = U^1{}_i\,a^1_{(1)} \qquad \text{(VIII 5, 14)}$$

und ebenso

$$(a_{(1)}\,;a'_{(i)}) = a_{(1)i}{}' = (U^{-1})^{i*}_1\,a^*_{(1)1} = (U^1{}_i)^*\,a^{1*}_{(1)}. \qquad \text{(VIII 5, 15)}$$

Hieraus gewinnt man für den reellen Winkel, welcher zwischen dem ungestrichenen Basisvektor $a_{(1)}$ und dem Vektor $a'_{(i)}$ der gestrichenen Basis eingeschlossen ist, mit Benützung von (VIII 1, 37)

$$\cos^2(1, i') = U^1{}_i\,(U^1{}_i)^* = |U^1{}_i|^2, \qquad \text{(VIII 5, 16)}$$

so daß aus (VIII 1, 38) folgt [vergleiche (VIII 2, 37)]

$$\sum_i |U^1{}_i|^2 = 1 \qquad \text{(VIII 5, 17)}$$

und selbstverständlich ebenso für jeden beliebigen oberen Index. Nach (VIII 5, 8) gelten also die Formeln

$$\sum_i |U^k{}_i|^2 = 1; \qquad \sum_k |(U^{-1})^i{}_k|^2 = 1. \qquad \text{(VIII 5, 18)}$$

d) Wir identifizieren in (VIII 2, 34) den Operator R mit U^{-1} und finden durch Anwendung von (VIII 5, 13) auf zwei Vektoren A und B: Der Ausdruck $(A; B)$ ist gegen unitäre Transformationen des Bezugssystemes invariant; damit ist der früher eingeführte Name „Produktinvariante" in inhaltlich verschärfter Form nachträglich gerechtfertigt. Insbesondere bleiben hiernach bei einer solchen Transformation die Längen je von A und B und der von ihnen eingeschlossene, reelle Winkel erhalten.

e) Gegeben der Operator beliebigen Charakters T, welcher den Vektor V in den Vektor W transformiert:

$$W = T\,V. \qquad \text{(VIII 5, 19)}$$

Wir bilden mittels des Versors U gleichzeitig aus V und W die Vektoren des gestrichenen Systemes

$$W' = U\,W; \qquad V' = U\,V. \qquad \text{(VIII 5, 20)}$$

Diese sind ihrerseits durch den Operator T' miteinander verbunden:

$$W' = T'\,V' = U\,T\,V = U\,T\,U^{-1}\,V'; \qquad T' = U\,T\,U^{-1}. \qquad \text{(VIII 5, 21)}$$

Tauschen wir in der entsprechenden Komponentengleichung

$$\mathrm{W}^{i'} = \mathrm{T}^{i'}_{\ m}\,\mathrm{V}^{m'} = \mathrm{U}^{i}_{\ k}\,\mathrm{T}^{k}_{\ l}\,(\mathrm{U}^{-1})^{l}_{\ m}\,\mathrm{V}^{m'};\ \mathrm{T}^{i'}_{\ m} = \mathrm{U}^{i}_{\ k}\,\mathrm{T}^{k}_{\ l}\,(\mathrm{U}^{-1})^{l}_{\ m} \quad \text{(VIII 5, 22)}$$

wechselseitig U mit U^{-1}, so entsteht hieraus die Umrechnungsvorschrift für die Matrixkomponente des *einen* Operators T von der Basis des ungestrichenen auf die Basis des gestrichenen Bezugssystemes:

$$\mathrm{T}^{i'}_{\ m} = (\mathrm{U}^{-1})^{i}_{\ k}\,\mathrm{T}^{k}_{\ l}\,\mathrm{U}^{l}_{\ m}. \qquad \text{(VIII 5, 23)}$$

Beim Vergleich von (VIII 5, 22) mit (VIII 5, 23) hat man wohl zu beachten, daß sich in (VIII 5, 22) alle Indizes auf das ungestrichene System beziehen, während in (VIII 5, 23) die Indizes i und m auf das gestrichene, k und l dagegen auf das ungestrichene System anzuwenden sind. Wir zeigen folgende Sätze:

1. Ist T ein *Hermite*scher Operator, so bleibt sein Charakter bei der unitären Transformation durch U erhalten [Analogie zur Invarianz der Tensorsymmetrie]. Denn unter diesen Voraussetzungen gilt nach (VIII 5, 22)

$$\mathrm{T}^{i'}_{\ m} = (\mathrm{U}^{-1})^{k*}_{\ i}\,\mathrm{T}^{l*}_{\ k}\,\mathrm{U}^{m*}_{\ l} \equiv (\mathrm{U}^{m}_{\ l}\,\mathrm{T}^{l}_{\ k}\,(\mathrm{U}^{-1})^{k}_{\ i})^* = \mathrm{T}^{m*}_{\ i}. \qquad \text{(VIII 5, 24)}$$

2. Der Repetitor R geht durch die unitäre Transformation U in den Repetitor $R' = U\,R\,U^{-1}$ über:

$$(R')^2 = (U\,R\,U^{-1})^2 = (U\,R\,U^{-1})\,(U\,R\,U^{-1}) = U\,(R)^2\,U^{-1} = U\,R\,U^{-1} = R'. \qquad \text{(VIII 5, 25)}$$

3. Der Versor V wird durch die unitäre Transformation in den Versor V' verwandelt. Denn mit Hilfe von (VIII 2, 38) folgt

$$(V')^{-1} = (U\,V\,U^{-1})^{-1} = (V\,U^{-1})^{-1}\,U^{-1} = U\,V^{-1}\,U^{-1} = U\,\tilde{V}^*\,U^{-1} = \tilde{V}^{*\prime}. \qquad \text{(VIII 5, 26)}$$

4. Die Spur $R^i{}_i$ des Operators R ist gegen unitäre Transformationen invariant:

$$R^i{}_i{}' = U^i{}_k R^k{}_l (U^{-1})^l{}_i \equiv (U^{-1})^l{}_i U^i{}_k R^k{}_l = \delta^l_k R^k{}_l = R^k{}_k. \qquad \text{(VIII 5, 27)}$$

f) Es seien P und Q zwei Operatoren, welche durch den Versor U in die Operatoren übergehen

$$P' = U P U^{-1}; \qquad Q' = U Q U^{-1}. \qquad \text{(VIII 5, 28)}$$

Die Operatorfunktion $f(P, Q)$ wird durch diese Transformation in die Operatorfunktion $f'(P', Q')$ verwandelt. Welche Beziehung findet zwischen f und f' statt?

Wir wählen zunächst die speziellen Funktionen

$$g = P Q; \; g' = (U P U^{-1})(U Q U^{-1}) = U P Q U^{-1} = U g U^{-1} \quad \text{(VIII 5, 29)}$$

sowie

$$h = P + Q; \qquad h' = U P U^{-1} + U Q U^{-1} = U(P+Q) U^{-1} = U h U^{-1}. \qquad \text{(VIII 5, 30)}$$

Nun sei

$$f = f_1(P) f_2(Q), \qquad \text{(VIII 5, 31)}$$

wobei f_1 und f_2 je ganzzahlige Potenzen von P und Q bezeichnen, die also selbst Operatoren darstellen. Aus (VIII 5, 28) und (VIII 5, 29) folgt dann

$$f_1' = U f_1 U^{-1}; \quad f_2' = U f_2 U^{-1}; \quad f' = U f U^{-1}. \qquad \text{(VIII 5, 32)}$$

Vermöge der Definition einer beliebigen Operatorfunktion durch Potenzreihen der Argument-Operatoren geht aus (VIII 5, 29) und (VIII 5, 30) die allgemeine Gültigkeit von (VIII 5, 32) hervor.

g) Es seien $\lambda_{(1)}, \lambda_{(2)}$ die zu $r_{(1)}, r_{(2)}$ gehörigen, gleichen oder unterschiedlichen Eigenwerte des Operators U. Dann bestehen gleichzeitig die Gleichungen

$$\lambda_{(1)} r^i_{(1)} = U^i{}_l r^l_{(1)}; \qquad \lambda_{(2)} r^i_{(2)} = U^i{}_l r^l_{(2)}, \qquad \text{(VIII 5, 33)}$$

deren zweite wir in die Form kleiden können

$$\frac{1}{\lambda_{(2)}} r^i_{(2)} = (U^{-1})^i{}_l r^l_{(2)}. \qquad \text{(VIII 5, 34)}$$

Mit Rücksicht auf (VIII 5, 8) schließen wir hieraus

$$(\lambda_{(1)} r_{(1)}; r_{(2)}) - \left(r_{(1)}; \frac{1}{\lambda_{(2)}} r_{(2)}\right) = \left(\lambda^*_{(1)} - \frac{1}{\lambda_{(2)}}\right)(r_{(1)}; r_{(2)}) =$$
$$= U^{i*}_l r^{l*}_{(1)} r^*_{(2)i} - (U^{-1})^i{}_l r_{(1)i} r^l_{(2)} = (U^{-1})^l{}_i r_{(1)l} r^i_{(2)} - (U^{-1})^i{}_l r_{(1)i} r^l_{(2)} \equiv 0. \qquad \text{(VIII 5, 35)}$$

Für $r_{(2)} \equiv r_{(1)}$ ist also

$$\lambda^*_{(1)} - \frac{1}{\lambda_{(1)}} = 0; \qquad \lambda_{(1)} \lambda^*_{(1)} = 1, \qquad \text{(VIII 5, 36)}$$

so daß die Eigenwerte die Form

$$\lambda_{(k)} = e^{\sqrt{-1}\,\vartheta_{(k)}} \qquad \text{(VIII 5, 37)}$$

mit reellen Werten der Winkel $\vartheta_{(k)}$ besitzen müssen; in der Regel ist demnach die Matrix eines unitären Operators nicht *hermite*sch, da sich ja die *Hermite*sche Matrix durch *reelle* Eigenwerte auszeichnet.

Auf Grund des Ergebnisses (VIII 5, 36) dürfen wir statt (VIII 5, 35) schreiben

$$(\lambda^*_{(1)} - \lambda^*_{(2)})\,(r_{(1)}; r_{(2)}) = 0, \qquad \text{(VIII 5, 38)}$$

so daß wir für $\lambda_{(1)} \neq \lambda_{(2)}$ die Orthogonalität der zugehörigen Eigenvektoren erwiesen haben

$$(r_{(1)}; r_{(2)}) = 0. \qquad \text{(VIII 5, 39)}$$

In dem von ihnen ausgespannten Hauptachsen-System geht der Versor in eine Diagonalmatrix über, welche mit Rücksicht auf den Bau (VIII 5, 37) ihrer von Null verschiedenen Glieder als *Phasenmatrix* bezeichnet wird.

h) Vermöge der Orthogonalität der Eigenvektoren können wir den Versor U in die kanonische Gestalt (VIII 4, 14) bringen und nach (VIII 4, 18) schreiben

$$U = \sum_k e^{\sqrt{-1}\,\vartheta_{(k)}} P_{(k)} = \sum_k e^{\sqrt{-1}\,\vartheta_{(k)}\,P_{(k)}} = e^{\sqrt{-1}\,\sum\limits_k \vartheta_{(k)} P_{(k)}} = e^{\sqrt{-1}\,R}, \qquad \text{(VIII 5, 40)}$$

wobei der *Hermite*sche Operator R eingeführt wurde

$$R = \sum_k \vartheta_{(k)}\,P_{(k)}. \qquad \text{(VIII 5, 41)}$$

Dieses Ergebnis ist umkehrbar: Bei *Hermite*schem Charakter von R ist jeder Operator $U = e^{\sqrt{-1}\,R}$ ein Versor. Denn zunächst findet man, mit Benützung von Gl. (VIII 2, 2), daß U der Definition (VIII 2, 35) des unitären Operators genügt:

$$\widetilde{U^{-1}} = e^{\widetilde{-\sqrt{-1}\,R}} = e^{\sqrt{-1}\,\tilde{R}} = e^{\sqrt{-1}\,R} = U. \qquad \text{(VIII 5, 42)}$$

Seien weiter im Hauptachsen-System die Basisvektoren des ungestrichenen Bezugssystemes gegeben

$$a_{(l)} = \sum_i a^i_{(l)}\,r_{(i)}; \qquad (a_{(l)}; a_{(m)}) = \begin{matrix} 1 \text{ für } l = m \\ 0 \text{ für } l \neq m \end{matrix}. \qquad \text{(VIII 5, 43)}$$

Sie werden durch U in die Vektoren transformiert [Definition der Eigenwerte!]

$$a'_{(l)} = \sum_i e^{\sqrt{-1}\,\vartheta_{(i)}}\,a^i_{(l)}\,r_i. \qquad \text{(VIII 5, 44)}$$

Man entnimmt hieraus

$$(a'_{(l)}; a'_{(m)}) = \sum_i \sum_j e^{\sqrt{-1}\,\{\vartheta_{(j)} - \vartheta_{(i)}\}} a_{(l)\,i}\, a^j_{(m)}\, (\tilde{r}_{(i)}\, r_{(j)}) = a_{(l)\,i}\, a^i_{(m)} = \begin{matrix} 1 \text{ für } l = m \\ 0 \text{ für } l \neq m, \end{matrix} \tag{VIII 5, 45}$$

so daß in der Tat die $a'_{(l)}$ die Basis eines gestrichenen Orthogonalsystemes definieren.

Auf Grund dieses Satzes stellt nach Wahl eines reellen, skalaren Parameters t der Operator

$$U(t) = e^{\sqrt{-1}\, t R} \tag{VIII 5, 46}$$

einen Versor dar; im Falle eines rationalen t = p/q führt seine q-fache Wiederholung auf den Versor U^p, der seinerseits durch p-fache Wiederholung der Operation U entsteht. Das Produkt zweier Versoren ergibt demnach stets wieder einen Versor.

i) Wir bilden aus (VIII 5, 46) nach der Vorschrift (VIII 3, 14) die Ableitung

$$\dot{U} = \frac{dU}{dt} = \sqrt{-1}\, R\, e^{\sqrt{-1}\, t R} = \sqrt{-1}\, R\, U \tag{VIII 5, 47}$$

und ebenso, wegen $U^{-1}(t) = U(-t)$,

$$\dot{U}^{-1} = \frac{dU^{-1}}{dt} = -\sqrt{-1}\, R\, e^{-\sqrt{-1}\, t R} = -\sqrt{-1}\, R\, U^{-1}. \tag{VIII 5, 48}$$

Für $t \to 0$ entnimmt man hieraus

$$\lim_{t \to 0} \dot{U} = \sqrt{-1}\, R; \qquad \lim_{t \to 0} \dot{U}^{-1} = -\sqrt{-1}\, R. \tag{VIII 5, 49}$$

Der von t unabhängige Operator P wird durch den Versor $U(t)$ in den Operator transformiert

$$P' = U(t)\, P\, U^{-1}(t) = U(t)\, P\, U(-t). \tag{VIII 5, 50}$$

Man berechnet hieraus mit (VIII 5, 47) und (VIII 5, 48)

$$\frac{dP'}{dt} = \sqrt{-1}\, R\, U\, P\, U^{-1} - \sqrt{-1}\, U\, P\, R\, U^{-1} \tag{VIII 5, 51}$$

und also für $t \to 0$

$$\lim_{t \to 0} \frac{dP'}{dt} = \sqrt{-1}\, (R\, P - P\, R) = \varkappa \sqrt{-1}\, [R; P]. \tag{VIII 5, 52}$$

j) Gegeben zwei voneinander verschiedene Versoren U_{I} und U_{II}. Wir bilden aus ihnen die neuen Versoren

$$U_{\mathrm{I,II}} = U_{\mathrm{II}}\, U_{\mathrm{I}}; \qquad U_{\mathrm{II,I}} = U_{\mathrm{I}}\, U_{\mathrm{II}}. \tag{VIII 5, 53}$$

Wann sind $U_{\mathrm{I\,II}}$ und $U_{\mathrm{II,I}}$ einander gleich? Wir bringen U_{I} und U_{II} mittels (VIII 5, 40), (VIII 5, 41) in die Form

$$\begin{aligned} U_{\mathrm{I}} &= e^{\sqrt{-1}\, R_{\mathrm{I}}}; \qquad R_{\mathrm{I}} = \sum_m \vartheta_{\mathrm{I}(m)}\, P_{\mathrm{I}(m)} \\ U_{\mathrm{II}} &= e^{\sqrt{-1}\, R_{\mathrm{II}}}; \qquad R_{\mathrm{II}} = \sum_n \vartheta_{\mathrm{II}(n)}\, P_{\mathrm{II}(n)} \end{aligned} \tag{VIII 5, 54}$$

und erhalten nach (VIII 4, 18)

$$U_{II}\,U_I = \left(1 + \frac{\sqrt{-1}\,R_{II}}{1!} + \frac{(\sqrt{-1}\,R_{II})^2}{2!} + \dots\right)\left(1 + \right.$$
$$\left. + \frac{\sqrt{-1}\,R_I}{1!} + \frac{(\sqrt{-1}\,R_I)^2}{2!} + \dots\right) \qquad \text{(VIII 5, 55)}$$

Sind nun die Operatoren R_I und R_{II} miteinander vertauschbar, oder, mit anderen Worten, lassen sie sich gleichzeitig in Diagonalform bringen, so kann man in der durch gliedweise Multiplikation berechneten Reihe (VIII 5, 54) die Posten vereinigen, welche je die gleiche Anzahl ϱ_I von Faktoren R_I und ϱ_{II} von Faktoren R_{II} ohne Rücksicht auf ihre Reihenfolge enthalten. Nur unter dieser Bedingung, dann aber stets gilt formal im Gebiete der Operatoren das Potenzgesetz

$$e^{\sqrt{-1}\,R_{II}}\,e^{\sqrt{-1}\,R_I} = e^{\sqrt{-1}\,(R_{II}+R_I)} \equiv e^{\sqrt{-1}\,(R_I+R_{II})} = e^{\sqrt{-1}\,R_I}\,e^{\sqrt{-1}\,R_{II}}, \qquad \text{(VIII 5, 56)}$$

welches die Vertauschbarkeit von U_I und U_{II} unmittelbar in Evidenz setzt. Hiermit ist die in I 8 angeschnittene Frage nach der Zusammensetzung von Drehungen vollständig beantwortet.

VIII 6. Komplexe Zahlen als Operatoren.

a) In der *Gauß*schen Zahlenebene $x_1 \equiv u$, $x_2 \equiv v$ seien u und v zu dem *Gauß*schen Vektor verbunden

$$w = u + \sqrt{-1}\,v. \qquad \text{(VIII 6, 1)}$$

Seine Länge $r \equiv |w|$ wird durch die positive Wurzel der Quadratsumme $(u^2 + v^2)$ definiert:

$$r = |w| = \sqrt{u^2 + v^2}. \qquad \text{(VIII 6, 2)}$$

Seine Abweichung φ ist durch den Winkel erklärt, welcher zwischen ihm und der positiven u-Achse eingeschlossen ist:

$$\varphi = \operatorname{arctg}\frac{v}{u}\,; \quad \begin{array}{l} 0 < \varphi < \pi \text{ für } v > 0 \\ \pi < \varphi < 2\pi \text{ für } v < 0 \end{array}. \qquad \text{(VIII 6, 3)}$$

b) Unter der Summe $w_3 = w_1 + w_2$ zweier *Gauß*scher Vektoren versteht man; im Einklang mit den Regeln der Vektorrechnung, den *Gauß*schen Vektor mit den Komponenten

$$u_3 = u_1 + u_2; \qquad v_3 = v_1 + v_2. \qquad \text{(VIII 6, 4)}$$

Dagegen wird ihr Produkt $w_3 = w_1\,w_2 = w_2\,w_1$ [Erhaltung des kommutativen Gesetzes!] nach den Vorschriften berechnet

$$u_3 = u_1\,u_2 - v_1\,v_2; \qquad v_3 = u_1\,v_2 + u_2\,v_1 \qquad \text{(VIII 6, 5)}$$

also

$$|w_3| = \sqrt{(u_1\,u_2 - v_1\,v_2)^2 + (u_1\,v_2 + u_2\,v_1)^2} = \sqrt{(u_1{}^2 + v_1{}^2)\,(u_2{}^2 + v_2{}^2)} =$$
$$= |w_1|\,|w_2| \qquad \text{(VIII 6, 6)}$$

und

$$\mathrm{tg}\,\varphi_3 = \frac{u_1 v_2 + u_2 v_1}{u_1 u_2 - v_1 v_2} = \frac{\frac{v_2}{u_2} + \frac{v_1}{u_1}}{1 - \frac{v_1 v_2}{u_1 u_2}} = \frac{\mathrm{tg}\,\varphi_2 + \mathrm{tg}\,\varphi_1}{1 - \mathrm{tg}\,\varphi_1 \mathrm{tg}\,\varphi} = \mathrm{tg}\,(\varphi_1 + \varphi_2)$$

$$\varphi_3 = \varphi_1 + \varphi_2, \qquad \text{(VIII 6, 7)}$$

welche aus dem Rahmen der Vektorrechnung herausfallen. Hieraus entspringt die Notwendigkeit, den Begriff der komplexen Zahl auf neuer Grundlage zu fassen, um ihn dem in sich geschlossenen System der Vektoren, Tensoren und Operatoren anzupassen.

c) Wir bilden aus den reellen Zahlen u und v den Operator w mit der Matrix

$$(w) = \begin{pmatrix} u & v \\ -v & u \end{pmatrix}. \qquad \text{(VIII 6, 8)}$$

Ihre Determinante liefert das Quadrat der Länge r des *Gaußschen* Vektors w

$$\begin{vmatrix} u & v \\ -v & u \end{vmatrix} = u^2 + v^2 = r^2. \qquad \text{(VIII 6, 9)}$$

Der Operator $w_3 = w_1 + w_2$ besitzt die Matrix

$$(w_1 + w_2) = \begin{pmatrix} u_1 + u_2 & v_1 + v_2 \\ -(v_1 + v_2) & u_1 + u_2 \end{pmatrix} \qquad \text{(VIII 6, 10)}$$

in Übereinstimmung mit der vektoriellen Additionsregel (VIII 6, 4). Für die Matrix des Operators $w_3 = w_1 w_2$ ergibt sich

$$(w_3) = \begin{pmatrix} u_1 & v_1 \\ -v_1 & u_1 \end{pmatrix} \begin{pmatrix} u_2 & v_2 \\ -v_2 & u_2 \end{pmatrix} = \begin{pmatrix} u_1 u_2 - v_1 v_2 & u_1 v_2 + v_1 u_2 \\ -(u_1 v_2 + v_1 u_2) & u_1 u_2 - v_1 v_2 \end{pmatrix}$$
(VIII 6, 11)

Das in (VIII 6, 5) formulierte kommutative Gesetz nimmt also in der Sprache der Operatorenrechnung die Gestalt der *Vertauschbarkeit* an:

$$w_1 w_2 = w_2 w_1; \qquad [w_1; w_2] = 0. \qquad \text{(VIII 6, 12)}$$

Insbesondere folgt für $u_1 = u_2 = 1$, $v_1 = v_2 = 0$

$$\begin{pmatrix} 1 & 0 \\ 0 & 1 \end{pmatrix} \begin{pmatrix} 1 & 0 \\ 0 & 1 \end{pmatrix} = \begin{pmatrix} 1 & 0 \\ 0 & 1 \end{pmatrix} = (I), \qquad \text{(VIII 6, 13)}$$

so daß diese Identor-Gleichung die Definition der reellen Zahleneinheit vertritt; ähnlich führt die Wahl $u_1 = u_2 = 0$, $v_1 = v_2 = 1$ auf die Beziehung

$$\begin{pmatrix} 0 & 1 \\ -1 & 0 \end{pmatrix} \begin{pmatrix} 0 & 1 \\ -1 & 0 \end{pmatrix} = \begin{pmatrix} -1 & 0 \\ 0 & -1 \end{pmatrix} = (-I) = ((\sqrt{-I})^2), \qquad \text{(VIII 6, 14)}$$

welcher die Bezeichnung des linker Hand mit sich selbst multiplizierten

Operators als Wurzel des negativen Identors rechtfertigt und damit das Symbol $\sqrt{-1}$ mit den Begriffen der Operatorenrechnung verknüpft.

d) Wir bilden den zu w adjungierten Operator $\tilde{w}$ mit der Matrix

$$(\tilde{w}) = \begin{pmatrix} \mathrm{u} & -\mathrm{v} \\ \mathrm{v} & \mathrm{u} \end{pmatrix}, \qquad \text{(VIII 6, 15)}$$

mit dessen Hilfe wir die Zerlegung von w in den symmetrischen und den antimetrischen Operator durchführen:

$$(w) = \left(\frac{1}{2}(w + \tilde{w})\right) + \left(\frac{1}{2}(w - \tilde{w})\right) = \begin{pmatrix} \mathrm{u} & 0 \\ 0 & \mathrm{u} \end{pmatrix} + \begin{pmatrix} 0 & \mathrm{v} \\ -\mathrm{v} & 0 \end{pmatrix}. \qquad \text{(VIII 6, 16)}$$

Mittels (VIII 6, 13) und (VIII 6, 14) können wir sie in Gestalt der Operatorengleichung kleiden

$$w = I\,\mathrm{u} + \sqrt{-I}\,\mathrm{v}, \qquad \text{(VIII 6, 17)}$$

welche eine bemerkenswerte Analogie zur *Gauß*schen Vektorgleichung (VIII 6, 1) aufweist.

e) Mittels der Abweichung φ nach Gl. (VIII 6, 3) schreiben wir die Matrix von w in der Form

$$(w) = \mathrm{r} \begin{pmatrix} \cos\varphi & \sin\varphi \\ -\sin\varphi & \cos\varphi \end{pmatrix}, \qquad \text{(VIII 6, 18)}$$

aus welcher wir für den reziproken Operator w^{-1} entnehmen

$$(w^{-1}) = \frac{1}{\mathrm{r}} \begin{pmatrix} \cos\varphi & -\sin\varphi \\ \sin\varphi & \cos\varphi \end{pmatrix}. \qquad \text{(VIII 6, 19)}$$

Daher gilt zusammenfassend

$$w = \mathrm{r}\,U; \qquad w^{-1} = \frac{1}{\mathrm{r}}\,U^{-1}, \qquad \text{(VIII 6, 20)}$$

wobei U den *Versor* bezeichnet

$$U = \begin{pmatrix} \cos\varphi & \sin\varphi \\ -\sin\varphi & \cos\varphi \end{pmatrix}. \qquad \text{(VIII 6, 21)}$$

Seine Eigenwerte λ folgen aus der Säkulargleichung

$$\begin{vmatrix} \cos\varphi - \lambda & \sin\varphi \\ -\sin\varphi & \cos\varphi - \lambda \end{vmatrix} = (\cos\varphi - \lambda)^2 + \sin^2\varphi = 0 \qquad \text{(VIII 6, 22)}$$

zu den *skalaren* Werten von komplexem Charakter:

$$\lambda_{(1)} = \mathrm{e}^{+\sqrt{-1}\,\varphi}; \qquad \lambda_{(2)} = \mathrm{e}^{-\sqrt{-1}\,\varphi}. \qquad \text{(VIII 6, 23)}$$

Ihnen entsprechen die [normierten] Eigenvektoren

$$\mathfrak{r}_{(1)} = \frac{1}{\sqrt{2}}\{\mathfrak{1}_{\mathrm{u}} \,.\, 1 + \mathfrak{1}_{\mathrm{v}}\sqrt{-1}\}; \quad \mathfrak{r}_{(2)} = \frac{1}{\sqrt{2}}\{\mathfrak{1}_{\mathrm{u}} \,.\, 1 - \mathfrak{1}_{\mathrm{v}}\sqrt{-1}\} \qquad \text{(VIII 6, 24)}$$

und also die Projektoren $P_{(1)}$, $\mathrm{P}_{(2)}$ mit den Matrizen

$$(P_{(1)}) = \begin{pmatrix} \frac{1}{2} & -\frac{\sqrt{-1}}{2} \\ \frac{\sqrt{-1}}{2} & \frac{1}{2} \end{pmatrix}; \quad (P_{(2)}) = \begin{pmatrix} \frac{1}{2} & \frac{\sqrt{-1}}{2} \\ -\frac{\sqrt{-1}}{2} & \frac{1}{2} \end{pmatrix}. \qquad \text{(VIII 6, 25)}$$

Für den Operator w entspringt hieraus die kanonische Darstellung

$$w = r\left\{e^{\sqrt{-1}\,\varphi} P_{(1)} + e^{-\sqrt{-1}\,\varphi} P_{(2)}\right\} \equiv r\, e^{\sqrt{-1}\,\varphi\,(P_{(1)} - P_{(2)})} \equiv e^{\sqrt{-1}\,H} \qquad \text{(VIII 6, 26)}$$

mit dem *Hermite*schen Operator

$$H = \varphi\,(P_{(1)} - P_{(2)}); \qquad (H) = \begin{pmatrix} 0 & -\sqrt{-1}\,\varphi \\ \sqrt{-1}\,\varphi & 0 \end{pmatrix}. \qquad \text{(VIII 6, 27)}$$

Nach (VIII 6, 14) gilt somit

$$\sqrt{-1}\,H = \varphi\,\sqrt{-I}, \qquad \text{(VIII 6, 28)}$$

so daß man aus (VIII 6, 26) und (VIII 6, 20) schließt

$$w = r\, e^{\sqrt{-I}\,\varphi}; \qquad U = e^{\sqrt{-I}\,\varphi}. \qquad \text{(VIII 6, 29)}$$

Mit Rücksicht auf den Charakter der Projektoren $P_{(1)}$ und $P_{(2)}$ als Repetitoren lautet die n-te Potenz des Versors U [$n \geqq 0$, ganzzahlig]

$$U^n = e^{\sqrt{-I}\,n\,\varphi} = (e^{\sqrt{-I}\,\varphi})^n = e^{\sqrt{-1}\,n\,\varphi} P_{(1)} + e^{-\sqrt{-1}\,n\,\varphi} P_{(2)}. \qquad \text{(VIII 6, 30)}$$

Man entnimmt hieraus die Matrizenform des *Moivre*schen Satzes:

$$((e^{\sqrt{-I}\,\varphi})^n) = (U^n) = \begin{pmatrix} \cos\varphi & \sin\varphi \\ -\sin\varphi & \cos\varphi \end{pmatrix}^n = \begin{pmatrix} \cos n\varphi & \sin n\varphi \\ -\sin n\varphi & \cos n\varphi \end{pmatrix}. \qquad \text{(VIII 6, 31)}$$

f) Wir definieren den *Nabla*-Operator ∇ der (u, v)-Ebene [welcher von dem früher benützten *Nabla-Vektor* wohl zu unterscheiden ist!] mittels der Matrix

$$(\nabla) = \begin{pmatrix} \frac{\partial}{\partial u} & \frac{\partial}{\partial v} \\ -\frac{\partial}{\partial v} & \frac{\partial}{\partial u} \end{pmatrix}. \qquad \text{(VIII 6, 32)}$$

Weiter sei die Operatorfunktion f durch die Matrix gegeben

$$(f) = \begin{pmatrix} f_u & f_v \\ -f_v & f_u \end{pmatrix}. \qquad \text{(VIII 6, 33)}$$

Wir behaupten den Satz

$$\nabla f \equiv O. \qquad \text{(VIII 6, 34)}$$

Zum Beweise gehen wir von der Matrix aus

$$(\nabla f) = \begin{pmatrix} \frac{\partial f_u}{\partial u} - \frac{\partial f_v}{\partial v} & \frac{\partial f_v}{\partial u} + \frac{\partial f_u}{\partial v} \\ -\left(\frac{\partial f_v}{\partial u} + \frac{\partial f_u}{\partial v}\right) & \frac{\partial f_u}{\partial u} - \frac{\partial f_v}{\partial v} \end{pmatrix}. \qquad \text{(VIII 6, 35)}$$

Nun seien f_1 und f_2 zwei Operatorfunktionen nach dem Muster der Gl. (VIII 6, 33). Dann gilt zunächst [Persistenz der Tensoralgebra!]

$$\nabla (f_1 + f_2) = \nabla f_1 + \nabla f_2. \qquad \text{(VIII 6, 36)}$$

Mit Hilfe der Formel

$$(f_1 f_2) = \begin{pmatrix} f_{1u} f_{2u} - f_{1v} f_{2v} & f_{1u} f_{2v} + f_{1v} f_{2u} \\ -(f_{1u} f_{2v} + f_{1v} f_{2u}) & f_{1u} f_{2u} - f_{1v} f_{2v} \end{pmatrix} \qquad \text{(VIII 6, 37)}$$

folgt weiter aus (VIII 6, 35)

$$\nabla f_1 f_2 = f_1 \nabla f_2 + f_2 \nabla f_1. \qquad \text{(VIII 6, 38)}$$

Nun ist für $f = w$ Gl. (VIII 6, 34) richtig, so daß sie nach (VIII 6, 38) für alle Potenzen von w zutrifft; gemäß der Definition der Operatorfunktionen durch Potenzreihen liefert also (VIII 6, 36) den verlangten Beweis. Da sämtliche Komponenten des Operators O verschwinden, gilt sonach für das Existenzgebiet von f gleichzeitig

$$\frac{\partial f_u}{\partial u} = \frac{\partial f_v}{\partial v}; \quad \frac{\partial f_v}{\partial u} = -\frac{\partial f_u}{\partial v}. \qquad \text{(VIII 6, 39)}$$

Dies sind die partiellen Differentialgleichungen von *Cauchy* und *Riemann*, welche Real- und Imaginärteil einer komplexen, analytischen Funktion miteinander verknüpfen.

g) Der zu (VIII 6, 32) adjungierte Operator lautet

$$(\tilde{\nabla}) = \begin{pmatrix} \frac{\partial}{\partial u} & -\frac{\partial}{\partial v} \\ \frac{\partial}{\partial v} & \frac{\partial}{\partial u} \end{pmatrix}. \qquad \text{(VIII 6, 40)}$$

Das Matrizenprodukt $\nabla \tilde{\nabla} = \tilde{\nabla} \nabla$ definiert einen neuen Operator mit der Matrix

$$(\nabla \tilde{\nabla}) = \begin{pmatrix} \frac{\partial^2}{\partial u^2} + \frac{\partial^2}{\partial v^2} & 0 \\ 0 & \frac{\partial^2}{\partial u^2} + \frac{\partial^2}{\partial v^2} \end{pmatrix} \qquad \text{(VIII 6, 41)}$$

Mit Rücksicht auf (VIII 6, 34) folgt nun

$$\nabla \tilde{\nabla} f \equiv O \qquad \text{(VIII 6, 42)}$$

also, mit Benützung von (VIII 6, 33) und (VIII 6, 41)

$$\begin{pmatrix} \frac{\partial^2 f_u}{\partial u^2} + \frac{\partial^2 f_u}{\partial v^2} & \frac{\partial^2 f_v}{\partial u^2} + \frac{\partial^2 f_v}{\partial v^2} \\ -\left(\frac{\partial^2 f_v}{\partial u^2} + \frac{\partial^2 f_v}{\partial v^2}\right) & \frac{\partial^2 f_u}{\partial u^2} + \frac{\partial^2 f_u}{\partial v^2} \end{pmatrix} = (O). \qquad \text{(VIII 6, 43)}$$

Sowohl f_u wie f_v gehorchen also je für sich der zweidimensionalen *Laplace*schen Gleichung

$$\frac{\partial^2 f_u}{\partial u^2} + \frac{\partial^2 f_u}{\partial v^2} = 0; \quad \frac{\partial^2 f_v}{\partial u^2} + \frac{\partial^2 f_v}{\partial v^2} = 0. \qquad \text{(VIII 6, 44)}$$

h) Wir vervollständigen die in (VIII 6, 14) definierte Matrix durch Hinzufügung zweier weiterer, ebenfalls je antimetrischer Matrizen zu folgendem Triplett:

$$(\delta_1) = \begin{pmatrix} 0 & i \\ i & 0 \end{pmatrix}; \ (\delta_2) = \begin{pmatrix} 0 & 1 \\ -1 & 0 \end{pmatrix}; \ (\delta_3) = \begin{pmatrix} i & 0 \\ 0 & -i \end{pmatrix}. \qquad \text{(VIII 6, 45)}$$

Ihre Quadrate besitzen die Eigenschaft

$$(\delta_1^2) = (\delta_2^2) = (\delta_3^2) = \begin{pmatrix} -1 & 0 \\ 0 & -1 \end{pmatrix}, \qquad \text{(VIII 6, 46)}$$

so daß sie sämtlich als Wurzel-Operatoren aus dem negativen Identor interpretiert werden können. Wir führen deshalb drei Operatoren i, j, k ein, deren Matrizen der Reihe nach mit (δ_1), (δ_2), (δ_3) übereinstimmen. Sie sind nicht miteinander vertauschbar: Zwischen ihnen bestehen die Relationen

$$i\,j = -k = -j\,i; \qquad j\,k = -i = -k\,j; \qquad k\,i = -j = -i\,k. \qquad \text{(VIII 6, 47)}$$

Diese erinnern an die Gleichungen, durch welche die Vektorprodukte je zweier Grundvektoren eines *Kartesischen* [Links-]Systemes im R_3 mit dem ihnen zyklisch zugeordneten dritten genetisch verbunden sind [vergleiche VIII 2, h].

Die Operatoren i, j und k bilden zusammen mit dem Identor I eine in sich abgeschlossene Gruppe von vier „Elementen", welche durch paarweise [Matrizen-]Multiplikation stets in Elemente der gleichen Gruppe übergehen. Dieses Operatoren-Quartett definiert die *Hamilton*schen Quaternionen-Einheiten.

VIII 7. Elektrische Kettenleiter.

a) Unter einem linearen, elektrischen Vierpol verstehen wir eine Zusammenschaltung von konstanten Widerständen, Kondensatoren und Induktivitäten, welche nach dem Schema der Abb. VIII 1 zwei Paare freier Klemmen offenbart: Die Eingangsklemmen [Index 1] und die Ausgangsklemmen [Index 2].

Es wird vorausgesetzt, daß der Generator an die Klemmen 1 angeschlossen sei und zwischen ihnen eine Spannung U^1 aufrecht erhalte, welche mit der Kreisfrequenz ω einfach-harmonisch pulsiert; sie ist als Realteil der Funktion $\overline{U}^1 e^{-\sqrt{-1}\,\omega t}$ darzustellen, in welcher $\overline{U}^1$ die komplexe

Amplitude der Eingangsspannung mißt. Zwischen den Ausgangsklemmen ist der Verbraucher zu denken, welchen wir als Netzwerk ebenfalls konstanter Widerstände, Kondensatoren und Induktivitäten voraussetzen.

Auf Grund aller dieser Annahmen fallen die Differentialgleichungen des Vierpoles samt des angeschlossenen Verbrauchers linear aus. Sie besitzen als Partikularintegrale Systeme von Spannungen und Strömen,

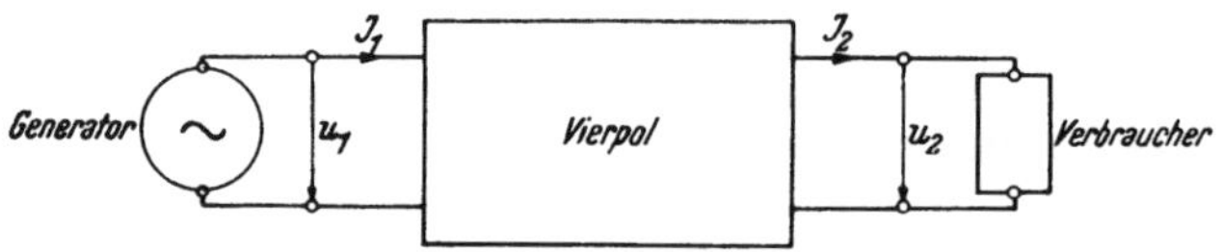

Abb. VIII 1. Orientierung am Vierpol.

welche synchron zur Generatorspannung mit der Kreisfrequenz ω harmonisch pulsieren; nur mit diesem „eingeschwungenen" Zustande beschäftigen wir uns fortan. Insbesondere bestehen dann zwischen den komplexen Amplituden $\overline{\mathrm{U}}^1$, $\overline{\mathrm{U}}^2$ der Spannungen einerseits, den komplexen Amplituden $\overline{\mathrm{J}}^1$, $\overline{\mathrm{J}}^2$ der Ströme andererseits die beiden linearen Gleichungen

$$\overline{\mathrm{U}}^1 = \mathrm{R}^1{}_1\,\overline{\mathrm{J}}^1 + \mathrm{R}^1{}_2\,\overline{\mathrm{J}}^2, \qquad \text{(VIII 7, 1)}$$

$$\overline{\mathrm{U}}^2 = \mathrm{R}^2{}_1\,\overline{\mathrm{J}}^1 + \mathrm{R}^2{}_2\,\overline{\mathrm{J}}^2. \qquad \text{(VIII 7, 2)}$$

Der Vierpol ist also ein Operator R mit der Matrix $(\mathrm{R}^i{}_k)$, welcher den „Stromvektor" $\overline{J}$ [mit den komplexen Komponenten $\overline{\mathrm{J}}^1$ und $\overline{\mathrm{J}}^2$] in den „Spannungsvektor" $\overline{U}$ [der komplexen Komponenten $\overline{\mathrm{U}}^1$ und $\overline{\mathrm{U}}^2$] transformiert.

b) Wir beschränken uns im folgenden auf symmetrische Vierpole der Eigenschaften

$$\mathrm{R}^1{}_1 = \mathrm{R}^2{}_2; \qquad \mathrm{R}^1{}_2 = \mathrm{R}^2{}_1. \qquad \text{(VIII 7, 3)}$$

Aus (VIII 7, 1) und (VIII 7, 2) erhalten wir nun durch Auflösung nach $\overline{\mathrm{U}}^1$ und $\overline{\mathrm{J}}^1$

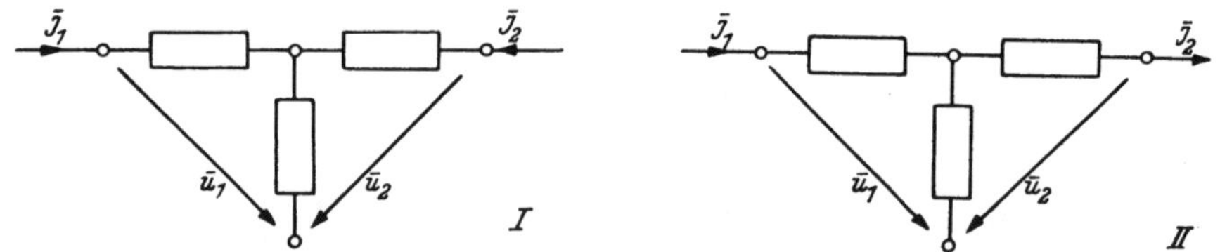

Abb. VIII 2. Übergang vom (I) Gleichungssystem (VIII 7, 4), (VIII 7, 5) zum (II) System (VIII 7, 6), (VIII 7, 7).

$$\overline{\mathrm{U}}^1 = \frac{\mathrm{R}^1{}_1}{\mathrm{R}^2{}_1}\,\overline{\mathrm{U}}^2 + \frac{\mathrm{R}^1{}_2\,\mathrm{R}^2{}_1 - \mathrm{R}^1{}_1\,\mathrm{R}^2{}_2}{\mathrm{R}^2{}_1}\,\overline{\mathrm{J}}^2 \qquad \text{(VIII 7, 4)}$$

$$\overline{\mathrm{J}}^1 = \frac{1}{\mathrm{R}^2{}_1}\,\overline{\mathrm{U}}^2 - \frac{\mathrm{R}^2{}_2}{\mathrm{R}^2{}_1}\,\overline{\mathrm{J}}^2. \qquad \text{(VIII 7, 5)}$$

Wir kleiden diese Beziehungen in die Form der „Transformatorgleichungen" mit primärer Leistungszufuhr und sekundärer Leistungsentnahme, indem wir den „Zählpfeil" des Stromes $\overline{J}^2$ umkehren, also $\overline{J}^2$ mit $(-\overline{J}^2)$ vertauschen [Abb. VIII 2]:

$$\overline{U}^1 = \frac{R^1_1}{R^2_1}\overline{U}^2 + \frac{R^1_1 R^2_2 - R^1_2 R^2_1}{R^2_1}\overline{J}^2 \equiv a\,\overline{U}^2 + b\,\overline{J}^2, \qquad \text{(VIII 7, 6)}$$

$$\overline{J}^1 = \frac{1}{R^2_1}\overline{U}^2 + \frac{R^2_2}{R^2_1} \cdot \overline{J}^2 \equiv c\,\overline{U}^2 + d\,\overline{J}^2, \qquad \text{(VIII 7, 7)}$$

wobei abkürzend gesetzt wurde

$$a = \frac{R^1_1}{R^2_1} = \frac{R^2_2}{R^2_1} = d; \quad b = \frac{R^1_1 R^2_2 - R^1_2 R^2_1}{R^2_1}; \quad c = \frac{1}{R^2_1}; \quad \begin{vmatrix} a & b \\ c & d \end{vmatrix} = 1. \qquad \text{(VIII 7, 8)}$$

Wir homogenisieren und symmetrisieren das System (VIII 7; 6, 7, 8) durch die Schreibweise

$$\overline{U}^1 = a\,\overline{U}^2 + \sqrt{b\,c}\left(\sqrt{\frac{b}{c}}\,\overline{J}^2\right), \qquad \text{(VIII 7, 9)}$$

$$\sqrt{\frac{b}{c}}\,\overline{J}^1 = \sqrt{b\,c}\,U^2 + d\left(\sqrt{\frac{b}{c}}\,\overline{J}^2\right). \qquad \text{(VIII 7, 10)}$$

Nunmehr verbinden wir die Sekundärgrößen zu einem Vektor V mit den komplexen, kontravarianten Komponenten

$$V^1 = \overline{U}^2; \quad V^2 = \sqrt{\frac{b}{c}}\,\overline{J}^2 \qquad \text{(VIII 7, 11)}$$

und ebenso die Primärgrößen zu einem Vektor W mit den komplexen Komponenten

$$W^1 = \overline{U}^1; \quad W^2 = \sqrt{\frac{b}{c}}\,\overline{J}^1. \qquad \text{(VIII 7, 12)}$$

Dann lauten die Gl. (VIII 7, 9) und (VIII 7, 10) zusammenfassend

$$W = T\,V, \qquad \text{(VIII 7, 13)}$$

wobei die Matrix des Operators T und seine Determinante det T durch die Formeln gegeben sind

$$(T) = \begin{pmatrix} a & \sqrt{b\,c} \\ \sqrt{b\,c} & d \end{pmatrix} \qquad \det T = 1. \qquad \text{(VIII 7, 14)}$$

c) Die Eigenwerte λ des Operators T folgen mit Rücksicht auf (VIII 7, 14) aus der Säkulargleichung

$$\begin{vmatrix} a-\lambda & \sqrt{b\,c} \\ \sqrt{b\,c} & d-\lambda \end{vmatrix} = 0; \quad \lambda^2 - 2\lambda\,\frac{a+d}{2} + 1 = 0. \qquad \text{(VIII 7, 15)}$$

Wir führen eine Hilfsgröße α durch die Definition ein

$$e^{\alpha} = \lambda; \quad \lambda = a + \sqrt{a^2 - 1} = a + \sqrt{b\,c}, \qquad \text{(VIII 7, 16)}$$

so daß Gl. (VIII 7, 15) die zwei Wurzeln besitzt

$$\alpha_{(1)} = + \operatorname{arcosh} a; \qquad \alpha_{(2)} = - \operatorname{arcosh} a. \qquad \text{(VIII 7, 17)}$$

Die Richtung der zugehörigen Eigenvektoren $\mathfrak{r}_{(1)}$, $\mathfrak{r}_{(2)}$ folgt aus

$$\frac{r^2_{(1)}}{r^1_{(1)}} = \frac{\sqrt{bc}}{-(a-\lambda_{(1)})} = +1; \quad \frac{r^2_{(2)}}{r^1_{(2)}} = \frac{\sqrt{bc}}{-(a-\lambda_{(2)})} = -1. \qquad \text{(VIII 7, 18)}$$

Daher lauten diese [normierten] Vektoren selbst

$$\mathfrak{r}_{(1)} = \mathfrak{l}_1 \frac{1}{\sqrt{2}} + \mathfrak{l}_2 \frac{1}{\sqrt{2}}; \quad \mathfrak{r}_{(2)} = \mathfrak{l}_1 \frac{1}{\sqrt{2}} - \mathfrak{l}_2 \frac{1}{\sqrt{2}} \qquad \text{(VIII 7, 19)}$$

und ihre Projektoren werden durch die Matrizen dargestellt

$$(P_{(1)}) = \begin{pmatrix} \frac{1}{2} & \frac{1}{2} \\ \frac{1}{2} & \frac{1}{2} \end{pmatrix}; \quad (P_{(2)}) = \begin{pmatrix} \frac{1}{2} & -\frac{1}{2} \\ -\frac{1}{2} & \frac{1}{2} \end{pmatrix}. \qquad \text{(VIII 7, 20)}$$

Hieraus gewinnen wir als kanonische Darstellung des Operators T

$$T = e^{\alpha} P_{(1)} + e^{-\alpha} P_{(2)}, \qquad \text{(VIII 7, 21)}$$

so daß wir seine Matrix in die Form kleiden können

$$(T) = \begin{pmatrix} \cosh \alpha & \sinh \alpha \\ \sinh \alpha & \cosh \alpha \end{pmatrix}. \qquad \text{(VIII 7, 22)}$$

d) Wir stellen n Vierpole von gleichem Aufbau nebeneinander und verbinden die Ausgangsklemmen des (k — 1)-ten Vierpoles mit den Eingangsklemmen des k-ten Vierpoles ($1 \leqq h \leqq n$). Das entstehende System (Abb. VIII 3) repräsentiert zwischen den Eingangsklemmen des ersten Gliedes und den Ausgangsklemmen des n-ten Gliedes einen n-gliedrigen elektrischen Kettenleiter.

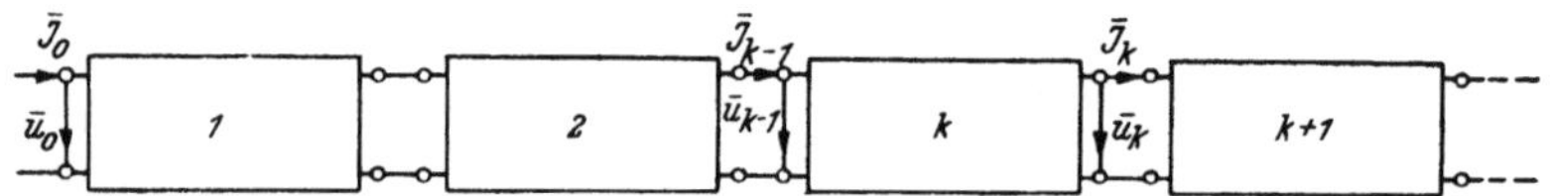

Abb. VIII 3. Orientierung an einer n-gliedrigen Vierpolkette.

Wir bezeichnen die an den Ausgangsklemmen des k-ten Gliedes herrschenden komplexen Amplituden von Spannung und Strom durch $\overline{U}^k$, $\overline{J}^k$ und die an seinen Eingangsklemmen herrschenden Werte mit $\overline{U}^{k-1}$, $\overline{J}^{k-1}$; aus ihnen bilden wir durch paarweise Zusammenfassung die komplexkomponentigen Vektoren

$$V_{(k)} = \mathfrak{l}_1 \overline{U}^k + \mathfrak{l}_2 \sqrt{\frac{b}{c}} \overline{J}^k, \qquad \text{(VIII 7, 23)}$$

$$W_{(k)} = \mathfrak{l}_1 \overline{U}^{k-1} + \mathfrak{l}_2 \sqrt{\frac{b}{c}} \overline{J}^{k-1}, \qquad \text{(VIII 7, 24)}$$

welche durch den Vierpoloperator T miteinander verbunden sind

$$W_{(k)} = T\, V_{(k)}. \qquad \text{(VIII 7, 25)}$$

Die elektrische Schaltung des Kettenleiters kommt in der Koppelungsgleichung zum Ausdruck

$$V_{(k-1)} \equiv W_{(k)}\,. \qquad \text{(VIII 7, 26)}$$

Sie zieht die Rekursion nach sich

$$V_{(n-1)} \equiv W_{(n)} = T\, V_{(n)}; \quad W_{(n-1)} = T\, V_{(n-1)} \equiv T\, W_{(n)} = T^2\, V_{(n)}; \ldots;$$
$$W_{(1)} = T^n\, V_{(n)}. \qquad \text{(VIII 7, 27)}$$

Nach Gl. (VIII 4, 15) berechnet sich nun der Operator T^n aus dem Vierpoloperator (VIII 7, 21) mittels der Formel

$$T^n = e^{\alpha n}\, P_{(1)} + e^{-\alpha n}\, P_{(2)}, \qquad \text{(VIII 7, 28)}$$

so daß die Matrix von T^n die einfache Gestalt annimmt

$$(T^n) = \begin{pmatrix} \cosh \alpha\, n & \sinh \alpha\, n \\ \sinh \alpha\, n & \cosh \alpha\, n \end{pmatrix}. \qquad \text{(VIII 7, 29)}$$

Durch Substitution in (VIII 7, 27) und Zerlegung der Vektoren in ihre komplexen Komponenten kehren wir zu den Arbeitsgleichungen des n-gliedrigen Kettenleiters zurück

$$\overline{U}^0 = \overline{U}^n \cosh \alpha\, n + \sqrt{\frac{b}{c}}\, \overline{J}^n \sinh \alpha\, n, \qquad \text{(VIII 7, 30)}$$

$$\sqrt{\frac{b}{c}}\, \overline{J}^0 = \overline{U}^n \sinh \alpha\, n + \sqrt{\frac{b}{c}}\, \overline{J}^n \cosh \alpha\, n. \qquad \text{(VIII 7, 31)}$$

Spezialisiert man auf einen „angepaßten" Verbraucher der Eigenschaft

$$\overline{U}^n = \sqrt{\frac{b}{c}}\, \overline{J}^n; \quad \overline{J}^n = \frac{\overline{U}^n}{\sqrt{\frac{b}{c}}}, \qquad \text{(VIII 7, 32)}$$

so fallen die Vektoren $V_{(k)}$ und $W_{(k)}$ in die Richtung des Eigenvektors $\mathfrak{r}_{(1)}$ [erste Hauptachse des Vierpoloperators T], und die Gl. (VIII 7, 30), (VIII 7, 31) vereinfachen sich zu

$$\overline{U}^0 = \overline{U}^n\, e^{\alpha n}$$
$$\overline{J}^0 = \overline{J}^n\, e^{\alpha n}; \qquad W_{(1)} = e^{\alpha n} V_{(n)}. \qquad \text{(VIII 7, 33)}$$

e) Für die technischen Anwendungen elektrischer Kettenleiter ist der Fall einer *reellen* Vierpolkonstanten a besonders wichtig. Mittels der aus (VIII 7, 14) fließenden Relation $\sqrt{b\, c} = \sqrt{a^2 - 1}$ ergibt sich dann folgende Alternative:

1. $|a| < 1$: Die Wurzel $\sqrt{b\, c}$ fällt rein imaginär aus. Daher repräsentiert T jetzt einen *Versor* mit notwendig *komplexen* Eigenwerten der Form $e^{i\vartheta_{(1)}}$; $\quad e^{i\vartheta_{(2)}}$.

2. $|a| > 1$: Die Wurzel $\sqrt{bc}$ wird reell, T geht in einen *Hermite*schen Operator mit notwendig *reellen* Eigenwerten über.

Man bestätigt diese Eigenschaften des Vierpoloperators unmittelbar an Hand der expliziten Gl. (VIII 7, 16) für die Eigenwerte λ. Schließt man insbesondere den Kettenleiter durch einen angepaßten Verbraucher nach (VIII 7, 32) ab, so erkennt man aus (VIII 7, 33): Im Falle $|a| < 1$ unterscheiden sich die komplexen Amplituden der Spannungen am Eingang und am Ausgang des Kettenleiters nur ihrer Phase nach, nicht jedoch in ihrem Betrage; dagegen führt der Fall $|a| > 1$ auf ein reelles Verhältnis der am Eingang und am Ausgang des Kettenleiters wirksamen komplexen Spannungsamplituden. Die nämlichen Sätze gelten für die komplexen Amplituden des Stromes.

f) Der Vierpolparameter a wird stets reell, wenn man das Netzwerk des Vierpoles allein aus *Ohm*schen Widerständen aufbaut; gleichzeitig resultiert auch für $\sqrt{bc}$ stets ein reeller Wert, so daß hiermit der *Hermite*sche Charakter von T verbürgt ist. Der aus Vierpolen dieser Art entstehende Kettenleiter wird als *Eichleitung* bezeichnet; sie dient zum meßtechnischen Vergleich mit kontinuierlichen elektrischen Leitungen oder mit Kettenleitern von verwickelterer Struktur.

Ein reeller Wert des Vierpolparameters a läßt sich jedoch auch dann annähernd verwirklichen, wenn man zum Aufbau des Vierpoles lediglich möglichst verlustarme Kondensatoren und Spulen benützt. Der Betrag von a wird dann eine Funktion der Kreisfrequenz ω, so daß man in der Regel innerhalb des von $(-\infty) < \omega < (+\infty)$ reichenden kontinuierlichen Frequenzspektrums bestimmte „Grenzfrequenzen" antrifft, für welche $|a|$ den Wert 1 passiert: Der Operator T schlägt bei variabler Frequenz von einem Versor zu einem *Hermite*schen Operator um oder umgekehrt. Der versorische Charakter definiert dann den Durchlaßbereich, der *Hermite*sche Charakter den Sperrbereich eines elektrischen Filters [Siebkette].

VIII 8. Grundbegriffe der linearen Integralgleichungen.

a) Im z-dimensionalen, *Hilbert*schen Raume seien die Vektoren U, V und W mittels eines Skalares λ und eines Operators T durch die Gleichung verbunden

$$U = V + \lambda^{-1}\, T\, W. \qquad \text{(VIII 8, 1)}$$

Ihre Komponentendarstellung lautet

$$\mathrm{U}^{\mathrm{m}} = \mathrm{V}^{\mathrm{m}} + \lambda^{-1}\, \mathrm{T}^{\mathrm{m}}{}_{\mathrm{n}}\, \mathrm{W}^{\mathrm{n}}. \qquad \text{(VIII 8, 2)}$$

Wir sehen weiterhin stets W als unbekannt an, während wir über U und V speziell verfügen werden.

b) Wir deuten, von der bisher benützten Nomenklatur abweichend, den Achsenindex $1 \leqq m \leqq z$ als eine unabhängige Variable, welche durchaus auf die ganzen, positiven Zahlen 1, 2, ... z beschränkt ist. Die Gesamtheit der Komponenten A^m oder A_m eines Vektors A geht damit je in eine Funktion von m über:

$$A^m \rightarrow A(m); \qquad A_m \equiv A^{*m} \rightarrow A^*(m). \qquad \text{(VIII 8, 3)}$$

Dagegen behalten wir für die Grundvektoren einer Basis die Zeichen a_k bei; in ihr gilt also

$$A = \sum_m a_m A(m). \qquad \text{(VIII 8, 4)}$$

Für die Gesamtheit der Operatorkomponenten $T^m{}_n$ schreiben wir

$$T^m{}_n \rightarrow T(m, n). \qquad \text{(VIII 8, 5)}$$

Im Funktionssymbol $T(m, n)$ ist die Reihenfolge der unabhängigen Variabeln wesentlich: Aus (VIII 2, 1) entnimmt man

$$T_m{}^n = \tilde{T}^n{}_m = T^{*m}{}_n \rightarrow T^*(m, n) \qquad \text{(VIII 8, 6)}$$

also für einen *Hermite*schen Operator

$$T(m, n) = T^*(n, m). \qquad \text{(VIII 8, 7)}$$

c) Für $V = 0$ und $\lambda = 1$ liefert (VIII 8, 2)

$$U(m) = \sum_n T(m, n) W(n). \qquad \text{(VIII 8, 8)}$$

Diese Gleichung läßt sich nur im Falle der Existenz des reziproken Operators T^{-1} auflösen:

$$W(m) = \sum_n T^{-1}(m, n) U(n). \qquad \text{(VIII 8, 9)}$$

d) Für $V = 0$ und $U \equiv W$ entspringt aus (VIII 8, 2) die homogene, lineare Gleichung

$$\lambda W(m) = \sum_n T(m, n) W(n). \qquad \text{(VIII 8, 10)}$$

Sie besitzt als nicht-triviale Lösungen nur die zu den Wurzeln der Säkulargleichung

$$\det\{\lambda\,\delta(m, n) - T(m, n)\} = 0 \qquad \text{(VIII 8, 11)}$$

[*Eigenwerten* $\lambda_1, \ldots \lambda_q, \ldots \lambda_z$] gehörigen *Eigenvektoren* $W \equiv W_q$, welche normiert seien:

$$\sum_n W_q(n) W_q^*(n) = 1. \qquad \text{(VIII 8, 12)}$$

Ist T *hermite*sch, so werden sämtliche λ_q reell, und die W_q liefern die Basisvektoren a_q des Hauptachsen-Systemes:

$$\sum_n W_p(n) W_q^*(n) = \delta(p, q). \qquad \text{(VIII 8, 13)}$$

Jedem a_q ist sein Projektor P_q zugeordnet:

$$P_q(m, n) = a_q(m)\, a_q^*(n). \qquad \text{(VIII 8, 14)}$$

Wir erinnern an folgende Identitäten:

1. Nach (VIII 4, 10) gilt für jeden Vektor F

$$F(m) = \sum_q \sum_n a_q(m)\, a_q^*(n)\, F(n). \qquad \text{(VIII 8, 15)}$$

2. T erlaubt die kanonische Darstellung

$$T(m, n) = \sum_q \lambda_q\, a_q(m)\, a_q^*(n). \qquad \text{(VIII 8, 16)}$$

e) Für $U \equiv W$, bei beliebigem Charakter von T, liefert (VIII 8, 2) die inhomogene, lineare Gleichung

$$W(m) = V(m) + \lambda^{-1} \sum_n T(m, n)\, W(n) \qquad \text{(VIII 8, 17)}$$

mit folgender Alternative ihrer Lösbarkeit:

1. Es existiert der Operator $f(T) = (I - \lambda^{-1} T)^{-1}$; dann folgt aus (VIII 8, 17)

$$W(m) = \sum_n f(m, n)\, V(n). \qquad \text{(VIII 8, 18)}$$

Die Berechnung von f läßt sich umgehen: Wir betrachten in (VIII 8, 17) das Glied $\lambda^{-1} \sum_n T(m, n)\, W(n)$ als „Korrektur" des „Hauptgliedes" $V(m)$ und erhalten als „Näherung der Ordnung Null"

$$W_0(m) = V(m) \qquad \text{(VIII 8, 19)}$$

als „Näherung der Ordnung Eins",

$$W_1(m) = V(m) + \lambda^{-1} \sum_n T(m, n)\, W_0(n) = V(m) + \lambda^{-1} \sum_n T(m, n)\, V(n)$$

$$\text{(VIII 8, 20)}$$

als „Näherung der Ordnung Zwei"

$$W_2(m) = V(m) + \lambda^{-1} \sum_n T(m, n)\, W_1(n) =$$

$$= V(m) + \lambda^{-1} \sum_n T(m, n)\, V(n) + \lambda^{-2} \sum_n T^2(m, n)\, V(n) \qquad \text{(VIII 8, 21)}$$

und durch unbegrenzte Fortsetzung dieses „Verfahrens der sukzessiven Approximationen"

$$W(m) = \sum_n \{\delta(m, n) + \lambda^{-1} T(m, n) + \lambda^{-2} T^2(m, n) + \ldots\}\, V(n)$$

$$\text{(VIII 8, 22)}$$

Darin sind die Potenzen von T nach den Regeln der Matrizen-Multiplikation zu bilden

$$\begin{aligned} T^2(m,n) &= \sum_{m'} T(m,m')\,T(m',n) \\ T^3(m,n) &= \sum_{m'}\sum_{m''} T(m,m')\,T(m',m'')\,T(m'',n). \\ \ldots & \quad \ldots \end{aligned} \qquad \text{(VIII 8, 23)}$$

Innerhalb ihres Konvergenzbereiches folgt die Identität von (VIII 8, 18) mit (VIII 8, 22) aus der Gleichung

$$(I + \lambda^{-1} T + \lambda^{-2} T^2 + \ldots)(I - \lambda^{-1} T) = I, \qquad \text{(VIII 8, 24)}$$

doch reicht die Kraft von (VIII 8, 18) über den Konvergenzbereich von (VIII 8, 22) hinaus.

2. Die vorstehend genannten Lösungen versagen, falls λ mit einer Wurzel der Gl. (VIII 8, 11), etwa dem Eigenwerte λ_q koinzidiert. Für beliebige V läßt sich dann (VIII 8, 17) gewiß nicht befriedigen; ist jedoch diese Gleichung mit speziellen Vektoren V verträglich?

Wir rufen einen vorerst willkürlichen Vektor X zu Hilfe und bilden

$$(\tilde{X} W) = (\tilde{X} V) + \lambda_q^{-1} (\tilde{X} T W). \qquad \text{(VIII 8, 25)}$$

Mittels (VIII 8, 6) formen wir um

$$\begin{aligned} (\tilde{X} T W) &= \sum_n \sum_m \tilde{X}(n)\,T(n,m)\,W(m) = \\ &= \sum_m \sum_n W(m)\,\tilde{T}^*(m,n)\,\tilde{X}(n) = (W \tilde{T}^* \tilde{X}). \end{aligned} \qquad \text{(VIII 8, 26)}$$

Daher nimmt (VIII 8, 17), für $\lambda = \lambda_q$, die Gestalt an

$$(W \{\lambda_q I - \tilde{T}^*\} \tilde{X}) = \lambda_q (\tilde{X} V). \qquad \text{(VIII 8, 27)}$$

Wegen $\tilde{T}^*(m,n) \equiv T(n,m)$ ist λ_q gleichzeitig Wurzel der Säkulargleichung (VIII 8, 11) und der Säkulargleichung

$$\det\{\lambda_q\, \delta(m,n) - \tilde{T}^*(m,n)\} = 0 \qquad \text{(VIII 8, 28)}$$

[IV 5, i]. Spezialisieren wir jetzt $\tilde{X}$ als den, dem Eigenwerte λ_q von $\tilde{T}^*$ korrespondierenden Eigenvektor $\tilde{W}_q$, so verschwindet gewiß die linke Seite von (VIII 8, 27); daher ist diese Gleichung nur dann in sich widerspruchsfrei, falls gleichzeitig V auf W_q senkrecht steht. Ist insbesondere T *hermitesch*, so gleicht $\tilde{W}_q$ dem Eigenvektor $\tilde{a}_q$, welcher den Eigenvektor a_q von T selbst dual ergänzt: Für $\lambda = \lambda_q$ wird die Orthogonalität von V und a_q verlangt.

f) Wir wählen eine ganze, positive Zahl $Z > 1$ und vermehren hierdurch die Dimensionenzahl des *Hilbert*schen Raumes auf $z' = z\,Z$. Statt des ganzzahligen Index $1 \leqq m' \leqq z'$ führen wir den rational gebrochenen Index ein

$$\mu = \frac{m'}{Z}\,; \qquad \frac{1}{Z} \leqq \mu \leqq z. \qquad \text{(VIII 8, 29)}$$

Die Variable μ ändert sich für $\Delta\, m' = 1$ um $\Delta\, \mu = 1/Z$.

Durch den Prozeß $Z \to \infty$ stoßen wir zum Begriffe des kontinuierlich veränderlichen Index vor; dabei geht $\Delta\, \mu$ in das Differential von μ über. Gleichzeitig verkleinern wir $T(\mu, \nu)$ derart, daß das Produkt $Z\,T(\mu, \nu)$ für $Z \to \infty$ gegen die Funktion $K(\mu, \nu)$ konvergiert, welche wir von nun ab als *Kern* bezeichnen. Dann wird

$$\lim_{z \to \infty} \sum_{\nu} T(\mu, \nu)\, W(\nu) = \int_{\nu=0}^{z} K(\mu, \nu)\, W(\nu)\, d\nu. \qquad \text{(VIII 8, 30)}$$

Die Grenzen des Integrales können durch Substitution einer neuen Integrationsvariabeln beliebig verlegt werden; sie sind also unwesentlich und werden weiterhin nicht explizit angegeben werden.

Mittels (VIII 8, 30) verwandeln sich die früheren linearen Operatorengleichungen in *lineare Integralgleichungen*. Ihre Theorie bildet eine der wichtigsten Disziplinen der modernen Mathematik, deren Umfang über unsere elementare Behandlung weit hinausgreift. Wir haben uns deshalb mit Andeutungen zu begnügen, mit dem Ziel, auf Grund der für Operatorengleichungen gültigen Methoden Ansatzpunkte für die Lösung gewisser linearer Integralgleichungen zu gewinnen; dabei müssen wir allerdings auf diejenigen Existenzsätze und Konvergenzbeweise verzichten, welche für eine strenge Rechtfertigung des Rechenprozesses unumgänglich sind.

g) Wir tauschen in (VIII 8, 8) das Zeichen U mit g, W mit f und gelangen durch $Z \to \infty$ zu der *Integralgleichung erster Art* für die unbekannte Funktion $f(\nu)$

$$g(\mu) = \int K(\mu, \nu)\, f(\nu)\, d\nu. \qquad \text{(VIII 8, 31)}$$

Aus (VIII 8, 9) erschließen wir als Bedingung der Lösung die Existenz des „lösenden Kernes“ $K^{-1}(\mu, \nu)$, mit dessen Hilfe wir formal erhalten

$$f(\mu) = \int K^{-1}(\mu, \nu)\, g(\nu)\, d\nu. \qquad \text{(VIII 8, 32)}$$

Allerdings verlangt die wirkliche Herstellung des lösenden Kernes auf Grundlage des Operatorenkalküls die Berechnung von Determinanten des Ranges $z' \to \infty$; wir kommen später auf diese Frage zurück.

h) Aus (VIII 8, 10) gewinnen wir, nach Ersatz des Zeichens W durch f, für diese unbekannte Funktion durch $Z \to \infty$ die homogene, lineare *Integralgleichung zweiter Art*

$$\lambda \, f(\mu) = \int K(\mu, \nu) \, f(\nu) \, d\nu. \qquad \text{(VIII 8, 33)}$$

Sie ist, falls überhaupt, nur für gewisse Eigenwerte $\lambda = \lambda_q$ lösbar, deren jedem eine Eigenfunktion f_q zugeordnet ist; der Kürze halber beschränken wir uns auf den Fall „regulärer" Kerne mit einem diskreten Eigenwert-Spektrum. Die f_q normieren wir dann mittels

$$\int f_q(\mu) \, f_q^*(\mu) \, d\mu = 1. \qquad \text{(VIII 8, 34)}$$

Wir führen die Rechnung für Kerne der speziellen Gestalt durch

$$K(\mu, \nu) = h^r(\mu) \, \overline{h}_r(\nu); \qquad 1 \leqq r \leqq R. \qquad \text{(VIII 8, 35)}$$

Über den [ganzzahligen] Index r der beiden Funktionen $h^r(\mu)$, $\overline{h}_r(\nu)$ ist zu summieren. Wir setzen

$$\overline{H}_r = \int \overline{h}_r(\nu) \, f(\nu) \, d\nu \qquad \text{(VIII 8, 36)}$$

und erhalten aus (VIII 8, 33)

$$\lambda \, f(\mu) = \overline{h}^r(\mu) \, \overline{H}_r. \qquad \text{(VIII 8, 37)}$$

Durch Erweitern mit $\overline{h}_s(\mu)$ und darauf folgende Integration über μ entsteht

$$\lambda \, \overline{H}_s = L_s^{\ r} \, \overline{H}_r; \qquad L_s^{\ r} = \int \overline{h}_s(\mu) \, \overline{h}^r(\mu) \, d\mu. \qquad \text{(VIII 8, 38)}$$

Die gesuchten Eigenwerte folgen somit aus der Säkulargleichung vom Range R

$$\det \{\lambda \, \delta_s^r - L_s^{\ r}\} = 0. \qquad \text{(VIII 8, 39)}$$

Damit sind — nach passender Normierung — auch die $\overline{H}_r$ festgelegt, so daß die $f_r(\mu)$ aus (VIII 8, 37) zu entnehmen sind.

Im Sonderfalle des *Hermite*schen Kernes

$$K(\mu, \nu) = K^*(\nu, \mu) \qquad \text{(VIII 8, 40)}$$

sind die zu verschiedenen q gehörigen Eigenfunktionen — die wir nun mit k_q bezeichnen — paarweise zueinander orthogonal

$$\int k_p(\mu) \, k_q^*(\mu) \, d\mu = \delta(p, q). \qquad \text{(VIII 8, 41)}$$

Die Gesamtheit der Eigenfunktionen bildet die Basis eines neuen Bezugssystemes. In ihm liefert das Produkt $k_q(\mu) \, k_q^*(\nu)$ die Komponente $P_q(\mu, \nu)$ des Projektors P_q, welcher der Hauptachse q zugeordnet ist. Eine beliebige Funktion $F(\mu)$ gestattet die Entwicklung

$$F(\mu) = \sum_q F_q \, k_q(\mu), \qquad \text{(VIII 8, 42)}$$

wobei, nach (VIII 8, 41), die Koeffizienten F_q nach der Vorschrift

$$F_q = \int F(\mu) \, k_q^*(\mu) \, d\mu \qquad \text{(VIII 8, 43)}$$

zu berechnen sind [Resultat des auf (VIII 4, 9) angewandten Prozesses $Z \to \infty$]. F besitzt die Norm

$$\int F(\mu) F^*(\mu) d\mu = \sum_q F_q F_q^*. \qquad \text{(VIII 8, 44)}$$

Mit einer anderen Funktion $G(\mu)$ schließt F den reellen Winkel φ ein:

$$\cos^2\varphi = \frac{\int F^*(\mu) G(\mu) d\mu \int F(\mu) G^*(\mu) d\mu}{\int F^*(\mu) F(\mu) d\mu \int G(\mu) G^*(\mu) d\mu} = \frac{\sum_q F_q^* G_q \sum_q F_q G_q^*}{\sum_q F_q^* F_q \sum_q G_q G_q^*}$$
(VIII 8, 45)

[*Schwarz*sche Ungleichung]. Diese Formeln verallgemeinern die wohlbekannte *Fourier*sche Methode der Entwicklung periodischer Funktionen nach dem Orthogonalsystem der trigonometrischen Funktionen auf andere Orthogonalsysteme.

Durch Anwendung von (VIII 8, 42) auf $K(\mu, \nu)$ folgt, mit Rücksicht auf den *Hermite*schen Charakter des Kernes, nach (VIII 8, 33) und (VIII 8, 43)

$$K_q(\nu) = \int k_q^*(\mu) K(\mu, \nu) d\mu = \int K^*(\nu, \mu) k_q^*(\mu) d\mu = \lambda_q k_q^*(\nu) \quad \text{(VIII 8, 46)}$$

also, als kanonische Darstellung [Resultat des auf (VIII 8, 16) angewandten Prozesses $Z \to \infty$]

$$K(\mu, \nu) = \sum_q \lambda_q k_q(\mu) k_q^*(\nu). \qquad \text{(VIII 8, 47)}$$

Sie verhilft zu der früher in Aussicht gestellten Lösung der Integralgleichung erster Art (VIII 8, 31) für den Sonderfall des *Hermite*schen Kernes: Wir entwickeln $g(\mu)$ in die Reihe

$$g(\mu) = \sum_q g_q k_q(\mu); \quad g_q = \int k_q^*(\nu) g(\nu) d\nu. \qquad \text{(VIII 8, 48)}$$

Ebenso sei, mit zunächst noch unbekannten Koeffizienten f_p,

$$f(\nu) = \sum_p f_p k_p(\nu). \qquad \text{(VIII 8, 49)}$$

Durch Substitution von (VIII 8, 48), (VIII 8, 49) in (VIII 8, 31) entsteht

$$\sum_q g_q k_q(\mu) = \int \sum_q \lambda_q k_q(\mu) k_q^*(\nu) \left(\sum_p f_p k_p(\nu)\right) d\nu. \qquad \text{(VIII 8, 50)}$$

Unter der Voraussetzung, daß der Charakter der Eigenfunktionen diese Operation gestattet, vertauschen wir die Reihenfolge der Summation nach p und der Integration nach ν und finden wegen (VIII 8, 41)

$$\sum_q g_q k_q(\mu) = \sum_q \lambda_q k_q(\mu) f_q; \qquad f_q = \frac{g_q}{\lambda_q}; \qquad f(\nu) = \sum_p \frac{1}{\lambda_p} g_p k_p(\nu). \tag{VIII 8, 51}$$

i) Der Prozeß $Z \to \infty$ führt [mit $W \to f$, $V \to g$] Gl. (VIII 8, 17) in die inhomogene, lineare Integralgleichung zweiter Art über

$$f(\mu) = g(\mu) + \lambda^{-1} \int K(\mu, \nu) f(\nu) d\nu \tag{VIII 8, 52}$$

mit folgender Alternative der Lösung:

1. Wir führen nach *Dirac* als Komponenten des Einheitstensors [Identors] mit kontinuierlichem Index das Symbol $\delta(\mu, \nu)$ mit den Eigenschaften ein: Für $\mu \neq \nu$ sei $\delta(\mu, \nu) = 0$; für $\mu \to \nu$ werde $\delta(\mu, \nu)$ derart unendlich, daß $\int \delta(\mu, \nu) d\nu = 1$ ist. Hiermit läßt sich (VIII 8, 52) in die Gestalt bringen

$$g(\mu) = \int \{\delta(\mu, \nu) - \lambda^{-1} K(\mu, \nu)\} f(\nu) d\nu. \tag{VIII 8, 53}$$

Die Lösung kommt hiernach auf die Konstruktion des „lösenden Kernes" $\{\delta(\mu, \nu) - \lambda^{-1} K(\mu, \nu)\}^{-1}$ hinaus. Wir führen die verlangte Rechnung mittels der Methode der sukzessiven Approximationen durch und finden der Reihe nach für $f(\mu)$ die Näherungen

$$\begin{aligned} f_0(\mu) &= g(\mu), \\ f_1(\mu) &= g(\mu) + \lambda^{-1} \int K(\mu, \nu) g(\nu) d\nu \\ f_2(\mu) &= g(\mu) + \lambda^{-1} \int K(\mu, \nu) g(\nu) d\nu + \lambda^{-2} \int K^2(\mu, \nu) g(\nu) d\nu, \\ &\dots \quad \dots \quad \dots \end{aligned} \tag{VIII 8, 54}$$

wobei die „iterierten Kerne" $K^2(\mu, \nu)$, $K^3(\mu, \nu), \dots,$ analog der Regel (VIII 8, 23) der Matrizenmultiplikation, nach der Vorschrift zu berechnen sind

$$\begin{aligned} K^2(\mu, \nu) &= \int_{\nu'} K(\mu, \nu') K(\nu', \nu) d\nu' \\ K^3(\mu, \nu) &= \int_{\nu'} \int_{\nu''} K(\mu, \nu') K(\nu', \nu'') K(\nu'', \nu) d\nu' d\nu''. \\ &\dots \quad \dots \end{aligned} \tag{VIII 8, 55}$$

Setzen wir $K^0 \equiv \delta(\mu, \nu)$, so erscheint die gesuchte Funktion in Gestalt der *Neumann*schen Reihe

$$f(\mu) = \sum_{i=0}^{\infty} \lambda^{-i} \int K^i(\mu, \nu) g(\nu) d\nu \tag{VIII 8, 56}$$

[Ergebnis von (VIII 8, 22) für $Z \to \infty$]; diese Darstellung ist nur innerhalb ihres Konvergenzbereiches gültig, während $f(\mu)$ auch außerhalb dieses Bereiches existiert.

2. Es sei $\lambda = \lambda_q$ ein Eigenwert der homogenen Integralgleichung zweiter Art

$$\lambda f(\mu) = \int K(\mu, \nu) f(\nu) d\nu. \tag{VIII 8, 57}$$

Indem man in (VIII 8, 28) den Grenzübergang $Z \to \infty$ ausführt, gelangt man zu der Integralgleichung

$$\lambda \tilde{f} = \int \tilde{K}^*(\mu, \nu) \tilde{f}(\nu) d\nu = \int K(\nu, \mu) \tilde{f}(\nu) d\nu, \tag{VIII 8, 58}$$

deren Eigenwerte mit denen der Gl. (VIII 8, 57) koinzidieren [für *Hermite*sche Kerne ist dieser Satz trivial]. Dann ist (VIII 8, 52) nur lösbar für Funktionen $g(\mu)$, welche auf der dualen Ergänzung $f_q(\nu)$ der Eigenfunktionen $\tilde{f}_q(\nu)$ von (VIII 8, 58) senkrecht stehen; für *Hermite*sche Kerne wird dieses f_q mit den Lösungen von (VIII 8, 57) identisch.

Wir erläutern den Sinn dieser einschränkenden Bedingung an folgendem Lösungsverfahren der inhomogenen Integralgleichung zweiter Art, das allerdings auf *Hermite*sche Kerne beschränkt ist: Wir tragen (VIII 8, 47), (VIII 8, 48) und (VIII 8, 49) in (VIII 8, 52) ein und erhalten

$$\lambda \sum_p{}' \{f_p - g_p\} k_p(\mu) = \sum_p{}' \lambda_p f_p k_p(\mu) \tag{VIII 8, 59}$$

also

$$f_p = \frac{\lambda g_p}{\lambda - \lambda_p}; \quad f(\mu) = \sum_p{}' \frac{\lambda g_p}{\lambda - \lambda_p} k_p(\mu). \tag{VIII 8, 60}$$

Für $\lambda \to \lambda_q$ tritt, in der Regel, eine „Resonanzkatastrophe" ein: $f(\mu)$ wächst über alle Grenzen an. Soll $f(\mu)$ für $\lambda = \lambda_q$ endlich bleiben, so muß g_q verschwinden: Dies bedeutet, nach (VIII 8, 48), gerade die Orthogonalität von g auf k_q.

j) Als Beispiel behandeln wir die infinitesimalen, elastischen Deformationen einer Saite der Länge l, welche zwischen den Fixpunkten A und B durch die Kraft S gespannt wird. Für die transversale Auslenkung, welche im Abstande x von A als Wirkung der in ξ angreifenden, infinitesimalen Einzelkraft $dP(\xi)$ erscheint, gilt gemäß (IV 6, 4) — nach passendem Wechsel der Bezeichnungen —

$$y(x) = K(x, \xi) \frac{dP(\xi)}{S}; \quad \begin{aligned} K(x, \xi) &= \frac{x(l-\xi)}{l} \quad \text{für } x \leqq \xi \\ K(x, \xi) &= \frac{(l-x)\xi}{l} \quad \text{für } x \geqq \xi. \end{aligned} \tag{VIII 8, 61}$$

Mittels $dP(\xi) = p(\xi)\,d\xi$ gehen wir zum Falle der je Längeneinheit durch $p(\xi)$ belasteten Saite über und erhalten, mit $f(\xi) = p(\xi)/S$, für y die Integralgleichung

$$y(x) = \int_0^l K(x, \xi)\, f(\xi)\, d\xi. \qquad \text{(VIII 8, 62)}$$

In Abb. VIII 4 ist der Kern $K(x, \xi) = K(\xi, x)$ für festes x als Funktion von ξ dargestellt. Wir erweitern ihn über seinen ursprünglichen Definitionsbereich $0 \leqq \xi \leqq l$, entsprechend der unterbrochenen Linie, zu einer periodischen Funktion der primitiven Wellenlänge 2 l, welche wir in die *Fourier*sche Reihe entwickeln

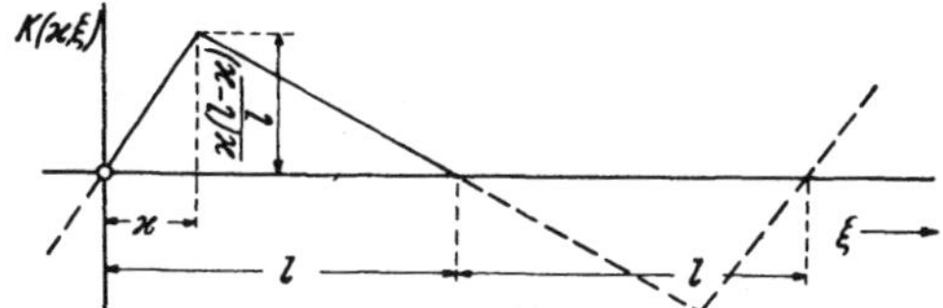

Abb. VIII 4. Zur Darstellung des Kernes in der Integralgleichung der schwingenden Saite.

$$K(x, \xi) = \sum_{q=1}^{\infty} \frac{l^2}{\pi^2 q^2} \sqrt{\frac{2}{l}} \sin\left(q\pi \frac{x}{l}\right) \sqrt{\frac{2}{l}} \sin\left(q\pi \frac{\xi}{l}\right). \qquad \text{(VIII 8, 63)}$$

Daher liefert der Vergleich mit (VIII 8, 47) als Eigenwerte und [normierte] Eigenfunktionen des Kernes

$$\lambda_q = \frac{l^2}{\pi^2 q^2}; \quad k_q(x) = \sqrt{\frac{2}{l}} \sin q\pi \frac{x}{l}; \quad k_q(\xi) = \sqrt{\frac{2}{l}} \sin q\pi \frac{\xi}{l}. \qquad \text{(VIII 8, 64)}$$

Damit können wir folgende Fragen beantworten:

1. Welche Belastung $f(\xi)$ ist der Saite aufzuerlegen, um die vorgeschriebene Deformation $y(x)$ zu erzwingen? Es liegt eine Integralgleichung erster Art vor; nach (VIII 8, 51) lautet ihre Lösung

$$f(\xi) = \sum_q \frac{\pi^2 q^2}{l^2} y_q \sqrt{\frac{2}{l}} \sin q\pi \frac{\xi}{l}; \quad y_q = \int_0^l y(x) \sqrt{\frac{2}{l}} \sin q\pi \frac{x}{l}\, dx. \qquad \text{(VIII 8, 65)}$$

2. Es bezeichne $m = m(\xi)$ die träge Masse je Längeneinheit der Saite. Kann dieses mechanische System mit der Kreisfrequenz ω harmonisch schwingen? Der Ansatz der stehenden Welle $y(x, t) = a(x) \cos\omega t$ [$a(x)$ = Amplitudenfunktion] liefert als *d'Alembert*sche Reaktionskraft je Längeneinheit der Saite $p(\xi) = -m(\xi) \frac{\partial^2 y(\xi, t)}{\partial t^2} = \omega^2 m(\xi)\, a(\xi) \cos\omega t$. Aus (VIII 8, 62) entsteht somit, nach Kürzen durch $\cos\omega t$, für $a(x)$ die homogene Integralgleichung zweiter Art

$$a(x) = \frac{\omega^2}{S} \int_0^l K(x, \xi)\, m(\xi)\, a(\xi)\, d\xi. \qquad \text{(VIII 8, 66)}$$

Wir spezialisieren zunächst auf die homogene Saite $m(\xi) = m_0$ und setzen $\lambda = \frac{S}{\omega^2 m_0}$, so daß (VIII 8, 66) in die Gleichung übergeht

$$\lambda\, a(x) = \int_0^1 K(x, \xi)\, a(\xi)\, d\xi. \qquad \text{(VIII 8, 67)}$$

Ihre Lösung liegt in (VIII 8, 64) fertig vor: Es existiert ein diskretes Frequenzspektrum ω_q der Eigenschwingungen

$$\lambda_q = \frac{l^2}{\pi^2 q^2} = \frac{S}{\omega_q{}^2 m_0}; \qquad \omega_q = \frac{\pi q}{l}\sqrt{\frac{S}{m_0}}, \qquad \text{(VIII 8, 68)}$$

deren jede wesentlich [bis auf einen Intensitätsfaktor] mit der Eigenfunktion $\sqrt{\frac{2}{l}} \sin q\, \pi \frac{x}{l}$ erfolgt.

3. Die spezifische Masse $m(\xi)$ sei nach dem Gesetze

$$m(\xi) = m_0 + \varepsilon\, m'(\xi); \qquad \varepsilon \ll 1 \qquad \text{(VIII 8, 69)}$$

längs der Saite verteilt. Welches ist der Einfluß der vorgegebenen „Störung" $\varepsilon\, m'(\xi)$ auf die q-te Eigenschwingung der homogenen Saite? Wir setzen sowohl den gesuchten Eigenwert λ wie die zugehörige Amplitudenfunktion $a(x)$ je als Potenzreihe des Störungsparameters ε an

$$\frac{S}{\omega^2 m_0} \equiv \lambda = \lambda_q + \varepsilon\, \lambda' + \ldots; \qquad a(x) = k_q(x) + \varepsilon\, a'(x) + \ldots$$

$$\text{(VIII 8, 70)}$$

Bis zu Gliedern einschließlich erster Ordnung in ε liefert dann (VIII 8, 62)

$$\lambda_q k_q(x) + \varepsilon \{\lambda' k_q(x) + \lambda_q a'(x)\} = \int_0^1 K(x, \xi)\, k_q(\xi)\, d\xi +$$

$$+ \varepsilon \left\{ \int_0^1 K(x, \xi)\, a'(\xi)\, d\xi + \int_0^1 K(x, \xi)\, \frac{m'(\xi)}{m_0}\, k_q(\xi)\, d\xi \right\}. \qquad \text{(VIII 8, 71)}$$

Auf Grund der Voraussetzungen ist die Funktion

$$\mu(x) = \int_0^1 K(x, \xi)\, \frac{m(\xi)}{m_0}\, k_q(\xi)\, d\xi \qquad \text{(VIII 8, 72)}$$

als bekannt zu erachten. Mit Rücksicht auf (VIII 8, 66) entsteht somit aus (VIII 8, 71) für $a'(\xi)$ die inhomogene Integralgleichung zweiter Art

$$\lambda_q\, a'(x) = \{\mu(x) - \lambda' k_q(x)\} + \int_0^1 K(x, \xi)\, a'(\xi)\, d\xi. \qquad \text{(VIII 8, 73)}$$

Ihre Lösbarkeit ist an die Orthogonalitäts-Bedingung gebunden

$$\int_0^1 \{\mu(x) - \lambda' k(x)\} k_q(x)\, dx = 0, \qquad \text{(VIII 8, 74)}$$

aus welcher man entnimmt

$$\lambda' = \int_0^1 \mu(x)\, k_q(x)\, dx. \qquad \text{(VIII 8, 75)}$$

Nach (VIII 8, 70) ist hiermit die zu ω_q benachbarte Eigenfrequenz ω des gestörten Systemes berechenbar. Endlich entnimmt man aus (VIII 8, 60) als Störung der Eigenfunktion $k_q(x)$

$$a'(x) = \sum_r a_r' k_r(x); \qquad r \neq q \qquad \text{(VIII 8, 76)}$$

mit

$$a_r' = \frac{1}{\lambda_q - \lambda_r} \int_0^1 \{\mu(x) - \lambda' k_q(x)\} k_r(x)\, dx \qquad \text{(VIII 8, 77)}$$

oder, mit Rücksicht auf den Charakter von λ' als einer Konstanten,

$$a_r' = \frac{1}{\lambda_q - \lambda_r} \int_0^1 \mu(x)\, k_r(x)\, dx. \qquad \text{(VIII 8, 78)}$$

VIII 9. Grundlagen der Klassischen Matrizenmechanik.

a) Wir wenden die Theorie der linearen Integralgleichungen auf die Klassische *Schroedinger*-Gleichung für die zeitfreie Schwingungsfunktion $\overline{u}$ eines materiellen Punktes der Ruhmasse m_0 an

$$\nabla^2 \overline{u} + \frac{8\pi^2 m_0}{h^2}(W - V_{pot})\, \overline{u} = 0. \qquad \text{(VIII 9, 1)}$$

Es wird verlangt, daß $\overline{u}$ an der Grenze F ihres endlichen Existenzgebietes T [im dreidimensionalen, *Euklid*ischen Konfigurationsraum] verschwindet.

Wir führen eine *Green*sche Funktion G der *Kartesischen* Aufpunktskoordinaten $x^{i'}$ und der Quellpunktskoordinaten x^i [$i = 1, 2, 3$] ein, welche folgenden Bedingungen genügt:

1. In T befriedigt G mit Ausnahme des Aufpunktes $P' = (x^{i'})$ selbst die Differentialgleichung

$$\nabla^2 G + \frac{8\pi^2 m_0}{h^2}(- V_{pot})\, G = 0. \qquad \text{(VIII 9, 2)}$$

2. Auf F ist $G = 0$.

3. Sei $r = \sqrt{\sum_i (x^i - x^{i'})^2}$, so existiert der Grenzwert $\lim\limits_{x^i \to x^{i'}} \left(G - \frac{1}{r}\right)$

Auf Grund dieser Festsetzungen wird G *reell*. Wir konstruieren um P′ als Zentrum den Kugelbereich T_a [Halbmesser a, Hüllfläche F_a] und erhalten durch Anwendung des *Green*schen Satzes auf den Bereich $(T - T_a)$

$$\iiint\limits_{(T-T_a)} \{G\, \nabla^2 \overline{u} - \overline{u}\, \nabla^2 G\}\, dT = \iint\limits_{(F_a)} (\{G \operatorname{grad} \overline{u} - \overline{u} \operatorname{grad} G\}\, dF). \tag{VIII 9, 3}$$

Die gesuchte Schwingungsfunktion $\overline{u}$ selbst ist in P′ stetig. Daher erhält man in der Grenze $a \to 0$ aus (VIII 9, 3)

$$\overline{u} = -\frac{1}{4\pi} \iiint\limits_{(T)} \{G\, \nabla^2 \overline{u} - \overline{u}\, \nabla^2 G\}\, dT. \tag{VIII 9, 4}$$

Nach (VIII 9, 1) und (VIII 9, 2) ist

$$G\, \nabla^2 \overline{u} - \overline{u}\, \nabla^2 G = -G\, \overline{u}\, \frac{8\pi^2 m_0}{h^2} W, \tag{VIII 9, 5}$$

so daß aus (VIII 9, 4) für $\overline{u}$ die homogene, lineare Integralgleichung zweiter Art resultiert — wir deuten die drei unterschiedlichen Koordinaten-Argumente durch das Symbol allein der i-ten Komponente an —

$$\overline{u}(x^{i'}) = \frac{2\pi m_0}{h^2} W \iiint\limits_{(T)} G(x^{i'}, x^i)\, \overline{u}(x^i)\, dx^1\, dx^2\, dx^3. \tag{VIII 9, 6}$$

Mittels der Konzeption des kontinuierlichen Index ist, im hier vorliegenden dreidimensionalen Probleme, $\overline{u}$ ein Tensor dritter Stufe, während G als Tensor sechster Stufe zu gelten hat; das Dreifach-Integral entspricht einer dreifachen Verjüngung.

Wir zeigen, daß der Kern $G(x^{i'}, x^i)$ symmetrisch in den beiden Tripeln seiner Argumente gebaut ist. Für die zwei voneinander verschiedenen Aufpunkte $P'_{(1)} = (x^{i'}_{(1)})$, $P'_{(2)} = (x^{i'}_{(2)})$ bilden wir die beiden *Green*schen Funktionen

$$G_{(1)} = G(x^{i'}_{(1)}, x^i); \quad G_{(2)} = G(x^{i'}_{(2)}, x^i). \tag{VIII 9, 7}$$

Um $P'_{(1)}$ konstruieren wir den Kugelbereich $T_{a_{(1)}}$ [Halbmesser $a_{(1)}$ Hüllfläche $F_{a_{(1)}}$], ebenso um $P'_{(2)}$ den Kugelbereich $T_{a_{(2)}}$ [Halbmesser $a_{(2)}$, Hüllfläche $F_{a_{(2)}}$]; $T_{a_{(1)}}$ und $T_{a_{(2)}}$ mögen sich nirgends überdecken. Der *Green*sche Satz, angewandt auf den Bereich $(T - \{T_{a_{(1)}} + T_{a_{(2)}}\})$, liefert

$$\begin{aligned} &\iiint\limits_{(T-T_{a_{(1)}}-T_{a_{(2)}})} \{G_{(1)}\, \nabla^2 G_{(2)} - G_{(2)}\, \nabla^2 G_{(1)}\}\, dT = \\ &= \sum_{F_{a_{(1)}},\, F_{a_{(2)}}} \iint (\{G_{(1)} \operatorname{grad} G_2 - G_2 \operatorname{grad} G_{(1)}\}\, dF). \end{aligned} \tag{VIII 9, 8}$$

Das Raumintegral verschwindet mit Rücksicht auf (VIII 9, 2). Führen wir jetzt die Grenzübergänge $a_{(1)} \to 0$, $a_{(2)} \to 0$ aus, so erhalten wir, da $G_{(2)}$ in $P'_{(1)}$, $G_{(1)}$ in $P'_{(2)}$ stetig ist, aus (VIII 9, 8)

$$0 = -4\pi G_{(2)}(P'_{(1)}) + 4\pi G_{(1)}(P'_{(2)}). \qquad \text{(VIII 9, 9)}$$

Mittels der Definitionen (VIII 9, 7) entnimmt man hieraus den verlangten Symmetriebeweis

$$G(x^{i'}_{(2)}, x^{i'}_{(1)}) = G(x^{i'}_{(1)}, x^{i'}_{(2)}). \qquad \text{(VIII 9, 10)}$$

b) Die Integralgleichung (VIII 9, 6) ist nur lösbar für das abzählbare Punktspektrum [„Gitter"] der Eigenwerte $W_{(j)}$, welche wir je als einfach voraussetzen wollen. Hier und weiterhin faßt (j) je drei ganzzahlige Indizes [„Quantenzahlen"] in sich zusammen, und wir meinen stets dieses Tripel, wenn von „dem" Index (j) die Rede ist. Die zugehörigen Eigenfunktionen bezeichnen wir mit $\bar{u}_{(j)}$; sie werden durch $\bar{u}^*_{(j)}$ dual ergänzt. Wir normieren sie mittels der Vorschrift

$$\iiint\limits_{(T)} \bar{u}^*_{(j)} \bar{u}_{(j)} \, dT = 1, \qquad \text{(VIII 9, 11)}$$

welche, wie erinnerlich, aus der statistischen Auffassung der komplexen Amplitude $\bar{u}$ unmittelbar folgt; dieser hier erstmalig auftretende, enge Zusammenhang zwischen den geometrischen Eigenschaften der Schwingungsfunktion im *Hilbert*schen Raume und ihrer wahrscheinlichkeitstheoretischen Deutung ist für die Quantenmechanik ungemein charakteristisch.

Auf Grund der Symmetrie des Kernes sind die Eigenwerte $W_{(j)}$ sämtlich reell. Seien jetzt $j \neq k$ zwei Ordnungszahlen des Punktspektrums, so gelten also gleichzeitig die Integralgleichungen

$$\begin{aligned} \bar{u}_{(j)}(x^{i'}) &= \frac{2\pi m_0}{h^2} W_{(j)} \iiint\limits_{(T)} G(x^{i'}, x^i) \, \bar{u}_{(j)}(x^i) \, dT \\ \bar{u}^*_{(k)}(x^{i'}) &= \frac{2\pi m_0}{h^2} W_{(k)} \iiint\limits_{(T)} G(x^{i'}, x^i) \, \bar{u}^*_{(k)}(x^i) \, dT. \end{aligned} \qquad \text{(VIII 9, 12)}$$

Wir erweitern die erste mit $\bar{u}^*_{(k)}(x^{i'})$, die zweite mit $\bar{u}_{(j)}(x^{i'})$, integrieren über die Elemente von $dT' = dx^{1'} dx^{2'} dx^{3'}$ und erhalten, abermals mit Rücksicht auf (VIII 9, 10), durch Subtraktion die Orthogonalitätseigenschaft

$$\frac{h^2}{2\pi m_0}\left(\frac{1}{W_{(j)}} - \frac{1}{W_{(k)}}\right) \iiint\limits_{(T')} \bar{u}_{(j)}(x^{i'}) \, \bar{u}^*_{(k)}(x^{i'}) \, dT' = 0. \qquad \text{(VIII 9, 13)}$$

Zum gleichen Ergebnis gelangt man unmittelbar an Hand der beiden *Schroedinger*schen Differentialgleichungen

$$\nabla^2 \overline{u}_{(j)} + \frac{8\pi^2 m_0}{h^2}(W_{(j)} - V_{pot})\,\overline{u}_{(j)} = 0,$$
$$\nabla^2 \overline{u}^*_{(k)} + \frac{8\pi^2 m_0}{h^2}(W_{(k)} - V_{pot})\,\overline{u}^*_{(k)} = 0. \qquad \text{(VIII 9, 14)}$$

Wir erweitern die erste mit $\overline{u}^*_{(k)}$, die zweite mit $\overline{u}_{(j)}$, subtrahieren und finden

$$\frac{8\pi^2 m_0}{h^2}(W_{(j)} - W_{(k)})\,\overline{u}_{(j)}\,\overline{u}^*_{(k)} + \overline{u}^*_{(k)}\,\nabla^2\overline{u}_{(j)} - \overline{u}_{(j)}\,\nabla^2\overline{u}^*_{(k)} = 0 \qquad \text{(VIII 9, 15)}$$

also mittels Anwendung des *Green*schen Satzes auf T

$$\frac{8\pi^2 m_0}{h^2}(W_{(j)} - W_{(k)})\iiint\limits_{(T)} \overline{u}_{(j)}(x^i)\,\overline{u}^*_{(k)}(x^i)\,dT = 0 \qquad \text{(VIII 9, 16)}$$

inhaltlich identisch mit (VIII 9, 13).

Wir fassen (VIII 9, 11) und (VIII 9, 13) zu der Matrixgleichung zusammen

$$\iiint\limits_{(T)} \overline{u}^*_{(j)}(x^i)\,\overline{u}_{(k)}(x^i)\,dT = \delta^k_j. \qquad \text{(VIII 9, 17)}$$

Von den zeitfreien Funktionen $\overline{u}_{(j)}$ gehen wir zu den zeitabhängigen Funktionen $\overline{\psi}_{(j)} = \overline{u}_{(j)}\,e^{-2\pi i \nu_j t}$ $[i = \sqrt{-1}]$ über; indem wir die Angabe der Argumente unterdrücken, stellen wir (VIII 9, 17) die Matrixgleichung zur Seite

$$\iiint\limits_{(T)} \overline{\psi}^*_{(j)}\,\overline{\psi}_{(k)}\,dT = e^{2\pi i(\nu_j - \nu_k)t}\,\delta^k_j = \delta^k_j. \qquad \text{(VIII 9, 18)}$$

c) Wir verallgemeinern den Begriff des linearen Operators auf kontinuierliche Indizes, welche hier durch die Konfigurationskoordinaten repräsentiert werden; ein solcher Operator Ω umfaßt die Prozesse der Integration, der linearen Funktionaltransformation und der Differentiation. Seien insbesondere $\overline{\varphi}$ und $\overline{\chi}$ zwei (komplexe) Funktionen der Konfigurations-Koordinaten, so definieren wir einen *Hermite*schen Operator mittels der Gleichung

$$\iiint\limits_{(T)} \overline{\varphi}^*(\Omega\,\overline{\chi})\,dT = \iiint\limits_{(T)} (\Omega\,\overline{\varphi})^*\,\overline{\chi}\,dT, \qquad \text{(VIII 9, 19)}$$

welche aus (VIII 2, 7) und (VIII 2, 8) durch den Grenzübergang zu kontinuierlichen Indizes hervorgeht.

d) Mittels der Eigenfunktionen $\overline{\psi}_{(j)}$, $\overline{\psi}_{(k)}$ der *Schroedinger*-Gleichung erzeugen wir aus dem linearen Operator Ω den ebenfalls linearen Operator (Tensor) R mit den komplexen Komponenten

$$R^k{}_j = \iiint\limits_{(T)} \overline{\psi}^*_{(j)}\,(\Omega\,\overline{\psi}_{(k)})\,dT \qquad \text{(VIII 9, 20)}$$

[Achtung auf Stellung und Reihenfolge der „Indizes" j und k!]. Durch diese Relation wird der „Ω-Raum" des Operators Ω mit seinen *kontinuierlichen* Indizes x^i auf den „R-Raum" des Operators R mit seinen *abzählbaren* „Indizes" k, j abgebildet; im Ω-Raum spielen die Eigenfunktionen $\overline{\psi}_{(j)}$ die Rolle der normierten, komplexkomponentigen Basisvektoren eines Orthogonalsystemes. Insbesondere geht bei dieser Transformation ein *Hermite*scher Operator Ω nach (VIII 9, 20) in einen abermals *Hermite*schen Operator R über, welcher, in Verallgemeinerung der in (VIII 2, 3) gegebenen Definition, durch die für die „Indizes" k, j gültige Eigenschaft ausgezeichnet ist

$$R^k{}_j = \iiint_{(T)} \overline{\psi}^*_{(j)} (\Omega \overline{\psi}_{(k)})\, dT = \iiint_{(T)} (\Omega \overline{\psi}_{(j)})^* \overline{\psi}_{(k)}\, dT = R^j{}_k^*. \qquad \text{(VIII 9, 21)}$$

e) Um im R-Raum an die früher entwickelten Rechenregeln der Operatoren — als komplexkomponentiger Tensoren zweiter Stufe — unmittelbar anknüpfen zu können, denke man sich den materiellen Punkt zunächst mit nur einem Freiheitsgrade ausgestattet; die hierbei gefundenen Sätze lassen sich auf den Fall beliebig vieler Freiheitsgrade verallgemeinern, wobei nur die Stufenzahl der Tensoren entsprechend zu vermehren ist.

Jeder Operator Ω wird in den Matrixkomponenten $R^k{}_j$ zum Repräsentanten eines Satzes bestimmter, physikalischer Größen. Die statistische Deutung der $\overline{\psi}$-Funktionen führt zur Interpretation jener Matrixkomponenten als verallgemeinerter Mittelwerte; insbesondere liefern die Glieder der Hauptdiagonalen zeitlich konstante Größen.

Um den mathematischen Sinn der $R^k{}_j$ zu erkennen, fassen wir (VIII 9, 21) als Integralgleichung erster Art für die unbekannte Funktion $\Omega \overline{\psi}_{(k)}$ auf. Zum Zwecke ihrer Lösung entwickeln wir $\Omega \overline{\psi}_{(k)}$ nach den Eigenfunktionen $\overline{\psi}_{(j)}$ der *Schroedinger*-Gleichung mittels des Ansatzes

$$\Omega \overline{\psi}_{(k)} = \sum_l C^k{}_l \overline{\psi}_{(l)}. \qquad \text{(VIII 9, 22)}$$

Um hierin die Koeffizienten $C^k{}_l$ zu bestimmen, erweitern wir (VIII 9, 22) mit $\overline{\psi}^*_{(j)}$ und erhalten durch Integration über T

$$\iiint_{(T)} \overline{\psi}^*_{(j)} \Omega \overline{\psi}_{(k)}\, dT = C^k{}_j \equiv R^k{}_j. \qquad \text{(VIII 9, 23)}$$

Nun bezeichne Ω_R den erzeugenden Operator von R, Ω_S den erzeugenden Operator von S. Wir bilden den Operator $T = S\,R$ mit den Komponenten [Matrizen-Multiplikation!]

$$T^i{}_k = (S\,R)^i{}_k = S^i{}_j\, R^j{}_k. \qquad \text{(VIII 9, 24)}$$

Mittels (VIII 9, 22) erhalten wir nun

$$\Omega_S \overline{\psi}_{(i)} = \sum_j S^i{}_j \overline{\psi}_{(j)} \qquad \text{(VIII 9, 25)}$$

und weiter

$$\Omega_R\,(\Omega_S\,\overline{\psi}_{(i)}) = \sum_j S^i{}_j\,\Omega_R\,\overline{\psi}_{(j)} = \sum_m S^i{}_j\,R^j{}_m\,\overline{\psi}_{(m)}\,, \qquad \text{(VIII 9, 26)}$$

wobei in der letzten Umformung der Hinweis auf die verlangte Summierung auch nach j bereits im doppelten Auftreten dieses Index enthalten ist (Summenkonvention). Es wird also — man beachte wiederum streng die Reihenfolge der Operatoren! —

$$\iiint\limits_{(T)} \overline{\psi}^*_{(k)}\,\Omega_R\,\Omega_S\,\overline{\psi}_{(i)}\,dT = S^i{}_j\,R^j{}_m \iiint\limits_{(T)} \overline{\psi}^*_{(k)}\,\overline{\psi}_{(m)}\,dT = S^i{}_j\,R^j{}_m\,\delta^m_k = T^i{}_k\,, \qquad \text{(VIII 9, 27)}$$

so daß hiernach der Operator $\Omega_T = \Omega_R\,\Omega_S$ in den Operator $T = S\,R$ übergeht. Durch wiederholte Ausführung dieses Rechenganges gewinnt man, mit Rücksicht auf den linearen Charakter der Operatoren und die Definition der Funktionen komplex-komponentiger Tensoren mittels Potenzreihen, die folgenden Sätze:

1. Ist Ω der erzeugende Operator von R, so geht R^n aus Ω^n hervor.

2. Dem Operator $f\,(\Omega)$ des Ω-Raumes korrespondiert die Operatorfunktion $f\,(R)$ des R-Raumes.

3. Sind Ω_R und Ω_S miteinander vertauschbar, so zeichnet die gleiche Eigenschaft auch die Operatoren R und S aus.

4. Der Summe $f\,(\Omega_R) + g\,(\Omega_S)$ entspricht die Summe der Operatorfunktionen $f\,(R) + g\,(S)$.

5. Der Produktoperator $f\,(\Omega_R)\,g\,(\Omega_S)$ erzeugt die Funktion $g\,(S)\,f\,(R)$. [Diese Umkehrung in der Reihenfolge der Operationen wird von *Schroedinger* als „Wälzen" bezeichnet.]

f) Wir wenden die Ergebnisse des vorigen Abschnittes auf folgende Beispiele an:

1. Jede Konfigurationskoordinate x^k des materiellen Punktes selbst — für welche wir weiterhin das Symbol q einer „allgemeinen" Koordinate einführen — bildet, als reelle Funktion der x^i, gemäß (VIII 9, 20) einen *Hermite*schen Operator des Ω-Raumes; im R-Raum liefert sie den Koordinaten-Operator q mit der *Hermite*schen Matrix

$$q^k_j = \iiint\limits_{(T)} \overline{\psi}^*_{(j)}\,q\,\overline{\psi}_{(k)}\,dT = e^{2\pi i(\nu_j-\nu_k)t} \iiint\limits_{(T)} \overline{u}^*_{(j)}\,q\,\overline{u}_{(k)}\,dT \equiv e^{2\pi i(\nu_j-\nu_k)t}\,\overline{q}^k_j. \qquad \text{(VIII 9, 28)}$$

2. Der Operator $\dfrac{h}{2\pi i}\dfrac{\partial}{\partial q}$ des Ω-Raumes definiert im R-Raum den Operator p der q kanonisch zugeordneten Impulskomponente mit der Matrix

$$p^k_j = \frac{h}{2\pi i}\iiint\limits_{(T)} \overline{\psi}^*_{(j)}\,\frac{\partial}{\partial q}\,\overline{\psi}_{(k)}\,dT = \frac{h}{2\pi i}\,e^{2\pi i(\nu_j-\nu_k)t}\iiint\limits_{(T)} \overline{u}^*_{(j)}\,\frac{\partial}{\partial q}\,\overline{u}_{(k)}\,dT \equiv$$

$$\equiv e^{2\pi i(\nu_j-\nu_k)t}\,\overline{p}^k_j. \qquad \text{(VIII 9, 29)}$$

Auch sie ist, wie bereits durch die Stellung der Indizes angedeutet, von *Hermite*schem Charakter; man überzeugt sich hiervon, indem man die über T zu erstreckenden Integrale durch Teilintegration umformt und beachtet, daß die $\overline{\psi}_{(j)}$ und $\overline{u}_{(j)}$ auf der Hülle F von T verschwinden.

3. Dem Operator $\Omega = \frac{h}{2\pi i}\left\{q\frac{\partial}{\partial q} - \frac{\partial}{\partial q} q\right\}$ entspricht im R-Raum der Operator $\{p\, q - q\, p\}$ mit der Matrix

$$\{p\,q - q\,p\}^k{}_j = \frac{h}{2\pi i}\iiint\limits_{(T)} \overline{\psi}^*_{(j)}\left\{q\frac{\partial}{\partial q} - \frac{\partial}{\partial q} q\right\}\overline{\psi}_{(k)}\, dT = -\frac{h}{2\pi i}\delta^k_j \qquad \text{(VIII 9, 30)}$$

welche sich also ebenfalls als hermitesch erweist. Wir identifizieren in (VIII 2, 40) R mit p, S mit q, wählen dort $\varkappa = -\frac{h}{2\pi i}$ und schreiben (VIII 9, 30) als „*Vertauschungsrelation*" der kanonisch-dualen Operatoren:

$$-\frac{2\pi i}{h}\{p\,q - q\,p\} \equiv [p;q] = I. \qquad \text{(VIII 9, 31)}$$

Sie ist invariant gegen eine unitäre Transformation im R-Raum. Denn für $[p;q]$ trifft diese Behauptung nach (VIII 5, 32) zu, während der Identor in allen Bezugssystemen gleich lautet.

Eine beliebige Operatorfunktion $f(p,q)$ gehorcht den Vertauschungsrelationen

$$\begin{aligned} -\frac{2\pi i}{h}\{p\,f - f\,p\} &\equiv [p;f] = \frac{\partial f}{\partial q} I \equiv \frac{\partial f}{\partial q} \\ -\frac{2\pi i}{h}\{q\,f - f\,q\} &\equiv [q;f] = -\frac{\partial f}{\partial p} I \equiv -\frac{\partial f}{\partial p}. \end{aligned} \qquad \text{(VIII 9, 32)}$$

Denn für $f = p$ oder $f = q$ gehen diese Gleichungen unmittelbar aus (VIII 9, 31) hervor. Seien sie nun für irgend zwei Operatorfunktionen f_1 und f_2 gültig, so treffen sie auch für $(f_1 + f_2)$ und $(f_1 f_2)$ zu: Aus (VIII 9, 32) folgt

$$[p;f_1 + f_2] \equiv [p;f_1] + [p;f_2] = \frac{\partial f_1}{\partial q} I + \frac{\partial f_2}{\partial q} I = \frac{\partial (f_1 + f_2)}{\partial q} I \qquad \text{(VIII 9, 33)}$$

sowie

$$[p;f_1 f_2] \equiv [p;f_1]\, f_2 + f_1\,[p;f_2] = \frac{\partial f_1}{\partial q} I\, f_2 + f_1 \frac{\partial f_2}{\partial q} I = \frac{\partial}{\partial q}(f_1 f_2)\, I. \qquad \text{(VIII 9, 34)}$$

Vermöge der Potenzreihen-Darstellung (VIII 3, 13) ist hiermit der Beweis für die erste der Gl. (VIII 9, 32) erbracht, und auf demselben Wege überzeugt man sich von der Richtigkeit auch der zweiten.

4. Die potentielle Energie V_{pot} ist eine reelle Funktion der Konfigurationskoordinaten, also, gleich diesen selbst, im Ω-Raum ein *Hermite*scher Operator. Im R-Raum wird demgemäß die potentielle Energie durch den *Hermite*schen Operator V mit den Matrix-Komponenten dargestellt

$$V_j^k = \iiint_{(T)} \overline{\psi}_{(j)}^* \, V_{pot} \, \overline{\psi}_{(k)} \, dT = e^{2\pi i (\nu_j - \nu_k) t} \iiint_{(T)} \overline{u}_{(j)}^* \, V_{pot} \, \overline{u}_{(k)} \, dT. \tag{VIII 9, 35}$$

5. Der im Ω-Raum erklärte *Hamilton*sche Differentialoperator H nach Gl. (VI 10, 16) erzeugt im R-Raum den Operator H der Gesamtenergie mit den Matrixkomponenten

$$H_j^k = \iiint_{(T)} \overline{\psi}_{(j)}^* \, H \, \overline{\psi}_{(k)} \, dT = e^{2\pi i (\nu_j - \nu_k) t} \iiint_{(T)} \overline{u}_{(j)}^* \, H \, \overline{u}_{(k)} \, dT. \tag{VIII 9, 36}$$

Nun liefert die zeitfreie *Schroedinger*-Gleichung die Aussage

$$H \, \overline{u}_{(k)} = W_{(k)} \, \overline{u}_{(k)}, \tag{VIII 9, 37}$$

so daß sich (VIII 9, 36) als *Diagonalmatrix* erweist:

$$H_j^k = e^{2\pi i (\nu_j - \nu_k) t} \, W_{(k)} \, \delta_j^k \equiv W_{(k)} \, \delta_j^k. \tag{VIII 9, 38}$$

Damit ist zugleich ihr *Hermite*scher Charakter sichergestellt, den wir durch die Stellung der Indizes schon formal vorausnahmen.

Sei im Ω-Raum $H = H\left(\frac{h}{2\pi i} \frac{\partial}{\partial q}, q\right)$, so erscheint die Diagonalmatrix der Gesamtenergie nach (VIII 9, 28) und (VIII 9, 29) im R-Raum in der Form

$$H = H(p, q). \tag{VIII 9, 39}$$

Die eindeutige Zuordnung dieser Operatorfunktion zur Energie verlangt, daß H von der Reihenfolge der Argument-Operatoren nicht abhänge, obwohl diese selbst miteinander nicht vertauschbar sind. Die entsprechende Formulierung, welche mittels der im Abschnitt e angegebenen Regeln aus der Gleichung für H im Ω-Raum erzeugt wird, bezeichnen wir symbolisch durch

$$H(p, q) \equiv H(q, p). \tag{VIII 9, 40}$$

g) Im Lichte der Transformation des Ω-Raumes auf den R-Raum öffnen sich der Quantentheorie zwei in ihren Resultaten identische, in der Sprache ihrer physikalischen Bilder jedoch komplementäre Darstellungswege:

1. Die *Wellenmechanik* schildert das atomare Geschehen mittels der Schwingungsfunktionen $\overline{\psi} = e^{-2\pi i \nu t} \, \overline{u}$, welche ihrer Natur nach den gesamten Konfigurationsraum als *kontinuierliches Feld* erfüllen; ihre Behandlung erfordert demnach die Lösung der *Schroedinger*schen Differentialgleichung [oder der ihr äquivalenten Integralgleichung] auf *analytischem* Wege.

2. Die *Quantenmechanik* stützt sich auf die Matrixkomponenten der Operatoren im R-Raum, welche in der *diskreten* Natur ihrer Indizes der *Korpuskularvorstellung* nahe kommen. Sie will, nach *Heisenberg*, die Mikromechanik an Hand der Verknüpfungsgleichungen jener Matrixkomponenten beschreiben und bedient sich hierzu wesentlich der Rechenregeln der *Algebra*; in diesem mathematischen Sinne ist die Quantenmechanik der Wellenmechanik gegenüber als elementar zu bezeichnen.

h) Ihrem Programm gemäß leitet die Quantenmechanik aus dem *Hamilton*schen Energie-Operator H nach (VIII 9, 40) die Operatoren p und q mittels der kanonischen Bewegungsgleichungen des materiellen Massenpunktes her:

$$\frac{\mathrm{d}p}{\mathrm{dt}} \equiv \dot{p} = -\frac{\partial H}{\partial q}; \quad \frac{\mathrm{d}q}{\mathrm{dt}} \equiv \dot{q} = \frac{\partial H}{\partial p}. \qquad \text{(VIII 9, 41)}$$

Sie repräsentieren zwei simultane Systeme für die abzählbar unendlich vielen Unbekannten $\mathrm{p}_{\mathrm{j}}^{\mathrm{k}}$ und $\mathrm{q}_{\mathrm{j}}^{\mathrm{k}}$. Durch die Bezugnahme auf die *Hamilton*sche Funktion haben wir uns von der Bindung an ein mechanisches System von nur einem Freiheitsgrade befreit: Kehren wir zur Deutung von k und j je als Zusammenfassung einer Gruppe von Quantenzahlen zurück, deren Anzahl jener der Freiheitsgrade gleicht, so gelten die Beziehungen (VIII 9, 41) für jede allgemeine Koordinate und ihren zugehörigen Impuls samt denjenigen „gestrichenen" kanonischen Variabeln (Operatoren des R-Raumes), welche aus den ursprünglichen durch eine Berührungstransformation hervorgehen; doch wollen wir hier zunächst bei dem Falle nur eines Freiheitsgrades stehen bleiben.

Es sei nun R ein beliebiger, *Hermite*scher Operator

$$\mathrm{R}_{\mathrm{j}}^{\mathrm{k}} = \mathrm{R}_{\mathrm{j}}^{\mathrm{k}}\, \mathrm{e}^{2\pi \mathrm{i}(\nu_{\mathrm{j}} - \nu_{\mathrm{k}})\mathrm{t}}. \qquad \text{(VIII 9, 42)}$$

Wir differenzieren nach t und führen statt der Frequenzen ν_{j}, ν_{k} die mittels *Bohr*'s Gl. (VI 9, 19) zugeordneten Energieterme $\mathrm{W}_{(\mathrm{j})}$, $\mathrm{W}_{(\mathrm{k})}$ ein:

$$\dot{\mathrm{R}}_{\mathrm{j}}^{\mathrm{k}} = 2\pi \mathrm{i}(\nu_{\mathrm{j}} - \nu_{\mathrm{k}})\, \mathrm{R}_{\mathrm{j}}^{\mathrm{k}} = \frac{2\pi \mathrm{i}}{\mathrm{h}} (\mathrm{W}_{(\mathrm{j})} - \mathrm{W}_{(\mathrm{k})})\, \mathrm{R}_{\mathrm{j}}^{\mathrm{k}}. \qquad \text{(VIII 9, 43)}$$

In der Quantenmechanik ist der, aus der Ω—R-Transformation folgende Zusammenhang (VIII 9, 37) zwischen diesen Termen und der *Hamilton*schen Funktion nicht vorgegeben, sondern gerade erst durch die Theorie selbst herzustellen. Daher bilden wir aus der Gesamtheit der $\mathrm{W}_{(\mathrm{j})}$ die Diagonalmatrix W:

$$\mathrm{W}_{\mathrm{j}}^{\mathrm{k}} = \mathrm{W}_{(\mathrm{k})}\, \delta_{\mathrm{j}}^{\mathrm{k}}. \qquad \text{(VIII 9, 44)}$$

Es ist dann

$$\begin{aligned} (\mathrm{W\,R})^{\mathrm{k}}{}_{\mathrm{j}} &= \mathrm{W}_{\mathrm{l}}^{\mathrm{k}}\, \mathrm{R}_{\mathrm{j}}^{\mathrm{l}} = \mathrm{W}_{(\mathrm{l})}\, \delta_{\mathrm{l}}^{\mathrm{k}}\, \mathrm{R}_{\mathrm{j}}^{\mathrm{l}} = \mathrm{W}_{(\mathrm{k})}\, \mathrm{R}_{\mathrm{j}}^{\mathrm{k}} \\ (\mathrm{R\,W})^{\mathrm{k}}{}_{\mathrm{j}} &= \mathrm{R}_{\mathrm{l}}^{\mathrm{k}}\, \mathrm{W}_{\mathrm{j}}^{\mathrm{l}} = \mathrm{R}_{\mathrm{l}}^{\mathrm{k}}\, \delta_{\mathrm{j}}^{\mathrm{l}}\, \mathrm{W}_{(\mathrm{l})} = \mathrm{R}_{\mathrm{j}}^{\mathrm{k}}\, \mathrm{W}_{(\mathrm{j})} \end{aligned} \qquad \text{(VIII 9, 45)}$$

also

$$\dot{R} = -\frac{2\pi\,\mathrm{i}}{\mathrm{h}}\{W\,R - R\,W\} = [W;\,R]. \qquad \text{(VIII 9, 46)}$$

Insbesondere gilt hiernach für die Operatoren des Impulses p und der Koordinate q

$$\dot{p} = [W;p]; \qquad \dot{q} = [W;q]. \qquad \text{(VIII 9, 47)}$$

Andererseits entnimmt man aus den Vertauschungsrelationen (VIII 9, 32) — die in der Quantenmechanik als selbständige Grundpostulate aufzufassen sind —, indem man f mit H identifiziert und dann (VIII 9, 41) berücksichtigt

$$[H;p] = -\frac{\partial H}{\partial q} = \dot{p}; \qquad [H;q] = \frac{\partial H}{\partial p} = \dot{q}. \qquad \text{(VIII 9, 48)}$$

Der Vergleich von (VIII 9, 47) und (VIII 9, 48) liefert

$$[W;p] = [H;p]; \qquad [W - H;p] = 0 \qquad \text{(VIII 9, 49)}$$

und

$$[W;q] = [H;q]; \qquad [W - H;q] = 0\,. \qquad \text{(VIII 9, 50)}$$

Hieraus folgt mittels der Methode der VIII 4, daß $(W - H)$ mit jeder Operatorfunktion von p und q vertauschbar ist, insbesondere also mit H selbst:

$$[W - H;H] \equiv [W;H] = 0. \qquad \text{(VIII 9, 51)}$$

Aus Gl. (VIII 9, 46) schließen wir jetzt auf den Energiesatz

$$\dot{H} = 0, \qquad \text{(VIII 9, 52)}$$

so daß weiter H notwendig durch eine Diagonalmatrix repräsentiert wird:

$$\mathrm{H}_{\mathrm{j}}^{\mathrm{k}} = \delta_{\mathrm{j}}^{\mathrm{k}}\,\mathrm{H}_{(\mathrm{k})}. \qquad \text{(VIII 9, 53)}$$

Hiermit entsteht aus (VIII 9, 51)

$$\mathrm{O}_{\mathrm{j}}^{\mathrm{k}} = (\mathrm{W}_{\mathrm{l}}^{\mathrm{k}} - \mathrm{H}_{\mathrm{l}}^{\mathrm{k}})\,\mathrm{q}_{\mathrm{j}}^{\mathrm{l}} - \mathrm{q}_{\mathrm{l}}^{\mathrm{k}}\,(\mathrm{W}_{\mathrm{j}}^{\mathrm{l}} - \mathrm{H}_{\mathrm{j}}^{\mathrm{l}}) = \qquad \text{(VIII 9, 54)}$$

$$= \delta_{\mathrm{l}}^{\mathrm{k}}\,\{\mathrm{W}_{(\mathrm{k})} - \mathrm{H}_{(\mathrm{k})}\}\,\mathrm{q}_{\mathrm{j}}^{\mathrm{l}} - \mathrm{q}_{\mathrm{l}}^{\mathrm{k}}\,\delta_{\mathrm{j}}^{\mathrm{l}}\,\{\mathrm{W}_{(\mathrm{l})} - \mathrm{H}_{(\mathrm{l})}\} = \mathrm{q}_{\mathrm{j}}^{\mathrm{k}}\,\{(\mathrm{W}_{(\mathrm{k})} - \mathrm{H}_{(\mathrm{k})}) - (\mathrm{W}_{(\mathrm{l})} - \mathrm{H}_{(\mathrm{l})})\}.$$

Da in $\mathrm{H}_{(\mathrm{j})}$, $\mathrm{H}_{(\mathrm{k})}$, ... eine einheitliche Konstante willkürlich gewählt werden darf, befriedigt man diese Gleichung durch

$$\mathrm{H}_{(\mathrm{j})} = \mathrm{W}_{(\mathrm{j})}. \qquad \text{(VIII 9, 55)}$$

Der Kreis unserer Überlegungen schließt sich: Die Quantenmechanik führt auf die nämlichen Energiestufen, welche, als Resultat der Ω—R-Transformation (VIII 9, 36), in (VIII 9, 37) als Eigenwerte der *Schroedinger*schen Grundgleichung der Wellenmechanik auftraten.

VIII 10. Der harmonische Oszillator.

a) Der materielle Punkt der Ruhmasse m_0 sei an seine Ruhelage durch eine quasielastische Kraft K_q der Größe c je Einheit der Ausschwingung q gebunden; seine potentielle Energie, gemessen gegen die Ruhelage als Basis, beträgt also in der Lage q·

$$V_{pot} = \int_0^q K_q \, dq = \frac{c}{2} q^2. \qquad \text{(VIII 10, 1)}$$

Da weiter die kinetische Energie — gemäß der Klassischen Mechanik — durch

$$\frac{1}{2} m \dot{q}^2 = \frac{p^2}{2m}; \qquad (p = m\dot{q}) \qquad \text{(VIII 10, 2)}$$

gegeben ist, beträgt die *Hamilton*sche Funktion

$$H = \frac{p^2}{2m} + \frac{c}{2} q^2. \qquad \text{(VIII 10, 3)}$$

Die kanonischen Gleichungen der Bewegung lauten somit

$$\dot{p} \equiv \frac{dp}{dt} = -c\,q; \qquad \dot{q} \equiv \frac{dq}{dt} = \frac{p}{m}. \qquad \text{(VIII 10, 4)}$$

Man entnimmt aus ihnen, durch Elimination von p, die Differentialgleichung

$$\frac{d^2q}{dt^2} + \frac{c}{m} q = 0. \qquad \text{(VIII 10, 5)}$$

Mittels zweier [komplexer] Integrationskonstanten $\overline{q}_{\pm}$ wird die Lösung durch die harmonischen Schwingungen dargestellt

$$q = \overline{q}_{\pm} e^{\pm i \sqrt{\frac{c}{m}}\, t}. \qquad \text{(VIII 10, 6)}$$

b) Wir führen die Eigenfrequenz ν_0 des Oszillators ein

$$2\pi\nu_0 = \sqrt{\frac{c}{m}}. \qquad \text{(VIII 10, 7)}$$

und entnehmen aus (VIII 10, 3) den *Hamilton*schen Operator der Matrizenmechanik

$$H(p, q) = \frac{1}{2m} \{p^2 + (2\pi\nu_0 m)^2 q^2\}. \qquad \text{(VIII 10, 8)}$$

Aus (VIII 9, 41) findet man, in formaler Übereinstimmung mit (VIII 10, 4)

$$\dot{p} = -m(2\pi\nu_0)^2 q; \qquad \dot{q} = \frac{1}{m} p \qquad \text{(VIII 10, 9)}$$

sowie

$$\frac{d^2 q}{dt^2} + (2\pi\nu_0)^2 q = O. \qquad \text{(VIII 10, 10)}$$

Mittels (VIII 9, 28) entstehen hieraus — im Gegensatz zu der *einen* Gl. (VIII 10, 5) der Klassischen Punktmechanik — für die Komponenten der Koordinatenmatrix die unendlich vielen Gleichungen

$$\overline{q}_j^k \left\{(\nu_j - \nu_k)^2 - \nu_0^2\right\} = 0. \qquad \text{(VIII 10, 11)}$$

Hieraus entspringt die Alternative: Entweder es ist

$$(\nu_j - \nu_k)^2 \neq \nu_0; \qquad \overline{q}_j^k = 0 \qquad \text{(VIII 10, 12)}$$

oder es gilt

$$(\nu_j - \nu_k)^2 = \nu_0^2; \qquad \nu_j - \nu_k = \pm\,\nu_0; \qquad \overline{q}_j^k \neq 0. \qquad \text{(VIII 10, 13)}$$

Die Bezeichnung der Indizes ist unwesentlich und darf nach Gründen der bloßen Zweckmäßigkeit willkürlich erfolgen; wir setzen fest:

$$\nu_j - \nu_{j-1} = +\,\nu_0 \quad (k = j - 1); \qquad \nu_j - \nu_{j+1} = -\,\nu_0 \quad (k = j + 1). \qquad \text{(VIII 10, 14)}$$

Nach (VIII 10, 12) und (VIII 10, 13) ist dann die Koordinatenmatrix in folgender Gestalt zu schreiben

$$(q) = \left|\begin{array}{ccccc} 0 & q_2^1 & 0 & 0 & \dots \\ q_1^2 & 0 & q_3^2 & 0 & \dots \\ 0 & q_2^3 & 0 & q_4^3 & \dots \\ \dots & \dots & \dots & \dots & \dots \end{array}\right|. \qquad \text{(VIII 10, 15)}$$

Nach (VIII 10, 9) und (VIII 10, 14) lautet die zugehörige Impulsmatrix

$$(p) = 2\pi i m \nu_0 \left|\begin{array}{ccccc} 0 & q_2^1 & 0 & 0 & \dots \\ -q_1^2 & 0 & q_3^2 & 0 & \dots \\ 0 & -q_2^3 & 0 & q_4^3 & \dots \\ \dots & \dots & \dots & \dots & \dots \end{array}\right|. \qquad \text{(VIII 10, 16)}$$

Aus (VIII 10, 15) und (VIII 10, 16) geht hervor, daß, im Einklang mit (VIII 9, 30) nur die Komponenten der Indizes k = j innerhalb der Matrix $(p\,q - q\,p)^k{}_j = p_l^k q_j^l - q_l^k p_j^l$ von Null verschieden ausfallen:

$$\begin{aligned}
(p\,q - q\,p)^1{}_1 &= 2\pi i m \nu_0 \{0 + 2\,q_2^1 q_1^2\} &&= 4\pi i m \nu_0 \{q_2^1 q_1^2 - 0\} \\
(p\,q - q\,p)^2{}_2 &= 2\pi i m \nu_0 \{-\,2\,q_1^2 q_2^1 + 2\,q_3^2 q_2^3\} &&= 4\pi i m \nu_0 \{q_3^2 q_2^3 - q_1^2 q_2^1\} \\
(p\,q - q\,p)^3{}_3 &= 2\pi i m \nu_0 \{-\,2\,q_2^3 q_3^2 + 2\,q_4^3 q_3^4\} &&= 4\pi i m \nu_0 \{q_4^3 q_3^4 - q_2^3 q_3^2\}. \\
\dots & \qquad\quad \dots && \qquad\quad \dots
\end{aligned} \qquad \text{(VIII 10, 17)}$$

Daher liefern die Vertauschungsrelationen für die absoluten Werte der Quadrate der Matrizen-Komponenten die arithmetischen Reihen

$$q_2^1\, q_1^2 \equiv \overline{q}_2^1\, \overline{q}_1^2 = \frac{h}{8\,\pi^2 m\, \nu_0}\,; \quad q_3^2\, q_2^3 \equiv \overline{q}_3^2\, \overline{q}_2^3 = 2\,\frac{h}{8\,\pi^2 m\, \nu_0}\,;$$

$$q_4^3\, q_3^4 \equiv \overline{q}_4^3\, \overline{q}_3^4 = 3\,\frac{h}{8\,\pi^2 m\, \nu_0}\,; \ldots \qquad \text{(VIII 10, 18)}$$

$$p_2^1\, p_1^2 \equiv \overline{p}_2^1\, p_1^2 = \frac{h\,\nu_0\, m}{2}\,; \quad p_3^2\, p_2^3 \equiv \overline{p}_3^2\, \overline{p}_2^3 = 2\,\frac{h\,\nu_0\, m}{2}\,;$$

$$p_4^3\, p_3^4 \equiv \overline{p}_4^3\, \overline{p}_3^4 = 3\,\frac{h\,\nu_0\, m}{2}\,; \ldots$$

c) Wir stellen aus (VIII 10, 15) und (VIII 10, 16) die Operatoren q^2 und p^2 her und finden für ihre Matrizen

$$(q^2) = \begin{vmatrix} q_2^1 q_1^2 & 0 & q_2^1 q_3^2 & 0 & 0 \;\ldots \\ 0 & q_1^2 q_2^1 + q_3^2 q_2^3 & 0 & q_3^2 q_4^3 & 0 \;\ldots \\ q_2^3 q_1^2 & 0 & q_2^3 q_3^2 + q_4^3 q_3^4 & 0 & q_4^3 q_5^4 \ldots \\ 0 & q_3^4 q_2^3 & 0 & q_3^4 q_4^3 + q_5^4 q_4^5 & 0 \;\ldots \\ \ldots & \ldots & \ldots & \ldots & \ldots\;\ldots \end{vmatrix} \qquad \text{(VIII 10, 19)}$$

und

$$(p^2) = -4\pi^2 m^2 \nu_0^2 \begin{vmatrix} -q_2^1 q_1^2 & 0 & +q_2^1 q_3^2 & 0 & 0 & \ldots \\ 0 & -q_1^2 q_2^1 - q_3^2 q_2^3 & 0 & +q_3^2 q_4^3 & 0 & \ldots \\ +q_2^3 q_1^2 & 0 & -q_2^3 q_3^2 - q_4^3 q_3^4 & 0 & +q_4^3 q_5^4 & \ldots \\ 0 & +q_3^4 q_2^3 & 0 & -q_3^4 q_4^3 - q_5^4 q_4^5 & 0 & \ldots \\ \ldots & \ldots & \ldots & \ldots & \ldots & \ldots \end{vmatrix} \qquad \text{(VIII 10, 20)}$$

Daher entsteht für den *Hamilton*schen Operator (VIII 10, 8) mit Rücksicht auf (VIII 10, 18) die Diagonalmatrix

$$(H) = \frac{1}{2}\, h\, \nu_0 \begin{vmatrix} 1 & 0 & 0 & 0 & \ldots \\ 0 & 3 & 0 & 0 & \ldots \\ 0 & 0 & 5 & 0 & \ldots \\ \ldots & \ldots & \ldots & \ldots & \ldots \end{vmatrix} \qquad \text{(VIII 10, 21)}$$

so daß nach (VIII 9, 55) die Energiestufen des harmonischen Oszillators gefunden sind

$$W_{(j)} = \frac{1}{2}\, h\, \nu_0\, (2\,j + 1). \qquad \text{(VIII 10, 22)}$$

d) Das Verschwinden der Diagonalglieder sowohl der Koordinaten-Matrix (VIII 10, 15) wie der Impuls-Matrix (VIII 10, 16) ist statistisch zu verstehen: Im Einklang mit den klassischen Vorstellungen schwingt der materielle Punkt nach beiden Seiten gleichmäßig gegen seine Ruhelage aus; der Beobachtung ist jedoch allein der Erwartungswert dieser Verrückung zugänglich, welcher also gleich Null resultiert.

Um die Existenz der Bewegung am Verhalten der kanonischen Variabeln zu offenbaren, muß man demnach zu ihren *quadratischen* Mittelwerten aufsteigen. In der Terminologie der Statistik definieren sie die *Streuung* der jeweils untersuchten Größe; wir erschließen sie der physikalischen Anschauung, indem wir übereinkommen, je die Quadratwurzel des zweifachen quadratischen Mittelwertes als *Ungenauigkeit* der Beobachtung zu bezeichnen: Dem Energiezustande $W_{(k)}$ $[k \geqq 1]$ korrespondiert die Orts-Ungenauigkeit

$$\Delta q_{(k)} = \sqrt{2\, q^{2(k)}_{(k)}} \qquad \text{(VIII 10, 23)}$$

und die Impuls-Ungenauigkeit

$$\Delta p_{(k)} = \sqrt{2\, p^{2(k)}_{(k)}}. \qquad \text{(VIII 10, 24)}$$

Die Matrizen (VIII 10, 19) und (VIII 10, 20) liefern nun für den harmonischen Oszillator, mit Rücksicht auf (VIII 10, 18),

$$q^{2(k)}_{(k)} = (2\,k - 1)\,\frac{h}{8\,\pi^2\, m\, \nu_0}; \quad p^{2\,(k)}_{(k)} = (2\,k - 1)\,\frac{h}{2}\, m\, \nu_0. \qquad \text{(VIII 10, 25)}$$

In diesem Falle erhalten wir daher

$$\Delta q_{(k)} = \frac{1}{2\,\pi}\sqrt{(2\,k - 1)\,\frac{h}{m\,\nu_0}}; \quad \Delta p_{(k)} = \sqrt{(2\,k - 1)\, h\, m\, \nu_0}, \qquad \text{(VIII 10, 26)}$$

so daß also diese beiden Ungenauigkeiten durch die Relation miteinander verbunden sind

$$\Delta p_{(k)}\, \Delta q_{(k)} = \frac{h}{2\,\pi}\,(2\,k - 1.) \qquad \text{(VIII 10, 27)}$$

Sie läßt sich, wegen $k \geqq 1$, zu der Ungleichung verallgemeinern

$$\Delta p\, \Delta q \geqq h/2\,\pi. \qquad \text{(VIII 10, 28)}$$

Sie wird, über den hier benützten Weg ihrer Herleitung hinausgehend, für jedes Paar kanonisch konjugierter Variabeln eines Mikrosystemes in Anspruch genommen, indem sie der Experimentierkunst eine prinzipielle Schranke setzt [*Heisenberg*].

e) Wir ergänzen die Operatoren-Analyse des harmonischen Oszillators durch die Bilanz seiner Strahlung.

Als Ausgang dient Gl. (VI 6, 30) für die Leistung eines *Hertz*schen Erregers, in welcher wir das Moment gemäß der Anweisung (VI 6, 17) durch die Verrückung s der Ladung Q gegen ihre Ruhelage ausdrücken

$$N = \frac{Q^2}{6\,\pi\, c^2}\,(\ddot{s})^2 \sqrt{\frac{\Pi}{\Delta}}. \qquad \text{(VIII 10, 29)}$$

Sei hierin etwa

$$s = s_{max} \sin 2\,\pi\, \nu_0\, t, \qquad \text{(VIII 10, 30)}$$

so beträgt also der zeitliche Mittelwert der Strahlung

$$\overline{N} = \frac{1}{2}\frac{Q^2 s^2_{max}}{6\pi c^2}(2\pi\nu_0)^4\sqrt{\frac{\Pi}{\Delta}}. \qquad \text{(VIII 10, 31)}$$

Nun ist die Gesamtenergie des Oszillators

$$W = \frac{1}{2} m s^2_{max}(2\pi\nu_0)^2, \qquad \text{(VIII 10, 32)}$$

so daß sich (VIII 10, 31) in der Gestalt schreiben läßt

$$\frac{\overline{N}}{W} = \frac{2}{3}\pi\frac{Q^2}{c^2}\sqrt{\frac{\Pi}{\Delta}}\,\nu_0^2. \qquad \text{(VIII 10, 33)}$$

Die Energiebilanz der Klassischen Elektrodynamik fordert

$$-\frac{dW}{dt} = \overline{N} = \frac{2}{3}\pi\frac{Q^2}{c^2}\sqrt{\frac{\Pi}{\Delta}}\,\nu_0^2 W, \qquad \text{(VIII 10, 34)}$$

so daß hiernach die dem Oszillator zur Zeit $t = 0$ mitgeteilte Energie W_0 bis zum Zeitpunkte $t > 0$ auf den Wert abgenommen hat

$$W = W_0 e^{-\frac{2}{3}\pi\frac{Q^2}{c^2}\sqrt{\frac{\Pi}{\Delta}}\,\nu_0^2 t}. \qquad \text{(VIII 10, 35)}$$

In der Matrizen-Mechanik ist wiederum diese determinierte Aussage durch eine statistische zu ersetzen. Man denke sich den Oszillator immer wieder nach Verlauf der Epoche Δt der Alternative unterworfen: Entweder Fortbestand im Energiezustande $W_{(j)}$ oder Übergang in den Energiezustand $W_{(k)} < W_{(j)}$. Bis zum Kontrollzeitpunkt ist also der Oszillator $v = t/\Delta t$ solchen Übergangsversuchen ausgesetzt, für deren positiven Ausfall je die gleichbleibende Wahrscheinlichkeit $A < 1$ bestehe. Dann ist die Wahrscheinlichkeit, den Oszillator zur Zeit t noch im Zustande $W_{(j)}$ vorzufinden — gleich der Wahrscheinlichkeit, daß er frühestens gerade in diesem Zeitpunkt in den Zustand $W_{(k)}$ übergeht — durch den Ausdruck gegeben

$$\sum_{n=v}^{\infty}(1-A)^n A = (1-A)^v. \qquad \text{(VIII 10, 36)}$$

Wir definieren den Grenzwert

$$a = \lim_{\Delta t \to 0}\frac{A}{\Delta t} \qquad \text{(VIII 10, 37)}$$

als *Übergangswahrscheinlichkeit* [je Zeiteinheit]. Dann entsteht aus (VIII 10, 36)

$$\lim_{v\to\infty}\left(1-\frac{a\,t}{v}\right)^v = e^{-at} \qquad \text{(VIII 10, 38)}$$

und die Wahrscheinlichkeit des Überganges im Zeitraum zwischen t und $(t + dt)$ beträgt

$$a\,e^{-a\,t}\,dt. \qquad \text{(VIII 10, 39)}$$

Hieraus folgt die mittlere Lebensdauer $\overline{t}$ des Systemes im Zustande $W_{(j)}$ zu

$$\overline{t} = \int_0^\infty t\,a\,e^{-at}\,dt = \frac{1}{a}. \qquad \text{(VIII 10, 40)}$$

Will man den Zustand des Systemes trotz dieser spontan erfolgenden Übergänge stationär erhalten, so muß man also das System je Zeiteinheit $1/\overline{t} = a$ mal vom Zustande (k) in den Zustand (j) restituieren; diese Aktion verlangt den Leistungsaufwand

$$\overline{N} = a\,(W_{(j)} - W_{(k)}) = a\,h\,(\nu_j - \nu_k). \qquad \text{(VIII 10, 41)}$$

Umgekehrt kann man hiernach die Übergangswahrscheinlichkeit aus der Gleichung berechnen

$$a = \frac{\overline{N}}{h\,(\nu_j - \nu_k)}. \qquad \text{(VIII 10, 42)}$$

sobald man $\overline{N}$ kennt. Zur Erledigung dieser Aufgabe knüpfen wir an (VIII 10, 31) an. Aus der Quantenmechanik des harmonischen Oszillators folgt, daß nur die Komponenten der Indizes $j \neq k$ in der Koordinaten-Matrix einem zeitlich veränderlichen Zustande korrespondieren, welcher als Schwingung der Frequenz $(\nu_j - \nu_k)$ manifest wird. Der *Hermite*sche Charakter der Koordinaten-Matrix verbürgt, daß die beiden Komponenten q_k^j und q_j^k synchrone Vorgänge darstellen, zwischen welchen indes eine Phasendifferenz unbestimmt bleibt. Daher ist für den zeitlichen Mittelwert ihres Quadrates je der Wert $|q_k^j|^2 = |q_j^k|^2$ einzusetzen, und der statistische Mittelwert ihrer Summe ist das Doppelte hiervon. Wir übertragen daher (VIII 10, 31) in die Sprache der Matrizenmechanik mittels

$$\overline{N} = \frac{\underset{\sim}{Q}^2}{6\pi c^2}\,2\,|q_k^j|^2\,(2\pi)^4\,(\nu_j - \nu_k)^4 \sqrt{\frac{\Pi}{\Delta}} = \frac{16}{3}\frac{\pi^3}{c^3}\frac{\underset{\sim}{Q}^2}{\Delta}\,|q_k^j|^2\,(\nu_j - \nu_k)^4 \qquad \text{(VIII 10, 43)}$$

und entnehmen aus (VIII 10, 42)

$$a = \frac{16}{3}\frac{\pi^3}{c^3}\frac{\underset{\sim}{Q}^2}{\Delta}\,|q_k^j|^2\,\frac{(\nu_j - \nu_k)^3}{h}. \qquad \text{(VIII 10, 44)}$$

In ihrer Verallgemeinerung auf die Strahlung von Atomen bildet diese Formel die Berechnungsgrundlage moderner Gasentladungs-Lampen.

Auf Grund des Ergebnisses (VIII 10, 44) sind die Übergangswahrscheinlichkeiten gleich Null für alle energetisch denkbaren Übergänge, deren zugehöriges Matrixelement verschwindet: Der Anblick der Matrix vermittelt die Gesamtheit der „Auswahlregeln" für die physikalisch „erlaubten" Übergänge.

Die Aussagen dieser Theorie, welche zuerst von *Heisenberg* angegeben wurden, stimmen mit der Erfahrung durchaus überein. Doch ist ihre halbklassische Begründung durch die Korrespondenz der Quantenvorgänge mit solchen der Klassischen Elektrodynamik wenig befriedigend. *Dirac* hat deshalb die Koppelung der mechanischen Vorgänge mit den Lichtquanten auf Grundlage der Matrizenmechanik streng behandelt; seine Ergebnisse bestätigen die Formeln von *Heisenberg*.

VIII 11. Gekoppelte Oszillatoren.

a) Gegeben seien nach Abb. VIII 5 zwei einander gleiche elektrische Dipole 1 und 2, deren Achsen einander parallel gerichtet sind. Jeder Dipol besteht aus einem positiven Ion [Masse m, Ladung $+ Q_0$] und einem Elektron [Masse m_0, Ladung $(- Q_0)$]. Wir lassen die Bewegungen des positiven Ions außer Betracht und stellen uns vor, daß das Elektron längs der Dipolachse harmonische Pendelschwingungen von der Frequenz ν_0 um das positive Ion als Zentrum ausführen kann; die prinzipiellen Schwierigkeiten dieses Modelles — Durchgang des Elektrons durch den „Kern" des Oszillators — lassen sich dadurch überwinden, daß man die lineare Schwingung längs der Dipolachse als Projektion einer Rotationsbewegung des Elektrons um das positive Ion als Zentrum interpretiert.

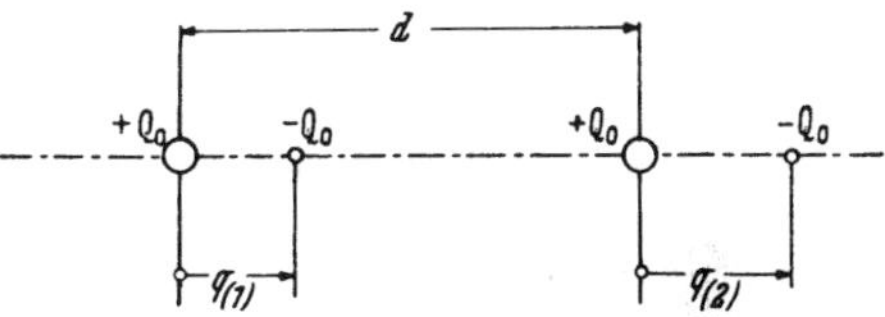

Abb. VIII 5. Gekoppelte Dipole.

b) Mit d bezeichnen wir den Abstand der positiven Ionen, mit $q_{(1)}$, $q_{(2)}$ die achsenparallelen Ausschwingungen der Elektronen je gegen die zugehörigen positiven Ionen. Zu der mechanischen Energie beider Oszillatoren gesellt sich die von den *Coulomb*kräften der Ladungen herrührende Wechselwirkungs-Energie:

$$\frac{Q_0^2}{4\pi\Delta}\left\{\frac{1}{d} - \frac{1}{d - q_{(1)}} - \frac{1}{d + q_{(2)}} + \frac{1}{d + q_{(2)} - q_{(1)}}\right\}. \qquad \text{(VIII 11, 1)}$$

Wir setzen weiterhin $d \gg |q_{(1)}|$ und $|q_{(2)}|$ voraus und erhalten aus (VIII 11, 1), bis auf Glieder höherer Ordnung in $q_{(1)}/d$ und $q_{(2)}/d$

$$-\frac{Q_0^2}{4\pi\Delta}\frac{2\, q_{(1)}\, q_{(2)}}{d^3}. \qquad \text{(VIII 11, 2)}$$

Daher folgt die Klassische *Hamilton*-Funktion des Oszillatoren-Systemes als Summe der mechanischen Energien beider Oszillatoren und ihrer elektrischen Kopplungs-Energie:

$$H = \frac{1}{2\,m_0}\left\{p_{(1)}^2 + (2\pi\nu_0 m_0 q_{(1)})^2\right\} + \frac{1}{2\,m_0}\left\{p_{(2)}^2 + (2\pi\nu_0 m_0 q_{(2)})^2\right\} - \\ - \frac{Q_0^2}{4\pi\Delta}\frac{2\, q_{(1)}\, q_{(2)}}{d^3} \qquad \text{(VIII 11, 3)}$$

c) Wir führen mittels

$$\begin{aligned} p_{(1)} &= \frac{1}{\sqrt{2}}(p'_{(1)} + p'_{(2)}); \qquad p_{(2)} = \frac{1}{\sqrt{2}}(p'_{(1)} - p'_{(2)}), \\ q_{(1)} &= \frac{1}{\sqrt{2}}(q'_{(1)} + q'_{(2)}); \qquad q_{(2)} = \frac{1}{\sqrt{2}}(q'_{(1)} - q'_{(2)}) \end{aligned} \tag{VIII 11, 4}$$

eine kanonische Transformation durch. [(Übergang vom abstrakten, *Kartesischen* Koordinatensystem $q_{(1)}$, $q_{(2)}$ auf ein ebenfalls *Kartesisches* Bezugssystem, dessen Achsen um 45^0 gegen die Achsen des Ausgangssystemes gedreht sind]. Durch diese Transformation geht die *Hamilton*sche Funktion H in die Funktion über

$$\begin{aligned} H' &= \frac{1}{2\,m_0}\left\{p'^2_{(1)} + \left((2\,\pi\,\nu_0\,m_0)^2 - \frac{Q_0^2}{4\,\pi\,\Delta}\frac{2\,m_0}{d^3}\right)q'^2_{(1)}\right\} + \\ &+ \frac{1}{2\,m_0}\left\{p'^2_{(2)} + \left((2\,\pi\,\nu_0\,m_0)^2 + \frac{Q_0^2}{4\,\pi\,\Delta}\frac{2\,m_0}{d^3}\right)q'^2_{(2)}\right\}. \end{aligned} \tag{VIII 11, 5}$$

Wir setzen abkürzend

$$\begin{aligned} (2\,\pi\,\nu_0\,m_0)^2 - \frac{Q_0^2}{4\,\pi\,\Delta}\frac{2\,m_0}{d^3} &= (2\,\pi\,\nu_1\,m_0)^2, \\ (2\,\pi\,\nu_0\,m_0)^2 + \frac{Q_0^2}{4\,\pi\,\Delta}\frac{2\,m_0}{d^3} &= (2\,\pi\,\nu_2\,m_0)^2. \end{aligned} \tag{VIII 11, 6}$$

In den kanonischen Koordinaten $p'_{(1)}$, $q'_{(1)}$; $p'_{(2)}$, $q'_{(2)}$ lautet dann das System der Bewegungsgleichungen

$$\begin{aligned} \dot{q}'_{(1)} &= \frac{p'_{(1)}}{m_0}; \qquad \dot{p}'_{(1)} = -(2\,\pi\,\nu_1)^2\,m_0\,q_{(1)}, \\ \dot{q}'_{(2)} &= \frac{p'_{(2)}}{m_0}; \qquad \dot{p}'_{(2)} = -(2\,\pi\,\nu_2)^2\,m_0\,q_{(2)}. \end{aligned} \tag{VIII 11, 7}$$

Sie beschreiben das dynamische Verhalten zweier *ungekoppelter* Oszillatoren, welche mit den Eigenfrequenzen ν_1 und ν_2 schwingen.

d) Auf jedes der beiden Systeme (VIII 11, 7) wenden wir die Quantenmechanik an: Die Matrix (VIII 10, 15) liefert sowohl den Operator $q'_{(1)}$ wie den Operator $q'_{(2)}$; die zugehörigen Impulsoperatoren folgen aus (VIII 10, 16), nachdem man dort ν_0 durch die Frequenzen ν_1 [für $p'_{(1)}$] und ν_2 [für $p'_{(2)}$] ersetzt. Die nämliche Substitution führt mittels (VIII 10, 21) auf das Spektrum der Energieoperatoren $H_{(1)}$ und $H_{(2)}$. Insbesondere ist der energetisch niederste Zustand durch die Terme gekennzeichnet

$$H_{(1)11} = \frac{1}{2}\,h\,\nu_1; \qquad H_{(2)11} = \frac{1}{2}\,h\,\nu_2, \tag{VIII 11, 8}$$

so daß dann das Oszillatorensystem die Gesamtenergie ausweist

$$H_{11} = (H_{(1)} + H_{(2)})_{11} = \frac{1}{2}\,h\,(\nu_1 + \nu_2). \tag{VIII 11, 9}$$

Der Vergleich mit dem entsprechenden Energieterm der *ungekoppelten* Oszillatoren

$$\lim_{d \to \infty} H_{11} = \frac{1}{2} h\, 2\, \nu_0 \qquad \text{(VIII 11, 10)}$$

offenbart als quantenmechanischen Kopplungseffekt die Energieänderung

$$\Delta H_{11} = H_{11} - \lim_{d \to \infty} H_{11} = \frac{1}{2} h\, (\nu_1 + \nu_2 - 2\, \nu_0). \qquad \text{(VIII 11, 11)}$$

Nach (VIII 11, 6) gilt nun, mittels binomischer Entwicklung,

$$\nu_1 = \nu_0 \left\{ 1 - \frac{1}{2} \left(\frac{Q_0}{2\pi \nu_0 m_0} \right)^2 \frac{2 m_0}{4\pi \Delta d^3} - \frac{1}{8} \left(\frac{Q_0}{2\pi \nu_0 m_0} \right)^4 \left(\frac{2 m_0}{4\pi \Delta d^3} \right)^2 - \dots \right\},$$

$$\nu_2 = \nu_0 \left\{ 1 + \frac{1}{2} \left(\frac{Q_0}{2\pi \nu_0 m_0} \right)^2 \frac{2 m_0}{4\pi \Delta d^3} - \frac{1}{8} \left(\frac{Q_0}{2\pi \nu_0 m_0} \right)^4 \left(\frac{2 m_0}{4\pi \Delta d^3} \right)^2 + \dots \right\}$$

$$\text{(VIII 11, 12)}$$

so daß man aus (VIII 11, 11) erhält

$$\Delta H_{11} = -\frac{1}{8} h\, \nu_0 \left(\frac{Q_0}{2\pi \nu_0 m_0} \right)^4 \left(\frac{2 m_0}{4\pi \Delta d^3} \right)^2 + \dots \qquad \text{(VIII 11, 13)}$$

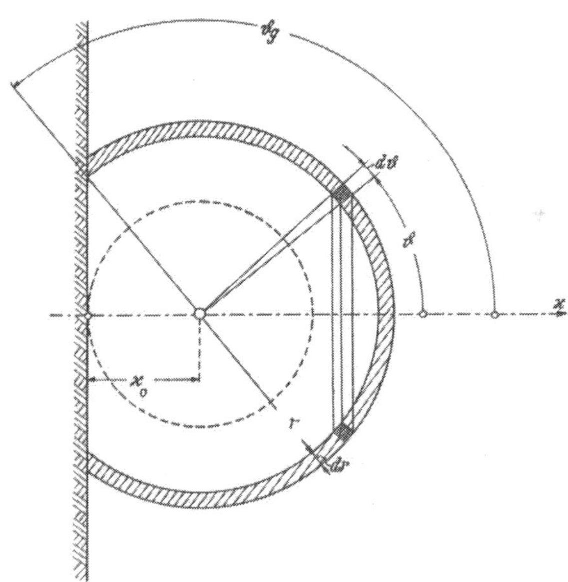

Abb. VIII 6. Zur Berechnung des *van der Waals*schen Kohäsionsdruckes.

Man denke sich nun den Abstand d der Oszillatoren-Mittelpunkte so langsam verändert, daß der energetische Zustand des Systemes in jedem Augenblick merklich durch (VIII 11, 13) beschrieben wird. Der Gang der Gesamtenergie mit dem Abstand zeigt die Existenz einer mechanischen

Kraft K (d) an, welcher die beiden Oszillatoren einander längs der Verbindungsachse ihrer Zentren zu nähern sucht:

$$K(d) = \frac{\partial H_{11}}{\partial d} = \frac{\partial \Delta H_{11}}{\partial d} = \frac{3}{4} h \nu_0 \left(\frac{Q_0}{2 \pi \nu_0 m_0}\right)^4 \left(\frac{2 m_0}{4 \pi \Delta}\right)^2 \frac{1}{d^7}. \qquad \text{(VIII 11, 14)}$$

e) Wir identifizieren die Oszillatoren modellmäßig mit den Molekülen eines einatomaren Gases je vom Molekülhalbmesser a. Nach Abb. VIII 6 möge die Ebene $x = 0$ eines *Kartesischen* Bezugssystemes die Grenze der im Halbraum $x > 0$ gedachten Gasatmosphäre bilden, deren Konzentration n je Raumeinheit wir [in erster Näherung] als konstant voraussetzen. Aus den intermolekularen Kräften der Art (VIII 11, 14) resultiert dann ein Kohäsionsdruck, welcher ins Innere des Gases gerichtet ist. Dieser Effekt wird in der Verkleinerung des in $x \to \infty$ herrschenden [skalaren] Binnendruckes p_∞ auf den an der „Gefäßwand" $x = 0$ beobachtbaren Druck p_0 manifest:

Wir richten unsere Aufmerksamkeit auf ein Molekül, welches sich im Abstande x_0 vom Ursprung des Bezugssystemes aufhält. Zunächst konstruieren wir um sein Zentrum die Kugel vom Halbmesser x_0, welche also die Ebene $x = 0$ tangiert; die Vektorsumme aller Kräfte, welche von den Molekülen dieser Kugel auf das „Aufmolekül" ausgeübt werden, verschwindet aus Symmetriegründen. Nunmehr konstruieren wir, wiederum um das Zentrum des Aufmoleküles, die Kugelschale vom Innenhalbmesser $r \geqq x_0$ und vom Außenhalbmesser $(r + dr)$ $[dr > 0]$; der vom Zentrum nach einem ihrer Punkte zeigende Radiusvektor schließt mit der x-Achse den Winkel ϑ ein. Die infinitesimal benachbarten Kegel ϑ und $(\vartheta + d\vartheta)$ schneiden aus der Kugelschale einen Ring vom Volumen $2 \pi r^2 \sin \vartheta \, d\vartheta \, dr$ aus; jedes der in ihm anwesenden Moleküle zieht das Aufmolekül mit der Kraftkomponente $K_x = K(r) \cos \vartheta$ in Richtung der positiven x-Achse, so daß von der Gesamtheit dieser Moleküle die Kraft herrührt

$$d\overline{K}_{\text{Ring}} = n K(r) 2 \pi r^2 \sin \vartheta \cos \vartheta \, d\vartheta \, dr. \qquad \text{(VIII 11, 15)}$$

Integration über alle der Kugelschale angehörigen Winkel $0 \leqq \vartheta \leqq$ $\leqq \arccos(x_0/r) \equiv \vartheta_g$ liefert die Kraft der Kugelschale auf das Aufmolekül

$$d\overline{K}_{\text{Schale}} = n K(r) \pi x_0^2 \, dr. \qquad \text{(VIII 11, 16)}$$

Durch weitere Integration über alle „aktiven" Kugelschalen $x_0 \leqq r < \infty$ der Gasatmosphäre finden wir somit die resultierende Kraft $\overline{K}$, welche am Aufmolekül in Richtung der x-Achse angreift

$$\overline{K} = n \pi x_0^2 \int_{x_0}^{\infty} K(r) \, dr = - n \pi x_0^2 \Delta H_{11}(x_0). \qquad \text{(VIII 11, 17)}$$

Auf dem gleichen Wege überzeugt man sich, daß die resultierende Kraft senkrecht zur x-Achse verschwindet.

An einer elementaren Gassäule vom Querschnitt 1, welcher von den Kontrollebenen x_0 und $(x_0 + \Delta x_0)$ nach Abb. VIII 7 begrenzt wird, greift in x_0 die Flächenkraft $p(x_0)$ in Richtung wachsender x an, während in $(x_0 + \Delta x_0)$ die Flächenkraft $p(x_0 + \Delta x_0)$ im entgegengesetzten Sinne wirkt. Das kontrollierte Gaselement enthält $n\, 1\, \Delta x_0$ Moleküle, deren jedes mit der Kraft (VIII 11, 17) in Richtung der positiven x-Achse gezogen wird. Daher lautet die Gleichgewichtsbedingung des Gaselementes

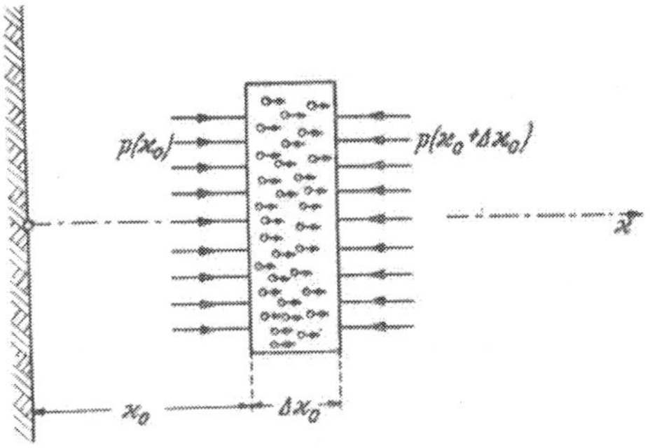

$$p(x_0) - p(x_0 + \Delta x_0) - - n^2 \pi x_0^2 \Delta H_{11}(x_0) \Delta x_0 = 0. \qquad \text{(VIII 11, 18)}$$

Abb. VIII 7. Gleichgewicht in einem Gase.

Für $\Delta x_0 \to 0$ entspringt hieraus die Differentialgleichung

$$\frac{dp}{dx_0} = - n^2 \pi x_0^2 \Delta H_{11}(x_0). \qquad \text{(VIII 11, 19)}$$

Durch Integration zwischen den Grenzen $x_0 = a$ [Halbmesser des kugelförmigen Molekülmodelles] und $x_0 \to \infty$ folgt also

$$p - p_0 = - n^2 \pi \int_a^\infty x_0^2 \Delta H_{11}(x_0)\, dx_0. \qquad \text{(VIII 11, 20)}$$

Mit Benützung des Resultates (VIII 11, 13), dessen Gültigkeit wir, über die Methode seiner Herleitung hinausgehend, approximativ bis auf $d = a$ extrapolieren, wird schließlich

$$p_\infty - p_0 = n^2 \pi \frac{1}{8} h \nu_0 \left(\frac{Q_0}{2 \pi \nu_0 m_0}\right)^4 \left(\frac{2 m_0}{4 \pi \Delta}\right)^2 \frac{1}{3 a^3}. \qquad \text{(VIII 11, 21)}$$

Nach *van der Waals* ist diese Druckdifferenz für die Abweichung der Zustandsgleichung wahrer Gase von der Gleichung idealer Gase verantwortlich zu machen.

f) Die mechanische Energie des Oszillators 1 allein [ohne Berücksichtigung der Wechselwirkungs-Energie] folgt für den hier untersuchten Grundzustand des Systemes gekoppelter Oszillatoren aus

$$H_{(1)11} = \frac{1}{2 m_0} (p_{(1)2}^{\ 1}\, p_{(1)1}^{\ 2} + (2 \pi \nu_0 m_0)^2 q_{(1)2}^{\ 1}\, q_{(1)1}^{\ 2}). \qquad \text{(VIII 11, 22)}$$

Nach (VIII 11, 4) gilt hierin

$$p_{(1)2}^{\ 1}\, p_{(1)1}^{\ 2} = \frac{1}{2} (p'^{\ 1}_{(1)2} + p'^{\ 1}_{(2)2}) (p'^{\ 2}_{(1)1} + p'^{\ 2}_{(2)1})$$

$$q_{(1)2}^{\ 1}\, q_{(1)1}^{\ 2} = \frac{1}{2} (q'^{\ 1}_{(1)2} + q'^{\ 1}_{(2)2}) (q'^{\ 2}_{(1)1} + q'^{\ 2}_{(2)1}). \qquad \text{(VIII 11, 23)}$$

Darin folgt nach (VIII 10, 18)

$$q'^{\,1}_{(1)2}\, q'^{\,2}_{(1)1} = \frac{h}{8\,\pi^2 m_0} \frac{1}{\nu_1}; \qquad q'^{\,1}_{(2)2}\, q'^{\,2}_{(2)1} = \frac{h}{8\,\pi^2 m_0} \frac{1}{\nu_2} \qquad \text{(VIII 11, 24)}$$

und — nach passender Wahl des Zeit-Ursprunges —

$$\begin{aligned} q'^{\,1}_{(1)2}\, q'^{\,2}_{(2)1} &= \frac{h}{8\,\pi^2 m_0} \frac{1}{\sqrt{\nu_1 \nu_2}}\, e^{2\pi i (\nu_1 - \nu_2) t} \\ q'^{\,1}_{(2)2}\, q'^{\,2}_{(1)1} &= \frac{h}{8\,\pi^2 m_0} \frac{1}{\sqrt{\nu_2 \nu_1}}\, e^{2\pi i (\nu_2 - \nu_1) t}. \end{aligned} \qquad \text{(VIII 11, 25)}$$

Ebenso liefert (VIII 10, 16)

$$\begin{aligned} p'^{\,1}_{(1)2}\, p'^{\,2}_{(1)1} &= 4\,\pi^2 m_0^2 \nu_0^2 \left(\frac{\nu_1}{\nu_0}\right)^2 q'^{\,1}_{(1)2}\, q'^{\,2}_{(1)1} \\ p'^{\,1}_{(2)2}\, p'^{\,2}_{(2)1} &= 4\,\pi^2 m_0^2 \nu_0^2 \left(\frac{\nu_2}{\nu_0}\right)^2 q'^{\,1}_{(2)2}\, q'^{\,2}_{(2)1} \end{aligned} \qquad \text{(VIII 11, 26)}$$

sowie

$$\begin{aligned} p'^{\,1}_{(1)2}\, p'^{\,2}_{(2)1} &= 4\,\pi^2 m_0^2 \nu_0^2 \frac{\nu_1 \nu_2}{\nu_0^2}\, q'^{\,1}_{(1)2}\, q'^{\,2}_{(2)1} \\ p'^{\,1}_{(2)2}\, p'^{\,2}_{(1)1} &= 4\,\pi^2 m_0^2 \nu_0^2 \frac{\nu_2 \nu_1}{\nu_0^2}\, q'^{\,1}_{(2)2}\, q'^{\,2}_{(1)1}. \end{aligned} \qquad \text{(VIII 11, 27)}$$

Daher findet man mittels (VIII 11, 22)

$$H_{(1)11} = \frac{h\,\nu_0}{8} \left\{ \frac{\nu_1}{\nu_0} + \frac{\nu_0}{\nu_1} + \frac{\nu_2}{\nu_0} + \frac{\nu_0}{\nu_2} + \left(\frac{2\,\nu_0}{\sqrt{\nu_1 \nu_2}} + \frac{2\sqrt{\nu_1 \nu_2}}{\nu_0} \right) \cos 2\,\pi\,(\nu_1 - \nu_2)\,t \right\} \qquad \text{(VIII 11, 28)}$$

und auf dem gleichen Wege

$$H_{(2)11} = \frac{h\,\nu_0}{8} \left\{ \frac{\nu_2}{\nu_0} + \frac{\nu_0}{\nu_2} + \frac{\nu_1}{\nu_0} + \frac{\nu_0}{\nu_1} - \left(\frac{2\,\nu_0}{\sqrt{\nu_2 \nu_1}} + \frac{2\sqrt{\nu_2 \nu_1}}{\nu_0} \right) \cos 2\,\pi\,(\nu_2 - \nu_1)\,t \right\}. \qquad \text{(VIII 11, 29)}$$

Die Energie wird also zwischen beiden Oszillatoren ausgetauscht und befindet sich — im Grenzfalle $d \to \infty$ sehr loser Koppelung — zur Gänze bald auf dem einen, bald auf dem anderen Oszillator vor. Diese Erscheinung ist aus der klassischen Mechanik gekoppelter Pendel wohl bekannt. Während jedoch dort die Austauschfrequenz den Takt des Vorganges kontrolliert, besitzt sie im Rahmen der Quantenmechanik nur statistische Bedeutung für den Durchschnitt der Energiebeobachtungen, welche man gleichzeitig an einer sehr großen Zahl unter sich gleicher Oszillatorenpaare vornimmt.

Die Wechselwirkungs-Energie ist

$$-\frac{Q_0^2}{4\,\pi\,\Delta} \frac{1}{d^3} \left\{ q^1_{(1)2}\, q^2_{(2)1} + q^1_{(2)2}\, q^2_{(1)1} \right\} = H_{(w)11}. \qquad \text{(VIII 11, 30)}$$

Darin gilt nach (VIII 11, 4)

$$q^1_{(1)2}\, q^2_{(2)1} + q^1_{(2)2}\, q^2_{(1)1} = q'^{\,1}_{(1)2}\, q'^{\,2}_{(1)1} - q'^{\,1}_{(2)2}\, q'^{\,2}_{(2)1} \qquad \text{(VIII 11, 31)}$$

und also nach (VIII 10, 18)

$$-\frac{Q_0^2}{4\pi\Delta}\frac{1}{d^3}\{q_{(1)2}^{\ 1}\, q_{(2)1}^{\ 2} + q_{(2)2}^{\ 1}\, q_{(2)1}^{\ 2}\} = -\frac{Q_0^2}{4\pi\Delta}\frac{1}{d^3}\frac{h}{8\pi^2 m_0}\left\{\frac{1}{\nu_1}-\frac{1}{\nu_2}\right\}. \qquad \text{(VIII 11, 32)}$$

Mittels (VIII 11, 6) wird hieraus

$$H_{(w)11} = \frac{h}{8}\frac{\nu_1\nu_2^2 + \nu_2\nu_1^2 - \nu_1^3 - \nu_2^3}{\nu_1\nu_2}. \qquad \text{(VIII 11, 33)}$$

Mit Rücksicht auf die aus (VIII 11, 6) folgende Identität $\nu_1^2 + \nu_2^2 \equiv 2\nu_0^2$ folgt nunmehr durch Zusammenfassung von (VIII 11, 28), (VIII 11, 29) und (VIII 11, 33) als Gesamtenergie des Oszillatorsystemes

$$H_{(1)11} + H_{(2)11} + H_{(w)11} = \frac{h}{2}(\nu_1 + \nu_2) \qquad \text{(VIII 11, 34)}$$

in Übereinstimmung mit (VIII 11, 9). Die Wechselwirkungs-Energie wird also, ebenso wie die Gesamtenergie, durch den Austauschvorgang nicht berührt.

VIII. 12. Statistik der Mikrobeobachtungen.

a) Gegeben sei ein atomares System, welches quantenmechanisch durch die Operatoren q seiner Koordinate und p seines Impulses samt den aus ihnen gebildeten Operatorfunktionen beschrieben werde. Die Matrizen aller dieser Größen seien nach Lösung der kanonischen Gleichungen der Quantenmechanik bekannt. Überdies möge auf Grund einer vergangenen Messung $[t < 0]$ feststehen, daß das atomare System die Energie $W_{(k)}$ besitzt. Dieses unser gedächtnismäßiges Wissen meinen wir mit der Aussage: „Das System befindet sich im Zustande k.“

b) Zur Beurteilung seiner physikalischen Eigenschaften soll das System vom Zeitpunkt $t = 0$ an neuerdings beobachtet werden. Dieser Prozeß, im einzelnen der mannigfachsten Varianten fähig, erfordert in jedem Falle ein Meßgerät, welches mit dem zu beobachtenden Mikroobjekte in energetische Wechselwirkung tritt. Sie kommt in der *Hamilton*schen Funktion zum Ausdruck, welche vom Operator $H_0(p, q)$ des Mikrosystemes allein in die Funktion $H(p, q)$ des „beobachteten“ Mikrosystemes übergeht.

Die Matrizen der Operatoren p, q und H werden zunächst auf jenes „Grundsystem“ bezogen, welches durch die Hauptachsen von H_0 definiert ist. Sollen dann p und q Lösungen des in H — als Mutterfunktion der kanonischen Variabeln — vorliegenden mechanischen Problemes sein, so verlangt der Energiesatz für H die Gestalt einer Diagonalmatrix. In der Regel ist jedoch diese Bedingung — nach Substitution der im Grundsystem ausgedrückten Matrixkomponenten p_j^k und q_j^k in die Matrix von H — keineswegs erfüllt. Dann also treten in der Energiematrix zeitlich veränderliche Glieder auf; sie rufen nach einer statistischen Deutung.

c) Wir suchen die Lösung der quantenmechanischen Gleichungen mittels einer Berührungstransformation: Es wird ein zunächst noch unbekannter Versor U eingeführt, mit dessen Hilfe wir die Matrix-Komponenten der Operatoren q, p und H nach der Vorschrift (VIII 5, 23) auf ein gestrichenes Bezugssystem des *Hilbert*schen Raumes transformieren:

$$q' = U^{-1} q\, U; \quad p' = U^{-1} p\, U; \quad H' = U^{-1} H\, U. \qquad \text{(VIII 12, 1)}$$

Da hiernach $H\,U = U\,H'$ ist, liefert die Forderung $H' = W$ → Diagonalmatrix die Matrizengleichung

$$\mathrm{U}^{k}{}_{l}\,\mathrm{W}^{l}_{j} \equiv \mathrm{U}^{k}{}_{l}\,\delta^{l}_{j}\,\mathrm{W}_{(l)} \equiv \mathrm{U}^{k}{}_{j}\,\mathrm{W}_{(j)} = \mathrm{H}^{k}_{l}\,\mathrm{U}^{l}{}_{j}. \qquad \text{(VIII 12, 2)}$$

Andererseits folgen die Eigenvektoren a des *Hermite*schen Operators H — der sich nur in seinen Komponenten, nicht aber begrifflich von H' unterscheidet — aus der Definition

$$\mathrm{a}^{k}\,\lambda = \mathrm{H}^{k}_{l}\,\mathrm{a}^{l}, \qquad \text{(VIII 12, 3)}$$

wobei das Spektrum der Eigenwerte $\lambda = \lambda_{(j)}$ in den Wurzeln der Säkulargleichung vorliegt

$$\det\left\{\mathrm{H}^{k}_{l} - \lambda\,\delta^{k}_{l}\right\} = 0. \qquad \text{(VIII 12, 4)}$$

Der Vergleich von (VIII 12, 2) mit (VIII 12, 3) zeigt: Die Eigenwerte $\mathrm{W}_{(j)}$ sind mit den $\lambda_{(j)}$, die $\mathrm{U}^{k}{}_{j}$ mit der k-ten Komponente des zu $\lambda_{(j)}$ gehörigen, normierten Basisvektors $a_{(j)}$ identisch. [Wir erinnern daran, daß sich der Index k auf das Grundsystem, der Index j dagegen auf das Hauptachsensystem von H bezieht.]

d) Wir drücken den *Hamilton*schen Operator wieder im ursprünglichen Bezugssystem aus, indem wir Gl. (VIII 12, 1) umkehren:

$$H = U\,H'\,U^{-1} = U\,W\,U^{-1}. \qquad \text{(VIII 12, 5)}$$

Der Messung sind nur die zeitunabhängigen Glieder der Matrix (H) erschlossen; für sie erhalten wir also, da W Diagonalmatrix ist

$$\mathrm{H}^{(k)}_{(k)} = U^{k}{}_{j}\,\mathrm{W}^{j}_{j}\,\mathrm{U}^{-1j}{}_{l} \quad \text{für } l \to k \qquad \text{(VIII 12, 6)}$$

oder, mit Rücksicht auf (VIII 5, 8) und (VIII 5, 16),

$$\mathrm{H}^{(k)}_{(k)} = \sum_{j} \mathrm{W}^{(j)}_{(j)}\,|\mathrm{U}^{k}{}_{j}|^{2} = \sum_{j} \mathrm{W}_{(j)} \cos^{2}(\mathrm{k}, \mathrm{j}). \qquad \text{(VIII 12, 7)}$$

Die Komponenten $\mathrm{U}^{k}{}_{j}$ des Versors sind, in der Gestalt $\overline{\mathrm{U}}^{k}{}_{j}\,e^{i\alpha}$ mit reellem $\alpha = \alpha\,(t)$, als zeitabhängig zu betrachten; doch sind die Quadrate $\cos^{2}(\mathrm{k}, \mathrm{j})$ sämtlich konstant, und sie erfüllen, nach (VIII 5, 18), für jeden festen Index k des ursprünglichen Bezugssystemes die Bedingung

$$\sum_{j} \cos^{2}(\mathrm{k}, \mathrm{j}) = 1. \qquad \text{(VIII 12, 8)}$$

Um den physikalischen Sinn dieses Ergebnisses aufzudecken, bilden wir aus den Eigenfunktionen $\overline{\mathrm{u}}_{k}$ mit dem Eigenwert-Spektrum $\mathrm{W}_{(k)}$ des

Operators H im Ω-Raume die zeitabhängige Wellenfunktion [Lösung der zeitabhängigen *Schroedinger*-Gleichung]:

$$\bar{h}_{(k)}(t) = \sum_j U^k{}_j \, \bar{u}_{(j)} \, e^{-2\pi i \nu_j t} \equiv \sum_j U^k{}_j \, \bar{\psi}_{(j)}; \qquad h\,\nu_j = W_{(j)}. \qquad \text{(VIII 12, 9)}$$

Die Versorkomponenten erscheinen hier als Koeffizienten in der Entwicklung der Funktionen $\bar{h}_{(k)}(t)$ nach dem Orthogonalsystem der $\bar{\psi}_{(j)}$. Die Anwesenheits-Wahrscheinlichkeit des Mikrosystemes im Element dT des Konfigurationsraumes ist dann durch die mehrfach-periodische, reelle Funktion gegeben:

$$\bar{h}^*_{(k)} \bar{h}_{(k)} \, dT = \sum_j \sum_l U^{*k}{}_j \, \bar{u}^*_{(j)} \, U^k{}_l \, \bar{u}_{(l)} \, e^{2\pi i (\nu_j - \nu_l) t} \, dT. \qquad \text{(VIII 12, 10)}$$

Sie genügt, nach (VIII 12, 8), der Bedingung

$$\iiint_{(T)} \bar{h}^*_{(k)} \, h_{(k)} \, dT = \sum_j \sum_l U^{*k}{}_j \, U^k{}_l \, e^{2\pi i (\nu_j - \nu_l) t} \, \delta^l_j = \sum_j \cos^2(k, j) = 1,$$
$$\text{(VIII 12, 11)}$$

welche ausdrückt, daß sich das Mikrosystem ja irgendwo in T befinden muß.

Die mittels der Funktionen (VIII 12, 9) gebildeten Matrix-Elemente des *Hamilton*schen Operators [im R-Raum] lauten nun

$$H^k_j = \iiint_{(T)} \bar{h}^*_{(j)} \, H \, \bar{h}_{(k)} \, dT = \iiint_{(T)} \sum_l \sum_m U^{*j}{}_l \, \bar{u}^*_{(l)} \, H \, U^k{}_m \, \bar{u}_{(m)} \, e^{2\pi i (\nu_l - \nu_m) t} \, dT =$$

$$= \iiint_{(T)} \sum_l \sum_m U^{*j}{}_l \, U^k{}_m \, \bar{u}^*_{(j)} \, W_{(m)} \, \bar{u}_{(m)} \, e^{2\pi i (\nu_l - \nu_m) t} \, dT =$$

$$= \sum_l \sum_m U^{*j}{}_l \, U^k{}_m \, W_{(m)} \, \delta^m_l \, e^{2\pi i (\nu_l - \nu_m) t} = \sum_l U^k{}_l \, W_{(l)} \, U^{-1 l}{}_j \qquad \text{(VIII 12, 12)}$$

übereinstimmend mit (VIII 12, 5) und (VIII 12, 7). Daher gestattet die letztgenannte Gleichung folgende Interpretation:

Das Meßgerät enthält gleichzeitig eine sehr große Zahl von Mikrosystemen einheitlicher Struktur. Die Individuen dieses Kollektivs besitzen jedoch in der Regel keine bestimmte Energie. Erst der Beobachtungsprozeß zwingt das Mikrosystem, einen der möglichen Energiewerte „auszuspielen". Dabei ist die Wahrscheinlichkeit, auf Grund der bekannten Vorgeschichte eines individuellen Mikrosystemes [Zustand k für $t < 0$] an ihm gegenwärtig den Zustand j vorzufinden, gleich $\cos^2(k, j)$, und $H^{(k)}_{(k)}$ resultiert als Erwartungswert aller $W_{(k)}$. Ihm ist nach der *Bohr*schen Gleichung der Erwartungswert $\bar{\nu}_k$ der ebenfalls unbestimmten Frequenz zuzuordnen; diese Größe $\bar{\nu}_k$ regelt zusammen mit den ν_j den zeitlichen Gang der Versorkomponenten zu $U^k{}_j = \bar{U}^k{}_j \, e^{2\pi i (\nu_j - \bar{\nu}_k t)}$.

Die in diesen Angaben enthaltene Kenntnis über das gegenwärtige Verhalten des Mikrosystemes stellt das Maximum des Erreichbaren dar. Der durch ein solches Kollektiv realisierte „*reine Fall*“ [*Weyl, v. Neumann*] beläßt also in der jeweils *einen*, beobachtbaren Energiegröße eine prinzipielle *Ungewißheit*; sie ist als solche scharf zu unterscheiden von der früher genannten *Unsicherheit* [Ungenauigkeit], welche sich auf die gleichzeitige Beobachtung je zweier, kanonisch konjugierter Variabeln bezieht.

e) Dem reinen Falle steht als *Gemisch* ein Kollektiv von Mikrosystemen einheitlicher Struktur gegenüber, für welches in der *Vergangenheit* für jeden Zustand k eine gewisse Wahrscheinlichkeit

$$w(k) \equiv c_k^2; \qquad \sum_k c_k^2 = 1 \qquad \text{(VIII 12, 13)}$$

festgestellt wurde. Im Gegensatz zu (VIII 12, 10) berechnet sich demnach die Anwesenheits-Wahrscheinlichkeit eines Mikrosystemes vom früheren Zustande k im Element dT des Konfigurationsraumes zu

$$c_k^2 \, \overline{\psi}_{(k)}^* \, \overline{\psi}_{(k)} \, dT, \qquad \text{(VIII 12, 14)}$$

also seine Existenz-Wahrscheinlichkeit im gesamten Konfigurationsraum, unabhängig von der Zeit t

$$\iiint\limits_{(T)} c_k^2 \, \overline{\psi}_{(k)}^* \, \overline{\psi}_{(k)} \, dT = c_k^2 = w(k). \qquad \text{(VIII 12, 15)}$$

Die Wahrscheinlichkeit, bei der gegenwärtigen Beobachtung gerade den Zustand j vorzufinden, folgt aus der Verbindungsregel der Wahrscheinlichkeitsrechnung zu

$$\sum_k c_k^2 \cos^2(k, j). \qquad \text{(VIII 12, 16)}$$

Sie genügt der Gleichung

$$\sum_j \sum_k c_k^2 \cos^2(k, j) = \sum_k c_k^2 = 1, \qquad \text{(VIII 12, 17)}$$

da sich ja das System in *irgend* einem Zustand befinden muß.

f) Um die in (VIII 12, 4) nur formal dargestellten Eigenwerte wirklich zu berechnen, beschränken wir uns auf den Fall der schwachen Koppelung von Mikrosystem und Meßgerät: Wir setzen H in Form der Potenzreihe an

$$H = H_0(p, q) + \varepsilon H_1(p, q) + \varepsilon^2 H_2(p, q) + \ldots, \qquad \text{(VIII 12, 18)}$$

wobei der skalare „Störungsparameter“ ε der Ungleichung unterworfen wird

$$|\varepsilon H_{1j}^k| \ll |H_{0j}^k| \text{ für } j = k \text{ [Diagonalglieder].} \qquad \text{(VIII 12, 19)}$$

Entsprechend werde die Diagonalmatrix W durch die Potenzreihe dargestellt

$$W = W_0 + \varepsilon W_1 + \varepsilon^2 W_2 + \ldots, \qquad \text{(VIII 12, 20)}$$

wobei $W_0, W_1, W_2, \ldots$ je für sich ebenfalls Diagonalmatrizen seien. Endlich gelte für den gesuchten Versor U die Entwicklung

$$\begin{aligned} U &= I + \varepsilon U_1 + \varepsilon^2 U_2 + \ldots \\ U^{-1} &= I - \varepsilon U_1 + \varepsilon^2 \{U_1 U_1 - U_2\} + \ldots \end{aligned} \qquad \text{(VIII 12, 21)}$$

Durch Einsetzen aller dieser Reihen in die Transformationsgleichung (VIII 12, 1) des *Hamilton*schen Operators resultiert

$$\begin{aligned} &(I - \varepsilon U_1 + \varepsilon^2 \{U_1 U_1 - U_2\} + \ldots)(H_0 + \varepsilon H_1 + \varepsilon^2 H_2 + \ldots)(I + \\ &+ \varepsilon U_1 + \varepsilon^2 U_2 + \ldots) = W_0 + \varepsilon W_1 + \varepsilon^2 W_2 + \ldots \end{aligned} \qquad \text{(VIII 12, 22)}$$

In dieser Gleichung müssen sich die Koeffizienten jeder Potenz von ε einzeln annullieren, so daß sie in folgendes System von Operatorengleichungen zerfällt:

$$\begin{aligned} &H_0 && = W_0 \\ &H_0 U_1 - U_1 H_0 + H_1 && = W_1 \\ &H_0 U_2 - U_2 H_0 + H_1 U_1 - U_1 H_1 + U_1 U_1 H_0 - U_1 H_0 U_1 + H_2 && = W_2. \\ &\ldots && \ldots\ldots \end{aligned} \qquad \text{(VIII 12, 23)}$$

Die Matrix des Operators $(H_0 U_r - U_r H_0)$ für $r = 1, 2, \ldots$ lautet

$$\begin{aligned} &(H_0 U_r - U_r H_0)^k{}_j = H_{0l}^{\,k} U_r{}^l{}_j - U_r{}^k{}_l H_{0j}^{\,l} = \\ &= \delta_l^k W_{0_{(k)}} U_r{}^l{}_j - U_r{}^k{}_l \delta_j^l W_{0_{(l)}} = U_r{}^k{}_j (W_{0_{(k)}} - W_{0_{(j)}}), \end{aligned} \qquad \text{(VIII 12, 24)}$$

so daß in ihr alle Diagonalglieder $j = k$ identisch verschwinden. Daher entnimmt man aus der zweiten der Gl. (VIII 12, 23) die beiden Aussagen

$$W_{1(k)}^{(k)} \equiv W_{1(k)} = H_{1(k)}^{(k)} \qquad \text{(VIII 12, 25)}$$

und

$$U_1{}^k{}_j (W_{0_{(k)}} - W_{0_{(j)}}) + H_{1j}^{\,k} = 0; \qquad U_1{}^k{}_j = -\frac{H_{1j}^{\,k}}{W_{0_{(k)}} - W_{0_{(j)}}}; \; k \neq j. \qquad \text{(VIII 12, 26)}$$

Auf Grund der dritten Gl. (VIII 12, 23) schließt man nunmehr auf die Energiestörung zweiter Ordnung

$$\begin{aligned} W_{2(k)}^{(k)} &\equiv W_{2(k)} = (H_1 U_1 - U_1 H_1 + U_1 U_1 H_0 - U_1 H_0 U_1 + H_2)_{(k)}^{(k)} = \\ &= \left(-\frac{H_{1l}^{(k)} H_{1(k)}^{\,l}}{W_{0_{(l)}} - W_{0_{(k)}}} + \frac{H_{1l}^{(k)} H_{1(k)}^{\,l}}{W_{0_{(k)}} - W_{0_{(l)}}}\right) - \frac{H_{1l}^{(k)}}{W_{0_{(k)}} - W_{0_{(l)}}} H_{1(k)}^{\,l} + H_{2(k)}^{(k)} = \\ &= H_{2(k)}^{(k)} + \frac{H_{1l}^{(k)} H_{1(k)}^{\,l}}{W_{0_{(k)}} - W_{0_{(l)}}} \end{aligned} \qquad \text{(VIII 12, 27)}$$

Die sinngemäße Fortsetzung dieses Verfahrens liefert nacheinander die in den Reihen (VIII 12, 20) und (VIII 12, 21) auftretenden Koeffizienten-Operatoren; damit ist die Aufgabe gelöst.

g) Die Gl. (VIII 12, 26) versagen, falls etwa die ungestörten Eigenwerte $W_{0(k+1)}$, $W_{0(k+2)}$, ... $W_{0(k+\varkappa)}$ sämtlich untereinander gleich sind: Es liegt eine $\varkappa$-fache „Entartung" vor.

Wir verallgemeinern jetzt den Ansatz (VIII 12, 21) der Versoren U und U^{-1}, mit Beachtung der Regel (VIII 2, 38), auf

$$\begin{aligned} U &= U_0(I + \varepsilon U_1 + \varepsilon^2 U_2 + \ldots) \\ U^{-1} &= (I - \varepsilon U_1 + \varepsilon^2 \{U_1 U_1 - U_2\} + \ldots) U_0^{-1} \end{aligned} \qquad \text{(VIII 12, 28)}$$

und erhalten an Stelle von (VIII 12, 22)

$$\begin{aligned} &(I - \varepsilon U_1 + \varepsilon^2 \{U_1 U_1 - U_2\} + \ldots) U_0^{-1} (H_0 + \\ &+ \varepsilon H_1 + \varepsilon^2 H_2 + \ldots) U_0 (I + \varepsilon U_1 + \varepsilon^2 U_2 + \ldots) = \\ &= W_0 + \varepsilon W_1 + \varepsilon^2 W_2 + \ldots \end{aligned} \qquad \text{(VIII 12, 29)}$$

also

$$\begin{aligned} &U_0^{-1} H_0 U_0 &&= W_0 \\ &U_0^{-1} H_0 U_0 U_1 - U_1 U_0^{-1} H_0 U_0 + U_0^{-1} H_1 U_0 &&= W_1 \end{aligned} \qquad \text{(VIII 12, 30)}$$

Da W_0 Diagonalmatrix ist, gilt

$$\begin{aligned} &(\mathrm{U}_0^{-1} \mathrm{H}_0 \mathrm{U}_0 \mathrm{U}_1 - \mathrm{U}_1 \mathrm{U}_0^{-1} \mathrm{H}_0 \mathrm{U}_0)^{\mathrm{l}}{}_{\mathrm{n}} = (\mathrm{W}_0 \mathrm{U}_1 - \mathrm{U}_1 \mathrm{W}_0)^{\mathrm{l}}{}_{\mathrm{n}} = \\ &= \mathrm{W}_{0\mathrm{m}}^{\mathrm{l}} \mathrm{U}_1{}^{\mathrm{m}}{}_{\mathrm{n}} - \mathrm{U}_1{}^{\mathrm{l}}{}_{\mathrm{m}} \mathrm{W}_{0\mathrm{n}}^{\mathrm{m}} = \mathrm{U}_{1\mathrm{n}}^{\mathrm{l}} (\mathrm{W}_{0(0)} - \mathrm{W}_{0(\mathrm{n})}). \end{aligned} \qquad \text{(VIII 12, 31)}$$

Demnach verschwinden infolge der Entartung sämtliche Komponenten dieser Matrix, deren Indizes dem Bereiche angehören

$$\mathrm{k} + 1 \leqq \mathrm{l}, \mathrm{n} \leqq \mathrm{k} + \varkappa. \qquad \text{(VIII 12, 32)}$$

Durch diese Zahlenfolge wird innerhalb des vollständigen *Hilbert*schen Raumes ein $\varkappa$-dimensionaler Teilraum definiert; auf ihn beziehen wir uns weiterhin: Der Operator U_0 genügt der Gleichung

$$H_1 U_0 = U_0 W_1. \qquad \text{(VIII 12, 33)}$$

In der Matrix $(\mathrm{H}_1 \mathrm{U}_0)$ sind die Komponenten

$$(\mathrm{H}_1 \mathrm{U}_0)^{\mathrm{l}}{}_{\mathrm{n}} = \mathrm{H}_{1\mathrm{m}}^{\mathrm{l}} \mathrm{U}_0{}^{\mathrm{m}}{}_{\mathrm{n}} \qquad \text{(VIII 12, 34)}$$

[wobei definitionsgemäß auch m im Bereiche (VIII 12, 32) liegt] nach Aussage der *Bohr*schen Frequenzgleichung für den Fall der Entartung unabhängig von der Zeit, ferner folgt aus dem Charakter von W_1 als Diagonalmatrix

$$(\mathrm{U}_0 \mathrm{W}_1)^{\mathrm{l}}{}_{\mathrm{n}} = \mathrm{U}_0{}^{\mathrm{l}}{}_{\mathrm{n}} \mathrm{W}_{1(\mathrm{n})}. \qquad \text{(VIII 12, 35)}$$

Daher entnimmt man aus (VIII 12, 33) die Matrizengleichung

$$\mathrm{U}_0{}^{\mathrm{l}}{}_{\mathrm{n}} \mathrm{W}_{1(\mathrm{n})} = \mathrm{H}_{1\mathrm{m}}^{\mathrm{l}} \mathrm{U}_0{}^{\mathrm{m}}{}_{\mathrm{n}}. \qquad \text{(VIII 12, 36)}$$

In dem untersuchten Teilraum definiert

$$\mathrm{a}^{\mathrm{m}} \lambda = \mathrm{H}_{1\mathrm{m}}^{\mathrm{l}} \mathrm{a}^{\mathrm{m}} \qquad \text{(VIII 12, 37)}$$

die Eigenvektoren $\boldsymbol{a}$, welche zu den Eigenwerten λ des [$\varkappa$-dimensionalen]

*Hermite*schen Operators H_1 gehören; das Spektrum der Eigenwerte folgt durch Lösung der Säkulargleichung $\varkappa$-ten Grades

$$\det\left\{H_{1\,m}^{\,l} - \lambda\,\delta_m^l\right\} = 0. \qquad \text{(VIII 12, 38)}$$

Somit ist der Eigenwert $W_{1(n)}$ mit $\lambda_{(n)}$, die Versorkomponente $U_0{}^m{}_n$ mit der m-ten Komponente des [normierten] Basisvektors $a_{(n)}$ identisch. Falls die $\varkappa$ Wurzeln $\lambda_{(n)}$ sämtlich voneinander verschieden sind, wird also der ungestörte, $\varkappa$-fache Eigenwert in $\varkappa$ unterschiedliche Energieterme aufgespalten. Für die Störung [erster Ordnung] der nicht-entarteten Eigenwerte dagegen ist weiterhin Gl. (VIII 12, 25) zuständig.

h) Wir wenden die vorstehenden Überlegungen auf den *Stark-Effekt* an: Man beobachtet Atome, welche sich in einem elektrischen Felde der Stärke $|E|$ aufhalten, gefragt wird nach der von ihm bewirkten Verschiebung der Eigenwerte des *Hamilton*schen Operators [Energiespektrum].

Wir nennen q die zu E [dreidimensionaler Vektor des *Euklid*ischen Konfigurationsraumes] parallel weisende, *Kartesische* Koordinate des Leuchtelektrons [Ladung $(-\,Q_0)$, Masse = Ruhmasse m_0]. Als ihren Ursprung wählen wir den „statistischen Schwerpunkt“ des Elektrons im ungestörten Zustande (k) des Atomes: Die entsprechende *Schroedinger*-Funktion $\overline{u}_{(k)}$ liefert als Anwesenheits-Wahrscheinlichkeit des Elektrons im Elemente dT des Konfigurationsraumes $\overline{u}_{(k)}\,\overline{u}^*_{(k)}\,dT$, also als Erwartungswert der dort befindlichen trägen Masse $m_0\,\overline{u}_{(k)}\,\overline{u}^*_{(k)}\,dT$ [Klassische Mechanik!]; daher ist die statistische Schwerpunktskoordinate durch das Integral zu definieren

$$\iiint\limits_{(T)} \overline{u}^*_{(k)}\, q\, \overline{u}_{(k)}\, dT = q^{(k)}_{(k)}. \qquad \text{(VIII 12, 39)}$$

Vermöge der verabredeten Wahl des Koordinaten-Ursprunges zeichnet sich also die Koordinaten-Matrix durch die Eigenschaft aus

$$q^{(k)}_{(k)} = 0. \qquad \text{(VIII 12, 40)}$$

Das elektrische Dipol-Moment des Leuchtelektrons in seiner Lage q beträgt $(-\,Q_0\,q)$; daher stört das Feld $|E|$ den *Hamilton*schen Operator um

$$\varepsilon H_1 = -\,Q_0\, q\, |E|. \qquad \text{(VIII 12, 41)}$$

Wir unterscheiden zwei Fälle:

1. Das Mikrosystem ist nicht entartet [Beispiel des harmonischen Oszillators]. Nach (VIII 12, 25) verschwindet auf Grund von (VIII 12, 40) die Energiestörung erster Ordnung, während wir für den Effekt zweiter Ordnung mittels (VIII 12, 27) finden

$$\varepsilon^2\, W_{2(k)} = Q_0^2\, |E|^2\, \frac{q_l^{(k)}\, q^l_{(k)}}{W_{0(k)} - W_{0(l)}} = \frac{Q_0^2\, |E|^2}{h} \sum_l \frac{|q^k_l|^2}{\nu_k - \nu_l}; \qquad k \neq l.$$

(VIII 12, 42)

Das Feld E erregt somit im Zeitmittel je Mikrosystem ein elektrisches Dipolmoment von der Größe des dreidimensionalen Vektors

$$E \frac{\varepsilon^2 W_{2(k)}}{|E|^2}. \qquad \text{(VIII 12, 43)}$$

Bis hierher haben wir es mit einem „reinen Falle" zu tun gehabt. Sei nun n_{el} die Zahl der Elektronen je Raumeinheit, so liegt in ihrer Gesamtheit in der Regel ein „Gemisch" vor: Der Erwartungswert der Atome vom [ungestörten] Zustande k ist gleich $c_k{}^2 n_{el}$; dabei sind die Wahrscheinlichkeiten $c_k{}^2$ von äußeren Parametern, wie etwa Druck oder Temperatur, abhängig zu denken. Auf Grund der *Maxwell*schen Feldtheorie der Materie ist der von E geweckte, statische Polarisationsvektor P gleich dem resultierenden elektrischen Moment je Raumeinheit

$$P = E \frac{n_{el}\, Q_0^2}{h} \sum_k \sum_l c_k^2 \frac{|q_l^k|^2}{\nu_k - \nu_l}; \quad k \neq l. \qquad \text{(VIII 12, 44)}$$

In der Proportionalität von P und E bestätigt dieses Ergebnis den *Maxwell*schen phänomenologischen Ansatz für isotrope, homogene Stoffe; darüber hinausgehend verknüpft es die dort eingeführte Dielektrizitätskonstante mit den quantenmechanischen Daten des Mikrosystemes und der makroskopischen Statistik des Gemisches. Entsprechend ihrer Herleitung beschränkt sich die Gültigkeit der Gl. (VIII 12, 44) auf statische Felder, so daß sie keine Rechenschaft von den Dispersionserscheinungen gibt, welche im Falle eines schwingenden elektrischen Erregerfeldes auftreten; will man auch diese Aufgabe behandeln, so muß man die Störungsrechnung auf zeitlich veränderliche Operatoren ausdehnen.

2. Ist das Energiespektrum des ungestörten Mikrosystemes $\varkappa$-fach entartet [Beispiel des angeregten Atoms], so entnimmt man aus (VIII 12, 42) als Störung erster Ordnung eine mit $|E|$ proportionale, $\varkappa$-fache Aufspaltung des ungestörten Energietermes: Mit $\lambda \equiv W_1$ lautet nunmehr die Säkulargleichung explizit

$$\begin{vmatrix} \frac{\varepsilon W_1}{Q_0 E} & q_{k+2}^{k+1} & \cdots & q_{k+\varkappa}^{k+1} \\ q_{k+1}^{k+2} & \frac{\varepsilon W_1}{Q_0 E} & \cdots & q_{k+\varkappa}^{k+2} \\ \cdots & \cdots & \cdots & \cdots \\ q_{k+1}^{k+\varkappa} & q_{k+2}^{k+\varkappa} & \cdots & \frac{\varepsilon W_1}{Q_0 E} \end{vmatrix} = 0. \qquad \text{(VIII 12, 45)}$$

Die als Wurzeln dieser Gleichungen resultierenden Werte $\varepsilon\, W_{1(k+1)}$, $\varepsilon\, W_{1(k+2)}$, ..., $\varepsilon\, W_{1(k+\varkappa)}$ wurden von *Stark* an der Aufspaltung der Spektrallinien entdeckt, welche den Durchgang von Kanalstrahlen durch ein elektrisches Feld begleitet.

i) Wir kehren zu Gl. (VIII 12, 7) zurück, mit dem Ziele, ihren Inhalt zu erweitern und zu vertiefen, indem wir die folgenden Schritte ausführen:

1. Wir bringen den Operator H des R-Raumes in seine kanonische Form

$$H = \sum_{\mathrm{k}} \mathrm{W}_{(\mathrm{k})} P_{(\mathrm{k})}. \qquad \text{(VIII 12, 46)}$$

Als Bezugssystem sei die Basis a der H zugeordneten Eigenvektoren gewählt; in ihm besitzen die Projektoren $P_{(\mathrm{l})}$ je nur die eine, endliche Komponente $\mathrm{P}_{(\mathrm{l})}{}^{(\mathrm{l})}_{(\mathrm{l})} = 1$.

2. Um uns von der Bindung an das Meßgerät in der von ihm bewirkten Modulation des *Hamilton*schen Operators zu befreien, kehren wir den bisherigen Gedankengang um:

Es liege ein „reiner Fall" vor, welcher empirisch durch die Statistik der Energieverteilung $\mathrm{W}_{(\mathrm{j})}$ [Erwartungswert $\overline{\mathrm{W}}$, Frequenz $\overline{\nu}$] charakterisiert ist. Wir konstruieren nun einen „Wahrscheinlichkeitsvektor" w vom Betrage 1, welcher eben diese Statistik in seinen Komponenten w^{j} auf die Basisvektoren $a_{(\mathrm{j})}$ gemäß der Vorschrift

$$\frac{\mathrm{W}_{(\mathrm{j})}}{\overline{\mathrm{W}}} = \cos^2 (a_{(\mathrm{j})}, w) = (w; a_{(\mathrm{j})})\, (a_{(\mathrm{j})}; w) = \tilde{w}\, P_{(\mathrm{j})}\, w \qquad \text{(VIII 12, 47)}$$

geometrisch zusammenfaßt. Setzt man $\mathrm{w}^{\mathrm{j}} = \overline{\mathrm{w}}^{\mathrm{j}}\, \mathrm{e}^{2\pi\mathrm{i}(\nu_{\mathrm{j}}-\overline{\nu})\mathrm{t}}$, so bleibt in der „komplexen Amplitude" $\overline{\mathrm{w}}^{\mathrm{j}}$ ein Faktor von der Form $\mathrm{e}^{\mathrm{i}\alpha}$ mit reellem Phasenwinkel α unbestimmt. Er ist in der Regel erst als Ergebnis einer weiteren Beobachtungsstatistik festzustellen, welche als „Phasenstatistik" die Energiestatistik kanonisch ergänzt; nur falls w mit einem der Basisvektoren $a_{(\mathrm{j})}$ koinzidiert, kann und muß man auf die Phasenstatistik verzichten.

3. Im Lichte dieser geometrischen Formulierung gebührt dem *Hamilton*schen Operator keine Vorzugsstellung vor anderen, *Hermite*schen Operatoren. Wir dürfen uns daher weiterhin unter H einen beliebigen derartigen Operator vorstellen, wobei nur die Deutung der kanonisch-konjugierten Größen $\mathrm{W}_{(\mathrm{j})}$ und t sinngemäß abzuändern ist.

4. Neben H sei der lineare, *Hermite*sche Operator G des Ω-Raumes der Repräsentant einer physikalischen Größe V. Seine Eigenfunktionen $\overline{\varphi}_{(\mathrm{k})}$ mit den Eigenwerten $\mathrm{V}_{(\mathrm{k})}$ sind durch die Gleichung definiert

$$\mathrm{V}_{(\mathrm{k})}\, \overline{\varphi}_{(\mathrm{k})} = \mathrm{G}\, \overline{\varphi}_{(\mathrm{k})}. \qquad \text{(VIII 12, 48)}$$

Wir betrachten die $\mathrm{V}_{(\mathrm{k})}$ als die einzigen, am einzelnen Mikrosystem beobachtbaren Werte von V und nehmen ihr Spektrum als diskret an. Die Funktionen $\overline{\varphi}_{(\mathrm{j})}$ sind, wegen des *Hermite*schen Charakters von G, zueinander orthogonal; überdies setzen wir sie als *normiert* voraus

$$\iiint_{(\mathrm{T})} \overline{\varphi}^{*}_{(\mathrm{j})}\, \overline{\varphi}_{(\mathrm{k})}\, \mathrm{dT} = \delta^{\mathrm{k}}_{\mathrm{j}}. \qquad \text{(VIII 12, 49)}$$

Mit G bezeichnen wir den durch die Ω—R-Transformation aus G entstehenden Operator bei Darstellung der Matrixkomponenten in *seinem* Hauptachsensystem [Basisvektoren $b_{(j)}$, Projektoren $Q_{(j)}$]:

$$G_j^k = \iiint\limits_{(T)} \overline{\varphi}_{(j)}^* \, G \, \overline{\varphi}_{(k)} \, dT = \iiint\limits_{(T)} \overline{\varphi}_{(j)}^* \, V_{(k)} \, \overline{\varphi}_{(k)} \, dT = \delta_j^k \, V_{(k)} \, . \qquad \text{(VIII 12, 50)}$$

Dieser Diagonalmatrix gegenüber bezeichnen wir mit G' den gleichen Operator des R-Raumes, dessen Matrixkomponenten jedoch nunmehr auf das Hauptachsensystem von H [Basis a] bezogen sind:

$$G_j^{k\prime} = \iiint\limits_{(T)} \overline{\psi}_{(j)}^* \, G \, \overline{\psi}_{(k)} \, dT. \qquad \text{(VIII 12, 51)}$$

5. Wir suchen denjenigen Versor Γ, welcher die Basis b in die Basis a, also die Matrix (VIII 12, 50) in (VIII 12, 51) transformiert. Sei k ein Index der Basis b, j ein Index der Basis a, so behaupten wir: Die Matrixkomponenten $\Gamma^k{}_j$ treten als Koeffizienten in der Entwickelung der Eigenfunktion $\overline{\varphi}_{(k)}$ [von G] nach den Eigenfunktionen $\overline{\psi}_{(j)}$ [von H] auf:

$$\overline{\varphi}_{(k)} = \sum_j \Gamma^k{}_j \, \overline{\psi}_{(j)} \, ; \qquad \Gamma^k{}_j = \iiint\limits_{(T)} \overline{\psi}_{(j)}^* \, \overline{\varphi}_{(k)} \, dT \, . \qquad \text{(VIII 12, 52)}$$

Die Umkehrung dieses Gleichungssystemes lautet

$$\overline{\psi}_{(k)} = \sum_j \Gamma^{-1k}{}_j \, \overline{\varphi}_{(j)} ; \qquad \Gamma^{-1k}{}_j = \iiint\limits_{(T)} \overline{\varphi}_{(j)}^* \, \overline{\psi}_{(k)} \, dT. \qquad \text{(VIII 12, 53)}$$

Man entnimmt hieraus die Eigenschaften

$$\Gamma \, \Gamma^{-1} = I ; \qquad \Gamma^{-1k}{}_j = \Gamma^j{}_k^* \, , \qquad \text{(VIII 12, 54)}$$

welche den unitären Charakter von Γ aussprechen. Nach (VIII 12, 51) erhalten wir nunmehr

$$G_j^{k\prime} = \iiint\limits_{(T)} \overline{\psi}_{(j)}^* \, G \, \overline{\psi}_{(k)} \, dT = \iiint\limits_{(T)} \sum_l \Gamma^{-1j}{}_l^* \, \overline{\varphi}_{(l)}^* \sum_m \Gamma^{-1k}{}_m \, V_{(m)} \, \overline{\varphi}_{(m)} \, dT =$$

$$= \sum_l \sum_m \Gamma^{-1j}{}_l^* \, \Gamma^{-1k}{}_m \, V_{(m)} \, \delta_l^m = \Gamma^{-1k}{}_l \, V_{(l)} \, \Gamma^l{}_j \qquad \text{(VIII 12, 55)}$$

in Übereinstimmung mit (VIII 5, 23).

6. Vom geometrischen Standpunkt sind die Zerlegungen des Wahrscheinlichkeitsvektors w entweder nach der Basis a des Operators H oder nach der Basis b des Operators G einander gleichberechtigt. Daher tritt dem Ausdruck (VIII 12, 47) in

$$\tilde{w} \, Q_{(j)} \, w \qquad \text{(VIII 12, 56)}$$

die Wahrscheinlichkeit zur Seite, bei den gegebenen Versuchsbedingungen, welche durch w geschildert werden, den Eigenwert $V_{(j)}$ der Größe V zu beobachten. Demnach beträgt der Erwartungswert $\overline{V}$ von V

$$\overline{\mathrm{V}} = \sum_{\mathrm{j}} \mathrm{V}_{(\mathrm{j})}\, \tilde{w}\, Q_{(\mathrm{j})}\, w. \qquad \text{(VIII 12, 57)}$$

Nun ist, entsprechend (VIII 12, 46)

$$V = \sum_{\mathrm{j}} \mathrm{V}_{(\mathrm{j})} Q_{(\mathrm{j})} \qquad \text{(VIII 12, 58)}$$

die kanonische Darstellung des Operators V, so daß (VIII 12, 57) die Form annimmt

$$\overline{\mathrm{V}} = \tilde{w}\, V w. \qquad \text{(VIII 12, 59)}$$

7. Mit w' bezeichnen wir den Wahrscheinlichkeitsvektor in seiner Komponentendarstellung relativ zur Basis b; es gilt also gemäß (VIII 5, 13)

$$w' = \Gamma w; \qquad \mathrm{w}^{\mathrm{k}\prime} = \Gamma^{\mathrm{k}}{}_{\mathrm{j}}\, \mathrm{w}^{\mathrm{j}}. \qquad \text{(VIII 12, 60)}$$

Diese Beziehung gestattet es, aus der Eigenwert-Statistik der $\mathrm{W}_{(\mathrm{j})}$ auf die Eigenwert-Statistik der $\mathrm{V}_{(\mathrm{k})}$ zu schließen: Man erhält als Beobachtungswahrscheinlichkeit von $\mathrm{V}_{(\mathrm{k})}$

$$\mathrm{w}^{(\mathrm{k})\prime}\, \mathrm{w}'_{(\mathrm{k})} = \Gamma^{(\mathrm{k})}{}_{\mathrm{j}}\, \mathrm{w}^{\mathrm{j}}\, \Gamma^{(\mathrm{k})*}_{\mathrm{l}}\, \mathrm{w}^{\mathrm{l}\,*} = \Gamma^{(\mathrm{k})}{}_{\mathrm{j}}\, \Gamma^{-1\mathrm{l}}{}_{(\mathrm{k})}\, \mathrm{w}^{\mathrm{j}}\, \mathrm{w}_{\mathrm{l}}\,. \qquad \text{(VIII 12, 61)}$$

Falls insbesondere die Hauptachsen von H und G *zusammenfallen*, degeneriert der Versor — bei passender Indizierung der Basisvektoren — zum Identor I: Aus (VIII 12, 61) entsteht

$$\mathrm{w}^{(\mathrm{k})\prime}\, \mathrm{w}'_{(\mathrm{k})} = \delta^{(\mathrm{k})}_{\mathrm{j}}\, \delta^{\mathrm{l}}_{(\mathrm{k})}\, \mathrm{w}^{\mathrm{j}}\, \mathrm{w}_{\mathrm{l}} = \mathrm{w}^{(\mathrm{k})}\, \mathrm{w}_{(\mathrm{k})}\,. \qquad \text{(VIII 12, 62)}$$

Die hierin geforderte Koinzidenz der Hauptachsen kann nur unter der Bedingung eintreten, daß G und H miteinander *vertauschbar* sind. Dann also folgt aus der Gewißheit $\mathrm{w}^{(\mathrm{k})}\, \mathrm{w}_{(\mathrm{k})} = 1$ der Beobachtung von $\mathrm{W}_{(\mathrm{k})}$ auch die Gewißheit, daß die gleichzeitige Beobachtung von V gerade $\mathrm{V}_{(\mathrm{k})}$ liefert. Falls dagegen H und G nicht miteinander vertauschbar sind, beschränkt die Existenz eines scharf zu messenden Wertes $\mathrm{W} = \mathrm{W}_{(\mathrm{k})}$ die Beobachtungsmöglichkeiten von V auf die Statistik der $\mathrm{V}_{(\mathrm{j})}$, und umgekehrt: Der experimentelle Befund des in seinem Wesen invarianten Mikrosystemes hängt — im „reinen Falle" — nach den Regeln der Koordinatentransformation davon ab, von welcher Seite her man es ansieht. Insbesondere zeichnet dieses komplementäre Verhalten die Beobachtung kanonisch-konjugierter Größen aus, welche ja gemäß (VIII 9, 31) sicher nicht miteinander vertauschbar sind.

8. Mit Einführung des Wahrscheinlichkeitsvektors w lautet die Beschreibung (VIII 12, 9) des reinen Falles mittels der Eigenfunktionen $\overline{\psi}_{(\mathrm{j})}$ von H:

$$\mathrm{h} = \sum_{\mathrm{j}} \mathrm{w}_{\mathrm{j}}\, \overline{\psi}_{(\mathrm{j})}\,. \qquad \text{(VIII 12, 63)}$$

Schreiben wir nun (VIII 12, 60) in der kovarianten Form

$$\mathrm{w}'_{\mathrm{k}} = \Gamma_{\mathrm{k}}{}^{\mathrm{j}}\, \mathrm{w}_{\mathrm{j}} = \sum_{\mathrm{j}} \Gamma^{\mathrm{k}*}_{\mathrm{j}}\, \mathrm{w}_{\mathrm{j}} = \mathrm{w}_{\mathrm{j}}\, \Gamma^{-1\mathrm{j}}{}_{\mathrm{k}}\,, \qquad \text{(VIII 12, 64)}$$

so erhalten wir mit (VIII 12, 53)

$$w'_k = \iiint\limits_{(T)} \sum_j w_j \,\overline{\psi}_{(j)} \,\overline{\varphi}_{(k)}\, dT = \iiint\limits_{(T)} \overline{h}\, \overline{\varphi}^*_{(k)}\, dT. \qquad \text{(VIII 12, 65)}$$

Die auf die Basis *b* [von *G*] bezogenen Komponenten des Wahrscheinlichkeitsvektors gleichen also den Entwicklungskoeffizienten der in der Basis *a* [von *H*] vorliegenden Zustandsfunktion $\overline{h}$ nach den Eigenfunktionen von G.

VIII 13. Spin-Operatoren.

a) Die relativistische Wellenmechanik liefert den Existenzbeweis sowohl des magnetischen wie des elektrischen Elektronen-Momentes. Indessen läßt sich diese *Dirac*sche Methode nur für Ein-Elektronensysteme durchführen; ihre Erweiterung auf Mehr-Elektronensysteme verlangt neue Rechenverfahren.

b) Wir beziehen uns auf den mechanischen Drehimpuls-Vektor m des spinnenden Elektrons [Ruhmasse m_0, Ladung q]; er ist dem magnetischen Moment μ der Gleichung (VI 10, 44) durch die Vektorgleichung verbunden

$$m = \frac{1}{\Pi} \frac{m_0}{q} \mu = \frac{1}{2} \frac{h}{2\pi}. \qquad \text{(VIII 13, 1)}$$

Wir messen weiterhin die Komponenten von m stets in der natürlichen Einheit $h/2\pi$. Bedient man sich zum Zwecke ihrer Beobachtung eines Magnetfeldes der Stärke H parallel zur positiven z-Richtung, so findet man je eine der beiden Größen

$$\mu_{(z,1)} \frac{2\pi}{h} = +\frac{1}{2}; \quad \mu_{(z,2)} \frac{2\pi}{h} = -\frac{1}{2}. \qquad \text{(VIII 13, 2)}$$

Wir beschreiben diesen Sachverhalt mittels der beiden Werte $\sigma^1_{(z)}$, $\sigma^2_{(z)}$ der Spinfunktion, welche wir weiterhin zum Vektor $\sigma_{(z)}$ des zweidimensionalen „Spinraumes" zusammenfassen; die Normen $|\sigma^1_{(z)}|^2$, $|\sigma^2_{(z)}|^2$ messen demnach die Wahrscheinlichkeit je für die Beobachtung von $\mu_{(z,1)}$ und $\mu_{(z,2)}$.

c) Wir suchen die Operatorengleichung des Spinvektors mit den in (VIII 13, 2) genannten Eigenwerten.

Im Konfigurationsraume des Elektrons ordnen wir den Achsen x, y, z des Kartesischen Bezugssystemes die *Pauli*schen Operatoren zu

$$(S_x) = \frac{1}{2} \begin{pmatrix} 0 & 1 \\ 1 & 0 \end{pmatrix}; \quad (S_y) = \frac{1}{2} \begin{pmatrix} 0 & -i \\ i & 0 \end{pmatrix}; \quad (S_z) = \frac{1}{2} \begin{pmatrix} 1 & 0 \\ 0 & -1 \end{pmatrix} \qquad \text{(VIII 13, 3)}$$

Sie gehen aus den Einheiten i, j, k der *Hamilton*schen Quaternionen-Theorie [VIII, 6] durch Division je mit $2\sqrt{-1}$ hervor und sind sämtlich *Hermite*schen Charakters. Überdies genügen sie den Relationen

$$S_x^2 = S_y^2 = S_z^2 = \frac{1}{4} I \qquad \text{(VIII 13, 4)}$$

sowie

$$S_x S_y = -\frac{1}{2} i S_z; \quad S_y S_z = -\frac{1}{2} i S_x; \quad S_z S_x = -\frac{1}{2} i S_y \qquad \text{(VIII 13, 5)}$$
$$S_x S_y + S_y S_x = 0; \quad S_y S_z + S_z S_y = 0; \quad S_z S_x + S_x S_z = 0$$

welche zeigen, daß die *Pauli*schen Operatoren nicht miteinander vertauschbar sind.

Durch Multiplikation des Spinvektors σ mit einer skalaren Funktion ψ der Konfigurations-Koordinaten bilden wir in dem durch den Spinraum vervollständigten Ω-Raum die nunmehr vektorielle Schwingungsfunktion

$$\Psi = \psi\, \sigma_{(z)}. \qquad \text{(VIII 13, 6)}$$

Wir behaupten, daß ihr Spinbestandteil der Operatorengleichung zu unterwerfen ist

$$S_z\, \sigma_{(z)} = \lambda_{(z)}\, \sigma_{(z)}. \qquad \text{(VIII 13, 7)}$$

Denn ihre Eigenwerte $\lambda_{(z)}$ folgen aus der Säkulargleichung

$$\begin{vmatrix} \frac{1}{2} - \lambda_{(z)} & 0 \\ 0 & -\frac{1}{2} - \lambda_{(z)} \end{vmatrix} = 0 \qquad \text{(VIII 13, 8)}$$

zu

$$\lambda_{(z,1)} = \frac{1}{2}; \quad \lambda_{(z,2)} = -\frac{1}{2} \qquad \text{(VIII 13, 9)}$$

so daß sie in der Tat auf die beobachtbaren Komponenten (VIII 13, 2) des *Impulsmomentes* in Richtung der Kontrollachse z des *Konfigurationsraumes* zurückführen. Demgegenüber bezeichnen wir im *Spinraum* mit $\sigma_{(z,1)}$; $\sigma_{(z,2)}$ die Komponenten der zu $\lambda_{(z,1)}$; $\lambda_{(z,2)}$ gehörigen Eigen-*Spinvektoren*, bezogen auf das Hauptachsensystem des Operators S_z. Im Grundsystem der Spinraum-Achsen 1 und 2 gelten also folgende Aussagen:

Eigenwerte / Komp. der Eigenvekt. im Grundsyst. d. Spinraumes	$\lambda_{(z,1)} = \frac{1}{2}$	$\lambda_{(z,2)} = -\frac{1}{2}$
$\sigma^1_{(z)}$	$\sigma_{(z,1)}$	0
$\sigma^2_{(z)}$	0	$\sigma_{(z,2)}$
Zustand des spinnenden Elektrons	Impulsmoment parallel zur Kontrollachse	Impulsmoment antiparallel zur Kontrollachse

(VIII 13, 10)

Hiernach koinzidieren die Achsen 1, 2 des Spinraumes mit den Hauptachsen von S_z: Die Wellengleichung von Ψ zerfällt in zwei skalare Komponentengleichungen, deren jede nur *eine* Komponente des Spinvektors enthält.

Der vektoriellen Wellenfunktion $\sigma_{(z)}$ stellen wir die gleichfalls vektoriellen Wellenfunktionen $\sigma_{(x)}$ und $\sigma_{(y)}$ zur Seite, welche den Operatorengleichungen genügen

$$S_x \sigma_{(x)} = \lambda_{(x)} \sigma_{(x)}; \qquad S_y \sigma_{(y)} = \lambda_{(y)} \sigma_{(y)}. \qquad \text{(VIII 13, 11)}$$

Die Säkulargleichungen

$$\begin{vmatrix} -\lambda_{(x)} & \frac{1}{2} \\ \frac{1}{2} & -\lambda_{(x)} \end{vmatrix} = 0 \qquad \begin{vmatrix} -\lambda_{(y)} & -\frac{i}{2} \\ \frac{i}{2} & -\lambda_{(y)} \end{vmatrix} = 0 \qquad \text{(VIII 13, 12)}$$

führen auf die Eigenwerte

$$\lambda_{(x,1)} = \frac{1}{2}; \quad \lambda_{(x,2)} = -\frac{1}{2}; \quad \lambda_{(y,1)} = \frac{1}{2}; \quad \lambda_{(y,2)} = -\frac{1}{2} \qquad \text{(VIII 13, 13)}$$

so daß die beobachtbaren Werte des Impulsmomentes auch in x- und y-Richtung mit jenen in der z-Richtung übereinstimmen; doch koinzidieren die Hauptachsen der Operatoren S_x und S_y, im Gegensatz zum Verhalten von S_z, nicht mit den Grundachsen der Existenzräume der Spinvektoren $\sigma_{(x)}$ und $\sigma_{(y)}$.

Für die *Norm* des Impulsmomentes kommt der Operator auf

$$S_x^2 + S_y^2 + S_z^2 = \frac{3}{4} I \qquad \text{(VIII 13, 14)}$$

mit dem einzigen Eigenwerte $3/4$. Im Lichte der Vektor-Rechnung des dreidimensionalen Konfigurationsraumes erscheint dieses Resultat selbstverständlich. Doch ist dem nicht so: Wegen (VIII 13, 5) lassen sich ja die Kartesischen Komponenten des Impulsmomentes nicht gleichzeitig beobachten und daher ist die Aussage (VIII 13, 14) sozusagen als rechnerischer Zufall zu buchen.

d) Wir suchen die analytische Darstellung des Impulsmomentes auf das System zweier spinnender Elektronen I und II zu erweitern. Allerdings ist diese ihre Kennzeichnung mittels der Zeiger I und II lediglich formalen Charakters: Die Physik kennt keine Mittel, sie als Individuen ein für allemal voneinander zu unterscheiden. Demgemäß kommt im Zwei-Elektronensystem nur jenen Operatoren eine Bedeutung zu, welche gegen die Vertauschung von I und II invariant sind. Um dieser Forderung zu genügen, bilden wir aus den Komponenten S_j^l der *Pauli*schen Operatoren (VIII 13, 3) und den Komponenten δ_n^m des Einheitstensors I die je zweidimensionalen Operatoren vierter Stufe S_I und S_{II} mit den Komponenten

$$S_{I\,jk}^{\,lm} = S_j^l \, \delta_k^m; \qquad S_{II\,jk}^{\,lm} = \delta_j^l \, S_k^m. \qquad \text{(VIII 13, 15)}$$

Ihre Summe [Tensoralgebra!]

$$S_{jk}^{lm} = S_{I\,jk}^{\,lm} + S_{II\,jk}^{\,lm} \qquad \text{(VIII 13, 16)}$$

ist in der Tat vertauschungsinvariant.

An Hand der lexikographischen Anordnung der Indexpaare (l, m) =

= (1, 2) führen wir nun die je einfachen Indizes $j' = 1, 2, 3, 4$ durch die Definition ein:

$$11 \rightarrow 1'; \qquad 12 \rightarrow 2'; \qquad 21 \rightarrow 3'; \qquad 22 \rightarrow 4'. \qquad \text{(VIII 13, 17)}$$

Hierdurch wird der vordem zweidimensionale Spinraum auf einen vierdimensionalen abgebildet, in welchem die Operatoren S_{I} und S_{II} je durch einen vierdimensionalen Operator zweiter Stufe S'_{I} und S'_{II} repräsentiert werden; in der gleichen Gestalt erscheint demnach auch der auf das gestrichene System transformierte Operator $S' = S'_{\mathrm{I}} + S'_{\mathrm{II}}$. Die Matrizen $S'^{k}_{\mathrm{I}j}$, $S'^{\,k}_{\mathrm{II}j}$ und S'^{k}_{j} $[j = 1, 2, 3, 4]$ sind sämtlich *Hermite*schen Charakters; sie lauten explizit

$$\left(S'_{\mathrm{I}_x}\right) = \begin{pmatrix} 0 & 0 & \frac{1}{2} & 0 \\ 0 & 0 & 0 & \frac{1}{2} \\ \frac{1}{2} & 0 & 0 & 0 \\ 0 & \frac{1}{2} & 0 & 0 \end{pmatrix} \quad \left(S'_{\mathrm{II}_x}\right) = \begin{pmatrix} 0 & \frac{1}{2} & 0 & 0 \\ \frac{1}{2} & 0 & 0 & 0 \\ 0 & 0 & 0 & \frac{1}{2} \\ 0 & 0 & \frac{1}{2} & 0 \end{pmatrix} \quad \left(S'_{x}\right) = \begin{pmatrix} 0 & \frac{1}{2} & \frac{1}{2} & 0 \\ \frac{1}{2} & 0 & 0 & \frac{1}{2} \\ \frac{1}{2} & 0 & 0 & \frac{1}{2} \\ 0 & \frac{1}{2} & \frac{1}{2} & 0 \end{pmatrix}$$

$$\left(S'_{\mathrm{I}_y}\right) = \begin{pmatrix} 0 & 0 & -\frac{i}{2} & 0 \\ 0 & 0 & 0 & -\frac{i}{2} \\ \frac{i}{2} & 0 & 0 & 0 \\ 0 & \frac{i}{2} & 0 & 0 \end{pmatrix} \quad \left(S'_{\mathrm{II}_y}\right) = \begin{pmatrix} 0 & -\frac{i}{2} & 0 & 0 \\ \frac{i}{2} & 0 & 0 & 0 \\ 0 & 0 & 0 & -\frac{i}{2} \\ 0 & 0 & \frac{i}{2} & 0 \end{pmatrix} \quad \left(S'_{y}\right) = \begin{pmatrix} 0 & -\frac{i}{2} & -\frac{i}{2} & 0 \\ \frac{i}{2} & 0 & 0 & -\frac{i}{2} \\ \frac{i}{2} & 0 & 0 & -\frac{i}{2} \\ 0 & \frac{i}{2} & \frac{i}{2} & 0 \end{pmatrix}$$

$$\left(S'_{\mathrm{I}_z}\right) = \begin{pmatrix} \frac{1}{2} & 0 & 0 & 0 \\ 0 & \frac{1}{2} & 0 & 0 \\ 0 & 0 & -\frac{1}{2} & 0 \\ 0 & 0 & 0 & -\frac{1}{2} \end{pmatrix} \quad \left(S'_{\mathrm{II}_z}\right) = \begin{pmatrix} \frac{1}{2} & 0 & 0 & 0 \\ 0 & -\frac{1}{2} & 0 & 0 \\ 0 & 0 & \frac{1}{2} & 0 \\ 0 & 0 & 0 & -\frac{1}{2} \end{pmatrix} \quad \left(S'_{z}\right) = \begin{pmatrix} 1 & 0 & 0 & 0 \\ 0 & 0 & 0 & 0 \\ 0 & 0 & 0 & 0 \\ 0 & 0 & 0 & -1 \end{pmatrix}$$

(VIII 13, 18)

Im zweidimensionalen Spinraum ist der Zustand des Zwei-Elektronensystemes nunmehr durch den *Spintensor* zweiter Stufe mit den Komponenten σ^{jk} $[j, k = 1, 2]$ zu beschreiben; der erste Index soll den mechanischen Zustand des Elektrons I, der zweite den des Elektrons II schildern, wobei 1 die parallele, 2 die antiparallele Stellung des Impulsmoment-Vektors relativ zur Kontrollachse meint.

Mittels der Transformation (VIII 13, 17) geht der *zwei*dimensionale

Spin*tensor* in den *vier*dimensionalen Spin*vektor* mit den Komponenten $\sigma'^{j'}$ [j' = 1, 2, 3, 4] über. Wir bilden insbesondere aus dem Vektor $\sigma'_{(z)}$ durch Multiplikation mit der skalaren Funktion ψ der — nunmehr sechs — Konfigurationskoordinaten des Zwei-Elektronensystemes die vektorielle Schwingungsfunktion

$$\Psi = \psi\, \sigma'_{(z)}. \qquad \text{(VIII 13, 19)}$$

Darin unterwerfen wir $\sigma'_{(z)}$ der Operatorengleichung

$$S'_z\, \sigma'_{(z)} = \lambda_{(z)}\, \sigma'_{(z)}. \qquad \text{(VIII 13, 20)}$$

Ihre Eigenwerte folgen als Wurzeln der Säkulargleichung

$$\begin{vmatrix} 1 - \lambda_{(z)} & 0 & 0 & 0 \\ 0 & -\lambda_{(z)} & 0 & 0 \\ 0 & 0 & -\lambda_{(z)} & 0 \\ 0 & 0 & 0 & -1 - \lambda_{(z)} \end{vmatrix} = 0 \qquad \text{(VIII 13, 21)}$$

zu

$$\lambda_{(z,1)} = 1; \quad \lambda_{(z,2)} = 0; \quad \lambda_{(z,3)} = 0; \quad \lambda_{(z,4)} = -1. \qquad \text{(VIII 13, 22)}$$

Mit $\sigma_{(z,1)}, \sigma_{(z,2)}, \sigma_{(z,3)}, \sigma_{(z,4)}$ bezeichnen wir die Komponenten der $\lambda_{(z,1)}, \lambda_{(z,2)}, \lambda_{(z,3)}, \lambda_{(z,4)}$ korrespondierenden Eigenvektoren, bezogen auf das Hauptachsen-System von S'_z. Infolge der zweifachen Entartung des Eigenwertes O ist die Lage der Hauptachsen j' = 2' und j' = 3' zunächst unbestimmt. Mit Hilfe von vier beliebig wählbaren Konstanten $\alpha, \beta, \gamma, \delta$ erhalten wir daher für die Komponenten des Spinvektors $\sigma'_{(z)}$ auf die Achsen des gestrichenen Spinraumes [oder für die Komponenten des Spintensors $\sigma_{(z)}$ auf die Achsen des zweidimensionalen Spinraumes] folgende Aussagen:

Eigenwerte / Komp. d. Eigenvekt. im Grundsyst. d. Spinraumes	$\lambda_{(z,1)} = 1$	$\lambda_{(z,2)} = \lambda_{(z,3)} = 0$	$\lambda_{(z,4)} = -1$
$\sigma'^{1}_{(z)} \equiv \sigma^{11}_{(z)}$	$\sigma_{(z,1)}$	0	0
$\sigma'^{2}_{(z)} \equiv \sigma^{12}_{(z)}$	0	$\alpha\, \sigma_{(z,2)} + \beta\, \sigma_{(z,3)}$	0
$\sigma'^{3}_{(z)} \equiv \sigma^{21}_{(z)}$	0	$\gamma\, \sigma_{(z,2)} + \delta\, \sigma_{(z,3)}$	0
$\sigma'^{4}_{(z)} \equiv \sigma^{22}_{(z)}$	0	0	$\sigma_{(z,2)}$
Zustand des Zwei-Elektronen-Systemes	Impuls-Momente beider Elektronen parallel zur Kontrollachse	Eines der Impulsmomente ist parallel, das andere antiparallel zur Kontrollachse gerichtet	Impuls-Momente beider Elektronen antiparallel zur Kontrollachse

(VIII 13, 23)

Da nun die Elektronen I und II nicht individualisierbar sind, muß jede physikalisch sinnvolle, statistische Beschreibung des Systemes gegen einen Austausch der Indizes k und j in den Tensorkomponenten $\sigma_{(z)}^{jk}$ invariant sein. Für die Eigenwerte $\lambda_{(z,1)}$ und $\lambda_{(z,2)}$ ist ersichtlich diese Bedingung automatisch erfüllt; dagegen befriedigt man sie im Falle des zweifach-entarteten Eigenwertes $\lambda_{(z,2)} = \lambda_{(z,3)} = 0$ entweder mittels des symmetrischen Spintensors

$$\sigma_{(z)}^{12} = \sigma_{(z)}^{21}; \qquad \alpha = \gamma, \ \beta = \delta \qquad \text{(VIII 13, 24)}$$

oder mittels des antimetrischen Spintensors

$$\sigma_{(z)}^{12} = -\sigma_{(z)}^{21}; \qquad \alpha = -\gamma, \ \beta = -\delta. \qquad \text{(VIII 13, 25)}$$

Es existieren also für das Zwei-Elektronensystem im zweidimensionalen Spinraum insgesamt drei symmetrische Zustände und ein antimetrischer Zustand.

Man überzeugt sich leicht, daß die Eigenwerte der Operatoren S'_x und S'_y mit denen des Operators S'_z übereinstimmen. Die beobachtbaren Werte des Impulsmomentes sind also von der Wahl der Kontrollachse unabhängig.

Wir gehen zur *Norm* des im Zwei-Elektronensysteme resultierenden Impulsmomentes über, deren beobachtbare Werte wir definitionsgemäß mit den Eigenwerten λ des Operators

$$S'^2 = S'^2_x + S'^2_y + S'^2_z \qquad \text{(VIII 13, 26)}$$

identifizieren. Aus (VIII 13, 18) entnehmen wir die Matrizen

$$(S'^2_x) = \begin{pmatrix} \frac{1}{2} & 0 & 0 & \frac{1}{2} \\ 0 & \frac{1}{2} & \frac{1}{2} & 0 \\ 0 & \frac{1}{2} & \frac{1}{2} & 0 \\ \frac{1}{2} & 0 & 0 & \frac{1}{2} \end{pmatrix}; \quad (S'^2_y) = \begin{pmatrix} \frac{1}{2} & 0 & 0 & -\frac{1}{2} \\ 0 & \frac{1}{2} & \frac{1}{2} & 0 \\ 0 & \frac{1}{2} & \frac{1}{2} & 0 \\ -\frac{1}{2} & 0 & 0 & \frac{1}{2} \end{pmatrix}; \quad (S'^2_z) = \begin{pmatrix} 1 & 0 & 0 & 0 \\ 0 & 0 & 0 & 0 \\ 0 & 0 & 0 & 0 \\ 0 & 0 & 0 & 1 \end{pmatrix}. \qquad \text{(VIII 13, 27)}$$

Daher lautet die Matrix von S'^2

$$(S'^2) = (S'^2_x + S'^2_y + S'^2_z) = \begin{pmatrix} 2 & 0 & 0 & 0 \\ 0 & 1 & 1 & 0 \\ 0 & 1 & 1 & 0 \\ 0 & 0 & 0 & 2 \end{pmatrix}. \qquad \text{(VIII 13, 28)}$$

Die gesuchten Eigenwerte λ dieses Operators folgen aus der Säkulargleichung

$$\begin{vmatrix} 2-\lambda & 0 & 0 & 0 \\ 0 & 1-\lambda & 1 & 0 \\ 0 & 1 & 1-\lambda & 0 \\ 0 & 0 & 0 & 2-\lambda \end{vmatrix} = (2-\lambda)^2\left((1-\lambda)^2 - 1\right) = 0 \qquad \text{(VIII 13, 29)}$$

zu

$$\lambda_{(1)} = \lambda_{(2)} = \lambda_{(3)} = 2; \qquad \lambda_{(4)} = 0. \qquad \text{(VIII 13, 30)}$$

Die dreifache Wurzel entspricht dem symmetrischen, die einfache Wurzel dem antimetrischen Zustande des Systemes im Sinne der Gleichungen (VIII 13, 23), (VIII 13, 24) und (VIII 13, 25). Die hier implizit behauptete Möglichkeit der gleichzeitigen Beobachtung sowohl der Komponente des Impulsmomentes in Richtung *einer* Kontrollachse wie auch der Norm *aller* seiner Kartesischen Komponenten folgt aus der Vertauschungsrelation

$$(S_z' S'^2 - S'^2 S_z') = \begin{vmatrix} 2 & 0 & 0 & 0 \\ 0 & 0 & 0 & 0 \\ 0 & 0 & 0 & 0 \\ 0 & 0 & 0 & -2 \end{vmatrix} - \begin{vmatrix} 2 & 0 & 0 & 0 \\ 0 & 0 & 0 & 0 \\ 0 & 0 & 0 & 0 \\ 0 & 0 & 0 & -2 \end{vmatrix}; \quad S_z' S'^2 - S'^2 S_z' = O. \qquad \text{(VIII 13, 31)}$$

Man beachte jedoch, daß nichtsdestotrotz — für den symmetrischen Zustand des Systemes — die Norm des Impulsmomentes nicht der quadratischen Summe seiner Komponenten nach den Kontrollachsen x, y, z gleich gesetzt werden darf. In diesem Versagen der elementaren Vektorrechnung offenbart sich — im Gegensatz zu dem analogen Ergebnis (VIII 13, 14) im Falle des Ein-Elektronensystemes — die in (VIII 13, 5) ausgesprochene Unmöglichkeit der gleichzeitigen Messung aller drei Komponenten des Impulsmomentes auch zahlenmäßig.

Der letzte Satz eines Buches bedeutet den Abschied von einer innerlich reichen, geistig erfüllten Zeit; er kündet, in der Selbst-Erkenntnis des ewig-menschlichen Kontrastes zwischen Plan und Tat, zwischen quellender Welt und mühsamem Ringen nach ihrer mathematisch-sprachlichen Darstellung, Demut und Resignation in einem:

Alles Vergängliche ist nur ein Gleichnis.
Das Unzulängliche, hier wirds Ereignis.

Literatur-Hinweise.

Vorbemerkung: Infolge der Zeitumstände war es mir nicht möglich, ein auch nur einigermaßen vollständiges Verzeichnis der sehr reichen Literatur über Vektoren, Tensoren und Operatoren zu geben. Die folgende Liste ist daher lückenhaft und enthält keinerlei Werturteil über die angeführten oder nicht angeführten Werke. Vielmehr gibt sie eine Übersicht jener Bücher, an denen ich mich selbst beraten konnte; sie seien zur Vertiefung und Weiterarbeit auf das dringendste empfohlen.

1. *Abraham, Max* und *Becker, Richard:* Theorie der Elektrizität. Leipzig 1932.
2. *Born, Max:* Atomtheorie des festen Zustandes. Berlin 1926.
3. *Born, Max* und *Jordan, Pascual:* Elementare Quantenmechanik. Berlin 1930.
4. *Bragg, William Henry:* The crystalline state. Oxford 1925.
5. *Bragg, W. H.* and *Bragg, W. L.*: X-Rays and Crystal Structure. London 1924.
6. *Brillouin, Léon:* Wave propagation in periodic structures, electric filters and crystal lattices. New-York 1946.
7. *Brillouin, Léon:* Les tenseurs en mécanique et en élasticité. Paris 1938.
8. *Brillouin, Léon:* Die Quantenstatistik und ihre Anwendungen auf die Elektronentheorie der Metalle. Berlin 1931.
9. *Broglie, Louis de:* Einführung in die Wellenmechanik. Leipzig 1929.
10. *Broglie, Louis de:* De la mécanique ondulatoire à la théorie du noyan. Paris 1943.
11. *Budde, Emil:* Tensoren und Dyaden im dreidimensionalen Raum. Braunschweig 1914.
12. *Bureau, Florent:* Calcul Vectoriel et Calcul Tensoriel. Paris, Masson. (Ohne Erscheinungsjahr.)
13. *Cady, Walter Guyton:* Piezoelectricity. New-York 1946.
14. *Courant-Hilbert:* Methoden der mathematischen Physik. Berlin 1924—1937.
15. *Craig, Homer V.:* Vector and Tensor Analysis. New-York 1943.
16. *Dirac, Paul Adrian Mauric:* The principles of quantum mechanics. 3. ed. Oxford 1947.
17. *Doerrie, Heinrich:* Vektoren. München 1941.
18. *Duschek, A.* und *Hochrainer, A.:* Grundzüge der Tensorrechnung in analytischer Darstellung. Teil I. Wien 1948.
19. *Eddington, Arthur Stanley:* Relativitätstheorie in mathematischer Behandlung. Berlin 1925.
20. *Eddington, Arthur Stanley:* Relativity theory of protons and electrons. Cambridge 1936.
21. *Eddington, Arthur Stanley:* Fundamental theory. Cambridge 1946.
22. *Edwards, Hiram W.:* Analytical and Vector Mechanics. New-York 1933.
23. *Einstein, Albert, Lorentz, Hendrik Antoon, Minkowski, Hermann:* Das Relativitätsprinzip. Leipzig 1920.
24. *Ewald, Peter Paul:* Kristalle und Röntgenstrahlen. Berlin 1923.
25. *Franck-Mises:* Die Differential- und Integralgleichungen der mathematischen Physik. New-York 1943 (Rosenberg).

26. *Frenkel, Jacob:* Lehrbuch der Elektrodynamik. Berlin 1926—1928.
27. *Froehlich, Herbert:* Elektronentheorie der Metalle. Berlin 1936.
28. *Gans, Richard:* Einführung in die Vektoranalysis mit Anwendungen auf die mathematische Physik. Leipzig 1905.
29. *Graßmann, Hermann:* Die lineale Ausdehnungslehre. Berlin 1844.
30. *Hague, B.:* An Introduction to Vector Analysis for Physicists und Engineers. 3. Ed. London 1948.
31. *Hamel, Georg:* Integralgleichungen; Einführung in Lehre und Gebrauch. Berlin 1937.
32. *Hamilton, William Rowan:* Lectures on quaternions. Dublin 1853.
33. *Heisenberg, Werner:* Die physikalischen Prinzipien der Quantentheorie. Leipzig 1930.
34. *Hilbert, David* und *Cohn-Vossen:* Anschauliche Geometrie. New-York 1944 (Dover).
35. *Juvet, Gustave:* Leçons d'Analyse Vectorielle. Lausanne 1935—1947.
36. *Kosmische Strahlung* herausgegeben von *Werner Heisenberg.* Berlin 1943.
37. *Lagally, Max:* Vorlesungen über Vektor-Rechnung. Leipzig 1938.
38. *Lamb, Horace:* Lehrbuch der Hydrodynamik. Leipzig 1931.
39. *Landé, Alfred:* Vorlesungen über Wellenmechanik. Leipzig 1930.
40. *Laue, Max von:* Die Relativitätstheorie. Braunschweig 1921—1923.
41. *Laue, Max von:* Röntgenstrahleninterferenzen. Leipzig 1941.
42. *Love, Augustus Edward Hough:* A treatise on mathematical theory of elasticity. 4. Ed. Cambridge 1934.
43. *Madelung, Erwin:* Die mathematischen Hilfsmittel des Physikers. 3. Aufl. Berlin 1936.
44. *March, Arthur:* Die Grundlagen der Quantenmechanik. Leipzig 1931.
45. *Milne, E. A.:* Vectorial Mechanics. London 1948.
46. *Neumann, Johann von:* Mathematische Grundlagen der Quantenmechanik. Berlin 1932.
47. *Pauli, Wolfgang:* Meson theory of nuclear forces. New-York 1946.
48. *Pauling, L. Carl* and *Wilson, E. Bright:* Introduction to quantum mechanics; with applications to chemistry. New-York 1935.
49. *Reiner, Marcus:* Ten lectures on theoretical rheology. Jerusalem 1943.
50. *Runge, Carl:* Vektoranalysis. Leipzig 1919.
51. *Schroedinger, Erwin:* Abhandlungen zur Wellenmechanik. Leipzig 1928.
52. *Sommerfeld, Arnold:* Atombau und Spektrallinien. Braunschweig 1931—39.
53. *Sommerfeld, Arnold:* Wellenmechanik. New-York (Frederick Ungar).
54. *Spielrein, Jean:* Lehrbuch der Vektorrechnung. Stuttgart 1926.
55. *Strutt, Maxim Julius Otto:* *Lamé*sche-*Mathieu*sche und verwandte Funktionen in Physik und Technik.
56. *Temple:* The General Principles of Quantum Theory. 4. Ed. London 1948.
57. *Thomas, Tracy Yerkes:* Elementary Theory of Tensors. New-York 1931.
58. *Valentiner, Siegfried:* Vektoranalysis (Sammlung *Göschen*). Berlin 1912.
59. *Voigt, Woldemar:* Lehrbuch der Kristallphysik. Leipzig 1910.
60. *Waerden, Bartholomeus Leendert van der:* Die gruppentheoretische Methode in der Quantenmechanik. Berlin 1932.
61. *Weyl, Hermann:* Raum, Zeit, Materie. 4. Aufl. Berlin 1921.
62. *Weyl, Hermann:* Gruppentheorie und Quantenmechanik. Leipzig 1931.
63. *Wiarda, Georg:* Integralgleichungen unter besonderer Berücksichtigung der Anwendungen. Leipzig 1930.
64. *Wilson, Edwin Bidwell:* Vector analysis. New Haven 1931.

Namen- und Sachverzeichnis.

Zeitfracht Medien GmbH
Ferdinand-Jühlke-Straße 7
99095 Erfurt, Deutschland
produktsicherheit@kolibri360.de